计 算 机 科 学 丛 书

原书第6版

数据库系统
设计、实现与管理（基础篇）

[英] 托马斯 M. 康诺利（Thomas M. Connolly）
卡洛琳 E. 贝格（Carolyn E. Begg）
著 宁洪 贾丽丽 张元昭 译

Database Systems
A Practical Approach to Design, Implementation, and Management Sixth Edition

机械工业出版社
CHINA MACHINE PRESS

图书在版编目（CIP）数据

数据库系统：设计、实现与管理（基础篇）(原书第 6 版) / (英) 康诺利 (Connolly, T. M.)，(英) 贝格 (Begg, C. E.) 著；宁洪，贾丽丽，张元昭译 . —北京：机械工业出版社，2016.6（2023.3 重印）

（计算机科学丛书）

书名原文：Database Systems: A Practical Approach to Design, Implementation, and Management, Sixth Edition

ISBN 978-7-111-53740-3

I. 数… II. ①康… ②贝… ③宁… ④贾… ⑤张… III. 数据库系统—教材 IV. TP311.13

中国版本图书馆 CIP 数据核字（2016）第 101223 号

本书是数据库领域的经典著作，内容系统、全面、实用，被世界多所大学选为数据库相关课程的教材。中文版分为两册，分别对应原书第一～五部分（基础篇）和第六～九部分（进阶篇）。本书为基础篇，主要内容包括：数据库系统与数据库设计的基础知识；关系模型与语言；数据库分析与设计的主要技术；数据库设计方法学；以及现代数据库管理相关专题，涵盖安全问题、法律与道德问题、事务管理和查询处理。

本书既可作为数据库设计与管理相关课程的本科生或研究生教材，亦可作为数据库专业技术人员的参考书籍。

出版发行：机械工业出版社（北京市西城区百万庄大街 22 号　邮政编码：100037）

责任编辑：曲　熠　　　　　　　　　　　责任校对：殷　虹

印　　刷：北京建宏印刷有限公司　　　　版　　次：2023 年 3 月第 1 版第 7 次印刷

开　　本：185mm×260mm　1/16　　　　印　　张：39.25

书　　号：ISBN 978-7-111-53740-3　　　定　　价：129.00 元

客服电话：(010) 88361066　68326294

随着信息社会的到来，数据日益成为宝贵的资源，数据库作为数据管理的基本技术和工具，正广泛应用于各行各业。然而，正如本书作者在前言中所述："遗憾的是，正是由于数据库系统的简单性，许多用户有可能尚缺乏必要的知识，还不懂得如何开发正确且高效的系统，就开始创建数据库及其应用程序了。"本书的目标就是以读者易于接受和理解的方式介绍数据库设计、实现和管理的基本理论、方法和技术。本书既涵盖了数据库领域的经典内容，又反映了近期的研究成果，特别是为数据库概念设计、逻辑设计和物理设计提供了步骤完备的方法学，非常有实用价值。2004 年我们曾翻译本书的第 3 版，广受读者欢迎，后来的第 4 版、第 5 版扩充了数据库领域的新技术，特别是随着互联网、移动计算的发展衍生出来的应用技术，并增强了可读性。第 6 版增加了云计算、时态数据库等内容，充实了第 21 章"数据管理中的职业、法律与道德问题"，与 SQL 相关的章节全面更新为 2011 年公布的新标准 SQL:2011。

本书的两位作者均具有丰富的数据库管理系统和数据库应用系统的设计经验，托马斯 M. 康诺利（Thomas M. Connolly）曾参与设计世界上第一个商业可移动数据库管理系统 RAPPORT 和配置管理工具 LIFESPAN，后者获英国设计奖；卡洛琳 E. 贝格（Carolyn E. Begg）则是数据库技术应用于生物领域的专家。

本书系统性强、结构清晰，特别注重理论联系实际，并以一个可运行的 DreamHome（房屋租赁公司）案例贯穿全书，便于阅读和理解。本书既可作为计算机及相关专业本科生数据库管理或数据库设计的导论性教材（选取部分内容），也可作为研究生或高年级本科生相关课程的教材，亦可作为 IT 专业人士（包括系统分析和设计人员、应用程序开发人员、系统程序员、数据库从业人员及独立的自学者）的参考书。

中文版分为两册，共九个部分。本书为基础篇，包括原书的前五部分：第一部分概述数据库系统和数据库设计的基础知识；第二部分讨论关系模型与语言；第三部分讨论数据库分析和设计的主要技术；第四部分结合实例讲解数据库设计方法学，提供详细的步骤解析；第五部分讨论四个可选专题，涵盖数据库安全、法律与道德问题、事务管理和查询处理。

宁洪教授全面负责本书的翻译，贾丽丽提供了第三、四、五部分的大部分初稿，张元昭提供了第二部分的大部分初稿，全书由宁洪教授统稿并审校。

限于译者水平，译文中的疏漏和错误在所难免，欢迎批评指正。

本书是在 2004 年翻译的第 3 版的基础上完成的，借此机会向参与第 3 版翻译工作的其他译者致谢。

译者

国防科技大学计算机科学与技术系

背景

在过去的 30 年中，数据库的研究带来了巨大的生产力，使得数据库系统成为软件工程领域最重要的成果。目前，数据库作为信息系统的基本框架，已从根本上改变了许多公司的运作方式。特别是在最近几年里，随着这项技术本身的发展，产生了一些功能更强大、使用更方便的系统。这使得数据库系统变得越来越普及，用户类型也越来越广泛。遗憾的是，正是由于数据库系统的简单性，许多用户有可能尚缺乏必要的知识，还不懂得如何开发正确且高效的系统，就开始创建数据库及其应用程序了。这样很可能导致所谓的"软件危机"（software crisis，有时也称为"软件抑郁"（software depression））的延续。

编写本书的最初动因是我们在工业界的工作经历，当时我们为新软件系统中数据库的设计提供咨询，间或也解决遗留系统中存在的种种问题。进入学术界后，我们从另一类用户——学生那里发现了类似的问题。因此，本书的目标就是给出一本教程，尽可能清楚地介绍数据库的基础理论，并给出一套既能为专业技术人员亦能为非技术人员所用的数据库设计方法学。

本书针对当前主流的商用产品——关系数据库管理系统（DBMS）给出的设计方法学，已在学术界和工业界测试和使用了许多年。它包括三个主要阶段：数据库的概念设计、逻辑设计和物理设计。第一个阶段在不考虑任何物理因素的前提下设计概念数据模型，得到的数据模型在第二阶段被细化为逻辑数据模型，细化过程主要是去除在关系系统中无法表示的结构。在第三阶段，逻辑数据模型被转换成针对目标 DBMS 的物理设计，物理设计阶段主要考虑如何设计存储结构和访问方法，以便有效并安全地访问存储在辅存中的数据库。

该方法学按阶段被分为一系列步骤。对于缺少经验的设计者，最好按步骤进行设计，这里所提供的指南可帮助你完成整个过程。对于有经验的设计者，该方法学的指导作用显然会弱化，但经常可用于开发框架和检查列表。为了帮助读者学习使用上述方法学并理解其要点，整个方法学的描述中始终贯穿一个完整的 DreamHome 案例研究。附录 B 还给出了另外三个案例，供读者自行研究。

UML（统一建模语言）

越来越多的公司都在规范各自的数据建模方法，即选择一种特定的建模方法并在整个数据库开发项目中始终如一地使用它。一种在数据库概念设计和逻辑设计阶段较为通用的高级数据模型是 ER（实体 – 联系）模型，这也是本书采用的模型。由于当前还没有表示 ER 模型的标准方法，因此大部分书籍在描述关系 DBMS 的数据库设计时，常常使用下述两种表示方法之一：

- Chen 氏表示方法，即用矩形表示实体，用菱形表示联系，用线段连接矩形和菱形。
- Crow Feet（鸦爪）表示方法，仍用矩形表示实体，用实体间的连线表示联系，在一对多联系连线的多端有一个鸦爪标记。

当前，这两种表示方法都有计算机辅助软件工程（CASE）工具。然而，它们都难于使用和解释。本书的较早版本曾使用 Chen 氏表示方法，而在随后培生教育出版集团进行的一次问卷调查中，比较一致的意见是应该使用最新的称为 UML（Unified Modeling Language，统一建模语言）的面向对象建模语言。UML 表示方法结合了面向对象设计三大流派的成分：Rumbaugh 的 OMT 建模语言，Booch 的面向对象分析和面向对象设计，以及 Jacobson 的 Objectory。

换用表示方法主要有以下三个原因：（1）UML 正成为一种工业标准，例如，对象管理组（OMG）已经采纳 UML 作为对象方法的标准表示方法；（2）UML 表达清楚并易于使用；（3）UML 目前已被学术界用于面向对象分析与设计的教学，在数据库模块的教学中也使用 UML 将会更加一致。因此，在这个版本中，我们将采用 UML 的类图作为 ER 模型的表示方法。读者将会发现这种表示方法更加容易理解和使用。

第 6 版的更新之处

- 扩展了第 3 章 "数据库的结构与 Web"，增加了云计算。
- 修改了第 21 章 "数据管理中的职业、法律与道德问题"。
- 增加了 "数据仓库与时态数据库"（31.5 节）。
- 每章后增加了新的思考题和习题。
- 修改了与 SQL 相关的章节，全面反映 2011 年公布的新标准 SQL:2011。
- 修订了第 26 章 "复制与移动数据库"。
- 修改了关于 Web-DBMS 集成和 XML 的章节。
- 与 Oracle 相关的内容一律修改为针对 Oracle 11g。

读者对象

本书可作为本科生数据库管理或数据库设计的导论性教材，也可作为研究生或高年级本科生相关课程的教材，学时可分为一到两个学期。通常信息系统、商业 IT 或计算机科学等专业都包含这类课程。

本书还可以作为一些 IT 专业人士的参考书，如系统分析和设计人员、应用程序开发人员、系统程序员、数据库从业人员及独立的自学者。随着当今数据库系统的广泛使用，这些专业人士可能来自于需要数据库的任何类型的公司。

读者在学习关于物理数据库设计的第 18 章和关于查询处理的第 23 章之前，如果对附录 F 中介绍的文件组织和数据结构相关概念有清楚的了解，那么将会有所帮助。理想的情况是这些背景知识已从前导课程中获得。如果不具备这个条件，则可以在开始数据库课程后，学完第 1 章立即学习附录 F。

如果读者已经掌握了一门高级编程语言，比如 C，那么在学习附录 I 的嵌入式与动态 SQL 和 28.3 节的 ObjectStore 时会更有成效。

突出特点

（1）为数据库逻辑设计和概念设计提供了易用、逐步指导的方法学，该方法学基于广泛采用的实体 – 联系模型并将规范化作为验证技术。此外，通过一个完整的案例研究来说明如何使用这套方法学。

（2）为数据库物理设计提供了易用、逐步指导的方法学，包括：逻辑设计到物理实现的映射，文件组织方法的选择，适合应用程序的索引结构，以及何时引入可控冗余。此外，通过一个完整的案例研究来说明如何使用这套方法学。

（3）用独立的章节来讲解以下三个主题：数据库设计阶段在整个系统开发生命周期中的位置与作用；如何使用实况发现技术来获取系统需求；如何将 UML 用于整个方法学。

（4）每章都采用清晰且易于理解的表述方法，如突出显示定义，明确给出各章学习目标，在各章最后进行小结。通篇使用了大量示例和图表来说明概念。来自现实生活的 DreamHome 案例研究贯穿全书，另外还给出若干案例供学生选作课程实践题目。

（5）扩充了下列最新的正式标准及事实标准：结构化查询语言（SQL），举例查询（QBE），面向对象数据库的对象数据管理组（ODMG）标准。

（6）利用三章的篇幅，以教程式风格介绍 SQL 标准，包含交互式和嵌入式 SQL。

（7）专设一章讨论 IT 和数据库中的职业、法律与道德问题。

（8）全面讨论了与分布式 DBMS 和复制服务器相关的概念和问题。

（9）全面介绍了基于对象的 DBMS 中的一些概念和问题。回顾了 ODMG 标准，介绍了在最新公布的 SQL 版本 SQL:2011 中出现的各种对象管理机制。

（10）扩展了作为数据库应用平台的 Web 部分的内容，并给出多个 Web 数据库访问的代码示例。具体包括容器管理持久性（CMP）、Java 数据对象（JDO）、Java 持久性 API（JPA）、JDBC、SQLJ、ActiveX 数据对象（ADO）、ADO.NET 和 Oracle PL/SQL Pages（PSP）。

（11）介绍了半结构化数据及其与 XML 的关系，扩展了 XML 的内容和相关术语，包括 XML Schema、XQuery、XQuery 数据模型和形式语义。还讨论了在数据库中集成 XML，以及为发布 XML 而在 SQL:2008 和 SQL:2011 中所做的扩展。

（12）全面介绍了数据仓库、联机分析处理（OLAP）和数据挖掘。

（13）全面介绍了用于数据仓库数据库设计的维度建模技术，并且通过一个完整的案例来演示如何使用该方法进行数据仓库数据库设计。

（14）介绍了 DBMS 系统实现的有关概念，包括并发技术和恢复控制、安全以及查询处理和查询优化。

教学方法

在开始撰写本书之前，我们的目标之一就是写一本让读者容易接受和理解的教材，而不管读者具备怎样的背景知识和经验。根据我们使用教材的经验以及从很多同事、客户和学生中吸收的意见，实际上存在若干读者喜爱和不喜爱的设计特性。考虑到这些因素，本书决定采用如下的风格和结构：

- 在每章的开头明确说明该章的学习目标。
- 清楚定义每一个重要的概念，并用特殊格式突出显示。
- 通篇大量使用图表来支持和阐明概念。
- 面向实际应用：为了做到这点，每章都包含了许多实际有效的示例以说明所描述的概念。
- 每章最后配有小结，涉及该章所有主要的概念。
- 每章最后配有思考题，问题的答案都可以在书中找到。
- 每章最后配有习题，教师可用其测试学生对章节内容的理解，自学者也可进行自测。全部习题的答案可以在原书配套的教辅资源"教师答案手册"中找到。

教辅资源⊖

适用于本教材的教辅资源包括：

- 课程 PPT。
- 教师答案手册，包括所有课后思考题和习题的答案示例。
- 其他资源的配套网站：www.pearsonhighered.com/connolly-begg。

上述资源仅提供给在 www.pearsonhighered.com/irc 上注册过的教师。请与当地的销售代表联系。

本书结构⊜

第一部分　背景

本书的第一部分介绍数据库系统和数据库设计。

第 1 章引入数据库管理的概念。主要阐述了数据库前身，即基于文件的系统之不足及数据库方法所具备的优势。

第 2 章总览数据库环境。主要讨论了三层 ANSI-SPARC 体系结构的优点，介绍了目前最通用的数据模型，列出了多用户 DBMS 应提供的各种功能。

第 3 章考察各种多用户 DBMS 结构，讨论了数据库领域不同类型的中间件。分析 Web 服务，它能为用户和 SOA（面向服务的结构）提供新型的业务服务。该章简要描述分布式 DBMS 和数据仓库的结构，后面还将详细讨论。该章还给出一个抽象 DBMS 的内部结构以及 Oracle DBMS 的逻辑结构和物理结构，这一部分内容在数据库管理初级课程中可以略去。

第二部分　关系模型与语言

本书的第二部分介绍关系模型和关系语言，即关系代数和关系演算、QBE（举例查询）和 SQL（结构化查询语言）。这部分还介绍了两种非常流行的商用系统：Microsoft Access 和 Oracle。

第 4 章介绍当前最流行的数据模型——关系模型背后的概念，这是最常被选作商用标准的模型。具体安排是首先介绍术语并说明其与数学上的关系的联系，然后讨论关系完整性规则，包括实体完整性和引用完整性。这一章最后概述视图，第 7 章还将进一步讨论视图。

第 5 章介绍关系代数和关系演算，并用示例加以说明。这部分内容在数据库管理初级课程中可以略去。然而，在第 23 章学习查询处理和第 24 章学习分布式 DBMS 的分段时需要用到关系代数的知识。此外，虽然不是绝对有必要，但是了解过程式的代数与非过程式的演算之间的区别将有利于学习第 6 章和第 7 章介绍的 SQL 语言。

第 6 章介绍 SQL 的数据操作语句 SELECT、INSERT、UPDATE 和 DELETE。该章通过一系列有效的示例，以教程式的风格说明了这些语句的主要概念。

第 7 章讨论 SQL 标准中主要的数据定义机制。该章仍采用教程式风格，介绍 SQL 的数据类型、数据定义语句、完整性增强特性（IEF）和数据定义语句中一些更高级的特性，包

⊖　关于本书教辅资源，用书教师可向培生教育出版集团北京代表处申请，电话：010-5735 5169/5735 5171，电子邮件：service.cn@pearson.com。——编辑注

⊜　中文版分为两册，分别对应原书第一～五部分（基础篇）和第六～九部分（进阶篇）。本书为基础篇。——编辑注

括访问控制语句 GRANT 和 REVOKE。此外，将再次讨论视图以及用 SQL 如何创建视图。

第 8 章涉及 SQL 的一些高级特性，包括 SQL 的编程语言（SQL/PSM）、触发器和存储过程。

第 9 章介绍对象关系 DBMS，并详细描述了 SQL 新标准 SQL:2011 中的各种对象管理特性。该章还讨论了如何扩展查询处理和查询优化机制，以高效处理扩展的各种数据类型。该章最后将讨论 Oracle 中的对象关系特性。

第三部分　数据库分析与设计

本书的第三部分讨论数据库分析和设计的主要技术，以及这些技术的实际运用方法。

第 10 章总览数据库系统开发生命周期的各个主要阶段。特别强调了数据库设计的重要性，并说明这个过程如何被分为概念、逻辑和物理数据库设计三个阶段。此外，还描述了应用程序的设计（功能方面）对数据库设计（数据方面）的影响。数据库系统开发生命周期的关键阶段是选择合适的 DBMS。这一章讨论了对 DBMS 的选择过程，提供了一系列方针和建议。

第 11 章讨论数据库开发者应于何时使用实况发现技术，以及捕获何种类型的实况。这一章描述了最常用的实况发现技术及其优缺点。通过 DreamHome 案例研究说明在数据库系统生命周期的早期阶段如何应用这些技术。

第 12 章和**第 13 章**介绍了实体－联系模型和扩展的实体－联系（EER）模型，在 EER 模型中，允许使用更高级的数据建模技术，如子类、超类和分类。EER 模型是一种流行的高级概念数据模型，也是这里讨论的数据库设计方法学的一种基本技术。这两章还为读者介绍了如何使用 UML 来表示 ER 图。

第 14 章和**第 15 章**阐述了规范化背后的一系列概念，它是逻辑数据库设计方法学中的另一项重要技术。通过从一个完整的案例中抽取的几个有效部分，说明如何从一种范式转换到另一种范式，以及将数据库逻辑设计转换为某一更高范式（直至第五范式）的好处。

第四部分　方法学

本书的第四部分介绍了一种数据库设计方法学。该方法学分为三个阶段，分别是概念数据库设计、逻辑数据库设计和物理数据库设计。每个部分都使用 DreamHome 案例研究加以阐述。

第 16 章为概念数据库设计提供逐步指导的方法学。该章说明了如何将设计分解成多个基于各自视图的易于管理的部分，还给出了标识实体、属性、联系和关键字的方法。

第 17 章为关系模型的逻辑数据库设计提供逐步指导的方法学。该章阐述了如何将概念数据模型映射到逻辑数据模型，以及如何针对所需的事务使用规范化技术来验证逻辑数据模型。对于有多个用户视图的数据库系统，这一章还介绍了如何将得到的多个数据模型合并为一个能表示所有视图的全局数据模型。

第 18 章和**第 19 章**为关系系统的物理数据库设计提供逐步指导的方法学。该章阐述了如何将逻辑数据库设计阶段开发的全局数据模型转换成某关系系统的物理设计。方法学中还说明了如何通过选择文件组织方式和存储结构，以及何时引入可控冗余来改善实现的性能。

第五部分　可选的数据库专题

第五部分阐述了我们认为对于现代数据库管理课程必要的四个专题。

第 20 章讨论数据库的安全和管理问题。安全不仅要考虑 DBMS，还包括整个环境。该章将讨论 Microsoft Office Access 和 Oracle 提供的一些安全保障，并专门阐述了在 Web 环境下的一些安全问题，并给出了解决这些问题的方法。最后讨论数据管理和数据库管理的任务。

第 21 章考虑有关 IT 和数据管理与治理的职业、法律与道德问题。主要内容包括区分数据和数据库管理员面对的问题和场景中哪些属法律范畴、哪些属道德范畴；各项新的规章给数据和数据库管理员提出了哪些新的要求和职责；萨班斯 – 奥克斯利法案和巴塞尔 II 协议等法规对数据和数据库管理功能有何影响，等等。

第 22 章集中讨论了数据库管理系统应该提供的三种功能，即事务管理、并发控制及故障恢复。这些技术用于确保当多个用户访问数据库或出现硬件 / 软件部件错误时数据库是可靠且一致的。该章还讨论了一些更适合于长寿事务的高级事务模型，最后分析了 Oracle 中的事务管理。

第 23 章阐述查询处理和查询优化。该章讨论查询优化的两种主要技术：一种是使用启发式规则安排查询中操作的顺序，另一种是通过比较不同策略的相对代价选择资源耗费最少的策略。最后分析了 Oracle 中的查询处理。

第六部分　分布式 DBMS 与复制

第六部分阐述分布式 DBMS。分布式 DBMS 技术是当前数据库系统领域一个主要的发展方向。本书前面各章主要介绍集中数据库系统，即由单个 DBMS 控制的位于单个节点的单一逻辑数据库。

第 24 章讨论分布式 DBMS 的概念与问题。使用分布式 DBMS 时，用户既可以访问自己节点上的数据库，也可以访问存储在远程节点上的数据。

第 25 章阐述与分布式 DBMS 相关的各个高级概念。具体地说，重点阐述与分布式事务管理、并发控制、死锁管理以及数据库恢复相关的协议。此外，还讨论了 X/Open 分布式事务处理（DTP）协议。最后分析了 Oracle 中的数据分布机制。

第 26 章讨论利用复制服务器替代分布式 DBMS 的方案以及与移动数据库相关的问题。该章也分析了 Oracle 中的复制机制。

第七部分　对象 DBMS

本书前面各章都在关注关系模型和关系系统，其原因是这类系统在当前传统业务数据库应用中占据主导地位。不过，关系系统并不是万能的，在数据库领域发展面向对象 DBMS 就是试图克服关系系统的一些缺陷。第 27 章和第 28 章就专门叙述这一方面的发展细节。

第 27 章首先引入基于对象的 DBMS（object-based DBMS）的概念，查看业已出现的各类新兴的数据库应用，说明关系数据模型因其种种弱点而对这些新兴的应用无能为力。然后讨论面向对象 DBMS（object-oriented DBMS）的概念，从介绍面向对象数据模型及持久性编程语言开始。接下来，分析通常 DBMS 所用的两层存储模型与面向对象 DBMS 所用的单层存储模型的区别及对数据访问的影响。此外，还讨论了提供编程语言持久性的不同方法、指针混写的不同技术、版本控制、模式进化和面向对象 DBMS 体系结构等问题。该章也简要介绍了如何将本书第四部分介绍的方法学推广到面向对象 DBMS 中。

第 28 章介绍面向对象管理组（Object Data Management Group，ODMG）推荐的新的对象模型，这一模型已成为面向对象 DBMS 的事实标准。该章还介绍了一个商用的面向对象数据库——ObjectStore。

第八部分　Web 与 DBMS

本书的第八部分涉及将 DBMS 集成到 Web 环境的问题，以及半结构化数据及其与 XML 的关系、XML 查询语言和 XML 到数据库的映射。

第 29 章阐述将 DBMS 集成到 Web 环境的问题。首先简单介绍 Internet 和 Web 技术，然后说明 Web 作为数据库应用平台的适宜性，并讨论这种方法的优缺点。随后讨论若干种将 DBMS 集成到 Web 环境的方法，包括脚本语言、CGI、服务器扩展、Java、ADO 和 ADO.NET，以及 Oracle Internet Platform。

第 30 章阐述半结构化数据，然后讨论 XML 及 XML 如何成为 Web 上数据表示和交换的流行标准。该章讨论 XML 相关技术，如名字空间、XSL、XPath、XPointer、XLink、SOAP、WSDL 和 UDDI，等等。该章还阐述怎样用 XML 模式定义 XML 文档的内容模型，以及怎样用资源描述框架（RDF）为元数据交换提供框架。此外，还讨论了 XML 的查询语言，具体集中在由 W3C 提出的 XQuery。该章也讨论了为支持 XML 发布，或更广义地说为在数据库中映射和存储 XML 而对 SQL:2011 的扩展。

第九部分　商业智能

本书的最后一部分考虑与商业智能有关的主要技术，包括数据仓库、联机分析处理（OLAP）和数据挖掘。

第 31 章讨论数据仓库，包括它的定义、进化过程及潜在优缺点。该章阐述数据仓库的体系结构、主要组成部分和相关工具与技术，讨论数据集市及其开发和管理的有关问题。此外也讨论了数据仓库中与时间数据管理关联的概念及实践。最后分析了 Oracle 中的数据仓库机制。

第 32 章提供了设计用于决策支持的数据仓库和数据集市数据库的方法。该章描述了维度建模技术的基本概念并将其与传统的实体 – 联系建模技术进行比较；给出了数据仓库设计方法学指南，并通过扩展的 DreamHome 案例研究说明如何实际使用该方法学。该章最后说明如何用 Oracle Warehouse Builder 设计数据仓库。

第 33 章考虑联机分析处理（OLAP）。首先讨论了何谓 OLAP 以及 OLAP 应用的主要特性，然后讨论了多维数据的表示及主要的 OLAP 工具，最后讨论了 SQL 标准针对 OLAP 的扩展以及 Oracle 对 OLAP 的支持。

第 34 章考虑数据挖掘（DM）。首先讨论了何谓 DM 以及 DM 应用的主要特性，然后讨论了数据挖掘操作的主要特性和相关技术，最后描述了 DM 过程和 DM 工具的主要特性，以及 Oracle 对 DM 的支持。

附录

附录 A 给出 DreamHome 案例研究的说明，它将在全书通篇使用。

附录 B 给出另外三个案例研究，供学生课程设计时选用。

附录 C 给出有别于 UML 的另外两种建模表示法，即 Chen 氏表示方法和 Crow Feet 表示方法。

附录 D 总结了第 16 ～ 19 章讨论的概念、逻辑和物理数据库设计方法学。

附录 E 简单介绍用 C# 实现的一个称为 Pyrrho 的轻量级 RDBMS，它能说明本书讨论的许多概念，还能下载使用。

在线附录[⊖]

附录 F 介绍文件组织和存储结构的相关概念，它们对理解第 18 章讨论的物理数据库设计和第 23 章讨论的查询处理是必要的。

附录 G 给出 Codd 的关于关系 DBMS 的 12 条规则，它是鉴别关系 DBMS 的标准。

附录 H 介绍了两种最常用的商用关系 DBMS：Microsoft Office Access 和 Oracle。在本书的许多章节中，都涵盖这两种 DBMS 如何实现各种机制的内容，例如安全和查询处理等。

附录 I 借助 C 语言示例程序说明嵌入式和动态 SQL，还介绍了开放数据库互连（ODBC），这一标准现在已经成为访问异构 SQL 数据库的业界标准。

附录 J 讨论如何估计 Oracle 数据库的磁盘空间需求。

附录 K 概述面向对象的主要概念。

附录 L 提供若干 Web 脚本示例，补充第 29 章关于 Web 和 DBMS 的讨论。

附录 M 介绍交互式查询语言 QBE（举例查询），对于非专业用户来说，它是访问数据库时最易使用的语言之一。附录中将使用 Microsoft Office Access 来说明 QBE 的用法。

附录 N 给出第三代 DBMS 宣言。

附录 O 介绍 Postgres，它是一个早期的对象关系 DBMS。

本书的逻辑组织及建议的阅读路线见图 0-1。

纠错和建议

如此大部头的一本教材难免出现错误、分歧、遗漏和混乱，恳请各位读者为未来的再版和编辑留下你的意见。任何建议、纠错和建设性意见都可发邮件告诉我：thomas.connolly@uws.ac.uk。

致谢

这本书是我们在工业界、研究机构和学术界工作多年的结晶。要想列出在此过程中帮助过我们的所有人是很难的。我们在此对任何不巧被遗漏的人表示歉意。首先，我们把最特别的感谢和道歉送给我们的家人，这些年我们完全埋头工作，怠慢甚至忽略了他们。

我们想要感谢审阅本书早期版本的那些人：得克萨斯技术大学的 William H. Gwinn，位于莱斯特的德蒙福特大学的 Adrian Larner，斯克莱德大学的 Andrew McGettrick，南加州大学的 Dennis McLeod，加州大学的 Josephine DeGuzman Mendoza，俄克拉何马大学的 Jeff Naughton，诺瓦东南大学的 Junping Sun，佐治亚理工大学的 Donovan Young，布拉德富大学的 Barry Eaglestone，IBM 的 John Wade，米兰理工大学的 Stephano Ceri，位于厄斯特松德的瑞中大学的 Lars Gillberg，位于哈利法克斯的圣玛丽大学的 Dawn Jutla，伦敦城市大学的 Julie McCann，北卡罗来纳州立大学的 Munindar Singh，英国赫斯利的 Hugh Darwen，法国巴黎大学的 Claude Delobel，英国雷丁大学的 Dennis Murray，格拉斯哥大学的 Richard Cooper，厄勒布鲁大学的 Emma Eliason，斯德哥尔摩大学和皇家技术学院的

⊖ 在线附录为付费内容，需要的读者可向培生教育出版集团北京代表处申请购买，电话：010-5735 5169/5735 5171，电子邮件：service.cn@pearson.com。——编辑注

Sari Hakkarainen，芝加哥洛约拉大学的 Nenad Jukic，安特卫普大学的 Jan Paredaens，丹尼尔·韦伯斯特学院的 Stephen Priest 以及来自我们系的 John Kawala 和 Peter Knaggs，还有许多匿名的人，谢谢你们花了那么多时间看我们的书稿。我们也想感谢 Anne Strachan 对第 1 版的贡献。

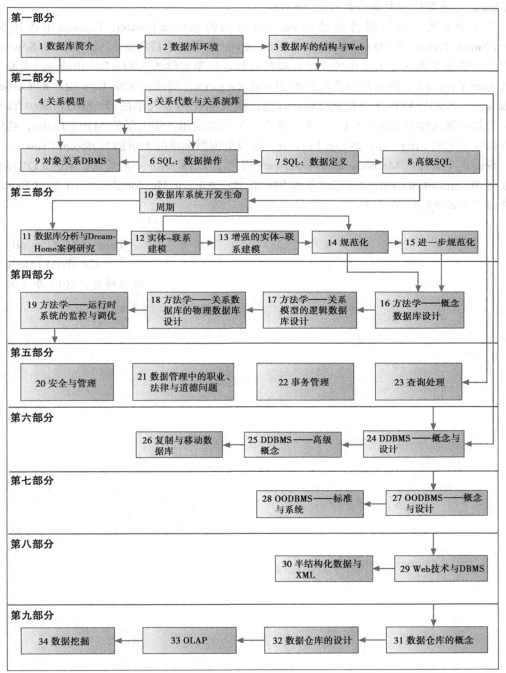

图 0-1　本书的逻辑组织及建议的阅读路线

我们还要感谢拉马尔大学的 Kakoli Bandyopadhyay，北得克萨斯大学的 Jiangping Chen，苟地比肯学院的 Robert Donnelly，多明尼克大学的 Cyrus Grant，华盛顿大学的 David G. Hendry，斯特林大学的 Amir Hussain，俄克拉何马州立大学的 Marilyn G. Kletke，伦敦城市大学 CCTM 系知识管理研究组的 Farhi Marir，印第安纳大学伯明顿主校区的 Javed Mostafa，曼彻斯特大学的 Goran Nenadic，旧金山州立大学的 Robert C. Nickerson，丹佛大学的 Amy Phillips 和劳伦斯技术大学的 Pamela Smith。

关于第 6 版，我们想特别感谢 Pearson 的编辑 Marcia Horton，Pearson 出版团队的 Kayla Smith-Tarbox 和 Marilyn Lloyd，以及 Cenveo 公司的项目负责人 Vasundhara Sawhney。我们也要感谢下面这些人做出的贡献：瑞典斯德哥尔摩大学的 Nikos Dimitrakas，卡迪夫大学的 Tom Carnduff，匹斯堡技术学院的 David Kingston，马里兰大学 Park 校区的 Catherine Anderson，罗切斯特理工学院的 Xumin Liu，澳大利亚国立大学的 Dr. Mohammed Yamin，伊兹密尔经济大学的 Cahit Aybet，芬兰哈格 – 赫利尔应用科学大学的 Martti Laiho，德国罗伊特林根大学的 Fritz Laux 和 Tim Lessner，以及英国西苏格兰大学的 Malcolm Crowe。

我们还应该感谢 Malcolm Bronte-Stewart 提出了 DreamHome 的想法，Moira O'Donnell 保证了 Wellmeadows Hospital 案例研究的准确性，Alistair McMonnies 和 Richard Beeby 帮助准备了 Web 网站上的材料。

Thomas M. Connolly

Carolyn E. Begg

格拉斯哥，2013 年 2 月

附　录

在 线 资 源

Database Systems: A Practical Approach to Design, Implementation, and Management, 6E

背 景

数据库简介

本章目标

本章我们主要学习：

- 数据库系统的重要性
- 某些常见的数据库系统应用实例
- 基于文件的系统的特性
- 基于文件的系统所面临的问题
- 术语 "数据库" 的含义
- 术语 "数据库管理系统"（DBMS）的含义
- DBMS 的典型功能
- DBMS 环境的主要组成部分
- 与 DBMS 环境有关的各类人员
- DBMS 的发展历史
- DBMS 的优缺点

　　不过区区 50 年，数据库的研究对国民经济和人类社会产生了巨大的影响，诞生了一个年产值在 350 亿至 500 亿美金的产业。数据库系统，也就是本书的主题，毫无疑问是软件工程领域最引人注目的成就，并且数据库目前作为所有信息系统的基础，正改变着许多组织机构的运作方式。随着硬件功能、硬件容量的显著提高以及通信技术的快速发展，包括万维网、电子贸易、商务智能、移动通信和网格计算等技术的出现，数据库系统的重要性已经越来越突显。

　　数据库技术本身已经成为一个令人振奋的研究领域，同时催化了软件工程领域许多其他方向的发展。数据库的研究远没有终止，还有许多问题尚待探讨。实际上，随着数据库系统应用越来越复杂，人们必须重新考虑现在正在使用的许多算法，例如文件存储、访问和查询优化的算法。原来的这些算法对软件工程的发展曾做出了重要贡献，毫无疑问，不断出现的新算法也将显现同样的影响。本章将首先介绍数据库系统。

　　由于其重要性，若干有关计算和商务的课程都包括数据库系统的内容。本书主要讨论与数据库系统实现和应用相关的问题。我们也将集中学习如何设计一个数据库，并给出一套方法学以指导大家设计或简或繁的数据库。

本章结构

　　1.1 节引入了一些日常生活中常用但却未引起特别注意的数据库系统应用实例。1.2 节和 1.3 节中，将早期用于手工文件计算机化的基于文件的方法与现代更实用的数据库方法进行比较。1.4 节讨论了在数据库环境中人可能担任的四种角色，分别是数据和数据库管理员、数据库设计人员、应用开发人员和终端用户。1.5 节简单回顾了数据库的发展史，1.6 节讨论数据库系统的优缺点。

贯穿全书，我们使用一个称为 DreamHome 的系统作为例子来介绍所有的概念，它基于一个虚拟的房产管理公司。11.4 节和附录 A 对这个例子进行了详细的叙述。附录 B 提供了另外一些更加实际的案例，许多章后习题将用到这些案例。

1.1 引言

数据库系统其实现在已是人们生活中密不可分的一部分，只是并非每个人使用时都有所察觉。作为对数据库讨论的开始，本章首先查看数据库系统的一些常见应用。为此，暂时将**数据库**看作一组相关的数据，**将数据库管理系统**（DBMS）看作管理和控制这组数据的软件。而**数据库应用**就是一个程序，它在运行过程的某些点上与数据库相互作用。此外，我们使用术语**数据库系统**来指代包括与数据库相互作用的一组应用程序、DBMS 和数据库在内的所有东西。1.3 节将对上述各个术语给出更加准确的定义。

超市购物

当我们在超市购买商品时，其实就是在访问一个数据库。收银员使用条形码阅读器扫描客户购买的每一件商品。这个条形码阅读器连接着一个访问商品数据库的应用程序，该程序根据条形码从商品数据库中找出商品价格，从库存中减去本次销售这种商品的数量，并且在屏幕上显示价钱。如果存货量低于预定的阈值，数据库系统将提示进货以补充存货。如果有客户向超市打电话订购商品，售货员可以通过运行应用程序，从数据库中检查某商品是否有足够的存货。

信用卡消费

当使用信用卡购买商品时，售货员一般要检查客户是否有足够的信用额度。该项检查可以通过打电话进行，也可以通过一个与计算机系统相连接的信用卡阅读器自动进行。无论哪种方式，一定在某处存有该客户使用信用卡购买过商品的所有信息。为了检查客户的信用情况，需要有一个数据库应用程序，使用信用卡号码检索这个月客户已购买商品的总价格，加上这次希望用信用卡购买的商品的价格，判断是否仍在信用额度之内。如果这次购买被确认，则购买的详细内容将被记录到该数据库中。应用程序还要访问数据库，在同意购买之前，检查信用卡不属被盗或者丢失之列。此外，一般还有一些其他的应用程序负责每月向信用卡持卡人发送信用卡使用记录，并在收到付款之后向信用卡持卡人发送信息。

通过旅行社预订假期行程

当旅客向旅行社咨询假期行程安排时，旅行社将访问多个包含假日和航班详细信息的数据库。若客户预订旅程，数据库系统必须进行所有必要的预订安排。在这种情况下，系统必须确保一个座位不被两个不同的旅行社预订，以及航班的预订座位不超过航班的固定座位。例如，假设从伦敦飞往纽约的航班上仅剩最后一个座位，却有两个旅行社同时要求预订该座位，系统必须能够分辨和处理这种情况，即允许一个预订继续进行，通知另外一个旅行社已经没有剩余的座位。旅行社通常可能还有另外一个数据库用于开列票据。

使用当地图书馆

在图书馆中可能存在一个数据库，储存着图书馆中所有图书的详细资料、读者的详细信息以及图书预订信息等。可能还有一个计算机索引系统，供读者个人根据书名、作者或者摘要等信息查找书籍。数据库系统还能提供预订服务，即允许读者预订图书，当该书可以借阅时，用邮件的方式通知读者。系统还向借书的读者发送提醒信息，告知其在规定的期限内尚未归还所借书。典型的情况是，系统还配有一个条形码阅读器，与前述超市的场景相似，用来扫描并记录下进出图书馆的所有书籍。

投保

无论何时若想投保某个险种，比如寿险、家庭财产险或汽车保险，保险经纪人都可能要访问多个保险机构的数据库。数据库系统根据所提供的客户个人详细信息，如姓名、家庭住址、年龄等情况，来确定保险的金额。保险经纪人可通过查阅多个数据库，找到一个能给客户最大实惠的保险组织。

租借 DVD

当你从某个 DVD 公司租碟时大都看到一个数据库，其中记录着每张 DVD 的名称和拷贝数以及每个拷贝是已借出还是在店里，还记录着每个会员（租借人）的详细信息，包括他目前借了那些 DVD 及应归还日期。数据库中也可能存储着关于每张 DVD 的更多信息，比如影片的导演和演员。公司可以利用这些信息监控库存的利用率，或根据历史租借数据预测未来趋势。

使用 Internet

Internet 中的许多网站都是通过数据库应用驱动的。例如，可以访问一个在线书店，浏览和购买书籍，比如 Amazon.com。书店允许客户在不同的种类中浏览书籍，例如计算机类或者管理类，或者按作者的姓名来浏览书籍。无论何种情形，该组织的网络服务器中都存在一个数据库，含有所有书籍的详细信息，以及是否有存货、运送情况、库存量和正在订购等信息。书籍详细信息包括书名、ISBN、作者、价格、销售记录、出版社、简介和详细描述等。在数据库中书籍可被交叉引用。例如，一本书可能被列在多个种类下，比如同时列在计算机、程序语言、畅销书和推荐书籍名下。交叉引用使得 Amazon 网站能为客户提供与其感兴趣的主题相关的其他书籍的信息。

像前面的例子一样，可以通过提供自己信用卡的详细信息，在线购买一本或多本书籍。Amazon 网站将通过保存所有先前交易的记录，包括购买的书目、送货地点和信用卡详细信息，为重返网站的用户提供个性化服务。当用户重返该网站时，将会看到自己的名字出现在欢迎语中，并且可以看到基于客户交易历史推荐的一组主题书籍列表。

大学学习

如果你正在大学就读，学校可能有一个包含学生所有信息的数据库系统，包括所注册的课程、曾获得的各类奖学金、往年已选择的课程和今年正在选择的课程以及所有考试成绩。可能还有一个数据库包含在大学中工作的员工的详细信息，为工资发放部门提供与工资相关的详细个人信息。

上述是常见数据库系统中的几个，你肯定还会遇见其他更多的数据库系统。虽然我们今天对这样一些应用司空见惯，但其实数据库系统是相当复杂的技术，历经了四十多年的发展。下一节我们先回顾一下数据库系统的前身：基于文件的系统。

1.2　传统的基于文件的系统

内容全面一些的数据库书籍在介绍数据库系统之前，一定会对它的前驱（基于文件的系统）进行简单的回顾，这几乎已成为惯例。本书也不例外。尽管基于文件的方法已基本不用了，但是研究它还是有道理的：

- 搞清基于文件的系统固有的问题，可以避免在数据库系统中重复这些问题。换句话说，应该向以前所犯的错误学习。实际上，使用"错误"这个词多少有些贬义，未能对多年来文件系统所提供的有用服务给予足够的认可。然而，人们已经从中学会了用更好的方法处理数据。
- 若想将一个基于文件的系统转换成一个数据库系统，尽管不是必要的，但了解文件系统如何工作将会很有帮助。

1.2.1 基于文件的方法

基于文件的系统 | 为终端用户提供服务的一组应用程序，如生成报表等。每一个程序定义和管理它自己的数据。

基于文件的系统是将人们熟悉的手工文件计算机化的一种早期的方法。例如，某个单位可能手工创建一个纸质文件，用以记录有关项目、商品、任务、客户和雇员的所有内部和外部对应关系。更典型的情况是可能存在多个这样的文件，分别被贴上标签，保存在一个或多个文件柜中。为了安全起见，这些文件柜还可能被锁起来，或者放在安全的地方。在我们自己家中，也可能有一些文件，分别保存收据、保单、发票、银行结算单等东西。当需要查找某项内容时，一般需从所保存文件的第一项开始逐项遍历，直到发现需要的东西。当然，我们也可借助索引系统更快地进行定位。比如我们可根据逻辑相关性将保存的项目先分门别类地组织在各种文件夹中。

当存储的项目数量较少时，手工的文件系统尚可以很好地发挥作用。即使项目量较大，若只需要存储和检索它们，手工的文件系统仍然可以很好地工作。然而，出现交叉引用或者需在文件中更改信息时，手工的文件系统就难以为继。例如，一个典型的房产代理机构可能对每一个待售或待租的房产、每一个可能的购买者和租用者，以及每一个员工都有一个分开的数据文件。设想一下如果要回答下面的问题需要付出多少工作量：

- 有多少带花园和车库的三居室房产出售？
- 在距离市中心 3 千米以内的地方，有多少房间可以出租？
- 两居室房间平均的租金是多少？
- 员工的年薪总和是多少？
- 上一个月的交易量与这个月计划的交易量相比如何？
- 在下一个财政年度中预计的交易量是多少？

如今客户、高级管理人员和员工需要越来越多的信息。在某些部门，按月、季度和年生成报表都是合理的需求。很明显，手工文件系统对于这类工作已很不适宜。基于文件的系统正是为了满足工业上能进行更高效的数据访问的需要而应运而生的。然而，它仍未能集中存储组织机构的运行数据，而是采用了分散的方法，即每一个部门在**数据处理**（DP）人员的帮助下，存储和控制他们各自的数据。为了理解其含义，让我们来看一下 DreamHome 实例。

销售部门负责房产的出售和出租业务。例如，当一个客户与销售部门联系，想要在市场上出租他的房产，则首先会填写一个类似于图 1-1a 的表格。该表格给出了关于房产的详细信息，例如地址、房间数量及业主的详细信息。销售部门还负责答复来自客户的查询，并且为每一个客户填写类似于图 1-1b 的表格。在数据处理部门的帮助下，销售部门创建一个信息系统来处理房产的出租业务。这个系统包括三个文件，分别包含房产、业主和客户的详细信息，如图 1-2 所示。为了简化起见，不考虑员工、分公司和业主之间的关联信息。

DreamHome
Property for Rent Details
Property Number: PG21

Address 18 Dale Rd	**Allocated to Branch:** 163 Main St, Glasgow
City Glasgow	**Branch No.** B003
Postcode G12	
Type House **Rent** 600	**Staff Responsible** Ann Beech
No. of Rooms 5	

Owner's Details

Name Carol Farrel	**Business Name**
Address 6 Achray St Glasgow G32 9DX	**Address**
Tel. No. 0141-357-7419	**Tel. No.**
Owner No. CO87	**Owner No.**
	Contact Name
	Business Type

a）出租房产的详细信息表

DreamHome
Client Details
Client Number: CR74

First Name Mike	**Last Name** Ritchie
Address 18 Tain St PA1G 1YQ	**Tel. No.** 01475-392178

Property Requirement Details

Preferred Property Type House	**Maximum Monthly Rent** 750
General Comments Currently living at home with parents Getting married in August	

Seen By Ann Beech	**Date** 24-Mar-13
Branch No. B003	**Branch City** Glasgow

b）客户的详细信息表

图 1-1 销售部门表格

PropertyForRent

propertyNo	street	city	postcode	type	rooms	rent	ownerNo
PA14	16 Holhead Rd	Aberdeen	AB7 5SU	House	6	650	CO46
PL94	6 Argyll St	London	NW2	Flat	4	400	CO87
PG4	6 Lawrence St	Glasgow	G11 9QX	Flat	3	350	CO40
PG36	2 Manor Rd	Glasgow	G32 4QX	Flat	3	375	CO93
PG21	18 Dale Rd	Glasgow	G12	House	5	600	CO87
PG16	5 Novar Dr	Glasgow	G12 9AX	Flat	4	450	CO93

PrivateOwner

ownerNo	fName	lName	address	telNo
CO46	Joe	Keogh	2 Fergus Dr, Aberdeen AB2 7SX	01224-861212
CO87	Carol	Farrel	6 Achray St, Glasgow G32 9DX	0141-357-7419
CO40	Tina	Murphy	63 Well St, Glasgow G42	0141-943-1728
CO93	Tony	Shaw	12 Park Pl, Glasgow G4 0QR	0141-225-7025

Client

clientNo	fName	lName	address	telNo	prefType	maxRent
CR76	John	Kay	56 High St, London SW1 4EH	0207-774-5632	Flat	425
CR56	Aline	Stewart	64 Fern Dr, Glasgow G42 0BL	0141-848-1825	Flat	350
CR74	Mike	Ritchie	18 Tain St, PA1G 1YQ	01475-392178	House	750
CR62	Mary	Tregear	5 Tarbot Rd, Aberdeen AB9 3ST	01224-196720	Flat	600

图 1-2 销售部门所使用的 PropertyForRent、PrivateOwner 和 Client 文件

合同部门负责处理与出租房产相关的出租协议。当某客户同意租用一处房产时，销售员将会填写一份表格，包括客户和房产的详细信息，如图 1-3 所示。这个表格将会被送到合同部门，由合同部门分配一个租用编号，并且完成支付和租用过程中的详细内容。在数据处理部门的帮助下，合同部门创建一个信息系统来处理租用协议。这个系统包含三个文件，分别处理租用、房产和客户的详细信息，与销售部门所含有的数据类似，如图 1-4 所示。

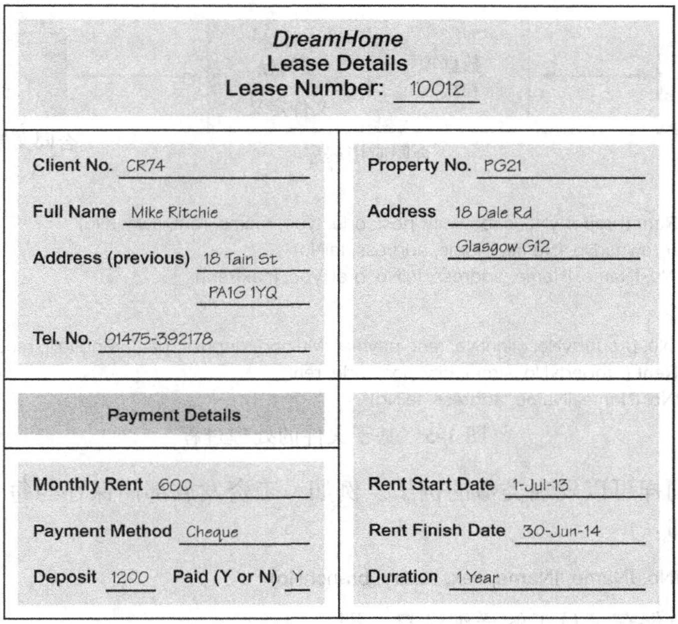

DreamHome
Lease Details
Lease Number: _10012_

Client No. _CR74_	Property No. _PG21_
Full Name _Mike Ritchie_	Address _18 Dale Rd_
Address (previous) _18 Tain St_	_Glasgow G12_
_PA1G 1YQ_	
Tel. No. _01475-392178_	

Payment Details

Monthly Rent _600_	Rent Start Date _1-Jul-13_
Payment Method _Cheque_	Rent Finish Date _30-Jun-14_
Deposit _1200_ Paid (Y or N) _Y_	Duration _1 Year_

图 1-3　合同部门使用的租约详细信息表

Lease

leaseNo	propertyNo	clientNo	rent	payment Method	deposit	paid	rentStart	rentFinish	duration
10024	PA14	CR62	650	Visa	1300	Y	1-Jun-13	31-May-14	12
10075	PL94	CR76	400	Cash	800	N	1-Aug-13	31-Jan-14	6
10012	PG21	CR74	600	Cheque	1200	Y	1-Jul-13	30-Jun-14	12

PropertyForRent

propertyNo	street	city	postcode	rent
PA14	16 Holhead	Aberdeen	AB7 5SU	650
PL94	6 Argyll St	London	NW2	400
PG21	18 Dale Rd	Glasgow	G12	600

Client

clientNo	fName	lName	address	telNo
CR76	John	Kay	56 High St, London SW1 4EH	0171-774-5632
CR74	Mike	Ritchie	18 Tain St, PA1G 1YQ	01475-392178
CR62	Mary	Tregear	5 Tarbot Rd, Aberdeen AB9 3ST	01224-196720

图 1-4　合同部门使用的 Lease、PropertyForRent 和 Client 文件

图 1-5 所示为整个过程。它显示了各个部门通过为它们特别编写的应用程序来访问各自的文件。每组部门应用程序处理自己的数据录入、文件维护和特定报表的产生。更重要的

是，数据文件和记录的物理结构和存储是由应用程序定义的。

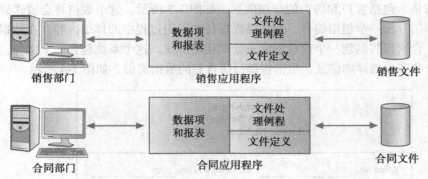

销售文件
PropertyForRent (propertyNo, street, city, postcode, type, rooms, rent, ownerNo)
PrivateOwner (ownerNo, fName, lName, address, telNo)
Client (clientNo, fName, lName, address, telNo, prefType, maxRent)

合同文件
Lease (leaseNo, propertyNo, clientNo, rent, paymentMethod, deposit, paid, rentStart, rentFinish, duration)
PropertyForRent (propertyNo, street, city, postcode, rent)
Client (clientNo, fName, lName, address, telNo)

图 1-5　基于文件的处理过程

在其他部门同样可以发现类似的例子。例如，工资发放部门保存与每一个员工的工资相关的详细信息，即：

StaffSalary(staffNo, fName, lName, sex, salary, branchNo)

而人事部门也保存了员工的详细信息，即：

Staff(staffNo, fName, lName, position, sex, dateOfBirth, salary, branchNo)

可以很清楚地看出，在这些部门中含有许多重复的信息，基于文件的系统普遍存在这个问题。在讨论该方法的局限性之前，首先了解一下基于文件的系统所使用的术语是很有必要的。一个文件只是一些记录的简单集合，这些记录中包含**逻辑上相关的数据**。例如，在图 1-2 中表示的 PropertyForRent 文件包含六条记录，每一处房产对应一条记录。每一条记录包含一组逻辑上相关的一个或多个**数据项**（或域），每一个数据项代表了所建模的现实世界房产的某种特性。在图 1-2 中，PropertyForRent 文件的数据项代表了房产的特性，例如地址、房产类型及房间数量等。

1.2.2　基于文件方法的局限性

上述对传统基于文件的系统的简介足以用来讨论这种方法的局限性。表 1-1 列出了五个方面的问题。

数据被分离和孤立

当数据被孤立在分离的文件中时，访问这些数据变得更加困难。例如，如果想建立一个满足客户要求的所有连体房的列表，那么首先不得不创建一个临时文件，列出所有需要连体房这种户型的客户。然后查阅 PropertyForRent 文件，查找房产类型为连体房并且租金少于客户最高租金的那些项目。对于文件系统来说，这个过程是非常困难的。应用程序开发者必须保持两个文件访问过程的同步性，以确保提取的数据是正确的。如果需要来自于多于两个

表 1-1　基于文件系统的局限性

数据被分离和孤立
数据存在冗余
数据存在依赖性
文件格式不相容
查询一成不变 / 应用程序需不断翻新

文件中的数据，难度还会增加。

数据存在冗余

由于不同部门的各自为战，基于文件的系统导致了失控的数据冗余，必需的冗余除外。例如在图 1-5 中，可以清楚地看到，在销售部门和合同部门存在房产和客户详细信息的冗余。由于下述原因，失控的数据冗余不受欢迎：

- 冗余是一种浪费。它需要花费更多的时间和资金录入一次以上数据。
- 冗余占用更多的存储空间，同时增加与之相关的费用。在许多情况下，数据的冗余可以通过共享数据文件来解决。
- 也许最重要的是，冗余可能导致数据完整性遭到破坏。换句话说，这些数据可能将不再一致了。例如，让我们考虑一下前面所讨论过的工资发放部门和人事部门之间的数据冗余。如果一个员工搬了住处，只将地址的改变告知人事部门，而没有通知工资发放部门，那么这个员工的工资清单将会被寄到错误的地方。当一个员工升职，工资也随着改变时，如果此时这个变化只通知了人事部门，而没有在工资发放部门登记，情况将会变得更严重。这时，员工将会收到错误的工资。当检测到这种错误时，想要解决这个问题通常要花费很大的努力和很多的时间。这两个例子中介绍的数据不一致性都是由于数据的冗余产生的。因为没有方法可以使人事部门自动更新工资发放部门的数据，这种数据的不一致性是可以预见的。即使工资发放部门知道了这个数据的变化，输入数据时也可能出错。

数据存在依赖性

前面已经提到过，数据文件的物理结构和存储方式是由应用程序定义的。这就意味着，改变已经存在的结构十分困难。比如，欲将 PropertyForRent 文件中的 address 数据项从 40 个字符长增加为 41。看似一个很简单的变化，却需要创建一个专门的程序（这个程序可能只运行一次，然后就丢弃），将 PropertyForRent 文件转换成一种新的格式。这个程序必须：

- 打开原始的 PropertyForRent 文件供读取。
- 打开一个具有新结构的临时文件。
- 从原始文件中读取一个记录，修改数据，使之与新的格式相符，并将它写入临时文件中。对原始文件中的所有记录重复上述工作。
- 删除原始的 PropertyForRent 文件。
- 将临时文件更名为 PropertyForRent。

另外，所有访问 PropertyForRent 文件的应用程序必须进行修改，以便与新的文件结构相符。可能会有多个程序访问 PropertyForRent 文件。程序员需要找到所有受到影响的程序，一一修改它们，然后重新进行测试。注意，这其中有的程序可能从未用到修改的 address 数据项，而仅仅是使用了 PropertyForRent 文件。很明显，这是一件很浪费时间并且极易出错的工作。基于文件系统的这个特性就是所谓的**程序 – 数据依赖性**。

文件格式不相容

因为文件的结构是嵌入到应用程序中的，因此这个结构取决于应用程序使用的语言。例如，用 COBOL 语言编写的程序所形成的文件结构与用 C 语言编写的程序所形成的文件结构是不同的。这种文件的直接不相容性使它们很难联合运行。

例如，设想一下合同部门想要找出所有的业主姓名和地址。然而遗憾的是，合同部门没有保留业主的详细信息，只有销售部门保留这些信息。然而合同部门拥有房产编号（propertyNo），可以用这个编号找到销售部门的 PropertyForRent 文件中相对应的房产编号。这个文件中还有业主编号（ownerNo），可以再利用这个编号找到 PrivateOwner 文件中业主的详细信息。假设合同部门的程序是用 COBOL 语言编写的，而销售部门的程序是用 C 语言编写的。那么，为了使两个 PropertyForRent 文件中的 propertyNo 相匹配，就要求应用开发人员专门编写一个软件，将这些文件转换成公共的格式以完成上述处理过程。同样，这件工作也是相当耗时且昂贵的。

查询一成不变 / 应用程序需不断翻新

从终端用户的观点看，基于文件的系统比手工系统有了很大的进步。很自然，用户又提出新的需求或者要求修改原有查询。然而，基于文件的系统是完全依赖应用开发人员的，由应用开发人员编程实现所有要求的查询和报表。这将会产生两种结果。在一些单位中，查询或报表的类型是固定的。没有办法满足那些未列入计划的查询（即突发奇想的查询），无论是查询数据本身还是查询哪类数据可用。

而在另一些单位中，不断翻新文件和应用程序。最后发展到数据处理部门不堪重负，仅用现有的资源已不能完成所有的工作。这样会给数据处理部门的员工增加很大的压力，结果导致程序不能或者不能高效地满足用户要求，还将导致文档不全、维护困难等。通常情况下，下列某类功能不得不被舍弃：

- 不能提供安全性和完整性保护。
- 当硬件或软件故障发生时，不能恢复或者恢复受限。
- 在某一时刻只允许一位用户对文件进行访问，不支持同一个部门的员工对文件的共享访问。

上述任何一种情况都是不可接受的，因此我们需要另外一种数据管理的解决方法。

1.3 数据库方法

上面列出的基于文件方法的种种局限性可以归结为两个原因：

（1）数据的定义被嵌入到应用程序中，而不是分开和独立地存储。

（2）除了应用程序规定之外的那些数据访问和操作无法得到控制。

为了变得更加高效，需要一种新的方法。数据库和数据库管理系统（Database Management System，DBMS）应运而生。在本节中，将给出这些术语的更为正式的定义，并且讨论在 DBMS 环境中应具有哪些功能部件。

1.3.1 数据库

▎**数据库**▎为满足某个组织机构的信息要求而设计的一个逻辑相关数据及其描述的共享集。

让我们来研究数据库的这个定义，从而完全地理解这个概念。数据库是一个含有大量数据的、可能被许多部门和用户同时使用的大数据集。所有的数据项都被集中起来，具有很少量的数据冗余，而不是像基于文件的系统那样，具有很多冗余数据的不相连的文件。数据库不再是某一个部门私有的，而是一个共享的资源。数据库中不仅含有组织的运行数据，而且还含有对这些数据的描述。由于这个原因，数据库有时也被定义为一组集成记录的自描述的集。数据的描述称为**系统目录**（也称为**数据字典**或**元数据**——数据的数据）。正是数据库的自我描述功能才提供了程序 – 数据独立性。

数据库系统所采用的数据的定义与应用程序相分离的方法，与现代软件开发使用的对象的内部定义和外部定义分离的方法十分类似。对象的使用者只能看到对象的外部定义，而不能看到对象内部是如何定义以及如何工作的。这种方法的一个优点称为**数据抽象**，是指假设对象的外部定义保持不变，可以任意更改对象的内部定义，而不影响用户正常使用该对象。使用同样的方法，数据库方法将数据结构从应用程序中分离出来，并且将其存储在数据库中。如果要添加新的数据结构，或者已有的数据结构需要修改，假设应用程序与正在修改的部分无关，它们将不会受到影响。例如，如果向一个记录添加新的域或者创建一个新的文件，已经存在的应用不会受到影响。然而，如果移走的是正在被一个应用程序使用的文件中的域，那么这个应用当然会受影响，必须做出相应的修改。

数据库定义中最后一个应该解释的术语是"逻辑相关的"。当分析一个组织所需要的信息时，总是试图找出实体、属性和联系。**实体**是组织中一个独立的、将要在数据库中体现出来的对象（人、地点、东西、概念或者事件）。**属性**描述我们想要记录的对象的某一方面的特性，**联系**描述实体之间的关联。例如，图 1-6 表示了 DreamHome 实例的一个部分实体 – 联系（ER）图，其中包括：

- 六个实体（正方形）：Branch、Staff、PropertyForRent、Client、PrivateOwner 和 Lease。
- 七种联系（靠近连线的名字）：Has、Offers、Oversees、Views、Owns、LeasedBy 和 Holds。
- 六个属性，每个实体一个：branchNo、staffNo、propertyNo、clientNo、ownerNo 和 leaseNo。

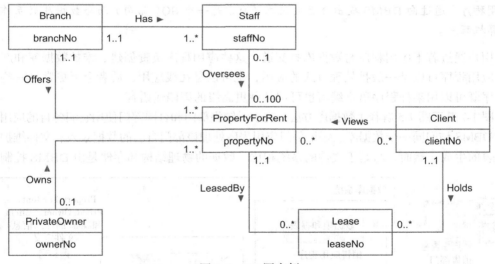

图 1-6　ER 图实例

数据库能表现这些实体、属性和实体之间的逻辑联系。换句话说，数据库含有在逻辑上相关的数据。第 12 章和第 13 章将详细讨论 ER 模型。

1.3.2　数据库管理系统（DBMS）

| DBMS | 一个支持用户对数据库进行定义、创建、维护及控制访问的软件系统。

DBMS 是一个与用户的应用程序和数据库相互作用的软件。典型情况下，DBMS 提供下列功能：

- 允许用户定义数据库，通常是通过**数据定义语言**（Data Definition Language，DDL）。DDL 允许用户指定数据类型、数据结构，以及被存储到数据库中的数据应满足的约束。
- 允许用户在数据库中插入、更新、删除和检索数据，通常这些工作是通过**数据操作语言**（Data Manipulation Language，DML）完成的。由于集中存放所有的数据和数据描述，因此允许 DML 提供一个对这些数据进行一般查询的机制，称为**查询语言**。查询语言的提出缓解了基于文件的系统中的一些问题，如用户只能执行固定的查询，或者不得不翻新程序而给软件管理带来困难。最常见的查询语言是**结构化查询语言**（SQL，读作"S-Q-L"或"See-Quel"），该语言现在对于关系型 DBMS 来说，既是形式的也是实际的标准语言。为了强调 SQL 的重要性，我们将第 6～9 章和附录 I 的篇幅都用于深入学习该语言。
- 提供数据库的受控访问。例如，它可以提供：
  - 一个安全系统，禁止未授权的用户访问数据库。
  - 一个完整的系统，保持所存储数据的一致性。
  - 一个并发控制系统，允许数据库的共享访问。
  - 一个恢复控制系统，能够将数据库恢复到出现硬件或软件故障之前的某个一致状态。
  - 一个用户可访问的目录，该目录描述了数据库中所存储的数据。

1.3.3 （数据库）应用程序

应用程序 | 通过向 DBMS 提出合适的请求（通常是一个 SQL 语句）而与数据库交互作用的计算机程序。

用户通过若干应用程序与数据库打交道，这些应用程序负责创建、维护数据库和产生信息。应用程序可以是一般批处理方式的应用，也可以是在线应用，后者今天更常见一些。应用程序既可以用某种程序语言编写也可用某种更高级的第四代语言。

图 1-7 基于图 1-5 解释了数据库方法。它表示销售部门和合同部门使用它们各自的应用程序通过 DBMS 访问同一个数据库。每组部门应用程序处理该部门自己的数据录入、文件维护和特定报表的生成。然而，与基于文件的系统相比，数据的物理结构和存储是由 DBMS 控制的。

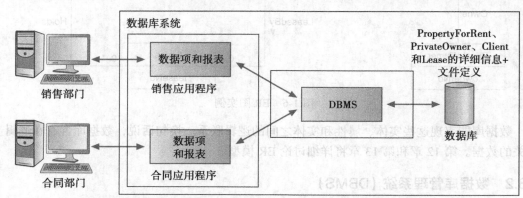

PropertyForRent (propertyNo, street, city, postcode, type, rooms, rent, ownerNo)
PrivateOwner (ownerNo, fName, lName, address, telNo)
Client (clientNo, fName, lName, address, telNo, prefType, maxRent)
Lease (leaseNo, propertyNo, clientNo, paymentMethod, deposit, paid, rentStart, rentFinish)

图 1-7 数据库处理

视图

视图功能使 DBMS 成为一种极其强大和有用的工具。然而，系统的终端用户一般并不感兴趣对于系统来说任务的难易程度，所以可能有一些人会认为 DBMS 将事情变得过于复杂了，因为他们现在看到的数据比实际需要和想要的数据多得多。例如，合同部门本只需要查看关于已租用房产的有关信息，如图 1-5 所示，而这在数据库方法中已经被改变了，如图 1-7 所示。现在数据库还含有房产类型、房间数量以及业主等信息。为解决这个问题，DBMS 提供了另外一种方便的方法，称为**视图机制**，允许每一位用户对数据库有其自己的视图（一个**视图**实际上是数据库的一个子集）。例如，可以建立一个视图，允许合同部门只看到他们想要看到的对于租用房产来说有关的数据信息。

除了通过允许用户按照他们自己的视图查看数据来降低复杂度外，视图还有许多其他好处：

- 视图提供了一个保密级别。可以通过建立视图将一些用户不能查看的数据排除在外。例如，可以建立一个视图，允许部门经理和工资发放部门看到员工的所有信息，包括工资的详细信息，而创建另外一个视图，其他员工可通过它查看除了工资情况以外的所有其他信息。
- 视图提供了一个自定义数据库外观的机制。例如，合同部门可能希望按月租金数据项（rent）具有一个更加明显的名字，如 Monthly Rent。
- 当基本数据库已经被改变时（例如，添加或删除数据项、改变联系、分裂文件、重构或者重新命名），视图机制仍可以提供与原来一致的、似乎未变化的数据库结构。例如，一个数据项被添加入一个文件或从一个文件中删除，而这个数据项不含在视图里的话，那么视图将不会受影响。因此，视图有助于提高前述的程序 - 数据独立性。

上面的讨论是关于 DBMS 的一般功能，实际系统所提供的功能因产品而异。例如，个人计算机的 DBMS 可能不支持并发的共享访问，并且可能只提供有限的安全性、完整性和恢复控制。然而，现代的、较大的多用户 DBMS 产品提供了所有上述功能，以及其他更多的附加功能。现代系统一般都是包含上百万行代码和大量文档卷宗的十分复杂的软件。复杂性是由于这款软件必须处理更加一般化的需求。时至今日，人们要求 DBMS 达到完全的可靠性和 24/7 可用性（即一天 24 小时，一周 7 天），即使在出现硬件或软件失败的情况下也要这样。DBMS 正在继续扩展，以满足最新的用户要求。例如，现在的一些应用要求存储图像、视频、声音等信息。为了达到这个要求，DBMS 必须进行某种改变。因为人们总是提出新的功能需求，所以 DBMS 的功能也将永远不会静止不变。在后面的章节中我们将介绍 DBMS 的基本功能。

1.3.4 DBMS 环境的组成部分

可以将 DBMS 环境看成由五部分组成：硬件、软件、数据、过程和人，如图 1-8 所示。

图 1-8 DBMS 环境

硬件

　　DBMS 和应用的运行要求硬件支撑。硬件可以是一台个人计算机、一台大型机甚至是多台计算机连接的网络。特定的硬件取决于组织机构的要求和所使用的 DBMS。一些 DBMS 只能在特定的硬件系统和操作系统上运行，而另外一些可适用于各种硬件系统和操作系统。DBMS 一般对主存和硬盘空间有一个最低要求，但在此低限上不能保证提供可接受的性能。在图 1-9 中显示了 DreamHome 的一个简化硬件结构。它包含一个微机网络，网络中的核心计算机位于伦敦，用于运行 DBMS 的**后台**程序，也就是 DBMS 中处理和控制数据库访问的部分。此外还有许多位于不同地方的运行 DBMS **前台**的计算机，也就是运行 DBMS 中与用户接口的部分，这种结构称为**客户 – 服务器**体系结构：后台是服务器，前台是客户机。在 3.1 节中将讨论这种类型的体系结构。

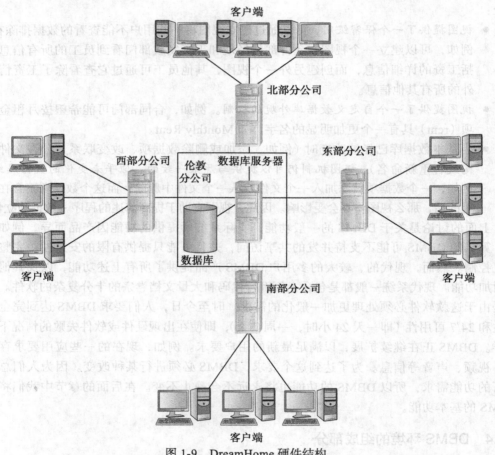

图 1-9 DreamHome 硬件结构

软件

　　软件部分包含 DBMS 软件本身及应用程序和操作系统，如果 DBMS 是在网络中使用的，则还包含网络软件。典型情况下，应用程序是用第三代编程语言（3GL）编写的，如 C、C++、C#、Java、Visual Basic、COBOL、FORTRAN、Ada 或 Pascal，或者使用一种嵌入第三代语言中的第四代编程语言（4GL）编写，如 SQL。目标 DBMS 可能含有它自己的支持应用程序快速开发的第四代工具，包括非过程化查询语言、报表生成器、表单生成器、图形生成器及应用生成器等。第四代工具的使用可以大大提高软件生产率，并且产生的程序易于维护。在 2.2.3 节中将会讨论第四代工具。

数据

　　从终端用户的观点看，DBMS 环境中最重要的部分可能就是数据。从图 1-8 中可以看出，数据在机器和人中间起到了桥梁作用。数据库同时包含了操作数据和元数据，即"关于数据的数据"。数据库结构称为**模式**（schema）。在图 1-7 中，模式包含了四个文件（或称为**表**），分别为 PropertyForRent、PrivateOwner、Client 和 Lease。PropertyForRent 表有八个字段（或称为**属性**），分别为 propertyNo、street、city、postcode、type（房产类型）、rooms（房间数量）、rent（月租金）和 ownerNo。ownerNo 属性反映了 PropertyForRent 和 PrivateOwner 之间的联系：一个业主拥有（Owns）出租的房产，如图 1-6 中的 ER 图所描述的那样。例如，在图 1-2 中，业主 CO46 名叫 Joe Keogh，拥有房产 PA14。

　　元数据被组织到系统目录中，系统目录将在 2.4 节详细讨论。

规程

　　规程指的是对数据库的设计和使用进行控制的一组命令和规则。系统用户和管理数据库的工作人员要求提供关于如何使用和运行系统的文档形式的规程说明。可能包括说明如何进行下列工作：

- 登录 DBMS。
- 使用某个特定的 DBMS 工具或者应用程序。
- 启动和关闭 DBMS。
- 创建数据库备份。
- 处理硬件或软件失效。这可能包含如何识别和定位失效的部分（例如，打电话给合适的硬件工程师），以及随后的故障修复和数据库恢复等。
- 改变表结构，重新组织跨多个硬盘的数据库，改良性能，或在辅助存储器上备份数据等。

人

　　最后一个部分是系统中涉及的人。在 1.4 节中再讨论这个部分。

1.3.5　数据库设计：范型改变

　　到目前为止，我们一直认为数据库中的数据是有结构的。例如，在图 1-7 中已经确定了四个表：PropertyForRent、PrivateOwner、Client 和 Lease。但是如何能够得到这个结构呢？答案很简单：数据库的结构是在**数据库设计**过程中确定的。然而，完成数据库的设计将是十分复杂的工作。为了建立一个满足组织机构信息要求的系统，需要采用与基于文件的系统所不同的方法。在基于文件的系统中，这个工作是由单个部门的应用需求驱动的。数据库方法若要显示出自身的优势，必须首先考虑数据，然后再考虑应用。这种方法上的改变称为**范型改变**。系统是否被终端用户接受，数据库的设计工作是关键。设计很差的数据库将会导致做出错误决定，并且会对组织产生严重的负面影响。而另一方面，设计良好的数据库将会产生一个系统，这个系统能够给某些决策提供正确的信息，从而以高效的方法取得正确的结果。

　　本书的目的是帮助大家完成范型改变。本书用了许多章节完整讨论了数据库设计方法学（参见第 16 ～ 19 章）。我们将其组织为一系列循序渐进的步骤，并且穿插了若干规则。例如，在图 1-6 所示的 ER 图中，有六个实体、七个联系及六个属性，设计方法学就给出了如何找出在数据库中必须标识的实体、联系和属性的规则。

然而遗憾的是，数据库设计方法学并没有被普遍接受。大多数的单位和个人设计人员很少依赖方法学来指导数据库的设计，这也被认为是导致数据库应用开发中产生错误的主要原因。正是由于数据库设计时缺乏结构化方法，致使数据库工程所需要的时间和资源常常被低估，造成数据库开发不当或不能有效地满足应用的需求，或文档不全、维护困难，等等。

1.4 数据库环境中的各种角色

本节将讨论前一节所述 DBMS 环境中的第五个组成部分——人。可以明确区分出与 DBMS 环境有关的四种不同类型的人：数据和数据库管理员、数据库设计人员、应用开发人员和终端用户。

1.4.1 数据管理员和数据库管理员

数据库和 DBMS 都是公共资源，必须像其他所有公共资源一样进行管理。数据和数据库管理员通常负责管理和控制 DBMS 及存储数据。**数据管理员**（DA）的责任是：管理数据资源，包括数据库规划；开发和维护的标准、策略和规程；概念 / 逻辑数据库设计。数据管理员与高级经理进行协商，确保数据库开发最终能支持共同目标。

数据库管理员（DBA）负责数据库的物理实现，包括物理数据库设计和实现、安全性和完整性控制、最终运行系统的维护，以及确保应用程序能满足用户的需要。数据库管理员比数据管理员更加偏向于技术，需要对目标 DBMS 和系统环境有相当的了解。在某些组织机构中，这两类管理员几乎没有明显的差别，而在另一些组织机构中，为强调共享资源的重要性，分配团队不同人员来担任这些不同的角色。20.6 节将更详细地讨论数据和数据库管理。

1.4.2 数据库设计人员

在大型的数据库设计项目中，可以区分两种类型的设计人员：逻辑数据库设计人员和物理数据库设计人员。**逻辑数据库设计人员**负责标识数据（也就是实体和属性）、数据之间的联系，以及对将存储到数据库的数据的约束。逻辑数据库设计人员必须对组织机构的数据以及对这些数据的约束（约束有时也称为**业务规则**）有一个全面的理解。约束描述了从组织机构的观点看到的数据的主要特性。关于 DreamHome 案例的约束有：

- 一位员工不能同时管理多于 100 处待出租或出售的房产。
- 员工不能处理他们自己所有房产的出租或出售业务。
- 一位当事人不能同时既是房产的购买者又是房产的出售者。

为了变得更有效，逻辑数据库设计人员在数据模型的开发过程中，必须考虑所有数据库用户的视图，并且应该尽早考虑。在本书中，将逻辑数据库设计人员的工作分成两步：

- 概念数据库设计。这一步与实现的细节，如目标 DBMS、应用程序、编程语言或者其他物理上的考虑是不相关的。
- 逻辑数据库设计。以一个特定的数据模型作为目标，例如关系的、网状的、层次的或者面向对象的数据模型。

物理数据库设计人员决定逻辑数据库的设计如何以物理的形式实现，包括：

- 将逻辑数据库设计映射为一组表和一组完整性约束。

- 为了得到最佳性能，选择特定的数据存储结构和访问方法。
- 设计所要求的数据安全性检查。

物理数据库设计的许多工作很大程度上依赖于目标 DBMS，并且实现一个机制往往存在多种途径。因此，物理数据库设计人员必须完全了解目标 DBMS 的功能，并且必须理解每一种特定实现方法的优缺点。物理数据库设计人员必须能够选择一个合适的、充分考虑到数据使用场景的存储策略。概念和逻辑数据库设计与干什么相关，而物理数据库设计与怎么干相关。这需要不同的技巧，而这些技巧通常是因人而异的。第 16 章介绍概念数据库设计方法学，第 17 章介绍逻辑数据库设计方法学，第 18 和 19 章介绍物理数据库设计方法学。

1.4.3　应用开发人员

数据库一旦实现后，必须开发满足终端用户功能需求的应用程序。这就是应用开发人员的任务。典型情况下，应用开发人员从一个由系统分析员提出的描述开始工作。每一个程序都包含请求 DBMS 在数据库上完成某些操作的语句，包括检索、插入、更新和删除数据。如前所述，程序可以用第三代编程语言或者第四代编程语言编写。

1.4.4　终端用户

终端用户是数据库的"客户"，设计、实现和维护数据库的目的是为终端用户提供信息服务。终端用户可以根据他们使用系统的途径不同而分为：

- **简单用户**一般是不了解 DBMS 的用户。他们通过特殊编写的、试图将操作变得尽量简单的应用程序访问数据库。通过简单的命令或者选择某个菜单项激活数据库操作。这意味着他们并不需要了解任何数据库或者 DBMS 的信息。例如，当地超市的售货员使用条形码阅读器找出商品的价格。此时，另有专门的应用程序负责阅读条形码，在数据库中查找商品价格并在售货机上显示出这个价格，同时完成减少数据库中该商品的库存数量等工作。
- **熟练的用户**。另一类完全相反的情况是，熟练的终端用户对于数据库的结构和DBMS 提供的便利功能相当熟悉。熟练的用户可以使用高级的查询语言（如 SQL）来完成要求的操作。一些熟练的用户甚至可以为他们自己的使用需求编写应用程序。

1.5　数据库管理系统的历史

如前所述，DBMS 的前身是基于文件的系统。然而，历史上并不存在一个严格的分界线，表明数据库时代开始，基于文件的系统时代结束。实际上，在特定的领域中，基于文件的系统仍在使用。已经有人提出，DBMS 是在 20 世纪 60 年代的阿波罗登月计划中出现的，该计划是为了响应时任美国总统肯尼迪提出的在 20 世纪 60 年代末将人送上月球的号召而发起的。当时，没有任何一个系统可以胜任处理和管理这个计划中可能产生的巨大数据量。

结果，计划主要承担者——美国北美航空公司（NAA，现在是洛克维尔国际组织）开发了著名的软件 GUAM（Generalized Update Access Method，通用的更新访问方法）。GUAM是基于这样一个概念：多个较小构件组成较大构件，直到组装成最终的产品。这符合倒置树的结构，也称为**层次结构**。在 20 世纪 60 年代中期，IBM 加入 NAA 中，将 GUMA 发展成现在称为 IMS（Information Management System，信息管理系统）的系统。IBM 限制 IMS 仅用于管理层次记录，是为了有效使用顺序存储设备，特别是磁带，这符合当时的市场需求。

这个限制在后来被放松了。虽然是最早的商品化 DBMS 之一，IMS 现在仍然是最主要的层次 DBMS，被许多大型机装载使用。

在 20 世纪 60 年代中期，另一个主要的成就来自于美国通用电气公司的 IDS（Integrated Data Store，综合数据存储器）。这项工作是由最早的数据库系统的倡导者之一——Charles Bachmann 所领导的。这导致了一个新型的、称为**网状 DBMS** 的数据库系统的出现，对那个时代的信息系统产生了深远的影响。网状数据库得以发展的原因一部分是为了解决复杂得不能被层次结构模型化的数据关系，一部分是为了强调数据库标准。为了帮助建立这样的标准，包含了美国政府和工商界代表的数据系统语言会议（CODASYL）在 1965 年成立了表处理任务组，后来在 1967 年更名为**数据库任务组**（Data Base Task Group，DBTG）。DBTG 的参考术语定义了数据库环境的标准规范，涉及数据库创建和数据操作等内容。1969 年发布了 DBTG 草案，第一个正式的报告于 1971 年面世。DBTG 报告包含三个部分：

- **网状模式**：DBA 所看到的整个数据库的逻辑结构，包含数据库名称的定义、每个记录的类型，以及每个记录类型的内部组成。
- **子模式**：用户或者应用程序所看到的数据库部分。
- 一种数据管理语言，用于定义数据属性和结构以及操作数据。

为了标准化，DBTG 指定了三种不同的语言：

- 模式 DDL，帮助 DBA 定义模式。
- 子模式 DDL，帮助应用程序定义它们需要的数据库部分。
- DML，用于操作数据。

尽管这个报告没有被美国国家标准协会（ANSI）正式接受，但一些系统后来还是按照 DBTG 的方案进行开发。这些系统就是大家所知道的 CODASYL 或 DBTG 系统。CODASYL 和层次方法代表了**第一代** DBMS。可以在本书的网站（URL 可在前言中找到）上看到这些系统的详细描述。然而，这两种数据模型有以下基本的不足：

- 必须编写复杂的程序，即使是只需要完成基于记录访问的简单查询。
- 数据的独立性差。
- 没有被广泛接受的理论基础。

1970 年，IBM 研究实验室的 E. F. Codd 发表了一篇具有很大影响的关于关系数据模型的论文。这篇论文的发表十分及时，解决了之前方法的不足之处。从那以后，许多试验性的关系 DBMS 被开发，并且在 20 世纪 70 年代末、80 年代初出现了最早的商业产品。其中最引人注意的是加利福尼亚州的 IBM San José 研究实验室的 System R 项目，该项目是在 20 世纪 70 年代末开发的（Astrahan et al.，1976）。这个项目的开发旨在通过实现数据结构和操作来证明关系模型的实用性，并且直接导致了两个成果：

- 结构查询语言——SQL 的问世，这个语言从那时起成为关系 DBMS 的标准语言。
- 自 20 世纪 80 年代起各类商品化关系 DBMS 产品层出不穷，例如 IBM 的 DB2、SQL/DS 和 Oracle 公司的 Oracle 等。

现在已经有了几百个面向大型机和 PC 环境的关系 DBMS，尽管其中的许多对关系模型定义进行了扩展。另外一些多用户的关系 DBMS 的例子包括 Oracle 公司的 MySQL、Actian 公司的 Ingres、Microsoft 的 SQL Server 和 IBM 公司的 Informix。基于个人计算机的关系 DBMS 包括 Microsoft 的 Office Access 和 Visual FoxPro、Embarcadero Technologies 公司的 InterBase 和 Jdatastore 以及 R:Base Technologies 公司的 R:Base。关系 DBMS 被称为**第二代**

DBMS。第 4 章将讨论关系数据模型。

关系模型并非没有缺点，尤其是其受限的建模能力。长久以来有许多研究试图解决这个问题。1976 年 Chen 曾提出了实体－联系模型，现在已被广泛接受为概念数据库设计技术，并将作为本书第 16 和 17 章内容的基础。1979 年，Codd 试图通过一个称为 RM/T（1979）和后续的 RM/V2（1990）的关系模型扩展版本，来解决他初始工作中的一些不足之处。扩展关系模型更加接近于实际世界的描述，被统一归类为**语义数据建模**。

为了适应越来越复杂的数据库应用，出现了两类新的系统：**面向对象的 DBMS**（**OODBMS**）和**对象关系的 DBMS**（**ORDBMS**）。然而，不同于先前的各种数据模型，这些模型的实际组成并不清晰。这些演变导致了**第三代 DBMS** 的出现，将在本书第 9 章和第 27 ～ 28 章详细讨论。

进入 20 世纪 90 年代后，Internet、三层 C/S 结构、单位的数据库必须与 Web 应用集成成为趋势，势不可挡。90 年代后期又出现了 XML（可扩展标记语言），它对 IT 的许多方面产生了显著影响，包括数据集成、图形界面、嵌入式系统、分布式系统和数据库系统。我们将在第 29 和 30 章分别讨论 Web 数据库集成和 XML。

一些专门的 DBMS 也被推出，例如**数据仓库**。数据仓库能从不同的数据源抽取数据，这些数据源可能原本是由组织机构内不同部门分别维护的。数据仓库这类系统提供数据分析机制，可理解的分析结果能用于决策支持，例如找出历史趋势之类。所有主流的数据库供应商都给出了数据仓库解决方案。我们将在第 31 ～ 32 章讨论数据仓库。专用系统的另一个例子是**企业资源规划**（**ERP**），它一般是建在 DBMS 之上的一个应用层，集成了一个组织机构的所有业务功能，包括制造、销售、财务、市场、运输、库存和人力资源。流行的 ERP 系统有 SAP 的 SAP R/3 和 Oracle 的 PeopleSoft。图 1-10 总结了数据库系统的发展史。

时　间　表	发　　展	说　　明
20 世纪 60 年代（之前）	基于文件的系统	数据库系统的前身。不集中的方法：每个部门存储和控制自己的数据
20 世纪 60 年代中期	层次和网状数据模型	代表第一代 DBMS。最重要的层次系统是 IBM 的 IMS，最重要的网状系统是计算机联合公司的 IDMS/R。缺乏数据独立性并且需要开发复杂的程序来处理数据
1970 年	提出关系模型	E. F. Codd 发表了划时代的论文"大型共享数据集上的关系数据模型"，它阐述了第一代系统的弱点
20 世纪 70 年代	开发出原型 RDBMS	在此期间出现了两个最重要的原型：加州伯克利大学的 Ingres 项目（始于 1970 年）和地处加州的 IBM 圣何塞实验室的 System R 项目（始于 1974 年）。后者导致 SQL 的出现
1976 年	提出 ER 模型	陈氏发表论文"实体－关系模型——走向统一的数据视图"。ER 建模变为数据库设计方法学中重要的成分
1979 年	出现商品化 RDBMS	商品化 RDBMS，如 Oracle、Ingres 和 DB2 出现，它们代表着第二代 DBMS
1987 年	ISO SQL 标准	SQL 由 ISO（国际标准化组织）标准化。SQL 的后续标准分别发布于 1989、1992 (SQL2)、1999 (SQL:1999)、2003 (SQL:2003)、2008 (SQL:2008) 和 2011 (SQL:2011)
20 世纪 90 年代	出现 OODBMS 和 OR-DBMS	这期间先出现 OODBMS，后出现 ORDBMS（1997 年发布带对象特性的 Oracle 8）

图 1-10　数据库系统发展史

时 间 表	发 展	说 明
20 世纪 90 年代	出现数据仓库系统	这期间主要的 DBMS 开发商发布了数据仓库系统及随后的数据挖掘产品
20 世纪 90 年代中期	Web 数据库集成	第一代互联网数据库应用出现。DBMS 开发商和第三方软件开发商都认识到互联网的重要性，积极支持 Web 数据库集成
1998 年	XML	W3C 批准了 XML 1.0。XML 能与 DBMS 产品集成并且开发出完全 XML 的数据库

图 1-10 （续）

1.6 DBMS 的优点和缺点

数据库管理系统具有许多显著的优点。然而事物都是一分为二的，它也有缺点。本节将研究这些优缺点。

优点

数据库管理系统的优点在表 1-2 中列出。

表 1-2 DBMS 的优点

受控的数据冗余	经济合算的规模
数据一致性	平衡各种需求冲突
相同数据量表示更多信息	增强的数据可访问性和响应性
数据共享	提高的生产率
增强的数据完整性	通过数据的独立性增强可维护性
增强的安全性	提高的并发性
强制执行标准	增强的备份和恢复服务

受控的数据冗余。在 1.2 节中曾经讨论过，传统的基于文件的系统由于在几个文件中同时存储相同的信息而浪费空间。例如，在图 1-5 中，在销售部门和合同部门同时存储了用于出租房产和客户的相同数据信息。而数据库方法则通过将文件集成来避免存储多个数据备份，从而消除冗余。然而，数据库方法并不是消除所有冗余，而是控制数据库内的冗余。有时为了表示实体之间的联系，重复存储某些关键数据项是必要的。在另一些情形下，为了提高性能也将重复存储一些数据项。在阅读了后面几章后，我们将对受控冗余有更清楚的认识。

数据一致性。消除和控制冗余同时也降低了发生不一致性的可能性。很显然，如果一个数据项在数据库中仅存储一次，则对它的更新也只需要进行一次，新的值马上就能被所有的用户看到。如果一个数据在数据库中不只存储一次，但系统掌握情况，则系统能够保证这个数据项的所有备份一致。令人遗憾的是，当代的许多 DBMS 尚不能自动保证这类一致性。

相同数据量表示更多信息。通过对集成数据的操作，组织机构能从相同数量的数据中导出额外的信息。例如，在图 1-5 所示的基于文件的系统中，合同部门不可能知道已经出租的房产归谁拥有。同样，销售部门也不可能知道租赁合同的详细信息。但当把这些数据集成在一起时，合同部门就可以访问业主的详细信息，销售部门也可以访问租赁合同的详细信息。这就是从同样数量的数据中得到更多的信息。

数据共享。通常文件是由使用它的人或者部门拥有。但数据库属于整个组织机构，可以被所有授权的用户共享。这样一来，用户越多，共享的数据越多。并且，新的应用可以在数据库中原有数据的基础上增加新数据，而不需从头定义所有数据。新应用自然也能利用DBMS提供的功能，例如数据定义和操作、同步和恢复控制等，而不需要自己再实现这些功能。

增强的数据完整性。数据库的完整性指的是存储的数据的有效性和一致性。完整性通常用完整约束表达，约束指的是数据库不能违反的一致性规则。约束可以应用于单条记录中的数据项，也可以应用于记录之间的联系。例如，一条完整性约束可能规定一个员工的工资不能超过 40 000 英镑；或者规定在一个员工的记录中，代表该员工所工作部门的部门编号必须对应于一个具体存在的部门。此外，数据库的集成性使得完整性约束可以由 DBA 确定，而由 DBMS 执行检查。

增强的安全性。数据库的安全性是指保护数据库不被未经授权者访问。如果没有适当的安全性检查，数据库的集成性使得数据相比在基于文件的系统中更易受到攻击。然而，其集成性也使得数据库安全性能由 DBA 确定，而由 DBMS 执行检查。这里可能会采取用户名和密码的方式来识别授权使用数据库的用户。授权用户对数据库的访问也可以采用限制操作类型（检索、插入、更新、删除）的方法。例如，DBA 可以访问数据库中所有的数据；部门经理只可以访问所有与他部门相关的数据；而销售人员可以访问所有与房产有关的数据，但不能访问其他敏感数据，如员工工资的详细信息等。

强制执行标准。集成性使得 DBA 能定义和强制执行一些必要的标准。这些标准可能包括部门的、组织的、国家的甚至国际的。例如，为了便于在系统之间交换数据而采用标准的数据格式、命名法、文档规范、更新规程和访问规则等。

经济合算的规模。将组织机构内的所有运行数据组合到一个数据库中，针对这同一个数据源来创建各种应用，当然可以节省费用。与采用基于文件的系统不同，原本分给每个部门的开发和维护费用此时可以统一管理，结果必将降低整体费用，达到更经济合算的规模。归总后的预算也可用来购置更加适宜整个组织机构应用的系统配置。这样的系统有可能是一个大型的、功能强大的计算机，或者是由许多小型计算机组成的网络。

平衡各种需求冲突。每一个用户或者部门的需求都有可能与其他用户的需求产生冲突。由于数据库是在 DBA 的控制下，所以 DBA 可以对数据库的设计和操作性使用做若干决策，使得组织机构作为一个整体实现最佳的资源使用。决策时可能会以牺牲不重要的应用作为代价，从而为重要的应用提供优良的性能。

增强的数据可访问性和响应性。同样是数据集成的结果，原来由各部门条块分割的数据现在都可以由终端用户直接访问了。这样无疑能提供功能更加强大的系统，为终端用户或者是组织机构的客户提供更优质的服务。目前许多 DBMS 提供查询语言和报表生成等功能，允许用户在自己的终端即席提问，直接得到查询结果，而不需要再有程序员帮助编写程序并从数据库中提取这些信息。例如，一个部门经理可以通过在终端输入下列 SQL 语句，列出所有月租金高于 400 英镑的公寓房：

```
SELECT *
FROM PropertyForRent
WHERE type = 'Flat' AND rent > 400;
```

提高的生产率。如前所述，DBMS 提供许多标准的功能，这些功能在基于文件的应用系统中通常需要程序员自己编写。在基础层上，DBMS 提供所有应用程序中典型的低层文件处理例程。这样一来，程序员能够集中精力满足用户提出的特殊功能要求，而不必分心低层的实现细节。许多 DBMS 还提供第四代环境，它由许多能简化数据库应用开发的工具组成。这使得程序员能提高生产率，缩短开发时间（相应地减少费用）。

通过数据独立性增强可维护性。在基于文件的系统中，数据的描述和数据访问逻辑都建立在应用程序中，使得程序依赖于数据。任何对于数据结构的修改，比如将 40 个字符长的地址改成 41 个字符，或者改变数据在磁盘中的存储方式，都要求对相关的应用程序进行实际的修改。相反，DBMS 将数据描述从应用程序中分离出来，从而使应用程序不再受数据描述改变的影响。这就是众所周知的**数据独立性**，2.1.5 节将进一步讨论它。数据独立性简化了数据库应用程序的维护。

提高的并发性。在某些基于文件的系统中，如果允许两个或多个用户同时访问文件，那么这些访问可能会互相影响，导致信息的丢失，甚至破坏完整性。但许多 DBMS 能管理并发的数据库访问，确保这样的问题不会发生。我们将在第 22 章讨论并发控制。

增强的备份和恢复服务。在许多基于文件的系统中，将保护计算机系统或应用程序不受故障影响的任务推给用户。这可能需要时常对数据进行备份。如果发生了数据故障，前一天备份的数据将被恢复，当然备份之后所进行的所有工作将全部丢失，不得不重新再来一遍。相反，现代的 DBMS 提供了便利的方法，将发生故障后的数据丢失率降低到最低限度。22.3 节将讨论数据库恢复问题。

缺点

数据库方法的缺点在表 1-3 中列出。

复杂性高。人们期望 DBMS 提供各种各样的功能，这使得 DBMS 变为一个相当复杂的软件。数据库设计人员、应用开发者、数据和数据库管理员以及终端用户必须对这些功能了解透彻才能很好地利用它。反之，将会导致错误的设计决策，对组织机构产生很严重的后果。

规模大。复杂性和功能的多样性使得 DBMS 体积很大，占用大量的磁盘存储空间，并且需要大量的内存空间才能高效运行。

DBMS 的费用高。DBMS 的费用依所提供的环境和功能的不同而有很大的差异。例如，一台个人计算机上的单用户 DBMS 可能只需花费 100 美元。然而，为上百位用户提供服务的大型多用户 DBMS 就会十分昂贵，可能需要 10 万美元，甚至 100 万美元。每年还需要周期性的维护费用，通常为售价的一定比例。

需要附加的硬件费用。为存储 DBMS 和数据库通常需要购买额外的存储空间。进而，为了达到预期的性能要求，必要时还需要购买一台大型机，甚至是一台专门用于运行 DBMS 的机器。购置附加硬件导致了系统费用的进一步增加。

转化费用大。在某些情况下，比起将已存在的应用转换为可在新的 DBMS 和硬件上运行的应用，购买新的 DBMS 及附加硬件的费用要小得多。这类费用也包括培训员工使用新系统的费用，可能还包括聘请专业人员帮助完成系统转换和运行的费用。正是因为这笔费用巨大，一些组织虽然对他们在用的系统不满意，也不转而使用更加现代化的数据库技术。术语**遗留系统**有时候用来指旧的、通常较劣等的系统。

性能相对较低。基于文件的系统通常是专为一个特定的应用开发的，例如发货业务，性

表 1-3　DBMS 的缺点

复杂性高
规模大
DBMS 的费用高
需要附加的硬件费用
转化费用大
性能相对较低
故障带来的影响较大

能一般较好。然而，DBMS 更加通用，需满足许多应用而不是仅仅一个应用的需求。结果导致某些应用不能像从前那样快速运行。

故障带来的影响较大。资源集中管理增加了系统的脆弱性。由于所有的用户和应用都依赖于 DBMS 的可用性，因此任何一个组成部分的故障都可能导致运行停止。

本章小结

- 目前**数据库管理系统**（DBMS）已成为信息系统的基本框架，从根本上改变了许多组织机构的运作方式。数据库系统仍然是一个相当活跃的研究领域，还存在许多重大的问题有待解决。
- DBMS 的前身是**基于文件的系统**，这是一组为终端用户提供服务的应用程序，通常会产生许多报表。每个程序定义和管理自己的数据。尽管基于文件的系统相对于人工管理是一大进步，但还存在数据冗余、程序 - 数据高度依赖等重大问题。
- 数据库方法的出现是为了解决基于文件的方法存在的弊病。**数据库**是为满足某个组织机构的信息要求而设计一组共享的、逻辑上相关的数据及数据的描述。**DBMS** 是一个软件系统，它支持用户对数据库进行定义、创建、维护以及控制访问。**应用程序**是通过向 DBMS 提出合适请求（通常是一个 SQL 语句）而与数据库交互作用的计算机程序。我们用更概括的术语**数据库系统**指代由与数据库交互作用的应用程序、DBMS 和数据库本身一起构成的整体。
- 所有对数据库的访问都须通过 DBMS 进行。DBMS 提供了支持用户定义数据库的**数据定义语言**（DDL），以及支持用户插入、更新、删除及检索数据的**数据操作语言**（DML）。
- DBMS 提供对数据库的受控访问。它提供了安全、完整、并发和恢复控制，以及用户可访问目录。它还提供视图机制，以简化用户必须处理的数据。
- DBMS 环境包括硬件（计算机）、软件（DBMS、操作系统和应用程序）、数据、规程和人。人包括数据管理员和数据库管理员、数据库设计人员、应用开发人员和终端用户。
- DBMS 源于基于文件的系统。层次和 CODASYL 系统代表了第一代 DBMS。**层次模型**的代表是 IMS（信息管理系统），**网状**或 **CODASYL 模型**的代表是 IDS（综合数据存储器），这两者都是在 20 世纪 60 年代发展起来的。1970 年，由 E. F. Codd 提出的**关系模型**代表了第二代 DBMS。它对 DBMS 产生了深远的影响，现在已经有了 100 多种关系 DBMS。第三代 DBMS 是以**对象关系 DBMS** 和面向对象 DBMS 为代表的。
- 数据库方法的优点包括受控的数据冗余、数据一致性、数据共享，以及增强的安全性和完整性。数据库方法的缺点包括复杂性高、昂贵、性能降低和故障影响较大等。

思考题

1.1 除了在 1.1 节列出的数据库系统外，再列出四个数据库系统的例子。

1.2 讨论下列术语：

    （a）数据

    （b）数据库

    （c）数据库管理系统

    （d）数据库应用程序

    （e）数据独立性

    （f）安全性

    （g）完整性

（h）视图

1.3　描述早期的基于文件的系统处理数据的方法。讨论这种方法的缺点。

1.4　描述数据库方法的主要特性，并与基于文件的方法进行比较。

1.5　描述 DBMS 环境的五个组成部分，并讨论它们之间的相互关系。

1.6　讨论下列人员在数据库环境中的作用：

　　（a）数据管理员

　　（b）数据库管理员

　　（c）逻辑数据库设计人员

　　（d）物理数据库设计人员

　　（e）应用开发人员

　　（f）终端用户

1.7　讨论三代 DBMS。

1.8　讨论 DBMS 的优缺点。

习题

1.9　采访一些数据库系统的用户，了解他们认为 DBMS 的哪一个特性最有用，哪一个功能最没用，为什么？这些用户认为 DBMS 有哪些优点和缺点？

1.10　编写一个小程序（必要时可使用伪码）用于录入和显示客户的详细信息，包括客户编号、名字、地址、电话号码、首选的房间数量以及所能接受的最高租金。这些信息应该被组织到一个文件中。录入几个记录并显示出来。现在重复这项工作，不过不再写专门的程序，而是使用你能访问到的任一 DBMS。你能从这两种方法总结出什么？

1.11　研究 11.4 节和附录 A 中的 DreamHome 案例。

　　（a）DBMS 可以为这个组织机构提供哪些便利？

　　（b）你发现哪些数据需要在数据库中表示？

　　（c）数据项之间存在什么关系？

　　（d）针对每一种对象，你认为哪些细节应存储在数据库中？

　　（e）你认为需要哪些查询？

1.12　研究附录 B.3 中的 Wellmeadows Hospital 案例。

　　（a）DBMS 可以为这个组织机构提供哪些便利？

　　（b）你发现哪些数据需要在数据库中表示？

　　（c）数据项之间存在什么关系？

　　（d）针对每一种对象，你认为哪些细节应存储在数据库中？

　　（e）你认为需要哪些查询？

1.13　请分别给出 DreamHome 之类的公司使用 DBMS 的三条优点和三条缺点，要求说明理由。

1.14　请浏览下列网页并发现有价值的信息：

　　（a）http://www.oracle.com

　　（b）http://www.microsoft.com/sql 和 http://www.microsoft.com/access

　　（c）http://www.ibm.com/db2

　　（d）http://www.mysql.com

　　（e）http://en.wikipedia.org/wiki/database 和 http://en.wikipedia.org/wiki/DBMS

扩展阅读

网络资源

http://en.wikipedia.org/wiki/Database Wikipedia entry for databases.

http://en.wikipedia.org/wiki/ DBMS Wikipedia entry for DBMSs.

http://databases.about.com Web portal containing articles about a variety of database issues.

http://searchdatabase.techtarget.com/ Web portal containing links to a variety of database issues.

http://www.ddj.com Dr Dobbs journal.

http://www.intelligententerprise.com Intelligent Enterprise magazine, a leading publication on database management and related areas. This magazine is the result of combining two previous publications: Database Programming, and Design and DBMS.

http://www.techrepublic.com A portal site for information technology professionals that can be customized to your own particular interests.

http://www.webopedia.com An online dictionary and search engine for computer terms and Internet technology.

http://www.zdnet.com Another portal site containing articles covering a broad range of IT topics.

Useful newsgroups are:

comp.client-server
comp.databases
comp.databases.ms-access
comp.databases.ms-sqlserver
comp.databases.olap
comp.databases.oracle
comp.databases.theory

Database Systems: A Practical Approach to Design, Implementation, and Management, 6E

数据库环境

本章目标

本章我们主要学习：
- 数据库三层体系结构的用途和起源
- 外部层、概念层和内部层的主要内容
- 外部层到概念层及概念层到内部层映射的用途
- 逻辑数据独立性和物理数据独立性的含义
- 数据定义语言（DDL）和数据操作语言（DML）的差别
- 数据模型的分类
- 概念建模的目的和重要性
- DBMS 应该提供的基本功能和服务
- 系统目录的作用和重要性

数据库系统的一个主要目的就是为用户提供数据的抽象视图，而隐藏数据存储和操作的细节。因此，设计一个数据库的起点应该是某个组织机构将要存储到数据库中的信息的概要和一般描述。注意，在本章及本书中，常用术语"组织机构"来指一个单位或其某个部门。例如，在 DreamHome 案例中，我们可能只感兴趣于建模：
- 现实世界的**实体**员工（Staff）、租售房产（PropertyforRent）、业主（PrivateOwner）和客户（Client）。
- 描述每个实体的性质的**属性**（例如，员工具有属性姓名（name）、职务（position）和工资（salary））。
- 实体之间的**联系**（例如，员工管理（Manages）租售房产）。

此外，由于数据库是一种共享的资源，所以不同用户可能需要数据库中数据的不同视图。为了满足这些需要，现在几乎所有的商业 DBMS 都在某种程度上基于所谓的 ANSI-SPARC 体系结构。本章将讨论 DBMS 的各种体系结构和功能特性。

本章结构

2.1 节研究 ANSI-SPARC 三层体系结构及其优点。2.2 节讨论 DBMS 所使用的各类语言。2.3 节介绍数据模型及概念建模的有关概念，这些概念在后续章节还将深入讨论。2.4 节给出期望 DBMS 提供的功能。本章的例子取自 DreamHome 案例，这个案例将在 11.4 节和附录 A 中详细讨论。

本章的许多材料有关 DBMS 的重要背景信息。然而，对数据库系统领域不熟的读者可能会发现有一些材料在初次阅读时很难理解。不用太纠结，阅读了本书的大部分章节后可重读本章的这些内容。

2.1 ANSI-SPARC 三层体系结构

早在 1971 年，由数据系统语言会议（CODASYL，1971）任命的数据库任务组（DBTG）就提出了关于数据库系统的标准术语和一般体系结构规范。DBTG 认为系统需要两层结构，即从系统角度看的**模式**（schema）和从用户角度看的**子模式**（subschema）。1975 年，美国国家标准化协会（ANSI）标准规划和需求委员会（SPARC）也提出了一套类似的术语和体系结构，即 ANSI/X3/SPARC（ANSI，1975）。ANSI-SPARC 提出的是带系统目录的三层结构体系。这些提案都体现了 IBM 的"指南和共享"用户组织早先发表的一些建议，并且集中表现为需要设立一个独立于实现的层次，用于将程序与基本的表示问题分离开（Guide/Share，1970）。尽管 ANSI-SPARC 模型最终没有成为标准，但它仍然是理解 DBMS 某些功能的基础。

为此，在这些及以后的报告中，一个基本观点就是区分三层抽象，即描述数据的三个不同层次。这样形成了一个**三层体系结构**，包括**外部层**、**概念层**和**内部层**，如图 2-1 所示。用户从外部层观察数据，DBMS 和操作系统从内部层观察数据。在内部层，数据实际上是使用附录 F 描述的数据结构和文件组织方法存储的。概念层提供内、外部层的**映射**和必要的**独立性**。

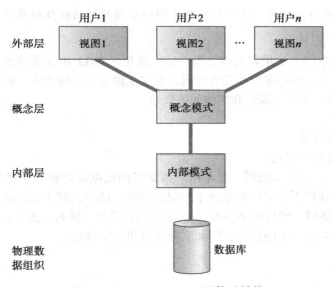

图 2-1　ANSI-SPARC 三层体系结构

三层体系结构的目的是将用户的数据库视图与数据库的物理描述分离开。如此分离的原因可概括为：

- 每个用户都能访问相同的数据，但可用各自定制的数据视图。每个用户都应该能够改变自己的数据视图，但这些改变不会影响其他用户。
- 不要求用户直接处理数据库物理存储的细节，例如索引或散列（见附录 F）。换句话说，用户与数据库的交互应该独立于存储细节。
- 数据库管理员（DBA）能在不影响用户视图的情况下修改数据库存储结构。
- 数据库的内部结构不受存储的物理变化的影响，例如将数据转存到某个新的存储设备上。
- DBA 能在不影响所有用户的情况下修改数据库的概念结构。

2.1.1　外部层

|外部层| *数据库的用户视图。这一层描述与每一个用户相关的数据库部分。*

外部层由数据库的若干不同视图组成。每个用户都有自己的视图，该视图用其熟悉的方式表示"现实世界"。外部视图仅仅包含"现实世界"中用户感兴趣的那些实体、属性及联系。另外一些不感兴趣的实体、属性或者联系也可能存在于数据库中，但是用户不必知晓。

并且，对于同一个数据，不同的视图可能会有不同的表达方式。例如，一些用户可能是以日、月、年的形式查看日期，而另外一些用户可能是以年、月、日的形式查看日期。一些视图可能包含导出的或者通过计算得出的数据，即数据实际上并没有真实存储到数据库中，而是当需要的时候才产生。例如，在 **DreamHome** 案例中，可能需要查看一名员工的年龄。但是年龄可能不会被存储起来，因为这个数据可能需要经常更改。但是，可以存储员工的出生日期，当需要查看年龄的时候，可以由 DBMS 计算出来。视图甚至可以包含由多个实体组合或者导出的数据。本书的 4.4 节和 7.4 节将更加详细地讨论视图。

2.1.2　概念层

|概念层| *数据库的整体视图。这一层描述了哪些数据被存储在数据库中，以及这些数据之间的联系。*

三层体系结构中间的一层就是概念层。这一层包含 DBA 所看到的整个数据库的逻辑结构。它是组织机构关于数据需求的完整视图，但完全独立于存储考虑。概念层描述：

- 所有的实体、实体的属性和实体间的联系。
- 数据的约束。
- 数据的语义信息。
- 安全性和完整性信息。

概念层支持每一个外部视图，凡是用户可访问的数据必定包含在概念层或者由概念层数据可导出。但是这层不包括任何依赖于存储的细节。例如，对于实体的描述只包括属性的数据类型（例如，整型、实型或字符型），以及它们的长度（例如，数字或字符的最大位数），但是不包括任何与存储相关的信息，例如实际所占用的字节数。

2.1.3　内部层

|内部层| *数据库在计算机上的物理表示。这一层描述数据是如何存储在数据库中的。*

内部层包括为了得到数据库运行时的最佳性能而采用的物理实现方法，包括在存储设备上存储数据所采用的数据结构和文件组织方法。它通过与操作系统的访问方法（存储和检索数据记录的文件管理技术）交互，完成在存储设备上存放数据、建立索引和检索数据等操作。内部层与如下工作相关：

- 数据和索引的存储空间分配。
- 用于存储的记录描述（数据项的存储大小）。
- 记录放置。
- 数据压缩和数据加密技术。

内部层之下的是**物理层**，物理层可能在 DBMS 的指导下受操作系统的控制。然而，

DBMS 和操作系统在物理层上的功能分割并不是十分清晰，并且因系统而异。一些 DBMS 充分利用操作系统的访问方法，而另外一些只使用一些最基本的功能，然后创建它们自己的文件组织机制。处于 DBMS 之下的物理层所包含的内容只有操作系统掌握。例如，序列是如何精确实现的，内部记录域在磁盘上是否存储为连续的字节，等等。

2.1.4　模式、映射和实例

对数据库的整体描述称为**数据库模式**。在数据库中存在三种不同类型的模式，这三类模式正是根据图 2-1 所描述的三层结构所示的三个抽象层次来定义的。在最高层，有若干**外部模式**（也称为**子模式**），与不同的数据视图相对应。在概念层，有**概念模式**，它描述所有的实体、属性和联系及其上的完整性约束。在抽象的最低层，有**内部模式**，是内部模型的完整描述，包括存储记录的定义、表示方法、数据域，必要时还有所使用的索引和散列方案。一个数据库只有一个概念模式和一个内部模式。

DBMS 负责这三类模式之间的映射。它必须检查模式以确保一致性，换句话说，DBMS 必须检查每个外部模式能否由概念模式导出，并使用概念模式中的信息，完成内、外模式的映射。概念模式通过**概念层到内部层的映射**与内部模式相联系。这样，DBMS 就能在物理存储中找出构成概念模式中**逻辑记录**的实际记录或记录集，以及对逻辑记录进行操作过程中应遵守的约束。一般允许两类模式在实体名称、属性名称、属性顺序、数据类型等方面存在不同。最后，每一个外部模式通过**外部层到概念层的映射**与概念模式相联系。这就允许 DBMS 将用户视图中的名称映射到概念模式中相应的部分。

图 2-2 给出了一个不同层的例子。存在两个不同的关于员工详细信息的外部视图：一个包含员工编号（sNo）、名字（fName）、姓氏（lName）、年龄（age）和工资（salary）；另外一个包含员工编号（staffNo）、姓氏（lName），以及这个员工所工作的部门编号（branchNo）。这些外部视图归并为一个概念视图。此归并的主要不同之处是将 age 字段改为 DOB（出生日期）字段。DBMS 维护外部层到概念层映射。例如，它将第一个外部视图中的 sNo 字段映射成概念层记录中的 staffNo 字段。概念层则被映射到内部层，在内部层中包含对于概念记录结构的一个物理描述。在这一层，可看到一个用高级语言定义的结构。这个结构包含一个指针——next，员工记录靠这个指针在物理上连接成一条链。注意，在内部层，数据域的顺序与概念层不同。而且，DBMS 还要维护概念层到内部层的映射。

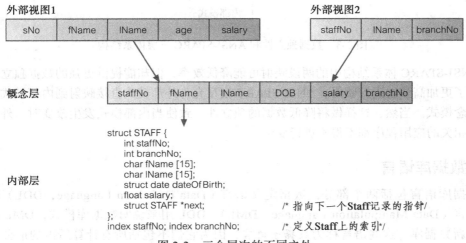

图 2-2　三个层次的不同之处

区分数据库的描述和数据库本身是很重要的。数据库的描述是**数据库模式**。这个模式是在数据库设计过程中指定的，并且不会经常改变。然而，数据库中的实际数据可以经常改变。例如，每次插入一个新员工或者一个新的房产信息时，它都会发生改变。在任一时间点上，数据库中的数据构成一个**数据库实例**。因此，许多数据库实例可以与相同的数据库模式相对应。模式有时候称为数据库的**内含**，而实例称为数据库的**外延**（或者**状态**）。

2.1.5　数据独立性

三层体系结构的一个主要目的是保证**数据独立性**，这意味着对较低层的修改不会对较高层造成影响。有两种类型的数据独立性：**逻辑数据独立性**和**物理数据独立性**。

┃逻辑数据独立性┃逻辑数据独立性指的是外部模式不受概念模式变化的影响。

对概念模式的修改，例如添加或删除实体、属性或者联系，应该不影响已存在的外部模式，也不需要重新编写应用程序。显然，重要的是修改只应由需要知道的用户知道，其他的用户不必知道。

┃物理数据独立性┃物理数据独立性指的是概念模式不受内部模式变化的影响。

对内部模式的修改，例如使用不同的文件组织方式或存储结构、使用不同的存储设备、修改索引或散列算法，应该不影响概念模式和外部模式。从用户的观点来看，唯一需要注意的是对性能的影响。实际上，性能变坏是改变内部模式最常见的原因。图 2-3 说明了相对于三层体系结构，每一类型数据独立性出现的位置。

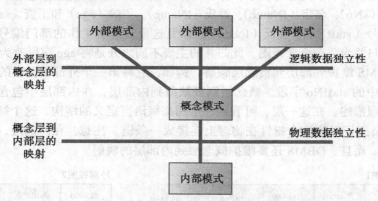

图 2-3　数据独立性和 ANSI-SPARC 三层体系结构

ANSI-SPARC 体系结构中的两段映射可能降低效率，但却能提供更强的数据独立性。然而，为了更加高效地进行映射，ANSI-SPARC 模型允许外部模式直接映射到内部模式，从而忽略概念模式。当然，这样做将降低数据的独立性，致使当内部模式发生改变时，外部模式及任何相关的应用程序都不得不进行变化。

2.2　数据库语言

数据库语言包括两个部分：数据定义语言（Data Definition Language，DDL）和数据操作语言（Data Manipulation Language，DML）。DDL 用来说明数据库模式，DML 用来读取和更新数据库。这些语言称为数据子语言，因为它们不包括所有计算所需的成分，例如一般高级程序语言提供的条件和循环语句。许多 DBMS 支持将子语言嵌入高级语言，例如 COBOL、FORTRAN、Pascal、Ada、C、C++、C#、Java 或 Visual Basic。此时，高级语言称为宿主语言。编译带嵌入语句的源程序文件时，首先从源程序中析出数据子语言语句，将其用函数调用代替。然后将该预处理过的文件编译为目标模块，并与包含预处理时引入的替代函数的专用 DBMS 库链接，即得到可运行的目标程序。大多数子语言还提供非嵌入或者交互式的命令，这些命令可以直接从终端输入工作。

2.2.1 数据定义语言（DDL）

DDL | 一种供 DBA 或用户描述和命名应用所需实体、属性和联系及其相关的完整性约束和安全约束的语言。

数据库模式是用数据定义语言表达的一组定义。DDL 可用于定义模式或修改已存在的模式，但不能用来操作数据。

DDL 语句的编译结果是一组表格，存储在称为**系统目录**的特殊文件中。系统目录集中**存储元数据**，元数据是一种描述数据库中对象的数据，它使访问和操作这些对象变得相对容易。元数据包含记录、数据项，以及其他所有用户感兴趣或 DBMS 要求的对象的定义。DBMS 在实际访问数据库的数据之前，通常要查阅系统目录。尽管术语"数据字典"通常用来指代比 DBMS 的目录更一般的软件系统，但人们还是常用**数据字典**和**数据目录**指代系统目录。2.4 节将进一步讨论系统目录。

理论上，可以区分用于三层体系结构中每层模式的 DDL，分别称为外部模式 DDL、概念模式 DDL 和内部模式 DDL。实际上只需提供一个足以说明外部模式和概念模式的 DDL。

2.2.2 数据操作语言（DML）

DML | 提供了一组基本操作，支持对数据库中存储数据进行各种处理操作的语言。

数据处理操作通常包括：
- 在数据库中插入新的数据。
- 对数据库中存储的数据进行修改。
- 检索数据库中的数据。
- 删除数据库中数据。

因此，DBMS 的一个主要功能是提供数据操作语言，用户可以使用该语言的语句表达各种数据处理要求。数据处理被用在外部层、概念层和内部层。然而，在内部层，必须定义更复杂的低级程序，以便进行高效的数据访问。相反，在较高层，重点放在易用性以及为用户提供高效的系统界面上。

DML 中涉及数据检索的部分称为**查询语言**。查询语言可被定义为一个高级的、具有特殊用途的语言，用来满足对数据库中的数据的各种各样的检索要求。术语"查询"专门指代用查询语言表达的检索语句，术语"查询语言"与"DML"经常不加区分地引用，尽管在技术上这是不正确的。

区分 DML 的标志是基本的检索机制。有两种类型的 DML：**过程化的**和**非过程化的**。两者的区别是，过程化语言必须说明如何得到一个 DML 语句的结果，而非过程化语言只需描述希望得到什么样的输出。典型的例子是，过程化语言单个处理记录，而非过程化语言成组处理记录。

过程化 DML

| 过程化 DML | 要求用户既告诉系统需要什么数据又说明如何检索这些数据的语言。

使用过程化 DML 时，用户或一般的程序员需描述需要什么数据以及如何得到它。这意味着，用户必须表达通过调用适当的程序得到所需信息的所有数据访问操作。例如，某过程化 DML 检索一个记录，处理它，根据处理结果检索下一个记录并做类似处理，等等。这个检索过程一直进行下去，直到数据检索需要的所有数据都被收集起来为止。一般情况是将过程化 DML 嵌入高级编程语言，借由高级编程语言实现循环和处理导航逻辑的机制。网状和层次数据库的 DML 通常是过程化的（参见 2.3 节）。

非过程化 DML

| 非过程化 DML | 只要求用户告诉系统需要哪些数据而不需说明如何检索它们的语言。

非过程化 DML 允许用单个检索或更新语句描述所需数据。使用非过程化 DML 时，用户描述需要什么数据，而不需描述如何得到这个数据。DBMS 将 DML 语句翻译成一或多个过程，由它负责对所要求的记录集合进行操作。这样就避免了用户必须知道数据结构的内部实现以及检索和转换数据所需的算法，从而为用户提供了可观的数据独立性。非过程化语言也称为说明性语言。关系 DBMS 通常提供用于数据操作的某种形式的非过程语言，典型的如 SQL（结构查询语言）或者 QBE（Query-By-Example，举例查询）。非过程化 DML 通常比过程化 DML 更容易学习和使用，因为需用户做的工作少了，DBMS 承担的工作多了。第 6～9 章和附录 I 将详细讨论 SQL，附录 M 将详细介绍 QBE。

2.2.3　第四代语言

关于**第四代语言**（4GL）的组成目前还没有统一的认识，它实际上是一种快捷的编程语言。在第三代语言（3GL，如 COBOL）中需要几百行表达的操作，在 4GL 中通常仅仅需要几行。

与过程化 3GL 相比，4GL 一般是非过程化的：用户只需定义做什么，而不需说明怎么做。4GL 被认为在很大程度上更加依赖于较高层的组件，称为第四代工具。为执行一项任务，用户不用逐行写程序，而只要为一些工具定义参数，由它们即可产生应用程序。4GL 已经被声称可以成 10 倍地提高生产效率，当然，这是以减少可处理问题的种类为代价的。第四代语言包括：

- 表示语言，例如查询语言或者报表生成器。
- 特殊语言，例如电子表格和数据库语言。
- 支持定义、插入、更新和恢复数据库的应用程序生成器。
- 用于生成应用程序代码的甚高级语言。

前面曾经提到过的 SQL 和 QBE 是 4GL 的两个例子。现在简单地介绍一些其他类型的 4GL。

表单生成器

表单生成器是一个能快速产生数据屏幕输入和输出形式的工具。表单生成器允许用户定义屏幕的样式、欲显示的信息、以及在屏幕的显示位置。可能还允许定义屏幕元素的颜色及另外一些参数，例如粗体、下划线、闪烁、反转显示等。更好的表单生成器还允许创建由算术运算或聚集操作导出的属性，以及说明对输入数据的有效性检查。

报表生成器

报表生成器是生成数据库中存储数据的报表的工具。它与查询语言类似，允许用户从数据库中检索数据用于报表中。然而，报表生成器允许用户对输出的样式进行更多的控制。用户既可让报表生成器自动地决定输出样式也可以使用特殊的报表生成器命令自己定义输出报表的样式。

主要有两种类型的报表生成器：面向语言的和可视的。前者用子语言的命令定义报表中的数据和报表格式。后者使用一个类似于表单生成器的机制定义同样的信息。

图形生成器

图形生成器是从数据库中检索数据并以图形的形式显示数据的工具，图形化表示的一般是数据的趋势或关系。通常允许用户创建柱图、饼图、线形图和谱图等。

应用程序生成器

应用程序生成器是能产生与数据库接口的程序的工具。使用应用程序生成器可以节省设计整个软件的时间。应用程序生成器通常包括若干预先写好的模块，它们能构成大多数应用程序的基本功能。这些模块通常用高级语言编写，构成一个可选择的函数库。用户描述程序要做什么，应用程序生成器决定如何做。

2.3   数据模型和概念建模

如前所述，模式一般用某种数据定义语言描述。实际上，它一定是用某个具体的 DBMS 的数据定义语言编写的。遗憾的是，这类语言太低级，用其描述一个组织机构的数据需求不易被各类用户广泛理解。为此，我们需要更高层次的模式描述，也就是**数据模型**。

> **数据模型** │ 一组集成的概念，用于描述和操纵组织机构内的数据、数据间联系以及对数据的约束。

模型是"现实世界"中对象和事件及其关联的表示。它集中抽象了一个组织机构内本质的东西，而忽略其非本质特性。一个数据模型刻画一个组织。它应该提供基本的概念和表示方法，使得数据库设计人员和终端用户能明白无误地交流他们对组织内数据的理解。数据模型含下列三个组件：

（1）**结构部分**，由一组创建数据库的规则组成。

（2）**操纵部分**，定义允许对数据进行的操作的种类（包括更新和检索数据库中的数据，以及修改数据库结构）。

（3）**一组完整性约束**，确保数据的准确性。

数据模型的目的是为了表示数据并使数据容易理解。如果做到了这一点，它将会很容易地用于设计数据库。仔细考虑一下 2.1 节中介绍的 ANSI-SPARC 体系结构，可以发现三种相互联系的数据模型：

（1）外部数据模型，表示每一个用户对组织的视图，有时候又称为**论域**（Universe of Discourse，UoD）。

（2）概念数据模型，表示独立于 DBMS 的逻辑（或者整体）视图。

（3）内部数据模型，表示能由 DBMS 理解的概念模式。

在文献中曾经提到过很多种数据模型。可将它们划分成三大类：**基于对象的、基于记录的和物理的**数据模型。前两类用来在概念层和外部层描述数据，最后一个在内部层描述数据。

2.3.1　基于对象的数据模型

基于对象的数据模型用到实体、属性和联系等概念。**实体**是组织机构内可区分的对象（比如人、地点、事务、概念、事件），它们将在数据库中描述。**属性**是对象的性质，它描述对象某个被关注的方面。**联系**是实体之间的关联。常见的基于对象的数据模型有：

- 实体 - 联系（ER）模型
- 语义模型
- 函数模型
- 面向对象模型

ER 模型现在已演变为数据库设计的重要技术之一，并且作为本书采用的数据库设计方法学的基础。面向对象的数据模型扩展了实体的定义，不仅包含描述对象**状态**的属性，还包含了对象相关的动作，也就是**行为**。对象被认为同时**包含**状态和行为。在第 12 章和第 13 章将深入研究 ER 模型，在第 27 ～ 28 章将深入研究面向对象模型。27.2.2 节还将讨论函数数据模型。

2.3.2　基于记录的数据模型

在基于记录的数据模型中，数据库由若干不同类型的固定格式记录组成。每个记录类型有固定数量的字段，每个字段有固定的长度。基于记录的逻辑数据模型基本有三类：**关系数据模型、网状数据模型**和**层次数据模型**。层次和网状数据模型几乎比关系数据模型早 10 年出现，因此它们与传统的文件处理的概念联系更紧密一点。

关系数据模型

关系数据模型基于数学上关系的概念。在关系模型中，数据和联系均以表格的形式表示，每个表格有若干具有唯一名称的列。图 2-4 展示了对应部分 DreamHome 案例的一个关系模式实例，表示了分公司和全体员工的信息。例如，员工 John White 是一位工资为 30 000 英镑的经理，他所工作的分公司（branchNo）是 B005，从第一个表格可以看出，这个分公司位于伦敦的 Deer 大街 22 号。一定要注意，在 Staff 和 Branch 之间存在一个联系：一个分公司拥有多名员工。然而，在这两个表格之间没有显式的链接，只是发现 Staff 关系中的 branchNo 属性与 Branch 关系中的 branchNo 属性相同，这就可以确定它们之间存在一个联系。

关系数据模型要求用户将数据库只看作表格。然而，这种看法只适用于数据库的逻辑结构，也就是 ANSI-SPARC 体系结构中的外部层和概念层，而不适用于数据库的物理结构，物理结构可以使用多种不同的存储结构实现。在第 4 章将详细讨论关系数据模型。

网状数据模型

在网状数据模型中，数据被表示成一组**记录**（record），联系被表示成**络**（set）。与关系模型相比，络能更显式地为联系建模，具体实现时一般使用指针。记录被组织成一般的图结构，此时记录是图的**节点**（也称为**段**（segment）），络是图的**边**（edge）。图 2-5 表示了与

图 2-4 具有相同数据的网状模式的实例。最流行的网状 DBMS 是 Computer Associates 的 IDMS/R。在本书的网站上（URL 见前言）更详细地讨论了网状数据模型。

Branch

branchNo	street	city	postCode
B005	22 Deer Rd	London	SW1 4EH
B007	16 Argyll St	Aberdeen	AB2 3SU
B003	163 Main St	Glasgow	G11 9QX
B004	32 Manse Rd	Bristol	BS99 1NZ
B002	56 Clover Dr	London	NW10 6EU

Staff

staffNo	fName	lName	position	sex	DOB	salary	branchNo
SL21	John	White	Manager	M	1-Oct-45	30000	B005
SG37	Ann	Beech	Assistant	F	10-Nov-60	12000	B003
SG14	David	Ford	Supervisor	M	24-Mar-58	18000	B003
SA9	Mary	Howe	Assistant	F	19-Feb-70	9000	B007
SG5	Susan	Brand	Manager	F	3-Jun-40	24000	B003
SL41	Julie	Lee	Assistant	F	13-Jun-65	9000	B005

图 2-4　关系模式的实例

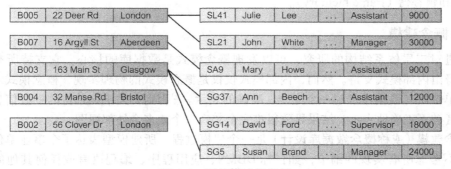

图 2-5　网状模式的实例

层次数据模型

　　层次数据模型是网状模型的一种受限形式。与网状模型相同，数据被表示成一组**记录**，联系被表示成**络**。然而，层次数据模型规定一个节点只能有一个父节点。因此，层次数据模型被表示成树形结构，记录作为**节点**（也称为**段**），络作为**边**。图 2-6 表示了与图 2-4 具有相同数据的层次模式的实例。最著名的层次 DBMS 是 IBM 的 IMS，尽管 IMS 也具有非层次特点。在本书的网站上（URL 见前言）更详细地讨论了层次数据模型。

　　基于记录的（逻辑的）数据模型用来说明数据库的整体结构，以及实现的较高层描述。它的主要局限性在于，没有提供足够的机制以说明对数据的约束，而基于对象的数据模型虽缺少逻辑结构的描述，但提供了更多的语义成分以支持用户说明对数据的约束。

　　现代的商业系统大多数是基于关系模型的，早期的数据库系统是基于网状或者层次数据模型的。后两个模型要求用户具体了解所访问的物理数据库，而前者提供了更多的数据独立性。因此，关系系统对数据库处理采用**说明性**的方法（也就是仅说明需要检索什么数据），而网状和层次系统采用**导航**的方法（也就是说明如何检索数据）。

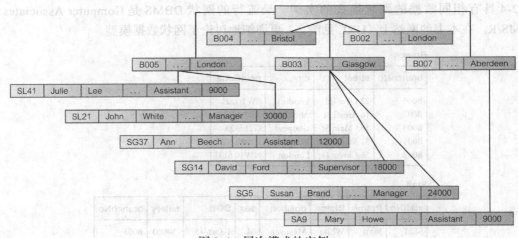

图 2-6　层次模式的实例

2.3.3　物理数据模型

物理数据模型描述数据是如何存储在计算机中的，涉及记录结构、记录顺序及访问路径等信息。并不存在像逻辑数据模型那么多种物理数据模型，最常见的是统一模型（unifying model）和帧存储（frame memory）。

2.3.4　概念建模

通过对三层体系结构的研究，可以发现概念模式是数据库的核心。它支持所有外部视图，本身由内部模式支持。然而，内部模式仅仅是概念模式的物理实现，概念模式才应该是企事业单位所有数据需求的一个完全、准确的表示。⊖否则，关于该单位的一些信息将会被丢失或者被不正确地表示，结果导致很难完全实现一个或多个外部视图。

概念建模（或称**概念数据库设计**）是一个建模过程，所建模型表达了企事业单位所用信息，但不考虑所有实现的细节，如目标 DBMS、应用程序、编程语言或任何其他的物理因素。这个模型称为**概念数据模型**。概念数据模型有时在文献中也称"逻辑模型"。然而在本书中，对概念数据模型和逻辑数据模型加以区分。概念模型独立于所有的实现细节，而逻辑模型假定已知目标 DBMS 支持的数据模型。在第 16 和 17 章中给出了设计数据库的方法学，该方法学首先创建一个概念数据模型，然后再构成基于关系数据模型的逻辑模型。10.6 节将更详细地介绍数据库的设计。

2.4　DBMS 的功能

本节讨论 DBMS 应该提供的功能和服务的种类。Codd（1982）给出过完整的 DBMS 应该提供的八种服务，在此基础上，本书又增加了两种。

（1）数据存储、检索和更新

DBMS 必须为用户提供在数据库中存储、检索和更新数据的能力。

⊖　在数据库设计的上下文中谈到组织机构（organization），通常将行业（business）和组织机构统称为企事业单位（enterprise）。

这是 DBMS 最基本的功能。从 2.1 节的讨论知道，为了能够清晰地提供这个功能，DBMS 应对用户隐藏内部物理实现的细节（例如文件的组织和存储结构）。

（2）用户可访问的目录

DBMS 必须提供一个目录，内存各类数据项的描述并允许用户访问。

ANSI-SPARC 体系结构的一个关键特点是要求提供一个集成的**系统目录**，目录中包含关于模式、用户、应用程序等信息的描述。这个目录对用户和 DBMS 都是可访问的。系统目录或者数据字典是描述数据库中数据的信息库，存储的是"关于数据的数据"或称为**元数据**。信息量以及信息的使用方式依 DBMS 而异。系统目录通常存储：

- 数据项的名字、类型和大小。
- 联系的名字。
- 数据的完整性约束。
- 授权访问数据的用户的名字。
- 每个用户能访问的数据项及访问的类型，如插入、修改、删除和检索访问。
- 外部、概念和内部模式及模式之间的映射，如 2.1.4 节所述。
- 各种统计量，例如事务的频率、对数据库中对象的访问次数。

DBMS 系统目录是系统的基本组件。下一节将描述的多个软组件都依赖于系统目录中的信息。系统目录的优点有：

- 关于数据的信息可集中存放，这有助于将数据作为资源进行控制。
- 可以定义数据的意义，从而帮助其他用户了解数据的用途。
- 由于存储了信息的确切含义，所以能简化信息的通信。系统目录还可以确定拥有和访问数据的用户和用户群。
- 由于数据被集成，所以更容易识别冗余和不一致性。
- 可记录对数据库的修改。
- 由于系统目录记录了每个数据条目、其所有联系和所有用户，所以一个修改实际发生之前就可以确定它将产生的影响。
- 可以加强安全性。
- 确保完整性。
- 可以提供审计信息。

有些著作者区分系统目录和数据字典，认为数据字典中还应包含数据存放位置及存储方式等信息。国际标准化组织收录了一个关于数据字典的标准，称为信息资源字典系统（IRDS）(ISO 1990，1993)。IRDS 是个软件工具，能用于对组织机构内的信息源进行控制和制定文档，它还给出了用于组织数据字典的表的定义以及对这些表的操作。本书使用术语"系统目录"指代所有的库存储信息。我们将在 23.4.1 节进一步讨论那些存在系统目录中用于查询优化的统计信息。

（3）事务支持

DBMS 必须提供一个机制，确保给定事务的所有更新操作或者全部做完或者一个都不做。

事务是由用户或者应用程序执行的一系列动作，这些动作将访问或者修改数据库的内容。例如，DreamHome 案例的一个简单事务可能是向数据库中添加一位新员工或更新员工工资，或者从注册表删除一处房产。相对更复杂的例子可能是，从数据库中删除一名员工，并且将他所管理的房产重新分配给其他员工。在这种情况下，需要对数据库进行多次修改。由于计算机崩溃，事务可能在执行过程中失败，这时数据库将处于**不一致**的状态：一些修改已经执行，而另外一些修改还没有发生。那么，已经执行的修改必须被恢复，使数据库重新回到一致的状态。22.1 节将讨论事务支持。

（4）并发控制服务

DBMS 必须提供一个机制，确保当多个用户并行地更新数据库时，数据库的更新是正确的。

使用 DBMS 的一个主要目的是使多个用户能够同时访问共享的数据。如果所有用户只是读取数据，则并发访问是相对容易的，因为这种情况下他们不会相互影响。然而，当两个或多个用户同时访问数据库，并且他们中至少有一个正在更新数据时，可能会产生相互影响，导致不一致性。例如，考虑图 2-7 中表示的两个并发执行的事务 T_1 和 T_2。

Time	T_1	T_2	bal_x
t_1		read(bal_x)	100
t_2	read(bal_x)	$bal_x = bal_x + 100$	100
t_3	$bal_x = bal_x - 10$	write(bal_x)	200
t_4	write(bal_x)		90
t_5			90

图 2-7　丢失更新的问题

T_1 正在从一个账户中（余额 bal_x）提取 10 英镑，而 T_2 正在向同一个账户中存储 100 英镑。如果这两个事务被顺序地执行，一个做完再做另一个并且没有交叉，则无论哪一个先执行，最后的余额都将是 190 英镑。然而，此例中的 T_1 和 T_2 两个事务几乎是在同一时间开始，它们两个读取到的余额都是 100 英镑。T_2 将 bal_x 从 100 英镑增加到 200 英镑，并将这个更新存储到数据库中。同时，事务 T_1 将 bal_x 从 100 英镑中减去 10 英镑，剩下 90 英镑，也将这个值存储到数据库中，覆盖了前面的更新，因此就"丢失"了 100 英镑。

DBMS 必须确保当多个用户同时访问数据库时，一定不能发生冲突。22.2 节将详细讨论这个问题。

（5）恢复服务

DBMS 必须提供一个机制，无论数据库因何原因受到破坏时，都能恢复数据库。

讨论事务支持时曾述，如果事务执行失败，数据库必须返回到一个一致的状态。失败可能是由于系统崩溃、介质失效或由于软硬件的错误导致 DBMS 终止，也可能是由于用户在事务过程中检测到一个错误，从而强迫事务终止的结果。在所有情况下，DBMS 必须提供一个机制，将 DBMS 恢复到一个一致的状态。22.3 节将讨论数据库的恢复。

（6）授权服务

DBMS 必须提供一个机制，确保只有经过授权的用户才可以访问数据库。

不难发现这样一种情形，数据库中存储的数据不希望被所有的用户看到。例如，与全体员工的工资相关的信息可能只允许经理看到，而其他的用户禁止访问这些数据。此外，要保证数据库不被未授权的用户访问。术语"安全性"就是指保护数据库不被未授权者访问。一般要求 DBMS 提供一个机制，能够确保数据的安全。第 20 章将讨论安全性问题。

（7）支持数据通信

DBMS 必须能够与通信软件集成。

大多数用户是从工作站访问数据库的。有时这些工作站直接与 DBMS 主机相连，而另外一些情况下，这些工作站存放在异地，需要通过网络与 DBMS 主机进行通信。无论哪种情况，DBMS 将访问请求作为**通信消息**接受，并且以同样的方式进行回复。所有这些转换都是通过一个数据通信管理器（Data Communication Manager，DCM）处理的。尽管 DCM 不是 DBMS 的一部分，如果期望 DBMS 系统能够商业化，就有必要使 DBMS 能够与各种各样的 DCM 集成。即使是用于个人计算机的 DBMS，也应该能够在一个局域网上运行，这样可以建立一个集中的数据库供所有用户共享，而不是创建一系列分离的数据库再分别归属每个用户。这并不意味着数据库必须在网络上分布，而是要求用户应该能够从远程访问一个集中的数据库。一般将这种类型称为分布式处理结构（参见 24.1.1 节）。

（8）完整性服务

DBMS 必须提供一种方法，确保数据库中的数据和对数据的修改遵循一定的规则。

"数据库完整性"指的是所存储数据的正确性和一致性，它可以被看成是另外一种类型的数据库保护。虽然完整性与安全性是相联系的，但它还具有更广的含意：完整性与数据本身的性质有关。完整性通常是通过约束的形式表示，给出数据库不能违反的一致性规则。例如，可能需要这样一个约束，任何员工都不能同时管理多于 100 处房产。因此，当给某位员工分配房产时，DBMS 就检查这个约束，确保不超过此限制，若分配的数量超过此限制则终止这次分配。

除了以上八项服务以外，还可以要求 DBMS 具备下列两个服务。

（9）提高数据独立性的服务

DBMS 必须提供机制，使程序独立于数据库的实际结构。

在 2.1.5 节中已经讨论过数据独立性的概念。数据独立性通常是通过视图或者子模式的机制得到。物理数据独立性较容易获得：在不影响视图的情况下，可以对数据库的物理特性进行多种修改。然而，完全的逻辑数据独立性很难达到。新增实体、属性或联系尚可以接受，删除则不同。在一些系统中，对逻辑结构中任何成分的修改都是不允许的。

（10）实用服务程序

DBMS 应该提供一组实用服务程序。

实用程序可以帮助 DBA 高效地管理数据库。一些实用程序所做工作发生在外部层，因此可由 DBA 完成。其他工作发生在内部层，只能由 DBMS 供应商提供。后一种类型实用程序的例子有：

- 输入机制，即从平板文件中装载数据库；输出机制，即将数据库卸载到平板文件中。
- 监控机制，用以监测数据库的使用和运作。
- 统计分析程序，用以检查性能或者统计数据。
- 重新组织索引的机制，用以重新组织索引并处理溢出。
- 无用单元收集和重新分配机制，用于从存储设备中物理地删除记录，回收已释放的空间并重新分配给需要者。

本章小结

- ANSI-SPARC 数据库体系结构使用三层抽象：**外部层**、**概念层**和**内部层**。外部层包含用户对数据库的视图。概念层是数据库的整体视图，它说明整个数据库系统的信息内容，与存储因素无关。概念层表现所有的实体、实体的属性、实体之间的联系、对数据的约束，以及安全性和完整性信息。内部层是数据库的计算机视图，它说明数据如何表示、记录如何排序、存在什么样的索引和指针等。

- **外部层到概念层的映射**负责转换概念层和外部层之间的请求和结果。**概念层到内部层的映射**转换概念层和内部层之间的请求和结果。
- **数据库模式**是对数据库结构的描述。数据独立性使每一层都不会被较低层的变化所影响。**逻辑数据独立性**指的是外部模式不会被概念模式的变化所影响。**物理数据独立性**指的是概念模式不会被内部模式的变化所影响。
- **数据子语言**包含两个部分：**数据定义语言**（DDL）和**数据操作语言**（DML）。DDL 用来说明数据库模式，DML 用来读取和更新数据库。DML 中包含的数据检索部分称为**查询语言**。
- **数据模型**是一组概念，可以用于描述数据、对数据的操作以及对数据的完整性规则。数据模型可分成三大类：**基于对象**的数据模型、**基于记录**的数据模型和**物理数据模型**。前两个用来描述概念层和外部层的数据，后一个用来描述内部层的数据。
- **基于对象的数据模型**包括实体 - 联系的、语义的、函数的和面向对象的四类模型。基于记录的数据模型包含关系、网状和层次三类模型。
- **概念建模**是构建数据库详细结构的过程，此结构与具体的实现细节无关，包括目标 DBMS、应用程序、编程语言以及任何其他的物理因素。概念模式的设计对整个系统的成功事关重要。花费必要的时间和精力创建一个尽可能好的概念设计非常值得。
- **多用户 DBMS 的功能和服务**包括：数据的存储、检索和修改；用户可访问的目录；事务支持；并发控制和恢复服务；授权服务；对数据通信的支持；完整性服务；提供数据独立的服务和实用程序。
- **系统目录**是 DBMS 的基本组件之一。它包含"数据的数据"，或称为**元数据**。目录必须是用户可访问的。信息资源字典系统是一个 ISO 标准，定义了一组访问数据字典的方法。这样就允许共享字典，并且可以从一个系统转换到另一个系统。

思考题

2.1　讨论数据独立性的概念，并说明它在数据库环境中的重要性。

2.2　ANSI-SPARC 三层体系结构是为解决数据独立性问题提出的。比较和对比这个模型中的三个层次。

2.3　什么是数据模型？讨论数据模型的主要类型。

2.4　讨论概念建模的功能和重要性。

2.5　你希望一个多用户 DBMS 提供哪些功能？

2.6　针对思考题 2.5 的答案，你认为在孤立的 PC DBMS 中哪一个是不必要的。给出理由。

2.7　讨论系统目录的功能和重要性。

2.8　讨论 DDL 与 DML 有何差异。你期望每种语言通常提供哪些操作？

2.9　讨论过程化 DML 与非过程化 DML 有何差异。

2.10　给出四类基于对象的数据模型的名称。

2.11　给出三类基于记录的数据模型的名称，并讨论它们之间的主要差别。

2.12　何谓事务？试举一个例子。

2.13　何谓并发控制？DBMS 为何需要并发控制机制。

2.14　给出数据库完整性定义，数据库完整性与数据库安全性有何区别。

习题

2.15　请分析你目前正在使用的各种 DBMS。确定每个系统是否提供了你认为 DBMS 应该提供的功能。每个系统都提供了什么类型的语言？每个 DBMS 使用了哪种类型的体系结构？检查系统目录的可访问性和可扩展性。是否可能将系统目录输出到另一个系统中？

2.16 编写程序在数据库中存储名字和电话号码。再编写一个程序在数据库中存储名字和地址。修改这些程序使之用到外部、概念和内部模式。这样修改的优点和缺点分别是什么？

2.17 编写程序在数据库中存储名字和出生日期。对该程序进行扩展，使其能存储数据库中数据的格式，换句话说就是创建一个系统目录。提供可由外部用户访问该系统目录的界面。

扩展阅读

Batini C., Ceri S., and Navathe S. (1992). *Conceptual Database Design: An Entity-Relationship approach*. Redwood City, CA: Benjamin Cummings

Brodie M., Mylopoulos J., and Schmidt J., eds (1984). *Conceptual Modeling*. New York, NY: Springer-Verlag

Gardarin G. and Valduriez P. (1989). *Relational*

Databases and Knowledge Bases. Reading, MA: Addison-Wesley

Tsichritzis D. and Lochovsky F. (1982). *Data Models*. Englewood Cliffs, NJ: Prentice-Hall

Ullman J. (1988). *Principles of Database and Knowledge-Base Systems* Vol. 1. Rockville, MD: Computer Science Press

既然有这样一个有用的模式结构，为什么 DBMS 使用 3 层模式，这样会不会产生太多的开销？
这种结构好不好？如何改善？
2.10 举出一些模式使用模式和实例的例子？为什么需要这几层模式？
既然有这样一个有用的模式结构，用什么把模式和外部之间连接起来，又用什么来连接不同的数据？
2.11 举出概念模式、外部和内部模式的目标？对应模式和映像之间有什么关系，它们如何把数据库联系在一起？有什么不同？概括说明各个用户所能看到的数据自述之间的关系。

中提阅读

Bailun G. Ceri S. and Paradise S. (1992), Databases and Knowl
  Domain Oriented in Environment. Computing Communing
  Redwood City: Acknowledge Cumming.
Brndle M. Mdopolu J. and Schml E. ed ...
  (1983) Conceptual abddalon, New York, NY.
  Singer Verlag.
Calalam C. and VldarsxF (1989), Patalog ...

第 3 章

Database Systems: A Practical Approach to Design, Implementation, and Management, 6E

数据库的结构与 Web

本章目标

本章我们主要学习：

- 客户 – 服务器结构的意义及这种结构给 DBMS 带来的好处
- 两层、三层和多层客户 – 服务器结构的差别
- 应用服务器的功能
- 中间件的意义及中间件的不同类型
- 事务处理（TP）监视器的功能和用处
- Web 服务的用途和开发 Web 服务的技术标准
- 面向服务的结构（SOA）的含义
- 分布式 DBMS 与分布式计算的差别
- 数据仓库的体系结构
- 云计算与云数据库
- DBMS 的软件组件
- Oracle 的逻辑结构与物理结构

第 1 章回顾了数据库系统自 20 世纪 60 年代以来的发展。在这几十年间，虽然用户期望的种种数据库功能不断变为现实，一些新的基础数据模型也不断推出并得以实现，但比较起来，开发软件系统所用的软件范型变化得更多、更快。数据库开发商们不得不了解并跟进这些变化，以保证不落伍。本章我们首先考察一些目前已投入使用的不同系统的结构，然后讨论有关 Web 服务和面向服务的结构（SOA）的进展。

本章结构

3.1 节考察多用户 DBMS，重点是两层和三层客户 – 服务器结构，并讨论中间件的概念以及数据库领域不同类型的中间件。3.2 节研究 Web 服务和 SOA，前者用于为用户提供新型的业务服务，后者有助于设计松耦合、自治的服务，这些服务能组合成更灵活、复杂的业务过程和应用。3.3 节简要描述分布式 DBMS 的结构并讨论其与分布式计算的区别，第 24 ～ 25 章将详细讨论分布式 DBMS。3.4 节简要描述数据仓库及相关工具的结构，第 31 ～ 34 章将详细讨论数据仓库。3.5 节讨论云计算和云数据库。3.6 节给出一个抽象 DBMS 的内部结构。3.7 节专门讨论 Oracle DBMS 的逻辑结构和物理结构。

3.1 多用户 DBMS 结构

本节将会介绍实现多用户数据库管理系统的各种常见结构，包括远程处理、文件 – 服务器和客户 – 服务器结构。

3.1.1　远程处理

　　传统的多用户系统结构是远程处理，在这类系统中有一台计算机，它由单个中央处理单元（CPU）和若干终端组成，如图 3-1 所示。所有处理都在这台物理计算机的边界内执行。用户终端通常为"哑"终端，无处理能力。它们通过线缆与中央计算机相连。终端通过操作系统的通信处理子系统向用户应用程序传递信息，用户应用程序轮流使用 DBMS 的服务。结果信息又以同样的方式传回用户终端。然而，这种体系结构给中央计算机带来了很大的压力，使中心计算机不仅要运行应用程序和 DBMS，还要代替终端执行大量的工作（例如格式化屏幕显示数据等）。

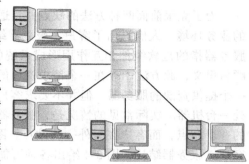

图 3-1　远程处理的拓扑结构

　　近几年，个人计算机和网络的性能有很大提高。可以看到，工业界具有向**小型化**发展的趋势，也就是以能实现相同功能甚至更强功能的、比较经济的个人计算机组成的网络代替昂贵的大型计算机。这个趋势导致了下面两个结构的出现：文件服务器和客户 – 服务器。

3.1.2　文件服务器结构

文件服务器│在网络上的一台计算机，其主要用途是为文档、电子表格、图像和数据库之类的计算机文件提供共享存储。

　　在文件服务器环境中，数据处理通常在局域网（LAN）上分布进行。文件服务器负责保管应用程序和 DBMS 所需要的文件。而应用程序和 DBMS 实际运行在各个工作站点上，必要时向文件服务器请求文件，如图 3-2 所示。通过这种方法，文件服务器只是扮演了一个共享硬盘驱动器的角色。每个工作站上的 DBMS 都向文件服务器传送请求，请求 DBMS 所需要的所有存储在磁盘中的数据。显然，这种方法容易造成网络拥塞（traffic），导致性能方面的问题。例如，用户请求查询位于 Main 大街 163 号的分公司的员工的名字。若使用 SQL（参见第 6 章）表达这个请求，则为：

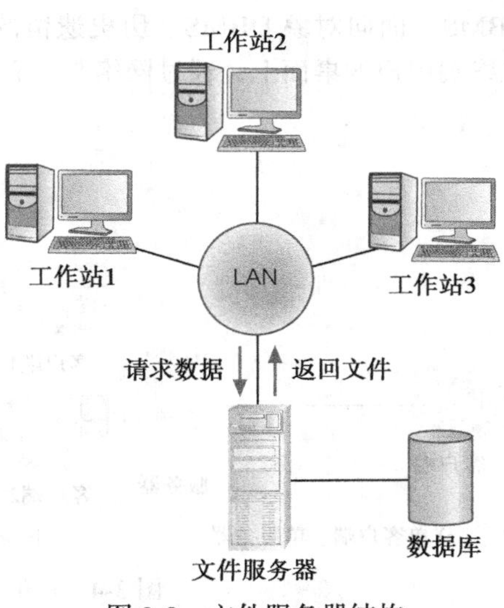

```
SELECT fName, lName
FROM Branch b, Staff s
WHERE b.branchNo = s.branchNo AND b.street = '163 Main St';
```

图 3-2　文件服务器结构

　　由于文件服务器不懂 SQL，DBMS 不得不从文件服务器中请求整个 Branch 和 Staff 关系，而不仅仅是符合要求的员工的名字。

　　因此，文件服务器结构具有三个主要缺点：

（1）会造成网络拥塞。

（2）每台工作站上都要求有一个 DBMS 的完整副本。

（3）并发、恢复和完整性控制变得相当复杂，因为可能有多个 DBMS 访问同一个文件。

3.1.3 传统的两层客户 – 服务器结构

为了克服前面两种方法的缺点并且适应日益分散
的业务环境，人们提出了客户 – 服务器结构。客户 –
服务器指的是软组件相互作用形成系统的一种方式。
顾名思义，此方法中存在一个请求资源的**客户**进程和
一个提供资源的**服务器**。但并不要求客户和服务器同
处一台机器。实际常见的情况是，服务器放在局域网
的一个站点，而客户在另外一些站点。图 3-3 说明了
客户 – 服务器结构，图 3-4 给出各种可能的客户 – 服
务器拓扑结构。

数据密集型的业务应用程序一般由四个主要部分
组成：数据库、事务逻辑、业务及数据应用逻辑和用
户界面。传统的两层客户 – 服务器结构提供了基本
的任务划分。客户端（第 1 层）主要负责针对用户的
数据表示，服务器端（第 2 层）主要负责为客户端提

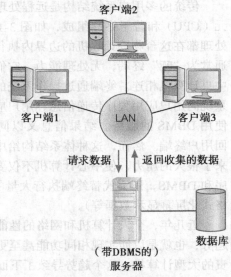

图 3-3　客户 – 服务器结构

供数据服务。图 3-5 显示了这种结构。表示服务负责处理用户交互活动和主要的业务及数
据应用逻辑。数据服务负责提供有限的业务应用逻辑、客户端由于缺乏信息通常不能执行
的验证，以及对与其位置无关的请求数据的访问。数据可以来自于关系 DBMS、对象关系
DBMS、面向对象 DBMS、历史遗留的 DBMS 以及专有的数据访问系统。通常客户端运行
在终端用户的桌面上，通过网络与中心数据库服务器通信。

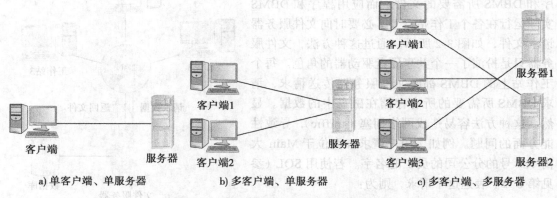

a) 单客户端、单服务器　　　　　b) 多客户端、单服务器　　　　　c) 多客户端、多服务器

图 3-4　可供选择的客户 – 服务器拓扑结构

客户端和服务器之间交互的典型过程是，客户端接收用户的请求，检查语法并产生用
SQL 或其他某种适于应用程序逻辑的数据库语言表达的数据库请求。然后将请求消息传递
给服务器，等待回答。得到回答后再将其格式化并传递给终端用户。服务器接收和处理数据
库请求，并将结果回传给客户端。这个过程包括检查权限、确保完整性、维护系统目录，以
及执行查询和更新操作。另外，它还提供并发和恢复控制。在表 3-1 中总结了客户端和服务
器的操作。

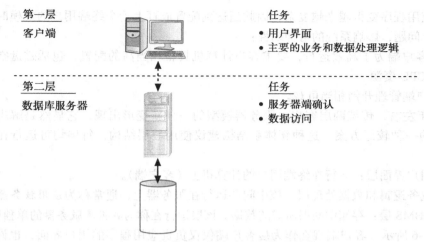

图 3-5 传统的两层客户 – 服务器结构

表 3-1 客户 – 服务器功能总结

客 户 端	服 务 器
管理用户界面	接受和处理来自客户端的数据库请求
接受和检查用户输入的语法	检查授权
处理应用逻辑	确保不违反完整性约束
产生数据库请求并传送给服务器	执行查询 / 更新操作并将结果回传给客户端
将结果返回给用户	维护系统目录
	提供并发的数据库访问
	提供恢复控制

这种结构有许多优点，例如：
- 广泛支持对现存数据库的访问。
- 增强性能：如果客户端和服务器在不同的计算机上，则不同的 CPU 可以并行处理应用程序。如果服务器的任务仅是执行数据库处理，调优其性能则较容易。
- 降低硬件费用：只要求服务器有足够的存储空间和处理能力来存储和管理数据库。
- 降低通信费用：应用程序在客户端运行了一部分操作，只有数据库访问请求需要通过网络传递，因此在网络中只需要传递很少的数据。
- 增强一致性：服务器可以处理完整性检查，因此只需要在一个位置定义和验证约束，而无需每个应用程序都自行检查。
- 能很自然地映射到开放系统结构上。

某些数据库供应商会把这种结构说成是提供分布式数据库的能力，也就是多个逻辑上相互关联的分布在计算机网络上的数据库。然而，尽管客户 – 服务器结构可用于实现分布式 DBMS，但它本身并不构成一个分布式 DBMS。3.3 节将讨论分布式 DBMS，第 24 和 25 章还将更完整地进行讨论。

3.1.4 三层客户 – 服务器结构

企业对可伸缩性的需要正在挑战传统的两层客户 – 服务器模型。在 20 世纪 90 年代中期，由于应用程序变得越来越复杂，因此当达到配置成百上千个终端用户的规模时，客户端表现出两个问题，影响系统的可伸缩性：

- 胖客户端为了高效运行，要求客户计算机具备相当高的配置，包括磁盘空间、内存及 CPU 资源。
- 客户端管理开销相当可观。

1995 年左右，传统两层客户－服务器模型的一种新变形出现，它显然是解决企业可缩放性问题的一种较好方案。这种新体系结构建议使用三层结构，每层均可运行在不同的平台上。

（1）用户界面层：运行在终端用户的计算机上（客户端）。

（2）业务逻辑和数据处理层：该中间层运行在服务器上，通常称为应用服务器。

（3）DBMS 层：存储中间层所需的数据。该层运行在称为数据库服务器的单独服务器上。

如图 3-6 所示，客户端现在作为瘦客户端仅仅负责应用程序的用户界面，也许还执行一些简单的业务逻辑处理，例如输入验证。应用程序的核心业务逻辑现在处于单独的层上，通过局域网（LAN）或广域网（WAN）物理连接到客户端和数据库服务器。一个应用服务器可为多个客户端提供服务。

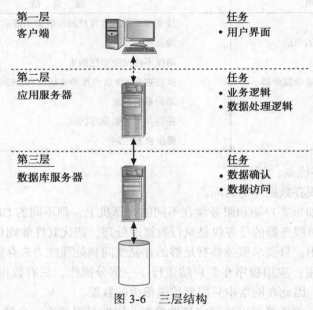

图 3-6　三层结构

三层设计与传统的两层或单层设计相比有许多优点，包括：

- 瘦客户端降低了对硬件设备的需求。
- 业务逻辑从许多终端用户转移到了单一的应用服务器上，这使得应用程序的维护可以集中进行，消除了传统两层客户－服务器模型中重点关注的软件分布问题。
- 模块化特性使得修改或替换其中一层不会影响其他层，因而变得更容易。
- 核心业务逻辑和数据库功能的分离使得负载平衡更容易进行。

另外一个优点是三层结构更容易映射到 Web 环境，Web 浏览器可作为瘦客户端，Web 服务器可作为应用服务器。

3.1.5　N 层客户 – 服务器结构

三层结构可以扩展为 n 层结构，通过增添层次可以提供进一步的灵活性和可伸缩性，如图 3-7 所示，三层结构的中间层可以再细分为两层，一层为 Web 服务器，一层为应用服务器。在高通量的环境下，单个 Web 服务器可由一组 Web 服务器（或一个 Web 农场）代替，以获得高效的负载平衡。

应用服务器

| **应用服务器** | 通过一组应用程序编程接口（API）将业务逻辑和业务过程暴露给其他应用使用。

一个应用服务器必须处理以下若干复杂的问题：

- 并发
- 网络连接管理
- 提供对所有数据库服务器的访问
- 数据库连接池
- 支持遗留数据库
- 支持集群
- 负载平衡
- 失效备援

在第 29 章我们将考察若干应用服务器：

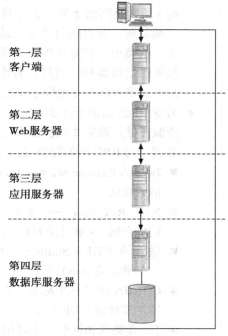

第一层
客户端

第二层
Web 服务器

第三层
应用服务器

第四层
数据库服务器

图 3-7　中间层分裂为 Web 服务器和应用服务器的四层结构

- Java 平台企业版（Java Platform，Enterprise Edition，JEE），早先称为 J2EE，是用 Java 语言编写服务器的平台规范。像其他 Java 程序社区（Java Community Process）规范一样，JEE 也被非正式地看作一个标准，软件提供商必须遵守某些要求，以保证其产品是 "JEE 兼容的"。一个 JEE 应用服务器能处理事务、安全性、可伸缩性、并发和管理部署在其上的多个部件。这意味着应用开发人员能把注意力更多集中在业务逻辑上，而不必考虑基础架构和集成等事情。

  众所周知的 JEE 应用服务器有 Oracle 公司的 Weblogic Server 和 Oracle GoldFish Server，红帽公司的 JBoss，IBM 的 WebSphere Application Server 和开放源码的 Glass-Fish Application Server。我们留待 29.7 节再讨论 JEE 平台和相关的数据库访问技术。
- .NET 框架是微软公司提供的用于开发中间层的技术，我们留待 29.8 节讨论。
- Oracle Application Server 提供了一组服务，可用于集成可伸缩的多层结构以支持电子商务，我们留待 29.9 节讨论。

3.1.6　中间件

| **中间件** | 连接软部件或应用的计算机软件。

中间件是个类属术语，通指为其他软件做媒介或帮助一个异构系统中各应用间通信的软件。中间件的需求来自于分布式系统太复杂时，若没有一个公用接口则难以有效管理。为了使异构系统能跨网工作并能灵活地适应频繁的修改，开发中间件以隐藏分布式系统基本的复

杂性。

Hurwitz（1998）将中间件主要分为六类：

- 异步远程过程调用（RPC）：这是一种进程间通信技术，它允许客户端向另一地址空间（通常是网络上另一台计算机）发出服务请求而不等待回答。一个 RPC 通常由客户端发起，客户端向已知的远程服务器发送信息，请求用所提交的参数执行某个过程。这类中间件是高度可扩展的，因为只有很少的连接和会话信息需要在客户端和服务器之间维持。当然，若连接中断，客户端不得不从头再来，故协议具有低可恢复性。当对事务完整性不作要求时，异步 RPC 最为适用。

- 同步 RPC：类似于异步 RPC，只是服务器在处理调用请求时客户端被挂起（它必须等待服务器处理完才能重启执行）。这类中间件可扩展性差，可恢复性却最好。

  有若干与 RPC 类似的协议，如：

  - Java 的 Remote Method Invocation(Java RMI)API 提供了与标准 UNIX RPC 方法类似的功能。
  - XML-RPC 也是一种 RPC 协议，它用 XML 编码请求，HTTP 作为传输机制。我们将在第 29 章讨论 HTTP，第 30 章讨论 XML。
  - 微软的 .NET Remoting 为 Windows 平台的分布式系统提供 RPC 机制。我们将在 29.8 节讨论 .NET 平台。
  - CORBA 通过一个称为"对象请求代理"的中间层提供远程过程调用。我们将在 28.1 节讨论 CORBA。
  - Thrift 协议和框架，主要用于社交网站 Facebook。

- 发布 / 订阅：一种异步的消息通信协议，订阅者订阅由发布者发布的消息。消息可被分类。订阅者表达他感兴趣的一或多个类别，并只接收感兴趣的消息而不用关心发布者在哪儿。不将订阅者与发布者绑定能增强可扩展性并允许更动态的网络拓扑结构。发布 / 订阅中间件的例子有 TIBCO 软件公司的 TIBCO Rendevous 和 ZeroC 公司的 Ice(Internet Communications Engine)。

- 面向消息中间件（MOM）：既在客户端又在服务器驻留的软件，通常支持客户端和服务器应用间异步的调用。当目标应用正忙或未连接时，用消息队列临时存储消息。市场上有多种 MOM 产品，如 IBM 的 WebSphere MQ、MSMQ（微软的 Message Queuing）和 JMS（Java Messaging Service），JMS 是 JEE 的一部分，帮助开发可移植、基于消息的 Java 应用。MOM 产品还包括实现了 JMS 的 Sun Java System Message Queue(SJSMQ) 和 Oracle 公司的 MessageQ。

- 对象请求代理（ORB）：负责管理对象之间的通信和数据交换。ORB 允许开发者通过集成对象来构建系统，这些对象可以来自不同的提供商，但通过 ORB 可互相通信，从而促进分布式对象系统的互操作性。公共对象请求代理结构（CORBA）是对象管理组（OMG）推出的标准，它使得用多种计算机语言写的、在不同机器上运行的软组件能协同工作。商品化 ORB 的例子有 Progress Software 公司的 Orbix。

- 面向 SQL 数据访问：能跨网络连接数据库应用，把 SQL 请求转换为本地 SQL 或其他数据库语言表达。面向 SQL 的中间件不再需要为每个数据库编写专门的 SQL 调用代码，也不再需要为基本的通信编写代码。更通常的情况是，面向 SQL 的中间件能将应用连接到任何类型的数据库（尽管用 SQL，但不必一定是关系型 DBMS）。该类中间件的例子有微软的开放数据库互连 (Open Database Connectivity,ODBC)API，它暴露单一接口以简化用户访问数据库，而自己通过使用驱动程序适配不同数据库间的差异。还有 JDBC API，它用单一一组方法来简化对多个数据库的访问。我们把网关也包括在这类中间件中，它在分布式 DBMS 中像个中介，把一种语言或方言翻译成另一种语言或方言（例如，将 Oracle 的 SQL 翻成 IBM DB2 的 SQL，或把微软 SQL Server 的 SQL 翻成对象查询语言（Object Query Language，OQL）。我们将在第 24 章讨论网关，在第 29 章讨论 ODBC 和 JDBC。

下节我们考察专用于事务处理的中间件。

3.1.7　事务处理监视器

事务处理（TP）监视器 | *控制客户端和服务器之间数据传输的程序，旨在为应用提供一致的环境，尤其是为联机事务处理（OLTP）一类的应用。*

复杂的应用程序经常建立在多个**资源管理器**（例如 DBMS、操作系统、用户接口及通信软件）之上。TP 监视器是一个中间件，能访问各种资源管理器提供的服务，同时为事务型软件的开发者提供一个统一的接口。TP 监视器作为三层结构中的中间层，如图 3-8 所示。TP 监视器具有很多优点，包括：

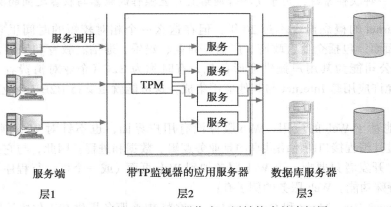

服务端　　　　　带TP监视器的应用服务器　　　数据库服务器
层1　　　　　　　　层2　　　　　　　　　层3

图 3-8　事务处理监视器作为三层结构中的中间层

- 事务路由：TP 监视器可以通过将事务分配到特定的 DBMS 扩大系统规模。
- 管理分布式的事务：TP 监视器可以管理这样的事务，它们要求访问存储在不同甚至异构 DBMS 上的数据。例如，一个事务要求更新的数据项可能分别存储在站点 1 的 Oracle DBMS 中、站点 2 的 Informix DBMS 中和站点 3 的 IMS DBMS 中。TP 监视器通常使用 X/Open 分布式事务处理（Distributed Transaction Processing，DTP）标准来控制事务。任何支持这个标准的 DBMS 均可以作为资源管理器，在充当事务管理器的 TP 监视器的控制下工作。第 24 ～ 25 章将讨论分布式事务和 DTP 标准。
- 负载平衡：TP 监视器可在运行于一个或多个计算机上的多 DBMS 间平衡客户请求，即将客户请求分配到负载最轻的服务器上。另外，它还可以动态引进 DBMS，以满足必要的性能需要。
- 漏斗效应：在具有大量用户的环境中，让所有的用户同时登录到 DBMS 可能有困难。其实在大多数情况下，用户并不需要连续不断地访问 DBMS。因此，TP 监视器可以在需要的时候与 DBMS 建立连接，并且通过这些连接将用户的请求逐个漏到 DBMS 中，而不是将每一个用户都与 DBMS 相连。这样一来，大量用户使用少量连接即可访问 DBMS，这也意味着 DBMS 的资源耗费较低。

- 增强可靠性：TP 监视器充当一个事务管理器，执行维护数据库一致性的必要动作，而 DBMS 充当资源管理器。如果 DBMS 失效，TP 监视器能够将事务提交给另外一个 DBMS，或者保持事务直到 DBMS 再次可用。

TP 监视器通常用在具有大量事务的环境中，在这里 TP 监视器可以用来从 DBMS 服务器上卸载进程。比较典型的 TP 监视器的例子包括 CISC（主要用于 z/OS 或 z/VSE 下的 IBM 大型机）和 Oracle 公司的 Tuxedo。此外，Java 事务 API（Java Transaction API，即 JTA，属于 Java 企业版 API 的一种）也使得分布式事务能在 Java 环境下跨多个 X/Open XA 资源运行。JTA 开放源码的实现有红帽的 JBoss TS，它曾叫作 Arjuma 事务服务（Arjuma Transaction Service），以及 Bitronix 的 Bitronix 事务管理器（Bitronix Transaction Manager）。

3.2 Web 服务与面向服务的结构

3.2.1 Web 服务

| Web 服务 | 一种软件系统，用于支持跨网络且可互操作的机器与机器之间的交互。

虽然 Internet 的概念出现不过 20 年，但在这么一个相对较短的时间里它几乎改变了社会的方方面面，包括企业、政府、广播、商业、娱乐、通信、教育和培训，等等。尽管 Internet 已使公司能为其用户提供形形色色，有时称为 B2C（企业对消费者）的服务，但 Web 服务能允许应用跨 Internet 与其他应用集成，这可能就是支持 B2B（企业对企业）集成的关键技术。

不像其他基于 Web 的应用，Web 服务没有用户界面，也不针对 Web 浏览器。相反，Web 服务通过其编程接口跨网络共享的是业务逻辑、数据和进程。因此，与它接口的是应用而不是用户。开发者只要把一个 Web 服务加到 Web 页面（或一个可执行程序）中即可为用户提供一项特殊功能。Web 服务的例子有：

- Microsoft Bing Maps 和 Google Maps，这些 Web 服务提供基于位置访问的服务，如地图、导航、邻近搜索和地址变坐标或坐标变地址等。
- Amazon Simple Storage Service（Amazon S3）是一个简单的 Web 服务接口，能用于在任意时候从网上任何地方存储或检索大量数据。任何开发者都能访问这些 Amazon 公司自己也在使用的高可扩展、可靠、快速、廉价的数据存储设施。费用按现收现付（pay-as-you-go）的原则，当前的价格是每月前 50TB 收费 0.125 美元 /GB。
- Geoname 提供若干与位置相关的 Web 服务。例如，给定地名返回用 XML 文档描述的一组维基百科条目，或给定经纬度返回时区等。
- 来自 Service Object 公司的 DOTS 作为较早的 Web 服务，可提供一系列服务。如公司基本信息、反查电话号码、Email 地址确认、天气信息和根据 IP 地址确定位置等。
- Xignite 是 B2B 的 Web 服务，它允许公司在其应用中加入财经信息，包括美国股市行情、实时交易价格和财经新闻等。

Web 服务成功的关键是使用了被广泛接受的一系列技术和标准，如：

- XML（可扩展标记语言）。
- SOAP（简单对象访问协议）是在 Internet 上交换结构化信息的通信协议，使用基于 XML 的消息格式，既独立于平台又与语言无关。
- WSDL（Web 服务描述语言）协议，也是基于 XML 的，它用于描述和定位 Web 服务。
- UDDI（通用发现、描述和集成）协议是独立于平台、基于 XML 的一种注册目录，企业可将其在网上提供的服务列出来。该注册目录可用 SOAP 消息查询，还可访问 WSDL 文档，文档给出要与注册目录中的 Web 服务交互需遵守的协议和消息格式。

图 3-9 展示了这些技术间的关系。从数据库的角度看，Web 服务既能在数据库内用到（数据库作为消费者，采用外部 Web 服务），也可能访问它自己的数据库（此时数据库作为提供者），该数据库专门管理提供服务时所要求的数据。

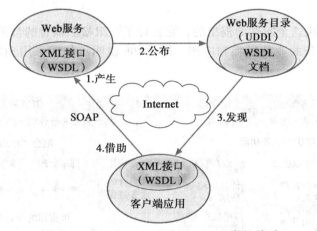

图 3-9   WSDL、UDDI 和 SOAP 三者的关系

RESTful Web 服务

Web API 是 Web 服务的发展，它从强调基于 SOAP 的服务转为基于表示状态转换（Representational State Transfer，REST）。REST 服务不再要求 XML、SOAP、WSDL 或 UDDI 定义。REST 是一种构建方式，它说明约束，比如统一界面，将其用于 Web 服务可获得高性能、可伸缩性和可修改性等期望的特性，这将使服务在 Web 上工作得更有效。用 REST 这种构建方式，数据和功能都被视为资源，能用统一资源标识（Uniform Resource Identifiers，URI）访问，就像通常的 Web 链接。资源能用 PUT、GET、POST 和 DELETE 这样一组简单且定义良好的操作，来完成创建、读取、修改和删除。PUT 创建一个新资源，然后可用 DELETE 删除。GET 检索用某种方式表示的资源的当前状态。POST 转换资源为一个新状态。

REST 采用客户－服务器结构，并使用无状态通信协议，通常是 HTTP。用 REST 这种构建方式时，客户端和服务器用标准的接口和协议交换资源的表示。

29.2.5 节将讨论 Web 服务、HTML 和 URI，第 29 ～ 30 章讨论 SOAP、WSDL 和 UDDI。

3.2.2 面向服务的结构（SOA）

SOA | 一种以业务为中心构造应用的软件结构，它用已发布的一组服务来实现业务过程，服务的粒度与消费者有关。这些服务无论是被使用、被发布和被发现，还是从某个具体实现中被抽取出来，都采用基于单一标准形式的界面。

在今天这样一个 IT 给了企业从未有过的机会，而技术本身又在不断发展的时代，灵活性被认为是企业的关键需求。可重用性被看作软件开发的主要目标，因而面向对象范型被广泛接受：面向对象的程序设计过程可视为确定一组互操作的对象，而不是像传统编程那样确定一组需计算的任务。在 OOP 中，每个对象都能接收消息、处理数据、传送消息给其他对象。在传统的 IT 结构中，各个业务处理活动、应用和数据都各自为政，像一口口矗立的发射井，用户不得不在这些网络、应用和数据库中导航以完成整个业务处理活动链。而且，每个独立的发射井都要消耗大量的经费，并需耗时维护。图 3-10a 展示了按这种结构组织的三个过程，即服务调度、订单处理和账户管理，每个过程都涉及若干数据库。很明显，在这些活动中有一些公共的服务，每个过程都会用到它们。试想，如果企业的需求发生变化，或者出现新的商机，由于这些过程之间缺乏独立性，就很难修改某个过程以适应发生的变动。

SOA 正是为解决这个问题而提出的，它设计了一组松散耦合的自治服务，通过组合它们来提供灵活、复杂的业务过程和应用。图 3-10b 说明了如何采用 SOA 重构同一个业务过程。

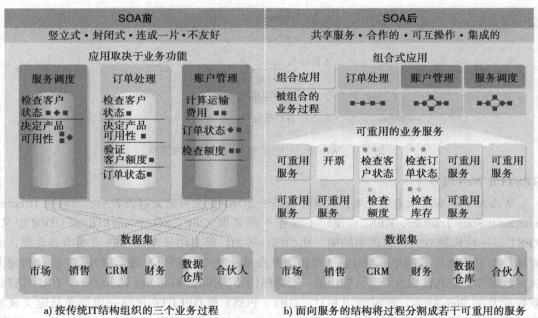

a) 按传统IT结构组织的三个业务过程　　　　b) 面向服务的结构将过程分割成若干可重用的服务

图　3-10

因此，服务的本质区别在于，服务的提供独立于使用这个服务的应用。服务提供者可开发特定的服务，并提供给分布在不同组织机构内的用户使用。而构建应用就是通过标准程序设计语言或专用的服务编排语言（如 BPEL，Business Process Execution Language）将这些来自不同提供者的服务链接到一起。

为 SOA 设计的 Web 服务不同于其他 Web 服务之处在于，它们通常须遵守若干约定。下面是一组公共的 SOA 守则，它提供了设计 SOA 专用 Web 服务的方法。

- 松耦合：服务之间的交互应设计为松耦合的。
- 重用：凡存在潜在重用性的逻辑都应设计为单独的服务。

- 契约：服务附着一个通信契约，该契约定义信息交换和由一份或多份服务描述文档指定的任何附加的服务描述信息。
- 抽象：除了在服务契约中描述的内容，服务对外隐藏其内部逻辑。
- 可组合性：服务可与其他服务组合以构成不同粒度的业务逻辑，从而提供可重用性和不同的抽象层次。
- 自治：一个服务不需依赖其他服务就能控制其封装的逻辑。
- 无状态：服务不应要求维护状态信息，否则影响其松耦合特性。
- 可发现性：服务应设计成对外可描述的，使得通过合适的发现机制即可发现和访问服务。

注意，SOA 并不局限于 Web 服务，亦可用于其他技术范畴。SOA 进一步的讨论已超出本书的范围，感兴趣的读者可参考列在书后的有关本章的读物。

3.3　分布式 DBMS

正像第 1 章讨论的那样，推动数据库系统发展的主要因素是，人们希望集成一个组织机构内所有操作数据并能对数据进行受控的访问。尽管我们可以认为集成和受控访问意味着集中管理，但其实这并不是必需的。实际上，计算机网络的发展促进了分散式的作业模式。这种分散的方法反映了许多公司的组织结构，即逻辑上被分成多个分公司、部门、项目，物理上分为办公室、车间、工厂，每一个小单位都维护着自己的操作数据。开发反映上述组织结构的分布式数据库系统可使得数据对每个单位都是可访问的，并能将数据就近存放于最常用的位置，这样一来，可望提高数据的共享程度和数据访问效率。

分布式数据库 | 物理分布于计算机网络上，但逻辑相互关联的共享数据（和数据描述）的集合。

分布式 DBMS | 管理分布式数据库并对用户提供分布透明性的软件系统。

分布式数据库管理系统（DDBMS）由一个被分为多段的逻辑数据库构成。每段都在一个单独的 DBMS 控制下，存储在一台或多台（存在复制）计算机上，这些计算机都通过网络互联起来。每一个站点都可以独立地处理用户提出的访问本地数据的请求（即每个站点都有一定的本地自主性），同时还可以处理存储在网络上其他计算机中数据。

用户通过应用来访问分布式数据库中的数据。应用分为不需要从其他站点获得数据的应用（本地应用）和需要从其他站点获得数据的应用（全局应用）。一般 DDBMS 至少需包含一个全局应用。因此，DDBMS 应当具有如下特征：

- 逻辑上相关的共享数据的集合
- 数据被分成若干段
- 段可能被复制
- 段 / 副本分配在各个站点上
- 站点由通信网络连接起来
- 每个站点的数据都在一个 DBMS 控制下
- 每个站点上的 DBMS 都能自主地处理本地应用
- 每个 DBMS 至少参与一个全局应用

并非系统中每个站点都必须有自己的本地数据库，图 3-11 显示了一个 DDBMS 的拓扑结构。

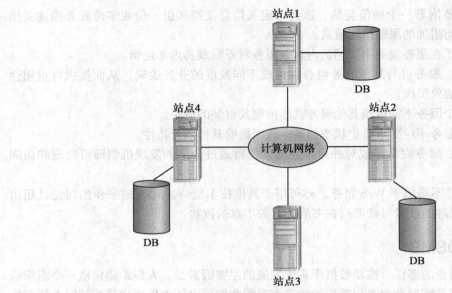

图 3-11　分布式数据库管理系统

从 DDBMS 的定义中可以看出，系统期望对于用户来讲分布具有透明性（即不可见的）。这样，用户就不需要知道分布式数据库如何分段存储在多个不同计算机上，以及如何被复制等细节。提供透明性的目的就是使用户像使用集中式系统那样使用分布式系统。这常常被称为 DDBMS 的基本原则。这个需求为终端用户提供了强大的功能，但它同时也产生了许多需要 DDBMS 解决的问题。

分布式处理

将分布式 DBMS 与分布式处理区分开来是很重要的。

| 分布式处理 | 一个可以通过计算机网络来访问的集中式数据库。

分布式 DBMS 定义的关键点在于该系统是由物理上分于网络各个站点上的数据构成的。如果数据集中，即使其他用户可以通过网络来访问这些数据，仍然不能认为它是一个分布式 DBMS，而仅仅是分布式处理而已。图 3-12 说明了分布式处理的拓扑结构。比较图 3-11 与图 3-12，可以看出图 3-12 中的站点 2 上有一个集中式数据库，而图 3-11 中多个站点都有自己的数据库（DB）。我们将在第 24 ～ 25 章深入讨论分布式 DBMS。

3.4　数据仓库

自 20 世纪 70 年代以来，很多企业都将投资集中在新型的能将业务流程自动化的系统（称为联机事务处理或 OLTP）上。希望据

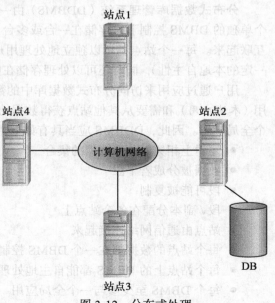

图 3-12　分布式处理

此为客户提供更为高效和经济的服务，使企业更具竞争优势。这么多年过去了，企业积累了大量并且还在不断增长的数据，它们都存储在操作数据库中。现在，这种系统已经变得相当普遍，企业又开始将目光转向使用这些操作数据进行决策分析，以求更具竞争力。

以往操作型系统在设计与开发时没有考虑到决策分析的需求，所以直接在这种系统上进行决策分析并不适合。典型的情形是，企业可能包含了多种操作型系统，里面存在一些重叠甚至相悖的定义，例如数据类型。因此，需要把这些归档数据转换成知识源，给用户提供一个关于组织机构单一、完整的数据视图。**数据仓库**的概念正是为满足这一需求而提出的，即数据仓库是能从多个操作型数据源中获取数据以支持决策分析的系统。

数据仓库 | 从不同数据源抽取数据构成的公共数据的一组固定 / 集成的视图，加上一组终端访问工具，能用于从简到繁的各类查询以支持决策分析。

数据仓库中的数据被描述为面向主题、集成、时变和非易失的（Inmon，1993）。

- 面向主题的。数据仓库是围绕企业的主题（比如客户、产品、销售等）而不是应用领域（比如客户货品计价、股票控制、产品销售等）进行组织的。这是因为数据仓库中存储的是用于决策分析的数据而不是面向应用的数据。
- 集成的。数据仓库的数据来源于组织机构内各种不同的应用系统。源数据经常存在不一致的问题，比如使用不同的数据类型或格式。被集成的数据源必须要一致化，以便给用户提供一个统一的数据视图。
- 时变的。数据仓库中的数据只在某个时刻或某段时间间隔内是精确和有效的。
- 非易失的。数据并不进行实时更新，而是定时从操作型系统中刷新。新的数据总是对数据仓库做追加，而不是取代。

数据仓库的典型结构如图 3-13 所示。

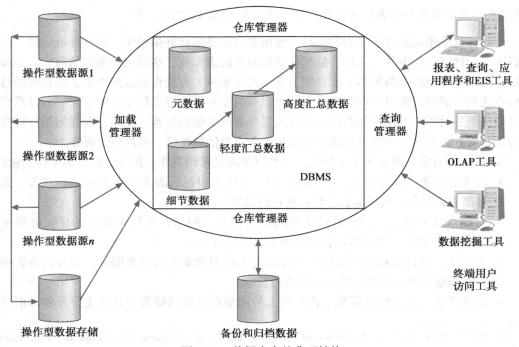

图 3-13　数据仓库的典型结构

　　对数据仓库，操作型数据的来源主要包含大型机、专有文件系统、私有工作站和服务器，以及如 Internet 之类的外部系统。操作型数据存储（Operatonal Data Store，ODS）中储存着当前和集成的操作数据，供分析用。尽管它的结构及提供数据的方式一般与数据仓库相同，但它只是操作型数据进入数据仓库之前的一个等待区。加载管理器执行所有与数据提取和装入数据仓库相关的操作。仓库管理器执行所有与数据管理相关的操作，如源数据的转换和归并、基表上索引和视图的创建、产生聚集数据、备份和归档数据等。查询管理器执行数据仓库中所有与用户查询管理相关的操作。细节数据不一定都联机存放，一般只能看到汇总到一定层次后的数据。但是常规而言，细节数据要加入数据仓库以补充汇总数据。数据仓库中存储了许多由仓库管理器产生的预定义的轻度或高度汇总数据。存储汇总数据的目的是加快查询速度。一开始汇总数据时的操作开销因避免了后续汇总操作（如排序或分组）而得到补偿。这些汇总数据随着新数据的加载而需不断更新。细节数据和汇总数据为了备份和归档也需离线存储。元数据（关于数据的数据）的定义被数据仓库中的所有过程用到，包括数据抽取和加载过程、数据仓库管理过程，它同时作为查询管理过程的一部分。

　　数据仓库的主要用途是为企业用户提供决策支持信息。这些用户通过终端用户访问工具与数据仓库交互。数据仓库必须有效地支持即席查询、例行分析以及更复杂的数据分析。终端用户访问工具通常包括报表和查询工具、应用程序开发工具、可执行信息系统（EIS）工具、联机分析处理工具（OLAP）和数据挖掘工具。我们将在第 31 ～ 34 章深入讨论数据仓库、OLAP 和数据挖掘工具。

3.5　云计算

云计算 | 一种对可配置计算资源池（例如，网络、服务器、存储、应用和服务等）进行随处、便捷、按需网络访问的模式（model），并且这些计算资源的获取和释放都只需很少的管理成本或者只需与服务提供商进行很少的交互（NIST，2011）⊖。

　　云计算这个术语描述了在数字网络上使用多台服务器就好像是用一台计算机一样。云即为资源——网络、服务器、应用、数据存储和服务的虚拟化，终端用户按需访问它。虚拟化就是产生某种资源的虚拟版本，比如服务器、操作系统、存储设备或网络等。虚拟化的目的是提供这些资源时只需很少的管理成本或者只需与服务提供商进行很少的交互。云计算在为用户提供服务时不要求用户知晓提供服务的系统或该系统的位置。此外，云能为用户提供各种应用和服务。因此，云的目标就是为用户和企业提供可伸缩、可裁剪的服务。

　　NIST 认为云模式由五条基本特征、三种服务模式和四类部署模式构成。基本特征包括：

- 按需自服务（on-demand self-servier）。消费者根据云服务目录自己就能获得、配置和部署云服务，而无需云提供者的任何帮助。
- 网络广泛可访问。云计算最关键的特性是基于网络，从任何地方的任何标准平台（例如，台式机、笔记本或移动终端）都可访问它。
- 资源池。云计算资源的提供者将资源放入池中为多个消费者服务，即按消费者的需求动态地分配或再分配物理或虚拟的资源。
- 急速弹性。资源池已避免了构建更大的网络和计算基础设施这个主要开销。消费者

⊖　NIST，2011. The NIST Definition of Cloud Computing. NIST Special Publication 800–145, National Institute of Standards, September 2011.

可通过向云付费，立即获得云提供的某种计算能力，以满足其一些特殊或突发的需求，从而极大地减少了停顿业务或中断服务的风险。而且这些计算能力能有弹性地提供或释放，有时甚至是自动地调节到消费者需要的程度。

- 服务度量。云系统通过调节测量能力与服务类型（例如，存储、处理、带宽和活跃用户账户）的适合度来自动控制和优化资源使用。也就是说资源使用能被监控、控制和收费。

NIST 设计的三种服务模式如下：

- 软件即服务（Software as a Service，SaaS）。软件及相关联的数据都集中放在云上。SaaS 通常可从各种客户端设备通过一个客户端界面访问，例如 Web 浏览器。消费者不用管理和控制基本的云设施，除了有时可能要对用户特定应用配置进行有限的控制。可将 SaaS 看作是最老、最成熟的一类云计算。SaaS 的实例包括销售管理应用 salesforce.com、集成业务管理软件 NetSuite、Google 的 Gmail 和 Cornerstone OnDemand。

- 平台即服务（Platform as a Service，PaaS）。PaaS 是一种计算平台，它支持在其上快速、方便地创建 Web 应用，而无需购买和维护该应用之下的软件和基础设施。有时也在 PaaS 上扩展应用程序而演变成 SaaS。原来开发一个应用要考虑硬件、操作系统、数据库、中间件、Web 服务器和其他软件，而用 PaaS 模式只需考虑如何集成它们，剩下的是 PaaS 提供商的事。PaaS 实例包括 salesforce.com 的 Force.com、Google 的 APP Engine 和微软的 Azure。消费者不用管理和控制的基本云设施包括网络、操作系统、存储，但对部署的应用有时还要管理其所处环境的配置。

- 基础设施即服务（Infrastructure as a Service，IaaS）。IaaS 将服务器、存储、网络和操作系统打包作为一个可按需请求的服务提交给消费者，通常是一个虚拟的平台环境，按使用情况付费。对于某些大型 Web 网站，它内部的基础设施并不是为实现 IaaS 而构建的，但这些设施在完成本身的业务外还有空余可提供给外界用，这就是目前流行的 IaaS。亚马逊的 Elastic Computer Cloud（EC2）、Rackspace 和 GoGrid 都是 IaaS 的例子。除了操作系统、存储及部署的应用外，消费者不用管理和控制其他基本云设施，当然，有时可能还需对所选网络部件（例如防火墙）进行控制。

图 3-14 说明了这些模式。

云的四类部署模式是：

- 私有云（Private cloud）。云基础设施仅由单个组织机构操纵，但可能由该机构本身、第三方或它们的组合来管理云。云可由内部拥有也可由外部拥有。

- 社团云（Community cloud）。云基础设施由某个组织机构的社团共享，社团内的成员一定有某种共识（例如，保密需求、承诺、权限等），社团之外不得使用云。此云基础设施可能被社团内一个或多个组织机构、第三方或它们的组合拥有和管理，云可由内部拥有也可由外部拥有。

- 公有云（Public cloud）。服务提供商使得云基础设施对公众可用。服务可能免费，也可能按使用即付费方式收费。此云基础设施可能被企业、学校、政府部门或它们的某种组合拥有和管理。只有云提供商存在时这种云才存在。通常，公有云服务提供商（如 Amazon AWS、微软和 Google 等）拥有并操纵云基础设施，仅提供通过 Internet 的访问（不提供直接连接）。

- 混合云（Hybird cloud）。云基础设施是由两种或多种云设施（私有、社团或公有）组合而成，其中每个基础设施虽本身还是独立实体，但通过标准化和特别的技术绑定在一起，能体现多种部署模式各自的长处。

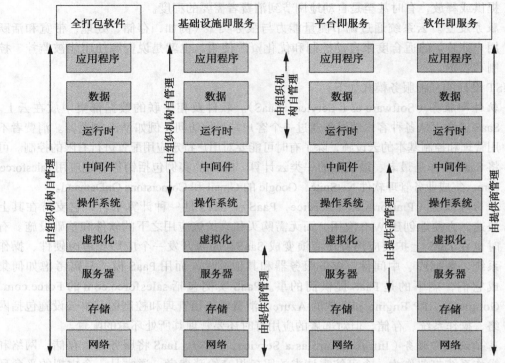

图 3-14　全打包软件、IaaS、PaaS、SaaS 之间的差别

3.5.1　云计算的好处与风险

相比传统的方法，云计算能为公司带来若干好处：

- 降低成本。云计算使得一个组织机构无需预先为昂贵的服务器、软件许可和 IT 人员支付大笔费用，而把这些负担都推给云提供商。这样一来，小公司可能买不起，但却用得起那些高性能的计算基础设施。而且，它们只要为用到的机制付费，至于这些机制是否充分发挥了作用就不必再操心了。

- 可伸缩 / 灵活。按需提供的机制使得组织机构能根据需要配置和移除资源。当组织机构的某个项目获得启动资金时才申请服务，项目终止时立即退出所占资源，这样在业务增长时不必为改变组织机构内的 IT 系统而付出昂贵代价。这也就是所谓的弹性，是亚马逊为 Elastic Computing Cloud（EC2）起名的缘由。

- 改进安全性。安全性能可与纯内部系统相当，甚至更好，因为云提供商有能力拿出专门的资源解决安全问题，而一般则负担不起。由于一个组织机构的所有数据不再存在一个地方，因此这种数据分散本身也能提高安全性。而且许多较小的公司也不再需要将资源用于内部数据中心的审计和验证等过程。声明遵守萨班斯 – 奥克斯利（Sarbances-Oxley）法案、支付卡行业数据安全标准（Payment Card Industry Data Security Standard，PCI DSS）和健康保险携带和责任法案（Health Insurance Portability and Accountability Act，HIPAA）的云提供商，还能帮助组织机构完成监管并确保合法运营。

- 改进可靠性。同样，云提供商能拿出专门的资源用于增强系统的可靠性。云提供商能为其客户提供 24/7 支持及高级的计算能力，而不需每个公司配备专业人员，这使得系统更简洁且更安全。
- 使用最新技术。云计算有助于组织机构使用那些原本买不起的最新的技术，包括硬件、软件和 IT 功能。
- 快速开发。云计算平台提供许多本来需公司自行开发的核心服务。有了这些服务，加上一些模板和工具，能显著缩短开发周期。
- 大规模快速原型 / 加载测试。云计算使得大规模快速原型和加载测试变得容易。在云中集结 1000 台服务器，然后加载应用进行测试，测试结束后立即释放它们，这是完全可能的，但若仅用公司内部服务器将是非常困难且昂贵的。
- 更灵活的工作途径。云计算使员工工作起来更灵活方便。员工能用任何适于 Web 的装置访问文件，比如平板电脑、笔记本和智能手机等。员工还能在 Internet 上同步共享文档和其他文件，有助于全局合作、知识共享和组内共同决策。
- 增强竞争力。依托商品化的基础设施和服务能使组织机构将核心的开发能力集中在业务市场，从而提高其竞争力。

云计算在给组织机构带来好处的同时也带来风险：

- 网络依赖。也许云计算最明显的缺点就是依赖网络。断电或服务中断都将阻碍对云设施的访问。此外，简单的带宽问题也会给云计算带来影响，比如在应用高峰时段。如果云提供商的服务在高峰时段是满负荷的，那么性能和可用性都将大打折扣。即使许多云提供商专门留有余量来应对负载高峰，还有其他不可预计的风险、服务器故障或外部打击等，其中任何一项都会危及云的客户访问。
- 系统依赖。一个组织机构可能高度依赖云提供商提供系统的可用性和可靠性。但如果该提供商没有同时提供合适的灾难恢复机制，那么一旦出问题，对该组织机构来说后果不堪设想。
- 云提供商依赖。理想情况是，云提供商从不破产，也不会被更大的公司吞并。如果真发生这样的事情，服务就有可能突然终止。组织机构需要提前做好预案以应对这种情况。
- 缺乏控制。组织机构一旦将数据提交到云提供商负责管理的系统后，它就不再能完全控制这些数据了，想采取一些技术和行政的手段来保护这些数据也不再可能。因此，会出现下面一系列问题：
  - 缺乏可用性。如果云提供商采用私有的技术路线，可以证明，组织机构很难在基于不同云的系统间移动数据和文档（数据的可移植性）；而要在用到云服务的应用之间交换信息（互操作性），若这些服务由不同提供商管理，同样也是困难的。
  - 缺乏完整性。云由一组共享的系统和基础设施构成，云提供商处理着来自各种数据主体或组织机构的个性化数据，它们之间完全可能存在利益冲突或不同的目的。
  - 缺乏机密性。在云中处理的数据可能是满足执法机构的要求的，但因目前还没有健全的法律基础，数据仍可能突破了其他一些（外国的）执法机构的限制，从而出现违法行为。
  - 缺乏可干预性。由于外包链的复杂和动态变化，由某一个提供商提供的云服务可能由其他多个提供商提供的服务组合而成，并且该服务有可能在某组织机构的合同期内动态地被加入或移除。此外，云提供商很可能没提供必要的措施和工具，无法在进行访问、删除和更新数据等操作期间保护企业数据或个人私有数据。

■ 缺乏隔离性。对于连接个人数据的各个客户端发来的数据，云提供商可能有物理的控制方式。但如果管理员获得足够的访问权限，他就能看到不同客户发来的信息。

● 缺乏关于处理方面的信息（透明）。由于不完全清楚云服务处理操作的细节，因此给数据控制方或所有者带来了风险，因为他们不可能认识到潜在的威胁，从而提前采取防范措施。若不掌握下列信息，数据控制方则可能承担某种风险：

■ 出现了涉及多个过程和承包商的处理链。

■ 某个人数据被放在不同的地理位置处理。这可能直接影响到用户和提供商发生关于数据保护的争执时适用的法律条文。

■ 个人数据被传输到不受组织机构控制的第三国。这个第三国可能无法提供合适级别的数据保护，传输本身的安全也未得到合适的保护（比如，没有标准的法律条款或有约束力的社团规则），因此可能是非法的。

3.5.2　基于云的数据库方案

作为 SaaS 的一种类型，基于云的数据库方案又分为两类：数据即服务（DaaS）和数据库即服务（DBaaS）。它们的本质区别主要是如何管理数据：

● DaaS。DaaS 提供在云中定义数据和按需检索数据的能力。不像传统的数据库方案，DaaS 不实现通常如 SQL（见第 6 章）一般的 DBMS 接口，而是通过一组公共 API 访问数据。DaaS 使得组织机构只要拥有了有价值的数据，就能创建新的生财之道。DaaS 的例子有 Urban Mapping，这是一种地理数据服务，它为消费者提供数据以嵌入他们自己的 Web 网站或应用中。还有提供财经数据的 Xiguite，以及提供各种各样组织机构的业务数据的 Hoovers（Dun & Bradstreet 公司）。

● DBaaS。DBaaS 为应用开发者提供完整的数据库机制。在 DBaaS 中，管理层专门负责数据库的持续监视和配置，使其达到规模优化、可用性高、多户租用（即可为多个客户机构服务）、云中资源的有效分配，从而将应用开发者从管理数据库的任务中解脱出来。作为一种服务的数据库架构，支撑下列必要的能力：

■ 通过按需自服务机制，使数据库实例的提供和管理能因消费者不同而不同。

■ 自动地监视和服从提供者制定的服务定义、属性和服务层质量。

■ 数据库用途的细粒度测量，以获得每个消费者的展后报告（show-back reporting）或收回功能（charge-back functionality）。

为了将一个组织机构的数据与另一个组织机构的数据分离开来，DBaaS 可呈现若干种结构。我们考虑下面几种：

● 分离服务器。

● 共享服务器，分离数据库服务进程。

● 共享数据库服务器，分离数据库。

● 共享数据库，分离模式。

● 共享数据库，共享模式。

分离服务器结构

采用分离服务器结构时，每个租户占有一台服务器机，该台机器仅为该租户的数据库服务。这种结构适用于要求高度隔离、自己有大型数据库、其上有大量的用户且用户有特殊性能要求的组织机构。这种方法需要较高的费用来维护设备和备份租户们的数据。图 3-15 说明了这种结构。

共享服务器，分离数据库服务进程结构

采用这种结构时，每个租户有自己的数据库，但几个租户共享一台服务器，每个租户有自己的服务器进程。这种结构代表着通常的虚拟机环境。给定的服务器资源被分割给每一租户。每一个虚拟环境都预定了自己的主存和磁盘资源，不能共享别的虚拟环境中未用的资源。用这种方法时，主存和辅存可能是个问题，因为每个租户都有自己的数据库文件和服务进程。此外，由于租户们共享同一台机器，性能也可能出现问题，尽管云提供商会给每台机器少分配租户以尽量减少风险。安全不是问题，因为租户已完全相互隔离。图 3-16 说明了这种结构。

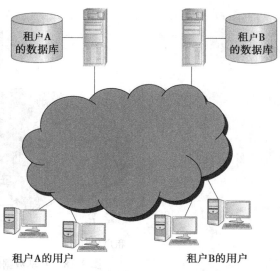

图 3-15　多租户云数据库——分离服务器结构

共享数据库服务器，分离数据库结构

采用这种结构时，每个租户有自己分离的数据库，但与其他租户共享同一台数据库服务器（和同一个服务进程）。较之前一种方法的改进之处是，单一的数据库服务进程能使租户们共享诸如数据库缓存之类的资源，使计算机资源得到有效利用。图 3-17 说明了这种结构。

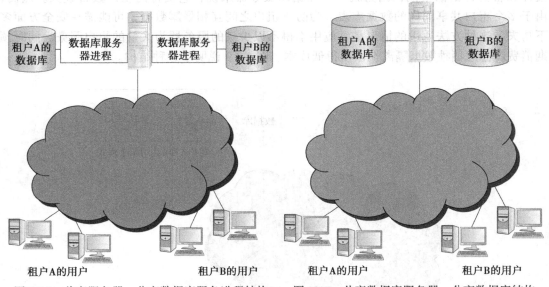

图 3-16　共享服务器，分离数据库服务进程结构　　图 3-17　共享数据库服务器，分离数据库结构

共享数据库，分离模式结构

采用这种结构时，只有一个共享的数据库服务器，每个租户的数据被组织到专为其创建的模式中。DBMS 必须有许可机制以保证用户只能访问其被许可访问的数据。图 3-18 说明了这种结构。

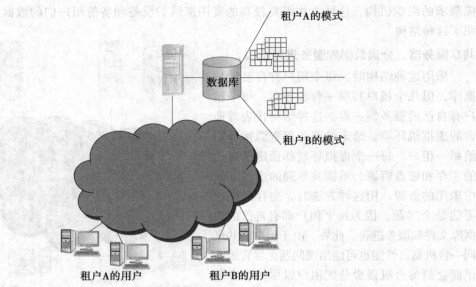

图 3-18   共享数据库，分离模式结构

共享数据库，共享模式结构

采用这种结构时，只有一个共享的数据库服务器，所有租户的数据被组织到同一个共享模式中。此时，每一个数据库表中都有一列用于指出各行的所有者。任何应用访问数据库表的行时，在查询中必须涉及这个列，以保证任一租户不会看见他人的数据。这种方法的硬件和备份开销都很低，因为就一台数据库服务器来说，它支持的租户数目最大。然而，由于多个租户共享同样的数据库表，为防止租户之间互相暴露数据，可能需在安全方面多下功夫。这种方法适用的情形是，应用不得不以少量的服务器为大量的租户服务，同时预期消费者愿意牺牲数据隔离性以换得低成本。图 3-19 说明了这种结构。

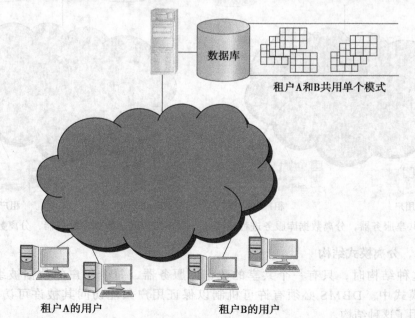

图 3-19   共享数据库，共享模式结构

3.6　DBMS 的组件

要提供 2.4 节给出的所有功能，DBMS 必定是个高度复杂的软件。几乎不可能给出 DBMS 的通用组成结构，因为不同的系统之间存在很大的差异。然而，通过查看数据库系统的各组件和它们之间的关系来理解数据库系统仍然是有用的。本节给出了一种可能的 DBMS 结构。下节将讨论 Oracle DBMS 的结构。

一个 DBMS 可以被分成若干软件组件（或者模块），每个组件都被分配了特定的功能。如前所述，DBMS 的一些功能是由基本的操作系统支持的。然而，操作系统一般只提供基本服务，DBMS 建立在其上。因此，DBMS 的设计必须要考虑 DBMS 与操作系统之间的接口问题。

在图 3-20 中描述了 DBMS 环境中主要的软件组件。这个图显示了 DBMS 如何解决与其他软件组件（如用户查询和访问方法（即存储和检索数据记录的文件管理技术））的接口问题。在附录 F 中将对文件组织和访问方法进行总体描述。感兴趣的读者若想更加全面地了解，可以参考 Teorey and Fry（1982）、Weiderhold（1983）、Smith and Barnes（1987）和 Ullman（1988）。

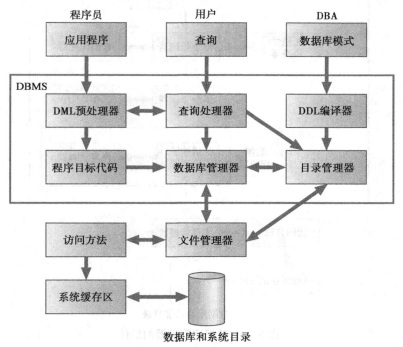

图 3-20　DBMS 的主要组件

图 3-20 给出了下列的组件：

- 查询处理器。这是 DBMS 的一个主要组件，它将所有的查询转换成一系列指导数据库管理器运行的低层指令。第 23 章将讨论查询处理过程。
- 数据库管理器（DM）。DM 与用户提交的应用程序和查询处理器接口。DM 接受查询并且检查外部模式和概念模式，确定需要哪些概念记录才能满足查询请求。然后 DM 会通知文件管理器来执行请求。图 3-21 显示了 DM 的组件。
- 文件管理器。文件管理器操纵基本存储文件，并管理磁盘存储空间的分配。它建立和维护内部模式中定义的结构和索引的列表。如果要使用散列文件，它就会调用散列函数，产生记录地址。文件管理器不直接管理数据的物理输入和输出，而是将请求传递给适当的操作系统访问方法，由它从系统缓冲区（或高速缓存）中读出或写入数据。

- DML 预处理器。这个模块将嵌入应用程序中的 DML 语句转换成宿主语言中标准的函数调用。DML 预处理器必须与查询处理器相互作用并产生适当的代码。
- DDL 编译器。DDL 编译器将 DDL 语句转换成一组包含元数据的表格。这些表格将存储在系统目录中，控制信息将存储在数据文件头上。
- 目录管理器。目录管理器控制着对系统目录的访问，并且维护系统目录。系统目录可以被大多数的 DBMS 组件访问。

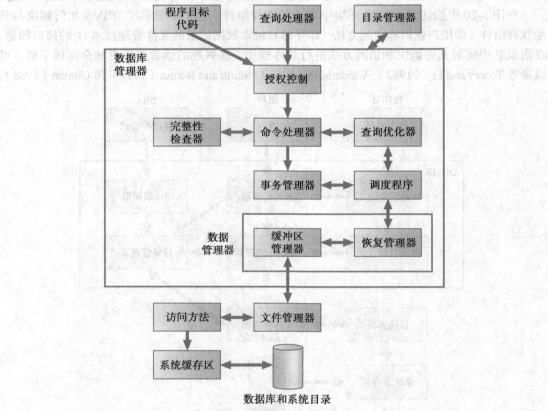

图 3-21　数据库管理器的组件

数据库管理器的主要软件组件如下：

- 授权控制。这个模块检查用户是否具有必要的操作权限。
- 命令处理器。一旦系统检查确认用户具有进行操作的权限，控制权将交给命令管理器。
- 完整性检查器。对于每个修改数据库的操作，完整性检查器检查请求的操作是否满足所有必要的完整性约束（例如关键字约束）。
- 查询优化器。这个模块确定执行查询的最佳策略。第 23 章将讨论查询优化问题。
- 事务管理器。这个模块执行从事务接收到的操作序列。
- 调度程序。这个模块的任务是确保当前在数据库中并发运行的操作不相互冲突。它控制着事务中操作执行的相对顺序。

- 恢复管理器。这个模块确保当发生失效时，数据库能够保持在一致的状态。它还负责事务提交和终止。
- 缓冲区管理器。这个模块负责主存和辅存之间的数据传输，辅存包括磁盘和磁带等。恢复管理器和缓冲区管理器有时候被统称为数据管理器。缓冲区管理器有时候也被称为高速缓存管理器。

最后四个模块将在第 22 章讨论。除了上述模块外，还有其他一些数据结构也要求作为物理级实现的一部分。这些结构包括数据和索引文件及系统目录。有关部门已经在 DBMS 标准化上做了一些努力，并且数据库体系结构框架任务组（Database Architecture Framework Task Group，DAFTG，1986）已经提出了一个参考模型。这个参考模型的目的是定义一个概念框架，旨在将标准化的工作划分成许多便于管理的子部分，并且在宏观上说明这些部分是如何相互关联的。

3.7　Oracle 的体系结构

Oracle 基于 3.1.3 节中讨论过的客户 – 服务器结构。Oracle 服务器由数据库（原始数据加上日志和控制文件）和实例（服务器上负责存取数据库的进程和系统内存）组成。一个实例仅能与一个数据库相连。数据库由逻辑结构和物理结构组成，逻辑结构如数据库模式，物理结构包括形成 Oracle 数据库的文件。现在来详细讨论数据库的逻辑结构和物理结构以及系统进程。

3.7.1　Oracle 的逻辑数据库结构

在逻辑层，Oracle 包含表空间、模式、数据块以及区间 / 段。

表空间

一个 Oracle 数据库被划分成若干个逻辑存储单元，称为表空间（tablespace）。可以用表空间将相关的逻辑结构组织在一起。例如，表空间一般会把一个应用程序的所有对象组织在一起，以简化某些管理操作。

每个 Oracle 数据库都包含一个名为 SYSTEM 的表空间，它是在创建数据库时自动生成的。SYSTEM 表空间通常包含整个数据库的系统目录表（在 Oracle 中，称为*数据字典*）。一个小型数据库可能只需要一个 SYSTEM 表空间，但最好再创建一个表空间，用以与数据字典分开存放用户数据，从而减少字典对象和模式对象因同名数据文件带来的冲突。图 3-22 给出了一个由 SYSTEM 表空间和 USER_DATA 表空间所组成的 Oracle 数据库。

可以用 CREATE TABLESPACE 命令来创建一个新的表空间，例如：

```
CREATE TABLESPACE user_data
DATAFILE 'DATA3.ORA' SIZE 100K
EXTENT MANAGEMENT LOCAL
SEGMENT SPACE MANAGEMENT AUTO;
```

然后，可以通过 CREATE TABLE 或是 ALTER TABLE 语句，将表与指定的表空间相连，例如：

```
CREATE TABLE PropertyForRent (propertyNo VARCHAR2(5) NOT NULL, . . . )
TABLESPACE user_data;
```

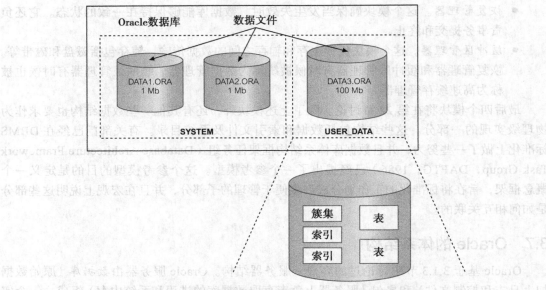

图 3-22　Oracle 数据库、表空间和数据文件之间的关系

　　如果在创建新表时没有指定表空间，则会用到创建用户账户时与用户相连的默认表空间。

用户、模式和模式对象

　　用户（有时称为用户名）是数据库中定义的一个名称，它可以连接或访问对象。**模式**是模式对象的一个命名集合，如表、视图、索引、簇集和过程，它与特定的用户相连。模式和用户的概念有助于 DBA 管理数据库的安全。

　　为了对数据库进行存取，用户必须首先运行一个数据库应用程序（如 Oracle Forms 或 SQL*Plus），然后用数据库中已定义的一个用户名来连接。在创建一个数据库用户时，将会相应地为该用户创建一个同名的模式。在默认状态下，一旦用户与数据库相连，用户就可以对其模式中的所有对象进行存取。因为用户只与同名模式相连，所以"用户"和"模式"这两个词可以互换（注意，表空间与模式之间不存在任何关系：在同一模式中的对象可以放在不同的表空间中，一个表空间也可以保存不同模式中的对象）。

数据块、区间和段

　　数据块是 Oracle 可使用，或者说可分配的最小存储单元。一个数据块与物理磁盘空间中一定数量的字节相对应。可以在创建 Oracle 数据库时设置数据块的大小。数据块大小可以是操作系统中块大小的倍数（须在系统的最大操作范围内），这样可以避免不必要的 I/O 操作。数据块的结构如下：

- 标题：包含块地址和段类型等一般信息。
- 表目录：包含将数据放在此块的表的相关信息。
- 行目录：包含该数据块中的行的相关信息。
- 行数据：包含实际的表数据行。行可以跨块存放。
- 空闲空间：分配给新插入的行或更新行时需要的额外空间。自 Oracle8i 以来，Oracle 能自动管理空闲空间，尽管还有一个手动管理选项。

　　在本书 Web 网站的附录 J 中说明了如何用这些成分来估计 Oracle 表的大小。逻辑数据库空间的第二个层次称为**区间**（extent）。区间是一定数量的连续数据块，用来存储某种特定类型的信息。区间之上的层次就是**段**。段是区间的集合，用来存储某个逻辑结构。例如，每个表的数据都存在它自己的数据段中，而每个索引的数据则存在它自己的索引段中。图3-23 展示了数据块、区间和段之间的关系。当某个段的现有的区间已满时，就由 Oracle 动态地分配新空间。因为区间是根据需要分配的，所以包含在段中的区间在磁盘上可能连续也可能不连续。

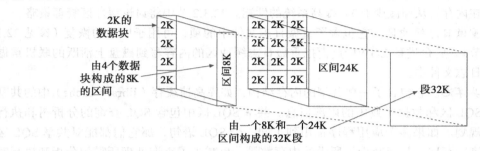

图 3-23   Oracle 数据块、区间和段之间的关系

3.7.2 Oracle 的物理数据库结构

Oracle 中主要的物理数据库结构是数据文件、重做日志文件和控制文件。

数据文件

每个 Oracle 数据库都有一个或多个物理数据文件。逻辑数据库结构（如表和索引）中的数据是以数据文件这样的物理形式存储的。如图 3-22 所示，一或多个数据文件形成一个表空间。最简单的 Oracle 数据库可能只有一个表空间和一个数据文件。更复杂的数据库可能会包含四个表空间，每个表空间中有两个数据文件，因此总共有八个数据文件。

重做日志文件

每个 Oracle 数据库都有一个由两个（或更多）重做日志文件所构成的集合，它记录了对数据进行的所有更改，其目的是便于以后的恢复。某个故障可能使得修改了的数据未能永久地写入数据文件，那么可从重做日志中获取这个修改，从而防止丢失工作。我们将在 22.3 节中详细讨论恢复机制。

控制文件

每个 Oracle 数据库都有一个控制文件，它包含了所有其他文件（这些文件都参与了数据库的组成）的一个列表，例如，数据文件和重做日志文件。为了更好地对数据进行保护，最好有多个控制文件（可以将多个副本写入多个设备中）。同样，最好也保存多个重做日志文件的副本。

Oracle 实例

Oracle 实例由 Oracle 进程和对数据库中的信息进行存取所需的共享内存组成。实例由 Oracle 的后台进程、用户进程，以及由这些进程所使用的共享内存组成，如图 3-24 所示。其中，Oracle 使用共享内存对数据和索引进行高速缓存，并对共享程序代码进行存储。共享内存可以划分为不同的内存结构，其中最基本的是系统全局区（System Global Area，SGA）和程序全局区（Program Global Area，PGA）。

- 系统全局区。SGA 是共享内存的一片区域，用来存储某个 Oracle 实例的数据和控制信息。在 Oracle 实例开始时分配 SGA，关闭时回收 SGA。SGA 中的信息由下列内存结构组成，其中的每个结构都有固定的大小，并且都在实例启动时创建：

  - 数据库高速缓冲区。它包含了数据库最近使用过的数据块。这些数据块可以是已修改但还没写入磁盘的数据（脏块），也可以是没被修改的数据，还可以是修改后已写入磁盘的数据（千净块）。存储最近使用过的数据块可使大多数活跃的数据缓冲在内存，从而减少 I/O，提高系统的性能。22.3.2 节中将讨论缓冲区管理策略。

  - 重做日志缓冲区。它包含了重做日志文件中的项，可用于以后的恢复（参见 22.3 节）。后台进程 LGWR 负责把重做日志缓冲区的内容写到磁盘上活跃的联机重做日志文件中。

  - 共享池。它包含了一些共享的内存结构，如库高速缓存（library cache）中的共享 SQL 区和数据字典中的内部信息。共享 SQL 区中包含 SQL 查询的分析树和执行规划。如果多个应用程序都用到了同一个 SQL 语句，那它们都能对共享 SQL 区进行存取，从而减少了所需的内存数量，也减少了查询处理所需的分析和执行时间。第 23 章将讨论查询处理。

  - 大池。这是一片可选的内存区，用于大片内存分配（例如，缓冲恢复管理器（RMAN）的大量 I/O 内容）。

  - Java 池。这片区域存储所有会话专有 Java 代码和 Java 虚拟机内的数据。

  - 流池。这片区域用于存储缓冲的队列消息并为 Oracle 流提供内存。Oracle 流使信息流（如数据库事件和数据库变化）能被管理并潜在地传播到其他数据库。

  - 固定 SGA。这是一个内部管理区，它包含各种各样的数据，如关于数据库状态和 Oracle 实例的信息，以及 Oracle 进程间通信的信息，比如锁信息等。

- 程序全局区。PGA 是共享内存的一片区域，用来存储一个 Oracle 进程的数据和控制信息。PGA 由 Oracle Database 在一个 Oracle 进程开启时创建。每个服务器进程和后台进程都有一个 PGA。其大小和内容由 Oracle 服务器的安装选项决定。

- 客户进程。每个客户进程都代表一个客户与 Oracle 服务器的一个连接（例如，使用 SQL*Plus 或是 Oracle Forms 应用程序）。客户进程操纵着用户输入、与 Oracle 服务器进程的通信及显示客户所需的信息，如果需要，还可以将这些信息转换为更有效的形式。

- Oracle 进程。Oracle（服务器）进程根据客户需求执行相应功能。Oracle 进程可以分成两类：服务器进程（处理相连的用户进程所发出的请求）和后台进程（执行异步 I/O，并提供了更大的并行性，从而提高了系统的性能和可靠性）。在图 3-24 中给出了如下的后台进程：

  - 数据库写回器（DBWR）。DBWR 进程负责将已修改的（脏的）数据块从 SGA 高速缓存区写回到磁盘的数据文件中。一个 Oracle 实例至多有 10 个 DBWR 进程，从 DBW0 ～ DBW9 依次命名，用来处理多个数据文件的 I/O。Oracle 采用了一种称为先写日志的技术（参见 22.3.4 节），这就意味着，每当需要释放缓冲区时，DBWR 进程就会批量地执行写出，而不用等到事务的提交点。

  - 日志写回器（LGWR）。LGWR 进程负责将数据从日志缓冲区写回到重做日志文件中。

- 检查点（CKPT）。检查点是一个事件，在这个事件中，所有已修改的数据库缓冲区都会由 DBWR 写回到数据文件中（参见 22.3.2 节）。CKPT 进程负责通知 DBWR 进程执行检查点，并更新数据库中的所有数据文件和控制文件，使它们与最近的检查点一致。CKPT 进程是可选的，如果将其省略，则由 LGWR 进程来完成它的工作。
- 系统监视器（SMON）。当实例从一个出错点重新开始时，由 SMON 进程负责对系统事故进行恢复。因系统崩溃而终止的事务的恢复也包括在内。SMON 还充当了数据库的磁盘碎片整理程序，它可以将数据文件中的空闲区间进行整合。
- 进程监视器（PMON）。PMON 进程负责跟踪对数据库进行存取的用户进程，并在系统崩溃后对其进行恢复。它将清除所有的遗留资源（如内存），并释放由故障进程所加的锁。
- 归档器（ARCH）。当在线的重做日志文件被写满时，由 ARCH 进程负责将它们复制到归档器上。系统最多可设定 10 个 ARCH 进程，依次命名为 ARC0 ~ ARC9。其余的归档器进程可以在有读写指令时由 LWGR 启动。
- 恢复器（RECO）。RECO 进程负责清除出错的或是挂起的分布事务（参见 25.4 节）。
- 锁管理服务器（LMS）。如果采用了 Oracle Real Application Cluster 选项，则由 LMS 进程负责实例间的加锁操作。
- 闪回写和恢复写（FWRW）。当设置闪回或遇到保证还原点，FWRW 进程将闪回数据写入闪回恢复区的闪回数据库日志。闪回工具使管理员和用户能回看和操纵一个 Oracle 实例以前的状态，而无需将数据库恢复到以前的时间点。
- 易处理性监控（MMON）。这个进程执行许多与 Automatic Workload Repository（AWR）相关的任务。AWR 负责存储一些历史性能数据，包括关于系统、会话、单个 SQL 语句、段和服务的累加的统计数据。MMON 进程负责包括每小时收集一次统计信息并产生一个 AWR 快照在内的许多工作。
- 易处理性监控 Lite（MMNL）。这个进程负责将 SGA 中 Active Session History（ASH）缓冲区里的统计数据写入磁盘。当 ASH 满时 MMNL 写入磁盘。

在前面的描述中大多使用了"进程"这个词，目前一些系统会在实现中用线程来取代进程。

进程之间相互作用的实例

下面的例子给出了一个 Oracle 配置，在一台机器上运行服务器进程，而在另一台机器上有一个连接到服务器上的用户进程。Oracle 使用称为 Oracle Net Services 的通信机制来实现不同机器上的进程之间的通信。Oracle Net Services 支持各种各样的网络协议，例如 TCP/IP。该服务还可以实现各网络协议之间的转换，因此，允许使用一种协议的客户端与使用另一种协议的数据库服务器交互。

（1）客户端以用户进程运行一个应用程序。客户应用程序通过 Oracle Net Services 的驱动程序建立与服务器的连接。

（2）服务器检测应用程序所发出的连接请求，并创建一个（专用的）服务器进程代表用户进程。

（3）用户执行一条 SQL 语句，修改表中的某行数据并提交事务。

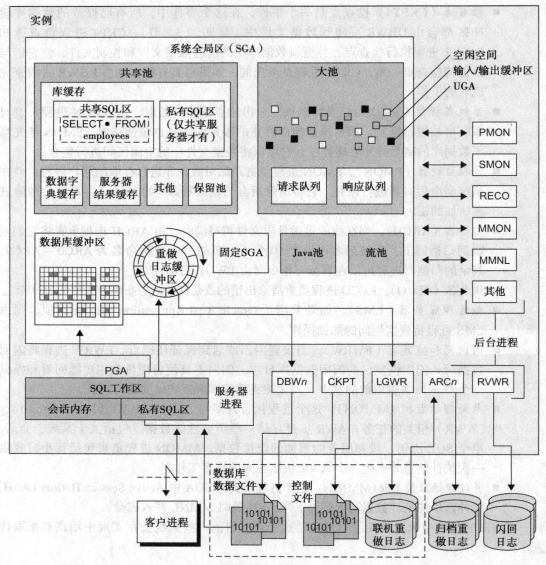

图 3-24　Oracle 的体系结构（取自 Oracle 文档集）

（4）服务器进程接收这条语句，并检查共享池看共享 SQL 区中是否包含这条 SQL 语句。如果找到了这样一个共享 SQL 区，服务器将检查用户对请求数据的访问权限，若通过则用前面找到的共享 SQL 区处理这一语句。如果没有找到，则分配一个新的 SQL 区来对这条语句进行分析和处理。

（5）服务器进程将从数据文件（表）或是 SGA 中获取所需的数据。

（6）服务器进程修改 SGA 中的数据。DBWR 进程在合适时，会将已修改的数据块永久地写回到磁盘上。事务提交后，LGWR 进程立刻将事务记录到在线的重做日志文件中。

（7）服务器进程通过网络将成功 / 失败消息发送到应用程序。

（8）在这段时期内，其他的后台进程均在运行，时刻注意可能需要干涉的任何情况。另外，Oracle 服务器还管理着其他用户事务，并防止众事务因对同一数据进行操作引发的冲突。

本章小结

- **客户－服务器**结构指的是软件组件相互作用的一种方法。有请求资源的**客户**进程和提供资源的**服务器**。在两层模型中，客户进程负责用户界面和业务处理逻辑，服务器负责数据库功能。在 Web 环境下，传统的两层模型被三层模型替代，此时有分布在不同机器上的用户界面层（**客户**）、业务逻辑和数据处理层（**应用服务器**）和 DBMS（**数据库服务器**）。
- 三层结构可扩展为 *n* 层结构，加入另外层的目的是提高灵活性和可伸缩性。
- **中间件**是连接软件组件或连接应用的计算机软件。中间件的类型有（同步与异步）RPC、发布／订阅、面向消息中间件（MOM）、对象请求代理（ORB）和数据库中间件。
- **Web 服务**是一种软件系统，用于支持跨网络且可互操作的机器与机器之间的交互。它们基于 XML、SOAP、WSDL 和 UDDI 等标准。
- **SOA** 是一种以业务为中心构造应用的软件结构，它用已发布的一组服务来实现业务过程，服务的粒度与消费者相关。
- **云计算**是一种对可配置计算资源池（例如，网络、服务器、存储、应用和服务等）进行随处、便捷、按需网络访问的模式（model），并且这些计算资源的获取和释放都只需很少的管理成本或者只需与服务提供商很少的交互。三种主要的服务模式是软件即服务（Software as a Service, SaaS）、平台即服务（Platform as a Service, PaaS）、基础设施即服务（Infrastructure as a Service, IaaS）。基于云的数据库方案分为两类：数据即服务（DaaS）和数据库即服务（DBaaS）。
- **事务处理（TP）监视器**是一个控制客户和服务器之间数据传输的程序，这些控制是为了提供一个一致的环境，尤其是为联机事务处理（OLTP）提供一致的环境。它的好处包括事务路由、分布式事务、负载平衡、漏斗效应以及增强可靠性。

思考题

3.1 客户－服务器结构意味着什么？这种结构有何优点？试将客户－服务器结构与其他两种结构进行比较。

3.2 针对传统的 DBMS，对比两层客户－服务器结构与三层客户－服务器结构。为什么后者更适于 Web？

3.3 什么是 *n* 层结构？

3.4 什么是中间件？给出一种中间件分类。

3.5 什么是 TP 监视器？ TP 监视器给 OLTP 环境带来了什么好处？

3.6 什么是 Web 服务？

3.7 开发 Web 服务用到哪些技术与标准？它们之间如何关联？

3.8 什么是面向服务的结构？

3.9 给出一个面向服务结构的例子。

3.10 什么是云计算？

3.11 讨论云计算的五个基本特征。

3.12 讨论云计算的三种主要服务模式。

3.13 对比云的四类部署模式。

3.14 数据即服务（DaaS）与数据库即服务（DBaaS）有何差别？

3.15 讨论数据库作为服务的不同结构模型。

3.16 描述 DBMS 的主要成分。

3.17 描述 Oracle 的内部结构。

习题

3.18 查阅 Microsoft SQL Server、Oracle 和 IBM 的 DB2 的文档，说明它们对下述内容的支持：

（a）客户－服务器结构

（b）Web 服务

（c）面向服务结构

3.19 在网上搜索 3.2 节所述以外的若干 Web 服务。它们有什么共同之处？说明它们是否访问数据库。

扩展阅读

Barai, M., Caselli, V., and Christudas, B.A. (2008). *Service Oriented Architecture with Java.* Packt Publishing Limited

Erl, T. (2004). *Service-Oriented Architecture: A Field Guide to Integrating XML and Web Services.* Prentice Hall

Hansen, M.D. (2007). *SOA Using Java Web Services.* Prentice Hall

Papazoglou, M. (2007). *Web Services: Principles and Technology.* Prentice Hall

Potts, S. and Kopack, M. (2003). *Sams Teach Yourself Web Services in 24 Hours.* Sams

Richardson, L. and Ruby, S. (2007). *RESTful Web Services.* O'Reilly Media, Inc.

网络资源

http://aws.amazon.com/ Amazon Web services.

http://ws.apache.org/ Apace Web services index page.

http://www.oracle.com/technology/tech/soa/index. html Oracle Service-oriented architecture index page.

http://java.sun.com/webservices/ Java Web services at a glance.

http://www.w3schools.com/webservices/default.asp Web services tutorial.

http://www.w3.org/2002/ws/ W3C Web services index page.

http://www.w3.org/TR/ws-arch/ W3C Web services architecture.

http://www.webservices.org/ Vendor-neutral Web services organization.

Database Systems: A Practical Approach to Design, Implementation, and Management, 6E

关系模型与语言

关系模型

本章目标

本章我们主要学习：

- 关系模型的起源
- 关系模型的术语
- 如何用表来表示数据
- 数学中的关系与关系模型中的关系之关联
- 数据库中关系的性质
- 如何区分候选关键字、主关键字、可替换关键字与外部关键字
- 实体完整性与引用完整性的含义
- 关系系统中视图的用途与优点

　　在目前使用的数据处理软件中，关系数据库管理系统（Relational Database Management System，RDBMS）占据了统治地位，估计 2011 年全世界销售额在 240 亿美元，2016 年将上升到 370 亿美元。这个软件代表了第二代数据库管理系统（DBMS），它是基于 E. F. Codd（1970）所提出的关系数据模型。在关系模型中，所有数据逻辑上被组织成关系（表）结构。每个**关系**都有自己的名称，并由数据的一些命名**属性**（表中的列）所组成。每个**元组**（表中的行）包含每个属性的一个取值。关系模型的最大优点就在于其逻辑结构简单。但这种简单的结构却有着可靠的理论基础，这正是第一代 DBMS（网状与层次 DBMS）所缺乏的。

　　由于 RDBMS 的重要性，本书将对这类系统进行重点介绍。本章主要介绍关系数据模型的常用术语和基本概念。在下一章中，将对用于数据更新和数据检索的关系语言进行讨论。

本章结构

　　为了对 RDBMS 有一个全面的了解，在 4.1 节中提供了关系模型的简史。4.2 节介绍关系模型的基本概念和术语。4.3 节将对关系的完整性约束进行讨论，其中包括实体完整性和引用完整性。4.4 节介绍视图的概念，虽然这是 RDBMS 的重要特征，但严格地说，它并不属于关系模型的固有概念。

　　第 5～9 章将分析结构化查询语言 SQL（Structured Query Language），它是 RDBMS 形式上和事实上的标准语言。在附录 M 中还将分析 QBE（举例查询），它是 RDBMS 另外一种相当流行的可视化查询语言。第 16～19 章提供了进行关系数据库设计的一套完整的方法学。附录 G 分析 Codd 的 12 条规则，它是鉴别 RDBMS 产品的标准。本章中所用到的例子取自 DreamHome 案例，在 11.4 节与附录 A 中有详细描述。

4.1　关系模型简史

　　关系模型由 E. F. Codd 在他的具有开创意义的论文"大型共享资料库的关系数据模型"

（A Relational Model of Data for Large Shared Data Banks，1970）中首次提出。虽然 Childs 曾先于他在 1968 年提出过面向络的模型，但目前普遍认为 Codd 的这篇论文是数据库系统发展的里程碑。关系模型的目标为：

- 实现高度的数据独立性。更改内部数据的表示方式，特别是对文件组织方式、记录顺序以及访问路径进行更改时，应用程序将不再受影响。
- 提供坚实的理论基础，用以处理数据语义、数据一致性以及数据冗余等问题。在 Codd 的论文中还特别地提出了**规范化**关系的概念，即不含重复组的关系（在第 14、15 章将对规范化过程进行讨论）。
- 扩展面向络的数据操作语言。

虽然很多研究组的工作都涉及关系模型，但最主要的研究可能还要归属于三个有着完全不同前景的项目。第一个是 20 世纪 70 年代末，IBM 在加利福尼亚州成立的 San Jose 研究所开发的实验性 RDBMS System R（Astrahan et al.，1976 年）。这个项目是为了证明关系模型的实用性而设计的，为此它提供了关系模型中数据结构与操作的一整套实现方案。此外，对于实现 RDBMS 的若干机制，例如事务管理、并发控制、恢复技术、查询优化、数据安全与完整性、人的因素及用户界面等，它也提供了一个极好的信息源。人们围绕该系统发表了许多研究论文，开发了许多其他原型。System R 项目主要推动了下面两类重大的成果：

- 结构化查询语言——SQL 的发展，它从此成为了国际标准化组织（ISO）颁布的和实际应用中的 RDBMS 标准语言。
- 从 20 世纪 70 年代后期到 20 世纪 80 年代涌现了各种各样的商业化 RDBMS 产品，例如 IBM 的 DB2 和 SQL/DS，以及 Oracle 公司的 Oracle。

关系模型发展史上第二个重要项目是，加州大学伯克利分校开发的交互式制图检索系统 INGRES（Interactive Graphics Retrieval System）项目，它与 System R 项目几乎同时进行。该项目重点开发一个原型 RDBMS，研究目标与 System R 如出一辙。INGRES 的学院版就此诞生，它对普及关系的概念做出了贡献，同时也衍生出一些商业化产品。例如，Relational Technology 公司（现在是 Actian 公司）推出的 INGRES，以及 Britton Lee 公司推出的智能数据库机（Intelligent Database Machine）。

第三个项目是位于 Peterlee 的 IBM UK Scientific Centre 所开发的关系测试工具 Peterlee（Todd，1976）。这个项目比 System R 和 INGRES 项目更偏理论研究，而且也更有意义，特别是它对查询处理和优化及功能扩展等问题的研究。

20 世纪 70 年代末至 20 世纪 80 年代初，开始出现基于关系模型的商业系统。涌现了几百个 RDBMS，其中有为大型机设计的，也有在 PC 环境下运行的，虽然它们中的许多都不遵守严格意义上的关系模型。例如，基于 PC 的 RDBMS 有 Microsoft 推出的 Access 和 Visual FoxPro，Embarcadero Technologies 推出的 InterBase，以及 R:BASE Technologies 推出的 R:Base。

因为关系模型的普遍性，许多非关系系统现在也提供了关系型的用户界面，而不管这个界面下的真正模型是什么。IDMS 原来是网状数据库管理系统，已变成 CA 公司（以前叫 Computer Associates）的 CA-IDMS，它支持数据的关系型视图。另外，支持某些关系特征的大型机 DBMS 还有美国计算机协会推出的 Model 204 和 Software AG 的 ADABAS。

目前已提出了若干对关系模型的扩展，例如：

- 捕获数据的更确切的语义（如 Codd，1979）。
- 支持面向对象的概念（如 Stonebraker and Rowe，1986）。

● 支持推理能力（如 Gardarin and Valduriez，1989）。
第 27 ～ 28 章将讨论对象 DBMS。

4.2 基本术语

关系模型是基于数学中的**关系**（relation）的概念，在此关系用表表示。Codd 作为一位训练有素的数学家，他习惯使用数学术语，主要取自集合论与谓词逻辑。在本节中将对关系模型的常用术语和基本概念进行介绍。

4.2.1 关系数据结构

| **关系** | 关系是由行和列组成的表。

RDBMS 要求用户感知到的数据库就是表。但需注意，这种感知只限于数据库的逻辑结构，就是在 2.1 节已讨论过的 ANSI-SPARC 结构的外部层和概念层。它并不适用于数据库的物理结构，数据库的物理结构是通过多种存储结构实现的（参见附录 F）。

| **属性** | 属性是关系中命名的列。

在关系模型中，用**关系**保存数据库所描述对象的信息。关系用二维表表示，表中的每一行对应一个单独的记录，表中的每一列则对应一个**属性**。无论属性如何排列，都是同一个关系，因此它所表达的意思也一样。

例如，由关系 Branch 所表示的分公司信息，拥有分公司的编号 branchNo、street、city 和 postcode 等属性。由关系 Staff 所表示的员工信息，则有员工的编号 staffNo、fName、lName、position、sex、出生日期 DOB、salary 和员工所属分公司的编号 branchNo 等属性。图 4-1 中显示了关系 Branch 和关系 Staff 的实例。正如这个例子所示，表中的每一列都包含了某个属性的值。例如，branchNo 列就包含了现存的各分公司的编号。

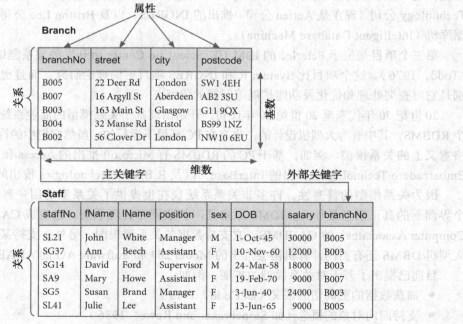

图 4-1 关系 Branch 和关系 Staff 的实例

| 域 | 域是一个或多个属性的取值集合。

域在关系模型中起着至关重要的作用。必须给关系中的每一个属性定义一个**域**。不同属性的域可以互不相同，也可以让两个或两个以上的属性共用同一个域。图 4-2 中显示了关系 Branch 和关系 Staff 中某些属性的域。注意，域中的某些值可能在相应属性的当前值中未出现。

属 性	域 名	含 义	域 定 义
branchNo	BranchNumbers	所有可能的分公司编号	4 个字符，范围 B001 ～ B999
street	StreetNames	英国街道名称	25 个字符
city	CityNames	英国城市名称	15 个字符
postcode	Postcodes	英国的邮编	8 个字符
sex	Sex	性别	1 个字符，取值为 M 或 F
DOB	DatesOfBirth	员工的生日	日期类型，范围从 1-1-20 起，格式为 dd-mmm-yy
salary	Salaries	员工的工资	7 位数字，范围 6000.00 ～ 40000.00

图 4-2　关系 Branch 和关系 Staff 中某些属性对应的域

域的概念十分重要，因为用户可以通过它来集中定义属性取值的含义与范围。因此，当系统执行关系操作时，就有更多的信息可利用，从而避免语义错误的操作。例如，将一个街道名与一个电话号码进行比较是无意义的，尽管这两个属性所定义的域都是字符串。另一方面，房产的月租金与它被租用的月数有着不同的域（前者是货币值，后者则是整数值），但分别来自这两个域的值从逻辑上来说仍然可以进行乘法操作。这两个例子说明域概念的完全实现不是那么简单的事，因此，许多 RDBMS 并没有完全实现对域的支持。

| 元组 | 关系中的每一行称为元组。

关系的元素就是表中的行或者说是**元组**。在关系 Branch 中，每一行包含四个值，每个值都对应着一个属性。无论元组如何排列，都是同一个关系，因此所表达的意思也一样。

关系的结构、域说明以及所有取值约束，统称为关系的**内涵**（intension），它通常是固定的，除非关系的意义发生改变而需要加入另外的属性。元组集称为关系的**外延**（extension）或**状态**（state），它经常发生改变。

| 维数 | 关系的维数是指关系所包含属性的个数。

图 4-1 所示的关系 Branch 有四个属性，或者说维数为 4。这就意味着，表中的每一行都是一个四元组，包含四个值。只有一个属性的关系的维数为 1，称为**一元关系**或是一元组。有两个属性的关系称为**二元关系**，有三个属性的关系称为**三元关系**，这之后的一般统称为 *n* 元关系。关系的维数是关系内涵的性质之一。

| 基数 | 关系的基数是指它所包含元组的个数。

反过来说，元组的个数称为关系的**基数**，在添加或删除元组时，基数就会发生改变。基数是关系外延的一个性质，它由给定时刻特定的关系实例所决定。最后，是对关系数据库的定义。

│关系数据库│ 关系数据库是具有不同关系名的规范化关系的集合。

关系数据库包含一组有合适结构的关系。在这里把这种合适性称为规范化。对规范化的讨论将在第 14、15 章进行。

可选术语

关系模型的术语相当混乱。前面已经介绍了两套术语。实际上，有时还会用到它的第三套术语：关系可能被称为**文件**，元组被称为**记录**，属性则被称为**字段**。这套术语来源于这样一个事实，在物理结构中，RDBMS 可能把每个关系保存在一个文件里。表 4-1 总结了关系模型中的不同术语。

表 4-1 可选关系模型术语

正式术语	可选术语 1	可选术语 2
关系	表	文件
元组	行	记录
属性	列	字段

4.2.2 数学中的关系

为了理解关系这一术语的真正含义，需要对数学中的一些概念稍做复习。假设有两个集合 D_1 与 D_2，其中 $D_1=\{2, 4\}$，$D_2=\{1, 3, 5\}$。这两个集合的笛卡儿乘积 $D_1 \times D_2$ 是一个有序对的集合，每个有序对中的第一个元素都是 D_1 中的成员，第二个元素是 D_2 中的成员，$D_1 \times D_2$ 中包含了所有这样的有序对。换一种表达方式就是，找出所有第一个元素来自 D_1、第二个元素来自 D_2 的元素组合。在这个例子中，可以得出：

$D_1 \times D_2 = \{(2, 1), (2, 3), (2, 5), (4, 1), (4, 3), (4, 5)\}$

这个笛卡儿乘积的任何子集都是一个关系。例如，可以找到如下的一个关系 R：

$R = \{(2, 1), (4, 1)\}$

可以通过一些选择条件来说明关系中将会有哪些有序对。例如，如果看出 R 是所有第二个元素为 1 的有序对的集合，就能够将 R 表示成：

$R = \{(x, y) \mid x \in D_1, y \in D_2, y = 1\}$

使用同样的集合 D_1、D_2，还可以形成另一种关系 S，它包含所有这样的有序对，其中第一个元素是第二个元素的两倍。因此，可以将 S 表示如下：

$S = \{(x, y) \mid x \in D_1, y \in D_2, x = 2y\}$

或者，用这个实例，

$S = \{(2, 1)\}$

因为在这个笛卡儿乘积中只有一个有序对满足此条件。可以很简单地将关系的概念扩展到三个集合上。假设有三个集合 D_1、D_2 和 D_3。这三个集合的笛卡儿乘积 $D_1 \times D_2 \times D_3$ 将是所有这样的有序三元组的集合，有序三元组从 D_1 中取出第一个元素，从 D_2 中取出第二个元素，从 D_3 中取出第三个元素。这个笛卡儿乘积中的任何子集也是一个关系。例如，假设有：

$D_1 = \{1, 3\}$ $D_2 = \{2, 4\}$ $D_3 = \{5, 6\}$

$D_1 \times D_2 \times D_3 = \{(1, 2, 5), (1, 2, 6), (1, 4, 5), (1, 4, 6), (3, 2, 5), (3, 2, 6), (3, 4, 5), (3, 4, 6)\}$

这些有序三元组的任何子集都是一个关系。可以继续将三个集合扩展，从而定义 n 个域上的一般关系。设 $D_1, D_2, \cdots, D_n$ 为 n 个集合。它们的笛卡儿乘积定义如下：

$D_1 \times D_2 \times \cdots \times D_n = \{(d_1, d_2, \cdots, d_n) \mid d_1 \in D_1, d_2 \in D_2, \cdots, d_n \in D_n\}$

通常被表示成：

$$\prod_{i=1}^{n} D_1$$

这个笛卡儿乘积中任何 n 元组的子集都是这 n 个集合上的一个关系。注意，为了定义这些关系，必须对取值集合（即**域**）进行说明。

4.2.3　数据库中的关系

将上面所介绍的概念应用到数据库当中，就可以定义关系模式。

| 关系模式 | 用一组属性和域名对定义的具名的关系。

设属性 A_1, A_2, $\cdots$, A_n 对应的域分别为 D_1, D_2, $\cdots$, D_n。那么，集合 {A_1:D_1, A_2:D_2, $\cdots$, A_n:D_n} 就是一个关系模式。由关系模式 S 所定义的关系 R 是一组从属性名到其对应的域的映射。因此，关系 R 就是如下 n 元组的集合：

$(A_1$:d_1, A_2:d_2, $\cdots$, A_n:$d_n)$，其中 $d_1 \in D_1$, $d_2 \in D_2$, $\cdots$, $d_n \in D_n$

n 元组的每个元素都由一个属性和该属性的一个取值组成。当把关系表示成一个表时，通常会把属性名作为每一列的标题，每一个元组则作为表中的行，以 $(d_1$, d_2, $\cdots$, $d_n)$ 的形式出现，其中的每个值都取自适当的域。这样，就可以将关系模式中的每个关系看成属性对应域的笛卡儿乘积的子集。表则是这种关系的简单表示。

在前面的例子中，图 4-1 所示的关系 Branch 有属性 branchNo、street、city 及 postcode，每个属性都有相对应的域。关系 Branch 是这些域的笛卡儿乘积的某个子集，或者说是一个四元组的集合，这些四元组中的第一个元素都取自 BranchNumber 域，第二个元素都取自 StreetName 域，等等。下面是这些四元组中的一个：

{(B005, 22 Deer Rd, London, SW1 4EH)}

或者更为正确的表示是：

{(branchNo: B005, street: 22 Deer Rd, city: London, postcode: SW1 4EH)}

这样的子集称为**关系实例**。表 Branch 只是关系四元组的一种简便表示方法，这些四元组给出任一给定时刻的关系。这也是表中的行在关系模型中被称为元组的原因。与关系有模式一样，关系数据库也有模式。

| 关系数据库模式 | 关系模式的集合，集合中的每个关系都应有不同的名字。

设 R_1, R_2, $\cdots$, R_n 为一系列关系模式，那么就可以写出关系数据库模式，或者简称关系的模式 R 如下：

R{R_1, R_2, $\cdots$, R_n}

4.2.4　关系的性质

一个关系通常有如下性质：

- 有一个关系名，同一关系模式中各关系不能重名。
- 关系中的每一个单元格都确切包含一个原子（单个）值。
- 每个属性都有一个不同的名字。
- 同一属性中的各个值都取自相同的域。
- 各元组互不相同，不存在重复元组。
- 属性的顺序并不重要。
- 理论上讲，元组的顺序也不重要（但实际上，这个顺序将影响对元组的访问效率）。

现在说明这些限制的含义，参看图 4-1 所示的关系 Branch。因为每个单元格中只能包含一个值，那么在一个单元格中存储分公司的两个邮编就是非法的。换句话说，关系不能包含重复组。满足这一性质的关系称为**规范化关系**或**第一范式关系**（第 14、15 章将讨论范式）。

在每一列的顶端所给出的列名与关系的各个属性相对应。属性 branchNo 中的所有值都是取自 BranchNumber 域的，postcode 值就不能出现在这一列中。关系中不存在重复的元组。例如，（B005，22 Deer Rd，London，SW1 4EH）这一行就只能出现一次。

倘若将属性名与相应的属性取值一起移动，就实现了列交换。例如，把属性 city 和属性 postcode 交换一下，所得到的表仍表示与原来同样的关系。不过，保持地址各元素按正常顺序排列可以增强可读性。同样，元组的顺序也可以交换。因此，交换一下分公司 B005 与 B004 记录的位置，关系仍是原来的关系。

关系的大部分特有性质都源于数学中关系的性质：

- 当用简单的、单值元素（如整数）的集合导出笛卡儿乘积时，每个元组中的所有元素都是单值的。类似地，关系的每个单元格中也只包含一个单值。但数学意义上的关系无需规范化。Codd 强调不允许重复组的出现是为了简化关系数据模型。
- 在数学关系中，某一位置的可能取值由定义该位置的集合或域来决定。对应地，在表中每一列的取值必须源自相同的属性域。
- 集合中没有重复的元素。同样，关系中没有重复的元组。
- 因为关系是用集合定义的，集合中元素的顺序无关紧要，因此，关系中元组的顺序也就没有实质意义了。

但在数学关系中，元组中各个元素的顺序是很重要的。例如，有序对（1，2）与有序对（2，1）就大不相同。而对于关系模型中的关系则不一样，它明确要求属性的顺序不具备实际意义。原因就在于每一列的标题已说明了该列的值对应哪个属性。这就意味着，关系内涵中列标题的顺序无关紧要，不过一旦选定了关系的结构，其外延中元组的元素顺序就必须与属性名的顺序相一致。

4.2.5 关系关键字

如前所述，关系中不会出现重复的元组。因此，可指定一个或多个属性（称为关系关键字），唯一地标识关系中的每个元组。在本节中，将介绍关系关键字的有关术语。

| **超关键字** | 一个属性或属性集合，它能唯一地标识出关系中的每个元组。

超关键字（superkey）能唯一标识关系中的每个元组。但超关键字中有可能包含多余属性，但在一般情况下，人们仅对能唯一标识元组的最小属性集合感兴趣。

| **候选关键字** | 本身是超关键字但其任何子集都不再是超关键字。

关系 R 中的候选关键字（candidate key）K 有两条性质：
- 唯一性：R 中的每个元组在 K 上的值都可以唯一地标识该元组。
- 不可约性：K 中的任一真子集都不具备唯一性。

一个关系中可能会有多个候选关键字。当一个关键字中包含多个属性时，就称它为**合成关键字**。考虑图 4-1 所示的关系 Branch。给定一个 city 属性的值，可以确定出几个分公司（例如，在 London 有两个分公司）。这个属性不能作为候选关键字。另一方面，因为 DreamHome 给每个分公司分配了一个唯一的分公司编号，那么给定一个分公司编号值

branchNo，则可以确定至多一个元组，因此 branchNo 就是一个候选关键字。同样，postcode 也是这个关系中的候选关键字。

现在来看看关系 Viewing，它包含客户查看房产的相关信息。这个关系中包括客户编号（clientNo）、房产编号（propertyNo）、查看日期（viewDate），还有一个可选择填写的属性——对房产的评论（comment）。给定一个客户编号 clientNo，他可能查看过几处不同的房产，所以会有几条记录与之对应。同样，给定一个房产编号 propertyNo，也可能会有多个客户看过该房产。因此，clientNo 和 propertyNo 都不能单独地作为候选关键字。但如果把 clientNo 与 propertyNo 结合起来，则至多可标识一个元组，因此，对于 Viewing 关系而言，clientNo 和 propertyNo 一起形成了一个（组合）候选关键字。如果允许客户对同一房产查看多次，那么，可以在组合关键字中添加 viewDate 属性。但在本书，假设没这个必要。

注意，一个关系实例无法证明某个属性或某几个属性的组合能否作为候选关键字。事实上，在某个特定时刻，没有重复出现的值并不能保证永远不重复。但在一个关系实例中就出现重复值的属性或属性组合肯定不能作为候选关键字。确定候选关键字时，必须明确这些属性在"现实世界"中的含义，从而确保不会出现重复。只有通过这种语义信息才能确定一种属性组合是否可以作为候选关键字。例如，仅根据图 4-1 所示的数据，可能认为 lName（即员工的姓氏）适合作为关系 Staff 的候选关键字。显然，在关系 Staff 的这个实例中虽只有一个姓 White 的员工，但完全可能会有一个同样姓 White 的新员工加入公司，那时 lName 作为候选关键字就无效了。

┃主关键字（Primary key）┃*被选用于唯一标识关系中各元组的候选关键字。*

因为关系中没有重复元组，所以总可以唯一地标识出每一行。这就意味着，每个关系总有一个主关键字。最糟糕的情况是属性全集作为主关键字，但一般都存在某个稍小的子集足以标识每个元组。没有被选为主关键字的候选关键字称为**可替换关键字**（alternate key）。如果在关系 Branch 中选择 branchNo 作为主关键字，postcode 就成了可替换关键字。对 Viewing 关系而言，它只有一个候选关键字，即 clientNo 与 propertyNo 的组合，因此这两属性的组合就自动地形成了主关键字。

┃外部关键字（Foreign key）┃*当一个关系中的某个属性或属性集合与另一个关系（也可能就是自己）的候选关键字匹配时，就称这个属性或属性集合为外部关键字。*

当一个属性出现在两个关系中时，它往往表示这两个关系中对应元组之间的某种联系。例如，属性 branchNo 同时出现在关系 Branch 和关系 Staff 中，目的就是将每个分公司与在此分公司工作的员工情况联系在起来。branchNo 是关系 Branch 的主关键字。但在关系 Staff 中属性 branchNo 只是为了将员工与他所属的分公司联系起来。在关系 Staff 中，branchNo 就是一个外部关键字。或者说关系 Staff 中的属性 branchNo **指向**主关系 Branch 的**主关键字**——属性 branchNo。这些公有属性在执行数据操作时将扮演重要角色，在下一章中会讨论这一问题。

4.2.6 关系数据库模式的表示

关系数据库是由一些规范化关系所组成的。对应 DreamHome 案例的部分关系模式如下：

Branch　　　　　　(<u>branchNo</u>, street, city, postcode)

Staff　　　　　　　(<u>staffNo</u>, fName, lName, position, sex, DOB, salary, branchNo)

PropertyForRent　　(<u>propertyNo</u>, street, city, postcode, type, rooms, rent, ownerNo, staffNo, branchNo)

Client　　　　　　(<u>clientNo</u>, fName, lName, telNo, prefType, maxRent, eMail)

PrivateOwner　　　(<u>ownerNo</u>, fName, lName, address, telNo, eMail, password)

Viewing　　　　　(<u>clientNo</u>, <u>propertyNo</u>, viewDate, comment)

Registration　　　 (<u>clientNo</u>, branchNo, staffNo, dateJoined)

　　关系模式的习惯表示法是，给出关系名，并在后面的圆括号中列出关系的属性名。一般用下划线标出主关键字。概念模型（或者说概念模式）是指数据库中所有这种模式的集合。图 4-3 显示了关系模式的一个实例。

Branch

branchNo	street	city	postcode
B005	22 Deer Rd	London	SW1 4EH
B007	16 Argyll St	Aberdeen	AB2 3SU
B003	163 Main St	Glasgow	G11 9QX
B004	32 Manse Rd	Bristol	BS99 1NZ
B002	56 Clover Dr	London	NW10 6EU

Staff

staffNo	fName	lName	position	sex	DOB	salary	branchNo
SL21	John	White	Manager	M	1-Oct-45	30000	B005
SG37	Ann	Beech	Assistant	F	10-Nov-60	12000	B003
SG14	David	Ford	Supervisor	M	24-Mar-58	18000	B003
SA9	Mary	Howe	Assistant	F	19-Feb-70	9000	B007
SG5	Susan	Brand	Manager	F	3-Jun-40	24000	B003
SL41	Julie	Lee	Assistant	F	13-Jun-65	9000	B005

PropertyForRent

propertyNo	street	city	postcode	type	rooms	rent	ownerNo	staffNo	branchNo
PA14	16 Holhead	Aberdeen	AB7 5SU	House	6	650	CO46	SA9	B007
PL94	6 Argyll St	London	NW2	Flat	4	400	CO87	SL41	B005
PG4	6 Lawrence St	Glasgow	G11 9QX	Flat	3	350	CO40		B003
PG36	2 Manor Rd	Glasgow	G32 4QX	Flat	3	375	CO93	SG37	B003
PG21	18 Dale Rd	Glasgow	G12	House	5	600	CO87	SG37	B003
PG16	5 Novar Dr	Glasgow	G12 9AX	Flat	4	450	CO93	SG14	B003

Client

clientNo	fName	lName	telNo	prefType	maxRent	eMail
CR76	John	Kay	0207-774-5632	Flat	425	john.kay@gmail.com
CR56	Aline	Stewart	0141-848-1825	Flat	350	astewart@hotmail.com
CR74	Mike	Ritchie	01475-392178	House	750	mritchie01@yahoo.co.uk
CR62	Mary	Tregear	01224-196720	Flat	600	maryt@hotmail.co.uk

PrivateOwner

ownerNo	fName	lName	address	telNo	eMail	password
CO46	Joe	Keogh	2 Fergus Dr, Aberdeen AB2 7SX	01224-861212	jkeogh@lhh.com	********
CO87	Carol	Farrel	6 Achray St, Glasgow G32 9DX	0141-357-7419	cfarrel@gmail.com	********
CO40	Tina	Murphy	63 Well St, Glasgow G42	0141-943-1728	tinam@hotmail.com	********
CO93	Tony	Shaw	12 Park Pl, Glasgow G4 0QR	0141-225-7025	tony.shaw@ark.com	********

Viewing

clientNo	propertyNo	viewDate	comment
CR56	PA14	24-May-13	too small
CR76	PG4	20-Apr-13	too remote
CR56	PG4	26-May-13	
CR62	PA14	14-May-13	no dining room
CR56	PG36	28-Apr-13	

Registration

clientNo	branchNo	staffNo	dateJoined
CR76	B005	SL41	2-Jan-13
CR56	B003	SG37	11-Apr-12
CR74	B003	SG37	16-Nov-11
CR62	B007	SA9	7-Mar-12

图 4-3　DreamHome 租赁数据库的实例

4.3　完整性约束

在前面的章节中讨论了关系数据模型的结构。如 2.3 节所述，一个数据模型还有其他两个部分：一是操作部分，定义了允许对数据进行的操作类型；二是一组完整性约束，它确保数据的正确性。本节将讨论关系的完整性规则，在下一章中再讨论可以对关系进行的各种操作。

在 4.2.1 节中，我们已经看到了关于完整性约束的一个实例：由于每个属性都具有一个关联的域，因此就存在这样一条限制，称为**域约束**（domain constraint），限定了关系中各个属性的取值集合。此外，还有两个重要的**完整性规则**，它们适用于数据库中的所有实例。关系模型的这两条主要规则就是**实体完整性**（entity integrity）和**引用完整性**（referential integrity）。其他的完整性约束还有**多样性**（multiplicity）和**一般性约束**（general constraint），前者留待 12.6 节讨论，后者将在 4.3.4 节中予以介绍。在定义实体完整性和引用完整性之前，必须对空（null）的概念有所了解。

4.3.1　空

| **空** | 代表对一个元组当前取值还不知道或是不可用的属性值。

空可以表示"不知道"这个逻辑值。它还可以指对于某个特定元组无值可用，或者它仅仅意味着尚未提供任何值。空是处理不完整数据或异常数据的一种方法。但空不等价于零值或空格所组成的字符串。零值和空格都是实际存在的值，而空则表示没有这么一个值。因此，应该将空与其他值区别对待。一些人使用了"空值"这个术语，但因为空并不是一个值，只是没有值的一种表示，因此本书并不赞同用"空值"这个词。

例如，在如图 4-3 所示的 Viewing 关系中，comment 属性在租户参观房产并向业主反馈评论之前都是未定义的。如果没有空这个概念，就需要引进一个默认值来代表这种状态，或是添加一些对用户来说毫无意义的额外属性。在本例中，可以试着用"−1"这个值来代表空评论。当然也可给 Viewing 关系加入一个新的 hasCommentBeenSupplied 属性，如果给出了评论，这个值为 Y（是），反之为 N（否）。这两种方法都会给用户带来混乱。

空可能会导致执行问题，因为关系模型是基于一阶谓词演算的，谓词演算是二值逻辑，或称布尔逻辑，因此只允许两个值的存在，或为真，或为假。允许空存在意味着，必须采用一种多值逻辑，例如三值或四值逻辑（Codd，1986，1987，1990）。

在关系模型中使用空一直是个有争议的问题。Codd 将空看成模型中一个不可分割的部分（Codd，1990），而一些人则认为这种方法易产生误导，他们相信人们没有充分理解丢失信息的问题，从而无法找到一个满意的解决方案，因此，将空引入关系模型亦属草率（比如见，Date，1995）。

下面给出两条关系完整性规则的定义。

4.3.2　实体完整性

第一条完整性约束针对基本关系的主关键字。在这里，将基本关系定义为与概念模式（参见 2.1 节）中某个实体相对应的一个关系。在 4.4 节中会给出它的精确定义。

| **实体完整性** | 在基本关系中，主关键字的属性不能为空。

根据定义，主关键字是能对元组进行唯一标识的最小标识符。这就意味着主关键字的任何子集都不足以唯一标识元组。如果允许主关键字的某个部分为空，就暗示了并不是所有属性都是标识元组所必需的，与主关键字的定义相矛盾。例如，当 branchNo 作为关系 Branch 的主关键字时，就不能在 Branch 关系中插入一个 branchNo 属性值为空的元组。再例如，关系 Viewing 为组合主关键字，它是客户编号（clientNo）与房产编号（propertyNo）的组合，因此，在 Viewing 关系中不能插入一个 clientNo 值为空、propertyNo 值为空或是两者都为空的元组。

如果对这条规则进行详细的分析，就会发现一些奇怪的地方。第一，既然候选关键字同样也可以唯一地标识元组，为什么这条规则只用在主关键字上，而没有更一般地推广到候选关键字中？第二，为什么这条规则只对基本关系起约束作用？例如，使用图 4-3 所示的 Viewing 关系中的数据，考虑这样一个查询——"列出查看记录中的所有评论"。这个查询将会生成一个由属性 comment 组成的一元关系。根据定义，这个属性就是结果关系的主关键字了，但它包含了空（对应客户 CR56 在 PG36 和 PG4 中的查看记录）。因为这个关系不是一个基本关系，所以模型允许主关键字为空。基于这些不合常理的地方，现在有一些人试图对这条规则进行重新定义（例如，Codd，1988；Date，1990）。

4.3.3　引用完整性

第二条完整性规则是针对外部关键字的。

引用完整性｜如果在关系中存在某个外部关键字，则它的值或与主关系中某个元组的候选关键字取值相等，或者全为空。

例如，关系 Staff 中的 branchNo 指向主关系 Branch 中的 branchNo 属性。那么它就不能创建出一个分公司编号为 B025 的员工记录，除非在 Branch 关系中已经有了分公司编号为 B025 的记录。但是，可以创建一条分公司编号为空的新员工记录，用来表示公司加入了一名新员工，但他还没被分配到某个特定的分公司中。

4.3.4　一般性约束

一般性约束｜由数据库用户或数据库管理员所指定的附加规则，它约束企业的某些方面。

还可以让用户来指定数据所需满足的附加约束。例如，如果在一个分公司中工作的员工人数不能超过 20 位这个上限，那么用户就可以说明这个一般性约束，并由 DBMS 来强制执行。在这个例子中，如果一个给定分公司的当前员工数已经达到 20，就不能在关系 Staff 中往这个分公司添加新员工了。遗憾的是，对一般性约束的支持程度总是因系统而异。在第 7 章和第 18 章中将对关系完整性的实现进行讨论。

4.4　视图

在第 2 章提到的 ANSI-SPARC 三层结构中，描述了数据库结构呈现在特定用户面前的一个外部视图。在关系模型中，"视图"（view）这个词的含义稍有不同。它不完全是用户看到的外部模型，它指**虚关系**或称**导出关系**，即无需单独存在，必要时可从一或多个基本关系中动态地将其导出。因此，一个外部模型可以由基本关系（概念级）和基本关系导出的视图共同组成。本节简单介绍了关系系统中的视图。在 7.4 节中，将对视图进行更为详细的讨论，还会对视图的创建和它在 SQL 中的使用进行介绍。

4.4.1　术语

迄今为止，本章中所涉及的关系都是基本关系。

> **基本关系**（base relation）| 与概念模式中的一个实体相对应的具名关系，它的元组都存储在数据库的物理结构中。

可以根据基本关系定义视图。

> **视图** | 对一个或多个基本关系进行关系操作得到的动态结果。视图是一个无需存在于数据库当中，但却可以根据某个特定用户需要在必要时再生成的虚关系。

视图是一个因用户而存在，并呈现在用户面前的关系，可以把它当作基本关系进行操作，但与基本关系不同的是，它并不真正存在于存储器中（虽然它的定义存储在系统目录中）。视图的内容被定义成基于一个或多个基本关系的查询。对视图所进行的任何操作都自动地转换成对导出它的关系进行操作。视图是**动态的**，这意味着，对导出视图的基本关系的修改将立即反映到视图上。当用户对视图做允许的修改时，这些修改将作用到基本关系上。本节将对视图的用途进行描述，并简单分析通过视图对数据进行更新的一些约束。视图的定义和处理过程将在 7.4 节中介绍。

4.4.2　视图的用途

需要视图机制的原因有：

- 通过对特定用户隐藏部分数据库信息，提供了一个强大而灵活的安全机制。如果属性或元组不出现在其视图中，用户将无从得知其存在。
- 允许用户根据自己的需求自定义访问数据的方法，因此不同的用户可以通过不同的途径同时看到相同的数据。
- 可以简化对基本关系的复杂操作。例如，如果一个视图被定义成两个关系的联合（连接，参见 5.1 节），用户就可以在该视图上执行更为简单的操作，而这个操作将会被 DBMS 转换成在该连接上的等价操作。

可以让视图支持用户所熟悉的外部模型。例如：

- 用户可能需要这样的 Branch 元组，它包含经理的姓名和 Branch 中已有的其他属性。可以将关系 Branch 与关系 Staff 连接起来，并限定关系 Staff 中员工的职位必须是"Manager"，从而创建所需视图。
- 应该让一些员工看不到 Staff 的元组中的 salary 属性。
- 可以对属性进行重命名，或是更改属性的顺序。例如，某个用户习惯把分公司的属性 branchNo 的全称 Branch Number 写出来，那么，可以通过自定义的视图让他看到那样的列标题。
- 某些员工应该只能看到他们所管理的房产记录。

虽然这些例子足以说明视图提供了逻辑数据独立性（参见 2.1.5 节），但实际上，视图还提供了更为重要的一类逻辑数据独立性，即允许概念模式的重组。例如，如果在某个关系中添加了一个新的属性，当前用户可以完全不知道它的存在，只要他们的视图不涉及该属性。再则，一个现有的关系被重新排列或是被拆分，仍然可以通过定义视图而让用户按原样使用数据库。在 7.4.7 节中将看到这样的例子，那时将对视图的优缺点进行更为详细的讨论。

4.4.3 视图的更新

对某个基本关系的所有更新应该立即反映到涉及这个基本关系的视图中。同样，如果一个视图被更新，那么它涉及的底层基本关系也应该反映出这种变化。但通过视图进行更新存在一些约束。下面给出大多数系统允许通过视图进行更新操作的条件：

- 如果视图由一个基本关系的简单查询生成，而且它还包含了基本关系中的主关键字或是候选关键字，则可以通过这个视图进行更新操作。
- 不允许对涉及多个基本关系的视图进行更新。
- 如果视图的生成中涉及聚集或是分组操作，则不允许通过这个视图进行更新。

可以根据理论上不可更新、理论上可更新和部分可更新来对视图进行分类。Furtado 与 Casanova 在 1985 年写了一篇关于关系视图更新的综述文章。

本章小结

- 在目前使用的数据处理软件中，关系数据库管理系统（RDBMS）占据了统治地位，估计每年大约有 60 亿到 100 亿美元的新销售许可（如果包括配套工具的销售，每年则有 250 亿美元）。这类软件基于 E. F. Codd 所提出的关系数据模型，代表了第二代数据库管理系统（DBMS）。
- 数学中定义的**关系**是两个或两个以上集合的笛卡儿乘积的子集。在数据库术语中，关系是属性域的笛卡儿乘积的子集。关系通常被写成 n 元组的集合，n 元组中的每个元素都取值于适当的域。
- 关系在形式上表现成一个**表**，表中的每一行对应一个唯一的元组，每一列对应一个属性。
- 关系的结构、域说明以及所有约束，统称为关系的**内涵**（intension），列出所有元组的关系表示一个关系**实例**或称数据库**外延**。
- 数据库关系的性质：每个单元格都确切包含一个原子值，属性名互不相同，同一属性的所有值都取自同一域，属性的顺序并不重要，元组的顺序也无关紧要，不存在重复元组。
- 关系的**维**是指其属性的个数，而**基数**则是指它所包含元组的个数。**一元关系**只有一个属性，**二元关系**有两个属性，**三元关系**有三个属性，n **元关系**有 n 个属性。
- **超关键字**是一个属性或者属性集合，它能够唯一地标识出关系中的每个元组，**候选关键字**是最小的超关键字。**主关键字**是选出作为各元组标识的某个候选关键字。一个关系通常都必须有一个主关键字。**外部关键字**是一个关系中与另一个关系的候选关键字匹配的属性或属性集合。
- **空**代表对一个元组当前取值还不知道或是不可用的属性值。
- **实体完整性**是一种约束，它规定在基本关系中，构成主关键字的属性的值不能为空。**引用完整性**规定，一个外部关键字的值或者与主关系的某个元组的候选关键字的值相同，或者为空。除了关系完整性，完整性约束还包括要求必须有值、域和多样性约束，其他完整性约束称为一般性约束。
- 关系模型中的**视图**是指一个**虚关系**或称**导出关系**，它是根据需求由底层基本关系动态导出的。视图提供了一定的安全性，并且允许设计者自定义用户模式。不是所有的视图都可更新。

思考题

4.1 结合关系数据模型，解释下列概念：
    （a）关系
    （b）属性

　　　　（c）域

　　　　（d）元组

　　　　（e）内涵和外延

　　　　（f）维和基数

4.2　说明数学中的关系与关系数据模型中的关系之间的联系。

4.3　说明关系与关系模式之间的区别。什么是关系数据库模式?

4.4　关系有哪些性质?

4.5　关系的候选关键字与主关键字之间的区别是什么? 解释外部关键字的含义。外部关键字与候选关
　　　键字之间有何联系? 举例说明。

4.6　给出关系模型两条主要的完整性规则的定义。说明为什么需要强制执行这些规则。

4.7　视图是什么? 视图与基本关系之间有何区别?

习题

　　以下列表是存在某 RDBMS 中的数据库的一部分:

Hotel (hotelNo, hotelName, city)
Room (roomNo, hotelNo, type, price)
Booking (hotelNo, guestNo, dateFrom, dateTo, roomNo)
Guest (guestNo, guestName, guestAddress)

　　　　其中　　Hotel 中包含酒店的详细资料,hotelNo 是主关键字;

　　　　　　　　Room 中包含每个旅馆的房间信息,(roomNo,hotelNo)组成主关键字;

　　　　　　　　Booking 中包含各种预订资料,(hotelNo,guestNo,dateFrom)组成主关键字;

　　　　　　　　Guest 中包含客人的详细资料,guestNo 是主关键字。

4.8　指出这个模式中所有的外部关键字。说明在这些关系中如何运用实体完整性规则和引用完整性
　　　规则。

4.9　为这些关系写出一些遵守关系完整性规则的实例表。为这个模式制定一些适当的一般性约束。

4.10　分析你当前使用的 RDBMS。确定系统提供了哪些对主关键字、候选关键字、外部关键字、关
　　　系完整性以及视图的支持。

4.11　在你当前使用的 RDBMS 中实现上面给出的模式。如果可能,实现主关键字、候选关键字、外
　　　部关键字以及适当的关系完整性约束。

扩展阅读

Aho A.V., Beeri C., and Ullman J.D. (1979). The theory of joins in relational databases. *ACM Trans. Database Systems*, **4**(3), 297–314

Chamberlin D. (1976a). Relational data-base management systems. *ACM Computing Surv.*, **8**(1), 43–66

Codd E.F. (1982). The 1981 ACM Turing Award Lecture: Relational database: A practical founda-tion for productivity. *Comm. ACM*, **25**(2), 109–117

Dayal U. and Bernstein P. (1978). The updatabil-ity of relational views. In *Proc. 4th Int. Conf. on Very Large Data Bases*, 368–377

Schmidt J. and Swenson J. (1975). On the seman-tics of the relational model. In *Proc. ACM SIGMOD Int. Conf. on Management of Data*, 9–36

Database Systems: A Practical Approach to Design, Implementation, and Management, 6E

关系代数与关系演算

本章我们主要学习：

- "关系完备性"的含义
- 如何用关系代数的形式表示查询
- 如何用元组关系演算的形式表示查询
- 如何用域关系演算的形式表示查询
- 关系数据操作语言（DML）的分类

在前一章中介绍了关系模型主体结构。正如 2.3 节所讨论的那样，关系模型的另一重要组成部分是操作机制，或者说是查询语言，它负责基础数据的检索与更新。本章将重点分析关系模型的查询语言，重点对关系代数和关系演算进行讨论，Codd 在 1971 年将它们定义为关系语言的基础。不严格地说，可以将关系代数描述为一种（高级的）过程式语言，即可用它告诉 DBMS 如何从数据库的一个或多个关系中构建新关系；而将关系演算看成是一种非过程式语言，它用公式给出由数据库中一个或多个关系构成的新关系的定义。然而，关系代数与关系演算形式上是相互等价的，即每个关系代数表达式都有一个等价的关系演算表达式与之相对应（反之亦然）。

演算与代数都是形式语言，对用户不太友好。它们通常用作其他高级关系数据库数据操作语言（Data Manipulation Language，DML）的基础。人们之所以对它们感兴趣，是因为它们阐述了每种数据操作语言所需的基本操作，而且它们是其他关系语言之间相互比较的标准。

关系演算用来衡量关系语言的选择能力。如果一种语言可以生成所有由关系演算推导出来的关系，就称它具有**关系完备性**。大多数关系查询语言都具有关系完备性，但它们比关系代数或关系演算更具表达能力，因为它们通常还附加了完成计数、求和以及排序等功能的操作。

5.1 节分析关系代数。5.2 节讨论关系演算的两种形式：元组关系演算和域关系演算。5.3 节将对一些其他的关系语言进行简单的介绍。本章将使用图 4-3 所示的 **DreamHome** 数据库实例说明这些操作。

第 6 ~ 9 章对 SQL（结构化查询语言）进行分析，SQL 基于元组关系演算构造，它是 RDBMS 形式上和事实上的标准语言。附录 M 将讨论 QBE（仿效实例查询），它是另外一种相当流行的可视化 RDBMS 查询语言，它部分基于域关系演算。

5.1 关系代数

关系代数是一种纯理论语言，它定义了一些操作，运用这些操作可以从一个或多个关系中得到另一个关系，而不改变原关系。因此，它的操作数和操作结果都是关系，而且一个操作的输出可以作为另一个操作的输入。故而关系代数的一个表达式中可以嵌套另一个表达式，就像算术运算一样。这种性质称为**闭包**（closure）：关系在关系代数下是封闭的，正如数在算术运算下是封闭的一样。

　　关系代数是一种每次一关系（或集合）的语言，即用一条不带循环的语句处理，结果也是由所有元组组成的整个关系，当然，结果关系中的元组可能来自参与运算的多个关系。关系代数运算的语法形式有好几种，本书采用了一套通用的符号表示方法，但并没有进行严格的形式定义。有兴趣的读者可以参见 Ullman 在 1988 年所提出的一套更为形式化的语法结构。

　　关系代数中包含了许多运算。Codd（1972a）首先提出了八个运算，现在又发展了一些其他的运算。关系代数中有五个基本运算，即选择、投影、笛卡儿乘积、集合并、集合差，它们能实现大多数人们感兴趣的数据检索操作。此外，还有连接、集合交、除运算等，它们都可以通过五个基本运算表示出来。图 5-1 说明了每个运算的功能。

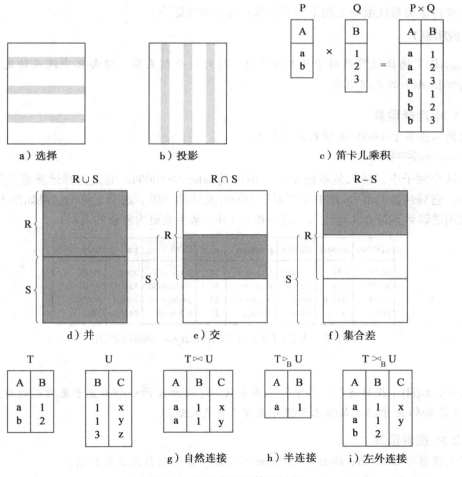

图 5-1　关系代数运算的功能

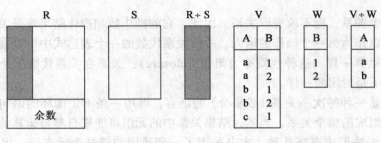

j）除法（阴影部分）　　　　　　　　　　　　　　除法的例子

图 5-1 （续）

选择和投影运算都是**一元**运算，因为它们只对一个关系进行运算。其他的运算则是作用在两个关系上，因此称为**二元**运算。在下面给出的定义中，R 和 S 代表两个关系，它们分别定义了属性 A＝（a_1, a_2, …, a_N）和 B＝（b_1, b_2, …, b_M）。

5.1.1　一元运算

先来讨论关系代数中的两个一元运算：选择和投影。

选择（或限制）

| $\sigma_{predicate}$(R) | 选择运算作用于单个关系 R，得到一个新关系，它由 R 中满足特定条件（谓词，predicate）的元组组成。

例 5.1 》》选择运算

列出工资多于 10000 英镑的所有员工。

$\sigma_{salary > 10000}$(Staff)

在这个例子中，输入关系是 Staff，谓词是 salary＞10000。通过选择运算定义了一个新的关系，它只包含关系 Staff 中工资多于 10000 英镑的元组。这个运算的结果如图 5-2 所示。可以运用逻辑运算符∧（与）、∨（或）和～（非）来生成更为复杂的谓词。

staffNo	fName	lName	position	sex	DOB	salary	branchNo
SL21	John	White	Manager	M	1-Oct-45	30000	B005
SG37	Ann	Beech	Assistant	F	10-Nov-60	12000	B003
SG14	David	Ford	Supervisor	M	24-Mar-58	18000	B003
SG5	Susan	Brand	Manager	F	3-Jun-40	24000	B003

图 5-2　从 Staff 关系中选出 salary＞10000 的元组

投影

| $\Pi_{a_1, …, a_n}$(R) | 投影运算作用于单个关系 R，得到由 R 的一个垂直子集构成的新关系，该垂直子集抽取 R 中指定属性上的值并去掉了重复元组。

例 5.2 》》投影运算

产生仅显示 staffNo、fName、lName 和 salary 信息的员工工资列表。

$\Pi_{staffNo, fName, lName, salary}$(Staff)

在这个例子中，投影运算定义了一个新的关系，它只包含 Staff 关系中指定的 staffNo、fName、lName 和 salary 属性，并以指定的顺序排列这些属性。这个运算的结果如图 5-3

所示。

5.1.2　集合运算

选择和投影运算都只是从单个关系中提取信息。显然还会遇到这样的情况，需要结合多个关系中的信息。下面学习关系代数中的二元运算，首先介绍并、集合差、交和笛卡儿乘积四个集合运算。

staffNo	fName	lName	salary
SL21	John	White	30000
SG37	Ann	Beech	12000
SG14	David	Ford	18000
SA9	Mary	Howe	9000
SG5	Susan	Brand	24000
SL41	Julie	Lee	9000

图 5-3　将关系 Staff 在 staffNo、fName、lName 和 salary 属性上投影

并

┃ R∪S ┃ 两个关系 R 和 S 的并，定义了一个包含 R、S 中所有不同元组的新关系。R 和 S 必须具有并相容性。

如果 R 和 S 分别有 I 个和 J 个元组，那么将这些元组并置在一个关系中就可以得到它们的并，其中最多有（I+J）个元组。只有当两个关系的模式完全匹配时，即它们有着同样多的属性，并且对应属性有相同的域，才可以进行并运算。换句话说，关系必须具有并相容性。注意，定义并相容性时并没有涉及属性名称。在某些情况下，可以先用投影运算使得两个关系具有并相容性。

┃ 例 5.3 》并运算

列出驻有分公司或存在待租房产的城市的清单。

Π_{city}(Branch) ∪ Π_{city}(PropertyForRent)

为了获得具有并相容性的关系，首先用投影运算得到 Branch 关系和 PropertyForRent 关系在属性 city 上的投影，必要时消除重复元组。然后使用并运算获得新关系，结果如图 5-4 所示。

city
London
Aberdeen
Glasgow
Bristol

图 5-4　基于关系 Branch 和 PropertyForRent 中属性 city 的并

集合差

┃ R-S ┃ 集合差运算定义了一个新的关系，它由所有属于 R 但不属于 S 的元组构成。R 和 S 必须具有并相容性。

┃ 例 5.4 》集合差运算

列出有分公司但无待租房产的城市清单。

Π_{city}(Branch) − Π_{city}(PropertyForRent)

跟前面的例子一样，先将关系 Branch 和关系 PropertyForRent 在属性 city 上投影，获得具有并相容性的关系。再使用集合差运算得到新关系，结果如图 5-5 所示。

city
Bristol

图 5-5　基于关系 Branch 和 PropertyForRent 中属性 city 的集合差

交

┃ R∩S ┃ 交运算定义了一个关系，它由既属于 R 又属于 S 中的元组构成。R 和 S 必须具备并相容性。

┃ 例 5.5 》交运算

列出既有分公司又至少存在一处待租房产的城市的清单。

$\Pi_{city}(Branch) \cap \Pi_{city}(PropertyForRent)$

跟前面的例子一样，先将关系 Branch 和关系 PropertyForRent 在 city 属性上投影，获得具有并相容性的关系。再使用交运算得到新关系，结果如图 5-6 所示。

注意，可用集合差运算表示交运算：

$R \cap S = R - (R - S)$

city
Aberdeen
London
Glasgow

图 5-6　基于关系 Branch 和关系 PropertyForRent 中属性 city 的交

笛卡儿乘积

| R × S | 笛卡儿乘积运算定义了一个关系，它是关系 R 中每个元组与关系 S 中每个元组并联的结果。

笛卡儿乘积运算将两个关系相乘，得到另外一个关系，它由两个关系中所有可能的元组对构成。因此，如果一个关系有 I 个元组、N 个属性，而另一个关系有 J 个元组、M 个属性，则它们的笛卡儿乘积将会有（I×J）个元组、（N＋M）个属性。两个关系中可能有同名属性。此时，可用关系名作为属性名的前缀，从而保证关系中属性名的唯一性。

| 例 5.6 ≫ 笛卡儿乘积

列出所有查看过待租房产的客户的姓名和评论。

客户的姓名都保存在关系 Client 中，而所有的查看资料则保存在关系 Viewing 中。为了既获取客户信息，又得到他们查看房产后的评论，需要将这两个关系组合起来：

$\Pi_{clientNo, fName, lName}(Client)) \times (\Pi_{clientNo, propertyNo, comment}(Viewing))$

这个运算的结果如图 5-7 所示。现在得到的表格中包含了一些多余的信息。例如，这个关系中的第一个元组就有两个不同的 clientNo 值。为了获取所需的列表，需要再执行一个选择运算，以提取 Client.clientNo＝Viewing.clientNo 的元组。那么，完整的运算就是：

$\sigma_{Client.clientNo = Viewing.clientNo}((\Pi_{clientNo, fName, lName}(Client)) \times (\Pi_{clientNo, propertyNo, comment}(Viewing)))$

client.clientNo	fName	lName	Viewing.clientNo	propertyNo	comment
CR76	John	Kay	CR56	PA14	too small
CR76	John	Kay	CR76	PG4	too remote
CR76	John	Kay	CR56	PG4	
CR76	John	Kay	CR62	PA14	no dining room
CR76	John	Kay	CR56	PG36	
CR56	Aline	Stewart	CR56	PA14	too small
CR56	Aline	Stewart	CR76	PG4	too remote
CR56	Aline	Stewart	CR56	PG4	
CR56	Aline	Stewart	CR62	PA14	no dining room
CR56	Aline	Stewart	CR56	PG36	
CR74	Mike	Ritchie	CR56	PA14	too small
CR74	Mike	Ritchie	CR76	PG4	too remote
CR74	Mike	Ritchie	CR56	PG4	
CR74	Mike	Ritchie	CR62	PA14	no dining room
CR74	Mike	Ritchie	CR56	PG36	
CR62	Mary	Tregear	CR56	PA14	too small
CR62	Mary	Tregear	CR76	PG4	too remote
CR62	Mary	Tregear	CR56	PG4	
CR62	Mary	Tregear	CR62	PA14	no dining room
CR62	Mary	Tregear	CR56	PG36	

图 5-7　化简后关系 Client 与关系 Viewing 的笛卡儿乘积

其结果如图 5-8 所示。

client.clientNo	fName	lName	Viewing.clientNo	propertyNo	comment
CR76	John	Kay	CR76	PG4	too remote
CR56	Aline	Stewart	CR56	PA14	too small
CR56	Aline	Stewart	CR56	PG4	
CR56	Aline	Stewart	CR56	PG36	
CR62	Mary	Tregear	CR62	PA14	no dining room

图 5-8 化简后关系 Client 与关系 Viewing 的笛卡儿乘积的限制

分解复杂运算

关系代数运算可以变得相当复杂。实际使用时，可将这样的运算分解成一系列较为简单的关系代数运算，并为每个中间表达式的结果命名。一般通过赋值运算（用符号←表示）给关系代数运算的结果命名。这与一般编程语言中的赋值运算类似：将运算右边的值赋给左边。例如，可以将前面的例子重新写成下面的运算：

TempViewing(clientNo, propertyNo, comment) ← $\Pi_{clientNo, propertyNo, comment}$(Viewing)
TempClient(clientNo, fName, lName) ← $P_{clientNo, fName, lName}$(Client)
Comment(clientNo, fName, lName, vclientNo, propertyNo, comment) ←
    TempClient × TempViewing
Result ← $\sigma_{clientNo = vclientNo}$(Comment)

此外，还可以使用重命名运算 ρ，它能够对关系代数的运算结果命名。重命名允许将新关系中的每个属性名替换成指定的名称。

$\rho_S(E)$ 或 $\rho_{S(a_1, a_2, ..., a_n)}(E)$ | 重命名运算给表达式 E 提供了一个新的名称 S，并将属性的名称替换成 a_1，a_2，…，a_n。

5.1.3 连接运算

通常只需要将满足特定条件的笛卡儿乘积结合起来，因此一般采用**连接运算**来代替笛卡儿乘积运算。连接运算是将两个关系结合起来组成一个新的关系，它是关系代数中一种重要的运算。连接是由笛卡儿乘积导出的，相当于把连接谓词看成选择条件，对两个参与运算关系的笛卡儿乘积执行一次选择运算。连接是 RDBMS 中最难以高效实现的运算之一，并且可能导致关系系统存在固有的性能问题。在 23.4.3 节将对连接运算的实现策略进行分析。

连接运算有多种形式，例如：

- θ 连接
- 等接（θ 连接的特例）
- 自然连接
- 外连接
- 半连接

θ 连接

$R \bowtie_F S$ | θ 连接运算定义一个关系，它包含 R 和 S 的笛卡儿乘积中所有满足谓词 F 的元组。谓词 F 的格式为 $R.a_i \theta S.b_i$，其中 θ 为六个比较运算符（$<$，$\leq$，$>$，$\geq$，$=$，$\neq$）之一。

还可以将 θ 连接用基本的选择运算和笛卡儿乘积运算表示为：

$$R \bowtie_F S = \sigma_F(R \times S)$$

因为 θ 连接是基于笛卡儿乘积的，所以它的维数是参与运算的关系 R 和 S 的维数之和。在谓词 F 仅包含等号（＝）的情况下，θ 连接就变成了**等接**（Equijoin）。再次考虑例 5.6 中的查询。

例 5.7 》 等接运算

列出所有查看过待租房产的客户的姓名和评论。

例 5.6 曾使用笛卡儿乘积和选择运算来获得查询结果。现在使用等接运算可以得到同样的结果：

$$(\Pi_{clientNo, fName, lName}(Client)) \bowtie_{Client.clientNo = Viewing.clientNo} (\Pi_{clientNo, propertyNo, comment}(Viewing))$$

或

$$Result \leftarrow TempClient \bowtie_{TempClient.clientNo = TempViewing.clientNo} TempViewing$$

这些运算的结果如图 5-8 所示。

自然连接

$R \bowtie S$ 自然连接是关系 R 和 S 在所有公共属性 x 上的等接。但在得到的结果中每个公共属性只保留一次，其余删除。

自然连接运算对两个关系中所有具有相同名称的属性执行等接运算。自然连接的维数等于关系 R 与 S 的维数之和减去 x 中属性的个数。

例 5.8 》 自然连接运算

列出曾经查看过待租房产的所有客户的姓名和评论。

在例 5.7 中，使用等接运算来产生这个列表，但最终得到的关系中连接属性 clientNo 出现了两次。使用自然连接则可以删除其中一次出现。

$$(\Pi_{clientNo, fName, lName}(Client)) \bowtie (\Pi_{clientNo, propertyNo, comment}(Viewing))$$

或

$$Result \leftarrow TempClient \bowtie TempViewing$$

这个运算的结果如图 5-9 所示。

外连接

在连接两个关系时，经常会出现一个关系中的某些元组无法在另一个关系中找到匹配元组的情况，换句话说，就是这些元组在

clientNo	fName	lName	propertyNo	comment
CR76	John	Kay	PG4	too remote
CR56	Aline	Stewart	PA14	too small
CR56	Aline	Stewart	PG4	
CR56	Aline	Stewart	PG36	
CR62	Mary	Tregear	PA14	no dining room

图 5-9 投影后关系 Client 和 Viewing 的自然连接

连接属性上不存在匹配值。但可能仍希望这些元组出现在结果中，这时就要用到外连接。

$R \bowtie S$ （左）外连接是这样一种连接，它将 R 中的所有元组都保留在结果关系中，包括那些公共属性与 S 不匹配的，不过，结果关系中来自 S 的所有非公共属性均取空。

外连接在关系系统中的应用相当广泛，它是 SQL 标准（参见 6.3.7 节）中一个专用的运算符。外连接的优点在于它保留了一定的信息，也就是说，使用外连接可以将一些可能被其他类型的连接所遗漏的元组保留下来。

例 5.9 ≫ 左外连接运算

生成一张关于房产浏览的情况报告。

在这个例子中，需要生成一个关系，它不仅包括已经查看且评论过的房产，还包括没查看过的房产。可以通过如下所示的外连接获取：

$$(\Pi_{propertyNo, street, city}(PropertyForRent)) \bowtie Viewing$$

结果关系如图 5-10 所示。注意，因为结果中的房产 PL94、PG21 及 PG16 未经查看，所以它们对应 Viewing 关系中的属性取值均为空。

propertyNo	street	city	clientNo	viewDate	comment
PA14	16 Holhead	Aberdeen	CR56	24-May-13	too small
PA14	16 Holhead	Aberdeen	CR62	14-May-13	no dining room
PL94	6 Argyll St	London	null	null	null
PG4	6 Lawrence St	Glasgow	CR76	20-Apr- 13	too remote
PG4	6 Lawrence St	Glasgow	CR56	26-May-13	
PG36	2 Manor Rd	Glasgow	CR56	28-Apr- 13	
PG21	18 Dale Rd	Glasgow	null	null	null
PG16	5 Novar Dr	Glasgow	null	null	null

图 5-10 关系 PropertyForRent 与关系 Viewing 的左（自然）外连接

严格地说，例 5.9 是**左（自然）外连接**，因为它在结果中保留了左边关系的所有元组。类似的是**右外连接**，在结果中保留右边关系的所有元组。还有**全外连接**，它保留了左、右两个关系中的所有元组，凡没有找到匹配元组的就在相应的属性中填入空。

半连接

| $R \triangleright_F S$ | 半连接运算定义的关系包含 R 中的这样一些元组，它们参与了 R 与 S 满足谓词 F 的连接。

半连接运算执行了两个关系的连接后，再将结果投影到第一个参与运算的关系的所有属性上。半连接的优点之一是可减少必须参与连接的元组的数目。这对分布系统的连接运算非常有用（参见 24.4.2 节和 25.6.2 节）。可以使用投影和连接运算重写半连接运算：

$$R \triangleright_F S = \Pi_A(R \bowtie_F S) \qquad A 是 R 中所有属性的集合$$

这实际上是一个半 θ 连接。另外还有半等接、半自然连接等变形。

例 5.10 ≫ 半连接运算

列出所有工作在格拉斯哥分公司的员工的全部资料。

如果仅仅想看到 Staff 关系的属性，就可以使用下面的半连接运算，产生的结果如图 5-11 所示。

$$Staff \triangleright_{Staff\ branchNo = Branch\ branchNo}(\sigma_{city\ =\ 'Glasgow'}(Branch))$$

staffNo	fName	lName	position	sex	DOB	salary	branchNo
SG37	Ann	Beech	Assistant	F	10-Nov-60	12000	B003
SG14	David	Ford	Supervisor	M	24-Mar-58	18000	B003
SG5	Susan	Brand	Manager	F	3-Jun-40	24000	B003

图 5-11 关系 Staff 与关系 Branch 的半连接

5.1.4   除法运算

除法运算对于某些特殊类型的查询十分有用，这种查询经常出现在数据库应用当中。假设关系 R 定义在属性集合 A 上，关系 S 定义在属性集合 B 上，并且 B ⊆ A（B 是 A 的子集）。C＝A−B，即 C 是属于 R 但不属于 S 的属性集合。接下来给出除法运算的定义。

> **R÷S** 除法运算定义了属性集合 C 上的一个关系，该关系的元组与 S 中**每个**元组的组合都能在 R 中找到匹配元组。

可以将除法运算用基本运算表现为：

$$T_1 \leftarrow \Pi_c(R)$$
$$T_2 \leftarrow \Pi_c((T_1 \times S) - R)$$
$$T \leftarrow T_1 - T_2$$

例 5.11 ≫ 除法运算

列出查看过所有三居室房产的客户。

可以使用选择运算找出所有有三居室的房产，然后用投影运算生成仅包含这些房产的编号的关系。接着再使用除法运算来获取如图 5-12 所示的新关系。

$$(\Pi_{\text{clientNo, propertyNo}}(\text{Viewing})) \div (\Pi_{\text{propertyNo}}(\sigma_{\text{rooms}=3}(\text{PropertyForRent})))$$

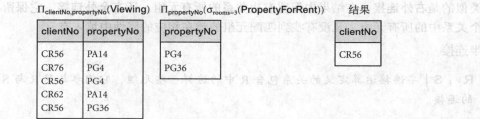

$\Pi_{\text{clientNo,propertyNo}}(\text{Viewing})$		$\Pi_{\text{propertyNo}}(\sigma_{\text{rooms}=3}(\text{PropertyForRent}))$	结果
clientNo	**propertyNo**	**propertyNo**	**clientNo**
CR56	PA14	PG4	CR56
CR76	PG4	PG36	
CR56	PG4		
CR62	PA14		
CR56	PG36		

图 5-12   关系 Viewing 除以关系 PropertyForRent 的结果

5.1.5   聚集运算和分组运算

除了简单地获取一个或多个关系中的元组和属性外，我们还希望对数据进行汇总和**聚集**运算，这类似于报表底部的合计，或是对数据进行**分组**运算，这类似于报表中的小计。前述的那些关系代数运算均不能完成这两项功能，所以还需另外一些运算，如下面所述。

聚集运算

> **ℑ_{AL}(R)** 将聚集函数列表 AL 用于关系 R，以获得在聚集列表上定义的一个关系。AL 包含一个或多个（〈聚集函数〉,〈属性〉）对。

主要的聚集函数有：
- COUNT：返回相关联属性值的个数。
- SUM：返回相关联属性值的总和。
- AVG：返回相关联属性值的平均值。

- MIN：返回相关联属性值的最小值。
- MAX：返回相关联属性值的最大值。

例 5.12 « 聚集运算

（a）每月租金超过 350 英镑的房产有多少处？

我们使用聚集函数 COUNT 来产生如图 5-13a 所示的新关系 R：

$\rho_R(myCount) \Im_{COUNT\ propertyNo} (\sigma_{rent > 350} (PropertyForRent))$

（b）找出员工薪水的最小值、最大值和平均值。

我们可以使用聚集函数 MIN、MAX 和 AVERAGE 来产生如图 5-13b 所示的新关系 R：

$\rho_R(myMin, myMax, myAverage) \Im_{MIN\ salary,\ MAX\ salary,\ AVERAGE\ salary} (Staff)$

myCount
5

myMin	myMax	myAverage
9000	30000	17000

a）找到租金超过 £350 的房产数　　b）找到员工薪水的最小值、最大值和平均值

图 5-13　聚集运算的结果

分组运算

$_{GA}\Im_{AL}(R)$ 根据分组属性 GA 对关系 R 的元组进行分组，然后使用聚集函数列表 AL 得到新关系。AL 包含一个或多个（〈聚集函数〉，〈属性〉）对。结果关系包含分组属性 GA，以及每个聚集函数的结果。

分组运算的一般形式如下：

$$a_1, a_2, \ldots, a_n \Im_{<A_p a_p>, <A_q a_q>, \ldots, <A_z a_z>} (R)$$

其中 R 是任意关系，$a_1, a_2, \cdots, a_n$ 是 R 的属性，依赖这些属性来分组，$a_p, a_q, \cdots, a_z$ 是 R 的其他属性，$A_p, A_q, \cdots, A_z$ 是聚集函数。R 的元组被分割成具有下列性质的组：

- 同一组中的所有元组在属性 $a_1, a_2, \cdots, a_n$ 上具有相同的值。
- 不同组中的元组在属性 $a_1, a_2, \cdots, a_n$ 上具有不同的值。

我们在下面例子中说明如何使用分组操作。

例 5.13 « 分组运算

找出在每个分公司工作的员工人数和他们的薪水总和。

我们首先需要根据分公司编号 branchNo 对元组进行分组，然后使用聚集函数 COUNT 和 SUM 来产生需要的关系。关系代数表达式如下：

$\rho_R(branchNo, myCount, mySum)\ _{branchNo}\Im_{COUNT\ staffNo,\ SUM\ salary} (Staff)$

结果关系如图 5-14 所示。

branchNo	myCount	mySum
B003	3	54000
B005	2	39000
B007	1	9000

图 5-14　找出在每个分公司工作的员工人数和他们薪水总和的分组运算结果

5.1.6　关系代数运算小结

表 5-1 对关系代数运算进行了总结。

表 5-1　关系代数运算

运　算	表示方法	功　能
选择	$\sigma_{predicate}(R)$	产生一个新关系，其中只包含 R 中满足特定条件（谓词）的元组
投影	$\Pi_{a_1, \cdots, a_n}(R)$	产生一个新关系，它是由指定属性组成的 R 的一个垂直子集，并且删除了重复元组
并	$R \cup S$	产生一个包含 R、S 中所有不同元组的新关系。R 和 S 必须具有并相容性
集合差	$R - S$	产生一个新关系，它由属于 R 但不属于 S 的元组构成。R 和 S 必须具有并相容性
交	$R \cap S$	产生一个新关系，它由既属于 R 又属于 S 的元组构成。R 和 S 必须具备并相容性
笛卡儿乘积	$R \times S$	产生一个新关系，它是关系 R 中每个元组与关系 S 中每个元组的并联的结果
θ 连接	$R \bowtie_F S$	产生一个新关系，它包含了 R 和 S 的笛卡儿乘积中所有满足谓词 F 的元组
等接	$R \bowtie_F S$	产生一个新关系，它包含了 R 和 S 的笛卡儿乘积中所有满足（只存在相等比较的）谓词 F 的元组
自然连接	$R \bowtie S$	关系 R 和 S 在所有公共属性 x 上的相等连接。但得到的结果中，每个公共属性只保留一次，其余删除
（左）外连接	$R \rightthreetimes S$	（左）外连接是这样一种连接，它将 R 中那些在 S 中无法找到匹配的公共属性的元组也保留在结果关系中，只是对应 S 关系的属性值均取空
半连接	$R \triangleright_F S$	产生一个新关系，包含 R 中的这样一些元组，它们参与了 R 与 S 满足谓词 F 的连接
除法	$R \div S$	产生一个属性集合 C 上的关系，该关系的元组与 S 中每个元组组合都能在 R 中找到匹配元组。其中，C 是属于 R 但不属于 S 的属性的集合
聚集	$\mathfrak{I}_{AL}(R)$	对关系 R 应用聚集函数列表 AL 来在聚集列表上定义一个关系。AL 包含一个或多个（〈聚集函数〉，〈属性〉）对。
分组	$_{GA}\mathfrak{I}_{AL}(R)$	根据分组属性 GA 对关系 R 的元组进行分组，然后使用聚集函数列表 AL 定义新的关系。AL 包含一个或更多（〈聚集函数〉，〈属性〉）对。结果关系包含分组属性 GA 和每个聚集函数的结果。

5.2　关系演算

在关系代数表达式中，一般都显式指定一个计值顺序，它隐含着执行查询的策略。在关系演算中，不描述查询执行策略，即关系演算表达查询只说明要什么，不说明如何得到它。

关系演算跟数学中的微积分无关，而是根据符号逻辑中的一个分支——**谓词演算**命名的。在数据库中，它有两种形式：由 Codd（1972a）首先提出的**元组**关系演算，由 Lacroix 和 Pirotte（1977）提出的**域**关系演算。

在一阶逻辑或谓词演算中，**谓词**是一个带参数的真值函数。如果把参数值带入，这个函数就会变成一个表达式，称为**命题**，它非真即假。例如，"John White 是一名员工"和"John White 的收入高于 Ann Beech"这两个语句都是命题，因此可以确定它们是真还是假。在第一个例子里，函数为"是一名员工"，带有一个参数（John White）；在第二个例子中，函数为"收入高于"，它有两个参数（John White 和 Ann Beech）。

如果某个谓词包含一个变量，比如，"x 是一名员工"，那么就一定有一个与 x 相关联的论域（range）。当我们把该论域中的某些值赋给 x 时，命题可能为真；而对于另一些值，命题则可能为假。例如，论域是所有人的集合，若将 John White 带入 x，则命题"John White 是一名员工"为真。若将某个非员工的人名代入，则命题为假。

假设 P 是一个谓词，那么所有使 P 为真的 x 的集合就可以表示成：

{x | P(x)}

可以用逻辑连接词 ∧（与）、∨（或）、～（非）连接谓词形成复合谓词。

5.2.1　元组关系演算

在元组关系演算中，我们感兴趣的是找出所有使谓词为真的元组。这种演算是基于**元组变量**的。元组变量是"定义于"某个命名关系上的变量，即该变量的论域仅限于这个关系中的元组（"论域"这个词在这里不是指数学中的值域，而是定义域）。例如，指定元组变量 S 的范围为关系 Staff，就写成：

Staff(S)

要表示"找出所有使 F(S) 为真的元组 S 构成的集合"这样一个查询，可以表示为：

{S |F(s)}

F 称为**公式**（在数理逻辑中称为**合式公式**或 **wff**）。例如，要表示查询"列出收入高于 10 000 英镑的所有员工的 staffNo、fName、lName、position、sex、DOB、salary 及 branchNo"，可以写成：

{S | Staff(S) ∧ S.salary > 10000}

S.salary 代表元组变量 S 在 salary 属性上的取值。如果想获取某个特定的属性，如 salary，就可以写成：

{S.salary | Staff(S) ∧ S.salary > 10000}

存在量词与全程量词

可以在公式中使用两个量词来说明谓词将作用在多少个实例上。存在量词"∃"（表"存在"）在公式中说明至少有一个实例使谓词为真，例如：

Staff(S) ∧ (∃B) (Branch(B) ∧ (B.branchNo = S.branchNo) ∧ B.city = 'London')

表示"在 Branch 中存在一个元组，它在 branchNo 上的取值与 Staff 的元组 S 在 branchNo 上的取值相同而且对应的分公司位于伦敦"。全称量词"∀"（表示"对于所有的"）在公式中说明每个实例都必须满足这个谓词，例如：

(∀B) (B.city ≠ 'Paris')

表示"Branch 中的所有分公司都不在巴黎"。可以将德·摩根定律推广到存在量词和全称量词。例如：

(∃X)(F(X)) ≡ ～ (∀X)(～(F(X)))

(∀X)(F(X)) ≡ ～(∃X)(～(F(X)))

(∃X)(F$_1$(X) ∧ F$_2$(X)) ≡ ～(∀X)(～(F$_1$(X)) ∨ ～(F$_2$(X)))

(∀X)(F$_1$(X) ∧ F$_2$(X)) ≡ ～(∃X)(～(F$_1$(X)) ∨ ～(F$_2$(X)))

利用这些等价规则，可以把前面的公式写成：

~(∃B) (B.city = 'Paris')

表示"巴黎没有分公司"。

受"∀"或"∃"约束的元组变量称为**约束变量**，反之，其他的元组变量则称为**自由变量**。在关系演算表达式中，只有那些在竖线（|）左边出现的变量是自由变量。例如下面的查询：

{S.fName, S.lName | Staff(S) ∧ (∃B) (Branch(B) ∧ (B.branchNo = S.branchNo) ∧
    B.city = 'London')}

S 是唯一的自由变量，接着被约束遍取 Staff 中每一元组。

表达式和公式

正如并不是任意排列的英文字母序列都可以构成一个结构正确的语句一样，也不是每一个演算公式序列都可以被接受。公式序列必须是无歧义且有意义的。元组关系演算中的一个表达式必须具有下面所示的一般形式：

{S₁. a₁, S₂. a₂, ···, Sₙ. aₙ| F(S₁, S₂, ···, Sₘ)} $m \geqslant n$

其中，$S_1, S_2, ···, S_n, ···, S_m$ 代表元组变量，每个 a_i 是元组变量 S_i 的论域关系的一个属性，F 为公式。一个（合式）公式包括一个或多个原子公式，原子公式可以有下面几种形式：

- $R(S_i)$，其中 S_i 是一个元组变量，R 是一个关系。
- $S_i.a_1 \theta S_j.a_2$，其中 S_i 和 S_j 为元组变量，a_1 是元组变量 S_i 的论域关系的一个属性，a_2 是元组变量 S_j 的论域关系的一个属性，θ 是比较运算符（<，≤，>，≥，=，≠）中的一个。属性 a_1 和 a_2 的值必须可进行 θ 比较。
- $S_i.a_1 \theta c$，其中 S_i 是一个元组变量，a_1 是元组变量 S_i 的论域关系的一个属性，c 是属性 a_1 对应域内的一个常数，θ 是一个比较运算符。

可以根据下面的规则，递归地构造出公式：

- 原子公式是公式。
- 如果 F_1 和 F_2 是公式，则它们的合取 $F_1 \wedge F_2$、析取 $F_1 \vee F_2$，以及取非 $\sim F_1$ 也是公式。
- 如果 F 是带自由变量 X 的公式，则 (∃X)(F) 和 (∀X)(F) 也是公式。

| 例 5.14 ▶▶ 元组关系演算

（a）列出收入高于 25 000 英镑的所有经理的姓名。

{S.fName, S.lName | Staff(S) ∧ S.position = 'Manager' ∧ S.salary > 25000}

（b）列出管理格拉斯哥待租房产的员工。

{S | Staff(S) ∧ (∃P) (PropertyForRent(P) ∧ (P.staffNo = S.staffNo) ∧ P.city = 'Glasgow')}

在 PropertyForRent 关系的 staffNo 属性中，存储了对房产进行管理的员工的编号。可以将这个查询重新表示成："对于欲列出详情的每位员工，在关系 PropertyForRent 中存在一个对应于它的元组，并且该元组在属性 city 上的取值为格拉斯哥。"

注意，在表示该查询的公式中，没有给出此查询的实现策略——将由 DBMS 来决定满足这一请求所需的运算，以及这些运算的顺序。另一方面，与之等价的关系代数公式为：从 PropertyForRent 关系中选择 city 取值为格拉斯哥的元组，并将它们与 Staff 关系连接起来。这其中其实隐含着运算顺序。

（c）列出当前未管理任何房产的员工的名单。

{S.fName, S.lName | Staff(S) ∧ (~(∃P) (PropertyForRent(P) ∧ (S.staffNo = P.staffNo)))}

对上面所给出的量词使用通用的转换规则，可以将它们转换为：

{S.fName, S.lName | Staff(S) ∧ ((∀P) (~PropertyForRent(P) ∨ ~(S.staffNo = P.staffNo)))}

（d）列出查看过格拉斯哥待租房产的客户名单。

{C.fName, C.lName | Client(C) ∧ ((∃V) (∃P) (Viewing(V) ∧ PropertyForRent(P) ∧
(C.clientNo = V.clientNo) ∧ (V.propertyNo = P.propertyNo) ∧ P.city = 'Glasgow'))}

为了实现这一查询，可以把"查看过格拉斯哥的待租房产的客户"理解成"找出这样的客户，他的姓名存在于格拉斯哥的某条房产查看记录中"。

（e）列出或有分公司或有待租房产的城市。

{T.city | (∃B) (Branch(B) ∧ (B.city = T.city)) ∨ (∃P) (PropertyForRent(P) ∧ (P.city = T.city))}

试比较例 5.3 中所给出的与之等价的关系代数表达式。

（f）列出有分公司但没有待租房产的城市。

{B.city | Branch(B) ∧ (~(∃P) (PropertyForRent(P) ∧ (B.city = P.city)))}

试比较例 5.4 中所给出的与之等价的关系代数表达式。

（g）列出既有分公司又至少有一处待租房产的城市。

{B.city | Branch(B) ∧ ((∃P) (PropertyForRent(P) ∧ (B.city = P.city)))}

试比较例 5.5 中所给出的与之等价的关系代数表达式。

表达式的安全性

在本节结束之前，还需要说明的是，演算表达式可以生成一个无穷集。例如：

{S | ~ Staff(S)}

表示不在 Staff 关系中的所有元组。将这样的表达式称为**不安全**表达式。为了避免这种情况的出现，必须添加一个约束，在结果中出现的所有值必须在表达式 E 的域内，表示成 dom(E)。换句话说，E 的域包括所有显式出现在 E 中的值和所有在 E 中出现的关系中的值。上例中，表达式的域就是所有出现在关系 Staff 中的值。

当结果中出现的所有值都在表达式的域内时，这个表达式就是安全的。上面的表达式是不安全的，原因就在于它包括了 Staff 关系之外的元组（因此超出了表达式的域）。本节中所给出的其他元组演算表达式都是安全的。一些人用独立的 RANGE 语句来定义变量的论域，以避免这个问题的出现。感兴趣的读者可以参考 Date（2000）。

5.2.2 域关系演算

在元组关系演算中，使用了定义在关系上的元组变量。在域关系演算中，同样也要用到变量，但它的论域不再是关系中的元组，而是属性的域。域关系演算中的表达式具有下面的一般形式：

{d₁, d₂, ⋯, dₙ | F(d₁, d₂, ⋯, dₘ)}   m ≥ n

其中，d₁, d₂, ⋯, dₙ, ⋯, dₘ 代表域变量，F(d₁, d₂, ⋯, dₘ) 代表由某些原子公式组成的公式，原子公式可有下面几种形式：

- R(d₁, d₂, …, d$_n$)，其中 R 是维数为 n 的关系，d$_i$ 为域变量。
- d$_i$ θ d$_j$，其中 d$_i$ 和 d$_j$ 代表域变量，θ 是比较运算符（<，≤，>，≥，=，≠）中的一个。d$_i$ 和 d$_j$ 对应域的值必须可进行 θ 比较。
- d$_i$ θ c，其中 d$_i$ 是域变量，c 是 d$_i$ 对应域中的一个常数，θ 是某个比较运算符。

可以根据下面的规则，用原子公式递归地构造出公式：

- 原子公式是公式。
- 如果 F₁ 和 F₂ 是公式，则它们的合取 F₁∨F₂、析取 F₁∧F₂，以及取非~F₁ 也是公式。
- 如果 F 是带自由变量 X 的公式，则（∃X）（F）和（∀X）（F）也是公式。

例 5.15 ▶▶ 域关系演算

在下面的例子中，采用如下简化形式：

用（∃d₁, d₂, …, d$_n$）代替（∃d₁），（∃d₂），…，（∃d$_n$）

（a）列出收入高于 25 000 英镑的所有经理的姓名。

{fN, IN | (∃sN, posn, sex, DOB, sal, bN) (Staff(sN, fN, IN, posn, sex, DOB, sal, bN) ∧
  posn = 'Manager' ∧ sal > 25000)}

如果把这个查询跟例 5.14(a) 中等价的元组关系演算查询进行比较，可以看到每个属性被赋予了一个（变量）名。条件 Staff（sN，fN，…，bN）保证了这些域变量对应于同一元组的不同属性。因此，可以用公式 posn = 'Manager' 来代替 Staff.position = 'Manager'。还要注意存在量词使用上的区别。在元组关系演算中，如果给某个元组变量 posn 加上量词 ∃posn，就要通过 Staff（posn）把这个变量跟 Staff 关系绑定在一起，而在域关系演算中，posn 代表一个域值，它不受约束。只有当它出现在子公式 Staff（sN，fN，lN，posn，sex，DOB，sal，bN）中时，它的定义域才会限制在 Staff 关系的 position 属性的取值集合中。

为了简单起见，在本节后面所给出的例子中，只对那些真正出现在条件中的域变量进行量化（在本例中，就是 posn 和 sal）。

（b）列出管理格拉斯哥待租房产的员工。

{sN, fN, IN, posn, sex, DOB, sal, bN | (∃sN1, cty) (Staff(sN, fN, IN, posn, sex, DOB, sal, bN) ∧
  PropertyForRent(pN, st, cty, pc, typ, rms, rnt, oN, sN1, bN1) ∧ (sN = sN1) ∧
  cty = 'Glasgow')}

该查询还可写成：

{sN, fN, IN, posn, sex, DOB, sal, bN | (Staff(sN, fN, IN, posn, sex, DOB, sal, bN) ∧
  PropertyForRent(pN, st, 'Glasgow', pc, typ, rms, rnt, oN, sN, bN1))}

如果用此形式，PropertyForRent 中的域变量 cty 就被常量 "Glasgow" 所代替，代表员工编号的域变量 sN 则在 Staff 和 PropertyForRent 条件中重复出现。

（c）列出当前没有管理任何房产的员工的姓名。

{fN, IN | (∃sN) (Staff(sN, fN, IN, posn, sex, DOB, sal, bN) ∧
  (~(∃sN1) (PropertyForRent(pN, st, cty, pc, typ, rms, rnt, oN, sN1, bN1) ∧ (sN = sN1))))}

（d）列出查看过格拉斯哥待租房产的客户的姓名。

{fN, IN | (∃cN, cN1, pN, pN1, cty) (Client(cN, fN, IN, tel, pT, mR, eM) ∧
  Viewing(cN1, pN1, dt, cmt) ∧ PropertyForRent(pN, st, cty, pc, typ, rms, rnt, oN, sN, bN) ∧
  (cN = cN1) ∧ (pN = pN1) ∧ cty = 'Glasgow')}

（e）列出或有分公司或有待租房产的城市。

{cty | (Branch(bN, st, cty, pc) ∨
　　PropertyForRent(pN, st1, cty, pc1, typ, rms, rnt, oN, sN, bN1))}

（f）列出有分公司但没有待租房产的城市。

{cty | (Branch(bN, st, cty, pc) ∧
(~(∃cty1)(PropertyForRent(pN, st1, cty1, pc1, typ, rms, rnt, oN, sN, bN1) ∧ (cty = cty1)))))}

（g）列出既有分公司又至少有一处待租房产的城市。

{cty | (Branch(bN, st, cty, pc) ∧
　　(∃cty1) (PropertyForRent(pN, st1, cty1, pc1, typ, rms, rnt, oN, sN, bN1) ∧ (cty = ctyl)))}

　　这些查询都是**安全的**。当把域关系演算限制为安全表达式时，它就等价于安全的元组关系演算，而这种元组关系演算又等价于关系代数。这就意味着，每个关系代数表达式都存在一个与之等价的关系演算表达式，反过来，每个元组或者域关系演算表达式都存在一个与之等价的关系代数表达式。

5.3　其他语言

　　虽然关系演算难于理解与使用，但其非过程性令人非常满意，因此人们开始寻求更易于使用的非过程化技术。这导致了另外两类关系语言的出现：面向转换的语言和图形化语言。

　　面向转换的语言（transform-oriented language）是一种非过程语言，它利用关系将输入数据转换成所期望的输出。这种语言提供了一种易于使用的结构，可以很容易地根据已知的内容表述出所期望的结果。SQUARE（Boyce et al.，1975）、SEQUEL（Chamberlin et al.，1976）以及 SEQUEL 的后继产品 SQL 语言都是面向转换的语言。第 6 ～ 9 章将对 SQL 进行讨论。

　　图形化语言（graphical language）给用户提供了关系结构的一种图解说明。用户在一个实例中填入想要的输出，系统则以这种格式返回所需的数据。QBE（举例查询）就是图形化语言（Zloof，1977）的一个范例。附录 M 中将详细讨论 QBE 的功能。

　　还有一类称为**第四代语言**（4GL），它允许用户使用一个受限的命令集来创建完整的用户应用，这个命令集对用户十分友好，通常为菜单驱动的环境（参见 2.2 节）。某些系统还能接受自然语言，比如受限的英语。这类语言常称为**第五代语言**（5GL），它们的发展仍处于起步阶段。

本章小结

- **关系代数**是一种（高级）过程性语言，它可以告知 DBMS 如何根据数据库中的一个或多个关系创建新关系。**关系演算**则是一种非过程性语言，它用公式说明根据一个或多个数据库关系定义的新关系。然而，关系代数与关系演算是等价的，即每个关系代数表达式都可以找到一个与之等价的关系演算表达式（反之亦然）。

- 关系演算用来衡量关系语言的选择能力。如果一种语言能生成所有由关系演算导出的关系，就称它具有**关系完备性**。大多数关系查询语言都具有关系完备性，而且它们比关系代数或关系演算更具表达能力，因为它们一般附加了计数、求和以及排序等运算。

- 关系代数的五个基本运算为选择、投影、笛卡儿乘积、并及集合差，借助它们能实现人们感兴趣的大多数数据检索运算。此外，还有连接、交以及除法等运算，它们都可以用五个基本运算表示出来。

- **关系演算**是一种非过程性语言，它使用了谓词。有两种形式的关系演算：元组关系演算和域关系演算。

- **元组关系演算**感兴趣的是找出所有使谓词为真的元组。元组变量是"定义于"某个命名关系上的变量，即该变量的论域仅限于这个关系的所有元组。
- 在**域关系演算**中，域变量的取值范围是属性的域，而不是关系中的元组。
- 关系代数在逻辑上等价于关系演算的一个安全子集（反之亦然）。
- 关系数据运算语言一般分为**过程和非过程语言**、**面向转换的语言**、**图形化语言**、**第四代语言**和**第五代语言**。

思考题

5.1 过程性语言跟非过程性语言有什么区别？关系代数和关系演算分别属于哪一类？

5.2 解释下列术语：

    （a）关系完备性

    （b）关系运算的闭包

5.3 给出五个基本代数运算的定义。根据这五个基本运算定义连接、交以及除法运算。

5.4 讨论五种连接运算，即 θ 连接、等接、自然连接、外连接以及半连接之间的差别，并举例说明。

5.5 比较元组关系演算和域关系演算之间的区别与联系，重点讨论它们之间的区别。

5.6 分别给出元组关系演算和域关系演算的（合式）公式结构的定义。

5.7 关系演算表达式在何种情况下是不安全的？请举例说明。如何确保关系演算表达式的安全性？

习题

下面的习题用到了在第 4 章习题中定义的 Hotel 数据库模式。

5.8 描述由下列关系代数运算生成的关系：

    （a）$\Pi_{hotelNo}(\sigma_{price \,>\, 50}(Room))$

    （b）$\sigma_{Hotel.hotelNo \,=\, Room.hotelNo}(Hotel \times Room)$

    （c）$\Pi_{hotelName}(Hotel \bowtie_{Hotel.hotelNo \,=\, Room.hotelNo}(\sigma_{price \,>\, 50}(Room)))$

    （d）$Guest \bowtie (\sigma_{dateTo \,\geq\, \text{'1-Jan-2007'}}(Booking))$

    （e）$Hotel \triangleright_{Hotel.hotelNo \,=\, Room.hotelNo}(\sigma_{price \,>\, 50}(Room))$

    （f）$\Pi_{guestName, hotelNo}(Booking \bowtie_{Booking.guestNo \,=\, Guest.guestNo} Guest) \div \Pi_{hotelNo}(\sigma_{city \,=\, \text{'London'}}(Hotel))$

5.9 写出与习题 5.8 中的关系代数查询等价的元组关系演算和域关系演算。

5.10 描述由下列元组关系演算表达式生成的关系：

    （a）{H.hotelName | Hotel(H) ∧ H.city = 'London'}

    （b）{H.hotelName | Hotel(H) ∧ (∃R) (Room(R) ∧ H.hotelNo = R.hotelNo ∧ R.price > 50)}

    （c）{H.hotelName | Hotel(H) ∧ (∃B) (∃G) (Booking(B) ∧ Guest(G) ∧ H.hotelNo = B.hotelNo ∧ B.guestNo = G.guestNo ∧ G.guestName = 'John Smith')}

    （d）{H.hotelName, G.guestName, B1.dateFrom, B2.dateFrom | Hotel(H) ∧ Guest(G) ∧ Booking(B1) ∧ Booking(B2) ∧ H.hotelNo = B1.hotelNo ∧ G.guestNo = B1.guestNo ∧ B2.hotelNo = B1.hotelNo ∧ B2.guestNo = B1.guestNo ∧ B2.dateFrom ≠ B1.dateFrom}

5.11 写出与习题 5.10 中的元组关系演算表达式等价的域关系演算和关系代数表达式。

5.12 给出下列查询所对应的关系代数、元组关系演算和域关系演算表达式：

    （a）列出所有的酒店。

    （b）列出所有价格低于每晚 20 英镑的单人间。

    （c）列出所有客人的姓名和所属城市。

    （d）列出格罗夫纳酒店中所有房间的价格和类型。

    （e）列出当前住在格罗夫纳酒店里的所有客人。

（f）列出格罗夫纳酒店中所有房间的详细资料。如果房间已经被占用，还应该包括租用此房间的客人的姓名。

（g）列出住在格罗夫纳酒店的所有客人的详细资料（guestNo、guestName 和 guestAddress）。

5.13 使用关系代数创建一个包含格罗夫纳酒店中所有房间的视图，并隐藏价格信息。说明这个视图的优点。

下表是存在某 RDBMS 中的数据库的一部分：

Employee   (empNo, fName, lName, address, DOB, sex, position, deptNo)
Department   (deptNo, deptName, mgrEmpNo)
Project   (projNo, projName, deptNo)
WorksOn   (empNo, projNo, dateWorked, hoursWorked)

其中，Employee 包含雇员的详情，empNo 是主关键字。

Department 包含部门的详情，deptNo 是主关键字。mgrEmpNo 指出担任该部门经理的雇员。每个部门仅一位经理。

Project 包含每个部门项目的详情，proNo 是主关键字（不会有两个部门运作同一个项目）。

WorkOn 包含在每个项目中雇员参与工作的时长情况，empNo/projNo/dateWorked 组合为主关键字。

用关系代数、元组关系演算和域关系演算表达式表达下列查询。

5.14 列出所有雇员。

5.15 列出所有女雇员的情况。

5.16 列出所有担任经理的雇员的名字和地址。

5.17 产生所有为 IT 部门工作的雇员的名字和地址表。

5.18 产生参与 SCCS 项目的所有雇员的名表。

5.19 产生今年内退休的所有经理的全部情况表，并按姓氏字典序排列。

用关系代数表达式表达下列查询。

5.20 找出有多少雇员由 James Adam 管理。

5.21 产生每位雇员工作总时数的报表。

5.22 找出多于两位雇员参与工作的项目，列出项目编号、项目名称和参与该项目的雇员人数。

5.23 列出雇员数多于 10 人的那些部门的雇员总数，为结果关系各列赋予合适的列名。

下表是某 RDBMS 管理的图书馆数据库的一部分：

Book   (ISBN, title, edition, year)
BookCopy   (copyNo, ISBN, available)
Borrower   (borrowerNo, borrowerName, borrowerAddress)
BookLoan   (copyNo, dateOut, dateDue, borrowerNo)

其中，Book 包含图书馆馆藏书目的情况，ISBN 是主关键字。

BookCopy 包含图书馆馆藏书本的情况，copyNo 是主关键字，ISBN 是外部关键字，指向这本书对应的书目。

Borrower 包含能在图书馆借书的读者，borrowerNo 是主关键字。

BookLoan 包含每本书被读者借阅的情况，copyNo/dateOut 组合成主关键字，borrowerNo 是外部关键字，指向这本书的借阅者。

用关系代数、元组关系演算和域关系演算表达式表达下列查询。

5.24 列出所有书目。

5.25 列出所有读者的情况。

5.26 列出所有 2012 年出版的书目。

5.27 列出所有书目可外借的副本。

5.28 列出《指环王》所有可外借的副本。

5.29 列出目前正借阅《指环王》的读者的姓名。

5.30 列出有预期未还图书的读者的姓名。

用关系代数表达式表达下列查询。

5.31 ISBN 为 "0-321-52306-7" 的书有多少本？

5.32 ISBN 为 "0-321-52306-7" 的书还有多少本可外借？

5.33 ISBN 为 "0-321-52306-7" 的书目借出过多少次？

5.34 产生由 Peter Bloomfield 借阅的图书的书目表。

5.35 对馆藏多于三个副本的书目，列出借阅过它的读者的姓名。

5.36 产生当前借有图书逾期未还的读者的情况报表。

5.37 产生每个书目被借阅总次数的报表。

5.38 分析当前你所使用的 RDBMS。系统提供了哪几种关系语言？对于所提供的每种语言，找出与八个关系代数运算（5.1 节所定义的）等价的运算。

扩展阅读

Abiteboul S., Hull R., and Vianu V. (1995). *Foundations of Databases*. Addison-Wesley

Atzeni P. and De Antonellis V. (1993). *Relational Database Theory*. Benjamin Cummings

Ozsoyoglu G., Ozsoyoglu Z., and Matos V. (1987). Extending relational algebra and relational calculus with set valued attributes and aggregate functions. *ACM Trans. on Database Systems*, **12**(4), 566–592

Reisner P. (1977). Use of psychological experimentation as an aid to development of a query language. *IEEE Trans. Software Engineering*, **SE3**(3), 218–229

Reisner P. (1981). Human factors studies of database query languages: A survey and assessment. *ACM Computing Surv.*, **13**(1)

Rissanen J. (1979). Theory of joins for relational databases— a tutorial survey. In *Proc. Symposium on Mathematical Foundations of Computer Science*, 537–551. Berlin: Springer-Verlag

Ullman J.D. (1988). *Principles of Database and Knowledge-base Systems* Volume I. Rockville, MD: Computer Science Press

SQL：数据操作

本章目标

本章我们主要学习：

- 结构化查询语言（SQL）的用途和重要性
- SQL 的发展史
- 如何书写 SQL 命令
- 如何用 SELECT 语句检索数据库中数据
- 如何构建 SQL 语句
  - 使用 WHERE 语句检索满足各种条件的行
  - 使用 ORDER BY 语句将查询结果排序
  - 使用 SQL 的聚集函数
  - 使用 GROUP BY 语句将数据分组
  - 使用子查询
  - 表的连接操作
  - 进行集合操作（UNION，INTERSECT，EXCEPT）
- 如何用 INSERT、UPDATE 和 DELETE 更新数据库

第 4 章和第 5 章具体描述了关系数据模型和关系语言。关系模型的发展过程中出现了一种称为结构化查询语言的特殊语言，通常称为 SQL。在过去的几年里，SQL 已成为标准的关系数据库语言。1986 年，美国国家标准化组织（ANSI）制定了 SQL 标准。1987 年，国际标准化组织接受了这一标准并将其作为国际标准（ISO，1987）。现在，从 PC 到大型机的各种硬件平台上，运行着的一百多种数据库管理系统都支持 SQL。

鉴于 SQL 的重要性，本书将用四章的篇幅具体分析 SQL 语言，为专业和非专业人士（包括程序员、数据库专家和经理们）提供一种易理解的说明，这些章节的内容主要集中在 ISO 定义的 SQL 语言上。然而，SQL 标准非常复杂，本书未能涵盖它的所有细节。本章主要讲述 SQL 的数据操作语句。

本章结构

6.1 节对 SQL 进行简介并阐述该数据库操作语言的重要性。6.2 节介绍本书表示 SQL 结构时所用表示方法。6.3 节讨论如何用 SQL 语句从关系中检索数据，以及插入、更新和删除数据。

进而，本书将在第 7 章分析 SQL 语言的其他特性，包括数据定义、视图、事务和访问控制。第 8 章介绍更高级的语言特性，包括触发器和存储过程。第 9 章介绍 SQL 规范为了支持面向对象数据管理功能而新增内容的具体细节。附录 I 讨论如何将 SQL 嵌入高级编程语言，以便使用那些目前在 SQL 中还不能直接用的结构。在第 5 章已介绍的两种形式语

言，即关系代数和关系演算，为学习 SQL 标准的大部分内容提供了足够的基础，在学习中比较两章相对应的部分是很有意义的。然而，本章在表述上与第 5 章讲述的那些语言基本无关，这使未阅读第 5 章的读者也可阅读本章。本章讲述过程中主要是以图 4-3 所示的 DreamHome 关系数据库作为实例。

6.1 SQL 简介

本节概述 SQL 的目标、发展简史以及对数据库应用的重要性。

6.1.1 SQL 的目标

理想情况下，数据库语言应该允许用户：

- 建立数据库和关系结构。
- 完成基本数据管理任务，诸如关系中数据的插入、修改和删除。
- 完成简单或复杂的查询。

数据库语言必须功能丰富、结构简洁、易学易用。另外，语言必须易于移植，符合公认的标准，这样当我们更换到不同的 DBMS 时，仍可以使用相同的命令和语法结构。SQL 语言满足这些要求。

SQL 语言是**面向转换语言**的例子，它将输入关系转换为所需的输出关系。作为语言，国际标准化组织（ISO）发布的 SQL 标准包括两个主要部分：

- 数据定义语言（Data Definition Language，DDL）用于定义数据库结构和数据的访问控制。
- 数据操作语言（Data Manipulation Language，DML）用于检索和更新数据。

SQL:1999 出现以前，SQL 仅包括数据定义和数据操作命令，不包括控制流命令，如 IF...THEN...ELSE、GO TO 或 DO...WHILE。这些命令的实现必须用编程语言或任务控制语言或由用户交互决定。由于缺乏计算完备性，仅能以下两种方式使用 SQL。一种方法是在终端交互地输入 SQL 语句。另一种方法是将 SQL 语句嵌入过程化语言中，这种方法将在附录 I 详细讨论。第 9 章将讨论最新发布的标准 SQL:2011。

SQL 是相对易学的语言：

- 非过程化语言：用户只需描述所需的信息，不需给出获取该信息的具体过程。换句话说，SQL 不需要指定数据的访问方法。
- SQL 和大多数现代语言一样，是无格式的，这意味着语句的每一部分不必固定在屏幕上的特定位置。
- SQL 命令由标准英语单词组成，如 CREATE TABLE、INSERT、SELECT 等。例如：
  - **CREATE TABLE** Staff (staffNo **VARCHAR**(5), lName **VARCHAR**(15), salary **DECIMAL**(7,2));
  - **INSERT INTO** Staff **VALUES** ('SG16', 'Brown', 8300);
  - **SELECT** staffNo, lName, salary
    FROM Staff
    WHERE salary > 10000;
- SQL 能被数据库管理员、管理人员、应用程序开发者和各类终端用户广泛使用。

目前 SQL 语言已有国际标准，它已成为定义和操作关系数据库名义上和事实上的标准（ISO，1992，2011a）。

6.1.2 SQL 的历史

正如第 4 章所述，关系模型（间接 SQL）起源于在 IBM San Jose 研究室工作的 E. F. Codd 发表的一篇论文（Codd，1970）。1974 年，该研究室的 D. Chamberlin 定义了一种称为 SQL 的结构化英语查询语言，或称为 SEQUEL。1976 年，其修改版本 SEQUEL/2 出现，然后正式改名为 SQL（Chamberlin and Boyce，1974；Chamberlin et al.，1976）。如今，仍有很多人将 SQL 读为 "See-Quel"，尽管官方的读法为 "S-Q-L"。

IBM 在 SEQUEL/2 的基础上推出了称为 System R 的 DBMS 原型，用于验证关系模型的可行性。除了其他方面的成果外，System R 最重要的成果是开发了 SQL。但是 SQL 的最初起源应当追溯到 System R 前期的 SQUARE（Specifying Queries As Relational Expression）语言，它是一种用英语句子表示关系代数的研究用语言。

20 世纪 70 年代末期，现称为 Oracle Corporation 的公司推出了第一个基于 SQL 语言开发的商品化 RDBMS——Oracle 数据库系统。不久，又出现了基于 QUEL 查询语言的 INGRES 数据库系统，QUEL 语言和 SQL 语言相比，结构化特性更强，但与英语语句不大类似。当 SQL 成为关系数据库系统标准语言后，INGRES 也转向支持 SQL。1981 年和 1982 年，IBM 公司分别在 DOS/VSE 和 VM/CMS 环境下推出了第一个商品化 RDBMS——SQL/DS 数据库系统。随后又于 1983 年在 MVS 环境下推出 DB2 数据库系统。

1982 年，美国国家标准组织基于 IBM 公司提交的一份概念性建议文件开始着手制定关系数据库语言（RDL）的标准。1983 年，ISO 参与这一工作，并共同制定了 SQL 标准（名称 RDL 在 1984 年后不再使用，标准草案转为与已有的各种 SQL 实现更加类似的形式）。

1987 年，ISO 组织最初公布的标准受到有关人士的严厉批评。该领域内一位很有影响的研究员 Date 声称，诸如引用完整性规则和某些关系运算符等一些重要的特性被忽略了。他还指出，该语言严重冗余，换句话说可用多种方法写相同的查询语句（Date，1986，1987a，1990）。许多批评是对的，而且标准组织在公布标准之前已有所认识。然而他们认为，重要的是尽早公布标准，为语言和实现的发展奠定基础，而不是等到人们认为应该有的特性全都被定义和认同。

1989 年，ISO 组织公布了名为 "完整性增强特性"（Integrity Enhancement Feature）的补充文件（ISO，1989）。1992 年，对 ISO 标准进行了第一次比较大的修改，称为 SQL2 或 SQL-92（ISO，1992）。尽管一些特性是第一次在标准中提及，但实质上，它们已在 SQL 许多实现的版本中以部分或类似的形式得以体现。直到 1999 年，标准的一个新版本形成，通常称为 SQL：1999（ISO，1999a）。这个版本附加了包括支持面向对象数据管理等特性，将在本书第 9 章讨论。更新的版本分别于 2003 年年末（SQL:2003）、2008 年夏（SQL:2008）和 2011 年年末（SQL:2011）产生。

供应商在标准之外提供的特性称为**扩展**。比如，SQL 标准仅为数据库中的数据确定了六种不同的数据类型。许多实现以不同的方式扩展了这个数据类型表。SQL 的每个实现称为一种**方言**。没有两种方言完全相同，当前也没有方言和 ISO 标准完全匹配。而且当数据库供应商引进新的功能时，他们又对 SQL 方言进行扩展，使其离标准更远。但是 SQL 语言的核心部分还是越来越标准化了。实际上，SQL:2003 有一组特性称为**核心** SQL，供应商必须实现这组特性才能宣称与 SQL 标准兼容。剩下的许多特性被分别**打包**，例如面向对象特性包和联机分析处理（OnLine Analytical Processing，OLAP）包等。

虽然 SQL 源于 IBM 公司的建议，但是其重要性很快就激发其他供应商纷纷推出自己的实现。时至今日，数百个基于 SQL 的产品在应用，而且新产品还在不断涌现。

6.1.3 SQL 的重要性

SQL 是第一个也是唯一一个得到普通认可的数据库标准语言。另一个数据库标准语言，即基于 CODASYL 网状模型的网状数据库语言（Network Database Language，NDL），只有很少的认同者。几乎所有大供应商开发的数据库产品都是基于 SQL 或与 SQL 接口的，这些供应商大多数都是标准制定组织的成员。供应商和用户都在 SQL 语言上进行了大量的投资。SQL 已成为应用体系结构的一部分，如 IBM 的系统应用体系结构（System Application Architecture，SAA）。SQL 也成为许多大型的、有影响的组织的战略性选择，如支持 UNIX 标准的 Open Group 联盟。SQL 也已成为美国联邦信息处理标准（Federal Information Processing Standard，FIPS），销售给美国政府的所有数据库产品都需满足该标准。供应商的国际联盟 SQL 访问组（SQL Access Group）为 SQL 定义了一组增强特性以支持异构系统的互操作。

SQL 也被其他标准所使用，甚至作为一种定义工具影响了其他标准的发展。比如，ISO 的信息资源目录系统（Information Resource Dictionary System，IRDS）标准和远程数据访问（Remote Data Access，RDA）标准。SQL 语言的开发得到学术界的相当的关注，不仅提供了语言的理论基础，而且提供成功实现所需的技术，尤其表现在查询优化、数据分布和安全等方面。SQL 面向新的市场（比如面向联机分析处理）而专门设计的实现也已出现。

6.1.4 术语

ISO 组织公布的 SQL 标准并未使用正式术语，如关系、属性和元组，而是采用表、列和行这样的术语。通常使用 ISO 术语表示 SQL 语句。注意，SQL 并不严格支持第 4 章给出的关系模型定义。例如，SQL 允许 SELECT 语句产生的结果表中包含重复行，它还强调列的顺序，并且允许用户对结果表中的行进行排序。

6.2 书写 SQL 命令

本节将简要描述 SQL 语句的结构和表示各种结构格式的方法。SQL 语句包括**保留字**和**用户自定义字**。保留字是 SQL 语言的固定部分，有固定的含义。保留字必须准确拼写，并且不能跨行拼写。用户自定义字由用户自己定义（根据一定的语法规则），用于表示表、列、视图和索引等数据库对象的名称。语句中的其他字也是根据一定的语法规则定义的。虽然标准并没有要求，但 SQL 的许多种实现版本都要求用句子终结符来标识 SQL 语句的结束（通常用";"）。

SQL 语句中的多数组成部分是**不区分大小写的**，即字母用大写或小写均可。唯一的例外是字符数据常量必须与其在数据库中已经存在的大小写形式一致。举例说明，若某人的姓用"SMITH"存储，而以字符串"Smith"查询，将查询不到结果。

SQL 语言格式虽然比较自由，但为了增加 SQL 语句和语句集的可读性，可采用缩进和下划线。例如：

- 语句中每一子句在新的一行开始书写。
- 每一子句与其他子句的开始字符处在同一列上。

- 如果子句由几个部分组成，则它们应当分别出现在不同的行，并在子句开始处使用缩进表明这种关系。

本章和下一章中，将用扩展的巴克斯范式（Backus Naur Form，BNF）定义 SQL 语句：

- 大写字母用于表示保留字，必须准确拼写。
- 小写字母用于表示用户自定义字。
- 竖线（|）表示从选项中进行**选择**，例如 a | b | c。
- 大括号表示**所需元素**，例如 { a }。
- 中括号表示**可选择元素**，例如 [a]。
- 省略号（…）表示某一项**可选择重复**零到多次。

例如：

{a | b}（, c…）

意思是 a 或 b 后紧跟着用逗号分开的零个或多个 c。

实际上，DDL 语句用于建立数据库结构（即表）和访问机制（即每个用户能合法访问什么），而 DML 语句用于查询和维护表。但本章先于 DDL 讲述 DML 语句，这是为了说明 DML 语句对普通用户更重要。下一章将讨论主要的 DDL 语句。

6.3 数据操作

SQL DML 语句有以下几种：

- SELECT：用于查询数据库中的数据。
- INSERT：用于将数据插入表中。
- UPDATE：用于更新表中数据。
- DELETE：用于删除表中数据。

由于 SELECT 语句比较复杂，而其他 DML 语句相对简单，所以本节将用大部分篇幅分析 SELECT 语句和它的各种形式，首先讲解简单的查询，随后增加排序、分组、聚集和涉及多个表的复杂查询。本章最后讨论 INSERT、UPDATE 和 DELETE 语句。

用图 3-3 中 DreamHome 数据库来说明 SQL 语句，包括下面各表：

Branch	(branchNo, street, city, postcode)
Staff	(staffNo, fName, lName, position, sex, DOB, salary, branchNo)
PropertyForRent	(propertyNo, street, city, postcode, type, rooms, rent, ownerNo, staffNo, branchNo)
Client	(clientNo, fName, lName, telNo, prefType, maxRent, eMail)
PrivateOwner	(ownerNo, fName, lName, address, telNo, eMail, password)
Viewing	(clientNo, propertyNo, viewDate, comment)

常量

讨论 SQL DML 之前，很有必要理解**常量**的概念。常量是指 SQL 语句中使用的**不变量**。不同的数据类型有不同的常量形式（参见 7.1.1 节），简单来说，常量可以分为用引号引起来的和不用引号的。所有非数值型数据必须用单引号引起来，而所有数值型数据一定**不能使用**引号。例如，可以使用常量将数据插入到表中：

INSERT INTO PropertyForRent(propertyNo, street, city, postcode, type, rooms, rent, ownerNo, staffNo, branchNo)

VALUES ('PA14', '16 Holhead', 'Aberdeen', 'AB7 5SU', 'House', 6, 650.00,
        'CO46', 'SA9', 'B007');

列 rooms 的值是整数，列 rent 的值是实数，它们不能用引号引起来，其他列的值均为字符串，必须使用引号。

6.3.1   简单查询

SELECT 语句用于检索并显示一个或多个数据库表中的数据。它功能强大，可以用一个语句完成关系代数中选择、连接和投影操作（参见 5.1 节）。SELECT 也是 SQL 命令中使用频率最高的语句，其形式如下：

SELECT	[DISTINCT | ALL] {* | [columnExpression [**AS** newName]] [, . . .]}
FROM	TableName [alias] [, . . .]
[WHERE	condition]
[GROUP BY	columnList] [**HAVING** condition]
[ORDER BY	columnList]

columnExpression 为一个列名称或表达式，TableName 给出欲访问数据库中的表或视图的名称，alias 是可选用的 TableName 的简称。SELECT 语句处理过程顺序如下：

FROM	给出将用到的表
WHERE	过滤满足条件的行
GROUP BY	将具有相同属性值的行分成组
HAVING	过滤满足条件的组
SELECT	指定查询结果中出现的列
ORDER BY	指定查询结果的顺序

SELECT 语句中子句的顺序不能改变，仅有最开始的两个子句 SELECT 和 FROM 是必需的，其余子句均为可选择的。SELECT 操作为封闭的，即查询表的结果将用另一张表显示（参见 5.1 节）。该语句有多种变形，正如刚才解释的那样。

检索所有的行

┃ 例 6.1 ≫ 检索所有的列和所有的行

列举所有员工的情况。

因为本次查询没有条件限制，故省略 WHERE 子句，查询所有的列，语句如下：

SELECT staffNo, fName, lName, position, sex, DOB, salary, branchNo
FROM Staff;

因为 SQL 语句要检索所有的列，所以一个简便的表达方式是用星号"＊"代替"所有列"的名称。下面的语句就是该查询等效而简洁的表达方式：

SELECT *
FROM Staff;

查询结果如表 6-1 所示。

表 6-1 例 6.1 的查询结果表

staffNo	fName	lName	position	sex	DOB	salary	branchNo
SL21	John	White	Manager	M	1-Oct-45	30000.00	B005
SG37	Ann	Beech	Assistant	F	10-Nov-60	12000.00	B003
SG14	David	Ford	Supervisor	M	24-Mar-58	18000.00	B003
SA9	Mary	Howe	Assistant	F	19-Feb-70	9000.00	B007
SG5	Susan	Brand	Manager	F	3-Jun-40	24000.00	B003
SL41	Julie	Lee	Assistant	F	13-Jun-65	9000.00	B005

例 6.2 >> 从所有行中检索指定的列

生成所有员工的工资表，只包括员工编号、姓名及工资。

SELECT staffNo, fName, lName, salary
FROM Staff;

例子中，从表 Staff 中按指定的顺序产生仅包含指定列 staffNo、fName、lName 和 salary 的一个新表。查询输出如表 6-2 所示。注意，除非指定顺序，否则查询结果便不会自动被排序。一些 DBMS 基于一个或多个列对查询结果进行排序（例如，Microsoft Office Access 将会按主关键字 staffNo 对查询结果进行分类）。下一章将讨论如何对查询结果进行排序。 **«**

表 6-2 例 6.2 的查询结果表

staffNo	fName	lName	salary
SL21	John	White	30000.00
SG37	Ann	Beech	12000.00
SG14	David	Ford	18000.00
SA9	Mary	Howe	9000.00
SG5	Susan	Brand	24000.00
SL41	Julie	Lee	9000.00

例 6.3 >> 使用 DISTINCT

列出被查看过的所有房产的编号。

SELECT propertyNo
FROM Viewing;

查询结果如表 6-3a 所示。注意，结果中出现重复，SELECT 语句不会像关系代数的投影操作那样自动消除重复。用保留字 DISTINCT 可消除重复。下面重写查询：

SELECT DISTINCT propertyNo
FROM Viewing;

没有重复的查询结果如表 6-3b 所示。 **«**

表 6-3(a) 例 6.3 中有重复的查询结果表

propertyNo
PA14
PG4
PG4
PA14
PG36

表 6-3(b) 例 6.3 中无重复的查询结果表

propertyNo
PA14
PG4
PG36

例 6.4 ≫ 计算字段

生成所有员工的月工资列表，包括员工编号、姓名及工资。

SELECT staffNo, fName, lName, salary/12
FROM Staff;

该查询类似于例 6.2，不同之处在于需要查询的是每月工资。查询结果可以通过简单的将年工资除以 12 得到。结果如表 6-4 所示。

表 6-4 例 6.4 的查询结果表

staffNo	fName	lName	col4
SL21	John	White	2500.00
SG37	Ann	Beech	1000.00
SG14	David	Ford	1500.00
SA9	Mary	Howe	750.00
SG5	Susan	Brand	2000.00
SL41	Julie	Lee	750.00

本例是使用**计算字段**（有时称为**导出字段**）的例子。通常，使用计算字段时，在 SELECT 列表中给出 SQL 表达式，包括加、减、乘和除运算。另外，可以使用括号来建立复杂的表达式。表中可有多个使用计算字段的列。而且，算术表达式所引用的列必须是数字类型。

该查询结果表中第 4 列就是输出列 col4。通常结果表的列名应当和用于检索的数据库的列名相对应。但是本例这种情况下，SQL 并不知道如何标识列。惯用方法是根据列在表中的位置来命名（例如，col4）。在一些方言中，SELECT 列表中列名为空白或者用表达式写入。ISO 标准允许用 AS 子句为列命名。前面的例子可以写为：

SELECT staffNo, fName, lName, salary/12 **AS** monthlySalary
FROM Staff;

这样，查询结果中的列将是 monthlySalary 而不是 col4。

行选择（WHERE 子句）

上面例子用 SELECT 语句检索表中的所有行。事实上，我们经常需要限制仅检索某些行，这时可用 WHERE 子句实现，包括关键字 WHERE 和其后给定的用于检索行的查询条件。五个基本的条件运算（ISO 术语中的谓词）如下：

- 比较（comparison）：比较两个表达式的值。
- 范围（range）：测试表达式的值是否在指定的范围中。
- 成员关系（set membership）：测试表达式的值是否在某一值集合内。
- 模式匹配（pattern match）：测试字符串是否与指定模式相匹配。
- 空（null）：测试列是否为空（未知）值。

WHERE 子句等价于 5.1.1 节讨论的关系代数的选择操作。现列出各种查找条件的例子。

例 6.5 ≫ 比较运算作为查找条件

列出工资高于 10000 英镑的所有员工。

```
SELECT staffNo, fName, lName, position, salary
FROM Staff
WHERE salary > 10000;
```

其中，表是 Staff，谓词是 salary>10000，查询结果产生一个工资高于 10000 英镑的所有员工的列表。查询结果如表 6-5 所示。

表 6-5　例 6.5 的查询结果表

staffNo	fName	lName	position	salary
SL21	John	White	Manager	30000.00
SG37	Ann	Beech	Assistant	12000.00
SG14	David	Ford	Supervisor	18000.00
SG5	Susan	Brand	Manager	24000.00

SQL 语句中可用的比较运算符如下：

=	等于		
<>	不等于（ISO 标准）	!=	不等于（某些方言这样用）
<	小于	<=	小于或等于
>	大于	>=	大于或等于

复杂的谓词可由逻辑运算符 AND、OR 和 NOT 产生，必要或期望时可用括号表示计算的顺序。计值条件表达式的规则如下：

- 计值顺序由左至右。
- 首先计括号中子表达式的值。
- NOT 优先于 AND 和 OR。
- AND 优先于 OR。

可运用括号消除歧义。

例 6.6 ≫ 复合比较运算作为查找条件

列出位于伦敦或格拉斯哥的所有分公司的地址。

```
SELECT *
FROM Branch
WHERE city = 'London' OR city = 'Glasgow';
```

逻辑运算符 OR 用于 WHERE 子句中，用于查找伦敦（city='London'）或格拉斯哥（city='Glasgow'）的分公司。查询结果如表 6-6 所示。

表 6-6　例 6.6 的查询结果表

branchNo	street	city	postcode
B005	22 Deer Rd	London	SW1 4EH
B003	163 Main St	Glasgow	GI1 9QX
B002	56 Clover Dr	London	NW10 6EU

例6.7 ▶ 范围作为查找条件（BETWEEN/NOT BETWEEN）

列出工资在20 000英镑和30 000英镑之间的所有员工。

```
SELECT staffNo, fName, lName, position, salary
FROM Staff
WHERE salary BETWEEN 20000 AND 30000;
```

BETWEEN测试包括范围的端点，所以查询结果包括工资为20 000英镑和30 000英镑的职工。查询结果如表6-7所示。

表6-7 例6.7的查询结果表

staffNo	fName	lName	position	salary
SL21	John	White	Manager	30000.00
SG5	Susan	Brand	Manager	24000.00

不在范围测试（NOT BETWEEN）检查范围以外的所有值。BETWEEN测试并不能增强SQL的功能，因为通过使用两个比较表达式也可以完成相同的功能。可以这样表达上面的查询：

```
SELECT staffNo, fName, lName, position, salary
FROM Staff
WHERE salary > = 20000 AND salary < = 30000;
```

BETWEEN测试只是简化了范围运算条件的表达。◀

例6.8 ▶ 集合成员测试作为查找条件（IN/NOT IN）

列出所有的经理和主管。

```
SELECT staffNo, fName, lName, position
FROM Staff
WHERE position IN ('Manager', 'Supervisor');
```

集合成员资格测试（IN）用于测试数据是否与值表中的某一值相匹配，本例中就是"Manager"或"Supervisor"。查询结果如表6-8所示。

表6-8 例6.8的查询结果表

staffNo	fName	lName	position
SL21	John	White	Manager
SG14	David	Ford	Supervisor
SG5	Susan	Brand	Manager

非集合成员资格测试（NOT IN）用于测试数据是否不在指定的值表中。像BETWEEN一样，IN测试并不能增强SQL的表达功能。上面的查询可以如下表达：

```
SELECT staffNo, fName, lName, position
FROM Staff
WHERE position = 'Manager' OR position = 'Supervisor';
```

但是，IN测试提供了更加有效的查询条件表达方式，特别是集合中包括多个值时。◀

例 6.9 ▶ 模式匹配作为查找条件（LIKE/NOT LIKE）

找出其地址中含有字符串"Glasgow"的所有业主。

该查询是从表 PrivateOwner 中查询地址中包括字符串"Glasgow"的行。SQL 有两种特殊的模式匹配符号：

- %：百分号表示零或多个字符序列（通配符）。
- _：下划线表示任意单个字符。

模式匹配中还有其他字符，例如：

- address LIKE 'H%'意味着字符串第一个字符必须是 H，对其他字符不做限制。
- address LIKE 'H _ _ _'意味着字符串正好有四个字符，第一个字符为 H。
- address LIKE '%e'意味着一个字符序列，长度最小为 1，最后一个字符为 e。
- address LIKE '% Glasgow %'意味着一个包含字符串 Glasgow 的任意长度序列。
- address NOT LIKE 'H%'意味着字符串第一个字符不能为 H。

如果查找的字符串本身包含上述模式匹配符，则可用转义字符。例如，匹配字符串'15%'用下列谓词：

LIKE '15#%' **ESCAPE** '#'

利用 SQL 的模式匹配，可以查询地址中包括字符串"Glasgow"的所有业主。查询语句如下：

SELECT ownerNo, fName, lName, address, telNo
FROM PrivateOwner
WHERE address LIKE '%Glasgow%';

注意：一些 RDBMS，如 Microsoft Office Access，使用通配符 * 和 ? 代替 % 和 _。

查询结果如表 6-9 所示。

表 6-9　例 6.9 的查询结果表

ownerNo	fName	lName	address	telNo
CO87	Carol	Farrel	6 Achray St, Glasgow G32 9DX	0141-357-7419
CO40	Tina	Murphy	63 Well St, Glasgow G42	0141-943-1728
CO93	Tony	Shaw	12 Park Pl, Glasgow G4 0QR	0141-225-7025

例 6.10 ▶ 空查找条件（IS NULL/IS NOT NULL）

列出查看过房产编号为 PG4 的房产但没有留下意见的客户的情况。

从图 4-3 中的 Viewing 表中可以看出关于 PG4 有两种情况，一种有评论，另一种没有。你可能认为后者可用下面任一个表达式查询：

(propertyNo = 'PG4' **AND** comment = ' ')

或

(propertyNo = 'PG4' **AND** comment < > 'too remote')

然而，两种方式都是无效的。空评论可以被认为是一个未知值，不能测试它是否等于另一个字符串。若用上面的复合条件，得到的结果将是一个空表。相反，用特定保留字 IS NULL 可显式地测试空值：

```
SELECT clientNo, viewDate
FROM Viewing
WHERE propertyNo = 'PG4' AND comment IS NULL;
```

查询结果如表 6-10 所示。其否定形式 IS NOT
NULL 用于测试非空值情况。

表 6-10   例 6.10 的查询结果表

clientNo	viewDate
CR56	26-May-13

6.3.2   查询结果排序（ORDER BY 子句）

一般来说，SQL 查询结果中的各行不会自动以某种顺序来显示（虽然有一些 DBMS 基
于默认顺序，例如基于主关键字）。这时，可以使用 ORDER BY 子句让查询结果按一定顺序
显示。ORDER BY 子句包括所需排序的**列标识符**的列表，用逗号分开。列标识符可能是列
名字或是列序号⊖，列序号是指列在 SELECT 列表中的位置，"1"标识列表中第一个（最左
边）元素，"2"标识列表中第二个元素，以此类推。当被排序的列是表达式并且没有使用过
AS 子句赋予列将来可能引用的名字时，可以用列序号。ORDER BY 子句允许导出的行在任
一列或多个列上按升序（ASC）或降序（DESC）排列，而不管列是否出现在查询结果中。然
而，一些实现版本要求 ORDER BY 子句中的元素必须出现在 SELECT 列表中。不论是哪一
种情况，ORDER BY 子句都只能是 SELECT 语句的最后一个子句。

| 例 6.11 》 单列排序

按工资降序的方式产生所有职工的工资列表。

```
SELECT staffNo, fName, lName, salary
FROM Staff
ORDER BY salary DESC;
```

本例类似于例 6.2，不同在于此处查询结果按工资降序排列。这主要由 SELECT 语句最
后的 ORDER BY 子句完成，指定列 salary 用于排序，并使用 DESC 表示按降序排列。查询
结果如表 6-11 所示。注意，还可以这样表达 ORDER BY 子句：ORDER BY 4 DESC，4 表
示 SELECT 列表中第 4 列的名字，即为 salary。

表 6-11   例 6.11 的查询结果表

staffNo	fName	lName	salary
SL21	John	White	30000.00
SG5	Susan	Brand	24000.00
SG14	David	Ford	18000.00
SG37	Ann	Beech	12000.00
SA9	Mary	Howe	9000.00
SL41	Julie	Lee	9000.00

ORDER BY 子句可能包括多个元素，**主排序关键字**决定查询结果总体的排序。例 6.11
中，主排序关键字是 salary。如果主关键字是唯一的，那么就没有必要引入第二个关键字来
控制顺序。然而，如果主排序关键字的值不是唯一的，查询结果中就会有多个行对应主排序

⊖ 列序号是 ISO 标准中为人诟病的特性之一，不应该使用。

关键字的同一个值，这种情况下，可以增加一个排序关键字来控制主排序关键字相同的那些行的顺序。ORDER BY 子句中的第二个元素也称为**次排序关键字**。

例 6.12 ➤➤ 多列排序

产生按类型排列的一个房产简表。

SELECT propertyNo, type, rooms, rent
FROM PropertyForRent
ORDER BY type;

这种情况下，查询结果如表 6-12a 所示。

表中出现四个公寓，如果不指定次排序关键字，系统可以任何顺序对行排序。此时，可再以租金为序组织房产，需指定次要顺序，如下：

SELECT propertyNo, type, rooms, rent
FROM PropertyForRent
ORDER BY type, rent DESC;

现在，查询结果首先以房产类型升序排列（默认值为 ASC），对于相同的房产类型，以 rent 降序排列，查询结果如表 6-12b 所示。

表 6-12(a) 例 6.12 单排序关键字的查询结果表

propertyNo	type	rooms	rent
PL94	Flat	4	400
PG4	Flat	3	350
PG36	Flat	3	375
PG16	Flat	4	450
PA14	House	6	650
PG21	House	5	600

表 6-12(b) 例 6.12 两个排序关键字的查询结果表

propertyNo	type	rooms	rent
PG16	Flat	4	450
PL94	Flat	4	400
PG36	Flat	3	375
PG4	Flat	3	350
PA14	House	6	650
PG21	House	5	600

ISO 标准指出，若 ORDER BY 子句中用于排序的列或表达式取空值，则既可以认为空值小于所有的非空值，也可认为空值大于所有的非空值。这个选择权留给了 DBMS 实现者。 ◀◀

6.3.3 使用 SQL 聚集函数

为了便于获取数据库中的行和列，我们通常希望对数据进行汇总和聚集操作，类似于报表底部的合计。ISO 标准定义了五个聚集函数：

- COUNT：返回指定列中数据的个数。
- SUM：返回指定列中数据的总和。
- AVG：返回指定列中数据的平均值。
- MIN：返回指定列中数据的最小值。
- MAX：返回指定列中数据的最大值。

这些函数只对表中的单个列进行操作，返回一个值。COUNT、MIN 和 MAX 可以用于数值和非数值字段，而 SUM 和 AVG 只能用于数值字段，除了 COUNT（*）外，每一个函数首先要去掉空值，然后计算其非空值。COUNT（*）是 COUNT 的特殊用法，计算表中所有行的数目，而不管是否有空值或重复出现。

若需要在应用函数之前消除重复，则必须在函数中的列名前使用关键字 DISTINCT。如果不需要去掉重复，ISO 标准允许指定关键字 ALL，虽然指定这个关键字事实上跟不指定没有什么区别。DISTINCT 对 MIN 和 MAX 函数没有任何作用，而对 SUM 和 AVG 函数有效。所以计算时必须考虑重复项是否包括在计算中。另外，查询中 DISTINCT 只能指定一次。

注意聚集函数只能用于 SELECT 列表和 HAVING 子句中（参见 6.3.4 节），用在其他地方都是不正确的。如果 SELECT 列表包括聚集函数，却没有使用 GROUP BY 子句分组，那么 SELECT 列表的任何项都不能引用列，除了作为聚集函数的参数。例如，下面的查询是非法的：

```
SELECT staffNo, COUNT(salary)
FROM Staff;
```

因为查询中没有 GROUP BY 子句，且 SELECT 列表中出现了列 staffNo，它并不是聚集函数的参数。

| 例 6.13 ≫ COUNT (*) 的使用

月租金超过 350 英镑的房产有多少处？

```
SELECT COUNT(*) AS myCount
FROM PropertyForRent
WHERE rent > 350;
```

用 WHERE 子句限制查询每月租金超过 350 英镑的房产，满足该条件的房产总数通过聚集函数 COUNT 得出。查询结果如表 6-13 所示。   ≪

表 6-13 例 6.13 的查询结果表

myCount
5

| 例 6.14 ≫ COUNT (DISTINCT) 的使用

2013 年 5 月有多少处不同的房产被查看过？

```
SELECT COUNT(DISTINCT propertyNo) AS myCount
FROM Viewing
WHERE viewDate BETWEEN '1-May-13' AND '31-May-13';
```

用 WHERE 子句将查看房产的时间限定在 2013 年 5 月，满足条件的总数通过聚集函数 COUNT 得出。这样相同的房产被重复计数，必须用 DISTINCT 关键字去掉重复。查询结果如表 6-14 所示。   ≪

表 6-14 例 6.14 的查询结果表

myCount
2

| 例 6.15 ≫ COUNT 和 SUM 的使用

找出经理的总人数，并计算他们工资的总和。

```
SELECT COUNT(staffNo) AS myCount, SUM(salary) AS mySum
FROM Staff
WHERE position = 'Manager';
```

用 WHERE 子句限制对经理进行查询。经理人数和工资总和分别通过将 COUNT 和 SUM 函数应用于受限集合而得出。查询结果如表 6-15 所示。   ≪

表 6-15 例 6.15 的查询结果表

myCount	mySum
2	54000.00

例 6.16 >> MIN、MAX 和 AVG 的使用

找出所有员工工资的最小、最大和平均值。

SELECT MIN(salary) **AS** myMin, **MAX**(salary) **AS** myMax, **AVG**(salary) **AS** myAvg
FROM Staff;

这个例子是查找所有员工的工资情况，所以不需要 WHERE 子句。对于列 salary，利用 MIN、MAX 和 AVG 函数求出所需要的值。查询结果如表 6-16 所示。

表 6-16 例 6.16 的查询结果表

myMin	myMax	myAvg
9000.00	30000.00	17000.00

6.3.4 查询结果分组（GROUP BY 子句）

上面汇总查询的结果相当于报表底部的合计值。报表中将查询结果用一个汇总行表示，而缩简了细节数据。通常报表中也需要有部分和，可用 GROUP BY 子句实现这种功能。包括 GROUP BY 子句的查询称为**分组查询**，按 SELECT 列表中的列进行分组，每一组产生一个综合查询结果。GROUP BY 子句的列名又称为**组列名**。ISO 标准要求 SELECT 子句和 GROUP BY 子句紧密结合。当使用 GROUP BY 时，SELECT 列表中的项必须**每组都有单一值**。SELECT 子句仅可包括以下内容：

- 列名
- 聚集函数
- 常量
- 组合上述各项的表达式

SELECT 子句中的所有列除非用在聚集函数中，否则必须在 GROUP BY 子句中出现。反之，GROUP BY 子句中出现的列不一定出现在 SELECT 列表中。当 WHERE 子句和 GROUP BY 子句同时使用时，必须首先使用 WHERE 子句，分组由满足 WHERE 子句查询条件的那些行产生。

ISO 标准规定应用 GROUP BY 子句时，两个空值被认为是相等的。即如果两行在同一分组列上值都为空值，并且在不含空值的分组列上值相等，则这两行将被合并到同一组中。

例 6.17 >> GROUP BY 的使用

找出工作在每一个分公司的员工人数和他们的工资总和。

SELECT branchNo, **COUNT**(staffNo) **AS** myCount, **SUM**(salary) **AS** mySum
FROM Staff
GROUP BY branchNo
ORDER BY branchNo;

GROUP BY 列表中不必包括列名 staffNo 和 salary，因为其仅出现在 SELECT 列表的聚集函数中。另一方面，branchNo 没有出现在聚集函数中，所以必须出现在 GROUP BY 列表中。查询结果如表 6-17 所示。

理论上，SQL 按下列步骤完成查询：

（1）SQL 根据分公司编号将员工分成不同的组。每一组中，所有员工有相同的分公司编号。

表 6-17 例 6.17 的查询结果表

branchNo	myCount	mySum
B003	3	54000.00
B005	2	39000.00
B007	1	9000.00

本例中，共有三组：

branchNo	staffNo	salary		COUNT(staffNo)	SUM(salary)
B003	SG37	12000.00			
B003	SG14	18000.00		3	54000.00
B003	SG5	24000.00			
B005	SL21	30000.00		2	39000.00
B005	SL41	9000.00			
B007	SA9	9000.00		1	9000.00

（2）每一组中，SQL 计算员工的人数，并计算出 salary 列的汇总以便得到员工薪水的总和。SQL 在查询结果中为每一组生成一个单独的汇总行。

（3）最后，查询结果按分公司编号 branchNo 的升序排列。

SQL 标准允许 SELECT 列表包括某些嵌套查询（参见 6.3.5 节），因而可用下面的语句表达上面的查询：

```
SELECT branchNo, (SELECT COUNT(staffNo) AS myCount
                  FROM Staff s
                  WHERE s.branchNo = b.branchNo),
                 (SELECT SUM(salary) AS mySum
                  FROM Staff s
                  WHERE s.branchNo = b.branchNo)
FROM Branch b
ORDER BY branchNo;
```

该例中，将为 Branch 列中的每个分公司产生两个聚集函数值，某些情况下聚集值可能为零。

分组约束（HAVING 子句）

HAVING 子句的设计意图是与 GROUP BY 子句一起使用，来限定哪些**分组**将出现在最终查询结果中。虽然它与 WHERE 子句语法类似，但用途不同。WHERE 子句将单个行"过滤"到查询结果中，而 HAVING 子句则将**分组**"过滤"到查询结果表中。ISO 标准要求 HAVING 子句使用的列名必须出现在 GROUP BY 子句列表中，或包括在聚集函数中。实际中，HAVING 子句的条件运算至少包括一个聚集函数，否则的话可把查询条件移到 WHERE 子句中来过滤单个行（记住聚集函数不能用在 WHERE 子句中）。

HAVING 子句并不是 SQL 的必要部分——任何使用 HAVING 子句的查询都可用不带 HAVING 子句的语句重写。

▍例 6.18 ≫ HAVING 的使用

对于员工人数多于一人的分公司，计算出每一个分公司的员工人数和他们的工资总和。

```
SELECT branchNo, COUNT(staffNo) AS myCount, SUM(salary) AS mySum
FROM Staff
GROUP BY branchNo
HAVING COUNT(staffNo) > 1
ORDER BY branchNo;
```

此例类似于前面讲过的附加约束的例子，只找出员工人数超过一人的分组，可用 HAVING 子句对分组进行约束。查询结果如表 6-18 所示。

表 6-18　例 6.18 的查询结果表

branchNo	myCount	mySum
B003	3	54000.00
B005	2	39000.00

6.3.5　子查询

本节讨论将 SELECT 语句完全嵌套到另一个 SELECT 语句中的用法。内部 SELECT 语句（**子查询**）的结果用在**外部**语句中以决定最后的查询结果。子查询可以被使用在外部 SELECT 语句的 WHERE 和 HAVING 子句中，称为**子查询**或**嵌套查询**。子查询也可出现在 INSERT、UPDATE 和 DELETE 语句中（参见 6.3.10 节）。子查询有三种类型：

- 标量子查询返回单个列和单个行，即单个值。原则上，标量子查询可用于任何需要单个值的地方。例 6.19 使用标量子查询。
- 行子查询返回多个列，但只有单个行。行子查询可用于任何需要行值构造器的时候，如在谓词中。
- 表子查询返回多个行，每行有一个或多个列。表子查询用于需要一个表的情况。例如，作为谓词 IN 的操作数。

例 6.19 》用于相等判断的子查询

列出在位于"163 Main St"的分公司中工作的员工的情况。

```
SELECT staffNo, fName, lName, position
FROM Staff
WHERE branchNo = (SELECT branchNo
                  FROM Branch
                  WHERE street = '163 Main St');
```

内部 SELECT 语句（SELECT branchNo FROM Branch...）找出位于"163 Main St"的分公司的编号（如果只有一个分公司编号，便是标量查询）。外部 SELECT 语句找出工作在此分公司的所有员工的情况。换句话说，内部查询返回一个与"163 Main St"对应的值"B003"，外部查询语句变为：

```
SELECT staffNo, fName, lName, position
FROM Staff
WHERE branchNo = 'B003';
```

查询结果如表 6-19 所示。

表 6-19　例 6.19 的查询结果表

staffNo	fName	lName	position
SG37	Ann	Beech	Assistant
SG14	David	Ford	Supervisor
SG5	Susan	Brand	Manager

可以认为子查询产生一个临时表，便于外部语句访问和利用。在 WHERE 子句和 HAVING 子句中，子查询可以紧邻着关系运算符（=，<，>，<=，>=，<>）。子查询本身通常包括在圆括号中。

| 例 6.20 》用于聚集函数的子查询

列出个人工资高于平均工资的所有员工，并求出多于平均数的值。

```
SELECT staffNo, fName, lName, position,
       salary – (SELECT AVG(salary) FROM Staff) AS salDiff
FROM Staff
WHERE salary > (SELECT AVG(salary) FROM Staff);
```

首先注意，不能写"WHERE salary > AVG（salary）"，因为聚集函数不能用于 WHERE 子句中。相反，先用子查询求出平均工资，然后使用外部 SELECT 语句找出那些工资高于平均数的员工。换句话说，子查询返回的是平均工资 17000 英镑。注意，在 SELECT 列表中使用了标量子查询，得以表示与平均工资的差。外查询可简写如下：

```
SELECT staffNo, fName, lName, position, salary – 17000 AS salDiff
FROM Staff
WHERE salary > 17000;
```

查询结果如表 6-20 所示。

表 6-20 例 6.20 的查询结果表

staffNo	fName	lName	position	salDiff
SL21	John	White	Manager	13000.00
SG14	David	Ford	Supervisor	1000.00
SG5	Susan	Brand	Manager	7000.00

子查询应遵循如下规则：

（1）ORDER BY 子句不能用于子查询（虽然可用在最外面的 SELECT 语句中）。

（2）子查询 SELECT 列表必须由单个列名或表达式组成，除非子查询使用了关键词 EXISTS（参见 6.3.8 节）。

（3）默认的情况下，子查询中列名取自子查询的 FROM 子句中给出的表，也可通过限定列名的办法指定取自外查询的 FORM 子句中的表（参见下文）。

（4）当子查询是比较表达式中的一个操作数时，子查询必须出现在表达式的右面。例如，将上例表达成下面形式就是不正确的：

```
SELECT staffNo, fName, lName, position, salary
FROM Staff
WHERE (SELECT AVG(salary) FROM Staff) < salary;
```

因为子查询出现在了与 salary 相比较的表达式的左边。

| 例 6.21 》嵌套子查询：IN 的使用

列出正由位于"163 Main St"的分公司的员工经营的房产。

```
SELECT propertyNo, street, city, postcode, type, rooms, rent
FROM PropertyForRent
WHERE staffNo IN (SELECT staffNo
                  FROM Staff
                  WHERE branchNo = (SELECT branchNo
                                    FROM Branch
                                    WHERE street = '163 Main St'));
```

最里面的查询，首先是查询位于"163 Main St"的分公司的编号，然后查询工作在这个分公司的员工。这时，可能出现多个行，所以最外面查询不能用等号（＝），而是用 IN 关键字。最外层查询出中间层得到的员工管理的房产的情况。

查询结果如表 6-21 所示。

表 6-21   例 6.21 的查询结果表

propertyNo	street	city	postcode	type	rooms	rent
PG16	5 Novar Dr	Glasgow	G12 9AX	Flat	4	450
PG36	2 Manor Rd	Glasgow	G32 4QX	Flat	3	375
PG21	18 Dale Rd	Glasgow	G12	House	5	600

6.3.6   ANY 和 ALL

关键字 ANY 和 ALL 用于产生单个列的子查询。若子查询前缀关键字 ALL，那么仅当子查询产生的所有值都满足条件时，条件才为真。若子查询前缀关键字 ANY，那么子查询产生的任何一个值（一个或多个）满足条件时，条件就为真。如果子查询是空值，ALL 条件返回真值，ANY 条件返回假值。ISO 标准允许用限定词 SOME 代替 ANY。

▌例 6.22 ≫ ANY/SOME 的使用

列出工资高于分公司 B003 中至少一位员工的工资的所有员工。

```
SELECT staffNo, fName, lName, position, salary
FROM Staff
WHERE salary > SOME (SELECT salary
                     FROM Staff
                     WHERE branchNo = 'B003');
```

这个查询中，首先用子查询找出工作在分公司 B003 的员工的最低工资，然后，外查询找出工资高于这个数值的所有员工（参见例 6.20）。另一种方法是使用关键字 SOME/ANY。内查询产生集合 {12000，18000，24000}，外查询找出工资高于集合中任一个数值的员工（即为大于最小值 12000）。这种方法看起来比找出子查询中的最少工资更自然一些。查询结果如表 6-22 所示。

表 6-22   例 6.22 的查询结果表

staffNo	fName	lName	position	salary
SL21	John	White	Manager	30000.00
SG14	David	Ford	Supervisor	18000.00
SG5	Susan	Brand	Manager	24000.00

例 6.23 » ALL 的使用

列出工资高于分公司 B003 中任何员工的工资的所有员工。

SELECT staffNo, fName, lName, position, salary
FROM Staff
WHERE salary > **ALL** (SELECT salary
                              FROM Staff
                              WHERE branchNo = 'B003');

这个例子和上一个例子非常相似。首先用子查询找出分公司 B003 中员工工资的最大数值，然后，外查询找出工资高于这个数值的所有员工。在这个例子中使用了关键字 ALL。查询结果如表 6-23 所示。

表 6-23　例 6.23 的查询结果表

staffNo	fName	lName	position	salary
SL21	John	White	Manager	30000.00

6.3.7 多表查询

以上例子的一个最大问题是限定查询结果中出现的所有列必须来自同一个表。很多情况下，一个表不够。要把来自多个表的列组合到结果表时，就需要用到**连接**操作。SQL 连接操作通过配对相关行来合并两个表中的信息。而构成连接表的配对行是指这两行在两个表的匹配列上具有相同的值。

要从多个表中得出查询结果，可用子查询，也可用连接操作。如果最终结果表包括了多个表中的列，则必须用连接操作。连接操作中，FROM 子句列出多个表名，之间用逗号分开。通常还要用 WHERE 子句来指明连接列。在 FROM 子句中也可用**别名**代替表名，它们之间用空格分开。别名可在列名有歧义的时候用来指定列名。别名也可以用来作为表名的简写。如果定义了别名，则可在任何地方用它代替表名。

例 6.24 » 简单连接

列出查看过房产的所有客户的姓名及其所提的意见。

SELECT c.clientNo, fName, lName, propertyNo, comment
FROM Client c, Viewing v
WHERE c.clientNo = v.clientNo;

要显示来自表 Client 和表 Viewing 的细节信息需要用到连接。SELECT 子句中列出了需要显示的列。注意，必须在 SELECT 列表中限定员工编号 clientNo：由于 clientNo 可以来自两个表中任意一个，所以必须指定来自哪一个（选择表 Viewing 中的员工编号 clientNo 也可以），在列名前缀以表名（或别名）即可实现这种限定。此例中，用 c 作为表 Client 的别名。

为得到所需的行，用查询条件（c.clientNo=v.clientNo）得到了两个表中在列 clientNo 上有相同值的那些行。该列也称为两个表的**匹配列**。这类似于 4.1.3 节讨论的关系代数的相等连接（Equijoin）操作。查询结果如表 6-24 所示。

表 6-24　例 6.24 的查询结果表

clientNo	fName	lName	propertyNo	comment
CR56	Aline	Stewart	PG36	
CR56	Aline	Stewart	PA14	too small
CR56	Aline	Stewart	PG4	
CR62	Mary	Tregear	PA14	no dining room
CR76	John	Kay	PG4	too remote

最普通的多表查询包括一对多（1：*）（或父/子）联系的两个表（参见 12.6.2 节）。前面涉及 client 和 viewing 关系的查询就是这样的例子。每一次看房（子）对应着一个客户（父），每个客户（父）可能多次去看房（子），产生的查询结果中的行对是父/子行的结合。在 4.2.5 节曾讨论如何用主关键字和外部关键字建立关系数据库中的父/子联系。主关键字所在的表是父表，外部关键字所在的表是子表。要在 SQL 查询中使用父/子联系，则需要指定比较主关键字和外部关键字的查找条件。例 6.24 中比较表 Client 的主关键字 c.clientNo 和表 Viewing 的外部关键字 v.clientNo。

SQL 标准提供了下列可选择的方式来指定连接：

FROM Client c **JOIN** Viewing v **ON** c.clientNo = v.clientNo
FROM Client **JOIN** Viewing **USING** clientNo
FROM Client **NATURAL JOIN** Viewing

在每一种情况中，FROM 子句都替代原来的 FROM 和 WHERE 子句。只是第一种方式产生的表中有两个 clientNo 列，而其他两种方式产生的表中只有一个 clientNo 列。

▎例 6.25 ≫ 排序连接结果

对每一个分公司，列出管理房产的员工的姓名、编号及其正在管理的房产。

SELECT s.branchNo, s.staffNo, fName, lName, propertyNo
FROM Staff s, PropertyForRent p
WHERE s.staffNo = p.staffNo
ORDER BY s.branchNo, s.staffNo, propertyNo;

这里为了使查询结果有更好的可读性，按分公司编号作为主排序关键字，员工编号和房产编号作为次关键字进行排序。查询结果如表 6-25 所示。 ≪

表 6-25　例 6.25 的查询结果表

branchNo	staffNo	fName	lName	propertyNo
B003	SG14	David	Ford	PG16
B003	SG37	Ann	Beech	PG21
B003	SG37	Ann	Beech	PG36
B005	SL41	Julie	Lee	PL94
B007	SA9	Mary	Howe	PA14

| 例 6.26 ≫ 三表连接

对每一个分公司，列出管理房产的员工的姓名、编号，以及分公司所在的城市和员工管理的房产。

> **SELECT** b.branchNo, b.city, s.staffNo, fName, lName, propertyNo
> **FROM** Branch b, Staff s, PropertyForRent p
> **WHERE** b.branchNo = s.branchNo **AND** s.staffNo = p.staffNo
> **ORDER BY** b.branchNo, s.staffNo, propertyNo;

查询结果中所需的列来自三个表：Branch、Staff 和 PropertyForRent，所以必须用连接操作。用相等条件（b.branchNo=s.branchNo）连接表 Branch 和表 Staff，将每个分公司和在那里工作的员工连接起来，用相等条件（s.staffNo=p.staffNo）连接表 Staff 和表 PropertyForRent，将每位员工和其管理的房产连接起来。查询结果如表 6-26 所示。   ◀

表 6-26   例 6.26 的查询结果表

branchNo	city	staffNo	fName	lName	propertyNo
B003	Glasgow	SG14	David	Ford	PG16
B003	Glasgow	SG37	Ann	Beech	PG21
B003	Glasgow	SG37	Ann	Beech	PG36
B005	London	SL41	Julie	Lee	PL94
B007	Aberdeen	SA9	Mary	Howe	PA14

注意，SQL 标准为 FROM 和 WHERE 子句提供可选的表示法，例如：

> **FROM** (Branch b **JOIN** Staff s **USING** branchNo) **AS** bs
>   **JOIN** PropertyForRent p **USING** staffNo

| 例 6.27 ≫ 按多个列分组

找出每一位员工管理的房产的数量，以及该员工所在的分公司编号。

> **SELECT** s.branchNo, s.staffNo, **COUNT**(*) **AS** myCount
> **FROM** Staff s, PropertyForRent p
> **WHERE** s.staffNo = p.staffNo
> **GROUP BY** s.branchNo, s.staffNo
> **ORDER BY** s.branchNo, s.staffNo;

为列出所需的数据，首先找到员工管理的房产。在 FORM/WHERE 子句中，用 staffNo 列连接表 Staff 和表 PropertyForRent。下一步，用 GROUP BY 子句形成按分公司编号和员工编号的分组。最后，用 GROUP BY 子句排序。查询结果如表 6-27a 所示。   ◀

表 6-27(a)   例 6.27 的查询结果表

branchNo	staffNo	my count
B003	SG14	1
B003	SG37	2
B005	SL41	1
B007	SA9	1

连接运算的计算过程

连接操作其实是更一般的两表合并，所谓笛卡儿乘积的子集（参见 5.1.2 节）。两个表的笛卡儿乘积是包括两个表中所有可能的行对的一个新表。新表的列是第一个表的所有列后加上第二个表的所有列。如果两个表的查询不使用 WHERE 子句，那么 SQL 产生的查询结果就是两个表的笛卡儿乘积。事实上，ISO 标准为笛卡儿乘积提供了特殊的 SELECT 语句格式：

SELECT [DISTINCT | ALL] {* | columnList}
FROM   TableName1 **CROSS JOIN** TableName2

再看一下例 6.24，用匹配列 clientNo 连接表 Client 和表 Viewing。使用图 4-3 中的数据，那么两个表的笛卡儿乘积包括 20 行（4 个客户×5 次查看＝ 20 行），相当于例 6.24 不用 WHERE 子句的情况。

从概念上看，使用连接的 SELECT 语句查询过程如下：

（1）形成 FROM 子句中指定表的笛卡儿乘积。

（2）如果存在 WHERE 子句，对乘积表的每一行运用查找条件，保留那些满足条件的行，用关系代数术语来说，这个操作即对笛卡儿乘积的**限制**。

（3）对于每个剩下的行，确定 SELECT 列表中每一项的值，并形成查询结果中的一行。

（4）如果指定了 SELECT DISTINCT，则消除结果中重复的行。以关系代数看，第 3 步和第 4 步相当于把第二步得到的限制在 SELECT 列表列上进行**投影**。

（5）如果存在 ORDER BY 子句，则根据要求对查询结果进行排序。

我们将在第 23 章更详细地讨论查询处理。

外连接

连接操作通过配对相关的行来组合两个表中的数据，即找在两表的匹配列上具有相同值的行。如果表中某一行不匹配另一表的任何行，那么这行将从结果表中删除。这就是上面所讨论的连接问题。ISO 标准提供的另一类连接操作称为**外连接**（参见 5.1.3 节）。外连接保留不满足连接条件的行。为了更好地理解外连接操作，请看下面两个简化的表 Branch 和 PropertyForRent，分别称为 Branch1 和 PropertyForRent1。

Branch1

branchNo	bCity
B003	Glasgow
B004	Bristol
B002	London

PropertyForRent1

propertyNo	pCity
PA14	Aberdeen
PL94	London
PG4	Glasgow

两个表的（内）连接如下：

SELECT b.*, p.*
FROM Branch1 b, PropertyForRent1 p
WHERE b.bCity = p.pCity;

产生的结果如表 6-27b 所示。

表 6-27(b) 表 Branch1 和表 PropertyForRent1 内连接查询结果表

branchNo	bCity	propertyNo	pCity
B003	Glasgow	PG4	Glasgow
B002	London	PL94	London

结果表输出两个表中相同城市的所有行。特别注意，没有行与 Bristol 的分公司匹配，也没有行与 Aberdeen 的房产匹配。如果希望不匹配的行也出现在结果表中，就需要用到外

连接。外连接有三种类型: 左外连接、右外连接和全外连接。下面的例子将讲述这些功能。

例 6.28 >> 左外连接

列出所有分公司以及与其处于同一城市的房产。

这两个表的左外连接:

SELECT b.*, p.*
FROM Branch1 b **LEFT JOIN** PropertyForRent1 p **ON** b.bCity = p.pCity;

产生的查询结果如表 6-28 所示。本例中左外连接不仅包括了那些城市列值相同的行, 还包括了第一个 (左边) 表中与第二个 (右边) 表无匹配行的那些行。对这些行, 来自第二个表的列上填 NULL。

表 6-28 例 6.28 的查询结果表

branchNo	bCity	propertyNo	pCity
B003	Glasgow	PG4	Glasgow
B004	Bristol	NULL	NULL
B002	London	PL94	London

例 6.29 >> 右外连接

列出所有房产以及与其同处一城的分公司。

这两个表的右外连接:

SELECT b.*, p.*
FROM Branch1 b **RIGHT JOIN** PropertyForRent1 p **ON** b.bCity = p.pCity;

产生的查询结果如表 6-29 所示。右外连接不仅包括了相同城市列值的行, 还包括了第二个 (右边) 表中与第一个 (左边) 表无匹配行的那些行。对这些行, 来自第一个表的列上填写 NULL。

表 6-29 例 6.29 的查询结果表

branchNo	bCity	propertyNo	pCity
NULL	NULL	PA14	Aberdeen
B003	Glasgow	PG4	Glasgow
B002	London	PL94	London

例 6.30 >> 全外连接

列出处于同一城市的分公司和房产, 包括不匹配的分公司和房产。

这两个表的全外连接:

SELECT b.*, p.*
FROM Branch1 b **FULL JOIN** PropertyForRent1 p **ON** b.bCity = p.pCity;

产生的查询结果如表 6-30 所示。全外连接不仅包括具有相同城市列值的行, 还包括两个表中不匹配的行。这些不匹配的列上填写 NULL。

表 6-30 例 6.30 的查询结果表

branchNo	bCity	propertyNo	pCity
NULL	NULL	PA14	Aberdeen
B003	Glasgow	PG4	Glasgow
B004	Bristol	NULL	NULL
B002	London	PL94	London

6.3.8 EXISTS 和 NOT EXISTS

关键字 EXISTS 和 NOT EXISTS 仅用于子查询中，返回结果为真 / 假。EXISTS 为真当且仅当子查询返回的结果表至少存在一行，当子查询返回的结果表为空时则为假。NOT EXISTS 正相反。由于 EXISTS 和 NOT EXISTS 仅检查子查询结果表中是否存在行，所以子查询可查询任意数目的列。换句话说说，子查询通常用下列形式表示：

(SELECT * FROM . . .)

| 例 6.31 》 使用 EXISTS 的查询

找出工作在伦敦分公司的所有员工。

SELECT staffNo, fName, lName, position
FROM Staff s
WHERE EXISTS (SELECT *
               FROM Branch b
               WHERE s.branchNo = b.branchNo **AND** city = 'London');

查询语句可改写为"找出所有这样的员工，其分公司编号为 branchNo，对应表 Branch 中的一行，并且该分公司所在城市为伦敦"，该测试就是测试是否存在这样一行。如果存在，子查询为真。查询结果如表 6-31 所示。

表 6-31 例 6.31 的查询结果表

staffNo	fName	lName	position
SL21	John	White	Manager
SL41	Julie	Lee	Assistant

注意，查找条件的第一部分 s.branchNo=b.branchNo 非常必要，可以确保员工属于指定的分公司。如果漏掉这一部分，则将会列出所有的员工，因为子查询（SELECT * FROM Branch WHERE city='London'）总是为真，该子查询将简化为：

SELECT staffNo, fName, lName, position **FROM** Staff **WHERE** true;

等价于：

SELECT staffNo, fName, lName, position **FROM** Staff;

也可用连接结构重写这个查询：

SELECT staffNo, fName, lName, position
FROM Staff s, Branch b
WHERE s.branFchNo = b.branchNo **AND** city = 'London';

6.3.9 合并结果表（UNION、INTERSECT 和 EXCEPT）

SQL 中，可用标准的并、交和差集合操作将多个查询结果表合并成一个查询结果表：

- A 和 B 两个表的**并**操作是一个包括两个表中所有行的表。
- A 和 B 两个表的**交**操作是一个包括两个表中共有行的表。
- A 和 B 两个表的**差**操作是一个包括那些在 A 中而不在 B 中的行的表。

集合操作如图 6-1 所示，用于集合操作的表有一些限制，最重要的一点是两个表具有**并相容性**，也就是说要具有相同的结构。即两个表必须包含相同数目的列，且对应的列具有相同的数据类型和长度。用户必须确保对应列的数值来自相同的域。例如，将员工年龄的列与房产中房间数量进行组合是不明智的，尽管这两列有相同的数据类型，例如 SMALLINT。

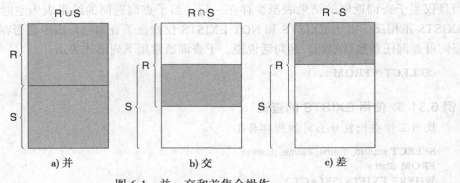

图 6-1 并、交和差集合操作

ISO 标准中的三个集合运算符分别是 UNION、INTERSECT 和 EXCEPT，集合操作子句格式如下：

operator [**ALL**] [**CORRESPONDING** [**BY** {column1 [, ...]}]]

如果指定 CORRESPONDING BY，则集合操作就在给定的列上执行；若指定 CORRESPONDING 而没有 BY 子句，则集合操作就在两表共同的列上执行。若指定 ALL，则查询包括一切重复的行。一些 SQL 的实现版本并不支持 INTERSECT 和 EXCEPT，还有一些实现用 MINUS 取代了 EXCEPT。

| 例 6.32 ≫ UNION 的使用

建立有分公司或有房产的所有城市的列表。

```
(SELECT city                    (SELECT *
 FROM Branch                     FROM Branch
 WHERE city IS NOT NULL)         WHERE city IS NOT NULL)
 UNION                      或   UNION CORRESPONDING BY city
(SELECT city                    (SELECT *
 FROM PropertyForRent            FROM PropertyForRent
 WHERE city IS NOT NULL);        WHERE city IS NOT NULL);
```

此例从第一个查询中产生一个结果表，也从第二个查询中产生一个结果表，然后将两个表合并为一个由两个表中除去所有重复行组成的表。最后的查询结果如表 6-32 所示。

表 6-32 例 6.32 的查询结果表

city
London
Glasgow
Aberdeen
Bristol

| 例 6.33 ≫ INTERSECT 的使用

建立既有分公司又有房产的所有城市的列表。

(SELECT city		(SELECT *
FROM Branch)		FROM Branch)
INTERSECT	或	**INTERSECT CORRESPONDING BY** city
(SELECT city		(SELECT *
FROM PropertyForRent);		FROM PropertyForRent);

此例从第一个查询中产生一个结果表，也从第二个
查询中产生一个结果表，然后将两个表合并为一个由两
个表所有共有行组成的表。最后的查询结果如表 6-33
所示。

可以不用 INTERSECT 运算符重写这个查询，例如：

表 6-33 例 6.33 的查询结果表

city
Aberdeen
Glasgow
London

SELECT DISTINCT b.city		SELECT DISTINCT city
FROM Branch b, PropertyForRent p		FROM Branch b
WHERE b.city = p.city;	或	WHERE EXISTS (SELECT *
		FROM PropertyForRent p
		WHERE b.city = p.city);

可用各种等价的形式书写查询是 SQL 语言的一大缺陷。

| 例 6.34 ≫ EXCEPT 的使用

建立具有分公司但没有房产的所有城市的列表。

(SELECT city		(SELECT *
FROM Branch)		FROM Branch)
EXCEPT	或	**EXCEPT CORRESPONDING BY** city
(SELECT city		(SELECT *
FROM PropertyForRent);		FROM PropertyForRent);

查询从第一个查询中产生一个结果表，也从第二个查
询中产生一个结果表，然后将两个表合并为一个由在第一
表中而不在第二表中的所有行组成的表。最后的查询结果
如表 6-34 所示。

可以不用 EXCEPT 运算符重写这个查询。例如：

表 6-34 例 6.34 的查询结果表

city
Bristol

SELECT DISTINCT city		SELECT DISTINCT city
FROM Branch		FROM Branch b
WHERE city NOT IN (SELECT city	或	WHERE NOT EXISTS
FROM PropertyForRent);		(SELECT *
		FROM PropertyForRent p
		WHERE b.city = p.city);

6.3.10 数据库更新

SQL 是一种完全的数据操作语言，可用于修改数据库中的数据，也可用于查询数据库。
修改数据库的命令不像 SELECT 语句那样复杂。本节讨论修改数据库内容的三种 SQL 语句。

- INSERT：向表中添加新的行。
- UPDATE：修改表中现有的行。
- DELETE：删除表中已有的行。

向数据库中添加数据（INSERT）

这里有两种 INSERT 语句形式，第一种是插入一个行的语句，格式如下：

INSERT INTO TableName [(columnList)]
VALUES (dataValueList)

TableName 是一个基表或是一个可更新的视图（参见 7.4 节），columnList 代表用逗号分开的一个或多个列名，该项是可选的。如果省略 columnList，SQL 将严格按它们在 CREATE TABLE 命令中的序。如果给出 columnList，则在 columnList 中未出现的列在建表时不能声明为 NOT NULL，除非建该列时使用 DEFAULT 选项（参见 7.3.2 节）。dataValueList 必须与 columnList 有如下匹配：

- 列表 columnList 与 dataValueList 中项的数目必须是相同的。
- 两个列表中项的位置必须是直接对应的，dataValueList 中的第一项对应于 columnList 中的第一项。dataValueList 中的第二项对应于 columnList 中的第二项，等等。
- dataValueList 列表中每一项的数据类型必须和对应列数据类型兼容。

例 6.35 >> INSERT...VALUES

向表 Staff 中插入包括所有列数据的一个新行。

INSERT INTO Staff
VALUES ('SG16', 'Alan', 'Brown', 'Assistant', 'M', **DATE** '1957-05-25', 8300, 'B003');

本例按照表创建时的列顺序插入数据，不必再指定列名列表。注意，Alan 这样的字符常量必须用单引号引起来。

例 6.36 >> 默认插入方式

指定列 staffNo、fName、lname、position、salary 和 branchNo，向表 Staff 中插入新行。

INSERT INTO Staff (staffNo, fName, lName, position, salary, branchNo)
VALUES ('SG44', 'Anne', 'Jones', 'Assistant', 8100, 'B003');

若插入数据到某些列上，则必须指定需插入数据的列名字。列名字的顺序并不重要，但是按它们在表中原本出现的顺序是比较常见的做法。也可以把 INSERT 语句写成下面形式：

INSERT INTO Staff
VALUES ('SG44', 'Anne', 'Jones', 'Assistant', NULL, NULL, 8100, 'B003');

本例中显式地指定 sex 和 DOB 应设置为 NULL。

第二种 INSERT 语句允许把一个或多个表中的多个行复制到另一个表，格式如下：

INSERT INTO TableName [(columnList)]
    SELECT . . .

插入单个行之前，TableName 和 columnList 必须预先定义好，SELECT 子句可以是任何有效的语句。插入给定表中的行就是来自于子查询所生成的查询结果表。用于第一种形式的 INSERT 语句的约束在这里也有效。

例 6.37 >> INSERT...SELECT

假设表 StaffPropCount 中包含员工的名字及他所管理的房产的数目。

StaffPropCount(staffNo, fName, lName, propCount)

用表 Staff 和表 PropertyForRent 中的数据产生表 StaffPropCount。

```
INSERT INTO StaffPropCount
(SELECT s.staffNo, fName, lName, COUNT(*)
FROM Staff s, PropertyForRent p
WHERE s.staffNo = p.staffNo
GROUP BY s.staffNo, fName, lName)
UNION
(SELECT staffNo, fName, lName, 0
FROM Staff s
WHERE NOT EXISTS (SELECT *
                    FROM PropertyForRent p
                    WHERE p.staffNo = s.staffNo));
```

因为需要计算出员工管理的房产的数目，所以例子变得更加复杂。如果省略 UNION 的第二部分，则得到的是至少管理一处房产的员工的列表。换句话说，就是把没有管理过房产的员工排除掉了。所以，为了包括没有管理房产的员工，必须用 UNION 语句和第二个 SELECT 语句增加这样的员工，计数属性设为 0 值。表 StaffPropCount 如表 6-35 所示。

表 6-35　例 6.35 的查询结果表

staffNo	fName	lName	propCount
SG14	David	Ford	1
SL21	John	White	0
SG37	Ann	Beech	2
SA9	Mary	Howe	1
SG5	Susan	Brand	0
SL41	Julie	Lee	1

注意，一些 SQL 的实现版本不允许在 INSERT 子查询中使用 UNION 运算符。

修改数据库中的数据（UPDATE）

UPDATE 语句允许改变给定表中已存在的行的内容。命令格式如下：

UPDATE TableName
SET columnName1 = dataValue1 [, columnName2 = dataValue2 . . .]
[**WHERE** searchCondition]

TableName 是基表或可更新视图的名字（参见 7.4 节）。SET 子句指定需要更新的一个或多个列的名字。WHERE 子句是可选择的，如果省略，则对给定列的所有行进行更新。如果给出 WHERE 子句，则仅对那些满足 searchCondition 的行进行更新，新的 dataValue 必须与对应列中的数据类型兼容。

┃ 例 6.38 ≫ 更新所有行

把所有员工的工资提高 3%。

UPDATE Staff
SET salary = salary*1.03;

这个更新是对表中所有行的，故 WHERE 子句可省略。　　　　　　　　　　◀

| 例 6.39 >> 更新指定的行

把所有经理的工资提高 5%。

UPDATE Staff
SET salary = salary*1.05
WHERE position = 'Manager';

WHERE 子句找出所有经理的行，然后把更新 salary=salary*1.05 应用到特定的行。 **«**

| 例 6.40 >> 更新多个列

提升 David Ford（staffNo='SG14'）为经理，工资变为 18000 英镑。

UPDATE Staff
SET position = 'Manager', salary = 18000
WHERE staffNo = 'SG14'; **«**

删除数据库中的数据（DELETE）

DELETE 语句允许从给定表中删除行。命令格式如下：

DELETE FROM TableName
[**WHERE** searchCondition]

与 INSERT 和 UPDATE 语句一样，TableName 是基表或可更新的视图的名字（参见 7.4
节）。searchCondition 是可选择的，如果省略，则所有行都会被删除。注意，不是删除表本
身，而是删除表的内容。若要既删内容又删表定义，可用 DROP TABLE 语句（参见 7.3.3
节）。如果指定了 searchCondition，则仅删除那些满足条件的行。

| 例 6.41 >> 删除指定行

删除所有与房产 PG4 有关的行。

DELETE FROM Viewing
WHERE propertyNo = 'PG4';

WHERE 子句找出房产编号为 PG4 的所有行，删除这些行。 **«**

| 例 6.42 >> 删除所有行

从表 Viewing 中删除所有行。

DELETE FROM Viewing;

不给出 WHERE 子句，将会删去表中所有行，只留下表的定义，这样做的目的是使稍后
仍可插入数据。 **«**

本章小结

- SQL 是非过程性语言，由标准的英语单词 SELECT、INSERT 和 DELETE 等组成，专业和非专业人
  员都可同样使用该语言。它是定义和操作关系数据库形式上和事实上的标准语言。
- SELECT 是 SQL 语言中最重要的语句，用于数据查询。它组合了三种基本的关系代数操作：选择、
  投影和连接。每个 SELECT 语句产生一个包括一个或多个列、零个或多个行的查询结果表。
- SELECT 子句标出将在查询结果表中出现的列和计算数据。SELECT 子句中出现的每个列必须出自
  FROM 子句列出的某个表或视图。

- WHERE 子句将查询条件应用到给定表以查找满足条件的行。ORDER BY 子句允许根据查询结果表中一个或多个列的值对行排序，每列可按升序或降序排序。如果给出 ORDER BY 子句，则其必须为 SELECT 语句的最后一个子句。
- SQL 支持五种聚集函数（COUNT、SUM、AVG、MIN 和 MAX），输入一个完整的列作为参数，并计算出单个值。在 SELECT 子句中混合使用聚集函数和列名是非法的，除非使用了 GROUP BY 子句。
- GROUP BY 子句允许在查询结果表中包含汇总信息。一个或多个列上有相同值的行分为一组。这时，聚集函数把每一组作为参数，计算出每组中的一个值。HAVING 子句相当于用于组上的 WHERE 子句，限制了出现在最后结果表中的分组。然而，与 WHERE 子句不同的是，HAVING 子句可以包括聚集函数。
- **子查询**是指一个 SELECT 语句完全嵌套到另一个查询中，出现在 WHERE 和 HAVING 子句中，又称为**子查询**或**嵌套查询**。理论上，子查询产生一个临时的结果表用于外查询访问。一个子查询可以嵌套到另一个子查询中。
- 子查询有三种类型：**标量、行和表**。标量子查询返回单行、单列，即单个值。原则上，标量子查询可用于仅需一个值的地方。行子查询用于仅需一个行值构造器的地方，典型情况是在谓词中。表查询返回多列、多行。表查询用于需要一个表的情况，例如作为 IN 谓词的操作数。
- 如果结果表中的列来自多个表，则必须用到**连接**操作，通常可在 FROM 子句中指定连接表，在 WHERE 子句指定连接列。ISO 标准中允许定义**外连接**，也允许用 UNION、INTERSECT 和 EXCEPT 命令进行集合**并、交和差**操作。
- 除 SELECT 外，SQL DML 还包括：向某具名表插入单个行的 INSERT 语句和向表中插入来自某子查询的任意多行的子查询语句；更新某具名表中的一个指定列或多个列的值的 UPDATE 语句；删除某具名表中一个或多个行的 DELETE 语句。

思考题

6.1　SQL 的两个主要组成部分及其功能分别是什么？

6.2　SQL 语言的优点和缺点是什么？

6.3　解释 SELECT 语句中每个子句的功能。这些子句在应用时有哪些限制？

6.4　SELECT 语句中，聚集函数在使用时运用的限制条件是什么？空值对聚集函数有什么影响？

6.5　解释 GROUP BY 子句是如何工作的。WHERE 和 HAVING 子句的区别是什么？

6.6　子查询和连接操作的差别是什么？什么环境下不能使用子查询？

习题

习题 6.7～习题 6.28 使用第 4 章习题开始部分定义的 Hotel 关系数据库模式。

简单查询

6.7　列出所有酒店的情况。

6.8　列出伦敦所有酒店的情况。

6.9　列出住在伦敦的所有客人的姓名和地址，按字母表顺序排序。

6.10　列出每晚房价在 40 英镑以下的所有双人间或套间，按价格升序排序。

6.11　列出没有指定 dateTo 的预订情况。

聚集函数

6.12 有多少酒店？

6.13 房间的平均价格是多少？

6.14 所有双人间每晚的总收入是多少？

6.15 八月份有多少不同的客人订房？

子查询和连接操作

6.16 列出格罗夫纳酒店所有房间的价格和类型。

6.17 列出当前住在格罗夫纳酒店的所有客人的情况。

6.18 列出格罗夫纳酒店所有房间的情况，包括房间中住的客人的名字。

6.19 今天格罗夫纳酒店订房的总收入是多少？

6.20 列出格罗夫纳酒店当前没被使用的房间。

6.21 格罗夫纳酒店空房损失是多少？

分组

6.22 列出每个酒店的房间数量。

6.23 列出伦敦每个酒店的房间数量。

6.24 八月份每个酒店平均订房数是多少？

6.25 伦敦每个酒店最常订的房间类型是什么？

6.26 今天每个酒店空房损失是多少？

修改表

6.27 向每一个表中插入一行。

6.28 所有房间的价格提高 5%。

综合

6.29 研究当前使用的各种 DBMS 中的 SQL 方言。查看系统是否符合 ISO 标准中的 DML 语句。研究 DBMS 的扩展功能。是否有 SQL 标准中不支持的功能？

6.30 说明任何用 HAVING 子句的查询语句都存在一个等价的不用 HAVING 子句的查询语句。

6.31 说明 SQL 是具有关系完整性的查询语言。

案例 2

习题 6.32 ～ 习题 6.40 使用第 5 章后面的习题定义的项目（Project）模式。

6.32 按姓氏字典序列出所有雇员的姓名。

6.33 列出所有女雇员的情况。

6.34 列出所有担任经理的雇员的名字和地址。

6.35 产生所有为 IT 部门工作的雇员的名字和地址表。

6.36 产生今年内退休的所有经理的全部情况表，并按姓氏字典序排列。

6.37 找出有多少雇员由 James Adams 管理。

6.38 产生每位雇员工作总时数的报表，按部门编号排序，同一部门内按雇员的姓氏字典序排列。

6.39 找出多于两位雇员参与工作的项目，列出项目编号、项目名称和参与该项目的雇员人数。

6.40 列出雇员数多于 10 人的那些部门的雇员总数，为结果关系各列创建合适的列名。

案例 3

习题 6.41 ～ 习题 6.54 使用第 5 章后面的习题定义的图书馆（Library）模式。

6.41 列出所有书目。

6.42　列出所有读者的情况。

6.43　列出所有 2012 年出版的书目。

6.44　列出所有书目可外借的副本。

6.45　列出《指环王》所有可外借的副本。

6.46　列出目前正借阅《指环王》的读者的姓名。

6.47　列出有逾期未还图书的读者的姓名。

6.48　ISBN 为"0-321-52306-7"的书有多少本？

6.49　ISBN 为"0-321-52306-7"的书还有多少本可外借？

6.50　ISBN 为"0-321-52306-7"的书目借出过多少次？

6.51　产生由 Peter Bloomfield 借阅的图书的书目表。

6.52　对馆藏多于三个副本的书目，列出借阅过它的读者的姓名。

6.53　产生当前借有图书逾期未还的读者的情况报表。

6.54　产生每个书目被借阅总次数的报表。

第 7 章

Database Systems: A Practical Approach to Design, Implementation, and Management, 6E

SQL：数据定义

本章目标

本章我们主要学习：

- SQL 标准支持的数据类型
- SQL 完整性增强特性的用途
- 如何使用 SQL 定义下列完整性约束
  - 必须有值的数据
  - 域约束
  - 实体完整性
  - 引用完整性
  - 一般性约束
- 在 CREATE 和 ALTER TABLE 语句中如何使用完整性增强特性
- 视图的用途
- 如何使用 SQL 创建和删除视图
- DBMS 如何在视图上完成操作
- 视图在什么条件下是可更新的
- 视图的优点和缺点
- ISO 事务模型的运行机制
- 如何使用 GRANT 和 REVOKE 语句构成一级安全

上一章中讨论了结构化查询语言（SQL）的某些细节，具体而言就是数据操作特性。本章继续讲述 SQL，主要分析 SQL 的数据定义功能。

本章结构

7.1 节讲述 ISO SQL 的数据类型。1989 年，ISO 标准引入完整性增强特性（Integrity Enhancement Feature，IEF），提供了定义引用完整性和其他约束的功能（ISO，1989）。在该标准制定之前，确保满足约束条件是每个应用程序的责任。IEF 规定的提出极大地增强了 SQL 的功能，并能集中、规范地完成约束检查。7.2 节讲述完整性增强特性，7.3 节讲述 SQL 的主要数据定义功能。

7.4 节讲述如何用 SQL 创建视图，以及 DBMS 如何将视图操作转换为等价的对基表的操作，并讨论 ISO SQL 标准对可更新视图的约束。7.5 节简单描述 ISO SQL 的事务模型。

视图提供一定程度的数据库安全性。SQL 也提供独立的访问控制子系统，允许用户共享数据库对象，或限制对数据库对象的访问。7.6 节讲述访问控制子系统。

第 9 章将讲述最近添加到 SQL 规范中的有关面向对象数据管理的一些特性。附录 I 讨论如何将 SQL 嵌入高级编程语言，以便能使用那些目前还不能在 SQL 中直接使用的结构。

和前面章节一样，本章使用 DreamHome 案例表述 SQL 的特性，并采用与 6.2 节所定义的 SQL 语句相同的格式标记。

7.1 ISO SQL 数据类型

本节介绍 SQL 标准定义的数据类型，首先定义合法的标识符。

7.1.1 SQL 标识符

SQL 标识符用于标识数据库中的对象，如表名字、视图名和列。用户自定义的 SQL 标识符中的所用字符必须是**字符集**中存在的。ISO 提供默认的字符集，包括大写字母 A 到 Z、小写字母 a 到 z、数字 0 到 9 和下划线（_）字符。也可以指定另外的字符集。标识符有下列限制：

- 标识符不能长于 128 个字符（大多数方言限制更短）。
- 标识符必须以字母开头。
- 标识符中不能有空格。

7.1.2 SQL 标量数据类型

表 7-1 给出了 ISO 标准定义的 SQL 标量数据类型。为了操作和转换方便，有时把字符和位数据类型合称为**字符串**数据类型，定点数和浮点数合称为**数值**数据类型，因为它们有相同的特征。SQL 标准目前又定义了字符大对象和二进制大对象，这些将在第 9 章中讨论。

表 7-1　ISO SQL 数据类型

数据类型	声　　明
布尔型	BOOLEAN
字符型	CHAR，VARCHAR
位类型①	BIT，BIT VARYING
定点数型	NUMERIC，DECIMAL，INTEGER，SMALLINT，BIGINT
浮点数型	FLOAT，REAL，DOUBLE PRECISION
日期时间型	DATE，TIME，TIMESTAMP
间隔型	INTERVAL
大对象型	CHARACTER LARGE OBJECT，BINARY LARGE OBJECT

① BIT 和 BIT VARYING 现已从 SQL:2003 标准中删除。

布尔型数据

布尔型数据包括不同的真值 TRUE 和 FALSE。除非有 NOT NULL 约束的限制，否则一个布尔型数据也可把 UNKNOWN 的真值设为 NULL 值。所有布尔型数据的值和 SQL 真值都可以相互比较和赋值。真值 TRUE 大于真值 FALSE，且任何涉及 NULL 或 UNKNOWN 真值的比较，返回的结果亦为 UNKNOWN。

字符型数据

字符型数据是由实现确定的字符集给出的字符序列，也就是说，它由一个 SQL 方言供应商定义。因此，字符类型的列中究竟允许出现哪些字符数据是随供应商的定义而不同的。

ASCII 和 EBCDIC 是现在最常用的两个字符集。设定字符数据类型的格式如下：

CHARACTER [VARYING] [length]
        CHARACTER 可简写为 **CHAR**
        CHARACTER VARYING 可简写为 **VARCHAR**

定义一个字符串列时，可以指定列可容纳的字符串的最大长度（默认长度为 1）。字符串长度可以是**固定**或**变化**的。当字符串定义为固定长度时，若输入字符串小于这个长度，则字符串右边将用空格补足所需的大小。当字符串定义为变长的，若输入字符串小于最大长度，则只存储输入的那些字符，因此节省了空间。例如表 Branch 中分公司编号列 branchNo，长度固定为四个字符，定义如下：

branchNo **CHAR**(4)

表 PrivateOwner 中 address 列为可变长字符串，长度最大为 30，声明如下：

address **VARCHAR**(30)

位类型数据

位类型用于定义位字符串，即二进制数字（位）序列，每一个值为 0 或 1。定义位类型的格式和定义字符串类型是类似的：

BIT [VARYING] [length]

例如，对于固定长度二进制串"0011"，可声明列 bitString 为：

bitString **BIT**(4)

定点数型数据

定点数据类型用于定义准确表示的数值。数值包括数字、可选的小数点和可选的正负号，数据类型包括**精度**（precision）和**小数位数**（scale）。精度表示数的全部位数，就是全部数字的位数，包括除小数点外的小数部分的位数。小数位数表示小数部分的全部位数。例如，定点数 –12.345，精度为 5，小数位数为 3。整数是特殊的定点数。说明定点数据类型有以下几种方式：

NUMERIC [precision [, scale]]
DECIMAL [precision [, scale]]
INTEGER
SMALLINT
BIGINT
       INTEGER 可简写为 **INT** ， **DECIMAL** 可简写为 **DEC**

NUMERIC 和 DECIMAL 用于表示十进制数，默认小数位数为 0，默认精度依赖于具体实现。INTEGER 用于较大的正负整数。SMALLINT 用于较小的正负整数，BIGINT 用于非常大的正负整数。通过指定数据类型，可以节省数据存储空间。例如，SMALLINT 类型能存储绝对值最大为 32 767 的整数。表 PropertyForRent 中的列 rooms 表示一处房屋中房间的数目，明显是个小整数，因此能定义为：

rooms **SMALLINT**

表 Staff 中的列 salary 可声明为：

salary **DECIMAL**(7,2)

它的值最大可达 99 999.99。

浮点数型数据

浮点数据类型用于定义非精确数字，比如实数。浮点数或近似数类似于科学表示法，将一个数写为尾数乘以 10 的幂次（指数），例如 10E3、+5.2E6、−0.2E−4。近似数值类型有以下几种说明方式：

FLOAT [precision]
REAL
DOUBLE PRECISION

其中，精度决定了尾数的精度。REAL 和 DOUBLE PRECISION 的精度依赖于具体实现。

日期时间型数据

日期时间类型用于定义一定精度的时间点，比如日期、时间和一天中的时间。ISO 标准把日期时间类型分为 YEAR、MONTH、DAY、HOUR、MINUTE、SECOND、TIMEZONE_HOUR 和 TIMEZONE_MINUTE。后面两个字段指定从国际标准时间（格林尼治标准时间）的时区偏移的小时和分钟数。支持三种日期时间类型：

DATE
TIME [timePrecision] [**WITH TIME ZONE**]
TIMESTAMP [timePrecision] [**WITH TIME ZONE**]

DATE 用于存储用 YEAR、MONTH 和 DAY 字段表示的日历日期。TIME 用于存储用 HOUR、MINUTE 和 SECOND 字段表示的时间。TIMESTAMP 用于存储日期和时间。时间精度（timePrecision）是一个十进制数，给出秒的精度。TIME 默认精度为 0（即整秒），TIMESTAMP 默认值为 6（即微秒）。关键字 WITH TIME ZONE 决定了字段 TIMEZONE_HOUR 和 TIMEZONE_MINUTE 字段的表示。例如，表 Viewing 中的 date 列表示客户看房的日期（year，month，day），声明如下：

viewDate **DATE**

间隔型数据

间隔数据类型表示一段时间。每个间隔类型由下列字段的一个连续子集构成：YEAR，MONTH，DAY，HOUR，MINUTE 和 SECOND。间隔数据类型分为两类：**年 – 月**间隔和**天 – 时间**间隔。年 – 月类可只包括 YEAR 和 MONTH 字段。天 – 时间间隔可仅包括从 DAY、HOUR、MINUTE 和 SECOND 各字段中连续的一段选择。说明间隔类型的格式如下：

INTERVAL {{startField **TO** endField} singleDatetimeField}
startField = **YEAR | MONTH | DAY | HOUR | MINUTE**
　　　　　[(intervalLeadingFieldPrecision)]
endField = **YEAR | MONTH | DAY | HOUR | MINUTE | SECOND**
　　　　　[(fractionalSecondsPrecision)]
singleDatetimeField = startField | **SECOND**
　　　　　[(intervalLeadingFieldPrecision [, fractionalSecondsPrecision])]

在所有情况下，startField 有个开头字段精度，其默认值为 2。例如：

INTERVAL YEAR(2) **TO MONTH**

表示一个时间间隔，值从 0 年 0 个月到 99 年 11 个月。

INTERVAL HOUR TO SECOND(4)

表示一个时间间隔，值从 0 小时 0 分钟 0 秒到 99 小时 59 分钟 59.9999 秒（秒的小数精度为 4）。

大对象型数据

大对象数据类型用于表示大量数据，例如长文本文件或图形文件。SQL 中可定义三类不同的大对象数据类型：

- 二进制大对象（BLOB）为二进制串，没有对应的字符集或排序规则（collation association）。
- 字符大对象（CLOB）和自然字符大对象（NCLOB）都是字符串。

第 9 章将详细讨论字符串。

标量运算符

SQL 提供了若干预定义的标量运算符和函数，可用于构造标量表达式，即表达式的值为标量值。除了算术运算符（＋，－，*，/）以外，还可用表 7-2 中的运算符。

表 7-2   ISO SQL 标量运算符

运 算 符	意 义
OCTET_LENGTH	以八位二进制字节为单位，返回字符串的长度（位长度除以 8）。例如，OCTET_LENGTH（X 'FFFF'）返回 2
CHAR_LENGTH	以字符为单位，返回字符串的长度（如果是位字符串，以八位字节为单位）。例如，CHAR_LENGTH（'Beech'）返回 5
CAST	把值表达式中一种数据类型转换为另一种数据类型。例如，CAST（5.2E6 AS INTEGER）
‖	连接两个字符串或位字符串。例如，fName ‖ lName
CURRENT_USER 或 USER	返回表示当前权限标识的字符串（非形式地说，就是当前用户名）
SESSION_USER	返回表示 SQL 会话权限标识的字符串
SYSTEM_USER	返回表示调用当前模块的用户标识的字符串
LOWER	把大写字母转换为小写字母。例如，LOWER（SELECT fName FROM Staff WHERE staffNo='SL21'）返回 'join'
UPPER	把小写字母转换为大写字母。例如，UPPER（SELECT fName FROM Staff WHERE staffNo='SL21'）返回 'JOHN'
TRIM	把开始（LEADING）、结尾（TRAILING）或两者（BOTH）的字符从字符串中去掉。例如，TRIM（BOTH '*' FROM '*** Hello World ***'）返回 'Hello World'
POSITION	返回一个字符串在另一个字符串中的位置。例如，POSITION（'ee' IN 'Beech'）返回 2
SUBSTRING	从一个字符串中返回一个子字符串。例如，SUBSTRING（'Beech' FROM 1 TO 3）返回 串 'Bee'

CASE	基于某个条件，返回指定值集合中的某个值。例如，
	
	CASE type
	    WHEN 'House' **THEN** 1
	    WHEN 'Flat' **THEN** 2
	    ELSE 0
	END

（续）

运　算　符	意　　义
CURRENT_DATE	返回用户当地当前日期
CURRENT_TIME	返回当前会话中默认时区的当前时间。如，CURRENT_TIME（6）给出一个到微秒精度的时间
CURRENT_TIMESTAMP	返回当前会话中默认时区的当前日期和时间。如，CURRENT_TIMESTAMP（0）给出精度为秒的时间
EXTRACT	返回日期时间值或间隔值中某指定域的值。如，EXTRACT（YEAR FROM Registration.dateJoined）
ABS	对单个数操作返回其绝对值，并采用与操作数最相近的类型。例如 ABS（–17.1）返回 17.1
MOD	操作两个无小数部分的定点数，返回第一个操作数除以第二个操作数的模（余数），结果类型仍为无小数部分的定点数类型。例如 MOD（26, 11），结果为 4
LN	计算其操作数的自然对数。例如，LN(65) 返回 4.174（近似）
EXP	计算指数函数，也就是 e（自然对数的底）的多少（由操作数指出）次方。例如，EXP(2) 返回 7.389（近似）
POWER	求第一个操作数的多少（由第二个操作数指出）次方。例如 POWER (2, 3) 返回 8
SQRT	计算其操作数的平方根。例如 SQRT(16) 返回 4
FLOOR	计算小于或等于其操作数的最大整数。例如 FLOOR(15.7) 返回 15
CEIL	计算大于或等于其操作数的最大整数。例如 FLOOR(15.7) 返回 16

7.2　完整性增强特性

本节讨论 SQL 标准提供的完整性控制机制。完整性控制包括一组施加的约束，以避免数据库出现不一致的现象。完整性约束有五种类型（参见 4.3 节）：

- 必须有值的数据
- 域约束
- 实体完整性
- 引用完整性
- 一般性约束

这些约束能用 CREATE 和 ALTER TABLE 语句定义，下面将会讲到。

7.2.1　必须有值的数据

某些列的值必须为有效值，不允许为空。空不同于空格或零，而是用来表示数据不可用、丢失或不合适（参见 4.3.1 节）。例如，每一个员工必须有相应的职位（比如经理、助理等）。ISO 标准为 CREATE 和 ALTER TABLE 语句提供的 NOT NULL 列说明符实现了这种约束。若指定列为 NOT NULL，则系统拒绝向列中插入空值；若指定列为 NULL，则系统接受空值。ISO 默认值为 NULL。例如，定义表 Staff 中的列 position 不能为空，定义如下：

position **VARCHAR**(10) **NOT NULL**

7.2.2　域约束

每列都有一个域，换句话说，就是合法值的集合（参见 4.2.1 节）。例如，员工的性别为"M"或"F"。表 Staff 中的列 sex 的域为仅包含"M"和"F"的字符集。ISO 标准在 CREATE 和 ALTER TABLE 语句中提供两种定义域的方式。第一种是 CHECK 子句,允许对列或整个表定义约束。CHECK 子句的格式如下:

CHECK (searchCondition)

在一个列约束中,CHECK 子句只能引用已定义列。所以,为保证列 sex 在"M"和"F"中取值,可以如下定义列:

sex **CHAR NOT NULL CHECK** (sex IN ('M', 'F'))

另外,ISO 标准允许用 CREATE DOMAIN 语句更加显式地定义域:

CREATE DOMAIN DomainName [**AS**] dataType
[**DEFAULT** defaultOption]
[**CHECK** (searchCondition)]

上式将域命名为 DomainName,确定了数据类型(如 7.1.2 节所述),一个可选的默认值和一个可选的 CHECK 约束。这虽不是完整的定义,但足以说明基本的概念。所以,可以定义 sex 域如下:

CREATE DOMAIN SexType **AS CHAR**
　　　DEFAULT 'M'
　　　CHECK (VALUE IN ('M', 'F'));

这样就创建了值域 SexType,仅包括单字符"M"和"F"。定义列 sex 时,可用域名 SexType 代替数据类型 CHAR:

sex SexType **NOT NULL**

searchCondition 还能查表。例如,可用下面语句创建域 BranchNumber,确保输入的值是表 Branch 中已存在的分公司:

CREATE DOMAIN BranchNumber **AS CHAR(4)**
　　　CHECK (VALUE IN (SELECT branchNo FROM Branch));

定义域约束首选的方法是使用 CREATE DOMAIN 语句,从数据库中撤销域约束可用 DROP DOMAIN 语句:

DROP DOMAIN DomainName [**RESTRICT | CASCADE**]

撤销方式 RESTRICT 或 CASCADE 指出被撤销的域当前正在被使用时应该采取什么行为。如果指定为 RESTRICT,而该域正被用于某个现存的表、视图或断言的定义(参见 7.2.5 节),那么撤销失败。若指定为 CASCADE,则任一表中基于该域的的列都会自动地变为用该域的基类型定义,同时,在合适的情况下,该域上的任何约束或 default 子句也都会被列约束和列 default 子句代替。

7.2.3　实体完整性

表中每一行的主关键字必须是唯一的非空值。例如,表 PropertyForRent 的每一行都有一个唯一的房产编号 propertyNo 值,它能唯一地标识该行代表的房产。ISO 标准在 CREATE 和 ALTER TABLE 语句中用 PRIMARY KEY 子句支持实体完整性。例如,可用下面语句定义表 PropertyForRent 的主关键字:

PRIMARY KEY(propertyNo)

定义组合关键字需用 PRIMARY KEY 子句指定多个列名字，它们之间用逗号分开。例如，定义表 Viewing 的组合关键字，包括列 clientNo 和 propertyNo，语句如下：

PRIMARY KEY(clientNo, propertyNo)

每个表中只能使用一个 PRIMARY KEY 子句。但是，可用关键字 UNIQUE 保证列的唯一性。UNIQUE 子句中出现的每个列必须被声明为 NOT NULL。每个表中可能有多个 UNIQUE 子句。若 INSERT 或 UPDATE 操作试图为候选关键字（即主关键字或可选关键字）创建重复值，SQL 将会拒绝操作。例如表 Viewing 也可以写为：

clientNo	**VARCHAR**(5)	**NOT NULL,**
propertyNo	**VARCHAR**(5)	**NOT NULL,**
UNIQUE (clientNo, propertyNo)		

7.2.4 引用完整性

外部关键字是某个列或列集合，它把包含外部关键字的子表中的每个元组与父表中包含匹配候选关键字值的元组关联起来。引用完整性是指，外部关键字必须是父表中已存在的有效的元组（参见 4.3.3 节）。例如，表 PropertyForRent 中的一处房产通过分公司编号列 branchNo 可与表 Branch 中的某一元组相连接，该元组就是该房产注册的分公司。也就是说，表 PropertyForRent 的某个元组，如果分公司编号非空，则它的值必须是表 Branch 中列 branchNo 的某个有效值，否则该分公司编号当是无效的。

ISO 标准允许在 CREATE 和 ALTER TABLE 语句中使用 FOREIGN KEY 子句定义外部关键字。例如，可用下面语句定义表 PropertyForRent 的外部关键字 branchNo：

FOREIGN KEY(branchNo) **REFERENCES** Branch

在子表中若试图用 INSERT 和 UPDATE 操作，创建与父表中候选关键字不匹配的外部关键字，SQL 则会拒绝该操作。而在父表中若试图用 UPDATE 和 DELETE 操作更新或删除与子表有匹配行的候选关键字，SQL 将根据 FOREIGN KEY 子句中的 ON UPDATE 或 ON DELETE 子句来决定如何执行该操作。当用户企图删除父表中的某行时，子表中有一个或多个匹配行，SQL 有四种选择：

- CASCADE：删除父表中的行并且自动删除子表中匹配的行。由于删除的行可能有候选关键字是另一个表的外部关键字，所以这些表的外部关键字规则就会以级联的方式相继触发。
- SET NULL：删除父表中的元组且设置子表中的外部关键字为 NULL。只有当外部关键字列没有指定为 NOT NULL 时，这样做才是有效的。
- SET DEFAULT：删除父表中的元组且设子表中的外部关键字为默认值。只有当外部关键字列指定了 DEFAULT 值时，这样做才是有效的（参见 7.3.2 节）。
- NO ACTION：拒绝对父表进行删除操作。ON DELETE 规则的默认设置为 NO ACTION。

更新父表中的候选关键字时，SQL 支持与删除相同的选择。通过 CASCADE 方式，子表中的外部关键字设置为父表中新的候选关键字的值。同样，如果子表中更新的列又为另一个表的外部关键字，就会依次更新。

例如，表 PropertyForRent 中的员工编号 staffNo 是引用表 Staff 的外部关键字。可以指定删除规则为，如果表 Staff 中的员工记录删除，则对应的表 PropertyForRent 中相应的 staffNo 列的值设置为 NULL。

FOREIGN KEY (staffNo) **REFERENCES** Staff **ON DELETE SET NULL**

类似地，表 PropertyForRent 中的业主编号 ownerNo 是引用表 PrivateOwner 的外部关键字。可以指定更新规则为，如果表 PrivateOwner 中的业主编号更新，则表 PropertyForRent 中的相应列设置为更新值：

FOREIGN KEY (ownerNo) **REFERENCES** PrivateOwner **ON UPDATE CASCADE**

7.2.5　一般性约束

对表的更新可能受到企业规则的约束，企业规则用来控制该更新操作所代表的现实世界中的事务。例如，DreamHome 可能有规定，禁止员工同时管理 100 处以上房产。ISO 标准允许用 CREATE 和 ALTER TABLE 语句中的 CHECK 和 UNIQUE 子句以及 CREATE ASSERTION 语句指定一般性约束。CHECK 和 UNIQUE 子句本节前面已经讲述过，CREATE ASSERTION 语句是不直接与表定义相关联的完整性约束。语句格式如下：

CREATE ASSERTION AssertionName
CHECK (searchCondition)

这个语句非常类似于前面讨论过的 CHECK 子句。如果一般性约束作用于多个表，则较好的选择是使用一个 ASSERTION 语句，而不是在每一个表中复制 CHECK 语句或在任意表中设置约束。例如，定义一般性约束，禁止员工同时管理 100 处以上的房产，语句如下：

CREATE ASSERTION StaffNotHandlingTooMuch
CHECK (NOT EXISTS (SELECT staffNo
FROM PropertyForRent
GROUP BY staffNo
HAVING COUNT(*) > 100))

下面章节讲到 CREATE 和 ALTER TABLE 语句时，将讲述如何使用这些完整性增强特性。

7.3　数据定义

SQL 数据定义语言（DDL）允许创建和删除模式、域、表、视图和索引等数据库对象。本节简单讨论如何创建和删除模式、表和索引。ISO 标准也允许创建字符集、序列（collation）、转变规则（translation）。但是，本书并不讨论这些数据库对象，有兴趣的读者可参考 Cannan and Otten（1993）。

SQL 主要的数据定义语句为：

CREATE SCHEMA	DROP SCHEMA
CREATE DOMAIN　　ALTER DOMAIN	DROP DOMAIN
CREATE TABLE　　　ALTER TABLE	DROP TABLE
CREATE VIEW	DROP VIEW

这些语句用于创建、更新和删除概念模式。许多 DBMS 提供下面两个语句，虽然 SQL 标准并不支持：

CREATE INDEX	DROP INDEX

还有一些命令可供数据库管理员（DBA）用于指定数据存储的物理细节，这里不进行讨论，因为这些命令是随具体系统而不同的。

7.3.1 创建数据库

不同产品的数据库创建过程是截然不同的。多用户系统中，创建数据库的权限通常为 DBA 保留。单用户系统中，通常在系统安装和配置时创建一个默认数据库，其他数据库可以由用户在需要时创建。ISO 标准并不指定如何创建数据库，每种具体实现都有各自不同的方式。

根据 ISO 标准，关系和其他的数据库对象都存在于某个**环境**中。每个环境含一个或多个**目录**，每个目录中包括一组**模式**。模式是一组数据库对象的命名集合，该集合中的对象以某种方式相互关连（数据库中出现的任一对象不在这个就在那个模式中描述）。模式中的对象可以是表、视图、域、声明、序列、转变规则和字符集。模式中的所有对象有相同的所有者并且共享若干默认值。

ISO 标准把创建和删除目录的机制留给了具体负责实现的供应商来定义，但标准提供了创建和删除模式的机制。模式定义语句有如下形式：

CREATE SCHEMA [Name | **AUTHORIZATION** CreatorIdentifier]

所以，若模式 SqlTests 的创建者是 Smith，则 SQL 语句应为：

CREATE SCHEMA SqlTests **AUTHORIZATION** Smith;

ISO 标准也指出，可以在该语句中指定该模式的用户拥有设施的范围，但如何指定这些权限的具体过程则依赖于具体实现。

可以使用 DROP SCHEMA 语句删除模式，形式如下：

DROP SCHEMA Name [**RESTRICT** | **CASCADE**]

如果指定了 RESTRICT（它也是默认值），则模式必须为空，否则删除操作将失败。如果指定 CASCADE，那么将按前面定义的顺序级联地删除与模式相关的所有对象。如果其中任一删除操作失败，则 DROP SCHEMA 操作失败。带有 CASCADE 限定符的 DROP SCHEMA 语句影响的范围非常大，使用时一定要十分小心谨慎。值得注意的是，CREATE 和 DROP SCHEMA 语句并未得到广泛的实现。

7.3.2 创建表（CREATE TABLE）

创建数据库结构后，就可以在数据库中为基本关系创建表结构。可以通过 CREATE TABLE 语句实现，该语句基本语法规则如下：

```
CREATE TABLE TableName
    {(columnName dataType [NOT NULL] [UNIQUE]
    [DEFAULT defaultOption] [CHECK (searchCondition)] [, . . .]}
    [PRIMARY KEY (listOfColumns),]
    {[UNIQUE (listOfColumns)] [, . . .]}
    {[FOREIGN KEY (listOfForeignKeyColumns)
    REFERENCES ParentTableName [(listOfCandidateKeyColumns)]
        [MATCH {PARTIAL | FULL}
        [ON UPDATE referentialAction]
        [ON DELETE referentialAction]] [, . . .]}
    {[CHECK (searchCondition)] [, . . .]})
```

正如前面章节讨论过的,该版本中的 CREATE TABLE 语句整合了引用完整性和其他约束的功能。不同的实现对该版本语句提供的支持有很大的差别。但只要提供了支持,就可使用这些特性。

CREATE TABLE 语句创建一个名为 TableName 的表,该表包括一个或多个指定了数据类型(dataType)的列。允许使用的数据类型集合在 7.1.2 节已描述。可选的 DEFAULT 子句可以为特定列提供默认值。如果 INSERT 语句没有为该列赋值,SQL 就使用该默认值。除了其他值外,defaultOption 还可以包括文字。NOT NULL、UNIQUE 和 CHECK 子句在上一节已经讨论过了。剩下的子句均称为表约束,可以选择下列子句作为前缀:

CONSTRAINT ConstraintName

这样做的目的是可用 ALTER TABLE 语句通过约束名删除相关约束(见下面)。

PRIMARY KEY 子句指定表的主关键字列。如果该子句可用,则应在创建每个表时使用该子句指定主关键字。主关键字中的每一个列默认为 NOT NULL。每个表都只能使用一次 PRIMARY KEY 子句。SQL 拒绝任何使 PRIMARY KEY 列值重复的 INSERT 和 UPDATE 操作。通过这种方式,SQL 可以保证主关键字的唯一性。

FOREIGN KEY 子句指定(子)表中外部关键字及其与另一个(父)表的联系。该子句实现了引用完整性约束,并且指定了下列内容:

- listOfForeignKeyColumns,创建表时组成外部关键字的一个或多个列。
- REFERENCES 子句给出了父表,即具有匹配关键字的表。如果省略了 listOfCandidate-KeyColumns,则认为外部关键字和父表的主关键字相匹配。这时,父表的 CREATE TABLE 语句必须含有 PRIMARY KEY 子句。
- 当与子表外部关键字匹配的父表中候选关键字更新时,可选的联系更新规则(ON UPDATE)指定应采取的动作。referentialAction 可以是 CASCADE、SET NULL、SET DEFAULT 或 NO ACTION。如果 ON UPDATE 子句省略,默认值为 NO ACTION(参见 7.2 节)。
- 当与子表外部关键字匹配的父表中侯选关键字被删除时,可选的联系删除法则(ON DELETE)指定应采取的行动。referentialAction 与 ON UPDATE 规则相同。
- 在默认情况下,如果外部关键字的某列为空或在父表中存在一个匹配行,引用约束就得到满足。可用 MATCH 选项对外部关键字中存在空值的情况施加另外的限制。如果指定 MATCH FULL,则外部关键字或全部为空或全部非空。如果指定为 MATCH PARTIAL,则外部关键字各列或者全部为空,或者当那些为空的列被正确代入值时,父表中至少有一行能够满足约束。一些人认为引用完整性应该仅允许 MATCH FULL。

根据需要,可以存在多个 FOREIGN KEY 子句。CHECK 和 CONSTRAINT 子句允许定义另外的约束。如果用作列约束,则 CHECK 子句只能引用定义的列。每一个 SQL 语句执行时,约束都得到有效的检查,尽管这种检查可以延迟到事务运行的最后(参见 7.5 节)。例 7.1 说明了这一版本的 CREATE TABLE 语句的潜力。

| 例 7.1 ≫ CREATE TABLE

使用 CREATE TABLE 语句创建表 PropertyForRent。

```
CREATE DOMAIN OwnerNumber AS VARCHAR(5)
        CHECK (VALUE IN (SELECT ownerNo FROM PrivateOwner));
CREATE DOMAIN StaffNumber AS VARCHAR(5)
        CHECK (VALUE IN (SELECT staffNo FROM Staff));
CREATE DOMAIN BranchNumber AS CHAR(4)
        CHECK (VALUE IN (SELECT branchNo FROM Branch));
CREATE DOMAIN PropertyNumber AS VARCHAR(5);
CREATE DOMAIN Street AS VARCHAR(25);
CREATE DOMAIN City AS VARCHAR(15);
CREATE DOMAIN Postcode AS VARCHAR(8);
CREATE DOMAIN PropertyType AS CHAR(1)
        CHECK(VALUE IN ('B', 'C', 'D', 'E', 'F', 'M', 'S'));
CREATE DOMAIN PropertyRooms AS SMALLINT;
        CHECK(VALUE BETWEEN 1 AND 15);
CREATE DOMAIN PropertyRent AS DECIMAL(6,2)
        CHECK(VALUE BETWEEN 0 AND 9999.99);
CREATE TABLE PropertyForRent(
    propertyNo      PropertyNumber      NOT NULL,
    street          Street              NOT NULL,
    city            City                NOT NULL,
    postcode        PostCode,
    type            PropertyType        NOT NULL DEFAULT 'F',
    rooms           PropertyRooms       NOT NULL DEFAULT 4,
    rent            PropertyRent        NOT NULL DEFAULT 600,
    ownerNo         OwnerNumber         NOT NULL,
    staffNo         StaffNumber
                    CONSTRAINT StaffNotHandlingTooMuch
                        CHECK (NOT EXISTS (SELECT staffNo
                                        FROM PropertyForRent
                                        GROUP BY staffNo
                                        HAVING COUNT(*) > 100)),
    branchNo        BranchNumber        NOT NULL,
    PRIMARY KEY (propertyNo),
    FOREIGN KEY (staffNo) REFERENCES Staff ON DELETE SET NULL
                        ON UPDATE CASCADE,
    FOREIGN KEY (ownerNo) REFERENCES PrivateOwner ON DELETE NO
                        ACTION ON UPDATE CASCADE,
    FOREIGN KEY (branchNo) REFERENCES Branch ON DELETE NO
                        ACTION ON UPDATE CASCADE);
```

房产类型列 type 的默认值指定为 F（代表 Flat）。员工编号列使用 CONSTRAINT 子句来确保每个员工不会管理太多的房产。这个约束检查员工当前管理的房产数量是否大于 100 处。

主关键字为房产编号 propertyNo。SQL 自动强制实现这个列的唯一性。员工编号 staffNo 是引用表 Staff 的外部关键字。指定了删除规则，比如，如果一个记录从表 Staff 中删除，则表 PropertyForRent 中对应的 staffNo 列设为 NULL。另外，指定了更新规则，比如，表 Staff 中的员工编号更新，PropertyForRent 中对应的 staffNo 列相应地更新。业主编号 ownerNo 是引用表 PrivateOwner 的外部关键字。指定了 NO ACTION 删除规则，如果表 PrivateOwner 的 ownerNo 列在表 PropertyForRent 中有匹配的值时，可保护该值不被删除。指定了 CASCADE 更新规则，当业主编号更新时，表 PropertyForRent 中对应的 ownerNo 值设置为更新的值。相同的规则可用于 branchNo 列。所有的 FOREIGN KEY 约束中，因为省略了 listOfCandidate-KeyColumns，所以 SQL 假定外部关键字和相应父表中的主关键字相匹配。

注意，员工编号列 staffNo 并未指定为 NOT NULL，因为可能在某一段时间内还没有分配员工去管理该房产（例如，房产刚刚登记）。然而，其他外部关键字——ownerNo 和 branchNo 必须指定为 NOT NULL。

7.3.3　修改表定义（ALTER TABLE）

创建表后，还可以使用 ISO 标准提供的 ALTER TABLE 语句改变表的结构。SQL 标准中 ALTER TABLE 语句的定义包括六个选项：

- 在表中添加一个新列
- 从表中删除一个列
- 添加一项新的表约束
- 删除一项表约束
- 设置列默认值
- 删除列默认值

语句的基本格式如下：

ALTER TABLE TableName
[ADD [COLUMN] columnName dataType **[NOT NULL] [UNIQUE]**
[DEFAULT defaultOption] **[CHECK** (searchCondition)]]
[DROP [COLUMN] columnName **[RESTRICT | CASCADE]]**
[ADD [CONSTRAINT [ConstraintName]] tableConstraintDefinition]
[DROP CONSTRAINT ConstraintName **[RESTRICT | CASCADE]]**
[ALTER [COLUMN] SET DEFAULT defaultOption]
[ALTER [COLUMN] DROP DEFAULT]

这里的参数和前面章节讲述的 CREATE TABLE 语句定义的参数一样。tableConstraint-Definition 为下面子句中的某一个：PRIMARY KEY，UNIQUE，FOREIGN KEY 或 CHECK。ADD COLUMN 子句类似 CREATE TABLE 语句中的列定义。DROP COLUMN 子句指定从表定义中删除的列的名称，并有一个可选的标识符指出 DROP 操作是否是级联操作。

- RESTRICT：如果某列被另外的数据库对象（例如，视图定义）引用，则 SQL 拒绝进行 DROP 操作。这是默认的设置。
- CASCADE：进行 DROP 操作，并自动从所有引用该列的数据库对象中删除这一列。此操作级联进行。即从引用对象中删除此列时，SQL 检查这一列是否又被其他对象引用，如果是则在那儿又将其删除，一直这样进行下去。

| 例 7.2 》ALTER TABLE

（a）修改表 Staff，删除列 position 的默认值 "Assistant"，且设置列 sex 的默认值为女性（F）。

ALTER TABLE Staff
　　ALTER position **DROP DEFAULT**;
ALTER TABLE Staff
　　ALTER sex **SET DEFAULT** 'F';

（b）修改表 PropertyForRent，删除员工不能同时管理 100 处以上房产的约束。修改表 Client，增加一个新的列表示他对房间数的意愿。

ALTER TABLE PropertyForRent
    DROP CONSTRAINT StaffNotHandlingTooMuch;
ALTER TABLE Client
    ADD prefNoRooms PropertyRooms;

ALTER TABLE 语句不是在 SQL 的所有具体实现中都可用。在一些实现版本中，ALTER TABLE 语句不能用于从表中删除已存在的列。这时，如果不再需要某个列，只能简单地忽略这个列，但它实际还存在于表定义中。如果希望将其从表中删除，必须进行以下几步：

- 上传表中的所有数据。
- 用 DROP TABLE 语句删除该表的定义。
- 用 CREATE TABLE 语句重新定义一个新表。
- 将数据重新载入新表。

上传和重载步骤可用 DBMS 提供的专用程序来实现。也可以创建一个临时的表，用 INSERT...SELECT 语句把旧表的数据载入临时表，然后再从临时表上传到新表中。

7.3.4 删除表（DROP TABLE）

随着时间的推移，数据库的结构将会发生变化；一些新表被创建，而一些老表则不再需要。可用 DROP TABLE 语句删除数据库中多余的表，格式如下：

DROP TABLE TableName [**RESTRICT** | **CASCADE**]

例如，可用下面的命令删除表 PropertyForRent：

DROP TABLE PropertyForRent;

注意，这个命令不仅删除指名的表，还删除其所有的行。若只想删除表中的行，仍保留表的结构，则可用 DELETE 语句（参见 6.3.10 节）。DROP TABLE 语句允许指定删除操作是以级联还是以其他方式进行。

- RESTRICT：如果存在任何其他对象依赖于将要删除的表，则拒绝进行 DROP 操作。
- CASCADE：存在依赖的情况下也允许进行 DROP 操作，只是同时自动删除所有依赖的对象（包括依赖于这些对象的对象）。

带 CASCADE 的 DROP TABLE 语句的影响范围很大，使用时一定要小心谨慎。创建表时若发现出错，通常使用 DROP TABLE 纠错。即如果某个表创建时结构就不正确，那么 DROP TABLE 可以删除刚建的表，重新开始。

7.3.5 创建索引（CREATE INDEX）

索引是一种结构，它提供了基于一个或多个列值快速访问表中元组的方法（参见附录 F 关于索引的讨论，了解如何使用索引提高数据检索的效率）。索引的出现极大地提高了查询的性能。然而，由于每一次更新基本关系时系统都可能会更新索引，所以将导致额外的开销。通常，建立索引是在表使用一段时间后，这时规模有所增加而又需满足特殊的查找要求。SQL 标准中并未对创建索引进行规定。然而，大多数的实现版本至少可以支持下列语句：

CREATE [UNIQUE] INDEX IndexName
ON TableName (columnName [**ASC** | **DESC**] [, . . .])

指定的列构成索引关键字，这些列应该按从主要到次要的顺序排列。索引只能基于基表建立，而不能基于视图。如果使用 UNIQUE 子句，DBMS 将强制实现索引列或列组合的唯一性。这对于主关键字是必然要求，对于其他列（例如，候选关键字）也可能有此要求。尽管索引在任何时候都可以创建，但是对已包含记录的表创建唯一性索引存在一定困难，因为索引列可能已经存在重复值了。所以在创建基表时，如果所用 DBMS 不能自动强制实现主关键字的唯一性，至少建议为主关键字创建唯一性索引。

对于表 Staff 和表 PropertyForRent，至少应该创建下面的索引：

CREATE UNIQUE INDEX StaffNoInd **ON** Staff (staffNo);
CREATE UNIQUE INDEX PropertyNoInd **ON** PropertyForRent (propertyNo);

对于每个列，可以指定以升序（ASC）或降序（DESC）排列，默认设置是 ASC。例如，在表 PropertyForRent 上建立索引如下：

CREATE INDEX RentInd **ON** PropertyForRent (city, rent);

这样，就根据表 PropertyForRent 创建了名为 RentInd 的索引文件。记录将按 city 列值的字母顺序排序，若 city 值相同则按 rent 列排序。

7.3.6 删除索引（DROP INDEX）

如果已经为基表建立了索引并且不再需要索引，则可以用 DROP INDEX 语句从数据库中删除索引。DROP INDEX 的格式如下：

DROP INDEX IndexName

下面的语句将会删除前面例子建立的索引：

DROP INDEX RentInd;

7.4 视图

复习一下 4.4 节中对视图的定义。

视图 | 为了得到另一个关系而对基关系进行一次或多次关系操作所得到的动态结果。视图是虚关系，即在数据库中不存在，需要时根据特定用户的要求临时生成。

对于数据库用户来说，视图像真实表一样存在，包含指定列和行的集合。然而，与基表不同的是，视图并不需要像存储数据集合一样存在于数据库中。相反，视图被定义成对一个或多个表或视图的查询。DBMS 在数据库中只存储视图定义。当 DBMS 遇到视图引用时，一种方法是查找视图定义，并且将请求转换为对于视图源表的等价请求，然后完成等价的请求操作。这个转换的过程称为**视图分解**（view resolution），将在 7.4.3 节讨论。另一种可供选择的方法称为**视图物化**（view materialization），即把视图存储在数据库的临时表中，并在基表变化时更新临时表以及时维护视图。视图物化将在 7.4.8 节讨论。首先，讨论一下如何创建和使用视图。

7.4.1 创建视图（CREATE VIEW）

CREATE VIEW 语句的格式如下：

CREATE VIEW ViewName [(newColumnName [, . . .])]
AS subselect [**WITH** [**CASCADED** | **LOCAL**] **CHECK OPTION**]

视图通过指定 SQL SELECT 语句定义。可以有选择地为视图中每个列定义一个名字。如果给出列名表，那它必须与 subselect 子句产生的列数目相同。如果省略列名表，视图中列的名字即采用 subselect 子句中相应列的名字。如果列名字存在歧义，就必须指定列名表。当 subselect 子句包含计算列却没有使用 AS 子句命名这些列时，或者当连接操作产生了两个相同名字的列时，这种情况便有可能发生。

subselect 称为**定义查询**。如果说明 WITH CHECK OPTION，SQL 将确保那些不满足定义查询中 WHERE 子句的行不会被添加到视图的基表中（参见 7.4.6 节）。应该注意的是，欲成功创建视图，则对 subselect 中引用的所有表必须具有 SELECT 权限，而对任何被引用列对应的域应具有 USAGE 权限。在 7.6 节中将会讨论这些权限。尽管所有视图都按同样的方式创建，但实际上不同类型的视图有不同的用途。下面举例说明不同类型的视图。

例 7.3 ≫ 创建水平视图

创建一个视图，让分公司 B003 的经理只看到他所在分公司的员工的情况。

水平视图限制用户只能访问一个或多个表中选定的元组。

CREATE VIEW Manager3Staff
AS SELECT *
    FROM Staff
    WHERE branchNo = 'B003';

这样就创建了名为 Manger3Staff 的视图，该视图具有与表 Staff 相同的列名字，但是只包括分公司为 B003 的那些元组（严格地说，branchNo 列不再必要，可从视图定义中省略，因为所有元组都满足 branchNo='B003'）。现在，执行语句

SELECT * **FROM** Manager3Staff;

查询结果如表 7-3 所示。要确保该分公司的经理只看到这些元组，就不应该允许他访问基表 Staff。而是给他访问视图 Manger3Staff 的权限。效果上，就是为分公司经理定制了表 Staff 的一个视图，通过它只能看到他所在分公司的员工的情况。访问权限将在 7.6 节讨论。 ≪

表 7-3 视图 Manger3Staff 的数据

staffNo	fName	lName	position	sex	DOB	salary	branchNo
SG37	Ann	Beech	Assistant	F	10-Nov-60	12000.00	B003
SG14	David	Ford	SupervisorM		24-Mar-58	18000.00	B003
SG5	Susan	Brand	Manager	F	3-Jun-40	24000.00	B003

例 7.4 ≫ 建立垂直视图

建立一个视图，包括分公司 B003 员工的除工资外的信息，为的是只让经理看到员工的工资情况。

垂直视图限制用户只能访问一个或多个表中选定的列。

```
CREATE VIEW Staff3
AS SELECT staffNo, fName, lName, position, sex
    FROM Staff
    WHERE branchNo = 'B003';
```

注意可用视图 Manger3Staff 代替表 Staff 重写这个语句：

```
CREATE VIEW Staff3
AS SELECT staffNo, fName, lName, position, sex
    FROM Manager3Staff;
```

两种方法都可以创建名为 Staff3 的视图，它除了不包括列 salary、DOB 和 branchNo 外，具有与表 Staff 相同的列。列出该视图，便可得出表 7-4 所示的结果。为确保只有分公司经理才能看到工资情况，不能给予分公司 B003 的一般员工访问基表 Staff 和视图 Manger3Staff 的权限，而是只给他们访问视图 Staff3 的权限，这样就限制了他们对敏感的工资数据的访问。

表 7-4　视图 Staff3 的数据

staffNo	fName	lName	position	sex
SG37	Ann	Beech	Assistant	F
SG14	David	Ford	Supervisor	M
SG5	Susan	Brand	Manager	F

垂直视图通常应用的情形是，表中存储的数据被各种各样的用户或用户组使用。垂直视图为这些用户提供了仅由他们需要的列构成的私有表。

例 7.5 ▶▶ 分组或连接视图

创建负责管理出租房产的员工的视图，包括员工所在分公司的编号、员工编号和他们管理的房产的数量（参见例 5.27）。

```
CREATE VIEW StaffPropCnt (branchNo, staffNo, cnt)
AS SELECT s.branchNo, s.staffNo, COUNT(*)
    FROM Staff s, PropertyForRent p
    WHERE s.staffNo = p.staffNo
    GROUP BY s.branchNo, s.staffNo;
```

查询所得的数据视图如表 7-5 所示。这个例子说明了子查询的用法，包括 GROUP BY 子句（产生的视图称为**分组视图**）和多个表（产生的视图称为**连接视图**）。使用视图最常见的一个原因就是可以简单地进行多表查询。一旦定义了一个连接视图，就可以将原来需要多表连接的查询变为对视图的简单单表查询。注意，由于在子查询中使用了未限定的聚集函数 COUNT，因而必须在视图定义中命名这些列。 ◀◀

表 7-5　视图 StaffPropCnt 的数据

branchNo	staffNo	cnt
B003	SG14	1
B003	SG37	2
B005	SL41	1
B007	SA9	1

7.4.2　删除视图（DROP VIEW）

用 DROP VIEW 语句把视图从数据库中删除：

DROP VIEW ViewName [**RESTRICT** | **CASCADE**]

DROP VIEW 子句把视图的定义从数据库中删除。例如，删除视图 Manger3Staff：

DROP VIEW Manager3Staff;

如果指定 CASCADE 方式，那么 DROP VIEW 将删除所有相关依赖的对象，换句话说，就是删除所有引用该视图的对象。这意味着 DROP VIEW 也将删除定义在被删除视图上的所有视图。如果指定 RESTRICT 方式，那么如果存在依赖于被删除视图的其他对象，SQL 将不进行该删除操作。默认设置为 RESTRICT。

7.4.3 视图分解

前面已经学习了如何建立和使用视图，现在进一步说明如何处理对视图进行的查询。为了说明视图分解的过程，请看下面的查询，计算在分公司 B003 工作的每位员工管理房产的数量。此查询基于例 7.5 的视图 StaffPropCnt：

SELECT staffNo, cnt
FROM StaffPropCnt
WHERE branchNo = 'B003'
ORDER BY staffNo;

视图分解是将上面的查询与 StaffPropCnt 视图的定义查询合并。过程如下：

（1）将 SELECT 列表中给出的视图列名转换为定义查询中相应的列名。即：

SELECT s.staffNo **AS** staffNo, **COUNT**(*) **AS** cnt

（2）FROM 子句中的视图名可用定义查询中相应的 FROM 列表代替：

FROM Staff s, PropertyForRent p

（3）用逻辑运算符 AND 将来自用户查询的 WHERE 子句和定义查询的 WHERE 子句合并，即：

WHERE s.staffNo = p.staffNo **AND** branchNo = 'B003'

（4）从定义查询复制 GROUP BY 和 HAVING 子句。本例中，只使用了 GROUP BY 子句：

GROUP BY s.branchNo, s.staffNo

（5）最后，从用户查询复制 ORDER BY 子句，同时将视图的列名转换为定义查询的列名：

ORDER BY s.staffNo

（6）最后合并查询变为：

SELECT s.staffNo **AS** staffNo, **COUNT**(*) **AS** cnt
FROM Staff s, PropertyForRent p
WHERE s.staffNo = p.staffNo **AND** branchNo = 'B003'
GROUP BY s.branchNo, s.staffNo
ORDER BY s.staffNo;

查询结果如表 7-6 所示。

7.4.4 视图的局限性

ISO 标准对创建和使用视图施加了一些重要的限定，

表 7-6 视图分解后的查询结果表

staffNo	cnt
SG14	1
SG37	2

尽管各种实现版本有相当大的不同。

- 如果视图中某个列是基于聚集函数的，那么在访问该视图的查询语句中，该列只能出现在 SELECT 和 ORDER BY 子句里。具体地说，在基于该视图的查询语句中，该列不能出现在 WHERE 子句中，也不能作为任何聚集函数的参数。例如，例 7.5 中视图 StaffPropCnt 有一个列 cnt 是基于聚集函数 COUNT 的。那么下面的查询将会失败：

```
SELECT COUNT(cnt)
FROM StaffPropCnt;
```

因为对列 cnt 使用了聚集函数，而该列本身又是基于聚集函数的。相似地，下面的查询也会失败：

```
SELECT *
FROM StaffPropCnt
WHERE cnt > 2;
```

因为在 WHERE 子句中使用了视图的列 cnt，该列是由聚集函数导出的。

- 分组视图从来就不能与基表或视图连接。例如，视图 StaffPropCnt 是一个分组视图，所以任何试图将这个视图与另一个表或视图连接的操作都会失败。

7.4.5　视图的可更新性

对一个基表的所有更新都会立即反映到包含这个基表的所有视图中。同样，我们可能期望当一个视图被更新时，基表也将反映这种变化。然而，再看一下例 7.5 中的视图 StaffPropCnt。考虑一下，如果试图将包含分公司 B003、员工 SG5 和管理两处房产这么一个记录插入视图中将会发生什么情况，插入语句如下：

```
INSERT INTO StaffPropCnt
VALUES ('B003', 'SG5', 2);
```

为此，不得不往表 PropertyForRent 中插入两个记录，表明员工 SG5 管理的是哪两处房产。然而，现在只知道该员工管理着两处房产，并不知道它们具体是什么。换句话说，并不知道表 PropertyForRent 相应的主关键字值。如果改变视图定义并用实际的房产编号代替数量：

```
CREATE VIEW StaffPropList (branchNo, staffNo, propertyNo)
AS SELECT s.branchNo, s.staffNo, p.propertyNo
    FROM Staff s, PropertyForRent p
    WHERE s.staffNo = p.staffNo;
```

再插入记录：

```
INSERT INTO StaffPropList
VALUES ('B003', 'SG5', 'PG19');
```

这个插入操作仍然存在问题，因为给出表 PropertyForRent 的定义时，除了 postcode 和 staffNo 外所有列都不允许为空（参见例 7.1）。然而，视图 StaffPropList 中并不包括表 PropertyForRent 中除了房产编号以外的其他列，从而无法提供那些非空的列值。

ISO 标准指出视图在符合标准的系统中才一定是可更新的。ISO 标准给出视图可更新的充要条件为：

- 没有指定 DISTINCT，即重复元组未从查询结果中消除。
- 定义查询的 SELECT 列表中的每个元素均为列名（而不是常量、表达式或聚集函数），且列名出现的次数不多于一次。
- FROM 子句只指定一个表，即视图只有一个源表且用户对该表有要求的权限。如果源表本身就是一个视图，那么该视图必须满足这些条件。因此，排除了基于连接、并（UNION）、交（INTERSECT）或差（EXCEPT）操作的所有视图。
- WHERE 子句不能包括任何引用了 FROM 子句中的表的嵌套 SELECT 操作。
- 定义查询中不能有 GROUP BY 或 HAVING 子句。

另外，添加到视图中的每一行都不能违反基表的完整性约束。例如，如果通过视图插入一个新行，则视图中没有涉及的列可以设置为空，但这不能违反基表的 NOT NULL 完整性约束。这些限制中蕴涵的基本概念为：

> **可更新视图** | 为了使视图可更新，对于任何一个行或列，DBMS 必须都能追溯到其源表中相应的行或列。

7.4.6　WITH CHECK OPTION

视图中的行均满足定义查询中的 WHERE 条件。如果某行被修改后不再满足这种条件，那么它应当从视图中去除。相似地，当对视图进行插入和更新时，如果有新行满足 WHERE 条件，那么这些新行便会出现在视图中。进入或离开视图的行称为**迁移行**。

通常来说，CREATE VIEW 语句中的 WITH CHECK OPTION 子句用于禁止行迁移出视图。可选修饰词 LOCAL/CASCADED 应用于层次视图，即由视图导出的视图。这种情况下，如果指定了 WITH LOCAL CHECK OPTION，那么在该视图或由该视图直接或间接导出的视图上进行行插入或更新操作时，不允许行迁移出视图，除非该行也迁移出底层视图或表。如果指定了 WITH CASCADED CHECK OPTION（默认设置），那么在该视图或由该视图直接或间接导出的视图上进行行插入或更新操作时，都不允许行迁移出该视图。

这个特性非常有用，它使得用具有该特性的视图比用基表更具吸引力。当视图中 INSERT 和 UPDATE 语句违反了定义查询的 WHERE 条件时，操作即被拒绝。对数据库强加这种约束有助于保持数据的完整性。WITH CHECK OPTION 仅能应用于前面章节定义的可更新视图。

| 例 7.6 » WITH CHECK OPTION

重新考虑例 7.3 创建的视图：

```
CREATE VIEW Manager3Staff
AS SELECT *
    FROM Staff
    WHERE branchNo = 'B003'
WITH CHECK OPTION;
```

它有如表 7-3 所示的虚表。如果试图将某行的分公司编号 B003 更新为 B005，例如：

```
UPDATE Manager3Staff
SET branchNo = 'B005'
WHERE staffNo = 'SG37';
```

那么视图定义中的 WITH CHECK OPTION 子句使得该操作被拒绝，因为它将导致一行从原水平视图中移出。类似地，如果企图在该视图中插入下面的行：

INSERT INTO Manager3Staff
VALUES('SL15', 'Mary', 'Black', 'Assistant', 'F', **DATE**'1967-06-21', 8000, 'B002');

视图定义中的 WITH CHECK OPTION 子句阻止该行插入到基表 Staff 中，并且根本不会在视图中出现（因为分公司 B002 不是视图的一部分）。

现在考虑这种情况，视图 Manager3Staff 不是直接基于表 Staff 定义，而是基于 Staff 的另一个视图：

CREATE VIEW LowSalary	**CREATE VIEW** HighSalary	**CREATE VIEW** Manager3Staff
AS SELECT *	**AS SELECT** *	**AS SELECT** *
FROM Staff	**FROM** LowSalary	**FROM** HighSalary
WHERE salary > 9000;	**WHERE** salary > 10000	**WHERE** branchNo = 'B003';
	WITH LOCAL CHECK OPTION;	

如果试图更新视图 Manager3Staff：

UPDATE Manager3Staff
SET salary = 9500
WHERE staffNo = 'SG37';

该更新将会失败，因为更新会引起一行从视图 HighSalary 中去除，但却不会从视图 LowSalary 中去除（而视图 HighSalary 由视图 LowSalary 导出）。可是若更新是设置工资为 8000，操作将会成功，因为该行也会从 LowSalary 中去除。然而，如果视图 HighSalary 定义中给出 WITH CASCADED CHECK OPTION，则无论设置工资为 9500 还是 8000，这种更新都将被拒绝。所以，为了确保不出现这样的反常情况，通常需要使用 WITH CASCADED CHECK OPTION 创建视图。

7.4.7 视图的优缺点

限制某些用户仅能访问视图而不能直接访问基表有许多好处。遗憾的是，SQL 视图也有一些缺点。本节将简单讨论视图的优点和缺点，表 7-7 进行了总结。

优点

对在一台独立 PC 上运行的 DBMS，视图通常作为一种便利机制，简化数据库的请求。然而，在多用户 DBMS 中，视图在定义数据库结构和强制完整性安全性方面扮演着重要角色。视图的主要优点描述如下。

数据独立性。视图可给出一致的、不变的数据库结构描述，即使底层源表发生了变化（例如，添加或删除列、改变了联系、表被拆分、重构或重命名）。如果

表 7-7 SQL 中视图优缺点的总结

优 点	缺 点
数据独立性	更新局限性
实时性	结构局限性
提高了安全性	性能开销
降低了复杂性	
方便	
用户化	
数据完整性	

表中添加或删除列，且这些列不是视图所需要的，那么视图定义就不需要改变。如果现有表被重构或拆分，可定义视图使用户仍能继续看到旧表。对于拆分表的情况，假如拆分的方式是源表可以重构，那么旧表可以用新表的连接所定义的视图表示。可以在两个新表中都放置主关键字来确保这一点。假如原有表 Client 如下：

Client (<u>clientNo</u>, fName, lName, telNo, prefType, maxRent, eMail)

将其拆分为两个新表：

ClientDetails (<u>clientNo</u>, fName, lName, telNo, eMail)
ClientReqts (<u>clientNo</u>, prefType, maxRent)

用户和应用程序仍可以使用旧表的结构访问数据，通过 ClientDetails 与 ClientReqts 自然连接，ClientNo 作为连接列定义出视图 Client，如同旧表被重新建立：

CREATE VIEW Client
AS SELECT cd.clientNo, fName, lName, telNo, prefType, maxRent, eMail
　　FROM ClientDetails cd, ClientReqts cr
　　WHERE cd.clientNo = cr.clientNo;

实时性。定义查询中任何基表的改变都会立即反映到视图中。

提高了安全性。每个用户访问数据库的权限限定为一小组视图，这些视图包括用户可使用的数据，从而限制和控制了用户对数据库的访问。

降低了复杂性。视图可以简化查询，通过把多表中得到的数据放到单表中，将多表查询转换为单表查询。

方便。视图为用户提供了极大的方便，因为提供给用户的数据仅仅是用户想看到的那部分数据库内容。从用户的观点来说，也降低了复杂性。

用户化。视图提供了定制数据库呈现形式的一种方法，目的是同一个底层基表可以被不同的用户以不同的方式查看。

数据完整性。如果使用了 CREATE VIEW 语句的 WITH CHECK OPTION 子句，则 SQL 就可确保不满足定义查询中 WHERE 子句的任何行不会通过视图加入基表，这样就确保了视图的完整性。

缺点

尽管视图提供了不少的优点，但也有一些缺点。

更新局限性。在 7.4.5 节中已经阐述过，在一些情况下视图不可更新。

结构局限性。视图的结构是在建立时确定的。如果定义查询是 SELECT * FROM... 形式的，那么星号（*）代表视图创建时基表的列。如果列是以后加入基表的，那么就不会出现在视图中，除非删除视图再重建。

性能开销。使用视图会带来一定的性能开销。某些情况下，这种开销可以忽略；另一些情况下，性能开销是严重的问题。例如，通过复杂多表查询定义的视图可能会用很长的时间处理查询过程，因为每次视图访问时视图分解必须同时连接多个表。视图分解需要额外的计算机资源。下一节将简单讨论采用何种方法克服视图的这些缺点。

7.4.8 视图物化

在 7.4.3 节中讨论过基于视图的查询的一种处理办法，即将查询转换为对基表的查询。这种方法的一个缺点是要花费一定的时间进行视图分解，特别是当视图被频繁访问时。另一种方法称为**视图物化**，即把第一次访问视图的结果存储为数据库的临时表。这样，基于物化视图的查询比每次重新计算视图要快得多。当查询频繁且视图复杂，以至于每次查询都计算视图不现实时，这种速度上的差异在应用中就显得非常重要了。

物化视图在一些新领域非常有用，如数据仓库、复制服务器、数据可视化和移动系统中。完整性约束检查和查询优化也得益于物化视图。这种方法的困难之处在于基表更新的同时还要保证视图的实时性。更新基表的同时引起物化视图更新的过程称为**视图维护**。视图维护基本的目的是对视图进行必要的改变，以保持视图的最新性。为了说明这个问题，请看下面的视图：

```
CREATE VIEW StaffPropRent (staffNo)
AS SELECT DISTINCT staffNo
   FROM PropertyForRent
   WHERE branchNo = 'B003' AND rent > 400;
```

结果数据见表 7-8。如果想向表 PropertyForRent 中插入列 rent≤400 的行，那么视图不会改变。如果向表 PropertyForRent 中插入行（'PG4'，…，550, 'CO40', 'SG19', 'B003'），那么该行就会出现在物化视图中。可是如果向表 PropertyForRent 中插入行（'PG54'，…，450, 'CO89', 'SG37', 'B003'），那么物化视图不会增加新行，这是因为行 SG37 已经存在。注意，在这三种情况下，决定一个行是否插入物化视图并不需要访问基表 PropertyForRent。

表 7-8　视图 StaffPropRent 的数据

staffNo
SG37
SG14

如果希望从表 PropertyForRent 中删除行（'PG24'，…，550, 'CO40', 'SG19', 'B003'），那么对应行也会从物化视图中删除。如果希望从表 PropertyForRent 中删除行（'PG54'，…，450, 'CO89', 'SG37', 'B003'），那么物化视图中对应于 SG37 的行不会被删除，因为基表中 SG37 还存在对应于房产 PG21 的一行。在这两种情况下，决定在物化视图中是否删除或保留行需要访问基本表 PropertyForRent。对于物化视图的更加完整的讨论，可参阅 Gupta and Mumick（1999）。

7.5　事务

ISO 标准基于 COMMIT 和 ROLLBACK 两个 SQL 语句定义的事务模型。大多数（但并非全部）商品化 SQL 实现都符合这个模型，该模型基于 DBMS IBM DB2。事务是由一个或多个 SQL 语句组成的逻辑工作单元，通过恢复机制可以保证其原子性。ISO 标准指出，当用户或程序执行事务初始化 SQL 语句（例如 SELECT、INSERT、UPDATE）时，SQL 事务自动开始。事务在其结束之前所进行的变化对其他并发执行的事务均不可见。结束事务有四种方式：

- COMMIT 语句成功提交事务，并使数据库的变化持久化。COMMIT 语句之后由事务初始化语句开始下一个新事务。
- ROLLBACK 语句撤销事务，回退到事务执行前。ROLLBACK 语句之后由事务初始化语句开始下一个新事务。
- 对于程序式 SQL（参见附录 I），程序成功终止意味着最后一个事务成功结束，即使不执行 COMMIT 语句。
- 对于程序式 SQL，不正常的程序终止撤销事务。

SQL 事务不能嵌套（参见 22.4 节）。SET TRANSACTION 语句允许用户配置事务的某些特性。该语句的基本格式如下：

SET TRANSACTION
[READ ONLY | READ WRITE] |
[ISOLATION LEVEL READ UNCOMMITTED | READ COMMITTED |
REPEATABLE READ | SERIALIZABLE]

READ ONLY 和 READ WRITE 修饰符表明事务是只读的还是包括读和写两种操作。若什么修饰符都没有，默认设置为 READ WRITE（除非隔离级为 READ UNCOMMITIED）。也许有点混乱，但 READ ONLY 却允许事务对临时表进行 INSERT、UPDATE 和 DELETE 操作（仅限于临时表）。

隔离级表明事务执行过程中允许与其他事务交互的程度。针对下面三种可防止的现象，表 7-9 列出了每个隔离级允许违反的可串行性：

- 污读。事务读取被其他至今未提交事务写过的数据。
- 不可重读。事务重读先前已读过的数据时，该数据却被已提交事务在这两次读之间修改或删除过。
- 幻读。事务执行一个查询，获得满足特定查询条件的多行数据。当事务稍后重新执行该查询时，会返回增加的行，增加的行是由其他已提交事务在这期间插入的。

表 7-9 隔离级允许违反可串行性的情况

隔离级	污读	不可重读	幻读
READ UNCOMMITTED	Y	Y	Y
READ COMMITTED	N	Y	Y
REPEATABLE READ	N	N	Y
SERIALIZABLE	N	N	N

只有 SERIALIZABLE 隔离级是安全的，它产生的是可串行化调度。对于其他隔离级，程序员需使用 DBMS 提供的机制以保证可串行性。第 22 章提供有关事务和可串行性的其他信息。

立即完整约束与延迟完整约束

在某些情况下，并不希望在每个 SQL 语句执行后立即进行完整性约束检查，而希望延迟到事务提交时进行完整性约束检查。约束可能定义为 INITIALLY IMMEDIATE 或 INITIALLY DEFERRED，表明每个事务开始时采用哪一种约束模式。前一种情况下，也可以用标识符 [NOT] DEFERRABLE 指定模式以后是否可改变。默认模式为 INITIALLY IMMEDIATE。

SET CONSTRAINTS 语句用于对当前事务设置约束模式。语句格式如下：

SET CONSTRAINTS
   {ALL | constraintName [, . . .]} {DEFERRED | IMMEDIATE}

7.6 自主访问控制

在 2.4 节中曾提到，DBMS 系统应该提供一种机制，确保只有授权用户才能够访问数据库。现代 DBMS 通常提供下面一种或两种授权机制。

- 自主访问控制。每个用户被授予对特定的数据库对象的适当的访问权利（或权限）。

典型情况是，当用户创建一个对象时即获得某些权限，并能按他们的想法授予部分或全部权限给其他用户。这种授权机制虽然灵活，但未授权的用户可能会伪装成授权用户来窃取敏感数据。

- 强制访问控制。每个数据库对象被赋予特定分级（例如，绝密、秘密、机密、不保密），并且每个主体（例如，用户、程序）被赋予指定的许可证级别。分级形成一个严格的顺序（绝密＞机密＞秘密＞不保密），主体需要必要的许可证级别来读写数据库对象。这种多级安全机制对政府、军队和公用应用软件非常重要。最常用的强制访问控制模型是 Bell-LaPadula（Bell and LaPadula，1974），我们将在第 20 章深入讨论。

SQL 通过 GRANT 和 REVOKE 语句来支持自主访问控制。该机制基于授权标识符、所有权和权限的概念，这些将在下面讨论。

授权标识符和所有权

授权标识符是 SQL 用于辨别用户的一般标识符。每个数据库用户都由数据库管理员分配一个授权标识符。为了安全起见，标识符通常都和一个密码相关联。DBMS 执行的每个SQL 语句都是代表某个用户的。可用授权标识符来确定用户可访问哪些数据库对象，以及对哪些对象能进行什么操作。

SQL 中创建的每个对象都有一个所有者。所有者就是创建该对象所属的模式时AUTHORIZATION 子句定义的授权标识符（参见 7.3.1 节）。最初只有所有者知道对象存在，并能对其进行任何操作。

权限

权限是指允许用户对指定基表或视图进行的操作。ISO 标准定义的权限有：

- SELECT：检索表中数据的权限。
- INSERT：向表中插入新行的权限。
- UPDATE：更新表中的行的权限。
- DELETE：删除表中的行的权限。
- REFERENCES：完整性约束中引用指定表中列的权限。
- USAGE：使用域、序列、字符集和转变规则。本书并不讨论序列、字符集和转变规则，有兴趣的读者可参看 Cannan and Otten（1993）。

INSERT 和 UPDATE 权限可以限制表中指定的列，允许改变这些列但不允许改变其他列。相似地，REFERENCES 权限可以限制表中指定的列，允许在约束中引用这些列，如检查约束和外部关键字约束，但不允许引用其他列。

当用户用 CREATE TABLE 语句创建表时，他自动成为表的所有者并获得对表的所有权限。其他用户对这个新表初始时并没有任何权限。为了允许其他用户访问该表，所有者必须用 GRANT 语句显式授予他们访问所必需的权限。

当用户用 CREATE VIEW 语句创建视图时，他自动成为视图的所有者但并不一定具有视图的所有权限。创建视图时，用户必须具有对组成视图的所有表的 SELECT 权限，以及视图中列的 REFERENCES 权限。然而，视图的所有者要想拥有 INSERT、UPDATE 和DELETE 权限，则必须拥有视图中每个表的这些权限。

7.6.1   授予其他用户权限（GRANT）

GRANT 语句将数据库对象的权限授予特定用户。正常情况下，GRANT 语句由表的所有者授权给访问数据的其他用户。GRANT 语句的格式如下：

GRANT	{PrivilegeList | **ALL PRIVILEGES**}
ON	ObjectName
TO	{AuthorizationIdList | **PUBLIC**}
[WITH GRANT OPTION]	

PrivilegeList 由下列用逗号分开的一个或多个权限组成：

SELECT	
DELETE	
INSERT	[(columnName [, . . .])]
UPDATE	[(columnName [, . . .])]
REFERENCES	[(columnName [, . . .])]
USAGE	

为方便起见，GRANT 语句允许用关键字 ALL PRIVILEGES 授予用户所有权限，而不是分别授予六个权限。关键字 PUBLIC 可允许所有现在或未来授权用户访问数据，而不局限于 DBMS 系统当前已有的用户。ObjectName 可以是基表、视图、域、序列或转变规则的名字。

WITH GRANT OPTION 子句允许 AuthorizationIdList 中的用户将他们拥有的对指定对象的权限传递给其他用户。如果这些用户传递的是指定 WITH GRANT OPTION 的权限，那么接收权限的用户还可继续传递权限给其他的用户。如果没有指定这个关键字，接收权限的用户就不能再传递权限给其他用户。通过这种方式，对象所有者可严格控制允许使用对象的用户和允许访问的形式。

例 7.7 》授予所有权限

将表 Staff 的全部权限授予授权标识符为 Manager 的用户。

GRANT ALL PRIVILEGES
ON Staff
TO Manager **WITH GRANT OPTION;**

标识为 Manager 的用户可以检索表 Staff 中的行，插入、更新或删除表中数据。Manager 也可以访问表 Staff 和任何随后建立的 Staff 中的列。通过指定关键字 WITH GRANT OPTION，Manager 可以传递这些权限给其他用户。 《《

例 7.8 》授予特定权限

授予用户 Personnel 和 Director 对表 Staff 的 SELECT 和对表的 salary 列 UPDATE 的权限。

GRANT SELECT, UPDATE (salary)
ON Staff
TO Personnel, Director;

这里没有关键字 WITH GRANT OPTION，这样用户 Personnel 和 Director 就不能再把这些权限传递给其他用户。 《《

例 7.9 》授予所有用户特定的权限

将表 Branch 中的 SELECT 权限授予所有用户。

GRANT SELECT
ON Branch
TO PUBLIC;

这里用 PUBLIC 意味着所有用户（现在和未来）都可以检索表 Branch 的所有数据。注意，这时使用 WITH GRANT OPTION 没有任何意义，因为每个用户都可以访问表中数据，无需传递权限给其他用户。

7.6.2 撤销用户权限（REVOKE）

REVOKE 语句用于撤销 GRANT 语句授予的权限。REVOKE 语句能够取消前面授予给用户的所有或部分权限。语句格式如下：

REVOKE [GRANT OPTION FOR] {PrivilegeList | **ALL PRIVILEGES**}
ON   ObjectName
FROM   {AuthorizationIdList | **PUBLIC**} [**RESTRICT** | **CASCADE**]

关键字 ALL PRIVILEGES 是指正在撤销授权的这个用户授予某一用户的所有权限。可选的子句 GRANT OPTION FOR 允许通过 GRANT 语句中的 WITH GRANT OPTION 传递的那些权限被独立地撤销。

限制符 RESTRICT 和 CASCADE 的意义类似于 DROP TABLE 语句（参见 7.3.3 节）。由于创建对象需要相应的权限，那么撤销权限也就撤销了创建该对象的权力（这样的对象称为**被抛弃**）。如果 REVOKE 语句导致一个对象（比如说视图）被抛弃，那么该操作不能执行，除非指定了关键字 CASCADE。如果指定了 CASCADE，合适的 DROP 语句将用于删除所有被抛弃的视图、域、约束或声明。

注意，用户从其他用户那里获得的权限并不受这个 REVOKE 语句的影响。因此，如果另一个用户也曾授予该用户正被撤销的权限，那么另一个用户的授权使得该用户仍能访问这个表。例如，在图 7-1 中，用户 A 授予用户 B 对表 Staff 的 INSERT 权限，并指定了 WITH GRANT OPTION（步骤 1），用户 B 把这个权限传递给用户 C（步骤 2）。随后，用户 C 从用户 E 得到相同的权限（步骤 3）。然后，用户 C 把这个权限传递给用户 D（步骤 4）。当用户 A 撤销用户 B 的 INSERT 权限时（步骤 5），用户 C 的权限并未被撤销，因为用户 C 也从用户 E 得到了相应权限。如果用户 E 未曾赋予用户 C 权限，那么这个撤销权限操作将会级联地作用到用户 C 和用户 D。

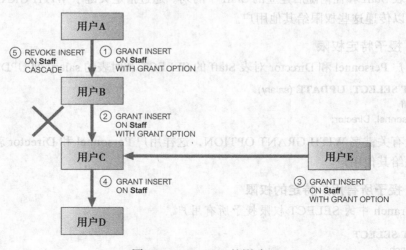

图 7-1 REVOKE 的影响

| 例 7.10 >> 撤销所有用户的特定权限

取消所有用户对表 Branch 的 SELECT 权限。

REVOKE SELECT
ON Branch
FROM PUBLIC;

| 例 7.11 >> 撤销给定用户的特定权限

取消赋予 Director 的关于表 Staff 的所有权限。

REVOKE ALL PRIVILEGES
ON Staff
FROM Director;

这个语句等价于 REVOKE SELECT...，因为这是 Director 被赋予的唯一权限。

本章小结

- ISO 标准提供八种基本数据类型：布尔、字符、位、定点数、浮点数、日期时间、间隔和字符 / 二进制大对象。

- SQL DDL 语句用于定义数据库对象。CREATE 和 DROP SCHEMA 语句用于创建和删除模式，CREATE、ALTER 和 DROP TABLE 语句用于创建、更新和删除表，CREATE 和 DROP INDEX 语句用于创建和删除索引。

- ISO SQL 标准在 CREATE 和 ALTER TABLE 语句中提供子句来定义下列**完整性约束**：必须有值的数据、域约束、实体完整性、引用完整性和一般性约束。**必须有值的数据**用 NOT NULL 指定。**域约束**可用 CHECK 子句指定或用 CREATE DOMAIN 语句定义域。**主关键字**可用 PRIMARY KEY 子句来定义，也可用 NOT NULL 和 UNIQUE 组合的**候选关键字**来定义。**外部关键字**应该用 FOREIGN KEY 子句定义，并用 ON UPDATE 和 ON DELETE 子句指定更新和删除规则。**一般性约束**可用 CHECK 和 UNIQUE 子句定义，也可以用 CREATE ASSERTION 语句声明。

- **视图**是一个虚表，表示一个或多个基表或视图中列、行或列表达式的子集。创建视图时使用 CREATE VIEW 语句给出**定义查询**。它不必是实际的存储表，可在每次访问时被创建。

- 视图可用于简化数据库结构，使得查询更加容易。它也可以用于保护特定列或行免受未授权用户访问。并不是所有视图都是可更新的。

- **视图分解**就是将对视图的查询和用于视图定义的查询合并，统一转换为对底层基表的查询。每次 DBMS 进行视图查询时都必须进行视图分解。一种可选的方法称为**视图物化**，即把视图第一次查询时的结果存储为数据库中的临时表。因此基于物化视图的查询比每一次重新计算视图快得多。物化视图的缺点在于需实时维持临时表的一致性。

- COMMIT 语句标志事务成功结束，所有数据库的变化都已持久化。ROLLBACK 语句表示事务失败，所有对数据库的改变都将撤销。

- SQL 访问控制建立在授权标识符、所有权和权限的概念上。**授权标识符**由数据库管理员分配给数据库用户，以标识用户身份。SQL 中创建的每个对象都有一个所有者。所有者可用 GRANT 语句传递权限给其他用户，可用 REVOKE 语句撤销传递的权限。可以传递的权限有 USAGE、SELECT、DELETE、INSERT、UPDATE 和 REFERENCES。后面三种可以限定到具体列。用户可以使用 WITH GRANT OPTION 子句允许接受权限的用户继续传递权限，并可用 GRANT OPTION FOR 子句撤销权限。

思考题

7.1　描述 SQL 中的八种基本数据类型。

7.2　讨论完整性增强特性（IEF）的功能和重要性。

7.3　讨论 CREATE TABLE 的每个子句。

7.4　讨论视图的优点和缺点。

7.5　描述视图分解的工作过程。

7.6　需要哪些限制来确保视图是可更新的？

7.7　什么是视图物化？视图物化在哪些方面优于视图分解？

7.8　描述自主和强制访问控制的不同，SQL 支持哪种类型的控制机制？

7.9　描述 SQL 中访问控制机制是如何工作的。

习题

使用第 4 章练习中的关系模型回答下列问题。

7.10　使用 SQL 的完整性增强特性创建表 Hotel。

7.11　使用 SQL 的完整性增强特性和下面的约束条件创建表 Room、Booking 和 Guest。

　　（a）类型必须为 Single、Double 和 Family 中的一类。

　　（b）价格必须在 10 英镑到 100 英镑之间。

　　（c）roomNo 必须在 1 到 100 之间。

　　（d）dateFrom 和 dateTo 必须大于今天的日期。

　　（e）相同房间不能预订两次。

　　（f）相同客人不能重复预订。

7.12　创建另一个和表 Booking 具有相同结构的表，用于保存归档记录。用 INSERT 语句将表 Booking 中 2013 年 1 月 1 日之前登记的记录复制到归档记录表中。从表 Booking 中将 2013 年 1 月 1 日之前所有登记删除。

7.13　创建一个视图，包括酒店名字和居住在酒店中的客人名字。

7.14　创建一个视图，包括格罗夫纳酒店的每个客人的账户。

7.15　给用户 Manager 和 Director 访问视图的所有权限，并允许他们继续把这些权限传递给其他用户。

7.16　给用户 Accounts 访问视图的 SELECT 权限，然后取消该用户的这个权限。

7.17　思考下列基于 Hotel 模式的视图：

```
CREATE VIEW HotelBookingCount (hotelNo, bookingCount)
AS SELECT h.hotelNo, COUNT(*)
      FROM Hotel h, Room r, Booking b
      WHERE h.hotelNo = r.hotelNo AND r.roomNo = b.roomNo
      GROUP BY h.hotelNo;
```

　　对于下面每一个查询，陈述该查询是否有效，且对于有效查询说明该查询如何映射为对基表的查询。

　　（a）**SELECT** *
　　　　FROM HotelBookingCount;
　　（b）**SELECT** hotelNo
　　　　FROM HotelBookingCount
　　（c）**WHERE** hotelNo ='H001';
　　　　SELECT MIN(bookingCount)

      FROM HotelBookingCount;
    (d) **SELECT COUNT(*)**
      FROM HotelBookingCount;
    (e) **SELECT** hotelNo
      FROM HotelBookingCount
      WHERE bookingCount > 1000;
    (f) **SELECT** hotelNo
      FROM HotelBookingCount
      ORDER BY bookingCount;

7.19 假设还有一个供应商表

    Supplier (supplierNo, partNo, price)

    以及视图 SupplierParts，该视图包括至少一个供应商提供的各种零件号：

    CREATE VIEW SupplierParts (partNo)
    AS SELECT DISTINCT partNo
      FROM Supplier s, Part p
      WHERE s.partNo = p.partNo;

    讨论如何将其维护为物化视图，且在何种条件下不用访问基表 Part 和 Supplier 就可完成视图维护。

7.20 调查你现在正在使用的 DBMS 中的 SQL 实现。讨论该系统的 DDL 语句与 ISO 标准是否兼容。调查该 DBMS 扩展的任一功能。是否有不被支持的功能？

7.21 创建 4.2.6 节定义的 DreamHome 数据库模式，将图 4.3 中的元组插入其中。

7.22 使用上面创建的模式，运行第 6 章诸例子中给出的 SQL 查询。

7.23 为第 4 章习题给出的 Hotel 模型创建模式，插入一些样本元组。然后运行习题 6.7 ～习题 6.28 产生的 SQL 查询。

案例 2

习题 7.24～ 习题 7.40 使用第 5 章后面的习题定义的项目（Project）模式。

7.24 使用 SQL 的完整性增强特性和下面的约束条件创建 Project 模式
    （a）性别必须是单个字母 "M" 或 "F"。
    （b）职位必须是 "经理"、"团队负责人"、"分析师" 和 "软件开发人员" 之一。
    （c）工时必须是 0 到 40 之间的一个整数。

7.25 创建一个视图，由 Employee 和 Department 构成，但不包括 address、DOB 和 sex 属性。

7.26 创建一个由属性 empNo、fName、lName、projName 和 hoursWorked 构成的视图。

7.27 思考下列基于 Project 模式的视图：

    CREATE VIEW EmpProject(empNo, projNo, totalHours)
    AS SELECT w.empNo, w.projNo, **SUM**(hoursWorked)
    FROM Employee e, Project p, WorksOn w
    WHERE e.empNo = w.empNo **AND** p.projNo = w.projNo
    GROUP BY w.empNo, w.projNo;

    对于下面每一个查询，陈述该查询是否有效，且对于有效查询说明该查询如何映射为对基表的查询。

    （a）**SELECT** *
      FROM EmpProject;
    （b）**SELECT** projNo
      FROM EmpProject
      WHERE projNo = 'SCCS';
    （c）**SELECT COUNT**(projNo)
      FROM EmpProject
      WHERE empNo = 'E1';
    （d）**SELECT** empNo, totalHours
      FROM EmpProject
      GROUP BY empNo;

综合

7.28 考虑下表：

Part (<u>partNo</u>, <u>contract</u>, partCost)

它代表着同一零件在每个合同下的协议价格（一个零件在不同的合同下可能有不同的价格）。现在考虑下列视图 ExpensiveParts，它包括价格超过 1000 英镑的零件数目：

```
CREATE VIEW ExpensiveParts (partNo)
AS SELECT DISTINCT partNo
    FROM Part
    WHERE partCost > 1000;
```

讨论如何将其维护为物化视图，且在何种条件下不用访问基表 Part 即可完成视图的维护。

高级 SQL

本章我们主要学习：

- 如何使用 SQL 编程语言
- 如何使用 SQL 游标
- 如何创建存储过程
- 如何创建触发器
- 如何通过触发器加强完整的约束
- 触发器的优缺点
- 如何使用递归查询

前两章集中讨论了关系 DBMS 主要的语言，也就是 SQL。第 6 章讨论了 SQL 中有关数据操作语言（DML）的语句：SELECT、INSERT、UPDATE 和 DELETE。第 7 章讨论了 SQL 中主要的数据定义语言（DDL）语句，例如 CREATET TABLE 和 ALTER TABLE 语句，CREATE VIEW 语句，等等。本章讨论 SQL 中的其他内容。也就是：

- SQL 编程语言（SQL/PSM）
- SQL 游标
- 存储过程
- 触发器
- 递归查询

后面的第 9 章讨论为支持面向对象数据管理而在 SQL 规范中添加的特性；第 30 章讨论为支持 XML(eXtensible Markup Language) 而在 SQL 规范中添加的特性，称为 SQL/XML:2011。最后在附录 I 中讨论如何将 SQL 嵌入高级程序设计语言。本章讲述过程中主要是以图 4-3 所示的 DreamHome 关系数据库作为实例。

8.1　SQL 编程语言

SQL 语言最初的两个版本中没有编程结构，故不是计算完备的。为克服这个缺陷，较新的版本都支持将 SQL 语言嵌入高级编程语言（参见附录 I）以开发复杂的数据库应用。然而，这种方式因混合两种编程范型而又带来了**阻抗失配**的问题：

- SQL 是一种说明性语言，它能处理数据行的集合，而 C 一类的高级语言是过程性语言，一次只能处理一个数据行。
- SQL 与各种 3GL 采用不同的模型表示数据。例如，SQL 语言有预定义的数据类型 Date 和 Interval，这在传统的编程语言中是没有的。因此不得不在应用程序中进行转换，这无论是对编程还是运行时资源使用来说都是一种低效。据估算，在编程时有多达 30% 的精力和代码量用于此类转换（Atkinson 等，1983）。进而，由于同时使用着两个不同的类型系统，要自动地完成应用程序的类型检查也是不可能的。

关于这个问题的解决方法一直有争论，到底是用记录级的面向对象语言代替关系语言还是将集合级机制引入程序设计语言呢？然而，SQL 现在已是完全的编程语言，本节就讨论它的一些编程机制。这类扩展称为 SQL/PSM（Persistent Stored Modules，**永久存储模块**）。为使讨论更具体，我们采用主要在 Oracle 编程语言 PL/SQL 中的表示法。

PL/SQL（Programming Language/SQL，编程语言 /SQL）是 Oracle 对 SQL 的过程化扩展。有两个版本的 PL/SQL，一个是 Oracle 服务器的一部分，另一个是嵌入在某些 Oracle 工具中的独立引擎。两者十分相似，并且有相同的编程结构、语义和逻辑机制，虽然 Oracle 工具中的 PL/SQL 为适应特定工具的需求多了一些扩展（例如，PL/SQL 为 Oracle Forms 所做的扩展）。

PL/SQL 与现代编程语言的概念十分相近，有变量和常量的定义、控制结构、异常处理和模块化。PL/SQL 是一种块结构语言，每个块可以完全独立或嵌入其他块中。组成 PL/SQL 程序的基本单元是过程、函数和匿名（未命名的）块。如图 8-1 所示，一个 PL/SQL 块最多有三个部分：

图 8-1   PL/SQL 块的总体结构

- 可选的声明语句部分，其中有变量、常量、游标和异常的定义，也可以在这个部分对它们进行初始化。
- 必备的可执行语句部分，可以在这个部分对变量进行操纵。
- 可选的异常处理部分，用来处理执行过程中可能出现的异常。

8.1.1 声明

变量和常量必须在其他语句（包括声明语句）引用它们之前进行声明。声明的例子如下：

```
vStaffNo VARCHAR2(5);
vRent NUMBER(6, 2) NOT NULL := 600;
MAX_PROPERTIES CONSTANT NUMBER := 100;
```

注意，可以把一个变量声明成 NOT NULL，但这种情况下必须给变量赋初值。可以使用 %TYPE 属性声明某个变量与指定表的某列或与某个其他变量类型一致。例如，声明 vStaffNo 变量的类型与 Staff 表中 staffNo 列的类型一致，可以表示如下：

```
vStaffNo Staff.staffNo%TYPE;
vStaffNo1 vStaffNo%TYPE;
```

同样，还可以使用 %ROWTYPE 属性声明某变量的类型与一个表或视图的行类型一致。在这种情况下，记录中字段的名称和数据类型将根据表或视图中列的名称和数据类型确定。例如，声明变量 vStaffRec 为 Staff 表中的一行，可以写成

```
vStaffRec Staff%ROWTYPE;
```

8.1.2 赋值

在 PL/SQL 块的可执行语句部分，可以用两种方法给变量赋值：使用通常的赋值语句（:=）或作为 SQL SELECT 或 FETCH 语句的结果。例如，

```
vStaffNo := 'SG14';
vRent := 500;
SELECT COUNT(*) INTO x FROM PropertyForRent WHERE staffNo = vStaffNo;
```

在第三例中，变量 x 被设为 SELECT 语句的结果（在本例中等于职员 SG14 所管理的房产数量）。

注意，在 SQL 标准中，赋值用行前的保留字 SET 和"="表示，而不是"：="。例如，

```
SET vStaffNo = 'SG14'
```

8.1.3 控制语句

PL/SQL 支持常见的分支、循环和顺序控制流机制：

条件 IF 语句。IF 语句有如下形式：

```
IF (条件) THEN
      <SQL 语句表
[ELSIF (条件) THEN <SQL语句表>]
[ELSE <SQL语句表>]
END IF;
```

注意，在 SQL 标准中，用 ELSEIF 而不是 ELSIF。

例如：

```
IF (position = 'Manager') THEN
    salary := salary*1.05;
ELSE
    salary := salary*1.03;
END IF;
```

条件 CASE 语句。CASE 语句允许根据一组条件选择执行路径，形式如下：

```
CASE (操作数)
[WHEN (操作数取值表)| WHEN (查找条件)
    THEN <SQL 语句表>]
[ELSE <SQL 语句表>]
END CASE;
```

例如：

```
CASE lowercase(x)                        UPDATE Staff
    WHEN 'a'       THEN x := 1;          SET salary = CASE
    WHEN 'b'       THEN x := 2;              WHEN position = 'Manager'
                   y := 0;                      THEN salary * 1.05
    WHEN 'default' THEN x := 3;          ELSE
END CASE;                                    THEN salary * 1.02
                                         END;
```

循环语句（LOOP）。LOOP 语句有如下形式：

〈标号名：〉
LOOP
　　　　〈SQL 语句表 〉
　　　　EXIT 〈标号名 〉] **[WHEN** (条件)]
END LOOP 〈标号名 〉];

注意，在 SQL 标准中，用 LEAVE 而不是 EXIT WHEN(条件)。

例如：

```
x:=1;
myLoop:
LOOP
    x := x+1;
    IF (x > 3) THEN
        EXIT myLoop;    --- 立即退出循环
END LOOP myLoop;
--- 控制从这继续
y := 2;
```

此例中，当 x 变得大于 3 时，循环立即终止，控制从 ENDLOOP 保留字后继续。

循环语句（WHILE 和 REPEAT）。WHILE 和 REPEAT 语句形式如下（注意 PL/SQL 中没有语句等价于 SQL 标准的 REPEAT 语句）：

PL/SQL	SQL
WHILE (条件) **LOOP**	**WHILE** (条件) **DO**
〈SQL 语句表 〉	〈SQL 语句表 〉
END LOOP [标号名];	**END WHILE** [标号名];
	REPEAT
	〈SQL 语句表 〉
	UNTIL (条件)
	END REPEAT [标号名];

循环语句（FOR）。FOR 语句形式如下：

PL/SQL	SQL
FOR 〈下标变量〉(条件)	**FOR** 〈下标变量〉
IN 下限–上限 **LOOP**	**AS** 〈查询说明〉 **DO**
〈SQL 语句表 〉	〈SQL 语句表 〉
END LOOP [标号名];	**END FOR** [标号名];

下面是 PL/SQL 中 FOR 循环的例子：

```
DECLARE
    numberOfStaff NUMBER;
SELECT COUNT(*) INTO numberOfStaff FROM PropertyForRent
        WHERE staffNo = 'SG14';myLoop1:
FOR iStaff IN 1 .. numberOfStaff LOOP
    .....
END LOOP
    myLoop1;
```

下面是 SQL 标准 FOR 循环的例子：

```
myLoop1:
FOR iStaff AS SELECT COUNT(*) FROM PropertyForRent
        WHERE staffNo = 'SG14' DO
```

......
END FOR myLoop1;

随后还会给出这些结构的另外一些示例。

8.1.4 PL/SQL 的异常

异常是 PL/SQL 中的一种标识符，若在执行块时引发，将终止程序主体部分的执行。当一个异常引发时，尽管异常处理过程会执行一些善后操作，但块本身总会终止执行。异常可能由 Oracle 自动引发，例如，无论何时若 SELECT 语句从数据库中无法检索到行，则会引发一个 NO_DATA_FOUND 异常。另外，也可以使用 RAISE 语句显式地引发一个异常。必须指定一个特殊程序（称为**异常处理过程**）来处理引发的异常。

正如前述内容，用户自定义异常需要在 PL/SQL 块的声明部分进行定义。在执行部分应该包含对异常引发条件进行检查的代码，一旦发现此条件为真则会引发一个异常。异常处理过程本身是在 PL/SQL 块的结尾部分定义的。图 8-2 给出了一个异常处理过程的例子。这个例子也说明了如何使用 Oracle 提供的 DBMS_OUTPUT 包，这个包允许从 PL/SQL 块和子程序进行输出。put_line 过程能够向 SGA 的缓冲区中输出信息，通过调用 get_line 过程或在 SQL*Plus 中设置 SERVEROUTPUT ON 属性，即可显示这些信息。

```
DECLARE
    vpCount        NUMBER;
    vStaffNo PropertyForRent.staffNo%TYPE := 'SG14';
-- 定义一个异常用于处理"任一员工不得管理多于100处房产"这一条业务约束
    e_too_many_properties EXCEPTION;
    PRAGMA EXCEPTION_INIT(e_too_many_properties, -20000);
BEGIN
        SELECT COUNT(*) INTO vpCount
        FROM PropertyForRent
        WHERE staffNo = vStaffNo;
        IF vpCount = 100
-- 引发对应这一条约束的异常
            RAISE e_too_many_properties;
        END IF;
        UPDATE PropertyForRent SET staffNo = vStaffNo WHERE propertyNo = 'PG4';
EXCEPTION
    -- 处理对应这一条约束的异常
    WHEN e_too_many_properties THEN
            dbms_output.put_line('Member of staff ' || staffNo || 'already managing 100 properties');
END;
```

图 8-2 PL/SQL 中异常处理过程的实例

条件处理

为处理异常和完成条件，SQL 永久存储模块（SQL/PSM）语言中提供条件处理机制。该机制要求首先定义处理器（handler），即指明其类型、针对的异常和完成条件以及处理器采取的动作（一个 SQL 过程语句）。条件处理机制还能通过 SIGNAL/RESIGNAL 语句显示地引发异常和完成条件。

与某个异常和完成条件相关联的处理器可用 DECLARE…HANDLER 语句说明为：

DECLARE {CONTINUE | EXIT | UNDO} HANDLER
FOR SQLSTATE {sqlstateValue | conditionName | **SQLEXCEPTION** |
                  SQLWARNING | NOT FOUND} handlerAction;

一个条件名及可选的对应 SQLSTATE 值可定义如下：

DECLARE conditionName **CONDITION**
[**FOR SQLSTATE** sqlstateValue]

一个异常条件可如下引发或再引发：

SIGNAL sqlstateValue; 或 **RESIGNAL** sqlstateValue;

当执行包含处理器定义的复合语句时，该处理器即为相关联的条件而创建。但该处理器只有是与 SQL 语句引发的条件最合适的处理器时才被激活。若处理器类型说明为CONTINUE，则激活后首先执行处理器动作，然后将控制返回复合语句。若处理器说明为EXIT 型，则执行完处理器动作，处理器离开复合语句。若处理器说明为 UNDO 型，则首先回滚在复合语句中已做所有修改，然后执行处理器动作，最后将控制返回复合语句。如果处理器未能以成功完成条件完成，则隐含执行一条 RESIGNAL 语句，试图寻找另一个处理器来处理这个条件。

8.1.5 PL/SQL 的游标

如果查询返回一行且仅一行，则直接用 SELECT 语句即可。为了处理那些返回任意数量（零个、一个或多个）行的查询，PL/SQL 引入了**游标**（cursor）的概念，以便能够每次只访问查询结果中的一行。实际上，游标就像是一个指向查询结果中特定行的指针。游标可以前进一格，以便访问下一行。游标在使用之前必须声明并打开。如果不再需要使用它，则必须将它关闭。一旦打开游标，就可以使用 FETCH 语句，每次只访问查询结果中的一行，这与 SELECT 语句正好相反（在附录 I 中可以看到，SQL 嵌入高级语言中，也是使用游标来处理那些返回任意数目行的查询）。

| 例 8.1 >> 游标的使用

图 8-3 说明了如何使用游标来确定职员 SG14 所管理的房产。因为查询可以返回任意数量的行，所以必须使用游标。

此例中需要重点注意的地方：

* 在 DECLARE 部分，定义了一个名为 propertyCursor 的游标。
* 在语句部分首先要打开游标，其语句执行效果包括分析在游标声明中指出的SELECT 语句，找出满足搜索条件的行（称为活动集），并把指针定位在活动集中的第一行之前。注意，如果查询没有返回任何行，则打开游标 PL/SQL 不会引发异常。
* 接下来的代码会循环遍历活动集中的每一行，并且使用 FETCH INTO 把当前行的值提取到输出变量中。每条 FETCH 语句还会把指针移向活动集中的下一行。
* 代码将检测游标是否未指向一行（propertyCursor%NOTFOUND），如果没有找到行则退出循环（EXIT WHEN），否则用 DBMS_OUTPUT 包显示房产的详细资料，并进入下一轮循环。
* 提取结束后将游标关闭。
* 最后，异常块将显示所有可能遇到的出错情况。

```
DECLARE
        vPropertyNo        PropertyForRent.propertyNo%TYPE;
        vStreet            PropertyForRent.street%TYPE;
        vCity              PropertyForRent.city%TYPE;
        vPostcode          PropertyForRent.postcode%TYPE;
        CURSOR propertyCursor IS
                SELECT propertyNo, street, city, postcode
                FROM PropertyForRent
                WHERE staffNo = 'SG14'
                ORDER by propertyNo;
BEGIN
--打开游标开始选择, 然后循环提取结果表中的每一行
        OPEN propertyCursor;
        LOOP

--提取结果表中的下一行
        FETCH propertyCursor
                INTO vPropertyNo, vStreet, vCity, vPostcode;
        EXIT WHEN propertyCursor%NOTFOUND;

--显示数据
        dbms_output.put_line('Property number: ' || vPropertyNo);
        dbms_output.put_line('Street:          ' || vStreet);
        dbms_output.put_line('City:            ' || vCity);
        IF postcode IS NOT NULL THEN
                dbms_output.put_line('Post Code:       ' || vPostcode);
        ELSE
                dbms_output.put_line('Post Code:       NULL');
        END IF;
        END LOOP;
        IF propertyCursor%ISOPEN THEN CLOSE propertyCursor END IF;

--错误条件-打印出错误
EXCEPTION
    WHEN OTHERS THEN
                dbms_output.put_line('Error detected');
                IF propertyCursor%ISOPEN THEN CLOSE propertyCursor; END IF;
END;
```

图 8-3 在 PL/SQL 中使用游标来处理多行查询

如果最近的一次提取没有返回行, 则 %NOTFOUND 的值为真。除了 %NOTFOUND, 游标还有如下一些有用的属性:
- %FOUND: 如果最近的提取返回了一行, 则它的值为真 (与 %NOTFOUND 互补)。
- %ISOPEN: 如果游标处于打开状态, 则它的值为真。
- %ROWCOUNT: 计算迄今为止返回的总行数。

向游标传递参数。PL/SQL 可以将游标参数化, 因此同一个游标定义可以在不同的条件下重复使用。例如, 可以将前面例子中的游标定义改写成

CURSOR propertyCursor (vStaffNo **VARCHAR2**) **IS**
    SELECT propertyNo, street, city, postcode
    FROM PropertyForRent
    WHERE staffNo = vStaffNo
    ORDER BY propertyNo;

还可以用下面的语句打开游标：

vStaffNo1 PropertyForRent.staffNo%**TYPE** := 'SG14';
OPEN propertyCursor('SG14');
OPEN propertyCursor('SA9');
OPEN propertyCursor(vStaffNo1);

通过游标更新行。 通过游标获取行后，可以更新或删除行。在这个例子中，为了确保行在游标声明与打开后直到从活动集提取之前不被修改，在游标声明中添加了 FOR UPDATE 子句。可以通过这个子句给行的活动集加锁，以防止游标处于打开状态时所发生的更新冲突（第 22 章将讨论加锁和更新冲突）。

举例说明，如果想将职员 SG14 管理的房产重新分配给职员 SG37，则游标的声明如下：

CURSOR propertyCursor **IS**
    SELECT propertyNo, street, city, postcode
    FROM PropertyForRent
    WHERE staffNo = 'SG14'
    ORDER BY propertyNo
    FOR UPDATE NOWAIT;

默认情况下，Oracle 服务器如果不能获取 SELECT FOR UPDATE 游标所返回的活动集行上的锁，它就会一直等待。为了防止这种情况发生，可以选择使用 NOWAIT 关键字，它会测试一次加锁操作是否成功。在活动集循环时，可以给 SQL 的 UPDATE 或 DELETE 语句添加一个 WHERE CURRENT OF 子句，用来说明更新作用于活动集的当前行上。例如，

UPDATE PropertyForRent
SET staffNo = 'SG37'
WHERE CURRENT OF propertyCursor;
    . . .
COMMIT;

SQL 标准中的游标。 SQL 标准中的游标与前面讨论的稍有不同，感兴趣的读者参见附录 I。

8.2 子程序、存储过程、函数和包

子程序 指的是带有参数并能被调用的命名 PL/SQL 块。PL/SQL 有两种类型的子程序：（**存储**）**过程** 和 **函数**。过程和函数都能带有一组由调用程序传递给它们的参数，并且能够执行一系列动作。它们都能修改和返回作为参数传递给它们的数据。两者之间的不同在于：函数总是向调用者返回一个单独的值，而过程则没有这个限制。通常，如果不是仅需返回一个值，一般会选择使用过程。

与绝大多数高级语言中的过程和函数很相似，它们也有同样的优点：提供了模块性和可扩展性，提高了可重用性和易维护性，另外还提供了抽象性。参数除了拥有名称和数据类型之外，还可以标明为：

- IN：该类参数只能作为输入值。
- OUT：该类参数只能作为输出值。
- IN OUT：该类参数既可以作为输入值，也可以作为输出值。

例如，可以在图 8-3 的匿名 PL/SQL 块的开头添加如下几行，使它变成一个过程：

CREATE OR REPLACE PROCEDURE PropertiesForStaff
    (IN vStaffNo **VARCHAR2)**
AS . . .

该过程可以在 SQL*Plus 中执行，如下所示：

SQL> **SET SERVEROUTPUT ON;**
SQL> **EXECUTE** PropertiesForStaff('SG14');

第 9 章将更详细地讨论函数和过程。

包（PL/SQL）

把过程、函数、变量和 SQL 语句组合起来，并存储为一个单独的程序单元，就形成了包。包由两部分组成：说明部分和体部分。说明部分声明了包的全部公有结构，体部分则定义了包的所有结构（公有的和私有的），即实现了声明部分。通过这种方式，包实现了一种封装形式。在 Oracle 中，创建一个过程或包时执行如下步骤：

- 编译过程或包。
- 将编译后的代码存储在内存中。
- 将过程或包存入数据库。

对于前面提到的例子，可以创建一个如下所示的包说明部分：

CREATE OR REPLACE PACKAGE StaffPropertiesPackage **AS**
    procedure PropertiesForStaff(vStaffNo **VARCHAR2);**
END StaffPropertiesPackage;

对应的包体部分（包的实现）可以是

CREATE OR REPLACE PACKAGE BODY StaffPropertiesPackage
AS
. . .
END StaffPropertiesPackage;

可以使用点标记法来引用包说明部分中所声明的项。例如，可以按照如下所示的方法调用 PropertiesForStaff 过程：

StaffPropertiesPackage.PropertiesForStaff('SG14');

8.3 触发器

触发器定义了当应用程序中发生某种事件时，数据库应该执行哪些动作。触发器也可以用来增强引用完整性约束和复杂约束或者是审计对数据进行的修改。

SQL 中触发器的一般形式为：

CREATE TRIGGER 触发器名
    BEFORE | AFTER | INSTEAD OF
    INSERT | DELETE | UPDATE [**OF** 触发列表]
ON 表名
[**REFERENCING** {**OLD | NEW**} **AS** { 老元组名 | 新元组名 }]
[**FOR EACH** {**ROW | STATEMENT**}]
[**WHEN** 条件]
< 触发动作 >

这还不是完全的定义，但足以说明概念了。触发器中的代码称为触发器体或触发动作，由 PL/SQL 块构成。触发器是基于事件 – 条件 – 动作（Event-Condition-Action，ECA）模型的。

- 事件（event 或 events）触发规则。事件可以是对指定表（或视图）进行操作的 INSERT、UPDATE 或 DELETE 语句。在 Oracle 中，事件还可以是：
  - 作用于任何模式对象的 CREATE、ALTER 或 DROP 语句。
  - 数据库启动或关闭，用户登录或注销。
  - 指定的错误消息或任何错误消息。

此外，还可以指定触发器是在事件发生之前工作，还是在事件发生之后工作。

- 条件（condition）决定动作是否需要被执行。对于触发器来说，条件并不是必需的。但是，如果指定了条件，那么只有当条件为真时才会执行动作。
- 动作（action）就是要执行的操作。一旦触发语句事件并且触发器条件被判定为真，那么就会执行动作中包含的 PL/SQL 语句和代码。

触发器可以分为两种：行级触发器（FOR EACH ROW）和语句级触发器（FOR EACH STATEMENT）。前者在触发器事件影响表中每一行时都会执行，而后者在触发器事件影响表中的多个行时只会执行一次。SQL 也支持 INSTEAD OF 触发器，这种触发器提供了一种透明的方法，来修改那些不能通过 SQL DML 语句（INSERT、UPDATE 和 DELETE）直接修改的视图。这种触发器之所以称为 INSTEADOF 触发器，是因为触发它们的目的是替代原本的 SQL 语句，这与其他触发器不同。触发器还可以一个接一个地连续触发。一个触发器动作修改了数据库，就可能导致另一个触发器事件的发生。

例 8.2 ≫ AFTER 行级触发器

创建一个 AFTER 行级触发器，用以保留插入 staff 表的所有行审计踪迹。

```
CREATE TRIGGER StaffAfterInsert
AFTER INSERT ON Staff
REFERENCING NEW AS new
FOR EACH ROW
BEGIN
    INSERT INTO StaffAudit
    VALUES (:new.staffNo, :new.fName, :new.lName, :new.position,
            :new.sex, :new.DOB, :new.salary, :new.branchNo);
END;
```

注意，在 SQL 标准中，用 NEW ROW 而不是 NEW，用 OLD ROW 而不是 OLD。 ≪

例 8.3 ≫ 使用 BEFORE 触发器

DreamHome 有一条规则，禁止一名职员同时管理 100 处以上的房产。为此，可以创建一个图 8-4 所示的触发器来确保这一业务约束。在向表 PropertyForRent 中插入一行之前，或者更新现有的一行之前，就会调用该触发器。如果该职员当前管理着 100 处房产，系统就会显示一条信息并放弃这一事务。下面几点应该注意：

- 关键字 BEFORE 指出，应该在插入或更新操作应用于表 PropertyForRent 之前执行触发器。
- 关键字 FOR EACH ROW 指出这是一个行触发器，即当语句更新表 PropertyForRent 的每一行时，该触发器都会执行一次。 ≪

```
CREATE TRIGGER StaffNotHandlingTooMuch
BEFORE INSERT ON PropertyForRent
REFERENCING NEW AS newrow
FOR EACH ROW
DECLARE
  vpCount          NUMBER;
BEGIN
        SELECT COUNT(*) INTO vpCount
        FROM PropertyForRent
        WHERE staffNo = :newrow.staffNo;
        IF vpCount = 100
            raise_application_error(-20000, ('Member' || :newrow.staffNo || 'already managing 100 properties');
        END IF;
END;
```

图 8-4　禁止一名职员同时管理 100 处以上房产的触发器

| 例 8.4 >> 使用触发器增强引用完整性

默认情况下，Oracle 对指定的外部关键字施加引用动作 ON DELETE NO ACTION 和 ON UPDATE NO ACTION（参见 7.2.4 节）。它也允许通过附加子句 ON DELETE CASCADE，指明父表元组删除时级联到子表元组。然而，Oracle 不支持 ON UPDATE CASCADE、ON UPDATE SET DEFAULT 和 ON UPDATE SET NULL。如果需要执行这些动作，就必须通过触发器、存储过程或者应用程序编程来实现。例如，在例 7.1 中，表 PropertyForRent 中的外部关键字 staffNo 应该有 ON UPDATE CASCADE 动作。该操作可以使用图 8-5 所示的触发器实现。

触发器 1（PropertyForRent_Check_Before）

无论何时更新 PropertyForRent 表中的 staffNo 列，都会激活图 8-5a 所示的触发器。在更新操作发生之前，触发器会检查更新的新值是否存在于表 Staff 中。如果引发了一个 Invalid_Staff 异常，触发器就会发出一个错误信息，并且阻止更新的发生。

对应 Staff 表修改的触发器

无论何时更新表 Staff 中的 staffNo 列，都会激活图 8-5b 所示的三个触发器。在定义触发器之前，已经随同公共变量 updateSeq（这三个触发器可以通过 seqPackage 包访问该变量）一起创建了一个序列号 updateSequence。另外，表 PropertyForRent 还增加了一列，该列名为 updateId，用来标记某一行是否被更新过，以防止它在逐层操作中被重复更新。

触发器 2（Cascade_StaffNo_Update1）

这个（语句级）触发器在更新表 Staff 的 staffNo 列之前被激活，并且为更新操作设置一个新的序列号。

触发器 3（Cascade_StaffNo_Update2）

这个（行级）触发器在把表 PropertyForRent 中所有行的旧 staffNo 值（:old.staffNo）更新成新值（:new.staffNo）时被激活，并且把行标记成已更新过。

触发器 4（Cascade_StaffNo_Update3）

最后一个（语句级）触发器在更新操作之后被激活，并且把标记过的行重新标记成没有更新过。

删除触发器

触发器能用语句 DROP TRIGGER <触发器名> 删除。

TRIGGER 权限

一个用户想在表上创建触发器，除非他是该表的所有者（此时这个用户继承了 TRIGGER 权限）或者他获得了该表的 TRIGGER 授权（参见 7.6 节）。

触发器的优缺点

数据库触发器有若干优缺点。优点包括：

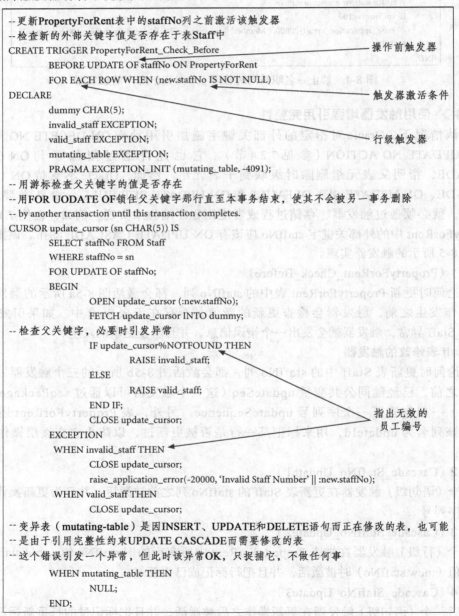

```
-- 更新PropertyForRent表中的staffNo列之前激活该触发器
-- 检查新的外部关键字值是否存在于表Staff中
CREATE TRIGGER PropertyForRent_Check_Before
        BEFORE UPDATE OF staffNo ON PropertyForRent                          操作前触发器
        FOR EACH ROW WHEN (new.staffNo IS NOT NULL)
DECLARE                                                                      触发器激活条件
        dummy CHAR(5);
        invalid_staff EXCEPTION;
        valid_staff EXCEPTION;                                              行级触发器
        mutating_table EXCEPTION;
        PRAGMA EXCEPTION_INIT (mutating_table, -4091);
-- 用游标检查父关键字的值是否存在
-- 用 FOR UODATE OF 锁住父关键字那行直至本事务结束，使其不会被另一事务删除
-- by another transaction until this transaction completes.
CURSOR update_cursor (sn CHAR(5)) IS
        SELECT staffNo FROM Staff
        WHERE staffNo = sn
        FOR UPDATE OF staffNo;
        BEGIN
                OPEN update_cursor (:new.staffNo);
                FETCH update_cursor INTO dummy;
-- 检查父关键字，必要时引发异常
                IF update_cursor%NOTFOUND THEN
                        RAISE invalid_staff;
                ELSE
                        RAISE valid_staff;
                END IF;
                CLOSE update_cursor;                                       指出无效的
        EXCEPTION                                                          员工编号
                WHEN invalid_staff THEN
                        CLOSE update_cursor;
                        raise_application_error(-20000, 'Invalid Staff Number' || :new.staffNo);
                WHEN valid_staff THEN
                        CLOSE update_cursor;
-- 变异表（mutating-table）是因INSERT、UPDATE和DELETE语句而正在修改的表，也可能
-- 是由于引用完整性约束UPDATE CASCADE而需要修改的表
-- 这个错误引发一个异常，但此时该异常OK，只捉捕它，不做任何事
                WHEN mutating_table THEN
                        NULL;
        END;
```

a）表PropertyForRent的触发器

图 8-5　Oracle 触发器，当表 Staff 的主关键字 staffNo 被更新时，能够确保对表 PropertyForRent 的外部关键字 staffNo 的 ON UPDATE CASCADE 操作

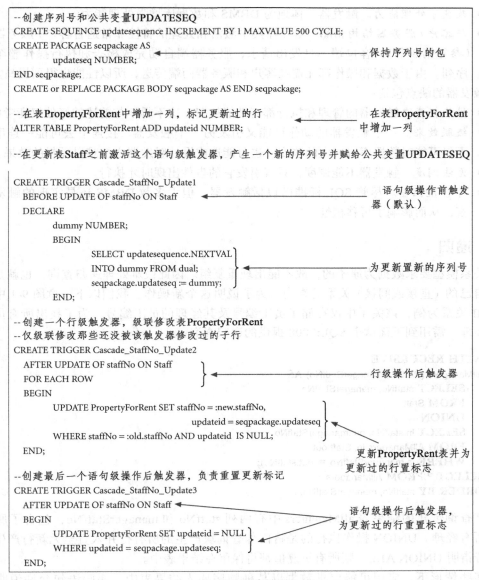

```
--创建序列号和公共变量UPDATESEQ
CREATE SEQUENCE updatesequence INCREMENT BY 1 MAXVALUE 500 CYCLE;
CREATE PACKAGE seqpackage AS                          ←—————————————  保持序列号的包
        updateseq NUMBER;
END seqpackage;
CREATE or REPLACE PACKAGE BODY seqpackage AS END seqpackage;

--在表PropertyForRent中增加一列，标记更新过的行         ←——————————  在表PropertyForRent
ALTER TABLE PropertyForRent ADD updateid NUMBER;                   中增加一列

--在更新表Staff之前激活这个语句级触发器，产生一个新的序列号并赋给公共变量UPDATESEQ

CREATE TRIGGER Cascade_StaffNo_Update1
    BEFORE UPDATE OF staffNo ON Staff       ←——————————  语句级操作前触发
    DECLARE                                               器（默认）
        dummy NUMBER;
        BEGIN
                SELECT updatesequence.NEXTVAL
                INTO dummy FROM dual;          ←——————————  为更新置新的序列号
                seqpackage.updateseq := dummy;
        END;

--创建一个行级触发器，级联修改表PropertyForRent
--仅级联修改那些还没被该触发器修改过的子行
CREATE TRIGGER Cascade_StaffNo_Update2
    AFTER UPDATE OF staffNo ON Staff          ←——————————  行级操作后触发器
    FOR EACH ROW
    BEGIN
        UPDATE PropertyForRent SET staffNo = :new.staffNo,
                       updateid = seqpackage.updateseq
        WHERE staffNo = :old.staffNo AND updateid  IS NULL;
    END;                                                  更新PropertyRent表并为
                                                          更新过的行置标志
--创建最后一个语句级操作后触发器，负责重置更新标记
CREATE TRIGGER Cascade_StaffNo_Update3
    AFTER UPDATE OF staffNo ON Staff          ←——————————  语句级操作后触发器，
    BEGIN                                                 为更新过的行重置标志
        UPDATE PropertyForRent SET updateid = NULL
        WHERE updateid = seqpackage.updateseq;
    END;
```

b）表Staff的触发器

图 8-5 （续）

- 删除了多余代码。使用触发器只需在数据库端存一份代码，从而避免了所有用到其所描述功能的客户应用各自写一通代码。
- 简化修改。触发器一经修改，其他所有应用即能自动享用这个修改。因此修改只需一次编码、一次测试，所有访问数据库的应用就集中得到了提升。此外，触发器通常都由有经验的 DBA 控制着，至少由他们负责审核，故触发器的实现会更高效一些。
- 增强了安全性。触发器都存储在数据库里，自然享有 DBMS 提供的安全保护。
- 改良了完整性。正如前面所述，触发器能用于实现某些类型的完整约束条件。因此，将触发器存储在数据库中能使 DBMS 跨所有应用一致地实施完整约束。

- 改良了处理能力。触发器一体地为 DBMS 和数据库增强处理能力。
- 与客户 / 服务器结构相配。触发器集中激活和处理的特性非常适合客户 / 服务器结构（参见第 3 章）。客户端一旦发出请求，服务器端自动完成检查和执行操作整个动作序列。由于数据和操作都无需在客户和服务器两端传送，所以性能也得到提高。

触发器的缺点包括：

- 性能耗费。触发器的管理和执行都有性能耗费，这不得不与前述的好处权衡考虑。
- 级联效果。一个触发器的动作可能又引发另一个触发器，接连下去可能一连串。这不仅可能对数据库造成大的改变，也可能造成设计触发器之初难以预料的效果。
- 无法调度。触发器不能调度，只有引发它的事件出现时才执行。
- 可移植性差。尽管 SQL 标准已包括触发器，但大多数 DBMS 还是实现的触发器方言，从而影响了可移植性。

8.4 递归

关系模型要求数据为原子的，故不能出现重复组。因此极难处理递归查询，也就是关系跟它自己的（直接或间接）关系的查询。为了说明这个新操作，我们以下一章图 9-1 中简化的 staff 关系为例，该关系中仅存储了员工编号及其经理的员工编号。为了找出所有员工的所有经理，需用到下面这个 SQL:2008 提供的递归查询：

```
WITH RECURSIVE
AllManagers (staffNo, managerStaffNo) AS
    (SELECT staffNo, managerStaffNo
    FROM Staff
    UNION
    SELECT in.staffNo, out.managerStaffNo
    FROM AllManagers in, Staff out
    WHERE in.managerStaffNo = out.staffNo);
SELECT * FROM AllManagers
ORDER BY staffNo, managerStaffNo;
```

该查询创建的结果表 allManagers 中有两列 staffNo 和 managerStaffNo，包含了所有员工的所有经理。UNION 操作执行的是将内部查询块产生的所有行并入直至无新行产生。注意，若指明 UNION ALL，则所有重复值都将保留在结果表中。

某些情形下，应用可能要求数据以某种顺序插入结果表中，递归语句允许说明两种顺序：

- 深度优先，即在结果关系中每个父项或包含项出现在所包含的哪些项之前，这些项又出现在其父项的兄弟项（拥有同一个父项或包含项）之前。
- 宽度优先，项紧跟其兄弟项而不是兄弟的孩子。

例如，在上面 WITH RECURSIVE 后加子句：

```
SEARCH BREADTH FIRST BY staffNo, managerStaffNo
    SET orderColumn
```

SET 子句设置一个名叫 orderColumn 的新列，SQL 用其排序宽度优先产生的结果。

如果数据本身而不仅是数据的结构有递归，将导致无限循环，除非能删除循环。递归语句可用 CYCLE 子句，这样 SQL 会用一个特定值标示一个新行在结果表中已经有了。SQL

通过检查一行上是否标有特殊值就能确定该行以前是否加过。如果有，SQL 假设遇到环，则停止检索进一步的结果。下面是 CYCLE 子句的例子：

CYCLE staffNo, managerStaffNo
  SET cycleMark **TO** 'Y' **DEFAULT** 'N'
  USING cyclePath

  cycleMark 和 cyclePath 都是用户自定义的列名，由 SQL 内部使用。cyclePath 是一个向量数组，元素类型为包含循环列表中所有列的行类型（本例中即 staffNo 和 managerStaffNo），向量长度大于等于结果关系的行数。满足查询的行都缓存在 cyclePath 中，当一个满足查询的环第一次被发现（根据其不在 cyclePath 中即可确定）时，cycleMark 列被置 'N'。当同一行再次被发现（根据其已经在 cyclePath 中即可确定）时，结果表中已存在的那行的 cycleMark 列被置 'Y'，说明这行开始循环了。

本章小结

- SQL 语言最初的版本中没有编程结构，故不是计算完备的。较新的版本扩展被称为 SQL/PSM（Persistent Stored Modules，**永久存储模块**），因而成为一个完全的程序设计语言。
- SQL/PSM 支持变量定义，提供赋值语句、控制流语句（IF-THEN-ELSE-END，LOOP-EXIT WHEN-END LOOP，FOR-END LOOP，WHILE-END LOOP）和异常。
- 如果查询返回一行且仅一行，直接用 SELECT 语句即可。为了处理那些返回任意数量（零个、一个或多个）行的查询，SQL 引入了**游标**（cursor）的概念，以便能够每次只访问查询结果中的一行。实际上，游标就像是一个指向查询结果中特定行的指针。游标可以前进一格，以便访问下一行。游标在使用之前必须声明并打开。如果不再需要使用它，则必须将它关闭。一旦打开游标，就可以使用 FETCH 语句，每次只访问查询结果中的一行，这与 SELECT 语句正好相反。
- **子程序**指的是带有参数并能被调用的命名 PL/SQL 块。PL/SQL 有两种类型的子程序：**（存储）过程**和函数。过程和函数都能带有一组由调用程序传递给它们的参数，并且能够执行一系列动作。它们都能修改和返回作为参数传递给它们的数据。两者之间的不同在于：函数总是向调用者返回一个单独的值，而过程则没有这个限制。通常，如果不是仅需返回一个值，一般会选择使用过程。
- **触发器**定义了当应用程序中发生某种事件时，数据库应该执行哪些动作。触发器也可以用来增强引用完整性约束和复杂约束或者是审计对数据进行的修改。触发器基于事件 - 条件 - 动作（Event-Condition-Action，ECA）模型：事件（event 或 events）触发规则，条件决定动作是否需要被执行，动作（action）就是要执行的操作。
- 触发器的优点包括：删除了多余代码，简化修改，增强了安全性，改良了完整性，改良了处理能力，与客户 / 服务器结构相适应。触发器的缺点包括：性能耗费，级联效果，无法调度，可移植性差。

思考题

8.1 说明什么是"阻抗失配"，简要描述 SQL 如何解决此问题。

8.2 描述 PL/SQL 块的结构。

8.3 描述 PL/SQL 的控制语句并举例说明。

8.4 描述 PL/SQL 与 SQL 标准的差别并举例说明。

8.5 什么是 SQL 的游标？举例说明游标的使用。

8.6 什么是数据库触发器？它有何用途？

8.7 讨论 BEFORE、AFTER 和 INSTEAD OF 触发器的差别并举例说明。

8.8 讨论行级和语句级触发器的差别并举例说明。

8.9 讨论数据库触发器的优缺点。

习题

下列问题均采用第 4 章习题中的 Hotel 模式。

8.10 为习题 6.7～习题 6.11 中的每个查询创建一个存储过程。

8.11 为下面每个场景创建一个触发器：

（a）所有双人间的价格必须大于 100 镑。

（b）双人间的价格必须大于最贵的单人间。

（c）在指定日期已有预订的房间不能再有预订。

（d）客人不能在重叠的日期里重复预订。

（e）维护一个审计表，记录下预订了伦敦酒店的所有客人的姓名和地址（不重复存储客人信息）。

8.12 创建一个 INSTEAD OF 触发器，以实现对下列视图的数据插入：

CREATE VIEW LondonHotelRoom **AS**
    SELECT h.hotelNo, hotelName, city, roomNo, type, price
    FROM Hotel h, Room r
    WHERE h.hotelNo = r.hotelNo **AND** city = 'London'

8.13 分析你正在使用的 RDBMS，确定它对 SQL 编程结构、数据库触发器和递归查询提供的支持。写下每个系统与 SQL 标准的差别。

扩展阅读

ANSI (1986). *Database Language—SQL* (X3.135). American National Standards Institute, Technical Committee X3H2

ANSI (1989a). *Database Language—SQL with Integrity Enhancement* (X3.135-1989). American National Standards Institute, Technical Committee X3H2

ANSI (1989b). *Database Language—Embedded SQL* (X3.168-1989). American National Standards Institute, Technical Committee X3H2

Celko, J. (2005). *SQL for Smarties: Advanced SQL Programming.* Morgan Kaufmann

Date C.J. and Darwen H. (1993). *A Guide to the SQL Standard* 3rd edn. Reading, MA: Addison-Wesley

Kriegel, A. and Trukhnov, B.M. (2008). *SQL Bible.* Wiley

Melton J. and Simon A. (2002). *SQL 1999: Understanding Relational Language Components.* Morgan Kaufmann

网络资源

http://sqlzoo.net   An online SQL tutorial.

http://www.sql.org   The sql.org site is an online resource that provides a tutorial on SQL, as well as links to newsgroups, discussion forums, and free software.

http://www.sqlcourse.com   An online SQL tutorial.

http://www.w3schools.com/sql   The W3 Schools Web site provides a tutorial on basic to advanced SQL statements. A quiz is provided to reinforce SQL concepts.

对象关系 DBMS

本章目标

本章我们主要学习：

- 高级数据库应用需求
- 为什么目前的关系 DBMS 无法有效地支持高级数据库应用
- 在关系数据库中存储对象的有关问题
- 如何扩展关系模型以支持高级数据库应用
- 最新 SQL 标准 SQL:2011 中的面向对象的特性
  - 行类型
  - 用户自定义类型和用户自定义例程
  - 多态性
  - 继承
  - 引用类型和对象标识
  - 集类型（ARRAY、MULTISET、SET 和 LIST）
  - 扩展 SQL 语言使其计算完备
  - 触发器
  - 支持大对象：二进制大对象（Binary Large Object，BLOB）和字符大对象（Character Large Object，CLOB）
    - 递归
- Oracle 的一些面向对象的扩展

　　面向对象是一种软件构建的方法，对解决软件开发过程中的一些典型问题来说，面向对象是一种非常有前景的方法。对象技术背后隐含的基本概念是：软件应该尽可能地由标准的、可重用的组件构成。传统上，软件工程和数据库管理是作为相互独立的学科存在的。数据库技术专注于软件静态的一面——信息存储，而软件工程则关注软件的动态的一面。随着第三代数据库管理系统，即**面向对象的数据库管理系统**（Object-Oriented Database Management System，OODBMS）和**对象关系数据库管理系统**（Object-Relational Database Management System，ORDBMS）的提出，这两个学科已经相互结合，允许同时对数据及其处理过程进行建模。

　　然而，对于下一代 DBMS 目前还存在着很大的争议。在过去的 20 多年里，关系系统所取得的成果是有目共睹的，传统主义者认为扩展关系模型以支持附加功能（面向对象）就足够了。而另一些人则认为，底层的关系模型不足以处理复杂的应用，例如计算机辅助设计、计算机辅助软件工程和地理信息系统。本章将讨论 ORDBMS，重点介绍 SQL 的扩充。将面向对象的概念集成到关系系统被认为是支持高级数据库应用的演进法。第 27 ～ 28 章将讨论 OODBMS，将面向对象的概念与数据库系统结合起来被认为是革新法。为了系统地讨论问题，本章我们首先考虑高级数据库应用的特征以及为什么 RDBMS 不适合处理这些应用。对面向对象概念不熟悉的读者请参阅附录 K。

本章结构

9.1 节讨论高级数据库应用需求，这些需求已经变得越来越平常。9.2 节讨论为什么传统的 RDBMS 不能很好地支持这些新应用。9.3 节分析在关系数据库中存储对象的相关问题。9.4 节讨论 ORDBMS 的背景以及它所适宜的应用类型。9.5 节详细回顾 2011 年 12 月发布的标准 SQL:2011 的主要特性。最后，9.6 节讨论 Oracle（商品化 ORDBMS）中已经添加的一些面向对象的扩展。

为了便于本章学习，读者应熟悉附录 K 给出的面向对象概念。本章使用的例子还是来自 11.4 节和附录 A 中的 DreamHome 案例。

9.1　高级数据库应用

在最近的十年里，计算机工业发生了巨大的变化。就数据库系统而言，可以看到 RDBMS 已经被广泛应用于传统行业，例如订单处理、库存控制、银行业务和航班预订，等等。然而，对于那些与传统行业数据库应用差别较大的应用来说，现有的 RDBMS 已表现出明显的不适应。这些应用包括：

- 计算机辅助设计（CAD）
- 计算机辅助制造（CAM）
- 计算机辅助软件工程（CASE）
- 网络管理系统
- 办公信息系统（OIS）和多媒体系统
- 数字出版
- 地理信息系统（GIS）
- 交互式的和动态的 Web 站点

计算机辅助设计（CAD）

CAD 数据库中存储着与机械或者电子设计相关的数据，例如建筑物、飞行器以及集成电路芯片。这类设计具有一些共同的特征：

- 设计数据可能覆盖多种类型，而每种类型的实例数量却不大。传统的数据库正好与之相反。例如，DreamHome 数据库由大约 12 个关系组成，其中一些关系，比如 PropertyForRent、Client 和 Viewing 则可能包含成千上万个元组。
- 设计规模巨大，可能包含几百万个部件，通常是由许多相互依赖的子系统组成。
- 设计不是静止的，而是随着时间演化。当某一设计发生改变时，其含义必须传播到所有的设计表示中去。设计的动态特性意味着某些动作在设计之初是无法预见的。
- 由于拓扑结构或功能的关联、容错等因素的影响，更新的后果十分复杂。一个修改很可能会影响到大量的设计对象。
- 通常情况下，都会考虑到每个组件有多种设计选择，因此要为每一个组件维护一个正确的版本。这就涉及某种形式的版本控制和配置管理。
- 可能有数以百计的人员参与了设计，并且他们可能在某个大型设计的多个版本上并行地工作。即使这样，最终产品必须是一致的、协同的。这有时被称为协同工程（cooperative engineering）。

计算机辅助制造（CAM）

　　CAM 数据库中除了存储着与 CAD 数据库系统类似的数据以外，还包含与离散的产品（如装配线上的汽车）和连续的产品（如化学化合物）相关的数据。例如，在化学制品的生产过程中，可能有监视系统状态信息（例如反应堆容器的温度、流率和产量）的应用软件，还可能有控制各种各样物理过程（例如打开阀门、给反应堆容器加热和增加冷却系统的流量）的应用软件。应用通常是按照层次结构组织的，高层应用监视整个工厂，低层应用监视单个生产过程。应用必须能够实时响应，并且能够对过程进行调整，在保证容错的前提下保持最优的性能。应用将标准算法与定制规则相结合，以便对不同的情况做出反应。操作人员可以根据系统维护的复杂历史数据，间或对这些规则进行修改以谋求性能最优。在这种情况下，系统必须维护大量的层次结构的数据，还必须维护这些数据之间的复杂联系。此外，系统必须能够快速定位需要查看的数据并对变化做出反应。

计算机辅助软件工程（CASE）

　　CASE 数据库存储着与软件开发生命周期的各个阶段相关的数据：规划、需求收集与分析、设计、实现、测试、维护和文档化。与 CAD 类似，设计规模可能非常庞大，并且通常为协同工程。例如，软件配置管理工具支持项目设计、代码和文档的协作共享。软件配置管理工具还要对这些组件之间的相关性进行追踪，以辅助变更管理。项目管理工具有助于协调各种项目管理活动，例如对高度复杂的、相互依赖的任务进行进度安排、成本估算和进度监控。

网络管理系统

　　网络管理系统协调计算机网络中通信服务的传递。这些系统执行诸如网络路由管理、问题管理和网络规划等任务。和前面讨论的化学制品生产的例子相似，这些系统也要处理复杂的数据，并且要求实时执行和连续操作。例如，一次电话呼叫可能涉及一系列网络交换设备，将一个消息从发送者传送给接收者：

$$节点\Leftrightarrow 链路\Leftrightarrow 节点\Leftrightarrow 链路\Leftrightarrow 节点\Leftrightarrow 链路\Leftrightarrow 节点$$

其中每一个节点（Node）代表网络设备上的一个端口，每一个链路（Link）代表保留给该连接的一小段带宽。然而，一个节点可能同时参与了多个不同的连接，因此创建的任何数据库都必须能够对复杂的关系图进行管理。为了实现路由连接、问题诊断和负载平衡，网络管理系统必须具备在复杂的图中实时移动的能力。

办公信息系统（OIS）和多媒体系统

　　OIS 数据库存储了企业中与计算机控制的那些信息相关的数据，包括电子邮件、文档、发票等。为了对这个领域提供更好的支持，除了名称、地址、时间和资金以外，还需要处理更广泛的数据类型。现在最新的系统能够处理自由格式的文本、照片、图表、音频和视频序列。例如，一个多媒体文档可能包含了文本、照片、电子数据表和语音解说。因此就需要文档具有可以表达这些数据的特殊的结构，我们可以使用标记语言来描述，例如 SGML（标准化通用标记语言）、HTML（超文本标记语言）或者 XML（可扩展的标记语言）等，详见第 30 章的讨论。

　　利用电子邮件和公告板等基于 Internet 技术的系统，文档可以在许多用户间共享⊖。而且，这些应用需要存储比仅由数字和字符串组成的元组结构更加丰富的数据。另外，使用电

　　⊖ 正如许多观察家所评论的那样，对数据库系统的一个潜在的致命批判是，世界上最大的"数据库"——万维网——开发之初完全没有用到数据库技术。我们将在第 29 章讨论万维网与 DBMS 的集成。

子设备手写输入的需求也日益上升。尽管许多手写信息可以使用手写分析技术转换为 ASCII 文本，但大多数手写信息还是很难表述的。除了文字以外，手写数据还可能包括草图、图表等。

在 DreamHouse 案例中，可以发现一些多媒体处理信息的需求：

- 图像数据。客户可能会要求查询待出租房产的图像数据库。其中某些查询也许用简单的文本就可以描绘出客户关于租赁房屋的样式的意向。但另外一些情形下，如果能给出客户意向的图像描述（例如凸窗、内部檐口或屋顶花园），就会有助于客户的查询。
- 视频数据。客户可能还会要求查询待出租房产的视频数据库。同样，某些查询只使用文本的描述就能够勾画出客户想要租赁的房产的视频图像。但是在另外一些情况下，能够提供客户想要租赁房产的环境（例如海景或者环绕的群山）的视频，则会有助于客户的查询。
- 音频数据。客户可能也会查询可供出租房产的音频数据库。与前两种情况一样，某些查询简单地用文本的描述就可以刻画客户要租赁的房产了。但是，在某些情形下，给客户提供其想要租赁房产的音频特征资料（例如，附近交通的噪音水平）可能会更好。
- 手写数据。某位员工在巡视待出租房产时做过一些记录。一段时间后，他可能会希望通过查询数据找到位于 Novar Drive 的带有枯木的那座公寓的所有记录信息。

数字出版

在未来十年里，根据商业惯例，出版业可能会经历意义深远的变革。以电子的形式存储书籍、杂志、报纸和论文并且通过高速网络传递给消费者的方式正在成为现实。在办公信息系统的支持下，数字出版正在扩展为能够处理包括文本、音频、图像、视频数据和动画在内的多媒体文档。在某些情况下，在线出版信息的数据量之庞大可能要以拍字节（petabyte）（1 拍字节 = 10^{15} 字节）为单位，这是 DBMS 有史以来管理过的最大型的数据库。

地理信息系统（GIS）

GIS 数据库中存储着各种类型的空间和时间信息，例如用于土地管理和水下资源开发的数据。GIS 系统中的大部分数据来自勘测和卫星图片，数据量非常大。对 GIS 数据库的搜索涉及利用先进的模式识别技术，根据形状、颜色、纹理等对某些特征进行确认。

例如，EOS（Earth Observing System，地球观测系统）是由 NASA 在 20 世纪 90 年代发射的一组卫星，EOS 收集的信息将支持科学家对地球的大气、海洋和陆地的长期发展趋势进行研究。预计这些卫星每年返回的信息超过 1/3 拍字节。这些数据将与其他数据源综合，存储到 EOSDIS（EOS Data and Information System，EOS 数据和信息系统）中。EOSDIS 将同时为科学家及其他人员提供所需信息。例如，学生将可以访问 EOSDIS 查看世界气候模式的模拟。这种数据库的巨大规模，以及需要具备支持数以千计的用户同时提出的大量信息查询的能力，都为 DBMS 带来诸多挑战。

交互式的和动态的 Web 站点

考虑带有在线目录的一个服装销售 Web 站点。该站点保留了访问者偏爱信息的数据，并且允许访问者：

- 浏览服装目录中所有款式的缩略图像，选中其一就可以看到完全大小的图像及其相

　　关的详细信息。
- 搜索符合用户定义标准的款式。
- 获得一个基于定制规格（例如，颜色、尺码、质地）的任意款式的服装的 3D 透视图。
- 根据移动、照明、背景、场合等调整透视图。
- 从工具条的选项中选择配饰，为服装进行搭配。
- 选择一个画外音解说，获得所选项目更多的详细信息。
- 查看带有相应折扣的流水账单。
- 通过安全在线交易技术完成购买活动。

　　此类应用的要求与前述的一些高级应用并没有什么不同：需要处理多媒体（文本、音频、图像、视频数据以及动画）的内容，并且能够根据用户的喜好和用户的选择交互式地进行修改。但是除了要处理复杂的数据以外，站点因为要支持 3D 透视图而增加了复杂度。一些人争论说，在这种情况下数据库并不仅仅是为访问者提供信息，而且积极地参与了销售、动态地提供定制信息以及为到访者创造一种友好的氛围（King，1997）。

　　在第 29 和 30 章将看到，Web 为数据管理提供了一种相对较新的范型，而且还出现了像 XML 这样前景良好的语言，尤其是对电子商务市场。据 Forrester 咨询和调查公司（The Forrester Research Group and eMarketer）报道，2011 年美国线上零售额已近 2250 亿美元，计划 2016 年将增长到 3620 亿美元，其中计算机和消费类电器占 22% 的市场份额，服装及饰品占 20%。全球 B2B（business-to-business）市场期望超过 B2C（business-to-consumer）市场，在未来的岁月里，B2B 总收入可望超过 B2C 总收入数倍。各家公司通过它们全球发布的 Web 网站可拥有世界各地近 25 亿的在线消费者（占世界人口的 35%）。随着 Internet 利用率的提高以及技术的日趋先进和成熟，我们可以预见 Web 站点和 B2B 交易将处理更复杂和更关联的数据。

　　其他一些高级的数据库应用包括：
- 科学和医学应用。存储用于表示类似人工合成化合物的分子模型和基因材料这类系统的复杂数据。
- 专家系统。存储人工智能（AI）应用的知识和规则。
- 其他涉及复杂的、紧密相关联的对象和过程化数据的应用。

9.2　RDBMS 的缺点

　　在第 4 章我们已经讨论过，基于一阶谓词逻辑的关系模型具有坚固的理论基础。该理论支撑着 SQL——一种说明式语言的发展，SQL 现在已经成为定义和操作关系数据库的标准语言。关系模型的其他优点还包括它的简洁性、对联机事务处理（OLTP）的适宜性及其对数据独立性的支持。然而，关系数据模型，尤其是关系的 DBMS，并不是完美无缺的。表 9-1 列出了经常被面向对象方法的支持者谈及的一些比较显著的缺点。本节将讨论这些缺点，由读者自行判断这些缺点是否成立。

表 9-1　关系 DBMS 缺点概览

缺点
对“现实世界”实体的表现力不足
语义过载
对完整性和企业约束的支持不足
同质的数据结构
受限的操作
难以处理递归查询
阻抗失配
RDBMS 中与并发、模式修改、弱导航式访问等相关的其他问题

对"现实世界"实体的表现力不足

规范化的过程通常会导致产生无法与"现实世界"的实体相对应的关系。"现实世界"的实体被低效地分割到许多关系中，其物理表示也与这些关系相对应，并导致在查询处理中不得不使用许多连接。正如我们在第 23 章看到的，连接是代价最高的运算之一。

语义过载

关系模型只采用了一种结构，即关系来表示数据和数据之间的联系。例如，为了表示实体 A 和实体 B 之间的多对多的联系，我们创建了三个关系，其中两个分别表示实体 A 和 B，另外一个表示 A 和 B 的联系。再没有什么机制可以用来区分实体和联系，或者区分实体之间存在的不同种类的联系。例如，一个一对多的联系可能是 Has、Owns 或者 Manages 等。如果能够加以区别的话，就有可能将语义引入运算中。因此我们说关系模型是**语义过载**的。

人们已经进行了很多努力，试图使用**语义数据模型**解决这个问题。语义数据模型就是能够表示数据的更多意义的模型。有兴趣的读者可以参阅 Hull and King（1987）和 Peckham and Maryanski（1988）。然而，关系模型并不是完全没有语义特性。例如，它具有域和关键字（参见 4.2 节），以及函数依赖、多值依赖和连接依赖（参见第 14 和 15 章）。

对完整性和一般性业务约束的支持不足

完整性指的是存储的数据的有效性和一致性。完整性通常是以约束的方式表示的，即不允许数据库违反的一致性规则。4.3 节已经介绍了实体完整性和引用完整性的概念，并在 4.2.1 节介绍了域，域也可视为一种类型的约束。遗憾的是，许多商品化系统并不完全支持这些约束，因而必须在应用程序中创建这些约束。当然，这样做是危险的，并且可能导致重复劳动，更糟糕的是可能导致数据不一致。更进一步，若在关系模型中不支持一般性业务约束，也就意味着必须在 DBMS 或者应用程序中创建这些约束。

在第 6 章和第 7 章已经看到，SQL 标准部分地解决了这一不足，即允许用数据定义语言（DDL）定义其中某些类型的约束。

同质的数据结构

关系模型被认为是水平和垂直均同质的。水平同质是指关系的每一个元组都必须由相同的属性组成。垂直同构则是指关系的某一列中的值必须全都来自同一个域。此外，行列相交处必须是一个原子值。这种固定的结构对许多具有复杂结构的"现实世界"的对象来说限制性太强，会导致不自然的连接，而连接运算非常低效，正如前所述。赞同关系数据模型的一方则争辩说对称结构正是关系模型的优点之一。

关于复杂数据和极其复杂联系的一个经典示例就是部件爆炸，部件爆炸发生的情形为：当我们表示某个对象时，例如飞机，该对象由许多部件以及许多组合部件构成，而这些部件和组合部件又是由其他的部件和组合部件组成的，如此往复。这一缺陷导致了人们对复杂对象或者非第一范式（non-first normal form，NF2）数据库系统的研究，参见 Jaeschke and Schek（1982）和 Bancilhon and Khoshafian（1989）。在后一篇论文中，对象被递归地定义为：

（1）每个原子值（例如整数、浮点数、字符串）都是一个对象。

（2）若 $a_1, a_2, \cdots, a_n$ 是不同的属性名，$o_1, o_2, \cdots, o_n$ 是对象，则 $[a_1: o_1, a_2: o_2, \cdots, a_n: o_n]$ 是一个元组对象。

（3）如果 $o_1, o_2, \cdots, o_n$ 是对象，则 $S = \{o_1, o_2, \cdots, o_n\}$ 是集合对象。

在这个模型中，下列对象都是合法的对象：

原子对象	B003, John, Glasgow
集	{SG37, SG14, SG5}
元组	[branchNo: B003, street: 163 Main St, city: Glasgow]
分层元组	[branchNo: B003, street: 163 Main St, city: Glasgow, staff: {SG37, SG14, SG5}]
元组集	{[branchNo: B003, street: 163 Main St, city: Glasgow], [branchNo: B005, street: 22 Deer Rd, city: London]}
嵌套关系	{[branchNo: B003, street: 163 Main St, city: Glasgow, staff: {SG37, SG14, SG5}], [branchNo: B005, street: 22 Deer Rd, city: London, staff: {SL21,SL41}]}

现在，许多 RDBMS 都可以存储**二进制大对象**（Binary Large Object，BLOB）。BLOB 可以是任何二进制信息的数据值，用以表示图像、数字化视音频序列、过程或者任何大的无结构对象。DBMS 并不知道 BLOB 的内容或其内部结构。这就使得 DBMS 不能对原本内涵丰富且为结构化的数据类型进行查询和运算。通常，数据库并不直接管理这些信息，而是仅仅包含了一个指向该文件的引用。使用 BLOB 并不是一个很好的解决方案，并且将这些信息存储在外部文件中将失去许多由 DBMS 自然提供的保护。更重要的是，BLOB 不能包含其他的 BLOB，因此它们不具备组合对象的形式。此外，BLOB 通常会忽略对对象的许多操作。例如，一幅图片可以作为一个 BLOB 存储在某些关系 DBMS 中。但是，图片也仅能被存储和显示，而不可能对图片的内部结构进行操作，也不可能显示或者操作图片的一部分。

受限的操作

关系模型只有一组固定的操作，比如面向集合或元组的操作以及 SQL 规范支持的其他操作。可是，SQL 不允许定义新的操作。这样对"现实世界"对象行为的模拟也就产生了很大的限制。例如，一个 GIS 应用通常会用到点、线、一组线、多边形，并需要支持计算距离、判断是否相交和是否包含等运算。

难以处理递归查询

关系模型要求数据为原子的，故不能出现重复组。因此极难处理递归查询，也就是关系跟它自己的（直接或间接）关系的查询。考虑图 9-1a 中简化了的关系 Staff，Staff 存储了员工的编号及其经理的编号。我们怎样才能找出所有直接或间接地管理着员工 S005 的经理？为了找出这种分层结构的前两层，我们可以执行下列语句：

```
SELECT managerStaffNo
FROM Staff
WHERE staffNo = 'S005'
UNION
SELECT managerStaffNo
FROM Staff
WHERE staffNo =
        (SELECT managerStaffNo
         FROM Staff
         WHERE staffNo = 'S005');
```

我们可以很容易地扩展这个方法，直至找到该查询的全部答案。对于这个特殊的例子，这种方法是有效的，因为我们知道这个层次结构中必须处理的层数。但是，如果是一个更一般化的查询，例如"对于每一位员工，找出所有直接或间接地管理着该员工的经理"，则这种方法是不可能使用交互式 SQL 语句实现的。为了解决这个问题，可将 SQL 语言嵌入一种高级的编程语言中，而后者提供了迭代结构（参见附录 I）。并且，许多 RDBMS 都提供了一个具有类似结构的报表书写器。在这两种情况下，都是由应用程序而不是由系统内部提供所需的功能。

人们已经提出了用于处理此类查询的一种关系代数的扩展，即被称为**传递闭包**（transitive closure）或者**递归闭包**（recursive closure）的一元运算（Merrett，1984）：

传递闭包 | 包含了在相同的域上定义的属性（A_1，A_2）的关系 R 的传递闭包，由关系 R 以及根据传递性相继导出的所有元组构成，即若（a，b）和（b，c）是 R 的元组，则元组（a，c）也被添加到结果中去。

该操作不可能由固定个数的关系代数运算实现，而是需要循环执行连接、投影和合并运算。对简化了的关系 Staff 执行传递闭包运算的结果如图 9-1b 所示。

staffNo	managerstaffNo
S005	S004
S004	S003
S003	S002
S002	S001
S001	NULL

a）简化了的关系Staff

staffNo	managerstaffNo
S005	S004
S004	S003
S003	S002
S002	S001
S001	NULL
S005	S003
S005	S002
S005	S001
S004	S002
S004	S001
S003	S001

b）关系Staff的传递闭包

图 9-1

阻抗失配

6.1 节提到了 SQL-92 不具备计算完备性。RDBMS 的大多数数据操作语言（DML）都存在这个问题。为了解决这个问题并且提供更多的灵活性，SQL 标准支持嵌入式 SQL，以便开发更加复杂的数据库应用（参见附录 I）。然而，这种方式因混合两种编程范型又带来了**阻抗失配**（impedance mismatch）的问题：

- SQL 是一种说明性语言，它能处理数据行的集合，而 C 一类的高级语言是过程性语言，一次只能处理一个数据行。
- SQL 与各种 3GL 采用不同的模型表示数据。例如，SQL 语言有预定义的数据类型 Date 和 Interval，这在传统的编程语言中是没有的。因此不得不在应用程序中进行转换，这无论是对编程还是运行时资源的使用来说都是低效的。据估算，在编程时要耗费多达 30% 的精力和代码量用于此类转换（Atkinson 等，1983）。进而，由于同时使用着两个不同的类型系统，要自动地完成应用程序的类型检查也是不可能的。

有观点认为，不应该用行级的面向对象的语言代替关系语言作为这一问题的解决方案，而是应该在编程语言中引入集合级（set-level）的功能（Date，2000）。而 OODBMS 的根本就在于它要在 DBMS 的数据模型和宿主编程语言之间提供一种更加无缝的集成。我们将在第 27 章继续讨论这个问题。

RDBMS 的其他问题

- 商业处理中的事务通常是短事务，并发控制原语和协议，例如两段锁并不十分适于处理长事务，而对复杂的设计对象来说，长事务是很普遍的（参见 22.4 节）。
- 模式修改困难。通常必须由数据库管理员进行数据库结构的修改，数据库管理员还必须相应修改访问这些结构的程序。即使利用现在的技术，这种变更仍然是一种很缓慢且繁琐的过程。结果，大多数的组织机构都宁愿维持其现有的数据库结构。即使他们想并且也有能力改变他们的业务方式以满足某些新的需求，他们也不会这样做，因为他们无法承受更改其信息系统所要付出的时间和费用（Taylor，1992）。为了满足不断提高的灵活性的要求，我们需要一个能够支持模式自然演化的系统。
- RDBMS 用于基于内容的关联式访问（也就是根据一个或多个谓词选择的说明性语句），而对导航式访问（即基于在单个记录之间移动的访问）则显得无能为力。对于在前一节讨论过的许多复杂应用来说，导航式访问却很重要。

这三个问题中的前两个问题在许多 DBMS 中都存在，不仅仅是针对关系系统。实际上，关系模型本身并不存在阻碍实现这些机制的根本性问题。

最近的几个 SQL 标准，即 SQL:2003、SQL:2006、SQL:2008 和 SQL:2011，通过引入许多新的特性解决了上述的一些不足之处。例如，作为数据定义语言的一部分，允许定义新的数据类型和新的运算，还加入了新的结构，使得 SQL 语言在计算上已是完备的。我们将在 9.5 节讨论 SQL:2011。

9.3　在关系数据库中存储对象

面向对象的编程语言（如 C++ 或 Java）获得持久性的一种方法就是将 RDBMS 作为底层的存储引擎。因此就要求将类的实例（即对象）映射到一个或多个元组上，这些元组又分布在一个或多个关系中。本节将讨论这么做会出现的问题。为了便于讨论，考虑图 9-2 所示的继承层次，图中有一个超类 Staff 和三个子类 Manager、SalesPersonnel 和 Secretary。

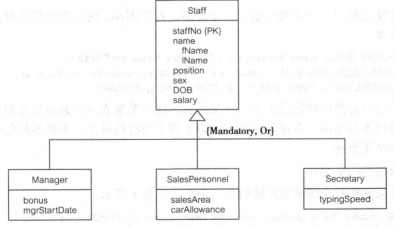

图 9-2　Staff 的继承层次示例

为了处理这种形式的类层次，我们有两个基本任务：

- 设计用于表示类层次的关系。
- 设计对象的访问方式，即：
  - 编写代码将对象分解成元组，并且将分解后的对象存储到关系中。
  - 编写代码从关系中抽取元组，并且重构对象。

接下来我们将详细讨论这两个任务。

9.3.1 将类映射为关系

有多种策略可以将类映射为关系，尽管每一种策略的转换结果都会导致语义信息的丢失。将对象持久化以及从数据库中读取对象的代码实现均依赖于所选择的策略。考虑下面三种可选策略：

（1）将每一个类或子类映射为一个关系。

（2）将每一个子类映射为一个关系。

（3）将整个层次映射为一个关系。

将每一个类或子类映射为一个关系

一种方法是将每一个类或子类都映射为一个关系。对于图 9-2 给出的类层次，将产生下列四个关系（主关键字用下划线标出）：

```
Staff (staffNo, fName, lName, position, sex, DOB, salary)
Manager (staffNo, bonus, mgrStartDate)
SalesPersonnel (staffNo, salesArea, carAllowance)
Secretary (staffNo, typingSpeed)
```

假设每个属性的数据类型都是 RDBMS 所支持的，尽管也可能有例外的情况——如果出现了 RDBMS 不支持的数据类型，则需要编写代码将一种数据类型转换为另一种数据类型。

然而，在这种关系模式中我们丢失了语义信息：哪个关系表示超类、哪个关系表示子类已经不再明确。因此我们不得不在每个应用程序中建立这些信息，正如前面已经提到的，这样会导致代码重复，也会产生潜在的不一致。

将每一个子类映射为一个关系

第二种方法是将每一个子类映射为一个关系。对于图 9-2 的层次应用该种方法，则会产生下列三个关系：

```
Manager (staffNo, fName, lName, position, sex, DOB, salary, bonus, mgrStartDate)
SalesPersonnel (staffNo, fName, lName, position, sex, DOB, salary, salesArea, carAllowance)
Secretary (staffNo, fName, lName, position, sex, DOB, salary, typingSpeed)
```

同样，在这种方案中我们也丢失了语义信息：这些关系表示的是否都是同一个父类的子类，这一信息已不再明确。在这种情况下，为了找出所有的员工，不得不从每个关系中选择元组，然后将结果合并。

将整个层次映射为一个关系

第三种方法是将整个继承层次映射为一个关系，如下所示：

```
Staff (staffNo, fName, lName, position, sex, DOB, salary, bonus, mgrStartDate, salesArea,
       carAllowance, typingSpeed, typeFlag)
```

属性 typeFlag 作为鉴别器可以区分每个元组的类型（例如，如果元组是一个 Manager

元组，则 typeFlag 的值为 1；如果是 SalesPersonnel 元组，则 typeFlag 的值为 2；如果是
Secretary 元组，则 typeFlag 的值为 3）。同样，在这个映射中也丢失了语义信息。并且这种
映射对那些不适用于某些元组的属性会产生一些不必要的空值。例如，对于 Manager 元组，
属性 salesArea、carAllowance 和 typingSpeed 都是空。

9.3.2 访问关系数据库中的对象

关系数据库结构的设计工作完成以后，接下来要将对象插入数据库中，然后提供读取、
更新和删除对象的机制。例如，为了将一个对象插入上节的第一种关系模式中（即为每一个
类创建一个关系），用可程序式 SQL（参见附录 I）编写代码如下：

```
Manager* pManager = new Manager;        // 创建一个新的Manager对象
...此处为创建Manager对象的代码...
EXEC SQL INSERT INTO Staff VALUES (:pManager->staffNo, :pManager->
fName,
    :pManager->lName, :pManager->position, :pManager->sex, :pManager->DOB,
    :pManager->salary);
EXEC SQL INSERT INTO Manager VALUES (:pManager->bonus,
    :pManager->mgrStartDate);
```

另一方面，如果 Manager 已经被声明成持久类，则下面的（指示性的）语句可以使对象
在 OODBMS 中成为持久的：

```
Manager* pManager = new Manager;
```

在 27.3.3 节，我们将研究声明持久类的各种方法。如果现在希望从关系数据库中检索某
些数据，假设需要检索奖金超过 1000 英镑的经理的信息，则代码可能为：

```
Manager* pManager = new Manager;            // 创建一个新的Manager对象
EXEC SQL WHENEVER NOT FOUND GOTO done;  // 对错误的处理
EXEC SQL DECLARE managerCursor              // 为SELECT语句创建游标
    CURSOR FOR
        SELECT staffNo, fName, lName, salary, bonus
        FROM Staff s, Manager m              // 需要连接Staff和Manager
        WHERE s.staffNo = m.staffNo AND bonus > 1000;
EXEC SQL OPEN managerCursor;
for ( ; ; ) {
        EXEC SQL FETCH managerCursor // 取出结果中的下一条记录
        INTO :staffNo, :fName, :lName, :salary, :bonus;
        pManager->staffNo = :staffNo; // 将数据传递给对象Manager
        pManager->fName = :fName;
        pManager->lName = :lName;
        pManager->salary = :salary;
        pManager->bonus = :bonus;
        strcpy(pManager->position, "Manager");
}
EXEC SQL CLOSE managerCursor;       // 结束前关闭游标
```

另一方面，欲从 OODBMS 中获得同样的一组数据，可以用下面的代码：

```
os_Set<Manager*> &highBonus
    = managerExtent->query("Manager*", "bonus > 1000", db1);
```

该语句在类 Manager（managerExtent）的范围内搜索，从数据库（本例为 db1）中寻找

所需（bonus>1000）的实例。商品化 OODBMS，ObjectStore 含有一组模板类 os_Set，在本例中被实例化为包含了一组指向 Manager 对象的指针 <Manager*>。在 28.3 节中，我们将继续讨论 ObjectStore 中对象持久性和对象检索的有关内容。

上面的示例说明了将面向对象的语言映射到关系数据库时的复杂性。在第 27 和 28 章中我们要讨论的 OODBMS 的方法，则试图将程序设计语言的数据模型与数据库的数据模型进行更加无缝的集成，从而不再需要如前所述的复杂转换，这种转换可能要占用多达 30% 的编程工作量。

9.4 对象关系数据库系统简介

关系 DBMS 是当前占据市场主导地位的数据库技术，2011 年全世界的软件销售额约为 240 亿美元，2016 年将达到 370 亿美元。直到最近，DBMS 的发展方向仍然徘徊在关系 DBMS 和 OODBMS 之间。但是，许多 RDBMS 的供应商已经意识到了 OODBMS 的威胁，看到了 OODBMS 的前景。他们认同了传统的关系 DBMS 已不再适用于 9.1 节讨论的高级应用，需要增加这些应用所需的功能。可是，他们驳斥了那种认为扩展的 RDBMS 不能提供足够的功能或者因为太慢而不足以应对新的复杂性的观点。

如果对不断涌现的高级数据库应用进行考察，就会发现它们广泛地应用了许多面向对象的特征，例如：用户可扩展的类型系统、封装、继承、多态性、方法的动态绑定、包括了非第一范式的对象的复杂对象以及对象标识。弥补关系模型缺陷的最显而易见的方法就是扩展模型，使其具备这些特征。尽管实现的特征各有不同，但许多扩展的关系 DBMS 所采用的就是这种方法。因而，不存在唯一的扩展的关系模型；更恰当地说，存在多种扩展的关系模型，其特性取决于扩展的方法和程度。然而，所有模型都使用相同的基本关系表和查询语言，所有模型都引入了"对象"的某些概念，有的还可以像存储数据一样将方法（或者过程、触发器）存储在数据库中。

人们曾使用各种不同的术语来称呼支持了扩展的关系数据模型的系统。最早的术语是扩展的关系数据库管理系统（Extended Relational DBMS，ERDBMS），还使用过术语通用服务器（Universal Server）和通用数据库管理系统（Universal DBMS，UDBMS）。近年来，为了更好地说明系统引入的一些"对象"的概念，更多地使用了术语对象－关系数据库管理系统（Object-Relational DBMS）。本章使用 ORDBMS 这一术语。三家主要的关系 DBMS 的供应商——Oracle、Microsoft 和 IBM——都已将其系统扩展为 ORDBMS，只是功能上略有不同罢了。ORDBMS 作为 RDBMS 和 OODBMS 相混合的概念是极具吸引力的，它保留了 RDBMS 已有的大量知识和经验。因此，一些分析家预测 ORDBMS 将比 RDBMS 的市场占有率多出 50 个百分点。

正如预期的那样，这一领域的标准的制定是对 SQL 标准的扩展。国际标准化组织自 1991 年起一直在进行 SQL 语言的对象扩展工作。这些扩展已经成为 SQL 标准的组成部分，即 1999 年发布的 SQL:1999 和 2003 年发布的 SQL:2003，以及 2006 年发布的进一步扩展为支持 XML 的 SQL:2006 和随后的 2008（SQL:2008）、2011（SQL:2011）。这些 SQL 标准版本正在尝试将关系模型和查询语言的扩展标准化。本章将详细讨论 SQL 的对象扩展。本书用 SQL:2011 统一指代 1999 年、2003 年、2006 年、2008 年和 2011 年发布的各个标准版本。

Stonebraker 的观点

Stonebraker（1996）提出了一种数据库的四象限观点，如图 9-3 所示。左下角的象限是那些处理简单数据且没有数据查询需求的应用。这类应用，比如包括了 Word、WordPerfect 和 Framemaker 等的标准文本处理程序包，可以使用底层的操作系统来获得必要的 DBMS 的持久性功能。右下角的象限是那些处理复杂数据但对数据查询仍然没有很大需求的应用。对于这类应用，如计算机辅助设计程序包，OODBMS 可能是一个不错的 DBMS 选择。左上角的象限是那些处理简单数据但有复杂的查询需求的应用。很多传统的商业应用都落在这个象限里，对于这些应用，RDBMS 是最适当不过的 DBMS 选择。最后，右上角的象限是那些既处理复杂数据又有复杂的查询需求的应用。这一象限包含了 9.1 节讨论过的许多高级数据库应用，对这些应用来说，ORDBMS 可能是最合适的 DBMS 选择。

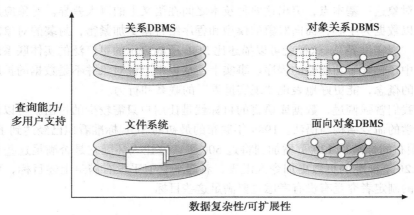

图 9-3 数据库世界四分观点

这种划分很有意思，但这只是一个非常简单的分类方法，其实许多数据库应用都不是那么容易分类的。而且，正如 28.2 节讨论的那样，随着 ODMG 数据模型和查询语言的引入，以及 SQL 中面向对象数据管理特征的增加，OODBMS 和 ORDBMS 之间的区别变得越来越不明显。

ORDBMS 的优点

除了能够克服 9.2 节提到的许多缺点以外，扩展的关系数据模型的主要优点在于重用（reuse）和共享（sharing）。重用（即扩展 DBMS 服务器）能够集中实现标准的功能，而不是在每个应用中都重新编写实现这些功能的代码。例如，某个应用可能需要表示点、线、多边形的空间数据类型，而且需要计算两点之间的距离、点线之间的距离以及对点是否被多边形包含、两个多边形区域是否重叠等情况进行判断的函数。如果可以将这些功能嵌入服务器中，就不用在每个需要它的应用程序中都重新定义，而且这些功能也可以被所有的应用程序共享。同时，这些优点也提高了开发者和终端用户的工作效率。

另外一个显著的优点是，扩展关系方法保留了那些在开发关系应用的过程中积攒的宝贵知识和经验。这是一个非常重要的优点，因为多数组织机构会发现，彻底更换 DBMS 的成本是难以承受的。如果新的功能设计得当，这种方法可以允许组织机构以进化的方式利用新的扩展而不致于丢失当前数据库特征和功能带来的好处。因而，可以作为概念验证项目（proof-of-concept project）采用集成的方式引入 ORDBMS。SQL:2011 标准的设计向上兼容 SQL2 标准，因此，任何与 SQL:2011 兼容的 ORDBMS 也都能够兼容 SQL2 标准。

ORDBMS 的缺点

ORDBMS 最明显的缺点就是其复杂性以及由此引起的成本的增加。此外，有些关系方法的支持者坚信，这些扩展将导致关系模型的简洁性的丧失。也有人认为，对关系 DBMS 进行扩展只是为了那些很少见的应用，它们利用当前的关系 DBMS 无法获得最优性能。

另一方面，面向对象的纯粹化论者也不欣赏这些扩展。他们认为对象 – 关系系统的术语有些标新立异。因为它们没有讨论对象模型，反而使用像"用户定义的数据类型"这样的术语。而面向对象的术语却都是与"抽象类型""类层次"和"对象模型"密切相关的。但是 ORDBMS 的供应商还是将对象模型描述为增加了某些复杂性后的关系模型扩展。这样就可能避开面向对象这一基本点，突出这两种技术之间在语义上的巨大差异。对象应用不像关系应用那样仅以数据为中心，面向对象的模型和程序结合得更加紧密，封装的对象能够更加真实地反映出"现实世界"。这样就可以描述比 SQL 所能表示的更广泛的实体联系的集合，并且对象定义中还包含了功能性的程序。事实上，从根本上说对象并不是数据的扩展，而是一个截然不同的概念，能更好地表现"现实世界"的联系和行为。

第 6 章我们曾强调过，数据库语言的目标就是让用户只需较少的付出就可以使用，同时具有相对易学的命令结构与语法。1989 年颁布的最初的 SQL 标准看似已经达到了这个目标。而 1992 年颁布的标准从 120 页增加到将近 600 页，这让人怀疑它是否满足这些目标。遗憾的是，SQL:2011 标准的页数更加令人沮丧，看起来它似乎没有满足上述目标，更有甚者开始怀疑标准的制定者究竟有没有考虑过要满足这些目标。

9.5 SQL:2011

在第 6 章和第 7 章中，我们针对 ISO SQL 标准进行了广泛的讨论，讨论内容主要集中在 1992 年版的标准所描述的一些特征，即通常所说的 SQL2 或 SQL-92。ANSI（X3H2）和 ISO（ISO/IEC JTC1/SC21/WG3）的 SQL 标准已经在 SQL 规范中添加了支持面向对象数据管理的特征，最近发布的版本为 SQL:2011 (ISO, 2011a)。正如前面提到的，SQL:2011 标准非常庞大和复杂，可以分为以下部分：

（1）ISO/IEC 9075-1：SQL/Framework。

（2）ISO/IEC 9075-2：SQL/Foundation。包括新的数据类型、用户自定义类型、规则和触发器、事务、存储例程和绑定的方法（嵌入式 SQL、动态 SQL 和 SQL 的直接调用）。

（3）ISO/IEC 9075-3：SQL/CLI（Call-Level Interface，调用级接口）。定义了数据库的 API 接口，正如附录 E 中所讨论的那样，基于 SQL Office 访问组和 X/Open 的 CLI 的定义。

（4）ISO/IEC 9075-4：SQL/PSM（Persistent Stored Module，持久存储模块）。允许用 3GL 或者 SQL 声明过程和用户自定义函数，并且存储在数据库中，使得 SQL 计算完备。

（5）ISO/IEC 9075-9：SQL/MED（Management of External Data，外部数据管理）。定义 SQL 扩展用以支持管理外部数据，对外部数据管理的支持是通过使用外部表和 datalink 数据类型实现的。

（6）ISO/IEC 9075-10：SQL/OLB（Object Language Bindings，对象语言绑定）。定义了将 SQL 语句嵌入 Java 程序的机制。

（7）ISO/IEC 9075-11：SQL/Schemata（Information and Definition Schemas，信息和定义模式）。定义了两个模式——INFORMATION_SCHEMA 和 DEFINITION_SCHEMA。信息模式定义了与数据库对象（如表、视图和列）有关的视图。这些视图是根据定义模式中基

本表定义的。

（8）ISO/IEC 9075-13：SQL/JRT（Java Routines and Types Using the Java Programming Language，使用 Java 语言的 Java 例程和类型）。定义了 SQL 对 Java 的扩展，允许将用 Java 书写的静态方法当作 SQL 调用例程来调用，也允许将 Java 定义的类当作 SQL 的结构类型使用。

（9）ISO/IEC 9075-14：SQL/XML（XML-Related Specifcations，XML 相关的规范）。定义了 SQL 对 XML 的扩展，允许创建和操作 XML 文档。

本节将讨论其中部分特征，包括：

- 行类型和引用类型的类型构造器。
- 可以参与超类型 / 子类型联系的用户自定义类型（单值类型（distinct type）和结构类型（structured type））。
- 用户自定义过程、函数、方法和操作符。
- 集类型（ARRAY、SET、LIST、MULTISET）的类型构造器。
- 对大对象的支持——二进制大对象（BLOB）和字符大对象（CLOB）。
- 递归。

附录 K 讨论的许多面向对象的概念都在考虑之列。SQL:1999 标准的最后版本远远落后于预定计划，对象管理的某些特性被推迟到标准的下一版发布，但许多特性在 SQL:2011 中仍未出现。

9.5.1 行类型

行类型是一个字段名 / 数据类型对的序列，它提供了表示表中行的数据类型。这样一来，既可以将一个完整的行存储在变量中，也可以作为参数传递给例程，还可以作为函数调用的返回值返回。行类型还可以用于让表的某列包含行值。本质上，行是嵌套在表中的表。

| **例 9.1 ≫ 行类型的用法**

为了说明行类型的用法，我们创建了一个只包含部门编号和地址的简单的 Branch 表，并在新表中插入一条记录：

```
CREATE TABLE Branch (
        branchNo CHAR(4),
        address ROW(street          VARCHAR(25),
                    city            VARCHAR(15),
                    postcode        ROW(cityIdentifier   VARCHAR(4),
                                        subPart          VARCHAR(4))));
INSERT INTO Branch
VALUES ('B005', ROW('23 Deer Rd', 'London', ROW('SW1', '4EH')));
UPDATE Branch
SET address = ROW ('23 Deer Rd', 'London', ROW ('SW1', '4EH'))
WHERE address = ROW ('23 Deer Rd', 'London', ROW ('SW1', '4EH'));
```

9.5.2 用户自定义类型

SQL:2011 允许定义**用户自定义类型**（User-Defined Type，UDT），前面称之为抽象数据类型（Abstract Data Type，ADT）。UDT 的使用方法与预定义类型（如 CHAR、INT、FLOAT）相同。UDT 被分为两类：特有（distinct）类型和结构（structured）类型，其中**特有类型**较为简单，它能使具有相同的基类型的类型有所区别。例如，我们可以创建两个特有类型：

```
CREATE TYPE OwnerNumberType AS VARCHAR(5) FINAL;
CREATE TYPE StaffNumberType AS VARCHAR(5) FINAL;
```

如果我们试图把其中一个类型的实例作为另一个类型的实例对待，就会产生错误。注意，尽管 SQL 也允许创建域以区分不同的数据类型，但 SQL 域的目的仅仅是约束可以存储在某一列内的有效值的集合。

对于更一般的情况，UDT 定义包括了一个或多个**属性定义**、零个或多个**例程声明**（方法），以及随后的**操作符声明**。例程和操作符一般都称为例程。此外，还可以用 CREATE ORDERING FOR 语句为 UDT 定义相等和顺序关系。

可以用点符号（.）访问属性值。例如，假定 p 是 UDT 类型 PersonType 的一个实例，其中包含一个类型为 VARCHAR 的属性 fName，可以用如下方法访问 fName 属性：

```
p.fName
p.fName = 'A. Smith'
```

封装、观察器函数和变换器函数

SQL 封装所有结构类型的属性，做法是为每个属性定义一对预定义例程：**观察器**（observer）函数（相当于 get 函数）和**变换器**（mutator）函数（相当于 set 函数）。当用户访问属性时，可以调用这两个例程。观察器函数返回属性的当前值，变换器函数按照给定的参数值来设置属性的值。用户可以在 UDT 的定义里重新定义这两个函数。通过这种方法，属性值被封装起来，用户只能通过调用这两个函数实现对属性值的访问。例如，PersonType 的属性 fName 的观察器函数为：

```
FUNCTION fName(p PersonType) RETURNS VARCHAR(15)
    RETURN p.fName;
```

设置 newValue 值的相应变换器函数为：

```
FUNCTION fName(p PersonType RESULT, newValue VARCHAR(15))
    RETURNS PersonType
BEGIN
        p.fName = newValue;
        RETURN p;
END;
```

构造器函数和 NEW 表达式

一个（公共的）**构造器函数**是为创建类型的新实例而自动定义的。构造器函数和 UDT 具有相同的名字和类型，没有参数，返回该类型的且属性值被置为默认值的一个新实例。用户可以提供自定义的**构造器方法**对某结构类型新创建的实例进行初始化。所有的构造方法必须和结构类型同名，但其参数必须和系统提供的构造器的参数不同。而且，每一个用户自定义的构造器方法必须在参数的个数或者参数的类型上有所不同。例如，我们可以用如下方法初始化类型 PersonType 的构造器：

```
CREATE CONSTRUCTOR METHOD PersonType (fN VARCHAR(15),
    lN VARCHAR(15), sx CHAR) RETURNS PersonType SELF AS RESULT
        BEGIN
            SET SELF.fName = fN;
            SET SELF.lName = lN;
            SET SELF.sex = sx;
            RETURN SELF;
        END;
```

可以用 NEW 表达式调用系统提供的构造器方法，例如：

SET p = **NEW** PersonType();

用户自定义的构造器方法被调用的上下文与 NEW 表达式等同。例如，我们可以调用上面的用户自定义的构造方法创建 PersonType 的一个实例：

SET p = **NEW** PersonType('John', 'White', 'M');

这将被有效地翻译为：

SET p = PersonType().PersonType('John', 'White', 'M');

其他 UDT 方法

可约束 UDT 实例按指定的顺序排列。EQUALS ONLY BY 和 ORDER FULL BY 子句可用来说明比较 UDT 实例的函数。下列方法均可用于排序：

- RELATIVE。该方法是一个相等时返回零、小于时返回负数、大于时返回正数的函数。
- MAP。该方法使用的函数带有一个 UDT 类型的参数，并返回一个预定义数据类型值。UDT 类型的两个实例的比较是通过对应的函数值的比较实现的。
- STATE。该方法通过比较操作数的属性来决定顺序。

还可以定义 CAST 函数，用户自定义不同 UDT 之间的转换函数。在后续版本的标准中，也可能允许覆写某些预定义的操作符。

┃ 例 9.2 ≫ 定义新的 UDT

为了解释创建一个新的 UDT 的方法，这里，我们为 PersonType 创建一个 UDT：

```
CREATE TYPE PersonType AS (
        dateOfBirth    DATE,
        fName          VARCHAR(15),
        lName          VARCHAR(15),
        sex            CHAR)
INSTANTIABLE
NOT FINAL
REF IS SYSTEM GENERATED
INSTANCE METHOD age () RETURNS INTEGER,
INSTANCE METHOD age (DOB DATE) RETURNS PersonType;
CREATE INSTANCE METHOD age () RETURNS INTEGER
        FOR PersonType
        BEGIN
          RETURN /* age calculated from SELF.dateOfBirth */;
        END;
CREATE INSTANCE METHOD age (DOB DATE) RETURNS PersonType
        FOR PersonType
        BEGIN
          SELF.dateOfBirth = /* code to set dateOfBirth from DOB*/;
          RETURN SELF;
        END;
```

这一示例也给出了**存储属性**和**虚拟属性**的用法。**存储属性**（stored attribute）为默认形式，它有一个属性名和数据类型。数据类型可以是任何已知的数据类型，包括其他的 UDT。相反，**虚拟属性**（virtual attribute）并不与被存储数据相对应，而是对应着导出数据。这里有一个隐式的虚拟属性 age，它是由（观察器）age 函数导出并使用（变换器）age

函数赋值的⊖。从用户的观点来看，存储属性和虚拟属性之间没有显著的区别，都是使用相应的观察器和变换器函数来访问的。只有 UDT 的设计者知道其中的不同。

关键字 INSTANTIABLE 指明该类型可以创建实例。如果声明了 NOT INSTANTIABLE，就表示不能创建该类型的实例，而只能使用其子类型。关键字 NOT FINAL 指明可以创建用户定义类型的子类型。我们将在 9.5.6 节讨论 REF IS SYSTEM GENERATED 子句。

9.5.3 子类型和超类型

SQL:2011 允许 UDT 使用 UNDER 子句参与子类型 / 超类型的层次结构的定义。一个类型可以拥有多个子类型，但是目前子类型只能有一个超类型（即不支持多重继承）。子类型继承超类型所有的属性和行为（方法），可以像其他 UDT 一样定义自己的属性和方法，也可以重载继承来的方法。

| 例 9.3 》 使用 UNDER 子句创建子类型

创建超类型 PersonType 的子类型 StaffType 的语句为：

```
CREATE TYPE StaffType UNDER PersonType AS (
        staffNo          VARCHAR(5),
        position         VARCHAR(10)          DEFAULT 'Assistant',
        salary           DECIMAL(7, 2),
        branchNo         CHAR(4))
        INSTANTIABLE
        NOT FINAL
        INSTANCE METHOD isManager () RETURNS BOOLEAN;
        CREATE INSTANCE METHOD isManager() RETURNS BOOLEAN
        FOR StaffType
        BEGIN
                IF SELF.position = 'Manager' THEN
                        RETURN TRUE;
                ELSE
                        RETURN FALSE;
                END IF
        END)
```

StaffType 不但拥有 CREATE TYPE 中定义的所有属性，也包含从 PersonType 中继承来的属性，以及相应的观察器函数、变换器函数和其他已定义的函数。特别是，REF IS SYSTEM GENERATED 子句也被有效地继承了。另外，我们还定义了一个实例方法 isManager，用来检查某个员工是否是经理。我们将在 9.5.8 节讲述该方法的用法。

一个子类型的实例被认为也是其所有超类型的实例。SQL:2011 支持**替代**（substitutability），即在需要超类型实例的地方都可以用子类型的实例替代。可以用 TYPE 谓词测试 UDT 的类型。例如，对于给定的用户自定义类型 Udt1，我们可以这样测试：

TYPE Udt1 **IS OF** (PersonType)   // 检查Udt1是否为PersonType类型或PersonType的某个子类型

TYPE Udt1 **IS OF** (**ONLY** PersonType)   // 检查Udt1是否为PersonType类型

和大多数程序设计语言一样，在 SQL:2011 中，每个 UDT 的实例都必须与最特殊的类型关联，即把最低层的子类型指派给该实例。因此，如果某个 UDT 具有多个直接超类型，

⊖ 注意，这里的函数名 age 被重载。我们将在 9.5.5 节讨论 SQL 如何区分这两个函数。

则该实例必定属于其中某一个类型，该类型应该是该实例所属所有其他类型的子类型。有些情况下，可能需要创建很多类型。例如，一个类型层次中最大的超类型可能是 Person，其子类型有 Student 和 Staff；Student 又有三个直接子类型 Undergraduate、Postgraduate 和 PartTimeStudent，如图 9-4a 所示。如果一个实例拥有类型 Person 和 Student，因为 Student 是 Person 的子类型，所以此时最特殊的类型就是 Student，尽管它处于非叶节点位置。可是，在这个类型层次中，除非我们创建类型 PTStudentStaff，如图 9-4b 所示，否则一个实例就不可能同时拥有类型 PartTimeStudent 和 staff。此时新创建的叶节点位置的类型 PTStudentStaff 就是最特殊的类型。类似的，有些全日制的本科生和研究生会做兼职（与在职学生全职员工的身份相对），所以我们也得增加子类型 FTUGStaff 和 FTPGStaff。如果将这种方法泛化，我们就有可能创建大量的子类型。某些情况下，一种更好的方法是在表一级而不是在类一级使用继承，稍后讨论。

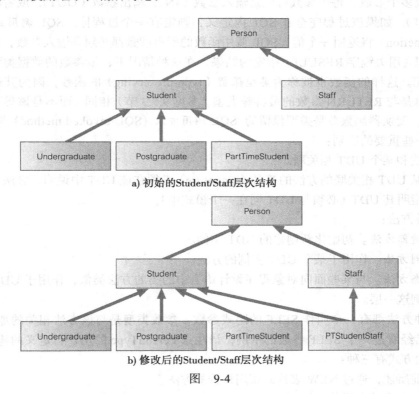

a) 初始的Student/Staff层次结构

b) 修改后的Student/Staff层次结构

图 9-4

权限

要创建一个子类型，用户必须在作为该子类型的超类型的用户自定义类型上拥有 UNDER 权限。此外，用户必须在该子类型将引用的用户自定义类型上拥有 USAGE 权限。

在 SQL:1999 之前，SELECT 的权限只能作用于表和视图的列。在 SQL:1999 中，SELECT 权限也可以作用于结构类型，但前提是该类型的实例被存储在类型化的表中，同时只有当来自 REF 值的间接引用运算符（dereference operator）作用于被引用行时，方法才可以作用于被引用行。对于存储在普通 SQL 表的某列中的结构化值，调用某一方法时，则需要拥有该列的 SELECT 权限。如果要调用的方法是一个变换器函数，则还需要该列的 UPDATE 权限。此外，对于调用任何方法，都需要用户拥有 EXECUTE 权限。

9.5.4 用户自定义例程

用户自定义例程（User-Defined Routine，UDR）定义了操作数据的方法，并且与 UDT 密切相关，提供了 UDT 所需的行为。一个 ORDBMS 应该在这一领域提供极大的灵活性，例如允许 UDR 返回可以被进一步处理的复杂值（例如表），并且为简化应用开发而支持函数名的重载。

在 SQL:2011 中，UDR 可以被定义为某个 UDT 的一部分或者单独作为模式的一部分。一个 SQL 调用例程（SQL-invoked routine）可以是一个过程、函数或者方法。SQL 调用的例程既可以是用 C、C++ 或者 Java 这样的标准高级程序设计语言在外部编写的，也可以完全是用为使 SQL 计算完备而扩展的 SQL 语句定义的，这部分内容我们将在 9.5.10 节讨论。

SQL 调用过程（SQL-invoked procedure）通过 SQL CALL 语句调用。SQL 调用过程可能有零个或多个参数，每个参数可能是输入参数（IN）、输出参数（OUT），或者输入输出参数（INOUT），如果该过程完全在 SQL 内定义，则定有一个过程体。SQL 调用函数（SQL-invoked function）将返回一个值，SQL 调用函数的所有参数都必须是输入参数，其中一个输入参数可以（用关键字 RESULT）指定为结果，在这种情况下，该参数的数据类型必须和返回类型匹配。这样的函数也被称为类型保留（type-preserving）的函数，因为其返回值的运行时类型总是与 RETURN 参数的最特殊类型（参见 9.5.3 节）相同（而不是该类型的随便一个子类型）。变换器函数总是类型保留的。SQL 调用方法（SQL-invoked method）与函数类似，但还是有一些重要的区别：

- 方法和某个 UDT 相关联。
- 与某 UDT 相关联的方法的签名（signature）必须在该 UDT 中说明，方法定义时也必须指明其 UDT（必须与 UDT 同在一个模式中）。

有三类方法：

- 构造器方法。初始化新创建的 UDT 实例。
- 实例方法。作用于某个 UDT 实例的方法。
- 静态方法。与某些面向对象程序设计语言中的类的方法类似，作用于 UDT 层而不是实例这一层。

前两种方法都有一个叫作 SELF 的隐式参数，参数类型是与该方法相关的那种 UDT 类型。我们已经看过一个 SELF 参数的示例，请注意 PersonType 的用户自定义的构造器方法。调用方法的方式有三种：

- 如前所述，通过 NEW 表达式调用构造器方法。
- 通过标准的点操作符调用实例方法，例如 p.fName，或使用通用调用格式，如 (p AS StaffType).fName()。
- 使用 :: 调用静态方法，例如，如果 totalStaff 是 StaffType 的一个静态方法，我们可以用 StaffType::totalStaff() 实现调用。

外部例程通过外部子句定义，外部子句指出在操作系统的文件存储中对应的已编译代码。例如，我们可能需要使用为数据库中存储的某个对象创建缩略图的函数。SQL 无法提供这一功能，因此，我们需要使用外部提供的函数，可以使用具有 EXTERNAL 子句的 CREATE FUNCTION 语句来实现：

```
CREATE FUNCTION thumbnail(IN myImage ImageType) RETURNS BOOLEAN
EXTERNAL NAME '/usr/dreamhome/bin/images/thumbnail'
LANGUAGE C
PARAMETER STYLE GENERAL
DETERMINISTIC
NO SQL;
```

这个 SQL 语句将名为 thumbnail 的 SQL 函数与一个外部文件关联。用户需提供这个编译过的函数。然后 ORDBMS 要提供将该目标文件动态链入数据库的方法，以便在需要的时候调用。实现该方法的过程超出了 SQL 标准的范围，因此只在实现层做了规定。如果一个例程对于给定的同一输入集合总是返回相同的值，那么就称它是确定的。NO SQL 指明函数不包含 SQL 语句。其他的选项还有 READS SQL DATA、MODIFIES SQL DATA 和 CONTAINS SQL。

9.5.5 多态性

在附录 K.7 和附录 K.8 节，我们讨论了覆写、重载和更一般化的概念——多态性。不同的例程可以具有同一个名字，也就是说例程名可能被重载。例如，可以允许 UDT 子类型重新定义一个从超类型继承的方法，并服从下列约束：

- 同一个模式中，不允许有两个函数具有相同的签名，即同时具有相同的参数个数，并且每个参数的数据类型和返回类型均相同。
- 同一个模式中，不允许有两个过程具有相同的名字并且具有相同个数的参数。

覆写只能应用于方法，且仅基于隐式实参 SELF 运行时的值（注意：方法在定义时拥有形参，被调用时则代入的是实参）。SQL 采用通用对象模型，因此，在决定调用哪个例程时，需要从左到右考虑所有实参的类型。当实参的数据类型和已定义形参的数据类型无法精确匹配时，则使用类型优先表来确定最接近的匹配。至于如何确定此次调用的被调用例程，规则十分复杂，这里就不再赘述，只给出实例方法的机制。

实例方法调用

确定合适的被调用实例方法的机制分为两个阶段：静态分析阶段和运行时执行阶段。本节对这两个阶段进行简单介绍。第一阶段的过程如下：

- 识别所有具有合适名字的例程（排除其他例程）。
- 排除所有用户不具有其 EXECUTE 权限的过程／函数和方法。
- 排除所有与隐式 SELF 实参的类型（或子类型）不相容的方法。
- 排除所有形参个数和调用的实参个数不等的方法。
- 对于剩下的方法，系统将每一个形参的数据类型和对应实参的数据类型优先表进行匹配，排除那些不匹配的方法。
- 如果不存在可用的候选方法，则产生一个语法错误。

对于剩下的候选方法，第二阶段（运行时）的处理步骤为：

- 如果方法调用的隐式实参的运行时值的最特殊类型的类型定义中包含了其中一个候选方法，则选择该方法执行。
- 如果方法调用的隐式实参的运行时值的最特殊类型的类型定义中不包含任何一个候选方法，则比较各个候选方法的对应类型，在所有拥有该方法的超类型中选择最接近该最特殊类型的那个超类型，并执行其方法。

如果执行某个方法的体，则实参的值要转换为相应形参的数据类型。

9.5.6 引用类型和对象标识

对象标识是对象永远不变的部分，可用来与其他对象进行区分（见附录 K.3）。理想情况下，对象标识独立于对象的名字、结构和位置。即使在对象被删除之后，其对象标识依然持久地存在，因此它永远都不可能跟任何其他对象的标识混淆。其他对象可以把一个对象的标识当作对该对象进行引用的唯一方法。

直到 SQL:1999，定义表和表之间的联系的方法还只能使用主关键字 / 外部关键字机制，这种机制在 SQL2 中是用引用表约束子句 REFERENCES 表示的，参见 7.2.4 节。从 SQL:1999 开始，可以使用**引用类型**（reference type）定义行类型之间的联系，以及唯一地标识表的一行。引用类型的值可以存储在（类型化）表中，用于直接引用某个定义为该类型的基本表中指定的行（类似于 C 或 C++ 中的指针类型概念）。在这方面，引用类型具有与 OODBMS 的对象标识符（OID）类似的功能，参见附录 K.3。因此，引用允许某一行被多表共享，并且使得用户能够将查询中复杂的连接定义替换为简单得多的路径表达式。引用还为优化器提供了基于值的连接之外的另一种遍历数据的解决方案。

CREATE TYPE 语句中的 REF IS SYSTEM GENERATED 表明，相应的 REF 类型的实际值是由系统提供的，参见例 9.2 中的 PersonType 创建。也可以使用其他选项，这里不再详述，默认方式是 REF IS SYSTEM GENERATED。稍后可以看到，基本表可以被创建为具有某种结构类型的表。还可以为该表定义其他列，但至少有一列要用子句 REF IS <columnName>SYSTEM GENERATED 定义，即至少要有一个 REF 类型的列。该列存储了相应的基本表的行的唯一标识符。当某一行被插入表中时，就为该行分配了一个标识符，并且一直与该行保持关联直至其被删除。

9.5.7 创建表

为了向上兼容 SQL2 标准，即使表仅由一个 UDT 构成，也仍然有必要使用 CREATE TABLE 语句来创建表。换句话说，UDT 的实例只有被作为表中的列值时，才能持久存储。CREATE TABLE 语句有几种不同的表达形式，如例 9.4 至例 9.6 所示。

| 例 9.4 ≫ 基于 UDT 创建表

使用 UDT PersonType 类型创建表，可以写为：

```
CREATE TABLE Person (
    info PersonType
    CONSTRAINT DOB_Check CHECK(dateOfBirth > DATE '1900-01-01'));
```

或者写为：

```
CREATE TABLE Person OF PersonType (
    dateOfBirth WITH OPTIONS
    CONSTRAINT DOB_Check CHECK (dateOfBirth > DATE '1900-01-01')
    REF IS PersonID SYSTEM GENERATED);
```

在第一个示例中，我们使用路径表达式（如 Person.info.fName）来访问 Person 表的各列；在第二个示例中，我们使用路径表达式（如 Person.fName）来访问表的各列。 ≪

重要的是，用第二种版本（CREATE TABLE … OF 语句）构造的表称为**类型化表**。类型化表的行被看作**对象**，但第一种版本中的行则不然，尽管两种情况下都用到同一个 UDT。类型化表中对应其基于的结构类型的每个属性都有一列，此外表的每行还有一个自引用列（self-referencing column）内含唯一的 OID（叫作引用）。对象插入类型化表也使用通常关系表所用的 INSERT 语句。除了自引用列和结构类型的那些属性外，再无法在表的定义中加入其他列。

当一个新行插入类型化表时自动产生 OID。然而，为了访问自引用列中的 IOD，不得不用 REF IS 子句为其显示命名（本例为 PersonID）。注意，在类型化表的定义中要重复说明一次引用如何产生——是系统产生、用户产生还是派生，并且要跟该表基于的 UDT 中的对应说明保持一致。

例 9.5 ≫ 使用 UNDER 子句创建子表

我们可以使用表继承创建一张员工表：

CREATE TABLE Staff **OF** StaffType **UNDER** Person;

当向 Staff 表中插入行时，继承列的值也被插入 Person 表。同样，当删除 Staff 表中的行时，该行将同时从 Staff 表和 Person 表中消失。因此在访问 Person 表的所有行时，也包含了 Staff 表的所有信息。　　　　　　　　　　　　　　　　　　　　　　　　　　**≪**

表层次上的行存在如下约束：

- 超表 Person 的每一行至多对应于 Staff 表中的一行。
- Staff 表的每一行必须在 Person 表中有一个确切的对应行。

维护的语义是所谓包含（containment）语义：子表中的某一行要有效地被包含在超表中。当修改子表和超表的行时，我们希望 SQL INSERT、UPDATE 和 DELETE 语句能够维护这种一致性，如下所示（至少是概念上的）：

- 当向子表中插入一行时，该表所有继承列的值都要插入超表中，并在表层次中向上级联。例如在图 9-4b 中，如果我们向 PTStudentStaff 中插入一行，那么各继承列的值将被插入 Student 表和 Staff 表中，然后 Student/Staff 的各继承列的值再被插入 Person 中。
- 当子表中的一行发生更新时，类似于上面的过程，位于超表中的各继承列的值也要同时更新。
- 当超表中的一行发生更新时，则其直接或间接子表的所有对应行的所有继承列的值也要随之更新。当超表自身也是一个子表时，为了保证一致性，也要满足上面的条件。
- 当删除子表 / 超表的某一行时，表层次中相应的行也要被删除。例如，如果我们删除了 Student 中的一行，则 Person 和 Undergraduate/Postgraduate/PartTimeStudent/PTStudentStaff 中相应的行都要被删除。

SQL:2011 没提供存储给定 UDT 的所有实例的机制，除非用户显示创建一个表来存储实例。因此在 SQL:2011 下，想用一个 SQL 语句检索给定 UDT 的所有实例可能不可行。例如，若创建如下一张表：

```
CREATE TABLE Client (
    info        PersonType,
    prefType    CHAR,
    maxRent     DECIMAL(6, 2),
    branchNo    VARCHAR(4) NOT NULL);
```

现在 PersonType 的实例分放在 Staff 和 Client 两张表中。在这种情况下，可通过用 UNDER 子句定义表，继承已存在表的列来解决问题。正如所预期的那样，子表继承超表的每一列。注意表层次中的所有表必须具有同一类层次中对应的类，并且表在表层次中的位置还须跟类在类层次中的相对位置一致。然而并不要求类层次中的每个类都要出现在表层次中，只要用于创建表的那些类能连起来就行。例如，观察图 9-4a，若除 Staff 外，所有类型都创建一张表是可行的；但若为 Person 和 Postgraduate 各创建一张表，而不为 Student 建表则行不通。还要注意子表的定义中无法另外添加列。

例 9.6 ▶▶ 使用引用类型定义联系

在这个例子中，使用引用类型建立 PropertyForRent 和 Staff 之间的联系。

```
CREATE TABLE PropertyForRent(
propertyNo      PropertyNumber      NOT NULL,
street          Street              NOT NULL,
city            City                NOT NULL,
postcode        PostCode,
type            PropertyType        NOT NULL      DEFAULT 'F',
rooms           PropertyRooms       NOT NULL      DEFAULT 4,
rent            PropertyRent        NOT NULL      DEFAULT 600,
staffID         REF(StaffType)      SCOPE Staff
                REFERENCES ARE CHECKED ON DELETE CASCADE,
PRIMARY KEY (propertyNo));
```

在例 7.1 中，我们使用传统的主关键字/外部关键字机制建立了 PropertyForRent 和 Staff 之间的联系。这里则使用了引用类型 REF（StaffType）为联系建模。SCOPE 子句指明了关联的引用表。REFERENCES ARE CHECKED 表示需要保持引用完整性（可选择的还有 REFERENCES ARE NOT CHECKED）。ON DELETE CASCADE 对应于 SQL2 中的常规引用动作。注意，因为表 Staff 中的列 staffID 不能被更新，因此不需要 ON UPDATE 子句。

权限

要想创建一个新的子类型，用户必须在被引用的超表上拥有 UNDER 权限。另外，用户必须在新表引用的任何用户自定义类型上拥有 USAGE 权限。

9.5.8　数据查询

SQL:2011 关于表的查询和更新采用了与 SQL2 相同的语法，当然还扩展了各种对象处理。本节将讨论其中部分扩展。

例 9.7 ▶▶ 检索特定行和特定列

找出所有经理的名字。

```
SELECT s.lName
FROM Staff s
WHERE s.position = 'Manager';
```

这一查询在 WHERE 子句中调用了隐式定义的观察器函数 position 来访问 position 列。◀◀

例 9.8 ▶▶ 调用用户自定义函数

找出所有经理的名字和年龄。

```
SELECT s.lName, s.age
FROM Staff s
WHERE s.isManager;
```

这种查找经理的方法是将用户自定义方法 isManager 作为 WHERE 子句的谓词。如果某个 Staff 的成员是经理，则该函数返回布尔值 TRUE（参见例 9.3）。另外，这一查询还调用了继承来的虚（观察器）函数 age 作为 SELECT 列表的一个元素。 **《**

▌例 9.9 ▶▶ 使用 ONLY 限制选择

找到数据库中所有年龄大于 65 岁的人的姓名。

```
SELECT p.lName, p.fName
FROM Person p
WHERE p.age > 65;
```

这一查询不仅列出了显式插入 Person 表的行的信息，而且还列出了被显式插入 Person 的所有直接或间接子表（本例为 Staff 和 Client）的行的信息。

假设我们并不需要所有人的详细信息，只需要 Person 表（不包括 Person 的任一子表）的某些实例的信息，则可以使用关键字 ONLY：

```
SELECT p.lName, p.fName
FROM ONLY (Person) p
WHERE p.age > 65;
```
《

▌例 9.10 ▶▶ 间接引用运算符的用法

找到管理房产 PG4 的职员的名字。

```
SELECT p.staffID->fName AS fName, p.staffID->lName AS lName
FROM PropertyForRent p
WHERE p.propertyNo = 'PG4';
```

在路径表达式中使用引用可以实现利用对象引用的行遍历。为了访问某一引用，需要使用间接引用运算符（ -> ）。在 SELECT 语句中，一般用 p.staffID 来访问表的某一列。然而在这个特殊的例子中，该列是对 Staff 表的行的引用。因此，必须使用间接引用运算符来访问间接引用表中的行。在 SQL2 中，这一查询需要使用连接或嵌套查询才能实现。

为了获得管理房产 PG4 的职员的详细信息，而不仅仅是姓名，可以使用下面的查询：

```
SELECT DEREF(p.staffID) AS Staff
FROM PropertyForRent p
WHERE p.propertyNo = 'PG4';
```
《

尽管引用类型与外部关键字相似，但存在着显著的差异。在 SQL:2011 中，只需要将引用约束定义作为表定义的一部分，就能够维护引用完整性。引用类型自身并不能支持引用完整性。因而，不能混淆 SQL 的引用类型和 ODMG 的对象模型提供的引用类型。在 ODMG 模型中，建立类型和引用完整性之间的联系的 OID 是自动定义的，我们将在 28.2.2 节进行讨论。

9.5.9　集类型

集（collection）是用于定义其他类型的集的类型构造器。集可以用于在表的一列中存储多值，从而导致表嵌套，即表的一列中实际包含另外一个表。这样一来，一个表可能表示多个主体细节层次关系。因此，集增加了物理数据库结构设计的灵活性。

SQL:1999 引入了集类型 ARRAY，SQL:2003 引入了集类型 MULTISET，标准的后续版本还会引入参数化的集类型 LIST 和 SET。不管哪种集类型，被称为元素类型的参数可以是一个预定义类型、UDT、行类型或者是另一个集类型，但不可以是一个引用类型或包含了引用类型的 UDT。另外，每个集必须是同质的，即所有元素必须是同一类型，或至少来自相同的类型层次。集类型具有以下含义：

- ARRAY：一维数组，有最大个数的限制。
- MULTISET：允许重复的无序集。
- LIST：允许重复的有序集。
- SET：不允许重复的无序集。

这些类型与 28.2 节将讨论的 ODMG 3.0 标准定义的类型是相似的，只是用 SQL MULTISET 取代了 Bag。

集类型 ARRAY

数组是一个元素值不必互斥的有序集，通过数组元素在数组中的位置来引用数组元素。数组的声明需要指明一个数据类型，作为可选项，还可以指定数组的最大基数，例如：

VARCHAR(25) **ARRAY**[5]

可以通过索引访问这个数组的元素，索引的范围是从 1 到最大基数（函数 CARDINALITY 将返回数组中当前元素的个数）。当且仅当两个数组具有可比较的类型且基数相同，并且每一对相同索引序号的元素都相等时，这两个数组才是同一个数组。

利用数组类型构造器可以声明一个数组类型，通过在方括号中列举出所有元素的方法来定义数组类型，元素之间用逗号分隔开，也可以使用嵌套层次为 1 的查询表达式来定义。例如：

ARRAY ['Mary White', 'Peter Beech', 'Anne Ford', 'John Howe', 'Alan Brand']
ARRAY (**SELECT** rooms **FROM** PropertyForRent)

在这两个例子中，数组的数据类型是由其数组元素的数据类型决定的。

▍例 9.11 》集类型 ARRAY 的用法

为了表示一个分公司最多只能有 3 个电话号码，我们可以将该列定义为集类型 ARRAY：

telNo **VARCHAR**(13) **ARRAY**[3]

然后，我们就可以用下面的查询语句检索分公司 B003 的第一个电话号码：

SELECT telNo[1], telNo[**CARDINALITY** (telNo)]
FROM Branch
WHERE branchNo = 'B003';   《

集类型 MULTISET

MULTISET 是一个允许元素重复的无序集，所有元素都具有相同的类型。既然 MULTISET 是无序的，我们就无法通过序号引用 MULTISET 的元素。和数组不同，MULTISET 是一个没有大小限制的集，不需要声明最大基数（尽管有实现上的限制）。MULTISET 和表很类似，但不能将 MULTISET 当作表看，系统提供了从 MULTISET 转换到表的操作符（UNNEST）以及从表转换到 MULTISET 的操作符（MULTISET）。

目前，系统还没有为集合（set）提供单独的类型。不过，set 可以看作 MULTISET 的特例，即没有重复元素的 MULTISET。系统提供了一个判断 MULTISET 是否为 set 的谓词。

对于两个具有可比元素类型的 MULTISET（A 和 B），当且仅当它们具有相同的基数，而且对于 A 中的每个元素 x，A 中与 x 相同的元素的个数（包括 x 自身）等于 B 中与 x 相等的元素的个数，这时 A 和 B 才是相等的。与数组类型相同，MULTISET 类型构造器也可以通过在方括号中列举出所有元素的方法来定义 MULTISET 类型，元素之间用逗号分开，也可以使用嵌套层次为 1 的查询表达式来定义，或者使用表值构造器。

可以作用于 MULTISET 的函数有：

- SET：去掉 MULTISET 中的重复元素，生成一个集合。
- CARDINALITY：返回当前元素的个数。
- ELEMENT：如果 MULTISET 中只有一个元素，则返回该元素；如果没有元素，则返回 null；如果 MULTISET 中的元素多于一个，则产生异常。
- MULTISET UNION：计算两个 MULTISET 的并集，关键字 ALL 或者 DISTINCT 分别表示保留和去掉重复元素。
- MULTISET INTERSECT：计算两个 MULTISET 的交集。关键字 DISTINCT 表示去掉重复元素，关键字 ALL 表示尽可能多地保留每个值的实例，每个值的实例个数取操作数中该值实例个数最少的那个。
- MULTISET EXCEPT：计算两个 MULTISET 的差。同样，关键字 DISTINCT 表示去掉重复元素，关键字 ALL 表示将确定数量的某个值的实例放到结果中，这个数量等于第一个操作数的该值的实例个数减去第二个操作数的该值的实例个数。

还有三个新的可作用于 MULTISET 的聚集函数：

- COLLECT：根据一个分组（group）的每一行的实参的值创建一个 MULTISET。
- FUSION：计算一组行中的 MULTISET 值的并集。
- INTERSECTION：计算一组行中的 MULTISET 值的交集。

另外，还有一些可作用于 MULTISET 的谓词：

- 比较谓词（只有相等和不等）。
- DISTINCT 谓词。
- MEMBER 谓词。
- SUBMULTISET 谓词：测试一个 MULTISET 是否为另外一个 MULTISET 的子集。
- IS A SET/IS NOT A SET 谓词：测试一个 MULTISET 是否为一个集合。

| 例 9.12 >> MULTISET 的用法

扩充 Staff 表，使之包含亲戚的一些信息，然后查找 John White 的亲戚的名和姓。

我们在 Staff 中增加了列 nextOfKin 的定义，如下所示（NameType 包含了属性 fName 和 lName）：

nextOfKin   NameType **MULTISET**

则查询为：

SELECT n.fName, n.lName
FROM Staff s, **UNNEST** (s.nextOfKin) **AS** n(fName, lName)
WHERE s.lName = 'White' **AND** s.fName = 'John';

注意，在 FROM 子句中，我们可以将具有 MULTISET 值的字段 s.nextOfKin 当作表来引用。

│ 例 9.13 》 聚集函数 FUSION 和 INTERSECTION 的用法

考虑下面的表格 PropertyViewDates，该表列出了那些有意租房的人的看房时间。

propertyNo	viewDates
PA14	MULTISET['14-May-13', '24-May-13']
PG4	MULTISET['20-Apr-13', '14-May-13', '26-May-13']
PG36	MULTISET['28-Apr-13', '14-May-13']
PL94	Null

下面的查询用到了 MULTISET 的聚集函数：

SELECT FUSION(viewDates) **AS** viewDateFusion,
          INTERSECTION(viewDates) **AS** viewDateIntersection
FROM PropertyViewDates;

查询产生的结果集合为：

viewDateFusion	viewDateIntersection
MULTISET['14-May-13', '14-May-13', '14-May-13', '24-May-13', '20-Apr-13', '26-May-13', '28-Apr-13']	MULTISET['14-May-13']

计算 FUSION 时，先去掉具有 null 的行（这里是房产 PL94 所在的行），然后将属于剩下的三个 MULTISET 的元素都复制到结果集合中。计算 INTERSECTION 时，也是先去掉具有 null 的行，然后查找在每一个 MULTISET 中均重复出现的元素。

9.5.10 类型视图

SQL:2011 还支持**类型视图**，有时也称为对象视图或引用视图。类型视图是在某种结构类型的基础上创建的，基于类型视图还可以创建子视图。下面举例说明了类型视图的用法。

│ 例 9.14 》 创建类型视图

下面的语句基于结构类型 PersonType 和 StaffType 创建了两个视图。

CREATE VIEW FemaleView **OF** PersonType (**REF IS** personID **DERIVED**)
    AS SELECT fName, lName
    FROM ONLY (Person)
    WHERE sex = 'F';

CREATE VIEW FemaleStaff3View **OF** StaffType **UNDER** FemaleView
    AS SELECT fName, lName, staffNo, position
    FROM ONLY (Staff)
    WHERE branchNo = 'B003';

其中，（REF IS personID DERIVED）是前面讨论过的自引用列的说明。该子句不能用于定义子视图。该子句可用于定义最大的超视图，但是不能同时使用可选项 SYSTEM GENERATED，只能用 USER GENERATED 或 DERIVED。如果使用了 USER

GENERATED, 则表示视图的维数 (degree) 将大于相关结构类型的属性的个数。如果使用了 DERIVED, 则视图的维数和结构类型的属性个数相等, 不包含其他的自引用列。

对于普通视图, 新列名的说明可以使用子句 WITH CHECK OPTION。

9.5.11 持久化存储模块

为了实现计算完备性, SQL 增加了一些新的语句类型, 使得对象的行为 (方法) 能够作为 SQL 语句在数据库中存储和执行。我们在 8.1 节已讨论过这些语句。

9.5.12 触发器

触发器是作为某指定表被修改后的一种副作用 (side effect) 由 DBMS 自动执行的 SQL (复合) 语句。触发器与 SQL 例程相似, 两者都是一个被命名的 SQL 块, 都包括声明、可执行以及条件处理部分。不过, 与例程不同的是, 触发器是在触发事件发生时隐式地执行, 并且不含任何参数。执行一个触发器的动作有时被称为激活 (firing) 该触发器。触发器可用于:

- 对输入数据进行确认, 维护那些通过表约束很难或者完全不可能实现的复杂完整性约束。
- 警告 (例如通过发送电子邮件) 以某种方式更新表时会采取的动作。
- 维护审计信息, 即记录下谁做了什么修改。
- 支持复制, 参见第 26 章。

CREATE TRIGGER 语句的基本格式如下:

CREATE TRIGGER TriggerName
    BEFORE | AFTER | INSTEAD OF <triggerEvent> **ON** <TableName>
    [**REFERENCING** <oldOrNewValuesAliasList>]
    [**FOR EACH** {**ROW | STATEMENT**
    [**WHEN** (triggerCondition)]
    <triggerBody>

触发器事件包括向表中插入、删除和修改某些行。在最后一种情况下, 触发器事件还可被设置为专门针对表中的某些指定的列。触发器的触发时机包括 BEFORE 和 AFTER。BEFORE 触发器在有关事件发生之前被激活, AFTER 触发器则在相关事件发生之后被激活。触发器动作是一个 SQL 的过程语句, 执行方式包括以下两种:

- 在受到事件影响的每一行上都要执行一次 (FOR EACH ROW), 称为行级触发器。
- 对整个事件只执行一次 (FOR EACH STATEMENT), 这是默认的方法, 称为语句级触发器。

<oldOrNewValuesAliasList> 是指:

- 若为行级触发器, 则为带有旧值或新值的行 (OLD/NEW 或者 OLD ROW/NEW ROW)。
- 若为语句级触发器, 则为带有旧值或新值的表 (OLD TABLE/NEW TABLE)。

显然, 对于插入事件来说, 旧值是没有意义的。而对于删除事件来说, 新值是没有意义的。触发器的主体不可以包含:

- SQL 事务语句, 如 COMMIT 或者 ROLLBACK。
- SQL 连接语句, 如 CONNECT 或者 DISCONNECT。

- SQL 模式定义或者操作语句，如表的创建或删除、用户自定义类型或者其他触发器。
- SQL 会话语句，如 SET SESSION CHARACTERISTICS、SET ROLE 和 SET TIME ZONE。

此外，SQL 不支持变异触发器（mutating trigger），即那些致使同一个触发器被再次调用的触发器，这有可能产生死循环。当同一个表上可以定义多个触发器时，触发器的激活顺序就很重要。当触发器事件（INSERT、UPDATE、DELETE）执行时触发器被激活。激活顺序为：

（1）执行表上的所有 BEFORE 语句级触发器。

（2）对被语句影响的每一行：

　　（a）执行所有 BEFORE 行级触发器。

　　（b）执行语句自身。

　　（c）应用引用约束。

　　（d）执行所有 AFTER 行级触发器。

（3）执行表上的所有 AFTER 语句级触发器。

注意，按照这样的顺序，BEFORE 触发器会在引用完整性约束被检验之前激活。因此，导致触发器被调用的修改请求可能回避了数据库的完整性约束检查，将不得不被禁止。因而，BEFORE 触发器不应该修改数据库。

如果在同一个表上定义了多个触发器，并且触发事件和动作的时机（BEFORE 或者AFTER）均相同，则 SQL 标准规定按照触发器创建的顺序执行。下面给出一些创建触发器的实例。

▍例 9.15 ≫ AFTER INSERT 触发器的用法

为每一个新的 PropertyForRent 行创建一个邮寄广告记录集合。为了达到这个目的，假定存在一张记录了可能的租赁者和房产的详细信息的邮寄广告表 Mailshot。

```
CREATE TRIGGER InsertMailshotTable
    AFTER INSERT ON PropertyForRent
    REFERENCING NEW ROW AS pfr
    BEGIN ATOMIC
        INSERT INTO Mailshot VALUES
            (SELECT c.fName,  c.lName,  c.maxRent,  pfr.propertyNo,
                    pfr.street, pfr.city, pfr.postcode, pfr.type, pfr.rooms,
                    pfr.rent
            FROM Client c
            WHERE c.branchNo = pfr.branchNo AND
                    (c.prefType = pfr.type AND c.maxRent <= pfr.rent))
    END;
```

该触发器在新行被插入后开始执行。若没有出现 FOR EACH 子句，则默认为 FOR EACH STATEMENT 方式，因为每条 INSERT 语句每次只能向表中插入一行。触发器的主体是一条基于找到所有相匹配的客户行的子查询的 INSERT 语句。

▍例 9.16 ≫ 带有条件的 AFTER INSERT 触发器的用法

创建一个触发器，当房产租赁状况发生改变时，修改所有的当前邮寄广告记录。

```
CREATE TRIGGER UpdateMailshotTable
    AFTER UPDATE OF rent ON PropertyForRent
```

```
          REFERENCING NEW ROW AS pfr
          FOR EACH ROW
          BEGIN ATOMIC
                  DELETE FROM Mailshot WHERE maxRent > pfr.rent;
                  UPDATE Mailshot SET rent = pfr.rent
                  WHERE propertyNo = pfr.propertyNo;
          END;
```

该触发器在 PropertyForRent 行的 rent 字段被更新之后执行。触发器中定义了 FOR EACH ROW 子句，因为在一个更新语句中可能会把所有房产的租金都提高了，例如当生活成本增加时。触发器主体包含两个 SQL 语句：DELETE 语句，用于删除那些新的房租价格超出了客户的价格范围的邮寄广告记录；以及 UPDATE 语句，用于修改所有与该房产相关的行以包含新的房租价格。

如果使用得当，触发器是一种功能强大的机制。其主要优点是可以将标准函数存储在数据库中，并且一致地强制实施所有对数据库的更新。这可以极大地降低应用的复杂性。然而，触发器的缺点包括：

- 复杂性。当功能从应用级实现转移到数据库级实现时，数据库的设计、实现和管理任务就变得更加复杂。
- 隐蔽了功能。功能转移到了数据库以后，被作为一个或者多个触发器存储起来，这种处理使得功能对用户不可见。在简化了用户工作的同时，这还可能产生一些副作用，即可能引发一些计划外的、不希望发生的错误效应。数据库中发生的一切也不再是在用户的掌控之中。
- 性能开销。当 DBMS 将要执行修改数据库的语句时，需要评估触发条件以检测是否存在能够被该语句激活的触发器。这是 DBMS 的一个隐式的性能问题。显然，当触发器的个数增加时，这种开销也随之增加。在峰值时刻，这种开销可能会导致性能问题。

权限

为了创建触发器，用户必须在指定表上拥有 TRIGGER 权限，在 WHEN 子句的 trigger-Condition 中引用的所有表上拥有 SELECT 权限，并且还要拥有在触发体中执行 SQL 语句所需的所有权限。

9.5.13　大对象

大对象是一种包含了大量数据的数据类型，例如一个很大的文本文件或者图形文件。SQL:2011 中定义了三种不同类型的大对象：

- 二进制大对象（Binary Large Object，BLOB）：一个二进制串，不包含字符集或者其他与字符有关的集类型。
- 字符大对象（Character Large Object，CLOB）和通用字符大对象（National Character Large Object，NCLOB）都是字符串。

SQL 大对象与原来出现在某些数据库系统中的 BLOB 类型略有不同。在那些系统中，BLOB 是一个未经解释的字节流，并且 DBMS 也没有任何关于 BLOB 的内容或者其内部结构的知识。这就使得 DBMS 无法对那些原本内涵丰富并且为结构化的数据（如图像、视频、字处理文档或者网页）进行查询和处理。通常，在对 BLOB 进行任何处理之前，都需要将全部 BLOB 数据从 DBMS 服务器通过网络传输到客户端。然而，SQL 大对象允许在 DBMS 的服务器上执行某些操作。标准串操作作用于字符串并且返回字符串，也能作用于字符大对象，包括：

- 连接运算符（string1 || string2）：将字符串操作数按指定顺序连接，并将连接后的字符串返回。
- 字符子串函数 SUBSTRING(string FROM startpos FOR length)：返回在给定串（string）中从起始位置（startpos）按照指定长度（length）提取出的串。
- 字符覆盖函数 OVERLAY（string1 PLACING string2 FROM startpos FOR length）：将 string1 的从 startpos 位置开始长度为 length 的子串用 string2 替换。该操作等价于 SUBSTRING（string1 FROM 1 FOR startpos−1）|| string2 || SUBSTRING（string1 FROM startpos + length）。
- 折叠函数 UPPER（string) 和 LOWER(string)：将串中所有的字符转换为大写 / 小写。
- 剪 裁 函 数 TRIM（[LEADING | TRAILING | BOTH string1 FROM]string2）：若串 string2 的首部或尾部包含了指定的串 string1，则将其去除。如果没有指明 FROM 子句，则去除串 string2 的首部和尾部的所有空格。
- 长度函数 CHAR_LENGTH(string)：返回指定串的长度。
- 位置函数 POSITION(string1 IN string2)：返回串 string1 在串 string2 中的起始位置。

尽管 CLOB 串可以用于 LIKE 谓词以及使用等于（＝）或不等于（≠）运算符进行定性或者定量比较的谓词，但是，CLOB 串不能参与绝大多数比较操作。由于这些限制，定义为 CLOB 串的列不能出现在下列子句或者操作中：GROUP BY 子句、ORDER BY 子句、唯一或者引用约束定义、连接列或者集合操作（UNION、INTERSECT 和 EXCEPT）。

BLOB 串被定义为一个字节序列。所有 BLOB 串的比较都是通过将相同位置序号的字节进行比较而实现的。下面的操作可以作用于 BLOB 串，返回值也是 BLOB 串，其功能与前面的定义相似：

- BLOB 连接运算符（||）。
- BLOB 子串函数（SUBSTRING）。
- BLOB 覆盖函数（OVERLAY）。
- BLOB 剪裁函数（TRIM）。

此外，BLOB_LENGTH 和 POSITION 函数以及 LIKE 谓词也适用于 BLOB 串。

| 例 9.17 >> CLOB 和 BLOB 的用法

扩展 Staff 表以存储员工的简历和照片。

ALTER TABLE Staff
　　ADD COLUMN resume **CLOB**(50K);
ALTER TABLE Staff
　　ADD COLUMN picture **BLOB**(12M);

上述语句在表 Staff 中添加了两个新的列：一个是长度为 50 K 的 CLOB 类型的列 resume，另一个是长度为 12 M 的 BLOB 类型的列 picture。大对象的长度可以是一个单位为 K、M 或 G 的数值（K 表示千字节，M 表示兆字节，G 表示千兆字节）。如果没有指明，则默认长度由具体实现决定。

9.5.14　递归

在 9.2 节，我们讨论了 RDBMS 在处理递归查询时遇到的困难。对于此类查询，SQL 中新增的一个主要操作是**线性递归**（linear recursion）。我们已在 8.4 节讨论过。

9.6　Oracle 中面向对象的扩展

在附录 H，我们对 Oracle 的一些标准机制进行了分析，包括 Oracle 支持的基本数据类型、过程式程序设计语言 PL/SQL、存储过程和函数以及触发器。在新的 SQL:2011 标准中出现的许多面向对象的特性也以这样或者那样的形式出现在了 Oracle 中。本节将简要地讨论一下 Oracle 的一些面向对象特征。

9.6.1　用户自定义数据类型

除了支持已在 H.2.3 节中讨论的那些预定义数据类型以外，Oracle 还支持两种用户自定义的数据类型：对象类型和集类型。

对象类型

对象类型是一个模式对象，它具有名字、一组具有预定义数据类型或者其他对象类型的属性和一组方法，类似于我们已经讨论过的 SQL:2011 的对象类型。例如，可以这样创建 Address、Staff 和 Branch 类型：

```
CREATE TYPE AddressType AS OBJECT (
        street          VARCHAR2(25),
        city            VARCHAR2(15),
        postcode        VARCHAR2(8));
CREATE TYPE StaffType AS OBJECT (
        staffNo         VARCHAR2(5),
        fName           VARCHAR2(15),
        lName           VARCHAR2(15),
        position        VARCHAR2(10),
        sex             CHAR,
        DOB             DATE,
        salary          DECIMAL(7, 2),
        MAP MEMBER FUNCTION age RETURN INTEGER,
        PRAGMA RESTRICT_REFERENCES(age, WNDS, WNPS, RNPS))
NOT FINAL;
CREATE TYPE BranchType AS OBJECT (
        branchNo        VARCHAR2(4),
        address         AddressType,
MAP MEMBER FUNCTION getbranchNo RETURN VARCHAR2(4),
PRAGMA RESTRICT_REFERENCES(getbranchNo, WNDS, WNPS,
                                RNDS, RNPS));
```

然后，可以用下述语句创建 Branch（对象）表：

```
CREATE TABLE Branch OF BranchType (branchNo PRIMARY KEY);
```

于是就创建了表 Branch，包含了列 branchNo 和类型为 AdressType 的列 address。表 Branch 的每一行都是一个 BranchType 类型的对象。其中 PRAGMA 子句告诉编译器成员函数不能对数据库表和包变量进行读/写访问（WNDS 表示不能修改数据库表，WNPS 表示不能修改包变量，RNDS 表示不能查询数据库表，RNPS 表示不能引用包变量）。本例还给出了 Oracle 的另外一个对象－关系的特性，即方法的定义。

方法

对象类型的方法分为成员（member）方法、静态（static）方法和比较（comparison）方法三种。**成员**方法是一个总是将隐式 SELF 参数（其类型就是所包含对象的类型）作为其第一个参数的函数或者过程。这种方法作为观察器函数和变换器函数都是很有用的，并且是以自主方式（selfish style）被调用。例如 object.method()，method 可以在 object 的属性中找到所有的实际参数。在新类型 BranchType 中我们已经定义了一个观察器成员方法 getbranchNo，稍后给出该方法的具体实现。

静态方法是一个没有隐式 SELF 参数的函数或过程。这种方法可以用于说明用户自定义的构造器或者 cast 转换方法，并且通过按类型名进行匹配的方法调用，比如 typename.method()。

比较方法用于对象类型的实例之间的比较。Oracle 提供了两种方法，以确定给定类型的对象之间的顺序关系：

- **映射**（map）**方法**利用 Oracle 的能力比较预定义类型。在先前的例子中，已经为新类型 BranchType 定义了一个映射方法，就是依据 branchNo 属性值对两个分公司对象进行比较。稍后将给出该方法的实现。
- **排序**（order）**方法**利用自己内部的逻辑对两个给定类型的对象进行比较。该方法返回的值为对顺序关系的编码。例如，如果第一个对象较小，返回－1；如果两者相等，返回 0；如果第一个对象较大，返回 1。

对于一个对象类型来说，要么定义一个映射方法，要么定义一个排序方法，但是不能同时定义两种方法。如果某个对象类型没有定义比较方法，那么 Oracle 就无法对该类型的两个对象之间的顺序关系进行判断，即无法判断谁大谁小。不过，可以利用下述规则判断该类型的两个对象是否相等：

- 如果所有属性非空并且相等，则可视为相等。
- 如果两个对象有一属性，其值非空且不等，则视为不等。
- 否则，Oracle 将报告无法进行比较（null）。

可以用 PL/SQL、Java 和 C 等语言实现方法，并且支持重载，但形参的个数、顺序或者数据类型要有所不同。下面为在前例的类型 BranchType 和 StaffType 中定义的成员函数创建函数体：

```
CREATE OR REPLACE TYPE BODY BranchType AS
    MAP MEMBER FUNCTION getbranchNo RETURN VARCHAR2(4) IS
    BEGIN
        RETURN branchNo;
    END;
END;
CREATE OR REPLACE TYPE BODY StaffType AS
    MAP MEMBER FUNCTION age RETURN INTEGER IS
    var NUMBER;
    BEGIN
        var := TRUNC(MONTHS_BETWEEN(SYSDATE, DOB)/12);
        RETURN var;
    END;
END;
```

成员函数 getbranchNo 不仅作为观察器方法返回 branchNo 属性的值，而且还作为该类型的比较（映射）方法。稍后可以看到该方法的一个应用示例。在 SQL:2011 中，用户自定义函数也能在 CREATE TYPE 语句之外单独声明。通常，用户自定义函数可以用于：

- SELECT 语句的选择列表
- WHERE 子句的条件
- ORDER BY 或者 GROUP BY 子句
- INSERT 语句的 VALUES 子句
- UPDATE 语句的 SET 子句

Oracle 还允许使用 CREATE OPERATOR 语句创建用户自定义的运算符。与预定义运算符一样，用户自定义运算符以一组操作数作为输入，并返回一个结果。新运算符一旦定义，就可以像其他预定义运算符那样在 SQL 语句中使用。

构造器方法。 每个对象类型都有一个系统定义的构造器方法，根据对象类型的定义创建一个新的对象。构造器方法与对象类型同名，其参数与对象类型的属性的名称和类型相同。例如，可以使用下述表达式创建 BranchType 的一个实例：

BranchType('B003', AddressType('163 Main St', 'Glasgow', 'G11 9QX'));

注意，表达式 AddressType（'163 Main St'，' Glasgow'，' G11 9QX'）本身又是对 AddressType 类型构造器方法的一个调用。

对象标识符

对象表中的每一个行对象（row object）都有一个相关的逻辑对象标识符（OID），默认情况为分配给每个行对象的、系统生成的唯一标识符。OID 的目标是唯一标识对象表中的一个行对象。为此，Oracle 隐式地创建和维护了对象表 OID 列的一个索引，OID 列对用户不可见，因此用户无法访问其内部结构。虽然 OID 值本身没有什么意义，但是可以根据 OID 获取和遍历对象（注意，出现在对象表中的对象称为行对象，占用关系表的一列或者作为其他对象的属性的对象称为列对象）。

Oracle 要求每个行对象都具有一个唯一的 OID。OID 的值可以在 CREATE TABLE 语句中使用 OBJECT IDENTIFIER PRIMARY KEY 或者 OBJECT IDENTIFIER SYSTEM GENERATED（默认）分别说明由行对象的主关键字定义还是由系统生成。例如，我们可以这样重新创建表 Branch：

CREATE TABLE Branch **OF** BranchType (branchNo **PRIMARY KEY**)
OBJECT IDENTIFIER IS PRIMARY KEY;

REF 数据类型

Oracle 提供了一个称为 REF 的预定义数据类型，用于封装对某给定对象类型的行对象的引用。效果上，用 REF 可以模拟两个行对象之间的关联。REF 可以用于查看、更新其所指对象，或获取其所指对象的副本。对 REF 唯一可进行的修改操作是替换为同一对象类型的另一对象的引用，或者为其指派一个 null 值。在实现上，Oracle 使用对象标识符来定义 REF。

在 SQL:2011 中，可以用 SCOPE 子句限制 REF 只包含对指定对象表的引用。当 REF 标识的对象出现不可用的情况时，例如对象被删除，Oracle SQL 可以用谓词 IS DANGLING 来对 REF 进行测试，判断是否发生了这种情况。Oracle 还提供一个间接引用运算符 DEREF，用于访问由 REF 指向的对象。例如，为了建立分公司经理的信息，可以将类型 BranchType

的定义修改为：

```
CREATE TYPE BranchType AS OBJECT (
        branchNo       VARCHAR2(4),
        address        AddressType,
        manager        REF StaffType,
        MAP MEMBER FUNCTION getbranchNo RETURN VARCHAR2(4),
        PRAGMA RESTRICT_REFERENCES(getbranchNo, WNDS, WNPS,
                                            RNDS, RNPS));
```

在本例中，我们通过引用类型（REF StaffType）增加了经理的信息。稍后会给出一个示例，以说明如何访问该列。

类型继承

Oracle 支持单重继承，允许从一个父类型导出子类型。子类型继承父类型的全部属性和方法，还可以增加新的属性和方法，并且可以覆写任一继承来的方法。正如 SQL:2011 一样，使用 UNDER 子句定义子类型。

集类型

目前，Oracle 支持两种集类型：数组类型和嵌套表。

数组类型。数组（array）是数据元素的一个有序集合，所有元素的数据类型都相同。每个元素都有一个索引（index），索引是一个数字，对应于元素在数组中的位置。数组的长度既可以是固定的，也可以是可变的，但在后一种情况下，声明数组类型时须指明最大长度。例如，一个分公司的办公室可能最多有三个电话号码，我们可以在 Oracle 中通过定义一个新类型来表示这些信息：

```
CREATE TYPE TelNoArrayType AS VARRAY(3) OF VARCHAR2(13);
```

创建数组类型时并不分配空间，而仅仅是定义了一个可以用在下列情况中的数据类型：

- 关系表列的数据类型
- 对象类型的属性
- PL/SQL 的变量、参数的类型或者函数的返回类型

例如，我们可以修改类型 BranchType，以包含下面这个新类型的属性：

```
phoneList       TelNoArrayType,
```

数组通常是顺序存储的，也就是说，与该行的其他数据位于同一个表空间。但是，如果数组足够大，则 Oracle 会将其存储为一个 BLOB。

嵌套表。嵌套表是数据元素的一个无序集合，所有数据元素的类型都相同。嵌套表只有一列，该列可以为预定义类型也可以为对象类型。如果该列为对象类型，那么表就可以看作是一个包含多列的表，对象类型的每一个属性为一列。例如，为了记录全体员工的家属，我们可以定义一个新的类型：

```
CREATE TYPE NextOfKinType AS OBJECT (
        fName      VARCHAR2(15),
        lName      VARCHAR2(15),
        telNo      VARCHAR2(13));
CREATE TYPE NextOfKinNestedType AS TABLE OF NextOfKinType;
```

然后修改类型 StaffType，使其包含这一新的类型作为一个嵌套表：

nextOfKin　　　　　NextOfKinNestedType,

并且使用下述语句创建表 Staff:

```
CREATE TABLE Staff OF StaffType (
        PRIMARY KEY staffNo)
        OBJECT IDENTIFIER IS PRIMARY KEY
        NESTED TABLE nextOfKin STORE AS NextOfKinStorageTable (
            (PRIMARY KEY(Nested_Table_Id, lName, telNo))
                ORGANIZATION INDEX COMPRESS)
            RETURN AS LOCATOR;
```

嵌套表的行被存储在一个单独的存储表中，用户无法直接访问，但是为了维护，在 DDL 语句中可以引用。存储表中有一个隐藏的列——Nested_Table_Id，与其相应的父行匹配。对于来自 Staff 中某一行的嵌套表的所有元素，其 Nested_Table_Id 的值都相同，属于 Staff 表的不同行的元素则具有不同的 Nested_Table_Id 值。

我们已经指出嵌套表 nextOfKin 的行存储在一个单独的存储表——NextOfKinStorage-Table 中。在 STORE AS 子句中，也已经说明存储表是按索引组织的（ORGANIZATION INDEX），以便将属于同一个父行的行聚集存储。COMPRESS 说明了对拥有同一个父行的所有行，其索引关键字的 Nested_Table_Id 部分仅存储一次，而不是为属于同一父行对象的每一行都重复存储。

说明 Nested_Table_Id 和指定的那些属性为存储表的主关键字的目的有两个：一是作为索引关键字；二是强调在父表每一行的嵌套表中列（lName，telNo）的唯一性。通过如此构成的关键字，可确保在每位员工名下这些列的取值都不相同。

Oracle 封装了集类型的值。因此，用户必须通过 Oracle 提供的接口才能访问集的内容。通常，当用户访问嵌套表时，Oracle 将整个集的值一起返回给用户的客户进程。这可能会影响性能，因此 Oracle 支持返回一个类似定位器的嵌套表的值，就像一个集值的句柄。子句 RETURN AS LOCATOR 表示在检索时嵌套表将以定位器的形式被返回。如果没有这样指明，则默认值是 VALUE，表示必须返回整个嵌套表，而不仅是嵌套表的定位器。

嵌套表与数组的不同之处在于：

- 数组有最大长度，但是嵌套表没有。
- 数组总是稠密的，但嵌套表可能是稀疏的，因此，可以从一个嵌套表删除单独存在的一个元素，而不可能从一个数组中删除这样的一个元素。
- Oracle 按顺序（在同一个表空间）存储数组数据，但是却以无序方式将嵌套表存储在存储表中，存储表是一个由系统产生的与被嵌套表相关的数据库表。
- 当存储到数据库中时，数组维持其元素的顺序和下标，但是嵌套表不会维持。

9.6.2　操作对象表

本节将以前面创建的对象为例，简要地讨论如何操作对象表。例如，可以这样向表 Staff 中插入对象：

```
INSERT INTO Staff VALUES ('SG37', 'Ann', 'Beech', 'Assistant', 'F', '10-Nov-
    1960', 12000, NextOfKinNestedType());
INSERT INTO Staff VALUES ('SG5', 'Susan', 'Brand', 'Manager', 'F', '3-Jun-
    1940', 24000, NextOfKinNestedType());
```

表达式 NextOfKinNestedType（）调用构造器方法为这种类型创建了一个空的属性 nextOfKin。可以使用下述语句向嵌套表中插入数据：

INSERT INTO TABLE (SELECT s.nextOfKin
                     FROM Staff s
                     WHERE s.staffNo = 'SG5')
VALUES ('John', 'Brand', '0141-848-2000');

该语句使用了一个 TABLE 表达式来标识插入操作的目标是一个嵌套表，也就是在 Staff 表的行对象的 nextOfKin 列中的嵌套表，其 staffNo 为 "SG5"。最后，我们可以向表 Branch 中插入一个对象：

INSERT INTO Branch
   SELECT 'B003', AddressType('163 Main St', 'Glasgow', 'G11 9QX'), REF(s),
                  TelNoArrayType('0141-339-2178', '0141-339-4439')
   FROM Staff s
   WHERE s.staffNo = 'SG5';

或者可以：

INSERT INTO Branch **VALUES** ('B003', AddressType('163 Main St', 'Glasgow',
   'G11 9QX'), (**SELECT REF**(s) **FROM** Staff s **WHERE** s.staffNo = 'SG5'),
   TelNoArrayType('0141-339-2178', '0141-339-4439'));

查询对象表。 在 Oracle 中，可以用下述查询返回一个有序的分公司编号的列表：

SELECT b.branchNo
FROM Branch b
ORDER BY VALUE(b);

该查询隐式地调用了比较方法 getbranchNo，该方法被定义为类型 BranchType 的映射方法，用于按 branchNo 的升序排列数据。可以使用下述查询返回每个分公司的所有数据：

SELECT b.branchNo, b.address, **DEREF**(b.manager), b.phoneList
FROM Branch b
WHERE b.address.city = 'Glasgow'
ORDER BY VALUE(b);

注意用于访问经理对象的 DEREF 运算符的使用。该查询输出列 branchNo 的值、地址的所有列、经理对象（类型为 StaffType）的所有列以及所有相关的电话号码。

可以用下述查询检索指定分公司的所有职员的家属数据：

SELECT b.branchNo, b.manager.staffNo, n.*
FROM Branch b, **TABLE**(b.manager.nextOfKin) n
WHERE b.branchNo = 'B003';

许多应用由于无法处理集类型，因此需要数据的扁平化视图。本例我们用关键字 TABLE 将嵌套集平板化（非嵌套化）。另外，注意表达式 b.manager.staffNo 是当 y=DEREF (b.manager) 时 y.staffNo 的一种简化符号。

9.6.3 对象视图

在 4.4 节和 7.4 节我们已经研究了视图的概念。**对象视图**也是一种虚对象表，与视图这种虚表在很多方面都非常相似。对象视图允许为不同的用户定制数据。例如，我们会创建一个 Staff 表的视图，以防止某些用户访问敏感的私人信息或者与薪水有关的信息。Oracle 创建的对象视图不仅可以限制对某些数据的访问，而且可以防止某些方法（例如删除方法）被调用。也有争论认为，对象视图提供了从纯关系的应用到面向对象应用的一条简便迁移途径，从而方便各个公司实验这项新技术。

例如，假定我们已创建了 9.6.1 节定义的对象类型，并且也已创建了下面的 DreamHome 关系模式及相关联的结构类型 BranchType 和 StaffType：

Branch	(<u>branchNo</u>, street, city, postcode, mgrStaffNo)
Telephone	(<u>telNo</u>, branchNo)
Staff	(<u>staffNo</u>, fName, lName, position, sex, DOB, salary, branchNo)
NextOfKin	(<u>staffNo</u>, fName, lName, telNo)

可以利用对象视图机制创建一个对象 – 关系模式：

CREATE VIEW StaffView **OF** StaffType **WITH OBJECT IDENTIFIER** (staffNo) **AS**
　　SELECT s.staffNo, s.fName, s.lName, s.sex, s.position, s.DOB, s.salary,
　　　　CAST (**MULTISET** (**SELECT** n.fName, n.lName, n.telNo
　　　　　　FROM NextOfKin n **WHERE** n.staffNo = s.staffNo)
　　　　　　AS NextOfKinNestedType) **AS** nextOfKin
　　FROM Staff s;
CREATE VIEW BranchView **OF** BranchType **WITH OBJECT IDENTIFIER**
(branchNo) **AS**
　　SELECT b.branchNo, AddressType(b.street, b.city, b.postcode) **AS** address,
　　　　MAKE_REF(StaffView, b.mgrStaffNo) **AS** manager,
　　　　CAST (**MULTISET** (**SELECT** telNo **FROM** Telephone t
　　　　　　WHERE t.branchNo = b.branchNo) **AS** TelNoArrayType) **AS** phoneList
　　FROM Branch b;

在这两个示例中，表达式 CAST/MULTISET 中的 SELECT 子查询负责筛选我们需要的数据（在第一个示例中，为员工家属的列表；在第二个示例中，为分公司电话号码的列表）。关键字 MULTISET 说明这是一个列表而不是一个单独的值，运算符 CAST 将该列表转换为所需要的类型。还要注意 MAKE_REF 运算符的使用，MAKE_REF 创建了一个 REF，或指向对象视图的一行，或指向对象标识符基于主关键字的对象表中的一行。

WITH OBJECT IDENTIFIER 指定对象类型的某些属性，它们将被用作对象视图的关键字。大多数情况下，这些属性对应着基本表的主关键字。所指定属性的值必须是唯一的，而且在视图中能够确切地标识每一行。如果对象视图定义在对象表或者对象视图上，则该子句可以被省略，或者用 WITH OBJECT IDENTIFIER DEFAULT 表示。在每种情况下，都要说明相应的基本表的主关键字，以提供唯一性。

9.6.4　权限

Oracle 为用户自定义类型定义了下列系统权限：
- CREATE TYPE：在用户模式下创建用户自定义类型。
- CREATE ANY TYPE：在任意模式下创建用户自定义类型。
- ALTER ANY TYPE：在任意模式下修改用户自定义类型。
- DROP ANY TYPE：在任意模式下删除已定义类型。
- EXECUTE ANY TYPE：在任意模式下使用和引用已定义类型。

另外，EXECUTE 模式对象权限允许用户使用类型来定义表、定义关系表中的列、声明一个具名类型的变量或者参数，以及调用类型的方法。

本章小结

- 高级数据库应用包括计算机辅助设计（CAD）、计算机辅助制造（CAM）、计算机辅助软件工程（CASE）、网络管理系统、办公信息系统（OIS）、多媒体系统、数字出版、地理信息系统（GIS）、交互式动态 Web 站点，以及具有复杂的、相互关联的对象和过程性数据的应用。

- 关系模型，特别是关系系统的缺点包括诸如对"现实世界"实体的表现力不足、语义过载、对完整性和企业约束的支持不足、受限的操作以及阻抗失配等。RDBMS 受限的建模能力已经使其无法适用于高级数据库应用。

- 扩展的关系数据模型并不唯一，存在许多不同的扩展模型，其特性取决于扩展的方式和程度。不过，所有的模型都是基于基本的关系表，都使用相同的查询语言，所有的模型都支持某些"对象"的概念，并且部分模型还具有将方法或者过程 / 触发器像数据一样存储在数据库中的能力。

- 用于描述扩展的关系数据模型的系统的术语多种多样。最早用于描述这种系统的术语是扩展的关系 DBMS（Extended Relational DBMS，ERDBMS），以及术语通用服务器或者通用 DBMS。近些年，人们使用了一个更具描述性的术语——**对象关系 DBMS（ORDBMS）**表示系统支持了某些"对象"的概念。

- 自 SQL:1999 以来，SQL 标准扩展了如下的对象管理特性：行类型、用户自定义类型（UDT）、用户自定义例程（UDR）、多态性、继承、引用类型和对象标识、集类型（ARRAY）、使得 SQL 计算完备的新的语言结构、触发器、对大对象（包括进制大对象（BLOB）和字符大对象（CLOB））的支持以及递归。

思考题

9.1　讨论高级数据库应用的一般性特征。

9.2　讨论为什么关系数据模型和 RDBMS 的缺点使其无法适应高级数据库应用的需求。

9.3　讨论把用面向对象程序设计语言创建的对象映射到关系数据库时遇到的困难。

9.4　ORDBMS 提供了哪些典型的功能特性？

9.5　扩展的关系数据模型的优点和缺点是什么？

9.6　SQL:2011 标准的主要特征是什么？

9.7　对引用类型和对象标识的使用方法进行讨论。

9.8　对照比较过程、函数和方法。

9.9　什么是触发器？给出一个触发器的实例。

9.10　对 SQL:2011 中可用的集类型进行讨论。

9.11　引入用户自定义的方法会带来什么安全问题？给出这些问题的解决方案。

习题

9.12　研究 9.1 节讨论的高级数据库应用，或者相似的处理复杂的相关数据的某个应用。尤其是要对其功能及其所用的数据类型和操作进行分析，并将这些数据类型和操作映射到附录 K 讨论的面向对象的概念上。

9.13　分析你目前使用的某一 RDBMS。讨论该系统支持的面向对象的特性。这些特性都提供了哪些功能？

9.14　分析你目前使用的各个 RDBMS。讨论每个系统支持的面向对象的特性。这些特性都提供了哪些功能?

9.15 考虑第 4 章习题部分给出的酒店案例的关系模式。利用 SQL:2011 的新特性重新设计该模式。添加你认为适当的用户自定义函数。

9.16 针对第 6 章习题 6.7 ~习题 6.9 的查询,给出 SQL:2011 语句。

9.17 创建一个 insert 触发器,建立邮寄广告列表,它记录着过去两年元旦前后一天在该酒店入住的所有客户的姓名和地址。

9.18 按照习题 9.15 的要求,重新对第 24 章习题中的跨国工程模式进行分析。

9.19 为附录 A 的 DreamHome 案例创建一个对象关系模式。添加你认为合适的用户自定义函数。用 SQL:2011 实现附录 A 中列出的查询。

9.20 为附录 B.1 的 University Accommodation Office 案例创建一个对象关系模式。添加你认为合适的用户自定义函数。

9.21 为附录 B.2 的 EasyDrive School of Motoring 案例创建一个对象关系模式。添加你认为合适的用户自定义函数。

9.22 为附录 B.3 的 Wellmeadows 案例创建一个对象 – 关系模式。添加你认为适当的用户自定义函数。

9.23 DreamHome 的常务董事要求你调查并准备一份关于 ORDBMS 对本公司的可适用性的报告。报告应该将 RDBMS 和 ORDBMS 的技术特性加以对比,并且应该就公司使用 ORDBMS 的优缺点进行论述,还应该包括所有可预见的问题。报告还应该考虑 OODBMS 的可适用性,也应该包括这两类系统在 DreamHome 中的应用的比较。最后,报告应该给出关于 ORDBMS 在 DreamHome 的可适用性的一组完整且论据充分的结论。

扩展阅读

Groh M., Stockham J., Powell G., Cary P., Irwin M., and Reardon J. Access 2007 Bible. John Wiley & Sons

Jennings R. (2007) Microsoft Office Access 2007 in Depth. Prentice Hall

MacDonald M. (2007) Access 2007: The Missing Manual. Pogue Press

Viescas J. and Conrad J. (2007). *Access 2007 Inside Out*. Microsoft Press International

Zloof M. (1982). Office-by-example: a business language that unifies data and word processing and electronic mail. *IBM Systems Journal*, **21**(3), 272–304

网络资源

http://msdn.microsoft.com/sql The Microsoft Developer's Network Web site contains articles, technical details, and API references for all Microsoft technologies, including Office Access and SQL Server.

数据库分析与设计

Database Systems: A Practical Approach to Design, Implementation, and Management, 6E

数据库系统开发生命周期

本章目标

本章我们主要学习：

- 信息系统的主要组成部分
- 数据库系统开发生命周期（Database System Development LifeCycle，DSDLC）的主要阶段
- 数据库设计的主要阶段：概念设计、逻辑设计和物理设计
- DBMS 的评估标准
- 如何评估和选择 DBMS
- 使用计算机辅助软件工程（Computer-Aided Software Engineering，CASE）工具的好处

今天，软件已经取代硬件成为许多计算机系统成功的关键因素。遗憾的是，软件发展的历史进程并没有给人留下什么特别深刻的印象。过去的几十年中，软件规模不断发生着变化，从规模较小，仅由较少代码行组成的相对简单的应用程序，发展到规模巨大，由上百万行代码组成的复杂应用程序。许多大型应用程序还需要进行经常性的维护，包括修正已经发现的错误，实现新的用户需求，修改软件使其能够在新的或升级后的平台上运行，等等。由于在软件维护上投入的资本越来越不堪重负，因而使得许多大型软件项目都出现了延期交付、预算超支、可靠性低、维护困难和性能低下等问题，这些情况的出现直接导致了众所周知的**软件危机**（software crisis）。"软件危机"这一术语于 20 世纪 60 年代首次提出，时至今日，危机仍未解除。因此，某些作者把软件危机称作**软件抑郁**（software depression）。OASIG（一个关注 IT 行业组织管理方面工作的特别兴趣小组）在英国进行的一项关于软件工程的研究表明危机仍存（OASIG，1996）：

- 80% ～ 90% 的项目没有达到预期的性能目标。
- 大约 80% 的项目延期交付并超过预算。
- 40% 左右的项目失败或被放弃。
- 少于 40% 的项目强调需要技能培训。
- 少于 25% 的项目将企业需求和技术完美结合。
- 仅仅 10% ～ 20% 的项目完全达到成功标准。

导致软件项目失败的主要原因包括：

- 缺乏完全的需求说明。
- 缺乏适合的开发方法学。
- 设计未能很好地分解成易于管理的组件。

为了解决上述问题，人们提出了一种结构化的软件开发方法——**信息系统生命周期**（Information System Lifecycle，ISLC），也称为**软件开发生命周期**（Software Development Lifecycle，SDLC）。对于数据库系统来说，该生命周期特指**数据库系统开发生命周期**

（Database System Development Lifecycle，DSDLC）。

| **本章结构**

10.1 节简要描述信息系统生命周期，并讨论它与数据库系统生命周期之间的联系。10.2 节概述了数据库系统开发生命周期的各个阶段。10.3 节～ 10.13 节详细描述了数据库系统开发生命周期的各个阶段。10.14 节讨论了在数据库系统开发生命周期中 CASE 工具所提供的支持。

10.1 信息系统生命周期

| **信息系统** | 在组织机构内用于收集、管理、控制和分发信息的一种资源。

从 20 世纪 70 年代起，数据库系统已经逐渐代替了基于文件的系统，成为信息系统（Information System，IS）的基础结构。同时，人们还认识到，和其他的资源一样，数据也是一种重要的物质资源，理应受到重视。许多企业为此建立了专门的部门或职能单位——数据管理（DA）和数据库管理（DBA）机构，分别负责管理、控制数据和数据库。

基于计算机的信息系统包括数据库、数据库软件、应用软件、计算机硬件，还包括人的使用和开发活动。

数据库是信息系统的基础构件，应该从企业的需求这一更加广泛的角度来考虑数据库的开发及使用。因此，信息系统的生命周期同支撑它的数据库系统的生命周期之间有着内在的联系。典型的信息系统的生命周期包括：规划、需求收集与分析、系统设计、建立原型系统、系统实现、测试、数据转换和运行维护。本章将从开发数据库系统的角度来讨论这些阶段的工作。不管怎样，开发数据库系统时应该全面考虑，将其视为开发大型信息系统的一个构件，这一点很重要。

本章将使用术语"职能部门"和"应用方面"表示企业内部的特殊活动，比如销售、人事和库存管理。

10.2 数据库系统开发生命周期

数据库系统是信息系统的基础构件，因此数据库系统开发生命周期与信息系统生命周期之间有着内在的联系。数据库系统开发生命周期的各个阶段如图 10-1 所示，每个阶段下面的小节编号是本章详细描述该阶段内容的小节的编号。

我们应认识到数据库系统开发生命周期的各个阶段并没有非常严格的顺序，而是通过反馈环（feedback loop）在各个阶段之间反复迭代。例如，在数据库设计时遇到的问题，可能需要回退到需求收集与分析阶段。几乎在所有的阶段之间都存在反馈环，图 10-1 中只显示了其中一些比较明显的反馈环。表 10-1 概述了数据库系统开发生命周期各个阶段的主要活动。

对于只有少量用户的小型数据库系统来说，生命周期的活动并不复杂。然而，对于一个需要支持成千上万个用户的数百种查询和应用的大、中型数据库系统来说，系统的生命周期将会变得非常复杂。本章主要关注与开发大、中型数据库系统相关的活动，后续小节将详细叙述数据库系统生命周期每一阶段的活动。

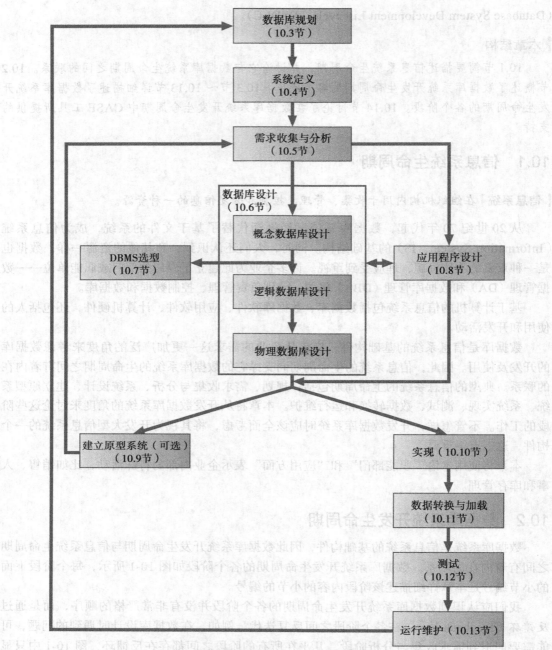

图 10-1   数据库系统开发生命周期的各个阶段

表 10-1   数据库系统开发生命周期各个阶段的主要活动

阶　　段	主　要　活　动
数据库规划	规划如何尽可能高效和有效地实现生命周期的各个阶段
系统定义	确定数据库系统的范围和边界，包括主要用户的视图、用户和应用领域
需求收集与分析	收集与分析数据库系统的需求
数据库设计	完成数据库的概念设计、逻辑设计和物理设计

（续）

阶 段	主 要 活 动
DBMS 选型	选择一个合适的 DBMS
应用程序设计	完成用户界面和数据库应用程序的总体设计
建立原型系统（可选）	建立可运行的数据库系统模型，使得设计人员和用户能够通过可视化的界面对最终系统的外观和功能进行评估
实现	生成物理数据库，完成应用程序的编码工作
数据转换与加载	将旧系统中的数据导入新系统，若可能，则将应用程序移植到新的数据库上运行
测试	运行系统，找出错误，并验证系统实现是否与用户需求一致
运行维护	数据库系统完全实现后，对系统进行持续性的监控和维护。必要时，重新进行生命周期各阶段的活动，使得系统能够整合新的需求

10.3 数据库规划

数据库规划 | 数据库规划是一种管理活动，目的是尽可能高效及有效地展开数据库系统开发生命周期的各个阶段。

数据库规划必须与组织机构关于信息系统的整体策略结合在一起。构思信息系统策略时，涉及下面三个主要问题：

- 识别企业的规划、目标以及随之而定的信息系统需求。
- 评估现有的信息系统，明确其长处与短处。
- 估量 IT 机遇可能带来的竞争优势。

解决这些问题的方法学超出了本书的讨论范围，感兴趣的读者可以参阅文献 Robson（1997）和 Codle and Yeates（2007）。

数据库规划中重要的第一步是清晰定义项目的**任务描述**（mission statement）。任务描述定义了数据库系统的主要目标，通常由项目主管或负责人撰写。任务描述有助于明晰项目目标，找到切实可行之路，从而高效及有效地实现数据库系统的设计开发。第二步是确定**任务目标**（mission objective）。每个任务目标都应当和一个数据库系统必须支持的功能相对应。我们假设如果数据库系统支持所有的任务目标，那么任务描述也就实现了。任务描述和任务目标可能还包括一些额外的信息，通常包括工作量、所需资源和资金。11.4.2 节中将以 DreamHome 数据库系统为例，示范如何生成任务描述和任务目标。

数据库规划阶段还应建立相关标准，明确数据应该如何收集、确定数据的格式、需要什么样的文档以及如何着手进行设计和实现阶段的工作。标准的建立和维护是非常耗时的，因为初期的建立和后期的持续维护都需要大量资源。但设计良好的标准是员工培训和质量控制的基础，可确保所有工作都符合同一模式，与员工的技能和经验无关。例如，为了消除数据冗余和数据不一致，我们可以在数据字典中定义数据项命名的规则。任何与数据相关的合理的或来自企业的需求都应记录在案，例如约束某些类型的数据应为机密级的。

10.4 系统定义

系统定义 | 定义数据库应用程序的范围和边界，以及主要的用户视图。

在设计数据库系统之前，首先应该确定系统的边界，定义数据库系统与信息系统其他构件之间的接口。在考虑系统边界时，应囊括未来用户的需求和应用领域可能的延伸。图 11-10 描述了数据库系统 DreamHome 的范围和边界，其中包括该系统主要的用户视图。

用户视图

用户视图 | 从一个特定的角色（如经理或主管）或者特定的企业应用领域（如销售、人事或库存管理）的角度来定义数据库系统的需求。

　　一个数据库系统可能拥有一个或多个用户视图。在需求收集分析阶段，用户视图能够确保系统不会遗漏主要用户的需求，因此确定用户视图是开发数据库系统的重要组成部分。通过对用户视图的分解可以将需求分解成易于管理的部件，从而有助于复杂数据库系统的开发。

　　用户视图的定义包括数据和处理数据的事务（换句话说，即用户将会对数据做些什么）。用户视图所表达的需求之间可能相互独立，也可能相互重叠。包含多个用户视图（分别标记为用户视图 1 ~ 6）的数据库系统如图 10-2 所示。其中，用户视图 1、2、3 以及用户视图 5、6 都有重叠的需求（见阴影线区域），而用户视图 4 所表达的需求是相对独立的。

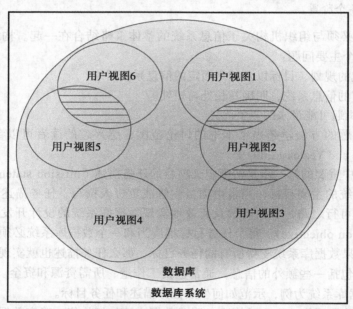

图 10-2　包含多个用户视图的数据库系统：用户视图 1、2、3 和用户视图 5、6
都有重叠的需求（见阴影线区域），用户视图 4 具有独立的需求

10.5　需求收集与分析

需求收集与分析 | 收集、分析组织机构内需要数据库系统支持的那部分的信息，并据此确定对新系统的需求。

　　本阶段的活动主要涉及收集与分析组织机构内需要用到数据库系统的那部分信息。我们可以采用多种技术采集信息，这些技术被称为**实况发现技术**（fact-finding techniques），详见第 11 章。针对每个主要用户视图（指不同的工作角色或不同的企业应用方面）应采集的信息包括：

- 使用或产生的数据
- 这些数据是如何使用或产生的
- 对新数据库系统的其他需求

通过对所采集信息的分析，可以确定新的数据库系统的需求（或特性），从而生成新数据库系统的**需求规格说明书**。

需求的收集与分析是数据库设计的基础。应收集的信息量需要根据问题本身的特性和企业的运转模式而定。考虑过细会陷入分析僵局（paralysis by analysis），无法继续开展下一步的工作；而考虑过粗则可能因为针对错误的需求定位而给出错误的解决方案，导致后期不必要的时间和金钱浪费。

收集的信息可能缺乏良好的结构和形式，因此需要将其转换为结构化良好的需求描述，可以采用的**需求规范化技术**包括：结构化分析和设计（Structured Analysis and Design，SAD）；数据流图（Data Flow Diagrams，DFD）；带有文档辅助说明的分层输入处理输出图（Hierarchical Input Process Output，HIPO）。随后将看到，计算机辅助软件工程（CASE）工具能够进行自动化的检测，确保需求的完整性和一致性。在 27.8 节我们还将讨论统一建模语言（Unified Model Language，UML）对需求分析与设计活动的支持。

确定数据库系统的功能也是本阶段的一项关键性活动。系统功能的不当（inadequate）或不完全（incomplete）会使用户感到使用不便，从而导致系统利用率不高，甚至被弃而不用。然而功能过于完善也会导致系统过于复杂，从而难于实现、维护、使用和学习。

需求收集与分析阶段要解决的另外一个重要问题是如何处理多个用户视图。通常有三种主要的方法：

- **集中式方法**
- **视图集成方法**
- 这两种方法的组合

10.5.1　集中式方法

集中式方法｜合并所有用户视图的需求，形成对新系统的一组需求。在数据库设计阶段创建一个表示了所有用户需求的数据模型。

集中式（或称 one-shot）方法将不同用户视图的需求汇总到一张需求表中，并为这个用户视图的并集命名以说明它覆盖了所有被归并用户视图的应用方面。在数据库设计阶段（参见10.6 节）建立的全局数据模型，即表示了所有视图。全局数据模型由图和形式化描述用户数据需求的文档组成。图 10-3 给出了采用集中式方法处理用户视图 1、2、3 的示例。一般来说，当各用户视图的需求存在明显重叠并且数据库系统不是非常复杂时，建议采用集中式方法。

10.5.2　视图集成方法

视图集成方法｜每个用户视图的需求都独立列出。在数据库设计阶段，首先针对每个用户视图的需求建立各自的数据模型，然后再加以整合。

视图集成方法在需求收集与分析阶段将各个用户视图的需求视为相互独立的，并不加以整合，而在数据库设计阶段（参见 10.6 节），首先为每个用户视图建立一个数据模型，该数据模型仅对应于一个用户视图（或所有用户视图的一个子集），称为**局部数据模型**（local data model）。

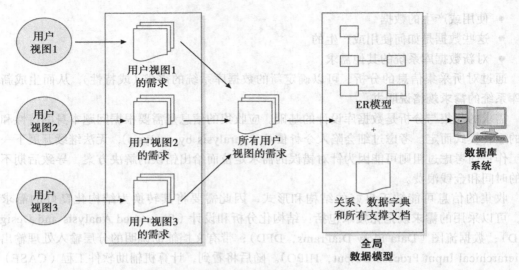

图 10-3   采用集中式方法处理多个用户视图

每个局部数据模型都由图和形式化描述需求的文档组成，其中，需求只是数据库中一个或多个（而不是全部）用户视图的。在之后的数据库设计阶段，局部数据模型被合并生成一个代表所有用户需求的**全局数据模型**（global data model）。图 10-4 给出了使用视图集成方法处理用户视图 1、2、3 的示例。通常，当用户视图之间存在明显区别并且数据库系统足够复杂时，可以使用这种方法。事实证明，视图集成方法能够分割系统需求，分割之后更有利于需求的收集与分析以及后续工作的进行。在第 17 章的步骤 2.6 中，将举例说明如何使用视图集成方法。

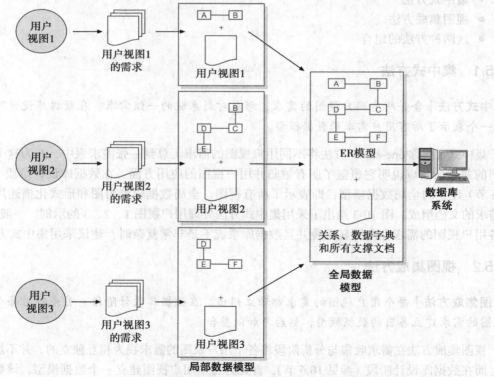

图 10-4   采用视图集成方法处理多个用户视图

对于一些复杂的数据库系统来说，更为合适的方法也许是两者的结合，即综合使用集中式和视图集成式两种方法来处理多个用户的视图。例如，我们可以首先使用集中式的方法将两个或多个用户的视图汇集成一个总的需求，并且将其转化为局部逻辑数据模型，然后使用视图集成化方法将该局部逻辑数据模型与其他的局部逻辑数据模型集成为全局逻辑数据模型。在这种情况下，每一个局部逻辑数据模型都对应着部分用户视图的需求，最终生成的全局逻辑数据模型表达了数据库系统所有用户视图的需求。

11.4.4 节将详细讨论如何处理多个用户的视图，并将采用本书描述的方法学，说明如何综合使用集中式和视图集成式方法，实现 DreamHome 房屋租赁数据库系统。

10.6　数据库设计

数据库设计 | *为企业或单位所需数据库系统生成设计方案的过程，该设计方案应能支持该数据库的任务描述和任务目标。*

本节将概述数据库设计的主要方法，数据建模在数据库设计中的目的和用法，以及数据库设计的三个阶段——概念数据库设计、逻辑数据库设计和物理数据库设计。

10.6.1　数据库设计方法

数据库设计可以采用的方法主要有两种："自下而上"（bottom-up）和"自上而下"（top-down）。**自下而上**方法从底层的属性（指实体和联系的属性）入手，通过分析属性之间的关联，将它们分别组合成代表实体类型和实体类型之间联系的关系。在第 14、15 两章中，我们将讨论规范化过程，该过程代表了一种数据库设计中的自下而上的方法。规范化时，首先确定所需属性，然后基于属性之间的函数依赖将属性聚集成规范化的关系。

自下而上的方法适用于涉及属性相对较少的简单数据库的设计。对于包含了大量属性的复杂数据库来说，由于很难完全建立起所有属性之间的函数依赖，也就很难根据属性生成规范化的关系，因此自下而上的方法不再适用。复杂数据库的概念数据模型和逻辑数据模型可能包含成百上千个属性，因此需要一种能够简化设计过程的方法。而且，对于复杂数据库来说，在定义数据需求的初始阶段，很难马上确定所有的属性。

对于复杂数据库，一种更佳的策略是采用**自上而下**的方法：建模初始，数据模型仅包含少量的高层实体以及实体之间的联系，然后连续使用自上而下的方法精化模型，进一步确定低层的实体、实体之间的联系以及相关属性。我们可以使用实体 - 联系（Entity-Relation, ER）模型的概念来说明自上而下的方法。实体联系模型首先确定数据库系统所包含的实体和实体之间的联系。例如，在 DreamHome 的示例中，我们可以首先建立实体 PrivateOwner 和 PropertyForRent，然后确定这两个实体之间的联系 PrivateOwner Owns PropertyForRent，最后提取这两个实体所包括的属性（这里仅列出部分属性）——PrivateOwner 包含了 ownerNo、name 和 address 三个属性，PropertyForRent 则拥有 propertyNo 和 address 两个属性。在第 12 章和第 13 章中将详细讨论如何使用 ER 模型建立高层数据模型。

除此之外，数据库设计方法还包括**由里向外**（inside-out）以及多种方法相结合的混合策略。由里向外的设计方法与自下而上方法类似，区别在于：由里向外首先建立主要实体的集合，然后向外扩展，确定与已建立实体相关的其他实体、联系和属性。**混合策略**则将数据模型分割为可组装的构件，对不同的构件既可以使用自下而上的方法也可以选择自上而下的方法。

10.6.2 数据建模

数据建模的目的主要有两个，一是有助于设计人员对数据含义（语义）的理解，二是有助于设计人员与用户之间的交流。数据建模要求回答关于实体、联系、属性的问题。为此，设计人员需要找出企业数据的原本的语义，无论它们是否出现在形式化的数据模型中。实体、联系和属性是描述企业信息的基石，但是对设计人员来说可能一直很难理解它们的含义，直到它们被正确地记录在文档中。数据模型有助于我们对数据含义的理解，因此通过数据建模可以确保我们能够正确理解：

- 每个用户对数据的观点
- 与其物理表现形式无关的数据本身的性质
- 各用户视图中数据的使用

数据模型可以用来表达设计人员对企业信息需求的理解，如果双方都熟悉模型中使用的符号，数据模型就可以帮助用户和设计人员进行交流。企业也在逐步规范着建模数据的方式：选择一种特定的数据建模方法并且贯穿整个数据库项目的开发过程。数据库设计中最常用的，即本书采用的高层数据模型是 ER 模型（详见第 12 章和第 13 章）。

数据模型的标准

一个理想的数据模型应符合表 10-2 所列的标准（Fleming and Von Halle，1989）。但是，有时这些标准互相矛盾，需要进行折中。例如，在试图追求更好的表现力时，数据模型就会失去简洁性。

表 10-2　建立理想数据模型的标准

结构有效性	与企业定义和组织信息的方式一致
简洁性	容易被信息系统领域的专业人员或非专业人员（用户）理解
表现力	能够区别不同的数据，以及数据之间的联系和约束
没有冗余	排除无关信息，特别是不重复表达信息
共享性	并不限于特定的应用或技术，因此可广泛使用
可扩展性	可以扩展支持新的需求，并且尽可能不影响现有用户的使用
完整性	与企业使用和管理信息的方式一致
图表化表示	能够用易于理解的图表符号表示模型

10.6.3 数据库设计的阶段划分

数据库设计分为概念设计、逻辑设计和物理设计三个阶段。

概念数据库设计

| 概念数据库设计 | 建立概念数据模型的过程，该模型与所有物理因素无关。

数据库设计的第一阶段称为**概念数据库设计**。在这一阶段，将根据用户需求规格说明书建立概念数据模型。在概念数据库设计阶段，无需考虑实现细节，即概念模型不涉及类似目标 DBMS 软件的选择、应用程序的编制、编程语言的选择、硬件平台的选择或其他任何物理实现上的细节问题。第 16 章将逐步具体说明如何进行概念数据库设计。

在建立概念数据模型的整个过程中，模型被不断测试、修改直至满足用户的需求。概念数据模型是基础，是下一阶段——逻辑数据库设计的信息来源。

逻辑数据库设计

逻辑数据库设计 | 根据已有的概念数据模型，建立逻辑数据模型，该模型与具体的 DBMS 以及其他物理因素无关。

　　数据库设计的第二阶段称为**逻辑数据库设计**，在这一阶段，针对建模时关注的企事业部分构建逻辑数据模型。即将前一阶段创建的概念数据模型进行精化，然后映射为逻辑数据模型。逻辑数据模型是建立在目标数据库所支持的数据模型（例如，关系数据模型）基础之上的。

　　尽管概念数据模型独立于物理实现，但是逻辑数据模型却是在已知目标 DBMS 的基本数据模型的条件下推导出来的。也就是说，进行逻辑数据库设计时，我们需要知道目标 DBMS 是关系的、网状的、层次的还是面向对象的。除此之外，将忽略所选 DBMS 的其他特征，尤其是物理细节，如目标 DBMS 支持的存储结构或者索引，等等。

　　在建立逻辑数据模型的整个过程中，也将不断地对模型进行测试、修改直至满足用户的需求。在这一阶段，我们引入**规范化**技术来验证逻辑数据模型的正确性。规范化可以保证由数据模型导出的关系没有数据冗余，而数据冗余则可能会引起更新异常。第 14 章将指出数据冗余带来的问题，并详述规范化过程。另外，逻辑数据模型还应完全支持由用户说明的事务。

　　逻辑数据模型又是下一阶段的信息来源，为物理数据库设计人员进行权衡考虑提供了便利，权衡考虑对有效的数据库设计是十分重要的。逻辑数据模型在数据库系统开发生命周期的运行维护阶段也担当着重要的角色。对数据模型的正确维护和及时更新能够使数据库很好地适应未来的变化，使得以后对应用程序和数据的修改都能够在数据库中得到正确而有效的体现。

　　第 17 章将逐步具体说明如何进行概念数据库设计。

物理数据库设计

物理数据库设计 | 产生数据库在辅存上的实现描述的过程。物理数据库设计定义了基础关系、文件组织方式和能够提高数据访问效率的索引，以及所有的完整性约束和安全措施。

　　物理数据库设计是数据库设计的最后一个阶段。在这一阶段，设计人员将确定数据库的物理实现细节。在逻辑数据库设计阶段（物理数据库设计的前一阶段）已经建立了数据库的逻辑结构，实现了关系和业务约束的定义。尽管逻辑结构的设计与 DBMS 的选择无关，但逻辑数据模型的选择需要与目标 DBMS 支持的数据模型一致，如关系模型、网状模型或者层次模型。在物理数据库设计阶段，必须首先明确目标 DBMS，因此物理数据库设计是面向特定的 DBMS 系统的。在这一阶段，为了提高性能而做出的一些决策可能会影响逻辑数据模型的数据结构的设计，因此在物理数据库设计和逻辑数据库设计之间存在迭代。

　　通常，物理数据库设计的主要目标就是描述如何物理地实现逻辑数据库的设计。对于关系模型，物理数据库设计活动包括：

- 根据逻辑数据模型，物理地创建关系表和完整性约束。
- 确定数据的存储结构和访问方式，确保数据库系统的性能最优。
- 设计安全保护机制。

　　对于大型系统，理想情况是将概念和逻辑数据库设计同物理数据库设计分离开来，主要有三个原因：

- 设计的内容不同：前者仅涉及做什么，与怎么做无关。
- 执行的时机不同：在决定怎么做之前必须先明确做什么。
- 需要的技术不同：不同阶段的建模技术经常为不同的人所拥有。

数据库设计是一个反复迭代的过程，虽然有一个起点，但精化的过程却几乎没有终点。精化应当被看作学习过程。随着设计人员对企业运作和数据含义的进一步理解，新的信息将被反映在数据模型中，这种改变也会引起对模型其他部分的修改。特别是，概念数据库设计和逻辑数据库设计是一个系统能否成功的决定性因素，如果设计不是企业的真实表示，那么将很难定义出所有要求的用户视图，也很难维护数据库的完整性。同样可以证明，定义数据

库的物理实现和维持可接受的系统性能也会很困难。另一方面，好的数据库设计应该能够根据需求变化做出相应的调整，这也是好的数据库设计的一个标志。因此，为了得到一个尽可能好的数据库设计方案，花费必要的时间和精力是值得的。

在第 2 章中，我们讨论了数据库系统的三层 ANSI-SPARC 体系结构：外模式、概念模式和内模式。图 10-5 给出了三级模式与概念、逻辑和物理数据库设计阶段的对应关系。第 18、19 章中将逐步详细描述物理数据库设计阶段所涉及的方法学。

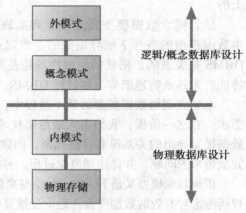

图 10-5　数据建模与 ANSI-SPARC 体系结构

10.7　DBMS 选型

| **DBMS 选型** | 选择适合的 DBMS 以支持相应的数据库系统。

如果系统开发之初并未指定 DBMS，那么 DBMS 选型比较适宜的时机是在概念数据库设计之后，且在逻辑数据库设计之前（见图 10-1）。然而，如果已经收集到足够多的与系统需求相关的信息，如系统性能、数据库的易重组性、安全性和完整性约束等需求，那么 DBMS 的选型可以在逻辑数据库设计之前的任何时间进行。

尽管我们可能不会频繁地进行 DBMS 的选型，但是当企业的需求扩展或者需要重建现有系统时，将有必要再次对 DBMS 产品进行评估，所选 DBMS 既要满足企业眼下所需也要兼顾未来需求的扩展，选型时要在各种成本之间做出权衡，这些成本包括：购买 DBMS 产品的费用、相关软硬件的开销、系统重建相关的费用以及员工培训的开销。

选型时，我们可以简单地将 DBMS 的特性与系统需求加以比较，选型过程应确保计划周密，并且所选 DBMS 要能真正让企业受益。在下一节中将描述一种选择"最适宜"DBMS 的典型方法。

表 10-3 列出了 DBMS 选型过程的主要步骤。

确定 DBMS 选型时研究考虑的方面

列出 DBMS 选型时研究考虑的方面，包括说明调研的目标、范围和需要完成的任务。该文档还可以包括评估 DBMS 产品时所需的选型准则（基于用户需求规格说明书）、初步生成的选型列表、所有必要的约束条件和选

表 10-3　DBMS 选型的主要步骤

确定研究考虑的方面
列出两到三个候选 DBMS 产品
评估这些候选产品
给出建议选型产品的报告

型进度表，等等。

列出两到三个候选 DBMS 产品

那些被认为是成事"关键"的准则可用于筛选出 DBMS 候选产品列表，以供后期评估使用。例如，是否考虑某一 DBMS 依赖于系统开发预算、开发商的技术支持的程度、与其他软件的兼容性、有无特殊的硬件支撑环境要求，等等。另外，通过接触该产品已有用户，还可以收集到额外的有用信息：供应商实际的技术支持能力，该产品如何支持特殊的应用，是否在某些硬件平台上运行会比在其他平台上运行产生更多的问题。还可以参考基准测试（benchmark）结果对 DBMS 产品进行性能比较。经过对 DBMS 产品的功能和特性的初步调研后，可以确定两到三个候选 DBMS。

万维网（World Wide Web）是一个非常好的信息资源，可以利用万维网甄选潜在的候选 DBMS。例如，DBMS 杂志的网站（www.intelligententerprise.com）提供了一个关于 DBMS 产品的综合索引。产品供应商的网站也会提供关于 DBMS 产品的有用信息。

评估候选 DBMS 产品

评估 DBMS 产品的指标很多。出于不同评估目的的考虑，可以将多个性能参数成组评估（例如，对数据定义指标组综合评估），或者单独考察（例如，仅对数据定义指标组中的有效数据类型特性进行评估）。表 10-4 将评估 DBMS 产品的指标分为以下几组：数据定义、物理定义、可访问性、事务处理、实用工具、应用开发和其他。

表 10-4　评估 DBMS 的指标

数 据 定 义	物 理 定 义
强制定义主关键字	可用文件结构
外部关键字规范	文件结构维护
可用的数据类型	易重组性
数据类型的可扩展性	索引
域说明	变长字段 / 记录
易于重构	数据压缩
完整性控制	加密程序
视图机制	内存需求
数据字典	存储需求
数据独立性	
基本数据模型	
模式演化	
可 访 问 性	**事 务 处 理**
支持多种查询语言：遵从 SQL2/SQL:2011/ODMG	备份和恢复例程 检查点机制
提供 3GL 接口	日志机制
支持多用户	并发粒度
安全性	死锁解决策略
－ 访问控制	高级事务模型
－ 授权机制	并行查询处理

（续）

实 用 工 具	应 用 开 发
性能监测	4GL/5GL 工具
调优	CASE 工具
数据导入 / 导出	图形化操作界面（Windows 能力）
用户监视	存储过程、触发器和规则
数据库管理支持	Web 开发工具
其 他	
可升级性	与其他 DBMS 和系统的互操作性
厂商稳定性	Web 集成
用户基础	数据复制工具
培训和用户支持	分布式能力
文档	可移植性
要求的操作系统	要求的硬件
价格	网络支持
在线帮助	面向对象的能力
所用标准	体系结构（支持二或三层客户 / 服务器模式）
版本管理	性能
可扩展的查询优化	事务吞吐量
可伸缩性	最大用户并发数
对报表和分析工具的支持	对 XML 和 Web 服务的支持

如果对这些指标只是简单地用好或是不好来进行评价，那么很难在 DBMS 产品之间进行比较。一个更加实用的方法是：根据这些指标或指标组在系统中的重要性，将其赋予不同的权重，用最后得到的综合权值来比较。表 10-5 显示了如何使用这种方法对某 DBMS 产品的物理定义指标组进行分析。首先评估每个指标的等级值，用一个不超过 10 的数表示，每个指标在组内都有一个用小于 1 的数表示的权重，表示相对于同组其他指标的重要性。计算该指标的最后得分需要将其等级与权重相乘。例如，表 10-5 中，"易重组性"的等级是 4，权重为 0.25，评估得分是 1.0。在表 10-5 中，该指标权重最高，说明在此次评估中它是最重要的因素。"易重组性"的权重是"数据压缩"的 5 倍，"数据压缩"的权重最低，仅为 0.05。而"内存需求"和"存储需求"的权重都是 0.00，说明在评估时根本不考虑这些指标对系统的影响。

表 10-5   用于 DBMS 产品评估的指标分析实例

DBMS：某产品
厂商：某厂商
物理定义组

指 标	注 释	等 级	权 重	总 计
可用文件结构	有四种选择	8	0.15	1.2
文件结构维护	非自动调节	6	0.2	1.2
易重组性		4	0.25	1.0
索引		6	0.15	0.9
字段 / 记录的有效长度		6	0.15	0.9

（续）

指　标	注　释	等　级	权　重	总　计
数据压缩	由文件结构指定	7	0.05	0.35
加密程序	有两种选择	4	0.05	0.2
内存需求		0	0.00	0
存储需求		0	0.00	0
总计		41	1.0	5.75
物理定义组		5.75	0.25	1.44

将各指标评估后的得分加在一起，就得到该组的得分。而该组又有一个权重，用来表示在此次评估中该组相对于其他指标组的重要性。例如，在表 10-5 中，物理定义组的总分是 5.75，而 5.75 的权重为 0.25。

最后，将所有评估指标组加权后的得分加在一起就得到了某 DBMS 产品的得分。将不同 DBMS 的最后评估得分进行比较，分数最高的产品就是最佳选择。

除此之外，我们还可以采取由 DBMS 厂商演示其产品或者对该产品进行内部 (in-house) 测试的方法来进行评估。采用内部评测时，需为候选 DBMS 搭建测试平台。测试每个候选产品满足用户提出的数据库系统需求的程度。在 www.tpc.org 上可以找到由事务处理委员会 (Transaction Processing Council) 公布的基准测试报告。

给出建议选型 DBMS 的报告

数据库选型的最后一步是记录下整个选型过程，并提供一份最后结果的说明和建议选择的 DBMS 产品。

10.8　应用程序设计

| **应用程序设计** | 完成用户界面和使用、处理数据库的应用程序的总体设计。

在图 10-1 中，可以看到在数据库系统开发生命周期中数据库设计和应用程序设计是并行进行的。大多数情况下，不可能在数据库设计实现之前就完成应用程序的设计。另一方面，数据库是应用程序设计的支撑，因此，应用程序设计和数据库设计之间必然存在信息交流。

我们必须确保用户需求规格说明书中提到的所有功能都要在数据库系统的应用程序设计中体现出来，这将涉及到访问数据库的应用程序的设计和数据库事务的设计（即数据库访问方式）。除了设计如何实现需求的功能外，还应为数据库系统设计一个合适的用户界面。用户界面应该以用户友好的方式提供信息。用户界面设计的重要性常常被忽略，或者直到设计阶段的后期才着手考虑。然而，我们应该认识到界面可能是系统最重要的组件之一。如果界面容易学习、易于使用、简单明了、容错性强，则用户就能更好地利用系统提供的信息。相反，如果界面完全不具备上述特点，则毫无疑问，用户在使用该系统时一定会遇到麻烦。

下面将简要介绍一下应用程序设计两个方面的问题：事务设计和用户界面设计。

10.8.1　事务设计

在讨论事务设计之前我们先描述一下事务的含义。

| 事务 | 由单个用户或应用程序执行的访问或修改数据库的一个或一组动作。

事务是"现实世界"中事件的表示，例如，登记待出租的房屋、增加一名新员工、注册一名新客户或出租一处房屋。运用事务能够确保数据库中的数据同现实世界的情况保持一致，并能够提供用户所需信息。

一个事务可能由几个操作组成，如资金转账就是由几个操作组成的。然而，从用户的角度来看，这些操作不过是完成了一个任务。从DBMS的角度来看，事务将数据库从一个一致状态转换到另一个一致状态。DBMS应保证数据库的一致性，即使出现故障也应如此。DBMS还应保证一旦某个事务完成，事务的操作结果将永久地保存在数据库中，不会丢失或回退（执行另一事务来替换第一个事务操作的效果）。如果由于某种原因事务不能完成，DBMS要保证能够回退该事务所做的任何操作，消除其对数据库的影响。在银行交易中，如果资金已从贷方账户贷出，但在尚未划入借方账户前这个事务失败了，那么DBMS将撤销这次交易。如果将贷方贷出与借方借入操作定义为两个单独的事务，那么一旦贷方事务完成，则不允许撤销该变更（即使此时并未执行另一事务借入贷出的金额）。

事务设计的目的是把数据库所需事务的高层特性确定下来并形成文档。这些特性包括：

- 事务用到的数据
- 事务的功能特性
- 事务的输出
- 对于用户的重要性
- 预期的使用率

事务设计应该在应用程序设计阶段的前期进行，以确保数据库能够支持所有系统涉及的事务处理。事务主要分为以下三类：检索型事务、更新型事务和混合型事务。

- **检索型事务**。检索型事务主要用于数据检索，并将这些数据显示在屏幕上或生成报表。例如，查询并显示某一指定编号的房屋的详细信息。
- **更新型事务**。更新型事务用于实现记录的插入、删除或修改。例如，在数据库中插入某一新的房屋的信息。
- **混合型事务**。该类型事务的操作包括了数据的检索和更新。例如，查询并显示某一指定编号的房屋的详细信息并更新其月租金。

10.8.2 用户界面设计指南

在显示表单或报表之前，首先要对其外观和布局进行设计。表10-6列出了在设计表单和报表时应遵循的一些原则（Shneiderman，1992）。

使用有意义的标题

标题传达的信息应该清楚、明确，与表单/报表所要描述的问题一致。

操作指令易于理解

应尽量使用用户熟悉的术语向用户传达操作指令。指令信息应该简短，当需要进一步提示

表10-6　表单/报表设计时应遵循的原则

使用有意义的标题
操作指令易于理解
字段按逻辑分组和排序
表单/报表的布局视觉性强
用熟悉的字段标签
术语和缩写应保持一致
配色统一
数据录入字段应具有明显的边界并预留足够的空间
光标能够控制自如
易于纠正录入错误（包括单个字符和整个字段的录入错误）
对不可接受的值给出错误信息
清楚地标记出可选字段
为字段提供说明性信息
录入完毕应给出完成信号

时，应提供帮助窗口。操作指令应使用标准格式且文风一致。

字段按逻辑分组和排序

表单／报表中相关的字段应集中于同一区域，字段的排列顺序应符合逻辑并风格一致。

表单／报表的布局视觉性强

表单／报表应该呈现给用户一个视觉吸引力强的界面。字段或字段组之间应布局均衡，不应存在字段过于密集或过于分散的区域。字段或字段组之间应该间隔均匀。合适的话，字段之间应该垂直对齐或水平对齐。若物理（纸质）表单／报表已经存在，则两者布局应一致。

用熟悉的字段标签

字段标签应该是用户所熟悉的。比如，若用"Gender"代替字段"Sex"，则可能有些用户会感到有点糊涂。

术语和缩写应保持一致

使用用户熟悉的术语和缩写，且前后一致。

配色统一

色彩的使用可以增强表单／报表的视觉效果，突出显示重要的字段或信息。为了达到这个目的，配色必须风格统一并且意义明确。例如，在某一表单上，背景色为白色的字段表示该字段为数据录入字段，而具有蓝色背景的字段仅为数据输出字段。

数据录入字段应具有明显的边界并预留足够的空间

用户会留意到每个录入字段的可用空间，这样用户就会在输入数值之前考虑合适的数据录入格式。

光标能够控制自如

用户应该能够自如地在表单／报表中移动光标以选择其操作。光标的控制可以通过控制Tab 键、键盘方向键以及鼠标实现。

易于纠正录入错误（包括单个字符和整个字段的录入错误）

用户应该能够容易地改变字段已录入的数值。可以简单地使用 Backspace 键修改或者重新输入。

对不可接受的值给出错误信息

当用户试图向字段中输入不正确的数据时，应该显示错误信息，以提示用户错误的类型和允许录入的数值。

清楚地标记出可选字段

可选字段应该清楚地标示给用户。可以为该字段选择一个恰当的名称，或者用某种特定的颜色来显示这个字段以表明该字段的类型。可选字段应位于必选字段之后。

为字段提供说明性信息

当用户将光标停留在某个字段上时，应该在屏幕上的特定区域（如在状态栏上）显示关于该字段的信息。

录入完毕应给出完成信号

应该让用户清楚何时已经完成了表单上所有字段的填写。但不应自动选择表单填写结束，因为用户可能希望检查一下录入的数据。

10.9 建立原型系统

在设计过程中，关于系统的初步实现，我们可以选择完全实现该数据库系统或者仅仅建立一个原型系统。

建立原型系统 | 建立数据库系统的一个工作模型。

原型只是一个工作模型，通常并未实现最终系统所需要具备的所有特性和功能。建立数据库原型系统的主要目的是，通过分析用户对原型系统的使用情况来确定系统所提供的功能是否完备，甚至有可能的话，用户在使用原型系统的过程中，还可以提出改进建议甚至新的功能需求。通过开发原型系统，可以在很大程度上帮助用户和系统开发人员进行沟通，明确用户需求，还能够评价系统设计的可行性。建立原型系统应该具备的特点是：相对整个系统开发来说费用不高并且所需时间较短。

建立原型系统的策略一般有两种：需求原型和进化原型。**需求原型**利用原型确定数据库系统的需求，一旦需求明确，该原型系统也就无用了。**进化原型**和需求原型目的相同，但最重要的区别在于它并未被抛弃，而是经过进一步开发之后演变为最终的数据库系统。

10.10 实现

实现 | 数据库和应用程序设计的物理实现。

在设计阶段的工作完成后（可能涉及原型系统的建立），我们面临的是数据库设计和应用程序设计的物理实现。建立物理的数据库可以利用所选 DBMS 的数据定义语言（DDL）来实现，也可以利用图形用户接口实现，图形用户接口提供了相同的功能却隐藏了底层的 DDL 语句。DDL 语句用于创建数据库的结构并生成一些空的数据库文件。已经确定的用户视图也要在这一阶段定义。

应用程序的开发可以采用第三代语言（3GL）或第四代语言（4GL）。应用程序中关于数据库事务处理的部分，则由目标 DBMS 的数据操作语言（DML）实现，DML 语言将被嵌入某一宿主语言，如 Visual Basic（VB）、VB.net、Python、Delphi、C、C++、C#、Java、COBOL、FORTRAN、Ada 或者 Pascal。此外，还要实现应用程序设计中出现的其他组件，如菜单、数据录入表单和报表等。目标 DBMS 可能还拥有可用于应用程序快速开发的第四代工具，这些工具包括非过程化的查询语言、报表生成器、表单生成器和应用程序生成器。

系统的安全性和完整性控制也要在这一阶段实现。某些控制可使用 DDL 来实现，而其他的则可能需要利用 DBMS 提供的实用工具或操作系统来实现。注意，正如第 6 ~ 8 章描述的那样，SQL 既是 DDL 也是 DML。

10.11 数据转换与加载

数据转换与加载 | 将已有的数据转移到新数据库中，将原有的应用移植到新数据库上运行。

只有当旧的数据库系统被新的系统替换时，才需要进行数据转换与加载。目前，大多 DBMS 都具有在新的数据库中加载原有数据库文件的实用工具。完成这一操作时需要明确要加载的源文件以及目标数据库，并且 DBMS 能够自动地转换源文件的数据格式以满足新数据库文件格式的要求。数据移植就绪以后，开发人员就有可能将原有系统中的应用程序移植到新的系统中。当需要进行数据转换与加载时，我们应当周密计划，以确保系统全部功能的平滑移植。

10.12　测试

测试｜运行数据库系统，试图找出错误。

在实际使用前，数据库系统应该经过完全测试。测试过程需要有严密计划的测试策略和真实的测试数据保证，这样整个测试过程才能既系统又严谨。注意，我们并未提及通常意义上测试的定义，即视测试为证明无故障的过程。实际上，测试并不能证明没有故障，它只能显露出软件中存在故障。如果测试成功，测试结果将会揭示出应用程序甚至数据库结构中存在的错误。测试的第二个好处是可以验证数据库和应用程序是否按照需求规格说明书中的要求工作及其是否能够满足系统性能要求。另外，测试阶段收集的测试数据又为衡量软件可靠性和软件质量提供了依据。

与数据库设计一样，用户也应参与测试过程。理想的测试环境应该是一个单独的硬件系统及其上的测试用数据库，但实际上这通常是不可能的。如果使用真实数据进行测试，就必须做好备份，以防错误的发生。

除此之外，还应对系统的可用性进行测试，理想状况下，还应参照可用性规范对其做出评估。可用性的测试准则包括（Sommerville，2002）：

- 易学性：新用户能够熟练操作该系统需花费多少时间？
- 性能：系统响应时间与用户工作实际匹配得怎样？
- 鲁棒性：系统对用户操作错误的容错能力怎样？
- 可恢复性：系统从用户错误中恢复的能力怎样？
- 适应性：系统与单一的工作模式绑定得有多紧？

上述准则的评测还可以在系统生命周期的其他阶段进行。测试结束以后，数据库系统的开发工作就宣告结束，即将交付给用户使用。

10.13　运行维护

运行维护｜在系统安装以后，继续对系统实施监控和维护的过程。

在前面的阶段中，数据库系统已经完全实现并经过测试。现在系统进入维护阶段，这一阶段包括以下的活动：

- 监控系统的性能。如果性能低于可以接受的水平，则必须调整或重组数据库。
- 维护系统，必要时升级数据库系统。通过生命周期前面各阶段的努力，新的需求融入了数据库系统。

一旦数据库系统开始全面运行，随之就要对其展开密切监控，以确保可接受的系统性能。DBMS 通常提供许多实用工具来辅助数据库管理，其中包括数据加载工具和系统监控工具。系统监控工具可以提供的信息包括数据库的使用情况、加锁效率（包括已发生的死锁个数等）和查询执行策略。数据库管理员（DBA）利用这些信息进行系统调优，例如，创建索引、改变存储结构、合并或分割表以提高查询速度。

对系统的监控贯穿于数据库系统的整个运行期间，使得数据库能够及时得到重组以满足不断变化的需求。反过来，这些需求上的变化又能够为系统的演进以及未来可能需要的资源提供信息。这种相互作用加上对提出的新应用的认知，使得 DBA 能够集中精力进行数据库规划或提请上级注意调整规划。如果 DBMS 缺乏相关的工具,DBA 既可以自行开发,也可购买第三方适用的工具。我们将在第 20 章详细讨论数据库的管理。

当新的数据库应用程序投入使用后,在一段时期内,用户可能同时并行使用新、旧系统。考虑到新系统可能会出现难以预料的问题,并行使用两套系统能够保证当前系统运行的正确性。应该定期对新、旧系统就数据一致性问题进行检验。只有当两个系统总是能产生一致的结果时,旧系统才可以停用。如果系统的换代过于仓促,最终可能带来灾难性的后果。不考虑前面提到的旧系统可能停用的假设,可能会存在对两个系统同时进行维护的情形。

10.14 CASE 工具

在数据库系统开发生命周期的第一阶段,也就是数据库规划阶段,可能还会涉及计算机辅助软件工程(CASE)工具的选择问题。从广义上说,任何一种能够支持软件工程的工具都是 CASE 工具。数据管理员和数据库管理员需要合适且高效的工具,以保证数据库系统的开发活动尽可能有效且高效。CASE 对数据库系统开发活动的支持包括:

- 存储关于数据库系统数据的相关信息的数据字典。
- 支持数据分析的设计工具。
- 支持企业数据模型、概念数据模型和逻辑数据模型开发的工具。
- 建立原型系统的工具。

CASE 工具可分为三类:上层 CASE(Upper-CASE)工具、底层 CASE(Lower-CASE)工具和集成 CASE(Integrated-CASE)工具,如图 10-6 所示。**上层 CASE 工具**支持数据库系统生命周期的前期工作——从数据库规划到数据库设计。**底层 CASE 工具**支持数据库系统生命周期的后期工作——从实现、测试到运行维护。**集成 CASE 工具**支持数据库系统生命周期的全部阶段的工作,因此兼具上层 CASE 和底层 CASE 工具的全部功能。

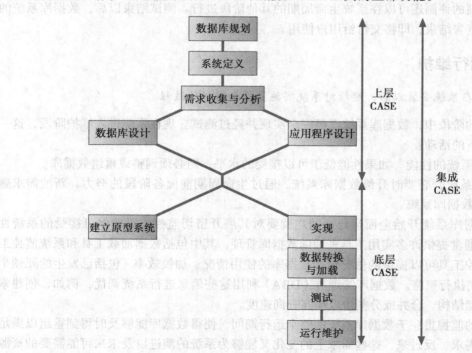

图 10-6 CASE 工具的应用

使用 CASE 工具的优点

使用合适的 CASE 工具应该能够提高数据库系统开发的生产率。“生产率”的含义包括开发过程的效率和所开发系统的有效性。效率是指成本，即实现数据库系统的时间和经费开销。CASE 工具通过对系统开发提供相应支持并使开发过程自动化来提高开发效率。有效性是指系统对用户需求的满足程度。在追求更高的生产率时，提高开发过程的有效性可能比提高效率更为重要。例如，开发人员无视最终产品是否为用户所想要的产品而盲目追求开发过程的极端高效率并非明智之举。也就是说，有效性同最终产品的质量密切相关。由于计算机比人更胜任某些特殊的工作，如一致性检查，因此 CASE 工具的确可用来提高开发过程中某些工作的有效性。

对于提高生产率，CASE 工具在以下各个方面都具有优越性：

- 标准化。CASE 工具有助于强化软件项目开发过程的标准化或者组织内部工作流程的标准化。CASE 工具有助于生成可复用的标准测试组件，以简化维护工作并提高生产率。
- 集成化。CASE 工具将所有信息均保存在仓库（repository）或数据字典中。因此，利用 CASE 工具就可以将从数据库系统生命周期各阶段收集到的数据存储起来，并且通过数据之间的关联来保证系统各部分的集成性。这样一个组织机构的信息系统就不再是由一些独立的、无关的部分组成。
- 支持标准化方法。结构化技术使得图表的使用具有重要意义，而图表的手工绘制和维护是相当困难的，CASE 工具简化了这一过程，能够生成正确且更为通用的文档。
- 一致性。由于存储在数据字典中的信息之间存在着内在的联系，因此可以利用 CASE 工具进行一致性的检查。
- 自动化。一些 CASE 工具可以自动地将设计规格说明书转换为可执行代码。这样不仅可以减少系统开发的工作量，还可以消除编码过程中出现的错误。

本章小结

- **信息系统**是一种在组织机构内用于收集、管理、控制和分发信息的资源。
- 基于计算机的信息系统包括下面几个部分：数据库、数据库软件、应用软件、计算机硬件（包括存储介质），以及使用和开发系统的活动。
- 数据库是信息系统的基础构件，应该从企业的需求这一更加广泛的角度来考虑数据库的开发及使用。因此，信息系统的生命周期同支撑它的数据库系统的生命周期之间有着内在的联系。
- **数据库系统开发生命周期**的主要阶段包括：数据库规划、系统定义、需求收集与分析、数据库设计、DBMS 选型（可选）、应用程序设计、建立原型系统（可选）、实现、数据转换与加载、测试和运行维护。
- **数据库规划**是一种管理活动，目的是尽可能高效及有效地实现数据库系统开发生命周期的各个阶段。
- **系统定义**包括确定数据库系统的范围、边界和用户视图。**用户视图**从一个特定的角色（如经理或主管）或者特定的企业应用方面（如销售、人事或库存管理）的角度来定义数据库系统的需求。
- **需求收集与分析**是一个收集、分析企业需要数据库系统支持的信息并由此定义系统需求的过程。对于支持多用户视图的数据库系统，主要有三种需求管理方法：**集中式方法**、**视图集成方法**以及两种方法的综合使用。

- **集中式**方法将数据库系统中不同用户视图的需求聚集成一个需求集合，在数据库设计阶段统一生成一个能够表示所有用户视图需求的数据模型。**视图集成**方法则分别分析每个用户视图的需求，并为每个用户视图建立单独的数据模型，直到数据库设计阶段才将这些数据模型合而为一。
- **数据库设计**是一个为企业所需数据库系统生成设计方案的过程，该设计方案能够支持企业的任务描述并满足其开发数据库系统的目的。数据库设计分为三个阶段：概念数据库设计、逻辑数据库设计和物理数据库设计。
- **概念数据库设计**是一个建立概念数据模型的过程，该模型与所有物理因素无关。
- **逻辑数据库设计**是在已有的概念数据模型的基础上建立逻辑数据模型，该模型与具体的 DBMS 以及其他物理因素无关。
- **物理数据库设计**是描述在辅助存储器上如何实现数据库的过程。物理数据库设计定义了基础关系、文件组织方式和为提高数据访问效率的索引，以及所有的完整性约束和安全措施。
- **DBMS 选型**是为数据库系统选择一个合适的 DBMS 的过程。
- **应用程序设计**包括用户界面设计和事务设计，描述了应用程序对数据库的使用和访问。数据库的**事务**是由单个用户或应用程序执行的，访问或更新数据库的一个或一组操作。
- **建立原型系统**就是建立数据库系统的工作模型，为设计人员或者用户提供一个可视、可操作的系统并能够对该系统进行评估。
- **实现**是数据库和应用设计的物理实现。
- **数据转换与加载**是指将原有的数据移植到新的数据库中，同时移植原有的应用程序并使其能够在新的数据库上运行。
- **测试**是运行数据库程序并试图找出错误的过程。
- **运行维护**是在系统安装以后继续对系统实施监控和维护的过程。
- **计算机辅助软件工程**（CASE）工具是指任何支持软件开发并能够使得数据库系统的开发活动尽可能高效且有效的工具。CASE 工具可分为三类：上层 CASE 工具、底层 CASE 工具和集成 CASE 工具。

思考题

10.1 描述信息系统的主要组成部分。

10.2 讨论信息系统生命周期和数据库系统开发生命周期之间的关系。

10.3 描述数据库系统开发生命周期各阶段的主要目的和活动。

10.4 讨论用户视图在数据库系统中的含义。

10.5 处理多用户视图的数据库系统设计方法有哪些？

10.6 比较数据库设计的三个阶段。

10.7 数据建模和确定最佳数据模型标准的目的是什么？

10.8 在什么阶段进行 DBMS 选型是合适的？给出一种选择"最佳"DBMS 的方法。

10.9 应用程序设计包括事务设计和用户界面设计，描述其目的和与之相关的主要活动。

10.10 讨论为什么测试并不能证明软件的正确性，而只能反映出软件中存在的错误。

10.11 描述在开发数据库系统时使用原型方法的主要优点。

习题

10.12 假设由你负责帮单位的一组用户选择一款新的 DBMS 产品。为了完成此题，你必须首先明确这组用户的需求，并且明确为了满足这些需求，DBMS 产品应该具备的特性。描述评估和选择

"最佳" DBMS 产品的过程。

10.13 对附录 B 中的每个案例研究，描述为其评估和选择 DBMS 产品的过程。

10.14 假设你是一家专门提供数据库分析、设计和实现咨询的公司的雇员。最近有客户来公司咨询数据库系统实现的事，但他不熟悉开发过程。所以公司要求你为他们简要介绍一下数据库系统开发生命周期（DSDL）的概念以及主要阶段的工作。带着这个任务，准备 PPT 和介绍材料。（本题中的客户既可是附录 B 中任一假想的案例研究，也可以是由你或你的老师指定的任何真正的公司。）

10.15 本题要求你首先获得许可，能访问一名或多名负责开发和管理真实数据库系统的人员。拜访他们时，试图获得如下信息：

(a) 开发数据库采用的方式。

(b) 所采用方式与本章描述的 DSDL 有何异同？

(c) 其数据库系统中不同用户的需求（用户视图）是如何管理的？

(d) 是否用到 CASE 工具支持数据库系统的开发？

(e) 如何评估和挑选 DBMS 工具？

(f) 数据库系统是如何监控和维护的？

扩展阅读

Brancheau J.C. and Schuster L. (1989). Building and implementing an information architecture. *Data Base,* Summer, 9–17

Fox R.W. and Unger E.A. (1984). A DBMS selection model for managers. In *Advances in Data Base Management, Vol. 2* (Unger E.A., Fisher P.S., and Slonim J., eds), 147–170. Wiley Heyden

Grimson J.B. (1986). Guidelines for data administration. In *Proc. IFIP 10th World Computer Congress* (Kugler H.J., ed.), 15–22. Amsterdam: Elsevier Science

Loring P. and De Garis C. (1992). The changing face of data administration. In *Managing Information Technology's Organisational Impact, II, IFIP Transactions A [Computer Science and Technology] Vol. A3* (Clarke R. and Cameron J., eds), 135–144. Amsterdam: Elsevier Science

Nolan R.L. (1982). *Managing The Data Resource Function* 2nd edn. New York, NY: West Publishing Co.

Ravindra P.S. (1991a). Using the data administration function for effective data resource management. *Data Resource Management,* **2**(1), 58–63

Ravindra P.S. (1991b). The interfaces and benefits of the data administration function. *Data Resource Management,* **2**(2), 54–58

Robson W. (1997). *Strategic Management and Information Systems: An Integrated Approach.* London: Pitman

Shneiderman D. and Plaisant C. (2004). *Designing the User Interface.* Addison-Wesley

Sommerville I. (2006) *Software Engineering.* Addison-Wesley

Teng J.T.C. and Grover V. (1992). An empirical study on the determinants of effective database management. *J. Database Administration,* **3**(1), 22–33

Weldon J.L. (1981). *Data Base Administration.* New York, NY: Plenum Press

网络资源

http://tpc.org　The TPC is a non-profit corporation founded to define transaction processing and database benchmarks and to disseminate objective, verifiable TPC performance data to the industry.

第 11 章

Database Systems: A Practical Approach to Design, Implementation, and Management, 6E

数据库分析与 DreamHome 案例研究

本章目标

本章我们主要学习：

- 在数据库应用系统开发生命周期中何时使用实况发现技术
- 在数据库系统开发生命周期的每个阶段需要收集的实况的类型
- 在数据库系统开发生命周期的每个阶段需要生成的文档的类型
- 最常用的实况发现技术
- 如何使用各种实况发现技术以及每种实况发现技术的优缺点
- 一个称为 DreamHome 的房屋租赁公司数据库系统
- 如何在数据库系统开发生命周期的前期阶段应用实况发现技术

在第 10 章中，我们已经就数据库系统开发生命周期的各个阶段进行了讨论。在这些阶段中，常常会出现这样的关键时刻，即数据库开发人员必须获取继续进行数据库系统开发所必需的实况（fact）。这些必要的实况包括该企业使用的工作术语、在使用当前系统时遇到的问题、新的系统可能为企业带来的机遇、新的系统中对数据和用户添加的必要约束、新系统中需求的轻重缓急程度。要想获得这些实况就需要借助于实况发现（fact-finding）技术。

实况发现｜使用面谈、问卷调查等技术手段收集关于系统、需求和优先考虑（preference）等实况信息的规范化的过程。

本章将讨论数据库开发人员什么时候可能会使用实况发现技术，应该获取哪些类型的实况。还将概述如何使用这些实况生成一些主要的文档，而这些文档在整个数据库系统开发生命周期中都要使用。我们将讲述最常用的实况发现技术，并指出每种技术的优缺点。最后，以房屋租赁公司——DreamHome 的数据库系统开发为例，示范在数据库系统开发生命周期的前期阶段如何使用实况发现技术。DreamHome 案例研究将贯穿全书。

本章结构

11.1 节讨论了数据库开发人员在何时可能使用实况发现技术（在本书中，数据库开发人员是指负责分析、设计和实现数据库系统的有关人员）。11.2 节说明了在数据库系统开发生命周期的每个阶段应该采集的实况类型和应该生成的文档。11.3 节描述了五种最常使用的实况发现技术，并指出了每种技术的优点和缺点。11.4 节将以 DreamHome 房屋租赁公司为例，示范在开发数据库系统期间如何使用实况发现技术，在这一小节，我们首先简要介绍 DreamHome 样例，然后以 DreamHome 为例详细研究数据库系统开发生命周期的前三个阶段：数据库规划、系统定义以及需求收集与分析。针对每一个阶段，示范如何使用实况发现技术收集数据，并描述在此过程中生成的文档。

11.1　使用实况发现技术的时机

在数据库系统开发生命周期中有很多的时机可以使用实况发现技术，但是，在生命周期的前期阶段，包括数据库规划、系统定义和需求收集与分析阶段，实况发现显得尤为关键。在这些阶段，数据库开发人员需要获取一些重要的实况，这些实况是数据库系统开发所必需的。尽管在数据库设计以及生命周期的后期阶段也会用到实况发现技术，但其重要性没有在前期阶段那么强。比如，在物理数据库设计期间，当数据库开发人员试图了解更多的关于DBMS 选型的信息时，会用到实况发现技术。同样，在最后的运行维护阶段，可以应用实况发现技术来确定系统是否需要调优以提高性能，或者为满足新的需求而进一步开发。

注意：对于一个数据库项目，事先对实况发现所需的时间和投入做个大概的估计是非常重要的。在第 10 章曾经提到，考虑过细会陷入分析僵局（paralysis by analysis），然而，考虑过粗则会导致在理解错误的基础上继续寻求错误的解决方案，从而导致不必要的时间和金钱的浪费。

11.2　收集实况的类型

在数据库系统开发生命周期期间，数据库开发人员需要获取现有系统或新系统的实况。表 11-1 的示例中给出了在生命周期各个阶段需要采集的数据分类以及每个阶段生成的文档。我们曾在第 10 章中提到，数据库系统开发生命周期的各阶段并非严格遵循既有顺序，而是存在一定程度的迭代，即通过反馈重复先前阶段的活动。对于数据采集和文档的生成也是如此。比如，在数据库设计阶段遇到的问题可能有必要重返需求收集与分析阶段，以采集更多的数据。

表 11-1　数据库系统开发生命周期各个阶段需要获取的数据以及生成的文档

数据库系统开发生命周期的各个阶段	需要获取的数据	需要生成的文档
数据库规划	数据库项目的目的与目标	数据库系统的任务描述和任务目标
系统定义	描述主要用户视图（包括不同的工作角色和不同的商业应用领域）	定义数据库应用程序的范围和边界，定义用户视图
需求收集与分析	用户视图的需求；系统规范，包括性能和安全需求	用户和系统的需求规格说明书
数据库设计	用户对逻辑数据库设计的意见和建议；目标 DBMS 的功能	概念 / 逻辑数据库设计（包括 ER 模型、数据字典、关系模式）；物理数据库设计
应用程序设计	用户对界面设计的意见和建议	应用程序设计（包括对程序和用户界面的描述）
DBMS 选型	目标 DBMS 的功能	DBMS 的评估和推荐选型
建立原型系统	用户对原型系统的意见和建议	修改用户需求和系统规范
实现	目标 DBMS 的功能	
数据转换与加载	当前数据的格式；目标 DBMS 的数据导入性能	
测试	测试结果	采用的测试策略；测试结果的分析
运行维护	性能测试结果；新增或修改以后的用户和系统需求	用户手册；性能分析；修改以后的用户需求和系统规范

11.3　实况发现技术

　　数据库开发人员在一个数据库项目的开发期间通常会使用几种实况发现技术，以下是五种经常使用的实况发现技术：

- 分析文档资料
- 面谈
- 观察企业的运作
- 研究
- 问卷调查

在后面的小节中，将讲述这些实况发现技术，并指出每种技术的优点和缺点。

11.3.1　分析文档资料

　　分析文档资料有助于了解一些内幕信息，比如对数据库的需求是如何提出的。此外，还可以帮助我们找到与解决所遇问题有关的企业这一方的有用信息。如果问题与当前运行的系统相关，那么就应该存在与该系统相关的文档资料，通过分析这些文档、表单、报表和文件，便能够迅速地理解该系统。表11-2列出了应该分析的文档资料的例子。

表 11-2　应分析的文档资料的示例

文档资料的用途	有用的资源示例
描述数据库的问题和需要	内部备忘录、电子邮件、会议记录
	员工 / 客户的投诉以及记载这些问题的文档
	性能的评审 / 报表
描述企业受问题影响的部分	企业 / 单位的图表、任务陈述和企业 / 单位的战略规划
	所调研的企业 / 单位部门的目标
	任务 / 工作描述
	完全手工制作的表单和报表样例
	完全由计算机处理的表单和报表样例
	各种流程图和图表
描述当前运行的系统	数据字典
	数据库系统设计
	程序文件的编制
	用户 / 培训手册

11.3.2　面谈

　　面谈是最常使用，通常也是最有用的实况发现技术。面谈通过与人面对面的交流来收集信息。使用面谈有这样几个目的：发现实况、核实实况、澄清实况、激发热情、使终端用户也参与进来、明确需求、汇集想法和意见。然而，面谈技术的使用需要良好的沟通技能，只有这样才能有效地与那些具有不同的价值观、地位、想法、动机和个性的人交流。同其他的实况发现技术相比，面谈并不是对所有情形都是最好的方法。表11-3列出了面谈技术的优点和缺点。

表 11-3 面谈技术的优点和缺点

优　　点	缺　　点
被访问者可以自由地回答问题，而且对问题毫无隐瞒	非常耗时且成本太高，因而可能是不切实际的
使得被访问者觉得自己是项目的参与者	面谈的成功与否依赖于访问者的沟通技能
访问者可以持续地对被访问者感兴趣的话题进行追问	面谈的成功与否依赖于被访问者是否愿意参与到面谈中来
访问者可以在面谈中随时对问题进行调整或者对同一个问题换一种提法	
访问者可以观察到被访问者的肢体语言	

　　面谈的方式有两种：无组织的和有组织的。**无组织的面谈**在访问者的脑海里只有一个大概的目标，几乎没有什么明确的问题。访问者依靠被访问者建立面谈的框架，由被访问者引导面谈的方向。无组织的面谈通常会偏离谈话的主题，也正是由于这个原因，这类会谈对数据库的分析和设计帮助不大。

　　在有组织的面谈中，访问者准备了一组明确的问题对被访问者提问。根据被访问者的回答，访问者将提出更多的问题以澄清问题或对问题加以扩展。**开放式问题**（open-ended question）允许被访问者随心所欲地回答，只要言之有理即可。例如"你为什么对客户注册报表不满意？"就是一个开放式问题。**封闭式问题**（closed-ended question）将答案限定为要么给出明确的选择要么简短直接地回答。"你是否能够准时收到客户注册报表？"或者"用户注册报表上的信息是否正确？"都属于封闭式问题，这两个文题仅仅需要回答"是"或"不是"。

　　要想保证面谈成功，需要选择合适的被访问者、事先做好充分的准备以及以高效且有效的方式引导面谈的进行。

11.3.3　观察企业的运作

　　要理解一个系统的运作方式，最有效的实况发现技术就是观察。应用这种技术，你就有可能通过亲身参与或仅仅是在一旁观看一个人的活动过程来了解系统。当对采用其他方法收集到的有效数据还存在疑问时，或者由于系统某些方面的复杂性使得终端用户无法清楚解释时，观察就会显得特别有用。

　　与其他的实况发现技术一样，成功的观察需要精心的准备。为了确保观察的成功，很重要的一点是尽可能多地了解将要观察的人或业务活动。例如，观察者需要深入了解"所要观察的业务活动的低发、正常和高峰时段分别是什么时候？"以及"若有人在旁观察并记录，被观察者的行为是否会失常？"等问题。表 11-4 列出了观察技术的优点和缺点。

表 11-4 观察技术的优点和缺点

优　　点	缺　　点
可以检验实况与数据的有效性	被观察者可能有意或无意地表现失常
观察者可以确切地看到正在进行的一切	由于观察时间有限，可能会遗漏掉同一时间段可能出现的难度不同的任务或者无法观察到正常的工作量
观察者还可以获得描述业务任务的物理环境的数据	有些任务并不总是以它被观察时的方式执行
成本相对较低	可能不现实
观察者可以进行工作度量	

11.3.4   研究

另一种有用的实况发现技术是就应用和问题本身进行详细研究。计算机行业期刊、参考书籍和因特网（包括用户组和公告板）都是很好的信息资源。这些信息资源能够提供别人解决相似问题的方法，以及是否存在能够解决或者部分解决该问题的软件包。表 11-5 列出了研究技术的优点和缺点。

表 11-5   使用研究作为实况发现技术的优点和缺点

优 点	缺 点
如果已有解决方案，则可以节约时间	需要访问适当的信息资源
研究人员可以参看别人解决类似问题或满足类似需求的解决方案	可能会因为没有相关文档而于事无补
研究人员能够追踪了解当前的最新发展	

11.3.5   问卷调查

通过问卷的方式进行调查也是一种实况发现技术。问卷调查表是一类具有特定目的的文档，利用问卷调查表能够从大量的人群中收集实况，并且答案具有一定的可控性。当面对大量的被调查者时，没有哪种实况发现技术能够像问卷调查一样如此高效地收集到同样多的实况信息。表 11-6 列出了问卷调查技术的优点和缺点。

表 11-6   问卷调查技术的优点和缺点

优 点	缺 点
被问卷者可以在其方便的时候完成并交回调查表	返回问卷者的人数比较少，可能只有 5% ~ 10%
以一种成本相对较低的方式从大量的人群手中收集数据	返回的调查表可能并未完全作答
由于问卷结果保密，被问卷者更有可能提供真实的情况	对于被误解的问题，无法修改或者重述
可以将问卷结果列表并进行快速分析	无法观察和分析被问卷者的肢体语言

问卷调查表里可以包括两类问题，即自由格式和固定格式的问题。**自由格式的问题**为回答问题者在作答时提供了较大的自由度。在问题后面，留有相应的空白用来作答。自由格式的问题有"你通常会收到哪些报表？如何使用它们？"以及"这些报表有什么问题吗？如果有，请说明。"等。自由格式问题的难点在于被问卷者的答案难于列表统计，有的还可能答非所问。

固定格式的问题需要明确作答。对于每一个问题，被问卷者都必须从给出的答案中选择。这样，很容易对问卷结果列表统计。但从另一方面来看，被问卷者可能无法提供一些也许有用的额外信息。固定格式问题的示例是："当前使用的房屋租赁报表是切实可行的，无需更改。"被问卷者可能需要从"是"或"否"中选择，或者从"完全同意""同意""没有意见""不同意"和"强烈反对"中选择。

11.4   使用实况发现技术的实例

本节首先概述 DreamHome 案例研究，然后使用该案例讨论如何建立一个数据库项目。我们将使用图表的方式示范如何在数据库系统开发生命周期的前期阶段（即数据库规划、系统定义和需求收集与分析阶段）使用实况发现技术以及生成相应文档。

11.4.1 DreamHome 案例研究——概述

1992 年，DreamHome 在英国的格拉斯哥（Glasgow）的第一家分公司开业。从那以后，这家公司稳步发展，目前其分公司已经遍布英国大多数的主要城市，甚至同一个城市拥有几家分公司。然而，随着公司规模的扩大，需要聘用越来越多的员工处理日益增长的大量文案工作。更糟糕的是，即使是在同一个城市里，各分公司之间也缺乏信息交流和信息共享。公司负责人 Sally Mellweadows 察觉到已经有太多的错误发生，如果她不及时采取措施挽救现状的话，公司的成功将不会太长久。Sally 认为数据库可以解决一部分问题，并因此提出开发一个数据库系统以支持 DreamHome 的运作。她简要描述了 DreamHome 通常的运作方式。

DreamHome 专门从事房地产管理，在希望出租房屋的业主和需要租赁房屋的客户之间担当中介，DreamHome 目前拥有 100 个分公司，大约有 2000 名员工。当有新员工进入公司工作时，需要填写 DreamHome 员工注册表。Susan Brand 填写的员工注册表如图 11-1 所示。

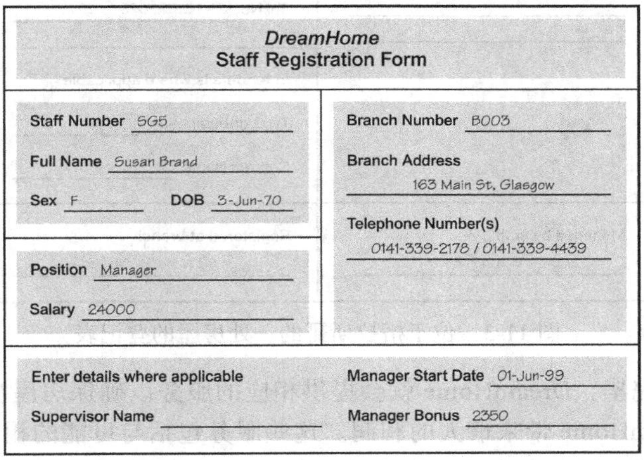

图 11-1 Susan Brand 的 DreamHome 员工登记表

每个分公司都拥有一定数量和不同职位的员工，包括经理、主管和助理。经理负责分公司的日常运作，每个主管负责管理一组员工（即助理）。图 11-2 是在格拉斯哥某分公司工作的员工个人信息表的首页。

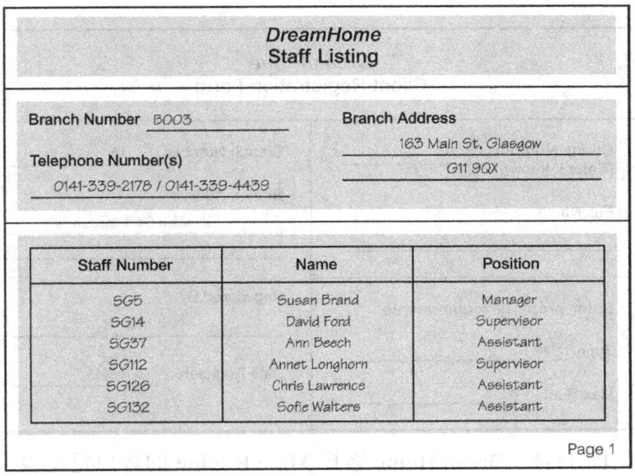

图 11-2 格拉斯哥 DreamHome 某分公司员工个人信息表的首页

每个分公司都提供一些可供出租的房屋。为了通过 DreamHome 出租房屋，业主通常会与距离他要出租的房屋最近的 DreamHome 分公司联系。业主提供房屋的详细信息，并同分公司的经理就该房屋的租金达成协议。图 11-3 为一处位于格拉斯哥的房屋的登记表。

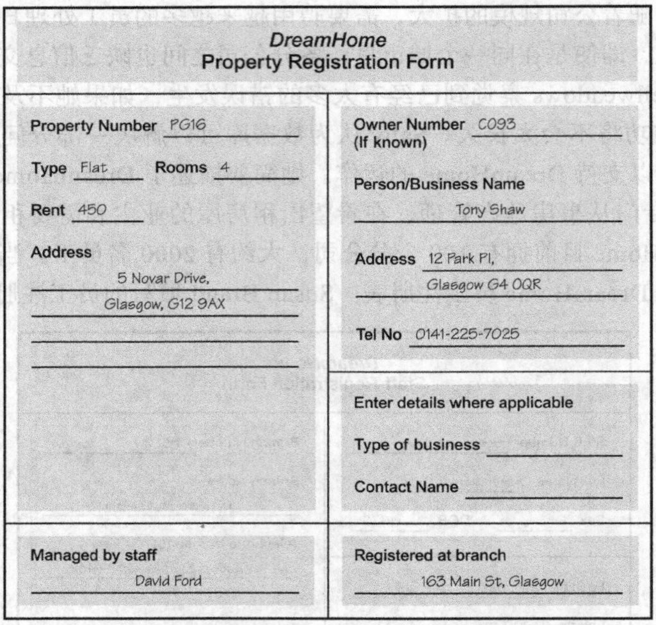

DreamHome
Property Registration Form

Property Number PG16

Type Flat   Rooms 4

Rent 450

Address
5 Novar Drive,
Glasgow, G12 9AX

Owner Number C093
(If known)

Person/Business Name
Tony Shaw

Address 12 Park Pl,
Glasgow G4 0QR

Tel No 0141-225-7025

Enter details where applicable

Type of business

Contact Name

Managed by staff
David Ford

Registered at branch
163 Main St, Glasgow

图 11-3　位于格拉斯哥的一处房屋的登记表

一旦房屋登记完毕，DreamHome 就会提供相应的服务以确保房屋被租出，尽可能给业主当然也会给 DreamHome 带来最大的利润。这些服务包括与可能的租房者（即客户）进行面谈、组织客户查看房屋、在当地或国内（必要时）的报纸上刊登广告、商议租约。房屋一旦租出，DreamHome 将对房屋负责，包括收取租金。

那些对出租房屋感兴趣的人须先与距其最近的 DreamHome 分公司联系，注册成为 DreamHome 的客户。但是，在成功注册之前，员工通常会与这一未来客户进行面谈，以记录下他的详细信息及其在租房需求方面的偏好。图 11-4 是一个叫 Mike Ritchie 的客户的登记表。

DreamHome
Client Registration Form

Client Number CR74
(Enter if known)

Full Name
Mike Ritchie

Enter property requirements

Type Flat

Max Rent 750

Branch Number B003

Branch Address
163 Main St, Glasgow

Registered By
Ann Beech

Date Registered 16-Nov-11

图 11-4　DreamHome 客户 Mike Ritchie 的客户登记表

一旦客户注册成功，每周他都会收到一份表单，上面列出了当前可以出租的所有房屋的信息。图 11-5 是格拉斯哥某分公司为客户提供的这份表单的首页。

DreamHome
Property Listing for Week beginning 01/06/13

If you are interested in viewing or renting any of the properties in this list, please contact our branch office as soon as possible.

Branch Address: 163 Main St, Glasgow G11 9QX

Telephone Number(s): 0141-339-2178 / 0141-339-4439

Property No	Address	Type	Rooms	Rent
PG4	6 Lawrence St, Glasgow	Flat	3	350
PG36	2 Manor Rd, Glasgow	Flat	3	375
PG21	18 Dale Road, Glasgow	House	5	600
PG16	5 Novar Drive, Glasgow	Flat	4	450
PG77	100A Apple Lane, Glasgow	House	6	560
PG81	781 Greentree Dr, Glasgow	Flat	4	440

Page 1

图 11-5　格拉斯哥某分公司 DreamHome 可出租房屋报表的首页

客户可能会要求从列表中选择一处或几处房产实地查看，之后客户一般都会对这些房产的适宜性做出评论。客户对格拉斯哥某处房产的评论意见表的首页如图 11-6 所示。至于那些难于租出的房产，通常会在当地或国内的报纸上刊登广告。

DreamHome
Property Viewing Report

Property Numner PG4

Property Address 6 Lawrence St, Glasgow

Type Flat

Rent 350

Client No	Name	Date	Comments
CR76	John Kay	20/04/13	Too remote.
CR56	Aline Stewart	26/05/13	
CR74	Mike Ritchie	11/11/13	
CR62	Mary Tregear	11/11/13	OK, but needs redecoration throughout.

Page 1

图 11-6　格拉斯哥某处房产的 DreamHome 客户查看意见表的首页

当客户确定了满意的房屋后，就由一名员工起草一份租约。客户 Mike Ritchie 租住格拉斯哥某房屋的租约如图 11-7 所示。

在租期快满的时候，客户可能会要求续租，即使是续租也需要重新起草一份新的租约。或者，客户也可能要求查看另外的房产。

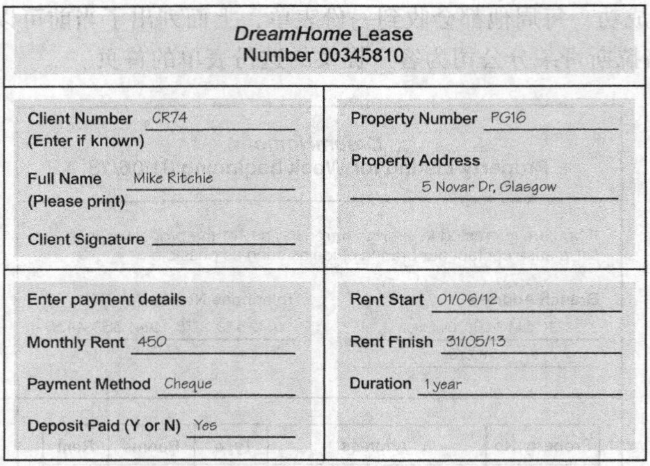

DreamHome Lease
Number 00345810

Client Number CR74
(Enter if known)
Full Name Mike Ritchie
(Please print)
Client Signature

Property Number PG16
Property Address 5 Novar Dr, Glasgow

Enter payment details
Monthly Rent 450
Payment Method Cheque
Deposit Paid (Y or N) Yes

Rent Start 01/06/12
Rent Finish 31/05/13
Duration 1 year

图 11-7 Mike Ritchie 租住格拉斯哥某房屋的 Dreamhome 租约表单

11.4.2 DreamHome 案例研究——数据库规划

开发数据库系统的第一步就是要为数据库项目清晰地定义**任务描述**。任务描述定义了数据库系统的主要目的。一旦生成任务描述，下一步就是确定**任务目标**。任务目标应该明确数据库系统必须支持的详细任务。

为 DreamHome 数据库系统定义任务描述

我们从与公司负责人和负责人指定的员工会谈开始，拉开为 DreamHome 数据库系统定义任务描述的序幕。在这一阶段通常最有用的问题是开放式问题。这一类的典型问题包括：

- 公司的目标是什么？
- 为什么您认为需要一个数据库？
- 您认为数据库将怎样解决你们遇到的问题？

例如，数据库开发人员可以就 DreamHome 对负责人提出下列问题：

数据库开发人员：*公司的目标是什么？*

负责人：对于已经在英国各分公司注册而成为我们客户的人，我们将提供大量的、高质量的待租房屋。我们出租高质量房屋的能力取决于我们为业主提供服务的能力。我们能够为业主提供高度专业的服务，以确保房屋以最大利润出租。

数据库开发人员：*为什么您认为需要一个数据库？*

负责人：说实话，我们已经无法应对成功带来的问题。在过去的几年里，我们在英国大多数主要的城市都建立了分公司，每个分公司都在为不断增多的客户提供着大量的可供出租的房屋。但是，伴随着成功而来的是不断增多的数据管理问题，这就意味着我们提供的服务的水准正在下降。同时，分公司之间缺乏合作与信息共享，这是一个非常令人担忧的发展趋势。

数据库开发人员：*您认为数据库将怎样解决你们遇到的问题？*

负责人：据我所知，我们淹没在了大量的文案工作中。因此需要一种能够提高工作效率的东西，使得这些日子里许多看似永远也做不完的日常工作自动完成。同时，我也希望各分公司能够协同工作。数据库将有助于实现这一切，对吗？

对这类问题的回答将有助于阐明任务描述。DreamHome 数据库系统的任务描述如图 11-8 所示。当有了一个清晰、明确并且 DreamHome 员工也认可的任务描述以后，我们继续进行任务目标的定义。

> 数据库系统DreamHome的用途是维护房屋租赁业务中使用和产生的关于客户和房主的数据，并方便各分公司间协作和共享信息。

图 11-8　DreamHome 数据库系统的任务描述

为 DreamHome 数据库系统定义任务目标

定义任务目标的过程中涉及与相关员工的面谈。同样，在这一阶段通常最有用的依然是开放式问题。为了获得完整的任务目标，我们需要和 Dreamhome 中担任不同角色的员工进行面谈。典型的问题包括：

- 请描述一下您的工作。
- 通常您每天都会从事哪些工作？
- 您处理哪些数据？
- 您要用到哪些类型的报表？
- 您需要跟踪记录哪些事情？
- 您的公司为客户提供了哪些服务？

在与 DreamHome 的负责人以及其他员工（包括经理、主管和助理等角色的员工）面谈时会提出上述（或类似的）问题。根据需要，可能有必要对问题做出调整，这取决于面谈的对象。

负责人

数据库开发人员：您在公司担任什么角色？

负责人：我监督整个公司的运转，并确保公司能够持之以恒地为客户和业主提供最好的房屋租赁服务。

数据库开发人员：通常您每天都会从事哪些工作？

负责人：我通过经理来监控每个分公司的运转，试图确保所有的分公司都能够很好地协同工作，能够共享与房屋和客户有关的重要信息。我通常都会坚持每个月在分公司经理们的陪同下在各个分公司高调亮相一两次。

数据库开发人员：您需要处理哪些数据？

负责人：我需要了解所有的信息，至少是 DreamHome 使用过的或新产生的各种数据的摘要，包括：所有分公司的员工、所有的房屋和业主、所有的客户、所有的租约。我也会关注都有哪些分公司在报纸上刊登了出租广告。

数据库开发人员：您会用到哪些类型的报表？

负责人：我需要了解所有分公司的现状，可是分公司太多了。我要花费大量的工作日仔细查看 DreamHome 所有方面的冗长的报表。我希望这些报表容易阅读，并且可以帮助我很好地纵览某个分公司或者所有分公司的业务。

数据库开发人员：您需要跟踪记录哪些事情？

负责人：如同我前面说过的，我需要纵览所有的情况，我需要掌握全局。

数据库开发人员：您的公司为客户提供了哪些服务？

负责人：我们试图提供全英国最好的房屋租赁服务。

经理

数据库开发人员：请描述一下您的工作。

经理：我的职位是经理。我负责掌控我所在的分公司的日常运作，并为我们的客户和业主提供最好的房屋租赁服务。

数据库开发人员：通常您每天都会从事哪些工作？

经理：我要保证分公司在任何时间都有一定数量、不同角色的员工在位。我负责监控新房产和新客户的登记注册，以及当前活跃客户的租赁活动。我有责任确保分公司能够为客户提供足够数量和类型的房产。我有时也会参与高档房屋租约的协商，但是由于工作量的关系，我经常会把这项工作委派给主管。

数据库开发人员：您处理哪些数据？

经理：我工作中接触的大部分都是与我分公司的待出租房屋、业主、客户和租约有关的数据。我还需要在房屋难以出租时及时掌握情况，并据此安排把这些房产的出租信息刊登在报纸广告上。之所以要密切关注这方面的信息，是因为广告费用昂贵。我还需要查询在我分公司和其他本地分公司工作的员工的数据。这是因为，我有时需要联系其他的分公司以安排管理层会议，或者需要借调其他分公司的员工，以解决我分公司员工由于生病或度假而造成的短期人手不足。这种在本地不同分公司之间的员工借调是非正式的，令人欣慰的是并不经常发生。除了与员工有关的数据外，如果还能够看到其他分公司的各种数据，包括待出租房屋、业主、客户以及租约等信息，这将对我们大有裨益，我们可以对这些数据加以分析比较。实际上，我想公司的负责人一定希望这个数据库项目将会有助于提高各个分公司之间的协同合作和信息共享。但是，我认识的某些分公司的经理却并不热衷于此，因为他们认为彼此处于竞争的态势。部分原因是在经理的薪水中，奖金是占有一定比例的，而奖金的多少取决于我们能够租出去房产的多少。

数据库开发人员：您要用到哪些类型的报表？

经理：我需要与员工、房产、业主、客户和租约有关的各种报表。我需要一瞥之下就能知道哪些房屋需要出租以及客户想要的是什么。

数据库开发人员：您需要跟踪记录哪些事情？

经理：我需要跟踪了解员工的薪水。我需要追踪在我分公司登记的房产的已出租情况以及何时需要续约。我还需要密切关注在报纸上刊登广告的费用支出。

数据库开发人员：您的公司为客户提供哪些服务？

经理：要知道我们有两种类型的客户：想要租赁房屋的客户以及房产业主。我们要确保客户无需多跑腿就能快速地找到他们期望的房屋，并且租金合理。当然，业主也无需多费唇舌就可从他们出租的房产中获得丰厚的利润。

主管

数据库开发人员：请描述一下您的工作。

主管：我的职位是主管。我大部分的时间都会在办公室里直接与客户打交道，包括想要租赁房屋的人和房产业主。我还要对一个小组的员工（即助理们）负责，并确保他们总是处在忙碌的工作状态而不是在偷懒，但这并不成问题，因为我们总有大量的工作要做，事实上这些工作永远也没有尽头。

数据库开发人员：通常您每天都会从事哪些工作？

主管：通常我会从为员工分配不同的任务开始一天的工作，这些任务包括与客户或业主打交道、组织客户查看房产以及整理文档。当客户找到合适的房屋后，我负责起草租约，但是在签名之前，经理必须认可这份文档。我负责更新客户的详细资料以及为那些想要成为我们公司客户的员工注册。当新的房产信息完成登记后，经理将会把该房产的管理权分配给我或者其他的主管或助理。

数据库开发人员：您需要处理哪些数据？

主管：我工作中接触的数据包括本分公司的员工、房产、业主、客户、房产评论和租约。

数据库开发人员：您要用到哪些类型的报表？

主管：关于员工和房屋出租的报表。

数据库开发人员：您需要跟踪记录哪些事情？

主管：我需要知道有哪些房屋是可以出租的以及目前有哪些租约将要到期。我还要了解客户都需要什么。我要使得经理能够掌握所有难以租出的房屋的最新动态。

助理

数据库开发人员：请描述一下您的工作。

助理：我的职位是助理，直接与客户打交道。

数据库开发人员：通常您每天都会从事哪些工作？

助理：我要回答客户关于房屋出租的各种一般性问题，比如"你们这儿有位于格拉斯哥某一地区的这样的或这种类型的房屋出租吗？"我还为新的客户进行注册，负责安排客户查看房产。不太忙的时候，我还要整理文档，我讨厌这项工作，太烦人了。

数据库开发人员：您需要处理哪些数据？

助理：我工作中接触的数据包括房产和客户对房屋的评论，有时还有租约。

数据库开发人员：您要用到哪些类型的报表？

助理：可供出租的房屋的清单，并且需要每星期更新一次。

数据库开发人员：您需要跟踪记录哪些事情？

助理：某些房屋是否可以租出去，哪些客户还在找房子住。

数据库开发人员：您的公司为客户提供了哪些服务？

助理：我们需要回答客户关于可供出租的房屋的各种问题，例如"在格拉斯哥的海恩兰（Hyndland）区是否有带两个卧室的公寓？"以及"在市中心带有一个卧室的公寓的租金大概是多少？"

对这些问题的回答，可以帮助我们确定任务目标。DreamHome 数据库系统的任务目标如图 11-9 所示。

11.4.3　DreamHome 案例研究——系统定义

系统定义阶段的目的是确定数据库系统的范围、边界以及主要的用户视图。在 10.4 节中，我们讲述了用户视图怎样表示数据库系统应该支撑的需求，这些需求的提出或者来自不同的用户角色（如公司负责人或者主管），或者来自不同的业务应用领域（如房屋租赁或者房地产销售）。

定义 DreamHome 数据库系统的系统边界

在数据库系统开发生命周期的这一阶段，进一步与用户交流能够使得前一阶段获取的数据更加清晰准确，还可能有新的收获。另外，其他的一些实况发现技术，比如 11.4.1 节讲到的分析文档资料等技术也可以在这一阶段使用。迄今为止收集的所有资料经过分析就可以用来定义数据库系统的边界了。DreamHome 数据库系统的系统边界定义如图 11-10 所示。

维护（录入、更新和删除）关于分公司的数据。
维护（录入、更新和删除）关于员工的数据。
维护（录入、更新和删除）关于待出租房产的数据。
维护（录入、更新和删除）关于房产业主的数据。
维护（录入、更新和删除）关于客户的数据。
维护（录入、更新和删除）关于看房的数据。
维护（录入、更新和删除）关于租约的数据。
维护（录入、更新和删除）关于报纸广告的数据。

执行关于分公司的查询。
执行关于员工的查询。
执行关于待出租房产的查询。
执行关于房产业主的查询。
执行关于客户的查询。
执行关于看房的查询。
执行关于租约的查询。
执行关于报纸广告的查询。

查看待出租房产的状态。
查看希望租房的客户的状态。
查看租约的状态。

产生关于分公司的报表。
产生关于员工的报表。
产生关于待出租房产的报表。
产生关于房产业主的报表。
产生关于客户的报表。
产生关于看房的报表。
产生关于租约的报表。
产生关于报纸广告的报表。

图 11-9　DreamHome 数据库系统的任务目标

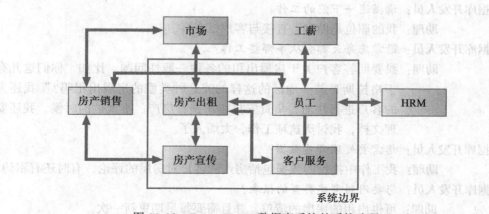

系统边界

图 11-10　DreamHome 数据库系统的系统边界

确定 DreamHome 数据库系统的主要用户视图

我们通过对已经获取的数据进行分析，就可以定义数据库系统的主要用户视图。与用户视图有关的大多数资料，来自与公司负责人和担任经理、主管和助理等各种角色的员工面谈的结果。DreamHome 数据库系统的主要用户视图如图 11-11 所示。

数据	访问类型	公司负责人	经理	主管	助理	客户
所有分公司	维护					
	查询	X	X			
	产生报表	X	X			
单个分公司	维护		X			
	查询		X			
	产生报表		X			
所有员工	维护					
	查询	X	X			
	产生报表	X	X			
分公司员工	维护		X			
	查询		X	X		
	产生报表		X	X		
所有房产	维护					
	查询	X				X
	产生报表	X	X			X
分公司房产	维护		X	X		
	查询		X	X	X	
	产生报表		X	X	X	
所有业主	维护					
	查询	X				
	产生报表	X	X			
分公司业主	维护		X	X		
	查询		X	X	X	
	产生报表		X			
所有客户	维护					X
	查询	X				X
	产生报表	X	X			
分公司客户	维护		X	X		
	查询		X	X	X	
	产生报表		X			
所有看房情况	维护					
	查询					
	产生报表					
分公司看房情况	维护			X	X	
	查询			X	X	
	产生报表		X	X	X	
所有租约	维护					
	查询	X				
	产生报表	X	X			
分公司租约	维护		X	X		
	查询		X	X	X	
	产生报表		X	X		
所有报纸广告	维护					
	查询	X				
	产生报表	X	X			
分公司报纸广告	维护		X			
	查询		X			
	产生报表		X			

图 11-11　DreamHome 数据库系统的主要用户视图

11.4.4 DreamHome 案例研究——需求收集与分析

在这一阶段，我们继续为前一阶段确定的用户视图收集更多的细节信息，以定义**用户需求规格说明书**。用户需求规格说明书详细说明了数据库中所存储的数据以及这些数据的使用方法。在收集这些资料的同时，还应收集所有对系统提出的一般性需求，以生成**系统规范**。系统规范中包括了所有新的数据系统应该具备的特性，比如是否支持网络或者共享访问需求、性能需求以及需要设置的安全级别。

在为新系统收集与分析这些需求期间，也会了解到现有系统中最有用的和最有问题的那些特性。在开发新的数据库系统时，在为新的系统引入一些能够提高效益（这本来就是使用新系统的目的之一）的举措时，尽量保留当前系统中好的东西不失为一种明智的做法。

与这一阶段相关的一项重要活动就是要确定如何处理多个用户视图。就像我们在 10.6 节讨论的那样，有三种主要的方法可以用来处理多个用户视图：**集中式方法**、**视图集成方法**和两种方法的混合使用。下面简要讨论如何使用这些方法。

为 DreamHome 数据库系统的用户视图收集更多的信息

为了掌握与每个用户视图需求相关的更多资料，可以再次选用一种实况发现技术，比如面谈或者观察企业的运作。对于某个用户视图所需信息（用 X 表示），我们可以这样提问：

- 您需要掌握关于 X 的哪些类型的数据？
- 您会对与 X 有关的数据做哪些事情？

在下面的提问示例中，可以这样询问经理。

数据库开发人员：您需要掌握员工的哪些资料？

　　　　　　经理：员工的全名、职位、性别、生日以及薪水。

数据库开发人员：您通常做的哪些事情是与员工的信息有关的？

　　　　　　经理：我需要能够输入新员工的个人资料，并在其离开公司后删除他们的信息。我需要及时更新员工的个人资料，并且能够以报表形式打印出我分公司员工的信息，这些信息包括员工的全名、职位和工资。我还可以为员工指派其主管。有时候，当我需要和其他分公司联系时，我能够查到那家分公司经理的名字和电话号码。

对数据库储存的所有重要数据，都要进行类似的询问。对这些问题的回答有助于确定用户需求规格说明书中的必要细节。

为 DreamHome 数据库系统的系统需求收集信息

在为用户视图定义获取数据而进行的面谈中，我们也要为系统需求收集更多的细节信息。关于系统，我们可以提出下列问题：

- 数据库中执行最频繁的事务是什么？
- 对于企业来说，哪些事务最关键？
- 这些关键性事务在什么时间被执行？
- 关键性事务的低发、正常和高峰时段分别是什么时候？
- 您希望数据库系统具备什么样的安全性？
- 是否存在高度敏感的数据，这些数据只能被某些员工访问？
- 您希望保存哪些历史数据？
- 数据库系统的网络访问需求和共享访问需求是什么？

- 当系统故障或数据丢失的时候，您希望数据库系统具有什么样的保护措施？

我们可以这样对经理提问。

数据库开发人员： 数据库中执行最频繁的事务是什么？

经理： 我们经常接到客户的电话咨询，或者客户直接来公司咨询，咨询内容不外乎在某个城市的某个地区是否有某种类型的房屋可以出租，并且租金不要超过某个额度。我们还要及时更新出租房产和客户的信息，这样打印出来的报表中就能正确显示所有当前可以出租的房屋信息以及客户的租赁意向。

数据库开发人员： 在您的业务范围内，哪些事务最为关键？

经理： 关键性的事务包括对特定房产的搜索，能够报表打印最新的可以出租的房屋列表。如果连这些最基本的服务都无法提供的话，我们的客户将会流失。

数据库开发人员： 这些关键性事务在什么时间被执行？

经理： 每天。

数据库开发人员： 关键性事务的低发、正常和高峰时段分别是什么时候？

经理： 我们一星期营业六天。一般来说，早上是比较轻松的，但随着时间的推移会越来越忙。每天处理客户业务最忙的时间段是：上午 12 点到下午 2 点和下午 5 点到晚上 7 点。

可以对公司负责人提出以下问题。

数据库开发人员： 您希望数据库系统具备什么样的安全性？

负责人： 尽管我并不认为对于一家房屋租赁公司的数据库系统来说，数据库里会存储什么非常敏感的数据，但是，我还是不希望竞争对手能够看到我公司的房产、业主、客户和租约的资料。员工应该只能以表单的形式看到其工作必需的数据。例如，尽管有必要让主管和助理都能看到客户的详细资料，但是客户的记录只能一次显示一个，并且不能生成报表。

数据库开发人员： 是否存在高度敏感的数据，这些数据只能被某些员工访问？

负责人： 正如我前面所说的，员工应该只能看到工作所必需的那些数据。比如说，尽管主管需要手下员工的资料，但是并不应该包括员工的薪水。

数据库开发人员： 您希望保存哪些历史数据？

负责人： 我想在客户和业主最后一次和我们做生意之后的两年时间里，都保留他们的资料。这样我们可以给他们邮寄广告，告之我们最新的服务，通常的目的就是把他们重新拉回来。我也想多保留两年租约的资料，这样我们就可以进行统计分析，从而发现诸如每个城市哪些类型的房产和地段对房屋租赁市场来说是最抢手的等结论。

数据库开发人员： 数据库系统的网络访问需求和共享访问需求是什么？

负责人： 我希望所有的分公司都能和我们位于格拉斯哥的总部联网，这样不管何时何地，当需要时，员工就能访问这个系统。我希望允许大多数分公司的两到三名员工能够同时访问这个系统，但别忘了我们拥有将近 100 个分公司。所以大部分的时间里，员工应该只需要访问本分公司的数据。但是，我真的不希望对系统的访问次数和访问时间做任何的限制，除非这会引发经费问题。

数据库开发人员：当系统故障或数据丢失的时候，您希望数据库系统提供什么样的保护措施？

负责人：当然是最好的保护措施。我们所有的商业活动都会用到这个数据库，所以如果它出了问题，我们也完蛋了（开玩笑）。我们继续谈正事，我认为我们也许可以在每天晚上公司下班之后进行数据备份。你认为呢？

我们需要就系统所有重要的方面进行类似的谈话。对这些问题的回答有助于我们为系统需求规格说明书的制定明确一些必要的细节问题。

管理 DreamHome 数据库系统的用户视图

如何决定到底是使用集中式方法、视图集成方法还是混合使用这两种方法呢？一种帮助我们决策的方法是仔细观察在系统定义阶段生成的用户视图之间的数据重叠程度。表 11-7 是公司负责人、经理、主管、助理和客户的用户视图与每个视图包括的主要数据类型的对照表。

表 11-7   用户视图以及每个视图使用的主要数据类型的对照表

	公司负责人	经 理	主 管	助 理	客 户
分公司	×	×			
员工	×	×	×		
可供出租的房产	×	×	×	×	×
业主	×	×	×	×	
客户	×	×	×	×	×
房屋评论			×	×	
租约	×	×	×	×	
报纸	×	×			

从表 11-7 中可以看出，所有的用户视图所涉及的数据之间都存在着一定程度的重叠。但是，负责人和经理的用户视图之间、主管和助理的用户视图之间在数据需求方面表现出了更多的相似性。比如说，只有负责人和经理的用户视图需要关于分公司和报纸的数据，而只有主管和助理的用户视图都需要房屋评论资料。客户用户视图访问的数据量最小，仅涉及房产和客户数据。基于这些分析，我们可以应用集中式方法先将负责人与经理的需求合并在一起，合并之后的用户视图称为 Branch，再将主管、助理和客户的需求合并在一起，命名为 StaffClient。然后，分别为 Branch 视图和 StaffClient 视图建立与之对应的数据模型，最后使用视图集成方法将这两个数据模型合并。

当然，对于像 DreamHome 这样的简单案例研究，我们可以简单地对所有的视图都应用集中式方法，但是我们依然坚持生成两个聚合的视图，这样就可以在第 17 章详细讲述如何应用视图集成的方法了。

对于什么时候采用集中式方法更合适，以及什么时候使用视图集成方法更恰当的问题，很难给出明确的规则。究竟使用哪种方法应该基于对数据库系统的复杂性的评估以及不同用户视图之间数据的重叠程度。然而，不管我们采用的是集中式方法、视图集成方法还是混合方法来建立底层数据库，都需要为最终得到一个可运行的数据库重建最初定义的用户视图（即负责人、经理、主管、助理和客户视图）。我们将在 18 章讲述并示范数据库系统用户视图的建立过程。

至此，为数据库系统的每一个用户视图收集的所有信息都已记录在**用户需求规格说明书**中。用户需求规格说明书列出了每一个用户视图的数据需求并给出了用户视图对这些数据的操作示例。为了便于参考，附录 A 给出了 DreamHome 数据库系统的用户需求规格说明书中的 Branch 和 Staff Client 视图部分。在本章剩余的部分，将给出 DreamHome 数据库系统的系统需求概要。

DreamHome 数据库系统的系统规范

系统规范应该列出 Dreamhome 数据库系统中所有的重要特性。这些特性包括：

- 初始数据库大小
- 数据库增长速度
- 查询记录的类型与平均查询次数
- 网络及共享访问需求
- 性能
- 安全
- 备份与恢复
- 法律问题

DreamHome 数据库系统的系统需求

初始数据库大小

（1）超过 100 家的分公司和大约 2000 名员工。平均每个分公司拥有 20 名员工，最多不超过 40 名员工。

（2）公司总共拥有大约 100 000 处可以出租的房产。平均每个分公司 1000 处，最多不超过 3000 处。

（3）大概有 60 000 位业主。平均每个分公司 600 位，最多不超过 1000 位。

（4）公司总共拥有 100 000 个左右的注册客户。平均每个分公司 1000 位，最多不超过 1500 位。

（5）总共拥有大概 4 000 000 份房产评论意见表。平均每个分公司 40 000 份，最多不超过 100 000 份。

（6）公司共有大约 400 000 份租约。平均每个分公司 4000 份，最多不超过 10 000 份。

（7）总共在 100 家报纸上刊登了大约 50 000 个广告。

数据库增长速率

（1）每个月数据库中大约会增加 500 处新的房产和 200 位新的业主。

（2）一旦某处房屋不再出租后，相应的记录将会从数据库中删除。每个月大约会 100 处房产的记录被删除。

（3）如果一位业主在两年的时间内都没有可供出租的房屋，那么他的记录将被删除。每个月大概会有 100 位业主的记录被删除。

（4）每个月有将近 20 名员工加入和离开公司。离开公司一年之后，才会删除该员工的记录。每个月大约会有 20 名员工的记录被删除。

（5）每个月有近 1000 名新客户注册。如果一位客户在两年的时间内都没有查看或租住房屋，则删除他的记录。每个月大概会有 100 位客户的记录被删除。

（6）每天有将近 5000 份新的房屋意见表被记录。记录将会在一年之后被删除。

（7）每个月会签订大约 1000 份新租约。租约的记录将会在生成两年后被删除。

（8）每个星期将会在报纸上刊登大约 1000 个广告，这些广告的记录将会在一年后被删除。

查询记录的类型与平均查询次数

（1）对分公司详细资料的查询——大概 10 次 / 天。

（2）对分公司员工的资料的查询——大概 20 次 / 天。

（3）对房产的详细情况的查询——大概 5000 次 / 天（星期一至星期四），10000 次 / 天（星期五和星期六）。高峰时间为 12:00 ～ 14:00 和 17:00 ～ 19:00。

（4）对业主信息的查询——大概 100 次 / 天。

（5）对客户详细数据的查询——大概 1000 次 / 天（星期一至星期四），2000 次 / 天（星期五和星期六）。高峰时间为 12:00 ～ 14:00 和 17:00 ～ 19:00。

（6）对房屋详细意见的查询——大概 2000 次 / 天（星期一至星期四），5 000 次 / 天（星期五和星期六）。高峰时间为 12:00 ～ 14:00 和 17:00 ～ 19:00。

（7）对租约详细信息的查询——1000 次 / 天（星期一至星期四），2000 次 / 天（星期五和星期六）。高峰时间为 12:00 ～ 14:00 和 17:00 ～ 19:00。

网络及共享访问需求

所有分公司都能够安全地与位于格拉斯哥的 Dreamhome 总部的中心数据库联网。系统应该允许来自同一家分公司的两到三名员工同时并发地访问系统。对于并发访问，必须考虑访问许可的问题。

性能

（1）在非高峰期，对所有单条记录查询的响应时间应小于 1 秒；高峰期的响应时间应小于 5 秒。

（2）在非高峰期，对所有返回多条记录的查询的响应时间应小于 5 秒；高峰期的响应时间应小于 10 秒。

（3）在非高峰期，对每个更新 / 保存操作的响应时间应小于 1 秒；高峰期的响应时间应小于 5 秒。

安全

（1）数据库应该实施密码保护。

（2）应授予每名员工适当的数据库访问权限，这些权限分别作用于不同的用户视图，即负责人、经理、主管或者助理视图。

（3）每名员工应该只能在表单中看到他的工作必需的数据，且该表单应与他正在处理的事情有关。

备份和恢复

每天晚上 12 点对数据库进行备份。

法律问题

每个国家都对在计算机内存储的个人资料的使用做出了相应的法律规定。由于 DreamHome 的数据库保存了员工、客户和业主的个人信息，因此对任何必须遵守的法律条款都应该认真研读并绝对遵从。与数据管理相关的职业、法律和道德问题将在第 21 章讨论。

11.4.5 DreamHome 案例研究——数据库设计

本章示范了如何为 Branch 和 StaffClient 视图生成用户需求规格说明书，还示范了如何为 Dreamhome 数据库系统定义系统规范。这些文档将成为生命周期的下一阶段——**数据库设计**阶段的信息来源。从第 16 章到 19 章，我们将逐步讲述数据库设计的方法学，以 DreamHome 为例，并使用本章已经生成的 DreamHome 数据库系统的用户需求规格说明书和系统规范，来示范数据库设计方法学的实际应用。

本章小结

- **实况发现**是使用面谈、调查问卷等技术手段收集关于系统、需求和优先考虑（preference）等实况信息的规范化过程。
- 在生命周期的前期阶段（数据库规划、系统定义和需求收集与分析阶段），实况发现显得尤为关键。
- 最常用的五种实况发现技术分别是：分析文档资料、面谈、观察企业的运作、研究和问卷调查。
- 在需求收集与分析阶段生成的文档主要包括两种：**用户需求规格说明书和系统规范**。
- **用户需求规格说明书**详细描述了数据库中应存储的数据以及这些数据的使用方式。
- **系统规范**描述了数据库系统的全部特性，比如性能和安全需求。

思考题

11.1 简要地描述数据库开发人员进行实况发现的目的。

11.2 简述在数据库系统开发生命周期的各个阶段如何应用实况发现技术。

11.3 举例说明在数据库系统开发生命周期的每个阶段所获取的实况以及生成的文档。

11.4 数据库开发人员通常会在一个数据库项目中使用几种实况发现技术，最常用的五种实况发现技术分别是：分析文档资料、面谈、观察企业的运作、研究和问卷调查。概述每一种实况发现技术并分析其优缺点。

11.5 描述为数据库系统定义任务描述和任务目标的目的。

11.6 定义数据库系统边界的目的是什么？

11.7 用户需求规格说明书和系统规范在内容上有什么不同？

11.8 当开发具有多个用户视图的数据库系统时，究竟是选用集中式方法、视图集成方法，还是混合使用这两种方法，请给出一种决策方法。

习题

11.9 假设你是一家专门提供数据库系统分析、设计和实现的咨询公司的雇员。最近有客户来公司咨询数据库系统实现的事，但他不熟悉开发过程。

任务：要求你简要概述为支持客户的数据库系统开发，你们公司准备采用的实况发现技术。带着这个任务，准备 PPT 和报告，描述每一种实况发现技术和它将如何用于该数据库系统的开发。本题中的客户既可是附录 B 中任一假想的案例研究，也可以是由你或你的老师指定的任何真正的公司。

11.10 假设你是一家专门提供数据库系统分析、设计和实现的咨询公司的雇员。最近有客户来公司咨询数据库系统实现的事。

任务：要求你完成这个数据库项目早期阶段的工作。带着这个任务，为客户的数据库系统定义任务描述、任务目标和高级系统图。

11.11 假设你是一家专门提供数据库系统分析、设计和实现的咨询公司的雇员。最近有客户来公司咨询数据库系统实现的事。已知客户要建的数据库系统要支持多组不同的用户（用户视图）。

任务：要求你说明如何能最好地管理这些用户视图的需求。带着这个任务，书写一份报告，指出每个用户视图的高级需求，并说明这些视图之间的关系。报告最后要根据这些信息确定并评判在此管理多用户需求最好的方法是什么。

扩展阅读

Chatzoglu P.D. and McCaulay L.A. (1997). Requirements capture and analysis: a survey of current practice. *Requirements Engineering*, 75–88

Hawryszkiewycz I.T. (1994). *Database Analysis and Design* 4th edn. Basingstoke: Macmillan

Kendal E.J. and Kendal J.A. (2002). *Systems Analysis and Design* 5th edn. Prentice Hall

Wiegers K.E. (1998). *Software Requirements*. Microsoft Press

Yeates D., Shields M., and Helmy D. (1994). *Systems Analysis and Design*. Pitman Publishing

实体－联系建模

本章我们主要学习：

- 在数据库设计中如何使用实体－联系（ER）建模技术
- 实体－联系模型的基本概念，即实体、联系和属性
- 使用统一建模语言（UML）以图表化技术表示一个 ER 模型
- 如何发现并解决 ER 模型中的连接陷阱问题

第 11 章讲述了收集和获取数据库系统用户需求信息的主要技术手段。数据库系统开发生命周期的需求收集与分析阶段的工作一旦结束，我们就生成了数据库系统的需求文档，也就是说，我们已经为数据库设计阶段做好了准备。

数据库设计最困难的一个方面是设计人员、编程人员和终端用户看待数据以及使用数据的方式不同。然而，除非我们能对企业的运作模式达成共识，否则数据库的设计将无法满足用户的需求。为了确保我们对数据本身（本质）以及它们在企业中的使用有个准确理解，需要一种用于沟通的模型，并且这种模型应该是非技术性的和无二义性的。实体 - 联系（Entity-Relationship，ER）模型就是这样一种模型。ER 建模是一种自上而下的数据库设计方法，该方法首先确定那些被称为实体（entity）的重要数据和这些数据之间的联系（relationship），实体和联系是 ER 模型中必备的元素。然后再添加更多的细节信息，例如描述实体和联系的属性（attribute）信息，以及施加在实体、联系和属性上的约束（constraint）信息。ER 模型是所有数据库设计人员应该掌握的一种重要技术，也是本书介绍的数据库设计方法学的基础。

本章主要介绍 ER 模型的基本概念。尽管对这些概念的含义已有共同的认识，但是每种概念都有着多种图示符号。我们采用的图形化符号集是一种日益流行的面向对象建模语言的符号集，这种建模语言称为**统一建模语言**（Unified Modeling Language，UML）（Booch et al.，1999）。UML 是 20 世纪 80 年代和 90 年代间出现的若干面向对象的分析和设计方法的后继产物。对象管理组（Object Management Group，OMG）创建并管理着 UML（参见 www.uml.org），UML 目前已成为软件工程项目事实上的工业标准建模语言。尽管我们使用 UML 的符号集来绘制 ER 模型，但仍使用传统数据库的术语来定义 ER 模型的概念。在 27.8 节中，我们将进一步讨论 UML。本书在附录 C 中还简要介绍了另外两种 ER 模型的图形符号集。

下一章将讨论使用 ER 模型的基本概念表示复杂数据库应用时存在的一些问题。为了解决这些问题，在原始的 ER 模型上增加了新的语义概念，发展为增强的实体联系（Enhanced Entity-Relationship，EER）模型。第 13 章将讲述 EER 模型的主要概念，包括特殊化 / 泛化、聚合以及组合。此外，还示范了如何将图 12-1 的 ER 模型转换为图 13-8 的 EER 模型。

本章结构

在 12.1 节、12.2 节和 12.3 节中介绍 ER 模型的基本概念——实体、联系和属性，以及在 ER 图中如何使用 UML 图形化地表示这些基本概念。12.4 节讲述如何区别弱实体类型和强实体类型，在 12.5 节讨论了不仅实体拥有属性，联系也可以拥有属性。12.6 节描述了联系的结构化约束。最后，在 12.7 节中指出了设计 ER 模型时的一些潜在问题——连接陷阱，并举例说明了如何解决这类问题。

图 12-1 所示的 ER 图是对 DreamHome 案例的 Branch 视图 ER 建模的结果。该模型表示的数据之间的联系是基于附录 A DreamHome 案例研究中 Branch 视图的需求规格说明书。在本章一开始就给出这个图是为了使读者了解 ER 建模可以建立什么样的模型。在开始阶段，读者不必将注意力集中于对这张图的完全理解，因为对图中所使用的概念和符号的详细讨论将贯穿全章。

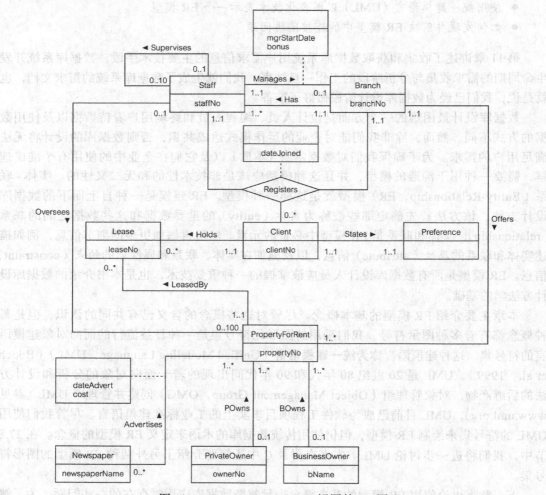

图 12-1 DreamHome Branch 视图的 ER 图

12.1 实体类型

实体类型 被企事业单位认可的、能够独立存在的一组具有相同属性的对象。

ER 模型的基本概念是**实体类型**，实体类型代表现实世界中具有相同属性的一组对象。实体类型能够独立存在，既可以是物理（真实）存在的对象，也可以是概念（抽象）存在的对象，具体实例如图 12-2 所示。注意，关于实体类型我们只能给出一个能工作的定义，目前尚不存在一种严格的形式化定义。这意味着不同的设计人员可能会确定不同的实体。

物理存在	
Staff	Part
Property	Supplier
Customer	Product
概念存在	
Viewing	Sale
Inspection	Work experience

图 12-2　物理或概念存在的实体示例

实体出现　实体类型中可唯一标识的一个对象。

一个实体类型中每一个可被唯一标识的对象都可简称为一个**实体出现**（entity occurrence）。本书使用"实体类型"或"实体出现"这两个术语，然而在没有歧义时，我们也常使用"实体"这个术语。

不同的实体类型可以通过名字和一组属性来区分。一个数据库里通常包含很多实体类型。图 12-1 中的实体类型包括：Staff（员工），Branch（分公司），PropertyForRent（出租房屋）和 PrivateOwner（业主）。

实体类型的图形化表示

每个实体类型都用一个标有名字的矩形表示，名字通常是名词。在 UML 中，每个实体名字的首字母是大写的（如 Staff 和 PropertyForRent）。实体类型 Staff 和 Branch 的图形化表示如图 12-3 所示。

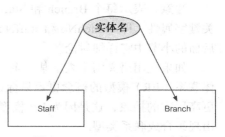

图 12-3　Staff 和 Branch 实体类型的图形化表示

12.2　联系类型

联系类型　实体类型间的一组有意义的关联。

一个**联系类型**是一个或多个实体类型间的一组关联。每个联系类型都被赋予一个能够描述其功能的名字。图 12-1 中有个名为 POwns 的联系类型，它将 PrivateOwner 和 PropertyForRent 这两类实体关联起来。

与实体类型及实体一样，也有必要区分"联系类型"和"联系出现"。

联系出现　由参与该联系的各个实体类型的一个出现组成的可被唯一标识的关联。

一个**联系的实例出现**是指相互关联的多个实体的实例出现。本书使用术语"联系类型"或"联系的实例出现"，和术语"实体"一样，无歧义时，我们更多地是使用"联系"这个术语。

考虑联系类型 Has，它表示 Branch 实体和 Staff 实体之间的一种关联，即 Branch Has Staff（分公司拥有员工）。Has 联系的每一个实例出现都将一个 Branch 实体的实例出现和一个 Staff 实体的实例出现关联在一起。可以使用语义网（semantic net）来表示联系 Has 的实例出现的个体。语义网是一种对象层的模型，它使用符号"●"表示实体，使用"◇"表示联系。图 12-4 所示的语义网中，有三个 Has 联系的实例出现（分别标识为 r1、r2 和 r3）。每个联系都描述了某个 Branch 实体的实例出现和某个 Staff 实体的实例出现之间的关联。联

系是使用连接参与实体（Branch 实体和 Staff 实体）的线来表示的。例如 r1 表示 Branch 的
实体 B003 和 Staff 的实体 SG37 之间的关联。

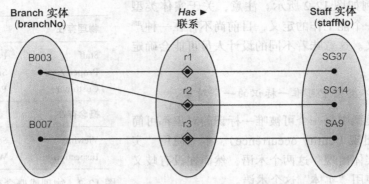

图 12-4 联系类型 Has 的实例出现的语义网表示

注意，表示每个 Branch 和 Staff 实体的实例出现时，我们使用的是 Branch 和 Staff 的主
关键字属性，即 branchNo 和 staffNo 的值。主关键字能唯一地标识每个实体的实例出现，在
后面的小节中将详细讨论。

如果使用语义网来表示某个企事业单位，将会由于陷入细节层面而难以理解。而使用实
体联系（ER）模型的概念更容易标识企事业单位中实体之间的联系。ER 模型比语义网具有
更高层次的抽象，这是因为 ER 模型将实体的实例出现集合组合成实体类型，把联系的实例
出现组合成联系类型。

联系类型的图形化表示

每个联系类型都表现为用线将相关的实体类型联系起来，并在线上标上联系的名字。通
常用一个动词（如 Supervises 或 Manages）或者一个动词短语（如 LeasedBy）来命名一个联
系。同样，联系名字的首字母也应大写。应该尽可能保证同一个 ER 模型中的联系的名字是
唯一的。

一个联系还应标记一个方向，这通常
意味着这个联系的名字仅在一个方向上有
意义（如 Branch Has Staff 要 比 Staff Has
Branch 有意义得多）。所以，一旦确定了
联系的名字后，为了让读者能够理解联系
的名字的意义，要在名字旁边加上一个箭
头符号来表示联系的正确方向（如 Branch
Has ▶ Staff），如图 12-5 所示。

图 12-5 联系类型 Branch Has Staff 的图形化表示

12.2.1 联系类型的度

| **联系类型的度** | 参与联系的实体类型的个数。

包含在某个联系类型中的实体被看作该联系的**参与者**。一个联系类型的参与者的数目称
为这个联系的**度**。所以，联系的度表明了一个联系包含的实体类型的个数。度为 2 的联系称
为**二元联系**。图 12-5 中的联系 Has 就是一个二元联系，该联系有两个实体类型参与者——

Staff 和 Branch。图 12-6 中的联系 POwns 也是一个二元联系的例子,该联系的两个参与实体类型分别是 PrivateOwner 和 PropertyForRent。这两个联系也出现在了图 12-1 中,除了 Has 和 POwns,图 12-1 中还有其他一些二元联系。事实上,图 12-1 中大多数联系的度都是 2。

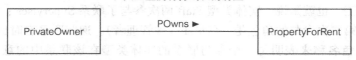

图 12-6 二元联系 POwns 示例

度为 3 的联系称为**三元联系**。联系 Registers 就是一个三元联系,有 Staff、Branch 和 Client 三个实体类型参与这个联系。这个联系表示某客户在某分公司的注册是由某位员工完成的。度大于 2 的联系称为"复杂联系"。

复杂联系的图形化表示

UML 用一个菱形符号表示度大于 2 的联系。联系的名字放在菱形内部,在这种情况下,与该名字相关联的方向箭头可以省略。三元联系 Registers 如图 12-7 所示。在图 12-1 中也可以看到这个联系。

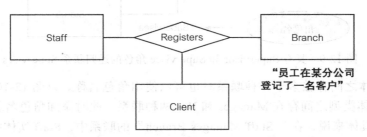

图 12-7 三元联系 Registers 的示例

度为 4 的联系称为**四元联系**。由于图 12-1 中没有四元联系的例子,所以我们将定义一个四元联系 Arranges,参与 Arranges 的四个实体类型是 Buyer、Solicitor、FinancialInstitution 和 Bid,如图 12-8 所示。这个联系表示一位买主在一位法律顾问的建议下和一家金融机构的支持下投标(Bid)。

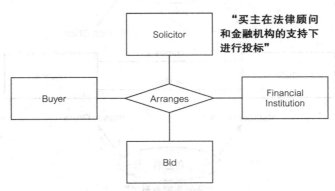

图 12-8 四元联系 Arranges 的示例

12.2.2 递归联系

递归联系 | 同一个实体类型以不同的角色多次（大于 1 次）参与了同一个联系类型，这种联系类型被称为递归联系。

考虑递归联系 Supervises，Supervises 表示了员工和某位主管之间的关联，而这位主管也是公司的一名员工。也就是说，实体类型 Staff 两次参与了联系 Supervises：第一次参与的角色是一位主管，第二次参与的角色是一名员工（被管理者）。递归联系有时也叫做一元联系。

可以添加**角色名称**来表明每一个参与联系的实体类型在该联系中的意义。在递归联系中，角色名称对于确定每个参与者的作用是非常重要的。图 12-9 表示了如何使用角色名称来描述 Supervises 联系，其中 Staff 实体类型第一次参与时的角色名称是 Supervisor，第二次参与时的角色名称是 Supervisee。

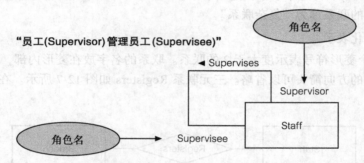

图 12-9 具有 Supervisor 和 Supervisee 角色的递归联系 Supervises

当两个实体之间存在多于一种联系时也可以使用角色名称。以图 12-10 为例，Staff 和 Branch 两个实体类型之间存在 Manages 和 Has 两种联系，此时添加角色名就能够标明每种联系的意义。具体来说，在"Staff Manages Branch"的联系中，Staff 实体中具有角色名称"Manager"的某位员工管理 Branch 实体中具有角色名称"Branch Office"的某一分公司。类似地，对于"Branch Has Staff"联系，角色名称为"Branch Office"的分公司雇用角色名称为"Member of Staff"的员工。

图 12-10 通过两种不同的具有角色名称的联系——Manages 和 Has 关联起来的实体示例

当参与联系的实体在联系中的功能无二义时，通常不需要定义角色名称。

12.3 属性

| **属性** | 实体或联系类型所具有的某一特性。

实体类型具有的特性称为属性。例如，实体类型 Staff 的属性有 staffNo、name、position 和 salary。属性被赋值以后就可以描述每个实体的实例出现，而属性值的集合则是数据库中所存储数据的主要构成。

关联实体的联系类型也可以具有和实体类型类似的属性，这部分内容将在 12.5 节讨论。本节仅关注属性的一般特征。

| **属性域** | 单个属性或多个属性所允许的取值集合。

每个属性都与一个取值集合相关联，这个集合称为**域**。域定义了一个属性可能的取值范围，这与关系模型中的域的概念（参见 4.2 节）类似。例如，每一个房屋实体所拥有的可出租房间数量从 1 到 15 不等，所以，实体类型 PropertyForRent(可出租房屋) 的属性 rooms(房间数量) 的取值范围是从 1 到 15 的任意整数。

多个属性可以共享一个域。例如，实体类型 Branch、PrivateOwner 和 BusinessOwner 都拥有属性 address，且这些属性的域也相同，即可以取所有可能的地址。域还可以由其他一些域组合而成。例如，实体 Branch 的 address 属性域可以由以下子域组成：street、city 和 postcode。

属性 name 的域更难定义，因为它包含了所有可能的名字：可以是一个字符串，不仅包括字母，还可能包括连字号 "–" 或其他一些特殊的符号。一个完整的数据模型应该包括 ER 模型中每一个属性的域。

如下所述，属性可以分为：简单属性和组合属性；单值属性和多值属性；导出属性。

12.3.1 简单属性和组合属性

| **简单属性** | 由独立存在的单个部分组成的属性。

简单属性不能再被划分为更小的部分，如 Staff 实体的 position 和 salary 属性就是简单属性。简单属性有时又称为原子属性。

| **组合属性** | 由多个部分组成的属性，每个部分都可独立存在。

有些属性可以划分为更小的部分，而且这些更小的部分可以独立存在。例如，若 Branch 实体的 address 属性的值为（163 Main St，Glasgow，G11 9QX），则这个属性可以继续划分为 street、city 和 postcode 三个属性，这三个属性的取值分别为（163 Main St）、（Glasgow）和（G11 9QX）。

建模时，究竟是将 address 属性当作一个简单属性，还是作为组合属性而由三个子属性 street、city 和 postcode 构成，依赖于在用户数据视图中提及属性 address 时，是将其视为一个整体还是由多个独立部分组合而成。

12.3.2 单值属性和多值属性

| **单值属性** | 在实体类型的每个实例出现都只取一个单值的属性。

大多数属性都是单值属性。例如，实体类型 Branch 的每个实例出现的分公司编号（branchNo）属性的取值都只有一个（如 B003），因此属性 branchNo 被看作单值的。

多值属性 | 对于实体类型的某些实例出现可能取多个值的属性。

对于实体的某些实例出现，某个属性可以有多个值。例如 Branch 实体类型的某些实例出现，属性 telNo 都可以有多个值（例如，编号为 B003 的分公司的电话号码为 0141-339-2178 和 0141-339-4439），所以在这个示例中，属性 telNo 就是多值的。多值属性的取值的个数可能会有上限和下限的约束。例如，实体类型 Branch 的属性 telNo 可以取 1 到 3 个值，也就是说，一个分公司可能至少有一个电话号码，最多有 3 个电话号码。

12.3.3　导出属性

导出属性 | 属性的值是从相关的一个或一组属性（不一定来自同一个实体类型）的值导出来的属性。

有些属性的值是导出来的。例如，实体类型 Lease 的属性 duration 的值就是根据该实体类型的属性 rentStart 和 rentFinish 的值计算出来的。因此我们称属性 duration 为导出属性，其值是从属性 rentStart 和 rentFinish 导出的。

在有些时候，某些属性的值是从同一实体类型的实例出现导出来的。例如，实体类型 Staff 的总人数（totalStaff）属性，就是通过计算 Staff 实体类型实例出现的总的个数得到的。

导出属性可能还与来自不同实体类型的属性有关。例如，实体类型 Lease 的属性 deposit 的值就是从实体类型 PropertyForRent 的属性 rent 导出的。

12.3.4　关键字

候选关键字 | 能够唯一标识每个实体的实例出现的最小属性组。

一个候选关键字是一个最小属性组，它的值能够唯一地标识每个实体的实例出现。例如，属性分公司编号（branchNo）是实体类型 Branch 的候选关键字，对于每个分公司实体的实例出现，其 branchNo 的值都是不同的。实体类型的每一个实例出现的候选关键字的值都是唯一的，这意味着候选关键字不能为空（参见 4.2 节）。例如，每个分公司都拥有一个唯一的编号（如 B003），而且绝不会有两个或两个以上的分公司具有相同的编号（B003）。

主关键字 | 被指定用来唯一标识实体类型的每个实例出现的候选关键字。

一个实体类型可能有多个候选关键字。为了便于说明，假设每位员工都拥有一个唯一的公司指派的员工编号（staffNo）和一个唯一的、一般由政府使用的社会保险号（National Insurance Number，NIN）。那么实体 Staff 就有了两个候选关键字，必须取其一作为主关键字。

实体主关键字的选择要考虑属性的长度（长度最小者优先），以及该属性在以后是否仍具有唯一性。例如，由企业分配的员工编号最多包含 5 个字符（如 SG14），而 NIN 最多包含 9 个字符（如 WL220658D）。所以我们选择 staffNo 作为实体类型 Staff 的主关键字，而 NIN 则被视为**可替换关键字**（alternate key）。

合成关键字 | 包括两个或两个以上属性的候选关键字。

有些情况下，一个实体类型的候选关键字是由几个属性组成的，这些属性的值组合起来可以唯一标识每个实体的实例出现，但分开来却不可以。考虑实体 Advert，它有 propertyNo（房产编号）、newspaperName、dateAdvert 和 cost 四个属性。多家报纸可能在同一天刊登了多处房屋出租的广告。为了唯一标识每个 Advert 实体类型的实例出现，需要同时确定 propertyNo、newspaperName 和 dateAdvert 三个属性的值。所以，实体类型 Advert 有一个合成主关键字，该合成关键字包括 propertyNo、newspaperName 和 dateAdvert 三个属性。

属性的图形化表示

如果要在一个实体类型中显示它的属性，可以将表示实体的矩形分成两部分。上面部分是实体的名字，下面部分列出属性的名字。实体类型 Staff 和 Branch 及其相关属性的 ER 图如图 12-11 所示。

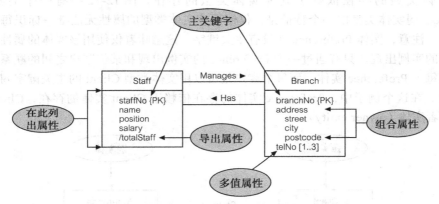

图 12-11　实体 Staff 和 Branch 及其属性的图形化表示

列出的第一个属性（属性组）应该是实体类型的主关键字（在已知的情况下）。可以用符号 {PK} 来标记主关键字属性（属性组）。在 UML 里，属性名字的首字母要小写，如果属性的名字中包含了不止一个单词时，则后面每个词的首字母都要大写（例如，address 和 telNo）。当某个属性属于某个合成主关键字时，可以用部分主关键字符号 {PPK} 来标记。可替换关键字则用符号 {AK} 标记。图 12-11 中，实体类型 Staff 的主关键字是属性 staffNo，实体类型 Branch 的主关键字是属性 branchNo。

对于一些简单的数据库系统来说，在 ER 图中把每个实体类型的所有属性都列出来是可能的。然而对于复杂的数据库系统来说，我们仅仅列出了每一个实体类型的主关键字属性（属性组）。当 ER 图中只显示主关键字属性（属性组）时，可以省略 {PK} 标记。

对于简单属性和单值属性，没有必要特别标记，所以我们只要在实体名字下面列出这些属性名即可。对于组合属性，可以在紧跟组合属性名的下面一行开始以右缩进的格式列出子属性名。例如，图 12-11 中实体 Branch 的 address 属性就是一个组合属性，跟在 address 的下面的是该属性的子属性：street、city 和 postcode。对于多值属性，要为其指明属性取值的个数范围。例如，如果将属性 telNo 的范围标记为 [1..*]，则意味着 telNo 可有 1 个或大于 1 个的取值。如果精确地知道值的最大个数，则可以标记出属性的确切范围。例如，如果属性 telNo 最多有三个值，则可以标记为 [1..3]。

对于导出属性，在属性名前加上符号"/"。例如，在图 12-11 中，实体类型 Staff 的导出属性被标记为 /totalStaff。

12.4　强实体类型与弱实体类型

实体类型可以分为强实体类型和弱实体类型。

| 强实体类型 | 该实体类型的存在不依赖于其他的实体类型。

如果一个实体类型的存在不依赖于其他的实体类型，那么称这个实体类型为强实体类型。图 12-1 中的强实体类型包括：Staff、Branch、PropertyForRent 和 Client 实体。强实体类型的一个特征是可以使用该实体类型的主关键字唯一标识每个实体的实例出现。例如，可以使用实体类型 Staff 的主关键字 staffNo 属性唯一标识每一个员工。

| 弱实体类型 | 该实体类型的存在依赖于其他实体类型的存在。

弱实体类型的存在依赖于其他实体类型的存在。图 12-12 中有一个弱实体类型 Preference。弱实体类型的一个特征是，仅使用该实体类型的属性无法唯一标识每个实体的实例出现。注意，实体 Preference 并没有主关键字，这意味着仅使用该实体的属性无法标识每个实体的实例出现。只有通过一个 Preference 的实例出现和某位客户之间的联系，才能唯一地标识每个 Preference 实体，而每个客户是可以用实体类型 Client 的主关键字 clientNo 唯一标识的。在这个例子中，Preference 实体的存在依赖于 Client 实体的存在，Client 实体被称为所有者实体（owner entity）。

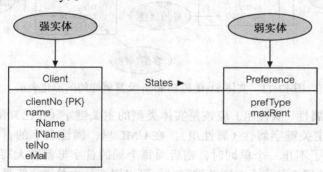

图 12-12　强实体类型 Client 和弱实体类型 Preference

弱实体类型有时也称为子（child）实体、依赖（dependent）实体或从属（subordinate）实体。强实体类型则称为父（father）实体、所有者实体或支配（dominant）实体。

12.5　联系的属性

如 12.3 节所述，联系也可以具有属性。例如，考虑图 12-1 中的联系 Advertises，它将实体类型 Newspaper 和 PropertyForRent 关联起来。为了记录某处房屋出租广告的刊登日期以及广告的费用，可以把这些信息同 Advertises 关联起来，作为联系 Advertises 的属性——dateAdvert 和 cost，而不是把它们看作实体 Newspaper 或者 PropertyForRent 的属性。

联系的属性的图形化表示

在表示与某个联系相关联的属性时，采用与实体类型相同的符号。但是，为了区分带有属性的联系与实体，将表示属性的矩形和联系用虚线连接起来。拥有属性 dateAdvert 和 cost 的联系 Advertises 如图 12-13 所示。另外一个示例就是图 12-1 中的拥有属性 mgrStartDate 和 bonus 的 Manages 联系。

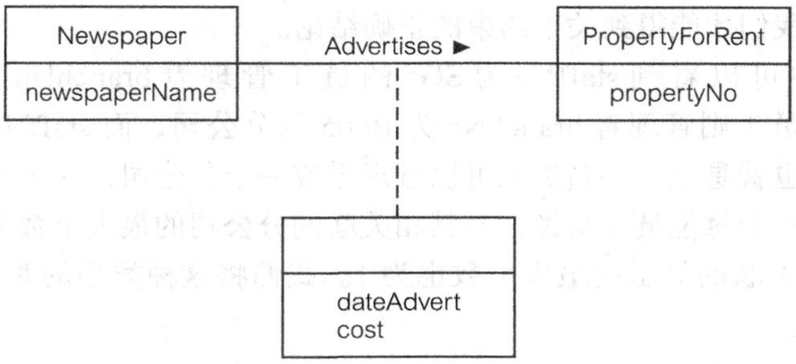

"在报纸上宣传待出租房产"

图 12-13 具有 dateAdvert 和 cost 属性的 Advertises 联系

对于拥有一个或多个属性的联系，意味着该联系隐蔽着一个未标识的实体类型。例如，联系 Advertises 拥有 dateAdvert 和 cost 两个属性，这可能意味着实体 Advert 的存在。

12.6 结构化约束

下面分析参与联系的实体类型上可能存在的约束。这些约束应该反映出在现实世界中对这些联系的限制。这种约束的例子包括：要求可供出租的房产必须有一个业主，每个分公司必须有员工等。联系上主要的约束称为**多重性**（multiplicity）。

> **多重性** 指一个参与实体类型通过某一联系与另一参与实体类型的某个出现发生关联的出现的数目（或者范围）。

多重性约束了实体间关联的方式，它是用户或企业建立的策略（或商业规则）的一种表示。识别并能够表示出所有适当的企业**约束**对于建模来说是非常重要的。

如前所述，最常见的联系的度是二元的。二元联系通常又可分为一对一（1:1）、一对多（1:*）或多对多（*:*）的。我们使用下面的完整约束来说明这三种联系：

- 一个分公司由一名员工管理（1:1）。
- 一名员工负责管理多处可供出租的房产（1:*）。
- 可以在多家报纸上刊登多处房屋出租的广告（*:*）。

在 12.6.1、12.6.2 和 12.6.3 节中，我们将举例说明如何确定这些约束的多重性，并分别用 ER 图表示。在 12.6.4 节，我们将分析那些度大于 2 的联系的多重性。

注意：并不是所有的完整性约束都可以简单地用 ER 模型表示。例如，每一名员工每年都会由于在企事业单位工作而得到一天额外的休假，这样的约束是很难用 ER 模型表示的。

12.6.1 一对一（1:1）联系

考虑联系 Manages，它将实体类型 Staff 和 Branch 关联起来。图 12-14a 用语义网给出了 Manages 联系类型的两个实例出现（分别标识为 r1 和 r2）。每个联系（rn）都表示了一个 Staff 实体的实例出现和一个 Branch 实体的实例出现之间的关联。我们用实体类型 Staff 和 Branch 主关键字 staffNo 和 branchNo 来标识每个 Staff 和 Branch 实体的实例出现。

多重性的确定

多重性的确定通常需要精确分析企业约束里给出的样本数据之间的联系。我们可以通过分析已经填好的表单或者报表来获取样本数据，如果可能的话，也可以通过和用户进行讨论来获取。但是，需要强调的是，只有当所分析和讨论的样本数据能够真实全面地反映了建模所涉及的数据时，我们才能得到关于约束的正确结论。

在图 12-14a 中可以看到 staffNo 为 SG5 的员工管理着 branchNo 为 B003 的分公司，staffNo 为 SL21 的员工则管理着 branchNo 为 B005 的分公司，而 staffNo 为 SG37 的员工不管理任何分公司。也就是说，一名员工可以管理零或一个分公司，一个分公司由一名员工管理。在该联系中，对于每位员工来说，与其相关联的分公司的最大个数为 1；而对于每个分公司来说，与其相关联的员工的最大个数也为 1。我们将这种类型的联系看作是一对一的，通常简写为（1:1）。

一对一联系的图形化表示

图 12-14b 是联系 Staff Manages Branch 的 ER 图。为了表示一个员工可以管理零或一个分公司，我们在实体 Branch 的旁边标注了"0..1"。为了表示一个分公司总有一名经理，在实体 Staff 旁边标注了"1..1"。（注意，对于一对一联系，可以选择另外一个合适的联系名，使其在相反的方向上有意义。）

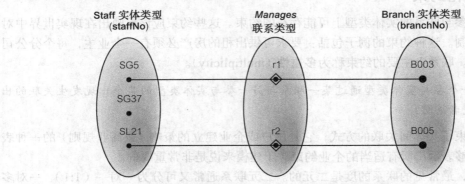

a）联系类型Staff Manages Branch的两个实例的语义网表示

b）一对一联系Staff Manages Branch的多重性

图 12-14

12.6.2 一对多（1:*）联系

考虑联系 Oversees，它将实体类型 Staff 和 PropertyForRent 关联起来。图 12-15a 是联系类型 Staff Oversees PropertyForRent 的三个实例出现（分别标识为 r1、r2 和 r3）的语义网表示。每一个联系（rn）都表示了一个 Staff 实体的实例出现和一个 PropertyForRent 实体的实例出现之间的关联。我们用实体类型 Staff 和 PropertyForRent 的主关键字 staffNo 和

propertyNo 来标识每个 Staff 和 PropertyForRent 实体的实例出现。

多重性的确定

在图 12-15a 中可以看到 staffNo 为 SG37 的员工监管 propertyNo 分别为 PG21 和 PG36 的两处房产，staffNo 为 SA9 的员工监管 propertyNo 为 PA14 的房产，而 staffNo 为 SG5 的员工不监管任何房产，并且没有任何员工监管 propertyNo 为 PG4 的房产。总而言之，一个员工可以监管零或多处可出租房屋，一处可出租房屋被零或一个员工监管。因此，对于参与联系的每位员工来说，与其相关联的房产有很多处；对于每处房产来说，与其相关联的员工的最大个数为 1。我们将这种类型的联系看作是一对多的，通常简写为（1:*）。

一对多联系的图形化表示

图 12-15b 是联系 Staff Oversees PropertyForRent 的 ER 图。为了表示一名员工可以管理零或多处可出租房产，我们在实体 PropertyForRent 旁边标注了 "0..*"；为了表示一处可出租房产可由零或一名员工管理，在实体 Staff 旁边标注了 "0..1"。（注意，对于 1:*，联系的名字只有在一对多方向上才有意义。）

如果我们能够知道多重性的最大值和最小值，就可以使用这些数值。例如，如果一名员工可以管理最少零处或最多 100 处可出租房产，就可以用 "0..100" 代替 "0..*"。

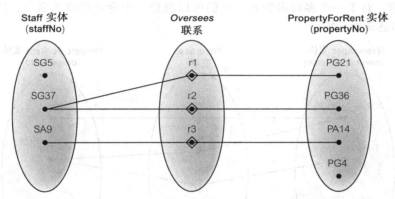

a）联系类型Staff Oversees PropertyForRent的三个实例出现的语义网表示

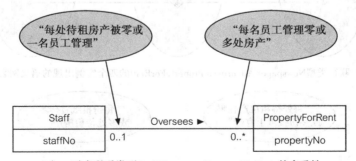

b）一对多联系类型Staff Oversees PropertyForRent的多重性

图　12-15

12.6.3　多对多（*:*）联系

考虑联系 Advertises，它将实体类型 Newspaper 和 PropertyForRent 关联起来。图 12-16a 是联系 Advertises 的四个实例出现（分别标识为 r1、r2、r3 和 r4）的语义网表示。每个联系（rn）都表示一个 Newspaper 实体的实例出现和一个 PropertyForRent 实体的实例出现之间的关联。我们用实体类型 Newspaper 和 PropertyForRent 的主关键字 newspaperName 和 propertyNo 来标识每个 Newspaper 和 PropertyForRent 实体的实例出现。

多重性的确定

在图 12-16a 中我们可以看到《格拉斯哥日报》刊登了 propertyNo 分别为 PG21 和 PG36 的两处房屋的出租广告，《西部新闻》刊登了 propertyNo 为 PG36 的房屋出租广告，而《阿伯丁快报》刊登了 propertyNo 为 PA14 的房屋出租广告。然而 propertyNo 为 PG4 的房产并没有在任何报纸上刊登出租广告。也就是说，一种报纸上可以刊登一或多处房屋的出租广告，一处房产可以在零或多种报纸上刊登出租广告。所以，对报纸来说，有多处可供出租的房产；对于参与联系的每一处可供出租的房产来说，也有着多种报纸。我们将这种类型的联系看作是多对多的，通常简写为（*:*）。

多对多联系的图形化表示

图 12-16b 是联系 Newspaper Advertises PropertyForRent 的 ER 图。为了表示每种报纸可以刊登一处或多处房屋出租广告，我们在实体 PropertyForRent 旁边标注了"1..*"；为了表示每个可出租房屋能在零或多种报纸上刊登广告，我们在实体 Newspaper 旁边标注了"0..*"。（注意，对于一个多对多联系，我们可以选择一个合适的联系名字，使得在每个方向上的联系都是有意义的。）

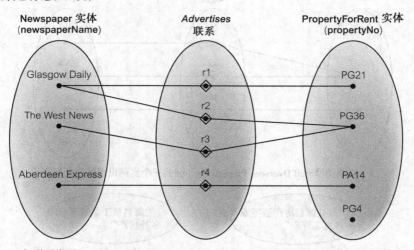

a）联系类型 Newspaper Advertises PropertyForRent 的四个实例出现的语义网表示

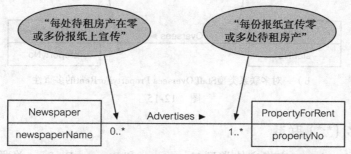

b）多对多联系 Newspaper Advertises PropertyForRent 的多重性

图 12-16

12.6.4 复杂联系的多重性

对于那些高于二元联系的复杂联系，它们的多重性将稍微复杂一些。

多重性（复杂联系）｜在一个 n 元联系中，当其他（$n–1$）个实体类型的值固定以后，另外一个实体类型可能参与联系的实例出现的个数（或范围）。

一般而言，n 元联系的多重性表示当联系中其他（$n–1$）个参与实体类型的值固定以后，另外这个实体类型可能参与联系的实例出现的潜在个数。例如，一个三元联系的多重性表示当联系中的某两个参与实体类型的值确定后，剩下的那个参与实体的实例出现可能的个数（或范围）。考虑图 12-17 中的 Staff、Branch 和 Client 之间的三元联系 Registers。图 12-17a 为 Registers 联系的五个实例出现（分别标识为 r1～r5）的语义网表示。每一个联系（rn）表示一个 Staff 实体的实例出现、一个 Branch 实体的实例出现以及一个 Client 实体的实例出现之间的关联。我们用实体 Staff、Branch 和 Client 的主关键字 staffNo、branchNo 和 clientNo 来标识每个 Staff、Branch 和 Client 实体的实例出现。在图 12-17a 中，分析了当联系 Registers 中的实体 Staff 和 Branch 的值确定以后的情况。

多重性的确定

在图 12-17a 中，当 staffNo/branchNo 的值固定以后，clientNo 可以取零或多个值。例如，在 B003（branchNo）分公司工作的员工 SG37（staffNo）为客户 CR56（clientNo）和 CR74（clientNo）进行了登记注册；分公司 B003（branchNo）的员工 SG14（staffNo）为客户 CR62（clientNo）、CR84（clientNo）和 CR91（clientNo）进行了登记注册；分公司 B003 的员工 SG5 没有为任何客户进行过注册。也就是说，当 staffNo 和 branchNo 的值固定以后，与其对应的 clientNo 值可以是零个或多个。因此，从 Staff 和 Branch 实体的角度来看，联系 Registers 的多重性是"0..*"，在 ER 图中，我们将"0..*"标注在 Client 实体旁。

如果重复进行这样的测试，则当 Staff/Client 值固定后，联系 Registers 的多重性是"1..1"，于是在 Branch 实体旁标注"1..1"；当 Client/Branch 的值固定后，联系 Registers 的多重性是"1..1"，则在 Staff 实体旁标注"1..1"。图 12-17b 为三元联系 Registers 的多重性的 ER 图。

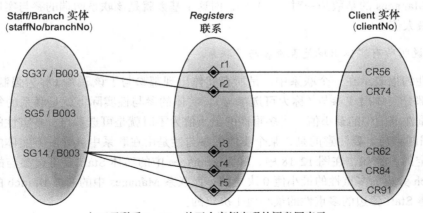

a）三元联系 Registers 的五个实例出现的语义网表示，
其中 Staff 和 Branch 实体类型的值是固定的

图 12-17

b）三元联系Registers的多重性

图 12-17 （续）

表 12-1 简要地列出了可能的多重性约束的表示方法和每种表示方法的含义。

表 12-1 多重性约束表示方法概述

可能的多重性约束的表示方法	含　义
0..1	0 个或 1 个实体出现
1..1（或 1）	只有 1 个实体出现
0..*（或 *）	0 个或多个实体出现
1..*	1 个或多个实体出现
5..10	实体出现的个数从最少 5 个到最多 10 个
0, 3, 6-8	实体出现可以为 0 个、3 个、6 个、7 个或 8 个

12.6.5 基数约束和参与性约束

事实上，多重性由两个独立的约束组成，即基数（cardinality）约束和参与性（participation）约束。

| 基数 | 在指定的联系类型中，一个实体可能参与的联系出现的最大数目。

一个二元联系的基数就是在前面所说的一对一（1:1）、一对多（1:*）和多对多（*:*）。联系的基数实际上就是联系的每一个参与实体的多重性范围中的最大值。例如，在图 12-18 中，联系 Manages 的基数是一对一（1:1），而这个基数就是该联系两端的参与实体的多重性范围中的最大值。

| 参与性 | 说明所有实体出现是否都参与了联系。

参与性约束表示在一个联系中，是所有实体出现都参与了该联系（称为**强制参与**），还是只有一部分实体出现参与（称为**可选参与**）。实体的参与性实际上就是联系的每一个参与实体的多重性范围中的最小值。当多重性的最小值为零时就是可选参与，多重性的最小值为 1 时则为强制参与。要注意的是，某个实体的参与性是由在联系中另外一方实体的多重性的最小值决定的。例如，在图 12-18 中，联系 Manages 中的实体 Staff 是可选参与的，这是由实体 Branch 旁边的多重性的最小值 0 决定的；而联系 Manages 中的实体 Branch 的强制参与则是由实体 Staff 旁边的多重性的最小值 1 决定的。

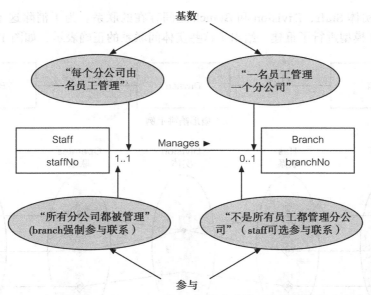

图 12-18 一对一联系 Staff Manages Branch 的多重性，包括基数约束和参与约束

12.7 ER 模型的问题

本节研究在创建 ER 模型时可能产生的问题。这些问题被称为**连接陷阱**（connection trap），通常是由于错误地理解了联系的意义而引起的（Howe，1989）。我们研究两类主要的连接陷阱，即**扇形陷阱**（fan trap）和**断层陷阱**（chasm trap），并讨论在 ER 模型中如何发现和解决这些问题。

通常，为了识别连接陷阱，我们必须确保能够完全理解联系所表达的意义并且能够清晰地定义联系。如果我们不能充分理解联系的意义，那么我们也就无法创建一个能够表达真实世界的模型。

12.7.1 扇形陷阱

扇形陷阱 ┃ 模型给出了两实体类型之间的一种联系，但在某些实体出现之间存在着多条通路（pathway）。

当一个实体扇出了两个或更多的 1:* 联系时，就存在着扇形陷阱。图 12-19a 显示了一个潜在的扇形陷阱，因为从实体 Division 出发的 1:* 联系共有两个：Has 和 Operates。

这个模型反映了这样一个事实，即一个部门（division）管理着一个或多个分公司并拥有一名或多名员工。然而，当我们想知道某个员工到底在哪个分公司工作时，问题就出现了。为了更好地解释这个问题，我们来分析联系 Has 和 Operates 的一些出现，我们用实体类型 Staff、Division 和 Branch 的主关键字属性的值分别标识这些实体出现，如图 12-19b 所示。

当我们试图回答"编号为 SG37 的员工在哪个分公司工作？"这个问题时，却无法基于当前的结构给出一个确切的答案。我们只能确定员工 SG37 可能在分公司 B003 或 B007 工作。之所以无法确切地回答这个问题是由于扇形陷阱的原因，而扇形陷阱的产生则是由于错误地表示了实体 Staff、Division 和 Branch 之间存在的联系。为了消除这个扇形陷阱，我们对最初的 ER 模型进行了重建，给出了这些实体间联系的正确表示，如图 12-20a 所示。

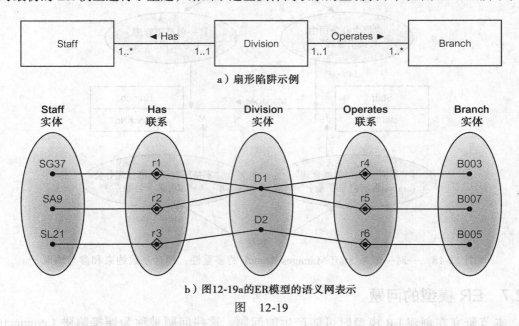

a）扇形陷阱示例

b）图12-19a的ER模型的语义网表示

图   12-19

现在，再来分析一下图 12-20b 中的联系 Operates 和 Has 的出现，我们就能够坚定地回答前面提出的问题了。根据这个语义网模型，我们就可以断定员工 SG37 在分公司 B003 工作，而分公司 B003 又隶属于部门 D1。

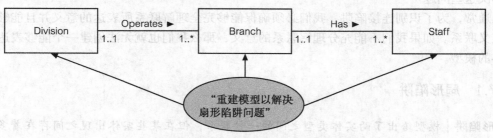

a）重建图12-19a中的ER模型以消除扇形陷阱

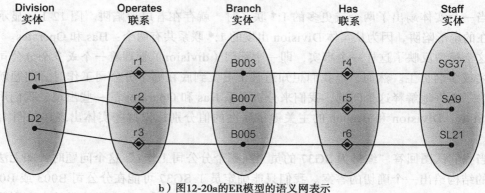

b）图12-20a的ER模型的语义网表示

图   12-20

12.7.2　断层陷阱

断层陷阱 模型表明某些实体类型之间存在着联系，但某些实体出现之间却不存在通路。

相关实体的路径上存在着一个或多个多重性的最小值为零（即可选参与）的联系时，就会出现断层陷阱。图 12-21a 显示了实体 Branch、Staff 和 PropertyForRent 之间的联系，图中存在一个潜在的断层陷阱。

该模型反映了这样一个事实，一个分公司可以拥有一名或多名员工，每名员工监管零或多处出租房屋。我们还要注意，并非所有的员工都监管着出租房屋，而且也不是所有的出租房屋都已被员工监管。因此，当我们想知道在每个分公司都有哪些房屋可以出租时，问题就出现了。为了解决这个问题，让我们分析一下图 12-21b 中的联系 Has 和 Oversees 的某些出现，我们用实体类型 Branch、Staff 和 PropertyForRent 的主关键字属性的值来标识这些实体的出现。

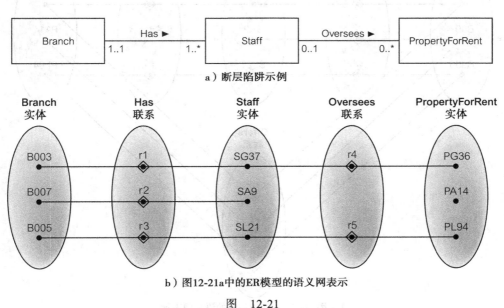

a）断层陷阱示例

b）图12-21a中的ER模型的语义网表示

图　12-21

如果提出"编号为 PA14 的房屋是由哪个分公司负责监管及出租的？"这样的问题，我们将无法回答。因为该出租房屋还没有分配给在某个分公司工作的员工负责。无法回答这个问题的原因，被归咎于信息的缺失（众所周知，房屋必须先在某个分公司中注册，然后再指派给员工监管），并由此导致了断层陷阱的产生。参与 Oversees 联系的实体 Staff 和 PropertyForRent 的多重性的最小值都为零，这就意味着某些房产将无法通过员工和分公司关联起来。因此要解决这个问题，我们需要找到遗漏的联系，在这个示例中就是实体 Branch 和 PropertyForRent 之间 Offers 联系。图 12-22a 中的 ER 模型给出了这些实体之间关联的正确表示。该模型能够确保在任何时候，与每个分公司相关联的可出租房屋都能够找到，其中包括那些还未分配给员工监管的房屋。

如果我们现在再来分析一下图 12-22b 中的联系类型 Has、Oversees 和 Offers 的出现，就能够断定编号为 PA14 的房屋是由分公司 B007 管理。

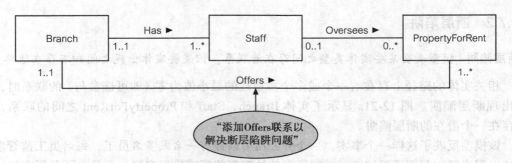

a）重建图12-21a中的ER模型以消除断层陷阱

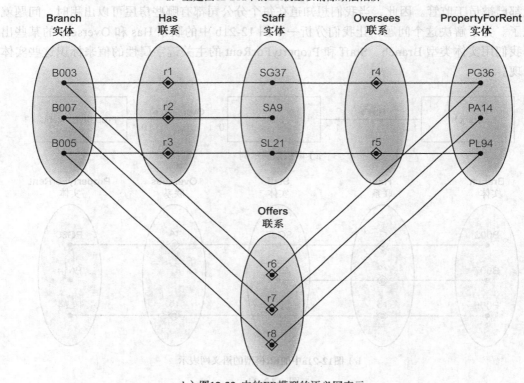

b）图12-22a中的ER模型的语义网表示

图 12-22

本章小结

- **实体类型**是经由企事业单位认可、能够独立存在的一组具有相同属性的对象。**实体出现**是实体类型中可以被唯一标识的一个对象。
- **联系类型**是实体类型间的一组有意义的关联。**联系出现**是可被唯一标识的一个关联，该关联包括了每个参与实体类型的一个实体出现。
- **联系类型的度**是指参与该联系的实体类型的个数。
- **递归联系**中存在这样的参与者，即同一个实体类型不止一次地以不同的角色参与了该联系。
- **属性**是实体类型或联系类型所具有的某一特性。
- **属性域**是单个属性或多个属性所允许的取值集合。

- **简单属性**由不可划分的、独立存在的单一成分组成。

- **组合属性**由多个部分组成，每个部分都能够独立存在。

- **单值属性**是指对实体类型的每个实体出现来说，该属性只有单独一个值。

- **多值属性**是指对实体类型的每个实体出现来说，该属性可能有多个值。

- **导出属性**表示一个属性的值可以由相关的一个属性或一组属性的值导出，这一组属性可以来自多个实体类型。

- **候选关键字**是能够唯一标识每个实体出现的最小属性组。

- **主关键字**是被选用唯一标识每个实体出现的某一候选关键字。

- **合成关键字**是包含两个或两个以上属性的候选关键字。

- **强实体类型**不依赖于其他的实体类型而独立存在。**弱实体类型**则需要依赖于其他实体类型的存在而存在。

- **多重性**是指一个参与实体类型通过某一联系与另一个参与实体类型的某个出现发生关联的出现的数目（或者范围）。

- **复杂联系的多重性**是在一个 n 元联系中，当其他（$n-1$）个实体类型的值固定以后，另外一个实体类型可能参与联系的出现的数目（或范围）。

- **基数**描述了在指定的联系类型中，对于一个实体来说其可能参与的联系的出现的最大个数。

- **参与性**说明是否实体的所有出现都参与了联系。

- 若模型给出了两实体类型之间的一种联系，但在这些实体的某些出现之间却存在着多条通路，则称存在**扇形陷阱**。

- 若模型表明某些实体类型之间存在着联系，但这些实体的某些出现之间却不存在通路，则称存在**断层陷阱**。

思考题

12.1 描述在 ER 模型中实体类型表示什么，并给出物理存在或概念存在的实体的实例。

12.2 描述在 ER 模型中联系类型表示什么，并给出一元联系、二元联系、三元联系和四元联系的实例。

12.3 描述在 ER 模型中属性表示什么，并给出简单属性、组合属性、单值属性、多值属性和导出属性的实例。

12.4 联系类型的多重性约束表示什么？

12.5 什么是完整性约束？如何使用多重性设计实现这些约束？

12.6 在联系类型中多重性如何表示基数约束和参与性约束？

12.7 给出一个具有属性的联系类型的例子。

12.8 描述弱实体类型和强实体类型的区别，并举例说明。

12.9 描述在 ER 模型中，扇形陷阱和断层陷阱是如何发生的以及应如何解决。

习题

12.10 为下面的每一个需求描述建立一个 ER 图：

（a）一个公司有四个部门，每个部门属于一个公司。

（b）（a）中的每个部门雇用一名或多名雇员，每名雇员在一个部门工作。

（c）（b）中的每名雇员可能有一名或多名家属，每个家属属于一名雇员。

（d）（c）中的每名雇员可能拥有工作经历。

（e）合并（a）、（b）、（c）和（d）的 ER 图为一个 ER 图。

12.11 一家从事 IT 培训的公司请你根据其数据需求建立一个概念数据模型。公司有 30 名讲师，每期培训可以接收 100 名学员。公司共有五门高级技术培训课程，每门课程由一个培训组进行培训，每个培训组拥有两名或两名以上的讲师。每名讲师最多只能被分派到两个培训组中或者仅从事研究工作。每名受训者在每期培训中只能学习一门高级技术课程。

(a) 确定公司的主要实体类型。

(b) 确定主要的联系类型和每个联系的多重性，并声明你对数据所做的所有假设。

(c) 使用 (a) 和 (b) 中的结果，画出表示该公司数据需求的 ER 图。

12.12 阅读下面的案例分析，它描述了一家影碟出租公司的数据需求。这家影碟出租公司在全美有几家分公司。每个分公司的数据包括分公司的地址（由街道、城市、州和邮政编码组成）和电话号码。每个分公司都有一个分公司编号，在整个公司内部每个分公司的编号都是唯一的。每个分公司都有一些员工，其中包括一名经理。经理负责其所在分公司的日常运转。公司员工的数据包括姓名、职位和薪水。每位员工都有一个员工编号，这个编号在公司内也是唯一的。每个分公司都库存许多影碟，影碟的数据包括目录编号、影碟拷贝编号、影碟名、影碟分类、每日租金、价格、状态以及主要演员和导演的名字。目录编号唯一标识每张影碟。然而大多数情况下，在一个分公司中，每张影碟同时有好几份拷贝，这时使用影碟拷贝编号来标识单个拷贝。影碟的分类包括：动作片、成人片、儿童片、文艺片、恐怖片或科幻片。状态表示该影碟是否还有可供出租的拷贝。在租借影碟之前，客户必须先在本地的分公司注册，客户的数据包括名字（first name）和姓（last name）、地址和注册日期。每位客户都有一个在全公司范围内唯一的编号。注册成功后，客户就可以租借影碟了，每次最多只能借十张。每张被租出的影碟应该登记出租编号、客户的全名和编号、影碟拷贝编号、影碟名、每日租金、影碟的租借日期和归还日期。出租编号在整个公司内是唯一的。

(a) 确定该影碟出租公司的主要实体类型。

(b) 确定 (a) 中实体类型之间的主要联系类型，并给出每个联系的 ER 图。

(c) 为 (b) 中每个联系确定多重性约束，并在 (b) 的 ER 图上标识出每个联系的多重性。

(d) 确定实体类型和联系类型的属性，并在 (c) 的 ER 图上表示出这些属性。

(e) 确定每个（强）实体类型的候选关键字和主关键字。

(f) 综合 (a) ～ (e)，用一个 ER 图来表示这家影碟出租公司的数据需求，并请注明支持你的设计的所有假设。

12.13 为下述每个描述创建一个 ER 图：

(a) 一个大的组织机构有几个员工用停车场。

(b) 每个停车场有唯一的名字、位置、容量和层数（若分层的话）。

(c) 每个停车场有若干停车位，由唯一的停车位号指定。

(d) 员工能申请独占一个停车位。每位员工有唯一编号、姓名、外线电话号和驾照号。

(e) 将 (a)、(b)、(c)、(d) 综合为一个 ER 图，为了建模可提供必要的假设。

该习题答案见图 13-11。

12.14 创建一个 ER 图描述图书馆数据。

图书馆为读者提供图书。每本书有题目、版本、出版年份和一个唯一的 ISBN 号。每个读者有姓名、地址和唯一的读者编号。每本书都有若干副本，每个副本都有一个副本编号、说明其可否借阅的状态和可借阅期限。一个读者可借阅多本图书，每本书的借出和归还日期都会记录下来。借阅号唯一确定每本图书的一次借阅。

该习题答案见图 13-12。

增强的实体－联系建模

本章我们主要学习：

- 实体－联系（ER）模型基本概念的局限性，以及使用其他数据建模的概念来表达更加复杂的应用的需求
- 增强实体－联系模型（EER）中几个最有用的数据建模概念，即特殊化/泛化、聚合和组合
- 使用统一建模语言（UML）的图形化技术表示 EER 图中的特殊化/泛化、聚合和组合

在第 12 章我们讨论了实体－联系（Entity-Relationship，ER）模型的基本概念。对于一些传统的、基于管理的数据库系统，如库存管理、产品订购和客户购货计价系统，使用这些基本概念来建立系统的数据模型已经足够。然而，自 20 世纪 80 年代以来，许多新型数据库系统的开发出现了快速的增长，与传统的应用系统相比，这些系统对数据库提出了更多需求。这些数据库应用系统包括计算机辅助设计（Computer-Aided Design，CAD）、计算机辅助制造（Computer-Aided Manufacturing，CAM）、计算机辅助软件工程（Computer-Aided Software Engineering，CASE）工具、办公信息系统（Office Information System，OIS）和多媒体系统、数字出版和地理信息系统（Geographical Information System，GIS）等。这些应用的主要特征将在第 27 章讲述。由于只使用 ER 建模的基本概念已经无法充分地表示这些新的复杂应用，因而也就促进了新的语义建模概念的发展。人们提出了许多不同的语义数据模型，其中一些最重要的语义概念已经成功纳入了最初的 ER 模型。支持了语义概念的 ER 模型又被称为增强的实体－联系（Enhanced Entity-Relationship，EER）模型。在本章中，我们将讲述 EER 模型中最重要也是最有用的三个扩展概念，即特殊化/泛化（specialization/generalization）、聚合（aggregation）和组合（composition）。我们还将举例说明如何使用统一建模语言（Unified Modeling Language，UML）(Booch et al.，1998) 来表示 EER 图中的特殊化/泛化、聚合和组合。我们已经在第 12 章介绍了 UML 并用图形说明了如何使用 UML 来表示 ER 模型的基本概念。

在 13.1 节中，我们将讨论与特殊化/泛化相关的主要概念，并给出示例以说明如何在 EER 图中用 UML 表示这些概念。在 13.1 节的最后，我们将通过一个实例来讲解如何使用 UML 将特殊化/泛化引入 ER 模型。13.2 节将介绍聚合的概念，13.3 节将讲述组合的概念。我们给出了聚合和组合的示例，并展示了在 ER 模型中如何使用 UML 来表示这些概念。

13.1　特殊化/泛化

特殊化/泛化的概念是和一些特殊的实体类型（如**超类**（superclass）和**子类**（subclass））

以及特殊的方法（如**属性继承**（attribute inheritance））密切相关的。本节我们首先定义什么是超类和子类，并分析超类/子类的联系。然后描述属性继承的过程，并对特殊化过程和泛化过程加以分析比较。接下来介绍超类/子类联系中两种主要的约束：参与约束和不相交约束。还将展示如何在 EER 图中使用 UML 表示特殊化/泛化。最后，我们以 DreamHome 案例研究为例，讲解如何将特殊化/泛化引入该案例的 Branch 用户视图的 ER 模型，该视图参见附录 A 和图 12-1。

13.1.1　超类和子类

如同第 12 章已经讨论论过的，一个实体类型表示一些同类型实体的集合，如实体类型 Staff、Branch 和 PropertyForRent。我们还可以将实体类型组织成包括超类和子类的分层结构。

| **超类** | 其出现构成一个或多个独立子集，且各独立子集均需在数据模型中单独表示为实体类型。 |

| **子类** | 实体类型的一个独立的出现子集，该子集需要在数据模型中单独表示。 |

含有独立子类的实体类型称为超类。例如，实体类型 Staff 中的实体成员可以分为 Manager（经理）、SalesPersonnel（销售人员）和 Secretary（秘书）。也就是说，实体 Staff 被视为**超类**，而 Manager、SalesPersonnel 和 Secretary 则被视为 Staff 的**子类**。超类和它的任意一个子类间的联系被称为一个超类/子类联系。例如，Staff/Manager 就是一种超类/子类的联系。

13.1.2　超类/子类联系

子类中的每个成员同样也是超类的成员。也就是说子类中的实体也是超类中的一个实体，但是有着不同的角色。超类和子类间的联系是一对一的，称为超类/子类联系（参见 12.6.1 节）。有些超类的子类之间可能存在重叠，例如，一名员工可以既是经理又是销售人员。在这个例子中，Manager 和 SalesPersonnel 是其超类 Staff 的两个重叠子类。另一方面，并不是每个属于超类的成员都必须是某个子类中的成员。例如，有些员工并没有确定的工作角色，比如说该员工既不是经理也不是销售人员。

为了避免在一个实体类型中描述那些具有不同属性的不同类型的员工，我们可以使用超类和子类的概念。例如，销售人员可能拥有某些特殊的属性，如 salesArea 和 carAllowance。如果在每个 Staff 实体中既描述所有员工共有的属性又描述那些仅与特定工作角色相关的特殊属性的话，就会在描述特定工作的属性里产生许多空值。显然，销售人员和其他员工一样，都拥有一些共同的属性，如 staffNo、name、position 和 salary。然而，当我们试图用一个实体类型来表示所有的员工时，那些无法共享的属性就带来了问题。通常，还存在着一些仅与特定员工类型（子类）而不是与所有员工都相关联的联系。例如，存在仅和销售人员相关的联系 SalesPersonnel *Uses* Car（销售人员"用"车）。

为了说明这一点，我们考虑关系 AllStaff，如图 13-1 所示。这个关系中存储了所有员工（不管其职位如何）的详细信息。这种处理方法带来的一个后果是：只有部分属性是所有员工都需要填写的属性（即 staffNo、name、position 和 salary），而那些与特定工作角色相关的属性则只有部分员工需要填写。例如，与 Manager 子类相关的属性（mgrStartDate 和 bonus）、与 SalesPersonnel 子类相关的属性（salesArea 和 carAllowance）以及与 Secretary 子类相关的属性（typingSpeed），只有这些子类的成员才会有相应的值，也就是说，对于不是 Manager、SalesPersonnel 和 Secretary 子类成员的员工，与这些子类相关的属性则为空值。

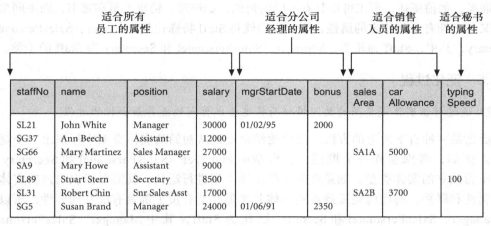

图 13-1　存储了所有员工详细信息的关系 AllStaff

将超类和子类的概念引入 ER 模型主要有两个原因。首先，为了避免对相似的概念进行重复的描述，因而也可以节省设计人员的时间，增强 ER 图的可读性。其次，通过使用一种很多人都非常熟悉的描述形式为数据库系统设计添加了更多的语义信息。例如，"经理是一名员工"和"平房是一种类型的房产"，这些断言使用一种简练的形式表达了有意义的语义内容。

13.1.3　属性的继承

如前所述，子类的某一实体和超类的某一实体一样，都表示了客观存在的同一对象，子类的实体除了拥有该子类特有的属性外，还拥有超类的所有属性。例如，子类 SalesPersonnel 的成员继承了超类 Staff 的所有属性，包括 staffNo、name、position 和 salary，同时还具有子类 SalesPersonnel 所特有的属性 salesArea 和 carAllowance。

一个子类也是一类实体，因而子类也可以有一个或多个自己的子类。实体、实体的子类以及实体的子类的子类等等，这种结构被称为**类型层次**（type hierarchy）。类型层次有多种命名，包括：**特殊化层次**（specialization hierarchy）（例如 Manager 是 Staff 的一个特殊化）；**泛化层次**（generalization hierarchy）（例如 Staff 是 Manager 的泛化）；**IS-A 层次**（例如 Manager IS-A Staff，即 Manager 是 Staff 的一个成员）。下节将讲述特殊化与泛化。

一个子类有不止一个超类时，称这个子类为**共享子类**。也就是说，共享子类中的成员必须是其所有超类的成员。由此可知，这些超类的属性都将被共享子类继承，同时共享子类还可能拥有自己的属性，这种继承称为**多重继承**。

13.1.4　特殊化过程

| **特殊化** | 通过标识实体成员间的差异特征而将这些成员间的差异最大化的过程。

特殊化是一种自上向下的、定义超类及其相关子类的方法。这些子类的定义建立在超类中实体之间差异特征的基础之上。当为某一实体类型确定其子类时，我们在属性和每一个子

类之间建立明确的关联（必要时），并确定所有子类与其他实体类型或其他子类之间的联系（必要时）。例如，考虑这样一个模型，在模型中所有的员工都用一个实体 Staff 来表示。如果对 Staff 实体应用特殊化过程，我们需要确定该实体成员之间的差异，如成员所特有的属性或联系。如前所述，员工可以具有不同的角色，如经理、销售人员和秘书，而不同角色的员工又各自拥有某些特定的属性，因此我们就将 Staff 特殊化为 Manager、SalesPersonnel 和 Secretary，其中，Staff 为超类，Manager、SalesPersonnel 和 Secretary 为 Staff 的子类。

13.1.5　泛化过程

| 泛化 | 通过标识实体成员间的共同特征而将这些成员间的差异最小化的过程。

　　泛化是一种自下向上的方法，泛化的结果就是从初始的实体类型中标识出一个泛化的超类。例如，考虑这样一个模型，在模型中 Manager、SalesPersonnel 和 Secretary 分别被表示为独立的实体类型。如果要对这些实体类型进行泛化，就需要标识出这些实体所共有的属性和联系。前面已经提到这些实体共享那些所有员工都具有的共同属性，所以可以将 Manager、SalesPersonnel 和 Secretary 泛化为 Staff，其中 Manager、SalesPersonnel 和 Secretary 为子类，Staff 为超类。

　　由于泛化过程可以看作特殊化过程的逆过程，所以称这种建模概念为"特殊化 / 泛化"。

特殊化 / 泛化的图形化表示

　　UML 用一种特殊的符号来表示特殊化 / 泛化。例如，考虑将实体 Staff 特殊化 / 泛化为表示不同工作角色的子类。超类 Staff 与其子类 Manager、SalesPersonnel 和 Secretary 的增强的实体 – 联系（EER）图如图 13-2 所示。注意，Staff 超类和它的子类都是实体，都用矩形表示。这些子类通过线连接到一个指向超类的三角形。在代表特殊化 / 泛化的三角形下方标有 {Optional，And} 字样，这是表示超类和子类之间联系的约束，这些约束将在 13.1.6 节详细讨论。

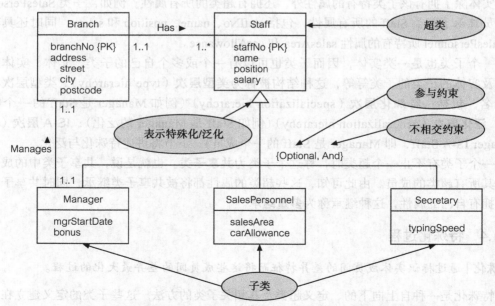

图 13-2　将实体 Staff 特殊化 / 泛化为表示不同工作角色的子类

在表示子类的矩形的下面部分列出了该子类所特有的属性。例如，只有子类 SalesPersonnel 才拥有属性 salesArea 和 carAllowance，而子类 Manager 和 Secretary 则没有这些属性。同样，在表示 Manager 和 SalesPersonnel 的矩形中也列出了它们所特有的属性，其中 Manager 独有 mgrStartDate 和 bonus 属性，而 Secretary 子类则独有 typingSpeed 属性。

在表示超类的矩形的下面部分列出了其所有子类共有的属性，如属性 staffNo、name、position 和 salary 是所有员工都具有的属性，故作为超类 Staff 的属性。注意，在 EER 图中可以标出那些仅适用于特定子类的联系。例如，在图 13-2 中，子类 Manager 通过联系 Manages 与实体 Branch 关联起来，而超类 Staff 则被通过联系 Has 与实体 Branch 关联。

根据不同的差异特征可以将同一实体进行多种形式的特殊化。例如，我们还可以根据员工雇用合同的不同类型将实体 Staff 特殊化为 FullTimePermanent（全职固定）子类和 PartTimeTemporary（临时兼职）子类。图 13-3 显示了根据工作角色和雇用类型对实体 Staff 进行特殊化的结果。在图中还列出了子类 FullTimePermanent 和子类 PartTimeTemporary 所特有的属性，其中 FullTimePermanent 子类有 salaryScale 和 holidayAllowance 属性，PartTime-Temporary 子类有 hourlyRate 属性。

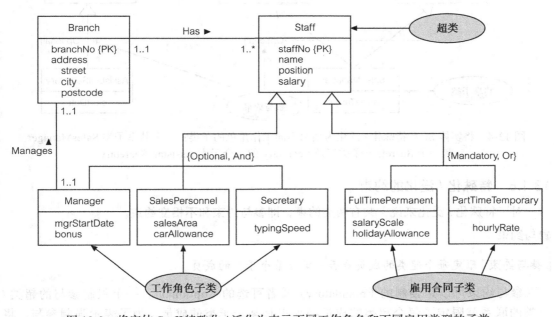

图 13-3　将实体 Staff 特殊化 / 泛化为表示不同工作角色和不同雇用类型的子类

如前所述，超类、超类的子类以及超类的子类的子类，等等，这样的结构被称为类型层次。图 13-4 显示了一个类型层次的示例，该示例扩展了图 13-2 中的基于工作角色的特殊化 / 泛化，出现了一个共享子类 SalesManager，并且为子类 Secretary 扩展了一个自己的子类 AssistantSecretary。也就是说，共享子类 SalesManager 的成员也必须是 SalesPersonnel 子类和 Manager 子类的成员，同样也应该是超类 Staff 的成员。由此可知，子类 SalesManager 继承了超类 Staff 的属性（staffNo、name、position 和 salary）、子类 SalesPersonnel 的属性（salesArea 和 carAllowance）以及子类 Manager 的属性（mgrStartDate 和 bonus），同时 SalesManager 还拥有自己的属性 SalesTarget。

AssistantSecretary 是 Secretary 的子类，而 Secretary 又是 Staff 的子类，这意味着子

类 AssistantSecretary 的成员必须也是子类 Secretary 和超类 Staff 的成员。由此可知，子类 AssistantSecretary 继承了超类 Staff 的属性（staffNo、name、position 和 salary）和子类 Secretary 的属性（typingSpeed），除此之外，子类 AssistantSecretary 还有自己所独有的属性 startDate。

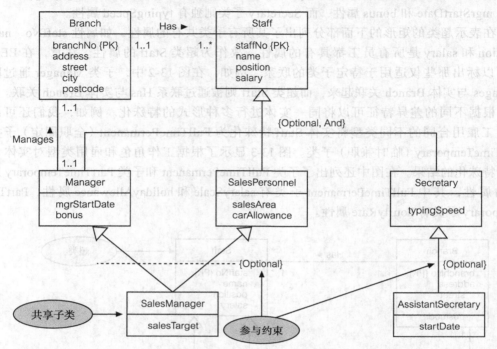

图 13-4   将实体 Staff 特殊化 / 泛化为表示不同工作角色的子类：一个共享子类 SalesManager 和一个 Secretary 子类以及 Secretary 的一个子类 AssistantSecretary

13.1.6   特殊化 / 泛化的约束

对于特殊化 / 泛化来说，共有两类约束，即**参与约束**和**不相交约束**。

参与约束

参与约束 | 限定每个超类的成员是否一定是某个子类的成员。

参与约束可以是**强制的**（mandatory）或者**可选的**（optional）。一个强制参与的超类 / 子类的联系就限定了每个超类的成员必须也是某个子类的成员。为了表示强制参与，将"Mandatory"用大括号括起来，放在指向超类的三角形的下面。例如，图 13-3 中基于雇用合同的特殊化 / 泛化就是强制参与，这就意味着每个员工都必须有雇用合同。

具有可选参与的超类 / 子类的联系表示超类的成员并不一定也是其子类的成员。为了表示可选参与，将"Optional"用大括号括起来，并放在指向超类的三角形的下面。例如，图 13-3 中基于工作角色的特殊化 / 泛化是可选参与，这意味着存在这样的员工，他的工作角色既不是经理，也不是销售人员或者秘书。

不相交约束

不相交约束 | 描述子类成员之间的联系，说明了超类的某一成员是仅为一个还是同时为多个子类的成员。

只有当一个超类拥有不止一个子类时，不相交约束才有意义。如果这些子类是**不相交**的，那么一个 Staff 实体出现只能是一个子类的成员。在表示不相交的超类 / 子类联系时，在大括号中的参与约束后面添加标记"Or"。例如，在图 13-3 中基于雇用合同的特殊化 / 泛化产生的子类之间是不相交的，这说明一名员工和公司要么签了一份全职固定合同，要么签了一份兼职临时合同，不可能同时签署两种合同。

如果特殊化 / 泛化的子类不是不相交的（称为**非不相交**），那么一个实体出现就可以同时为多个子类的成员。在表示非不相交的超类 / 子类联系时，在大括号括起来的参与约束后面添加标记"And"。例如，图 13-3 中基于工作角色的特殊化 / 泛化是非不相交的，这就意味着一个 Staff 实体出现可以同时是子类 Manager、SalesPersonnel 和 Secretary 的成员，这一点由出现在图 13-4 中的共享子类 SalesManager 所证实。注意：当类型层次的某一层只有一个子类时，就不必考虑不相交约束。因此在图 13-4 中，SalesManager 与其子类 AssistantSecretary 之间只显示了参与约束。

特殊化和泛化中的不相交约束和参与约束是相互独立的，因此存在四类约束：强制参与不相交约束、可选参与不相交约束、强制参与非不相交约束、可选参与非不相交约束。

13.1.7　基于 DreamHome 案例研究的 Branch 视图特殊化 / 泛化建模示例

本书讲述的数据库设计方法中包括一个可选步骤（步骤 1.6），即使用特殊化 / 泛化概念建立 EER 模型。是否选择进行这一步，取决于被建模企业需求（或部分企业需求）的复杂程度，以及使用 EER 模型的附加概念是否会对数据库的设计过程提供帮助。

在第 12 章已经介绍了建立 ER 模型——DreamHome 案例研究的用户视图 Branch——所必需的一些基本概念，该模型的 ER 图如图 12-1 所示。本节将说明如何使用特殊化 / 泛化将 Branch 用户视图的 ER 模型转化为 EER 模型。

首先，我们考虑图 12-1 中的实体，然后通过分析和每个实体相关联的属性和联系来确定实体间的相似和不同之处。在用户视图 Branch 的需求规格说明书中，有几个实例有可能会用到特殊化 / 泛化，下面分别进行讨论。

（a）考虑图 12-1 中的实体 Staff，Staff 表示所有的员工。然而在附录 A 中给出的 Dream-Home 案例研究的用户视图 Branch 的需求规格说明书中，提到了两种关键的工作角色，即经理和公司负责人。在如何用最佳模型表示 Staff 的成员这个问题上，我们有三种选择。第一种选择是将全部员工泛化为一个 Staff 实体（如图 12-1）；第二种选择是建立三个独立的实体 Staff、Manager 和 Supervisor；第三种选择是将 Staff 作为超类，实体 Manager 和 Supervisor 作为 Staff 的子类。究竟选择哪一种方法，要根据对每一个实体相关联的公共属性及联系的分析。例如，实体 Staff 的所有属性也是实体 Manager 和 Supervisor 的属性，并且它们都有相同的主关键字 staffNo。此外，实体 Supervisor 并没有其他的属性来表示其工作角色，然而，实体 Manager 则拥有两个表示其工作角色的属性：mgrStartDate 和 bonus。另外，实体 Manager 和 Supervisor 都分别参与了一些独立的联系，即 Manager Manages Branch 和 Supervisor Supervises Staff。基于上述分析，我们采用第三种方法，建立了 Manager 和 Supervisor 子类，而 Staff 作为它们的超类，如图 13-5 所示。注意，在图 13-5 的 EER 图中，子类位于超类的上方，子类和超类的相对位置并没有什么特别的意义，重要的是表示特殊化 / 泛化的三角形应指向超类。

对实体 Staff 的特殊化 / 泛化的约束是可选约束和不相交约束（标记为 {Optional，Or}），表示并非所有的员工都是经理或公司负责人，同时一名员工不能同时既是经理又是公司负责人。在表示这些子类与超类 Staff 的公共属性以及那些与子类相关联的联系（如 Manager Manages Branch 和 Supervisor Supervises Staff）时，这种表示方法特别有用。

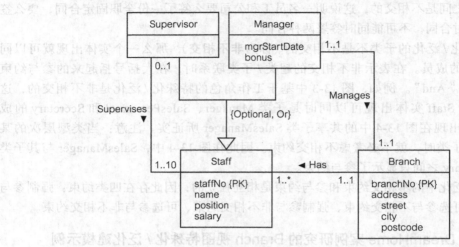

图 13-5　超类 Staff 及其子类 Supervisor 和 Manager

（b）接下来考虑房产与业主之间联系的特殊化 / 泛化。在视图 Branch 的数据需求规格说明书中描述了两类业主，即 PrivateOwner 和 BusinessOwner，如图 12-1 所示。同样，在考虑如何对业主进行最佳建模时，也有三种选择：第一种是建立两个独立的实体 PrivateOwner 和 BusinessOwner（如图 12-1）；第二种是将两种类型的业主泛化成 Owner 实体；第三种是将 PrivateOwner 和 BusinessOwner 视为子类，而将 Owner 作为它们的超类。在决定采用何种方法之前，我们先要分析一下这些实体的属性和联系。实体 PrivateOwner 和 Business-Owner 拥有一些共同的属性，即 address 和 telNo，并且都和待出租的房产之间存在相似联系（即 PrivateOwner POwns PropertyForRent 和 BusinessOwner BOwns PropertyForRent）。然而，这两类业主还具有不同的属性，例如，PrivateOwner 还有属性 ownerNo 和 name，BusinessOwner 则有属性 bName、bType 和 contactName。在这种情况下，我们建立了一个超类——Owner 及其两个子类 Private-Owner 和 BusinessOwner，如图 13-6 所示。

实体 Owner 的 特 殊 化 / 泛 化 约束是强制约束和不相交约束（标记为 {Mandatory，Or}），这意味着业主要么是一个私人业主要么是一个公司业主，但不能两者都是。注意，超类 Owner 和实体 PropertyForRent 之间是通过联系 Owns 而关联起来的。

上面描述的特殊化 / 泛化的实例是比较直观的，在下面的实例中我们将进一步讨论特殊化 / 泛化的过程。

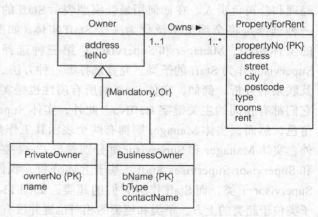

图 13-6　超类 Owner 及其子类 PrivateOwner 和
BusinessOwner

（c）在用户视图 Branch 的数据需求规格说明书中描述了几类具有共同特征的人。例如，员工、私人业主和客户都有属性 number 和 name。于是我们就可以建立一个超类 Person，Staff（包括其子类 Manager 和 Supervisor）、PrivateOwner 和 Client 作为 Person 的子类，如图 13-7 所示。

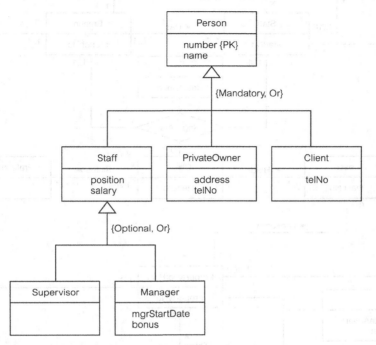

图 13-7　超类 Person 及其子类 Staff（包括其子类 Manager 和 Supervisor）、PrivateOwner 和 Client

现在考虑在表示 DreamHome 案例研究的用户视图 Branch 时，应该特殊化 / 泛化至何种程度。我们决定采用（a）和（b）中的特殊化 / 泛化的方法，而不进行（c）中所分析的特殊化 / 泛化，结果如图 13-8 所示，为了简化 EER 图，只列出了主关键字属性和联系。在最终的 EER 模型中之所以不使用图 13-7 中的表示方法，是因为图 13-7 中的特殊化 / 泛化过多强调了代表不同类型的人的实体间的联系，而不是强调这些实体与那些核心实体（如 Branch 和 PropertyForRent）之间的联系。

是否选择使用特殊化 / 泛化的方法，以及特殊化 / 泛化到何种程度，都是一种主观的决策。事实上，在第 16 章讨论的概念数据库设计方法学中，特殊化 / 泛化（步骤 1.6）是一个可选步骤。

如同 2.3 节所述，数据模型的目的是提供一些概念和表示方法，从而使得数据库设计人员与终端用户可以就其各自对企业数据的理解进行明白无误的交流。因而我们若能牢记此目标，则只有在企业数据过于复杂——复杂到仅使用 ER 模型的基本概念而难以表达时，才考虑使用特殊化 / 泛化这些附加的概念。

在这一阶段，可以考虑一下在表示 DreamHome 案例研究的用户视图 Branch 时，使用特殊化 / 泛化的方法是否理想，换句话说，用户视图 Branch 的需求是表示为图 12-1 中的 ER 模型好，还是图 13-8 中的 EER 模型好。这个问题留给读者思考。

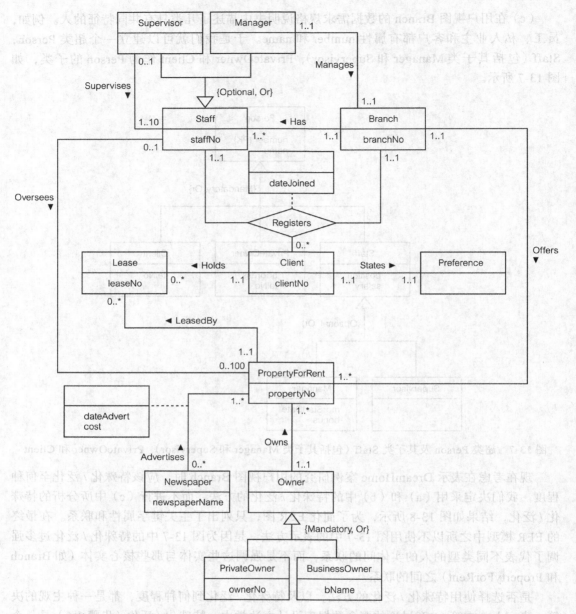

图 13-8 对 DreamHome 的用户视图 Branch 特殊化 / 泛化以后生成的 EER 模型

13.2 聚合

聚合 | 表示实体类型之间的"拥有"(has-a)和"属于"(is-part-of)联系,这些实体中有一个表示"整体",其他的表示"部分"。

表示两个实体类型之间关联的联系在概念上是指同一层次的实体间的联系,但有些时候,希望能够模拟一种"拥有"或"属于"类型的联系,在这些联系中,有一个实体表示一个大型实体(整体),它由一些小型实体(部分)组成。这种特殊类型的联系就称为**聚合**(Booch et al.,1998)。聚合并不会改变"部分"构成"整体"的含义,也不会将"整体"和

"部分"的生存期联系在一起。一个聚合的示例为：将实体 Branch（整体）和实体 Staff（部分）关联起来的联系 Has 就是一种"拥有"联系。

聚合的图形化表示

　　UML 对聚合的表示是在代表联系的连线的一端加上一个空心菱形，该端与表示"整体"的实体相连。图 13-9 重绘了图 13-8 中的 EER 图，在图中表示了聚合。在该 EER 图中有两个聚合，即 Branch Has Staff 和 Branch Offers PropertyForRent，在这两个联系中，实体 Branch 代表"整体"，所以空心菱形紧挨 Branch 一侧。

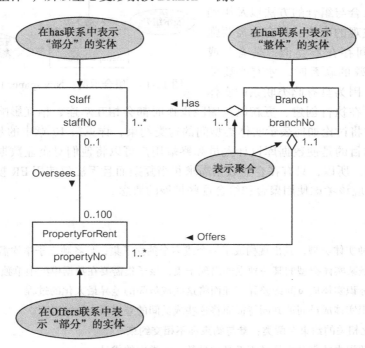

图 13-9　聚合示例：Branch Has Staff 和 Branch Offers PropertyForRent

13.3　组合

| **组合** | 一种特殊形式的聚合，表示在实体的关联中，"整体"方对"部分"方拥有强所有权（strong ownership），且两者的生存期相同。

　　聚合完全是概念上的，它仅仅是为了区分"整体"和"部分"。然而，存在一种聚合的变形——**组合**，组合表示了"整体"对"部分"所拥有的强所有权，并且"整体"和"部分"具有一致的生存期（Booch et al., 1998）。在组合中，"整体"负责"部分"的部署，这意味着组合必须能够管控"部分"的创建和销毁。也就是说，在任意时刻，一个对象只能作为某个组合的一个"部分"。图 13-8 中没有组合的例子，为了便于讨论，考虑一个称为 *Displays* 的联系，该联系将实体 Newspaper 和实体 Advert 关联起来。作为一个组合，它强调了这样的事实：一个 Advert 实体（部分）恰好属于一个 Newspaper 实体（整体）。这一点和聚合是有所区别的，在聚合中，"部分"可以属于多个"整体"。例如，一个 Staff 实体可能同时属于多个 Branch 实体。

组合的图形化表示

UML 对组合的表示是在代表联系的连线的一端加上一个实心菱形,该端与表示"整体"的实体相连。例如,在表示组合 Newspaper Displays Advert 时,将实心菱形放置在联系的"整体"(即实体 Newspaper)一侧,如图 13-10 所示。

如同前面对特殊化 / 泛化进行的讨论,是否使用聚合与组合的方法以及用到何种程度都是主观的决策。只有在需要强调实体类型之间存在着类似"具有"或"属于"这些特殊的联系时,才有必要使用聚合和组合。因为具有此类联系的实体

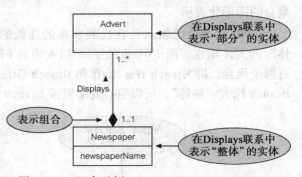

图 13-10　组合示例: Newspaper Displays Advert

之间关联紧密,在执行创建、更新以及删除操作时都会相互牵连、相互影响。在逻辑数据库设计方法学中将讨论如何表示实体类型间的这类约束,详见第 17 章中的步骤 2.4。

数据建模的目的是使数据库设计人员和终端用户可以将他们对企业数据的理解进行清晰、准确的交流。所以,只有在企业数据需求相当复杂而且无法仅使用 ER 模型的基本概念进行表达时,才应该考虑使用聚合和组合这些扩展的概念。

本章小结

- **超类**是这样一种实体类型,其出现构成了一个或多个独立子集,且各独立子集均需在数据模型中单独表示。**子类**是某实体类型的某一独立的出现子集,该子集需要在数据模型中单独表示出来。
- **特殊化**是通过标识实体成员间的差异特征而将这些成员间的差异最大化的过程。
- **泛化**是通过标识实体成员间的共同特征而将这些成员间的差异最小化的过程。
- 与特殊化 / 泛化相关的约束有两类:**参与约束**和**不相交约束**。
- **参与约束**限定超类中的每个成员是否都必须是某一子类中的成员。
- **不相交约束**描述了子类成员之间的联系,并指出超类的一个成员是否可以同时为一个或多个子类的成员。
- **聚合**表示实体类型之间的"具有"或"属于"联系,其中,有一个实体类型代表"整体",其他的则表示"部分"。
- **组合**也表示了实体之间的关联,是一种特殊形式的聚合:即在组合中,存在一个强所有权实体——"整体",且"整体"和"部分"具有一致的生存期。

思考题

13.1　请描述超类和子类的含义。

13.2　描述超类和其子类之间的联系。

13.3　举例说明属性的继承。

13.4　在 ER 模型中引入超类和子类的主要原因是什么?

13.5　描述共享子类的含义,并说明它与多重继承的关联。

13.6　描述并比较特殊化过程与泛化过程。

13.7 描述在特殊化 / 泛化联系上的两类主要约束。

13.8 描述并比较聚合与组合，并各举一例。

习题

13.9 考虑在附录 B 给出的案例分析中引入特殊化 / 泛化、聚合或组合这些增强的概念是否合适。

13.10 考虑在习题 12.12 的案例研究中，是否适合引入特殊化 / 泛化、聚合或组合这些增强的概念。
如果适合，请将原 ER 图扩展为带有这些增强概念的 EER 图。

13.11 在习题 12.13 描述和图 13-11 显示的 ER 图中引入特殊化 / 泛化概念，以表示下列信息：

（a）大多数车位为有顶棚的，每个车位可分给一位员工使用，但收取月租费。

（b）露天的停车位免费，每个车位可分给一位员工使用。

（c）最多 20 个有顶棚的停车位留给公司来访者使用。然而，只有员工能预订到访日的车位，这
些车位不收费，但负责预订的员工需报出到访者的驾照号。

本习题的答案见图 17-11。

Staff	Uses ►		**Space**	◄ Provides		**ParkingLot**
staffNo {PK} name extensionTelNo vehLicenseNo	0..1	0..1	spaceNo {PK}	1..*	1..1	parkingLotName {PK} location capacity noOfFloors

图 13-11 习题 12.13 描述的停车场问题的 ER 模型

13.12 假设扩展习题 12.14 中图书馆的案例，使其包括以下情况：图书馆总是有相当多库存的书不再适
合外借。这些书能打折销售。但也不是所有藏书最后都能卖掉，因为一些书损坏严重，一些书干
脆丢失了。每一本适合出售的书都有价格和不再外借的日期。在习题 12.14 描述和图 13-12 显
示的 ER 图中引入扩展的概念，以适应对原案例的扩展。

本习题的答案显示在图 17-12。

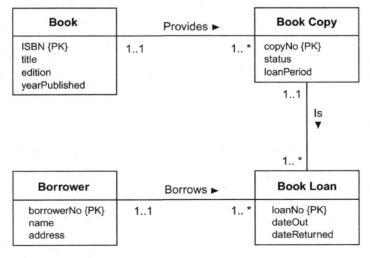

图 13-12 习题 12.14 描述的图书馆问题的 ER 模型

扩展阅读

Bennett S., McRobb S., and Farmer R. (2001). *Object-Oriented Systems Analysis Using UML* 2nd edn. McGraw Hill

Benyon D. (1990). *Information and Data Modelling*. Oxford: Blackwell Scientific

Booch G. (1994). *Object-Oriented Analysis and Design with Applications*. Reading, MA: Benjamin Cummings

Booch G., Rumbaugh J., and Jacobson I. (1999). *The Unified Modeling Language User Guide*. Addison-Wesley

Connolly T., Begg C., and Holowczak R. (2008) *Business Database Systems*. Addison-Wesley

Elmasri R. and Navathe S. (2006). *Fundamentals of Database Systems* 5th edn. New York, NY: Addison-Wesley

Gogolla M. and Hohenstein U. (1991). Towards a semantic view of the Entity–Relationship model. *ACM Trans. Database Systems,* **16**(3)

Hawryszkiewycz I.T. (1991). *Database Analysis and Design* 2nd edn. Basingstoke: Macmillan

Howe D. (1989). *Data Analysis for Data Base Design* 2nd edn. London: Edward Arnold

规 范 化

本章目标

本章我们主要学习：

- 规范化的目的
- 在设计关系数据库时如何进行规范化
- 基本关系中冗余数据可能产生的问题
- 描述属性之间联系的函数依赖的概念
- 规范化中所用函数依赖的各种性质
- 如何确定给定关系上的函数依赖
- 如何利用函数依赖确定关系的主关键字
- 如何进行规范化
- 规范化是如何利用函数依赖将属性重组为达到范式要求的关系
- 如何判断最常用的范式，即第一范式（1NF）、第二范式（2NF）、第三范式（3NF）
- 违反了 1NF、2NF 或者 3NF 规则的关系存在的问题
- 如何用规范化方法将属性表示为满足 3NF 的关系

为企业设计数据库时，主要目标是正确地表示数据、数据之间的联系以及与企业业务相关的数据约束。为了实现这个目标，我们可以使用一种或多种数据库设计技术。第 12 章和第 13 章中，讲述了其中的一种技术——实体 - 联系（ER）建模。本章和下一章将讲述另外一种数据库设计技术——规范化。

规范化是一种数据库设计技术，从分析属性之间的联系（即函数依赖）入手。属性刻画了企业重要数据的特性或者这些数据之间联系的特性。规范化使用一系列测试（描述为范式）帮助我们确定这些属性的最佳组合，最终生成可支持企业数据需求的一组适当关系。

本章的主要目标是介绍函数依赖的概念，并且讨论如何将关系规范化到第三范式。在第 15 章，我们还将给出函数依赖的形式化描述以及比 3NF 更高的范式。

本章结构

14.1 节将讲述规范化的目的。14.2 节将讨论如何使用规范化技术支持关系数据库设计。14.3 节将分析并举例说明在非规范化的基本关系中数据冗余带来的潜在问题。14.4 节定义了与规范化相关的主要概念——函数依赖，函数依赖描述了属性之间的联系，我们还将讲述规范化中用到的函数依赖的性质。14.5 节对规范化进行了概述。在后面的小节中分别讲述了使用三种最常用范式的规范过程：14.6 节讲述第一范式，14.7 节讲述第二范式，14.8 节讲述第三范式。在上述小节中，对 2NF 和 3NF 的讨论都是基于关系的主关键字。14.9 节则基于关系的所有候选关键字给出了 2NF 和 3NF 的一般化定义。

本章中所用到的例子取自 11.4 节描述的 DreamHome 案例，在附录 A 中有 DreamHome

的详细文档。

14.1 规范化的目的

规范化 生成一组既具有所期望的特性又能满足企业数据需求的关系的技术。

进行规范化（normalization）的目的是确定一组合适的关系以支持企业的数据需求。所谓合适的关系，应具有如下性质：

- 属性的个数最少，且这些属性是支持企业的数据需求所必需的。
- 具有紧密逻辑联系（描述为函数依赖）的诸属性均在同一个关系中。
- 最少的冗余，即每个属性仅出现一次，作为外部关键字（参见 4.2.5 节）的属性除外。连接相关关系必须用到外部关键字。

数据库拥有一组合适关系的好处是：数据库易于用户访问，数据易于维护，在计算机上占有较小的存储空间。而使用未能被适当规范化的关系带来的问题详见 14.3 节。

14.2 规范化对数据库设计的支持

规范化是一种能够应用于数据库设计任何阶段的形式化技术。本节着重强调规范化的两种使用方法（参见图 14-1）。方法 1 将规范化视为一种自下而上的独立的数据库设计技术。方法 2 则将规范化作为一种确认技术使用：用规范化技术检验关系的结构，而这些关系的建立可能采用自上而下的方法，比如 ER 建模。不管使用哪一种方法，目标都是一致的，即建立一组设计良好（well-designed）的关系以满足企业的数据需求。

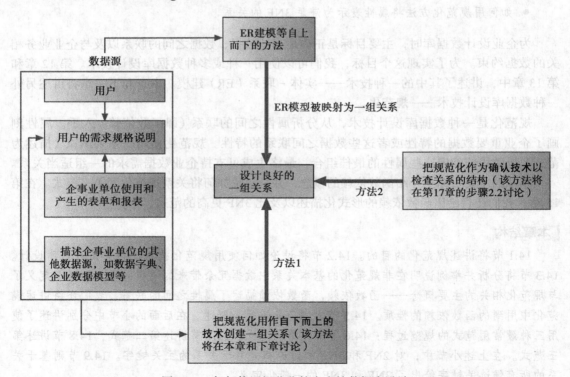

图 14-1　如何使用规范化技术支持数据库设计

图 14-1 给出了一些能够用来进行数据库设计的数据源示例。尽管用户的需求规格说明（参见 10.5 节）是首选的数据源，但是仅基于直接从其他数据源获得的信息进行数据库设计也是可能的，这些数据源包括表单和报表（详见本章及下章）。图 14-1 还说明对同一个数据源两种方法均适用。然而尽管理论上如此，实际操作时究竟采用哪一种方法要取决于数据源反映出的数据库的大小、范围以及复杂度，同时还取决于数据库设计者的偏好及其专长。是否将规范化作为一种自下而上的独立的数据库设计技术（即方法 1）使用，常常受限于数据库设计者对设计细节的掌握程度。然而，当我们将规范化作为一种确认技术（即方法 2）使用时，就没有了这种限制。因为在这种使用方法中，数据库设计者在任何时刻都仅需专注于数据库的一部分，例如一个单一的关系，因此，不管数据库的大小或者复杂度如何，规范化都能够发挥效能。

14.3 数据冗余与更新异常

如 14.1 节所述，关系数据库设计的一个主要目标就是将属性组合成关系时力求最少的数据冗余。如果能够达到这个目标，就可能为数据库带来以下好处：

- 能用最少的操作完成对数据库中存储数据的更新，由此可以降低数据库中出现数据不一致的概率。
- 减少存储基本关系所需的文件存储空间，因而将成本降至最低。

当然，关系数据库（的运行）也依赖于一定的数据冗余的存在。这种冗余一般是以主关键字（或者候选关键字）的多个副本的形式出现，这些副本在与之相关联的关系（即主关键字或候选关键字所属关系）中，作为外部关键字出现，用以表示数据之间的联系。

本节将通过对图 14-2 中的关系 Staff、Branch 与图 14-3 中的关系 StaffBranch 的比较，说明不必要的数据冗余带来的问题。关系 StaffBranch 是关系 Staff 和 Branch 的另一种表达方式，这些关系的结构如下所示：

Staff

staffNo	sName	position	salary	branchNo
SL21	John White	Manager	30000	B005
SG37	Ann Beech	Assistant	12000	B003
SG14	David Ford	Supervisor	18000	B003
SA9	Mary Howe	Assistant	9000	B007
SG5	Susan Brand	Manager	24000	B003
SL41	Julie Lee	Assistant	9000	B005

Branch

branchNo	bAddress
B005	22 Deer Rd, London
B007	16 Argyll St, Aberdeen
B003	163 Main St, Glasgow

图 14-2 关系 Staff 和 Branch

Staff	(staffNo, sName, position, salary, branchNo)
Branch	(branchNo, bAddress)
StaffBranch	(staffNo, sName, position, salary, branchNo, bAddress)

注意，每个关系的主关键字都有下划线。

在关系 StaffBranch 中存在冗余数据：同一个分公司的信息在每一个属于该分公司的员工的信息里反复出现。相反，在关系 Branch 中，每个分公司的信息只出现了一次，而且在关系 Staff 中只有分公司的编号（branchNo）这一属性的值重复出现，这是为了能够表示出每一个员工都归属于哪一个分公司。存在冗余数据的关系可能存在一些问题——**更新异常**，更新异常又可分为插入异常、删除异常和修改异常。

StaffBranch

staffNo	sName	position	salary	branchNo	bAddress
SL21	John White	Manager	30000	B005	22 Deer Rd, London
SG37	Ann Beech	Assistant	12000	B003	163 Main St, Glasgow
SG14	David Ford	Supervisor	18000	B003	163 Main St, Glasgow
SA9	Mary Howe	Assistant	9000	B007	16 Argyll St, Aberdeen
SG5	Susan Brand	Manager	24000	B003	163 Main St, Glasgow
SL41	Julie Lee	Assistant	9000	B005	22 Deer Rd, London

图 14-3　关系 StaffBranch

14.3.1　插入异常

插入异常主要有两类，我们用图 14-3 中的关系 StaffBranch 来解释这两类异常。

- 在关系 StaffBranch 中插入一位新员工的信息时，这些信息中必须包括该员工将被分配到的分公司的信息。比如，在插入某一被分配到编号为 B007 的分公司工作的员工信息时，我们必须正确输入分公司 B007 的所有信息，由此确保这些数据与关系 StaffBranch 已有的关于分公司 B007 的元组中的信息一致。图 14-2 中的关系则不存在这种潜在的不一致性，因为在关系 Staff 中，只需为每个员工录入相应的分公司编号就可以了，而在关系 Branch 中，编号为 B007 的分公司的信息是作为一个单独的元组存储在数据库中的。

- 在向关系 StaffBranch 中插入一个新的分公司的信息时，由于该分公司目前可能还没有员工，因此有必要在录入与员工相关的信息时将其设为 null，如将 staffNo 赋值为 null。但是 staffNo 是关系 StaffBranch 的主关键字，若试图为 staffNo 录入 null 值，则会违反实体完整性约束（参见 4.3 节），这样做是不允许的，我们也因此无法向关系 StaffBranch 中插入一个 staffNo 为 null 的一个新的分公司的元组。图 14-2 中的关系设计则避免了此类问题的出现，因为分公司的信息在关系 Branch 中单独录入，与员工信息分离，而员工被分配到哪个分公司工作的信息则会在以后的时间再录入关系 Staff 中。

14.3.2　删除异常

在从关系 StaffBranch 中删除一个元组时，若该元组表示某分公司最后一名员工，则删除元组之后，该分公司的信息也从数据库中丢失了。例如，如果从关系 StaffBranch 中删除员工编号为 SA9（员工 Mary Howe）的元组，则编号为 B007 的分公司的信息也将从数据库中消失。图 14-2 的关系设计则避免了这个问题，因为表示分公司的元组和表示员工的元组是分开存储的，只有属性 branchNo 将这两个关系关联在一起。如果从关系 Staff 中删除员工编号为 SA9 的元组，关系 Branch 中分公司 B007 的信息并不会受到任何影响。

14.3.3　修改异常

如果我们想要修改关系 StaffBranch 中某分公司的某个属性值，比如修改分公司 B003 的地址，那么我们必须更新所有 B003 的员工的元组。若此修改操作未能在关系 StaffBranch 中所有相关的元组上执行，数据库则会产生不一致：同属于分公司 B003 的员工，其元组在分公司地址这一属性上的取值可能会出现不同。

上面的示例说明了图 14-2 中的关系 Staff 和 Branch，比图 14-3 中的关系 StaffBranch 具有更令人满意的特性。也就是说，当关系 StaffBranch 发生更新异常时，我们可以通过将其分解为 Staff 和 Branch 两个关系来避免这些异常。当把较大的关系分解成较小的关系时，有两个很重要的特性：

- **无损连接**（lossless-join）特性：该特性确保了原关系的任一实例信息能通过较小关系的对应实例确定出来。
- **依赖保持**（dependency preservation）特性：该特性确保了只需简单地在较小的关系上支持某些约束，就可以继续支持在原关系上存在的约束。也就是说，我们不必对较小的关系执行连接操作就可以检验它们是否违反了原关系上的约束。

本章的后面部分将讨论如何使用规范化的过程来构造结构良好的关系。在这之前，首先介绍函数依赖的概念，这是规范化过程的基础。

14.4 函数依赖

与规范化相关的一个重要概念就是**函数依赖**（functional dependency），函数依赖描述了属性之间的联系（Maier，1983）。本节首先讲述函数依赖的概念，然后讲述对规范化来说非常有用的函数依赖的性质，最后讨论如何识别函数依赖以及如何使用函数依赖确定关系的主关键字。

14.4.1 函数依赖的特征

为了讨论函数依赖，假设有某一关系模式，该关系模式具有属性（A，B，C，…，Z），我们用一个**全域关系**（universal relation）R＝（A，B，C，…，Z）来描述数据库。该假设意味着每个数据库中的属性都有一个唯一的名字。

函数依赖 描述一个关系中属性之间的联系。例如，假设 A 和 B 均为关系 R 的属性，若 A 的每个值都和 B 中的一个唯一的值相对应，则称 B 函数依赖于 A，记为 A→B（A、B 可能由一个或多个属性组成）。

函数依赖是属性在关系中的一种语义特性。该语义特性表明了属性和属性是如何关联起来的，确定了属性之间的函数依赖。当存在某一函数依赖时，这个依赖就被视为属性之间的一种**约束**。

考虑某一关系，它拥有属性 A、B，其中属性 B 函数依赖于属性 A。假设知道 A 的值，我们来验证该关系是否支持这种依赖。结果我们发现无论任何时候，对于所有元组，若属性 A 的值等于给定值，则该元组的属性 B 的值都是唯一的。因此，当两个元组的属性 A 的值相同时，其属性 B 的值也是相同的。反之则不然，对于一个给定的 B 的值，可能对应着几个不同的 A 的值。属性 A、B 之间的这种依赖可以用图 14-4 表示。

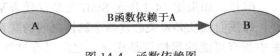

图 14-4 函数依赖图

另外一种描述属性 A、B 之间的这种联系的术语为 "A 函数决定 B"。也许一些读者更喜欢使用后者，因为它与属性之间函数依赖的箭头的方向相同，显得更自然一些。

决定方 位于函数依赖箭头左边的属性或属性组。

当存在函数依赖时，位于箭头左边的属性或属性组称为**决定方**（determinant）。例如，在图 14-4 中，A 是 B 的决定方。下面，我们将举例说明如何识别函数依赖。

例 14.1 ≫ 函数依赖示例

考虑图 14-2 中的关系 Staff 的属性 staffNo 和 position，对于某个给定的 staffNo 值，如 SL21，我们就可以确定该员工的职位是经理。也就是说，staffNo 函数决定 position，如图 14-5a 所示。而图 14-5b 说明了反过来则是不正确的，因为 position 是无法函数决定 staffNo 的，即某位员工拥有某一职位，但有可能有好多位员工都拥有这一职位。

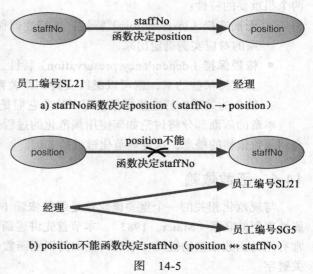

a) staffNo 函数决定 position（staffNo → position）

b) position 不能函数决定 staffNo（position ↛ staffNo）

图　14-5

staffNo 和 position 之间的联系是一对一的（1:1）：每位员工有且只能拥有一个职位。另一方面，position 和 staffNo 之间的联系是一对多的（1:*）：可能有多位员工拥有同一职位。本例中，staffNo 是函数依赖的决定方。为了进行规范化，我们主要关注关系中那些具有一对一联系的属性之间的函数依赖，从而确定依赖左边的决定方和右边的属性（组）。

在确定一个关系中属性之间的函数依赖时，必须明确它是仅当属性取某一特定值时成立，还是该属性取值集中任意值时均成立，区分清楚这一点是很重要的。换句话说，函数依赖是关系模式（内涵）的性质，而不是模式的某个实例（外延）的性质（参见 3.2.1 节）。下面就举例说明这一点。

例 14.2 ≫ 恒成立函数依赖示例

考虑图 14-2 所给关系 Staff 的属性值 staffNo 和 sName。可以看到，对于给定的 staffNo，如 SL21，可以确定该员工的名字是 John White。而且对于给定的 sName，如 John White，也可以确定他的员工编号是 SL21。我们是否因此就能得出结论：属性 staffNo 函数决定属性 sName 或者属性 sName 函数决定属性 staffNo 呢？如果图 14-2 所示关系 Staff 的值表示了属性 staffNo 和 sName 所有可能的取值，则下列函数依赖是成立：

staffNo → sName
sName → staffNo

但是，如果图 14-2 所示 Staff 关系仅代表某一特定时刻 staffNo 和 sName 属性的取值集合，那我们就没必要关心这两个属性之间的联系了。因为我们想要确定的函数依赖应该对关系中所有可能的属性值都成立。之所以有这样的要求，是因为函数依赖代表各种完整性约束，这些约束又表示对关系取值限制的合理假设。

一种能够确定关系中属性的所有可能的取值集合的方法是完全理解每个属性的意义。例如，属性 staffNo 的值唯一标识了每一位员工，而属性 sName 的值则代表了员工的姓名。很明显，如果知道了员工的员工编号（staffNo），我们就可以确定该名员工的名字（sName）。但是，由于员工可能重名，所以属性 sName 就可能具有重复值。对于这类员工，显然无法确定其员工编号（staffNo）。staffNo 和 sName 之间的联系是一对一的（1∶1）：每个员工编号只对应一个员工姓名。另一方面，sName 和 staffNo 之间的联系是一对多的（1∶*）：一个员工姓名可能对应着多个员工编号。在考虑了所有可能的属性 staffNo 和 sName 的取值后，依然成立的函数依赖为：

staffNo → sName

另一个规范化时有用的函数依赖的性质是：决定方应该具有最少的属性，这些属性是保证右边的属性函数依赖于它所必不可少的。我们称其为**完全函数依赖**（full functional dependency）。

完全函数依赖 | 假设 A 和 B 是某一关系的属性（组），若 B 函数依赖于 A，但不函数依赖于 A 的任一真子集，则称 B 完全函数依赖于 A。

对于函数依赖 A → B，如果去掉 A 中的任一属性都使得该依赖不再成立，那么 A → B 就是完全函数依赖。如果去掉 A 中的某些属性，依赖仍然成立，那么函数依赖 A → B 就是**部分函数依赖**。例 14.3 举例说明了如何从一个部分函数依赖得到一个完全函数依赖。

例 14.3 》 完全函数依赖示例

考虑在图 14-2 的关系 Staff 上成立的函数依赖：

staffNo, sName → branchNo

每个（staffNo，sName）值都和一个单独的 branchNo 相对应，这是对的，但这不是一个完全函数依赖，因为 branchNo 也函数依赖于（staffNo，sName）的子集——staffNo。换句话说，上面给出的函数依赖是一个部分依赖。我们更感兴趣的函数依赖是完全函数依赖，如下所示：

staffNo → branchNo

更多的部分依赖和完全依赖的例子将在 14.7 节讨论。

概括而言，规范化时要用到的函数依赖具有下列性质：
- 函数依赖左边的属性（组）（即决定方）与右边的属性（组）是一对一的联系（注意，若反过来看，也就是右边与左边的属性（组）之间则既可能为一对一的联系，也可能为一对多的联系）。
- 恒成立。
- 决定方具有最少的、足以支持与右边属性（组）之间依赖关系的属性，即右边的属性（组）完全依赖于左边的属性（组）。

至此，我们已经讨论了在规范化时所关心的一些函数依赖，但是还有必要了解一种函数依赖，即**传递依赖**（transitive dependency）。因为关系中若存在传递依赖，就有可能引起更新异常（参见 14.3 节）。本节只简单介绍传递依赖，目的是在需要时我们能够识别出它们。

传递依赖 | 假设 A、B、C 是某一关系的属性，若 A → B，B → C，则称 C 通过 B 传递依赖于 A（假设 A 并不函数依赖于 B 或 C）。

例 14.4 给出了传递依赖的示例。

例 14.4 》 传递依赖示例

考虑图 14-3 在关系 StaffBranch 上成立的函数依赖，如下所示：

```
staffNo → sName, position, salary, branchNo, bAddress
branchNo → bAddress
```

bAddress 通过 branchNo 传递依赖于 staffNo。换句话说，属性 staffNo 通过属性 branchNo 函数决定 bAddress，并且 branchNo 和 bAddress 都不能函数决定 staffNo。在 14.8 节还将讨论其他的传递依赖的例子。

在后面的小节里，我们将举例说明识别函数依赖集的方法，然后讨论如何利用这些依赖确定示例关系的主关键字。

14.4.2 识别函数依赖

如果我们能够完全理解每一个属性的意义以及这些属性之间的联系，那么确定属性之间所有的函数依赖应该非常简单。这类信息应由企业提供，可能是通过与用户讨论形成，同时（或者）也可能是以文档的形式出现，比如用户需求规格说明书。但是，如果与用户无法沟通，并且（或者）文档并不完备，那么数据库设计人员就有必要基于该数据库应用的领域，利用自己的常识或经验来补充那些缺失的信息。例 14.5 举例说明了当我们能够完全理解属性的意义和属性之间联系时，就能很容易地确定关系的属性之间的函数依赖。

▌例 14.5 ≫ 确定关系 StaffBranch 的函数依赖集

首先，我们分析一下图 14-3 所示的关系 StaffBranch 的属性的语义。为了便于讨论，假设员工拥有的职位与其所在的分公司决定了员工的工资。基于对关系 StaffBranch 中的属性的理解，确定下列函数依赖：

```
staffNo → sName, position, salary, branchNo, bAddress
branchNo → bAddress
bAddress → branchNo
branchNo, position → salary
bAddress, position → salary
```

关系 StaffBranch 中已经确定的这五个函数依赖的决定方分别是：staffNo，branchNo，bAddress，（branchNo，position）和（bAddress，position）。对于每个函数依赖来说，我们能够确保所有右边的属性都函数依赖于左边的决定方。

作为对比，现在我们要考虑的是在属性的意义和属性之间联系的信息均缺乏的情况下，如何识别函数依赖。在这种情况下，若有一些简单数据可用，而这些数据又是数据库可以存储的所有可能数据的代表，则还是有可能识别函数依赖的。例 14.6 说明了这种方法。

▌例 14.6 ≫ 利用案例数据识别函数依赖

考虑图 14-6 中的关系 Sample 中的属性 A、B、C、D、E。首要的一点就是先要确定关系中已经给出的数值是否可以代表属性 A、B、C、D、E 所有可能的取值。本例中，尽管关系中列出的数据量相对较小，我们还是假设能够确保这一点。确定图 14-6 中的关系 Sample 的属性之间的函数依赖（标记为 fd1 ~ fd5）的过程如下所述。

为了确定属性 A、B、C、D、E 之间存在的函数依赖，我们分析图 14-6 中给出的关系 Sample：当某一列的取值相同的时候，看看其他列的取值情况是否也是如此。先从左边第一列开始，分析其与关系的右边每一列的取值情况，然后再分析属性各种组合的情况，也就是分析当两列或两列以上的属性取值相等的时候，其他列的取值情况是否也是如此。

Sample 关系

A	B	C	D	E
a	b	z	w	q
e	b	r	w	p
a	d	z	w	t
e	d	r	w	q
a	f	z	s	t
e	f	r	s	t

图 14-6 关系 Sample 的属性 A、B、C、D、E 的部分取值以及这些属性之间的函数依赖（fd1 ~ fd5）

例如，当列 A 取值为 "a" 时，列 C 的值就为 "z"，当列 A 为 "e" 时，列 C 就为 "r"。因此可以得出结论：在属性 A 和 C 之间存在一对一的联系（1:1）。也就是说，属性 A 函数决定属性 C，在图 14-6 中该函数依赖被标记为函数依赖 1（fd1）。更进一步地说，列 C 取值的变化总是与列 A 的取值变化一致。我们还可以总结出属性 C 和 A 之间也具有（1:1）的联系。也就是说，C 函数决定 A，在图 14-6 中用 fd2 标识。如果考虑属性 B，就可以看到当列 B 取值为 "b" 或者 "d" 时，列 D 的取值就为 "w"，列 B 为 "f" 时，列 D 就为 "s"。因此可以断定属性 B 和 D 之间具有（1:1）的联系，即 B 函数决定 D，在图 14-6 中用 fd3标识。但是，属性 D 不能函数决定属性 B，因为当属性 D 的取值都为同一个值比如 "w"时，并不仅仅只对应着属性 B 的一个值。也就是说，当列 D 取值为 "w" 时，列 B 的取值或者为 "b" 或者为 "d"。因此，在属性 D 和 B 之间存在着一对多的联系。最后一个要考虑的属性是 E。我们发现这一列和其他所有列的取值的变化情况都不一致，即属性 E 不能函数决定属性 A、B、C 或者 D。

现在考虑组合属性和其他列值的变化是否一致，可以推断出的是列 A 和列 B 的组合值相同时，列 E 的取值也都相同。比如：若列 A 和列 B 的取值为（a，b）时，则列 E 为 "q"。也就是说，属性（A，B）函数决定属性 E，在图 14-6 中标识为 fd4。但是，反之不然，因为我们前面已经说过属性 E 不能函数决定关系的任何一个属性。同理可分析出，属性（B，C）函数决定属性 E，在图 14-6 中标识为 fd5。通过对剩余的列的所有可能的组合进行分析，就完成了对图 14-6 所示的关系的函数依赖的分析。

小结一下，图 14-6 中关系 Sample 的属性 A 到 E 之间存在如下函数依赖：

A → C	(fdl)
C → A	(fd2)
B → D	(fd3)
A, B → E	(fd4)
B, C → E	(fd5)

14.4.3 利用函数依赖确定主关键字

确定关系函数依赖集的主要目的是确定该关系必须满足的完整性约束集。首先要考虑辨别的一种重要的完整性约束是候选关键字，候选关键字中的一个将被选作关系的主关键字。下面的两个示例说明了如何确定关系的主关键字。

▌ 例 14.7 >> 确定关系 StaffBranch 的主关键字

在例 14.5 中我们讲述了如何确定图 14-3 所示的关系 StaffBranch 的五个函数依赖。这些函数依赖的决定方分别是：staffNo、branchNo、bAddress、（branchNo, position）和（bAddress, position）。

为了确定关系 StaffBranch 的候选关键字，我们必须确定可以唯一标识关系中每个元组的属性（或属性组）。如果一个关系有多个候选关键字，我们将确定一个候选关键字作为关系的主关键字（参见 4.2.5 节）。所有不属于主关键字的属性（non-primary-key attributes）都应该函数依赖于主关键字。

因为关系 StaffBranch 中其他所有属性都函数依赖于 staffNo，而 staffNo 又是关系 StaffBranch 唯一的候选关键字，所以 staffNo 就是关系 StaffBranch 的主关键字。尽管 branchNo、bAddress、（branchNo, position）和（bAddress, position）在关系中都是决定方，但它们都不是候选关键字。 ◀◀

▌ 例 14.8 >> 确定关系 Sample 的主关键字

在例 14.6 中，我们已经确定了关系 Sample 的五个函数依赖。为了确定关系的候选关键字，现在我们来分析每一个函数依赖的决定方。一个适合成为候选关键字的决定方一定要能够函数决定关系中的所有其他属性。关系 Sample 的决定方有 A、B、C、（A, B）和（B, C），但是，只有决定方（A, B）和（B, C）能函数决定关系 Sample 中的所有其他属性。先看（A, B）的情形，A 函数决定 C，B 函数决定 D，（A,B）函数决定 E。换句话说，构成决定方（A,B）的属性能够函数决定关系中的所有其他属性，这里考虑 A、B 独立或 A、B 一起能够函数决定的所有属性。而关系候选关键字的一个基本的性质就是不管考虑决定方的一个单独属性还是属性的组合，它们一起要能够函数决定关系中其他所有的属性才行。该性质对关系 Sample 中的决定方（B, C）也成立，但其他的决定方（包括 A、B 或者 C）都不具备这个性质，因为它们分别只能函数决定一个其他的属性。因此，在关系 Sample 中有两个候选关键字，即（A, B）和（B, C）。由于二者长度一样（均为两个属性），所以可任选一个作为关系 Sample 的主关键字。未被选作主关键字的候选关键字称为可替换关键字（alternate keys）。 ◀◀

至此，本节已经讨论了对于确定关系上的数据约束最有用的函数依赖，并讨论了如何利用函数依赖确定关系的主关键字（或候选关键字）。函数依赖和关键字的概念是规范化过程的核心内容。下一章将为那些对形式化感兴趣的读者继续讨论函数依赖。本章，我们将继续讲述规范化的过程。

14.5 规范化过程

规范化是一种基于关系的主关键字（或者候选关键字）和函数依赖对关系进行分析的形式化技术（Codd, 1972b）。规范化技术涉及一系列的规则，这些规则能够用来对关系进行单独测试以保证数据库可以被规范化到任意程度。当某种规范化的要求未能得到满足时，就将违反需求的关系分解为多个关系，直至分解后的每一个关系都能满足规范化的要求为止。

最早提出的三个范式为第一范式（1NF）、第二范式（2NF）和第三范式（3NF）。后来，R. Boyce 和 E. F. Codd 又提出了一种增强的第三范式，称为 Boyce-Codd 范式（BCNF）（Codd，1974）。除了第一范式，所有这些范式都是基于关系的属性之间的函数依赖的（Maier，1983）。随后还提出了比 BCNF 更高层的范式——第四范式（4NF）和第五范式（5NF）（Fagin，1977，1979）。但是，需要用到第四范式、第五范式的情况相当少。本章，我们将只讲述前三种范式，对 BCNF、4NF 和 5NF 的讨论则留到下一章进行。

规范化的过程包括一系列步骤，每一步都对应着某种具有已知性质的特定范式。随着规范化的进行，关系的个数逐渐增多，关系的形式也逐渐受限（结构越来越好），也就越来越不容易出现更新异常。对于关系数据模型，应该认识到在建立关系时只有满足第一范式（1NF）的需求是必需的，后面的其他范式都是可选的，这一点很重要。但是为了避免出现 14.3 节讨论的更新异常，通常建议将规范化至少进行到第三范式（3NF）。图 14-7 说明了各种范式之间的联系，可以看到某些 1NF 的关系满足 2NF 的要求，某些 2NF 关系满足 3NF 的要求，等等。

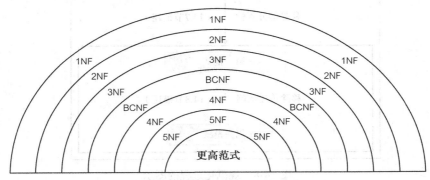

图 14-7　范式之间联系的图示

在后面的小节中我们将详细讲述规范化的过程。图 14-8 为规范化过程的纵览图，图中突出显示了规范化过程中每一个步骤的主要操作，并且列出了讲述每一步操作细节的小节的编号。

本章，我们将规范化视为一种自下而上的技术，主要讲述如何利用这种技术从案例表单中抽取属性信息，并先将其转化为非范式（Unnormalized Form，UNF）表格的形式，然后将其逐渐分解以满足每一种范式的要求，分解一直进行到原案例表中的属性都被分解为若干满足 3NF 要求的关系为止。尽管本章所使用的例子是从某一范式规范化到更高一级范式，但是，对于其他的例子来说并不一定必须这么做。如图 14-8 所示，在解决某些特殊问题时，我们可以将 1NF 的关系转化为 2NF 的关系，或者在某些情况下，直接将其转化为 3NF 的关系。

为了简化对规范化的讲述，我们假设在所用案例中，每一个关系都有一个函数依赖集，每一个关系都已被指派了一个主关键字。也就是说，在规范化的过程开始之前，充分、完全地理解属性的意义及其之间的联系是必要的。这些信息是进行规范化的基础，我们将利用这些信息来验证一个关系是否已经满足了指定范式的要求。14.6 节将讲述第一范式（1NF）。14.7 节和 14.8 节将基于关系的主关键字，分别讲述 2NF 和 3NF，然后在 14.9 节给出 2NF 和 3NF 的更一般化的定义。2NF 和 3NF 的更一般化的定义考虑了关系中的所有候选关键字，而不仅仅是主关键字。

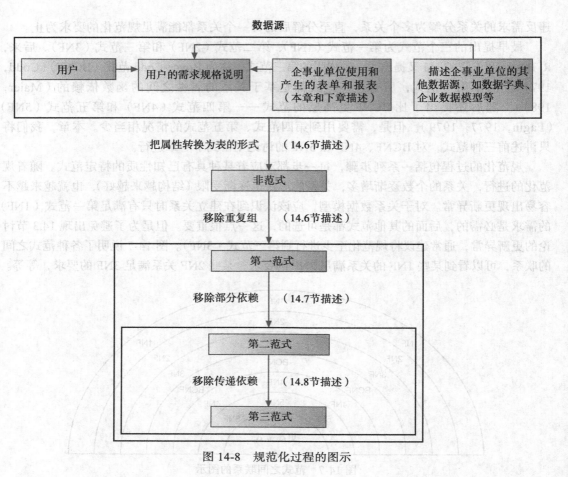

图 14-8   规范化过程的图示

14.6   第一范式（1NF）

在讨论第一范式之前，我们首先给出在第一范式之前的状态的定义。

｜非范式（UNF）｜ 包含一个或多个重复组的表。

｜第一范式（1NF）｜ 属于第一范式的关系，其每一行和每一列相交的位置有且仅有一个值。

本章中，我们在开始进行规范化之前，首先要将数据从数据源（例如标准的数据输入表单）转换为包含行和列的表格形式。这种格式的表是非范式的，因而被视为**非规范化的表**（unnormalized table）。为了将非规范化的表转化为第一范式，我们需要确定并删除表中的重复组。一个重复组可以是一个属性或一组属性，它对应表的某个（些）关键属性的一个实例可能出现多个值。注意，这里所说的"关键属性"是指非规范化的表中那些可以唯一标识每一行的属性（组）。从非规范化的表中消除重复组的常用方法有两种：

（1）在含有重复数据的那些行的空白列上输入合适的数据，也就是在需要填充的位置复制非重复数据。这种方法通常被看作是对表的平板化（flattening）处理。

（2）将重复数据单独移到一个新的关系中，同时也将原来关系中的关键属性（组）复制到这个新的关系中。有时候，非规范化的表可能包含多个重复组，或者在重复组里又有重复组。在这些情况下，重复使用这一方法直到不再存在重复组为止。若结果关系均不含重复组，则它们都是 1NF 的。

这两种方法得到的结果关系都是 1NF 的关系，在行、列交叉处都只包含原子（或单一）值。尽管两种方法都是正确的，然而方法 1 在对原 UNF 的表进行平板化的过程中也引入了较多的冗余；方法 2 则创建了两个或更多的关系，这些关系的冗余度都低于原 UNF 的表的冗余度。换句话说，在对原 UNF 的表的规范化过程中，方法 2 比方法 1 做的工作更多。但是，不管从哪一种方法开始，原 UNF 的表终将被规范化为一组相同的 3NF 的关系。

下面将就 DreamHome 案例研究中的一个实例来分别说明这两种方法的应用。

▌例 14.9 ≫ 第一范式

图 14-9 是（简化的）DreamHome 租约。最上面的那张是客户 John Kay 的租约，John Kay 租住了格拉斯哥的一处房产，业主是 Tina Murphy。在这个实例中，我们假定客户的每一处房产只能租住一次，而且在任意时刻都只能租住一处房产。

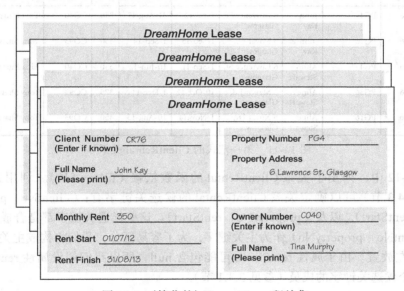

图 14-9 （简化的）DreamHome 租约集

我们取出两位不同客户 John Kay 和 Aline Stewart 的租约数据作为样本数据，并将其转换为由行、列组成的表的形式，如图 14-10 所示，这是一个非规范化的表。

ClientRental

clientNo	cName	propertyNo	pAddress	rentStart	rentFinish	rent	ownerNo	oName
CR76	John Kay	PG4	6 Lawrence St, Glasgow	1-Jul-12	31-Aug-13	350	CO40	Tina Murphy
		PG16	5 Novar Dr, Glasgow	1-Sep-13	1-Sep-14	50	CO93	Tony Shaw
CR56	Aline Stewart	PG4	6 Lawrence St, Glasgow	1-Sep-11	10-June-12	350	CO40	Tina Murphy
		PG36	2 Manor Rd, Glasgow	10-Oct-12	1-Dec-13	375	CO93	Tony Shaw
		PG16	5 Novar Dr, Glasgow	1-Nov-14	10-Aug-15	450	CO93	Tony Shaw

图 14-10 非规范化的 ClientRental 表

首先确定关键属性。非规范化表 ClientRental 的关键属性为 ClientNo。然后确定重复组。该表的重复组是房产出租的信息，在每位客户的信息中房产出租的信息都重复出现。该重复组结构如下：

Repeating Group = (propertyNo, pAddress, rentStart, rentFinish, rent, ownerNo, oName)

由此可以推出，在某些行、列的交叉处会有多个值存在。例如，客户 John Kay 的 propertyNo 列就有两种取值（PG4 和 PG16）。为了将非规范化的表转化为 1NF 的表，我们必须确保在每一行每一列的交叉处都仅有一个值，这可以通过消除表中的重复组（房产出租信息）实现。

我们可以利用第一种方法去除重复组（房产出租信息）：在每一行填上合适的客户的数据。所得到的结果关系 ClientRental 是第一范式的，如图 14-11 所示。

ClientRental

clientNo	propertyNo	cName	pAddress	rentStart	rentFinish	rent	ownerNo	oName
CR76	PG4	John Kay	6 Lawrence St, Glasgow	1-Jul-12	31-Aug-13	350	CO40	Tina Murphy
CR76	PG16	John Kay	5 Novar Dr, Glasgow	1-Sep-13	1-Sep-14	450	CO93	Tony Shaw
CR56	PG4	Aline Stewart	6 Lawrence St, Glasgow	1-Sep-11	10-Jun-12	350	CO40	Tina Murphy
CR56	PG36	Aline Stewart	2 Manor Rd, Glasgow	10-Oct-12	1-Dec-13	375	CO93	Tony Shaw
CR56	PG16	Aline Stewart	5 Novar Dr, Glasgow	1-Nov-14	10-Aug-15	450	CO93	Tony Shaw

图 14-11　第一范式的 ClientRental 关系

在图 14-12 中，列出了关系 ClientRental 的函数依赖（fd1 ～ fd6）。利用这些函数依赖（参见 14.4.3 节）可以确定关系 ClientRental 的候选关键字有：（clientNo，propertyNo），（clientNo，rentStart），以及（propertyNo，rentStart）。这些候选关键字都是合成关键字。我们选择（clientNo，propertyNo）作为主关键字，为了容易区分，我们将构成主关键字的属性在关系中靠左放置。由于属性 rentFinish 可能包含 null，所以我们假设属性 rentFinish 不可能成为某一个候选关键字的成员（参见 3.3.1 节）。

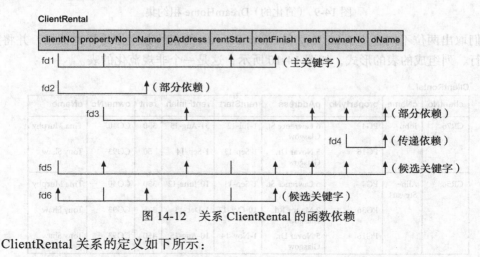

图 14-12　关系 ClientRental 的函数依赖

ClientRental 关系的定义如下所示：

ClientRental (clientNo, propertyNo, cName, pAddress, rentStart, rentFinish, rent, ownerNo, oName)

关系 ClientRental 是 1NF 的，因为在每一行列的交叉处都只有一个值。该关系包含了描述客户、房产出租和业主的数据，这些数据均有重复出现，因此导致关系 ClientRental 中具有明显的数据冗余。若按照该设计物理实现的话，这个 1NF 的关系将会出现 14.3 节描述的更新异常。为了消除更新异常，必须将关系 ClientRental 转化为 2NF 的，这个问题稍后讨论。

我们也可以利用第二种方法，将重复数据单独放置到一个新的关系中，同时将原关系的候选关键字（clientNo）也复制到这个关系中来，以此消除原表中的重复组（房产出租信息），如图 14-13 所示。

Client

clientNo	cName
CR76	John Kay
CR56	Aline Stewart

PropertyRentalOwner

clientNo	propertyNo	pAddress	rentStart	rentFinish	rent	ownerNo	oName
CR76	PG4	6 Lawrence St, Glasgow	1-Jul-12	31-Aug-13	350	CO40	Tina Murphy
CR76	PG16	5 Novar Dr, Glasgow	1-Sep-13	1-Sep-14	450	CO93	Tony Shaw
CR56	PG4	6 Lawrence St, Glasgow	1-Sep-11	10-Jun-12	350	CO40	Tina Murphy
CR56	PG36	2 Manor Rd, Glasgow	10-Oct-12	1-Dec-13	375	CO93	Tony Shaw
CR56	PG16	5 Novar Dr, Glasgow	1-Nov-14	10-Aug-15	450	CO93	Tony Shaw

图 14-13 第一范式的 Client 和 PropertyRentalOwner 关系

根据图 14-12 中的函数依赖，可以确定已有关系的主关键字。上述操作得到的 1NF 的关系有：

Client   (<u>clientNo</u>, cName)
PropertyRentalOwner   (<u>clientNo</u>, <u>propertyNo</u>, pAddress, rentStart, rentFinish, rent, ownerNo, oName)

关系 Client 和 PropertyRentalOwner 都是 1NF 的，因为在每一行列的交叉处都只有一个值。关系 Client 包含了描述客户信息的数据，关系 PropertyRentalOwner 则包含了描述客户租赁房产和业主信息的数据。但是我们从图 14-13 中可以看到，关系 PropertyRentalOwner 中仍然存在一定的数据冗余，因而仍然会出现 14.3 节描述的更新异常。

在讲解将 1NF 的关系规范化为 2NF 的关系的过程时，我们仅以图 14-11 中的关系 ClientRental 为例。要提醒读者的是，这两种方法都是正确的，而且对其规范化后最终得到的关系都是相同的。我们把对关系 Client 和 PropertyRentalOwner 进行规范化的工作留给读者完成，见本章后面的习题。

14.7 第二范式（2NF）

第二范式基于完全函数依赖（参见 14.4 节）的概念，第二范式适用于具有合成关键字的关系，即主关键字由两个或两个以上的属性构成。主关键字仅包含一个属性的关系已经至少是 2NF 的。不是 2NF 的关系可能会出现 14.3 节讨论的更新异常。例如，假设我们希望修改房产编号为 PG4 的月租，就不得不同时更新图 14-11 所示关系 ClientRental 的两个元组。如果仅更新其中一个元组的月租，就会使得数据库处于一种不一致的状态。

第二范式（2NF） | 满足第一范式的要求并且每个非主关键字属性都完全函数依赖于主关键字的关系。

将 1NF 关系规范化为 2NF 关系需要消除部分依赖。如果存在部分依赖，就要将部分依赖的属性从原关系移出，移到一个新的关系中去，同时将这些属性的决定方也复制到新的关系中。下面将举例说明如何将 1NF 的关系转化为 2NF 的关系。

| 例 14.10 》 第二范式

如图 14-12 所示，关系 ClientRental 具有下列函数依赖：

fd1	clientNo, propertyNo → rentStart, rentFinish	（主关键字）
fd2	clientNo → cName	（部分依赖）
fd3	propertyNo → pAddress, rent, ownerNo, oName	（部分依赖）
fd4	ownerNo → oName	（传递依赖）
fd5	clientNo, rentStart → propertyNo, pAddress, rentFinish, rent, ownerNo, oName	（候选关键字）
fd6	propertyNo, rentStart → clientNo, cName, rentFinish	（候选关键字）

利用这些函数依赖，继续对 ClientRental 进行规范化。首先通过确定主关键字上是否存在部分依赖来验证 ClientRental 是否是 2NF 的。通过分析，可以发现客户属性（cName）部分依赖于主关键字，即 cName 仅依赖于属性 clientNo（fd2）；房产的属性（pAddress，rent，ownerNo，oName）也部分依赖于主关键字，即仅依赖于属性 propertyNo（fd3）。表示房产出租的属性（rentStart 和 rentFinish）则完全依赖于主关键字，即完全依赖于 clientNo 和 propertyNo（fd1）。

关系 ClientRental 中存在的部分函数依赖说明它不是 2NF 的。为了将 ClientRental 关系转化为 2NF，需要创建一些新的关系，将那些存在部分依赖的非主关键字属性移至其中，并将它们完全函数依赖的那部分主关键字也复制到新的关系中。最终产生了三个新的关系：Client，Rental 和 PropertyOwner，如图 14-14 所示。在这三个关系中，因为每个非主关键字属性都完全函数依赖于主关键字，所以它们都是 2NF 的：

Client	(clientNo, cName)
Rental	(clientNo, propertyNo, rentStart, rentFinish)
PropertyOwner	(propertyNo, pAddress, rent, ownerNo, oName)

Client

clientNo	cName
CR76	John Kay
CR56	Aline Stewart

Rental

clientNo	propertyNo	rentStart	rentFinish
CR76	PG4	1-Jul-12	31-Aug-13
CR76	PG16	1-Sep-13	1-Sep-14
CR56	PG4	1-Sep-11	10-Jun-12
CR56	PG36	10-Oct-12	1-Dec-13
CR56	PG16	1-Nov-14	10-Aug-15

PropertyOwner

propertyNo	pAddress	rent	ownerNo	oName
PG4	6 Lawrence St, Glasgow	350	CO40	Tina Murphy
PG16	5 Novar Dr, Glasgow	450	CO93	Tony Shaw
PG36	2 Manor Rd, Glasgow	375	CO93	Tony Shaw

图 14-14 从关系 ClientRental 导出的第二范式的关系

14.8　第三范式（3NF）

尽管 2NF 的关系比 1NF 关系的数据冗余度低，但是仍然存在更新异常问题。例如，当我们想要更新一位业主的姓名时，比如将 ownerNo 为 CO93 的业主姓名更新为 Tony Shaw，必须同时更新图 14-11 中 PropertyOwner 关系中的两个元组。如果只更新了其中的一个元组而没有更新另一个元组，那么数据库就会处于不一致的状态。此时的更新异常是由传递依赖（参见 14.4 节）引起的，我们需要消除这种依赖，继续将关系规范化到第三范式。

第三范式（3NF） | 满足第一范式和第二范式的要求并且所有非主关键字属性都不传递依赖于主关键字的关系。

将 2NF 的关系规范化为 3NF 需要消除传递依赖。如果存在传递依赖，就将传递依赖的属性（组）移到一个新的关系中，并将这些属性的决定方也复制到该关系中。例 14.11 给出了将 2NF 的关系转化为 3NF 关系的过程。

| 例 14.11 >> 第三范式

从例 14.10 可以推导出关系 Client、Rental 和 PropertyOwner 中存在如下函数依赖：

Client
fd2　clientNo → cName　　　　　　　　　　　　　（主关键字）

Rental
fd1　clientNo, propertyNo → rentStart, rentFinish　　（主关键字）
fd5′　clientNo, rentStart → propertyNo, rentFinish　　（候选关键字）
fd6′　propertyNo, rentStart → clientNo, rentFinish　　（候选关键字）

PropertyOwner
fd3　propertyNo → pAddress, rent, ownerNo, oName　（主关键字）
fd4　ownerNo → oName　　　　　　　　　　　　（传递依赖）

关系 Client 和 Rental 中的所有非主关键字属性都完全函数依赖于它们的主关键字，Client 和 Rental 也不存在传递依赖，所以它们已经是 3NF。注意：有的函数依赖（fd）的后面有一个引号（如 fd5'），这表示这个函数依赖同原来的函数依赖（见图 14-12）相比较已经发生了变化。

关系 PropertyOwner 中的所有非主关键字属性都函数依赖于它的主关键字，oName 比较特殊，它还传递依赖于 ownerNo（表示为 fd4）。该传递依赖早已出现在图 14-12 中。为了将关系 PropertyOwner 转化为 3NF，首先必须消除这个传递依赖，我们可以通过建立两个新的关系 PropertyForRent 和 Owner 来消除该传递依赖，如图 14-15 所示。新建的关系结构如下：

PropertyForRent　（propertyNo, pAddress, rent, ownerNo）
Owner　　　　　　（ownerNo, oName）

因为在其主关键字上没有传递依赖存在，因此关系 PropertyForRent 和 Owner 都是 3NF 的。

PropertyForRent

propertyNo	pAddress	rent	ownerNo
PG4	6 Lawrence St, Glasgow	350	CO40
PG16	5 Novar Dr, Glasgow	450	CO93
PG36	2 Manor Rd, Glasgow	375	CO93

Owner

ownerNo	oName
CO40	Tina Murphy
CO93	Tony Shaw

图 14-15　从关系 PropertyOwner 导出的 3NF 的关系

图 14-11 所示的关系 ClientRental 经过规范化后转换为四个 3NF 的关系。图 14-16 说明了这个规范化过程，通过规范化，我们将最初的 1NF 关系分解为了 3NF 的关系：

Client	(clientNo, cName)
Rental	(clientNo, propertyNo, rentStart, rentFinish)
PropertyForRent	(propertyNo, pAddress, rent, ownerNo)
Owner	(ownerNo, oName)

图 14-11 所示的最初的 ClientRental 关系可以通过连接操作而重新生成：将关系 Client、Rental、PropertyForRent 和 Owner 在主关键字/外部关键字上进行连接。例如，属性 ownerNo 既是关系 Owner 的主关键字，同时又是关系 PropertyForRent 的外部关键字，属性 ownerNo 的这种特性使得我们能够通过将关系 PropertyForRent 和 Owner 连接起来以确定业主的名字。

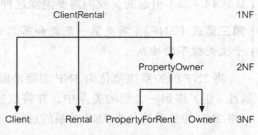

图 14-16　将 1NF 的关系 ClientRental 分解为 3NF 的关系

属性 clientNo 既是关系 Client 的主关键字，又是关系 Rental 的外部关键字。注意，在这里，属性 clientNo 不仅是关系 Rental 的外部关键字，而且还是 Rental 主关键字的一部分。类似地，属性 propertyNo 既是关系 PropertyForRent 的主关键字，同时又是关系 Rental 的外部关键字，而且还是 Rental 主关键字的一部分。

也就是说，规范化过程通过使用一系列的关系代数投影（参见 5.1 节）对原始关系 ClientRental 进行分解，这是一种**无损连接**（lossless-join）（也称为无损耗或无附加连接）分解，无损连接分解是可逆的，即反向使用自然连接操作就可以得到原关系。关系 Client、Rental、PropertyForRent 和 Owner 如图 14-17 所示。

Client

clientNo	cName
CR76	John Kay
CR56	Aline Stewart

Rental

clientNo	propertyNo	rentStart	rentFinish
CR76	PG4	1-Jul-12	31-Aug-13
CR76	PG16	1-Sep-13	1-Sep-14
CR56	PG4	1-Sep-11	10-Jun-12
CR56	PG36	10-Oct-12	1-Dec-13
CR56	PG16	1-Nov-14	10-Aug-15

PropertyForRent

propertyNo	pAddress	rent	ownerNo
PG4	6 Lawrence St, Glasgow	350	CO40
PG16	5 Novar Dr, Glasgow	450	CO93
PG36	2 Manor Rd, Glasgow	375	CO93

Owner

ownerNo	oName
CO40	Tina Murphy
CO93	Tony Shaw

图 14-17　从关系 ClientRental 导出 3NF 关系小结

14.9　2NF 和 3NF 的一般化定义

在 14.7 节和 14.8 节的 2NF 和 3NF 的定义中，不允许存在对主关键字的部分依赖和传递依赖，以此避免出现 14.3 节所述的更新异常。然而，这些定义并没有考虑关系中的其他候选关键字（如果存在不止一个候选关键字）。本节将在考虑关系的所有候选关键字的基础上，给出 2NF 和 3NF 的更一般化定义。注意，考虑关系的候选关键字并不会影响 1NF 的定义，因为 1NF 与关键字和函数依赖无关。在更一般化的定义中，我们规定：属于任何一个候选关键字的属性都叫作主属性（candidate-key attribute）；提到部分依赖、完全依赖和传递依赖时不仅仅是基于主关键字，而是基于所有的候选关键字。

> **第二范式（2NF）** | 满足第一范式的要求并且每个非主属性都完全函数依赖于任何一个候选关键字的关系。

> **第三范式（3NF）** | 满足第一范式和第二范式的要求并且没有一个非主属性传递依赖于任何一个候选关键字的关系。

在使用 2NF 和 3NF 的一般化定义时，必须注意是所有候选关键字上的部分依赖和传递依赖，而不只是主主关键字上的。这使得规范化过程变得更加复杂，但一般化定义能为关系增加附加约束，从而有可能发现关系中隐藏的、被遗漏的冗余。

在进行规范化时，是仅简单地分析主关键字上的依赖，还是使用一般化定义进行规范化，这需要权衡。前者使得规范化过程简单，并可以发现关系中存在的大多数问题和明显的数据冗余；后者则有更多的机会发现关系中被遗漏的冗余。实际上，常见的情形是，无论使用基于主关键字的定义还是使用 2NF、3NF 的一般化定义，对关系进行分解的结果相同。例如，如果对 14.7 节和 14.8 节中的例 14.10 和例 14.11 规范化时，我们使用的是 2NF、3NF 的一般化定义，那么将大关系分解为小关系的结果依然是相同的。读者可以自己来验证这一事实。

下一章将重新检查识别函数依赖的过程，这将有助于规范化的进行。还将进一步讨论 3NF 以上的范式，如 Boyce-Codd 范式（BCNF）；我们还将给出第二个基于 DreamHome 案例研究的示例，并以此为例展示将 UNF 规范化为 BCNF 的过程。

本章小结

- **规范化** 是一种能够生成一组既具有所期望的特性又能满足企业数据需求的关系的技术，也是一种依靠关键字和属性之间的函数依赖对关系进行验证的形式化技术。
- 存在数据冗余的关系可能会产生 **更新异常** 问题，更新异常可分为插入异常、删除异常和修改异常。
- 规范化的一个重要的概念是 **函数依赖**，函数依赖描述了属性之间的联系。例如，假设 A 和 B 是关系 R 的属性，如果 A 的每个值都仅与 B 中的一个值对应，那么 B 就函数依赖于 A（记为 A→B）。（A 和 B 均可能由一个或多个属性组成。）
- 函数依赖的 **决定方** 是指位于箭头左端的属性或属性组。
- 在规范化时使用的函数依赖具有下列特性：依赖左右两边的属性（组）之间具有一对一的联系，且恒成立，并且右边完全函数依赖于左边。
- **非范式**（UNF）是一个包含了一个或多个重复组的表。
- **第一范式**（1NF）是指每一行和每一列相交的位置有且仅有一个值的关系。
- **第二范式**（2NF）是指已经是第一范式且每个非主关键字属性都完全函数依赖于主关键字的关系。**完全函数依赖** 是指若 A、B 是某一关系的属性，如果 B 函数依赖于 A，但不函数依赖于 A 的任一真子集时，则称 B 完全函数依赖于 A。
- **第三范式**（3NF）是满足第一范式和第二范式的要求并且所有非主关键字属性都不传递依赖于主关键字的关系。**传递依赖** 是指若属性 A、B、C 同属某一关系，如果存在 A→B 和 B→C，则 C 通过 B 传递依赖于 A（假设 A 不函数依赖于 B 或 C）。

- **第二范式的一般化定义**：满足第一范式的要求并且每个非主属性都完全函数依赖于任何一个候选关键字的关系。其中，主属性是属于任一候选关键字的属性。
- **第三范式的一般化定义**：满足第一范式和第二范式的要求并且没有一个非主属性传递依赖于任何一个候选关键字的关系。其中，主属性是属于任一候选关键字的属性。

思考题

14.1　描述规范化数据的目的。

14.2　讨论利用规范化支持数据库设计的不同方式。

14.3　描述具有数据冗余的关系可能存在的各类更新异常。

14.4　描述函数依赖的概念。

14.5　描述通常用来进行规范化的函数依赖的主要特性。

14.6　描述数据库设计人员确定某一关系的函数依赖的典型方法。

14.7　描述 UNF 表的特征以及如何将其转化为 1NF 的关系。

14.8　一个关系必须满足的最低范式是什么？给出该范式的定义。

14.9　描述将 UNF 的表转化为 1NF 的关系的两种方法。

14.10　描述完全函数依赖的概念并说明它与 2NF 的关联，举例说明。

14.11　描述传递依赖的概念并说明它与 3NF 的联系，举例说明。

14.12　讨论基于主关键字的 2NF 和 3NF 的定义与其一般化定义有何区别，举例说明。

习题

14.13　继续将图 14-13 所示的 1NF 的关系 Client 和 PropertyRentalOwner 规范化为 3NF 的关系。并验证这些 3NF 的关系是否与图 14-16 所示的对 1NF 的关系 ClientRental 进行规范化的结果相同。

14.14　分析 Wellmeadows Hospital 的案例研究中的病人治疗用药表，如图 14-18 所示。

（a）确定图 14-18 中各列之间的函数依赖。给出所有你对该图数据和属性所做的假设。

（b）描述并图示说明将图 14-18 中的属性规范化为 3NF 的关系的过程。

（c）为这些 3NF 的关系确定主关键字、候选关键字和外部关键字。

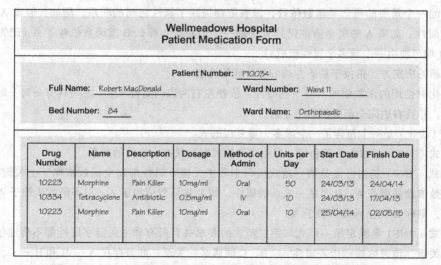

图 14-18　Wellmeadows Hospital 案例研究中的病人治疗用药表

14.15 图 14-19 的表中是牙医 / 病人的预约看诊样本数据。病人看病前要预约：预约好日期和时间以及牙医和诊所。每次到了病人预约的那天，牙医就会在那家诊所里为病人看病。

（a）图 14-19 中的表容易产生更新异常。给出插入异常、删除异常和修改异常的例子。

（b）确定图 14-19 的表中各列之间的函数依赖。给出所有你对表中的数据和属性所做的假设。

（c）描述并图示说明将图 14-19 中的表规范化为 3NF 的关系的过程。并为这些 3NF 的关系确定主关键字、候选关键字和外部关键字。

staffNo	dentistName	patNo	patName	appointment date	time	surgeryNo
S1011	Tony Smith	P100	Gillian White	12-Sep-13	10.00	S15
S1011	Tony Smith	P105	Jill Bell	12-Sep-13	12.00	S15
S1024	Helen Pearson	P108	Ian MacKay	12-Sep-13	10.00	S10
S1024	Helen Pearson	P108	Ian MacKay	14-Sep-13	14.00	S10
S1032	Robin Plevin	P105	Jill Bell	14-Sep-13	16.30	S15
S1032	Robin Plevin	P110	John Walker	15-Sep-13	18.00	S13

图 14-19 医生 / 病人预约看诊样本数据表

14.16 有一家被称为 Instant Cover 的公司为苏格兰境内宾馆提供兼职 / 临时雇员。图 14-20 的表中给出了一些样本数据：这家公司的雇员为不同宾馆工作的时间。对每一位员工来说，其国家保险编号（NIN）都是唯一的。

（a）图 14-20 中的表容易受到更新异常的影响。给出插入异常、删除异常和修改异常的例子。

（b）确定图 14-20 的表中各列之间的函数依赖。给出所有你对表中的数据和属性所做的假设。

NIN	contractNo	hours	eName	hNo	hLoc
1135	C1024	16	Smith J	H25	East Kilbride
1057	C1024	24	Hocine D	H25	East Kilbride
1068	C1025	28	White T	H4	Glasgow
1135	C1025	15	Smith J	H4	Glasgow

图 14-20 Instant Cover 公司的样本数据表

（c）描述并图示说明将图 14-19 中的表规范化为 3NF 的关系的过程。并为这些 3NF 的关系确定主关键字、候选关键字和外部关键字。

14.17 有一家名为 FastCabs 的公司为客户提供出租车服务。图 14-21 中的表显示了客户预订出租车的一些信息。假设每位出租车司机定位到一台出租车，而一台出租车可有一到多位司机。

（a）确定图 14-21 的表中各列之间的函数依赖。并指出该表的主关键字和可选关键字（若存在的话）。

（b）说明为什么图 14-21 中的表不是 3NF 的。

（c）图 14-21 中的表容易受到更新异常的影响。给出插入异常、删除异常和修改异常的例子。

JobID	JobDate Time	driverID	driver Name	taxiID	clientID	clientName	jobPickUpAddress
1	25/07/14 10.00	D1	Joe Bull	T1	C1	Anne Woo	1 Storrie Rd, Paisley
2	29/07/14 10.00	D1	Joe Bull	T1	C1	Anne Woo	1 Storrie Rd, Paisley
3	30/07/14 11.00	D2	Tom Win	T2	C1	Anne Woo	3 High Street, Paisley
4	2/08/14 13.00	D3	Jim Jones	T3	C2	Mark Tin	1A Lady Lane, Paisley
5	2/08/14 13.00	D4	Steven Win	T1	C3	John Seal	22 Red Road, Paisley
6	25/08/14 10.00	D2	Tom Win	T2	C4	Karen Bow	17 High Street, Paisley

图 14-21 FastCabs 公司的样本数据表

14.18 对图 14-21 的表使用规范过程，得到如图 14-22 所示的三个 3NF 的表。

（a）确定图 14-22 中每个表的各列之间的函数依赖。并指出每个表的主关键字、可选关键字和外部关键字（若存在的话）。

（b）说明为什么将 FastCabs 的数据存成三个 3NF 的表即可避免习题 14.17（b）中描述的更新异常。

（c）描述如何通过图 14-22 中的各表主关键字和外部关键字的连接还原图 14-21 中的表。

JobID	JobDateTime	driverID	clientID	jobPickUpAddress
1	25/07/14 10.00	D1	C1	1 Storrier Rd, Paisley
2	29/07/14 10.00	D1	C1	1 Storrier Rd, Paisley
3	30/07/14 11.00	D2	C1	3 High Street, Paisley
4	2/08/14 13.00	D3	C2	1A Lady Lane, Paisley
5	2/08/14 13.00	D4	C3	22 Red Road, Paisley
6	25/08/14 10.00	D2	C4	17 High Street, Paisley

drierID	driverName	taxiID
D1	Joe Bull	T1
D2	Tom Win	T2
D3	Jim Jones	T3
D4	Steven Win	T1

clientID	clientName
C1	Anne Woo
C2	Mark Tin
C3	John Seal
C4	Karen Bow

图 14-22　FastCabs 公司的样本数据表（3NF 的）

14.19 学生可租住校园公寓。图 14-23 中的表显示了学生租住校园公寓房的一些信息。房号（placeNo）唯一地确定公寓中每一单间，并在租房给学生时使用。

（a）确定图 14-23 的表中各列之间的函数依赖。并指出该表的主关键字和可选关键字（若存在的话）。

（b）说明为什么图 14-23 中的表不是 3NF 的。

（c）图 14-23 中的表容易受到更新异常的影响。给出插入异常、删除异常和修改异常的例子。

leaseNo	bannerID	placeNo	fName	lName	startDate	finishDate	flatNo	flatAddress
10003	B017706	78	Jane	Watt	01/09/2010	30/06/2011	F56	34 High Street, Paisley
10259	B017706	88	Jane	Watt	01/09/2011	30/06/2012	F78	111 Storrie Road, Paisley
10364	B013399	89	Tom	Jones	01/09/2011	30/06/2012	F78	111 Storrie Road, Paisley
10566	B012124	102	·Karen	Black	01/09/2011	30/06/2012	F79	120 Lady Lane, Paisley
11067	B034511	88	Steven	Smith	01/09/2012	30/06/2013	F78	111 Storrie Road, Paisley
11169	B013399	78	Tom	Jones	01/09/2012	30/06/2013	F56	34 High Street, Paisley

图 14-23　大学宿舍的样本数据表

14.20 对图 14-23 的表使用规范过程，得到如图图 14-24 所示的四个 3NF 的表。

（a）确定图 14-24 中每个表的各列之间的函数依赖。并指出每个表的主关键字、可选关键字和外部关键字（若存在的话）。

（b）说明为什么将大学宿舍的数据存成四个 3NF 的表即可避免习题 14.19（b）中描述的更新异常。

（c）描述如何通过图 14-24 中的各表主关键字和外部关键字的连接还原图 14-23 中的表。

leaseNo	bannerID	placeNo	startDate	finishDate
10003	B017706	78	01/09/2010	30/06/2011
10259	B017706	88	01/09/2011	30/06/2012
10364	B013399	89	01/09/2011	30/06/2012
10566	B012124	102	01/09/2011	30/06/2012
11067	B034511	88	01/09/2012	30/06/2013
11169	B013399	78	01/09/2012	30/06/2013

flatNo	flat Address
F56	34 High Street, Paisley
F78	111 Storrie Road, Paisley
F79	120 Lady Lane, Paisley

bannerID	fName	lName
B017706	Jane	Watt
B013399	Tom	Jones
B012124	Karen	Black
B034511	Steven	Smith

placeNo	flatNo
78	F56
88	F78
89	F78
102	F79

图 14-24　大学宿舍的样本数据表（3NF 的）

进一步规范化

本章目标

本章我们主要学习：

- 如何利用推导规则确定关系上全部的函数依赖
- 如何利用称为 Armstrong 公理的推导规则确定关系函数依赖集的最小函数依赖集，该最小函数依赖集将有助于对关系进行规范化
- 3NF 以上的范式，包括 Boyce-Codd 范式（BCNF）、第四范式（4NF）和第五范式（5NF）
- 如何确定 BCNF
- 如何将关系规范化为 BCNF
- 多值依赖和 4NF 的概念
- 违反了 4NF 规则的关系会产生的问题
- 如何将违反 4NF 规则的关系规范化为 4NF 的关系
- 连接相关性和 5NF 的概念
- 违反了 5NF 规则的关系会产生的问题
- 如何将违反 5NF 规则的关系规范化为 5NF 的关系

前面一章，我们介绍了规范化的技术以及属性之间函数依赖的概念，还讲述了利用规范化技术支持数据库设计的好处，以及如何将样本表格中的属性规范化为第一范式（1NF）、第二范式（2NF），最终规范化为第三范式（3NF），等等。本章，我们还要考虑函数依赖并且讨论 3NF 以上的范式，例如 Boyce-Codd 范式（BCNF）、第四范式（4NF）和第五范式（5NF）。3NF 关系的结构良好，通常足以防止产生与数据冗余相关的问题（参见 14.3 节）。然而，规范到更高级的范式还能发现关系中一些较少见的问题，若不纠正这些问题，仍然会导致不期望的数据冗余。

本章结构

除了 1NF，上一章以及本章提到的所有范式都是基于关系的属性之间的函数依赖的。15.1 节我们继续讨论上一章中讲述的函数依赖。通过对函数依赖推理规则的讨论，展示出函数依赖更加形式化和理论化的一面。

上一章我们讲述了三种最常用的范式：1NF，2NF 和 3NF。但是，R. Boyce 和 E. F. Codd 发现了 3NF 的弱点，提出了一种增强的 3NF 的定义，即 BCNF（Codd，1974），15.2 节将讲述这部分内容。15.3 节将给出一个用过的研究实例，以说明将原报告中的属性规范化为一组 BCNF 关系的过程。

比 BCNF 更高层的范式将在其后讲述，比如 4NF 和 5NF（Fagin，1977，1979）。但是，这些范式在实际当中很少使用。4NF 和 5NF 分别在 15.4 节和 15.5 节讲述。

在描述规范化过程中用到的实例取自 DreamHome 案例研究，该案例研究在 11.4 节引

入，详细描述参见附件 A。

15.1 函数依赖的进一步讨论

与规范化密切相关的概念之一就是**函数依赖**，函数依赖定义了属性之间的联系（Maier，1983）。上一章已经讲述了这一概念，本章将通过对函数依赖推导规则的讨论，以更加形式化和理论化的方式继续讲述函数依赖。

15.1.1 函数依赖的推导规则

14.4 节已经定义了规范化时最常用到的函数依赖的特性。然而，即使我们仅仅关注那些左边和右边具有一对一（1∶1）的联系、恒成立且右边完全函数依赖于左边的函数依赖，对于给定的关系来说，由所有满足上述要求的函数依赖构成的集合依然非常庞大，因此我们要找到一种方法，利用这种方法将该集合减小到一个易于处理的规模，这一点很重要。理论上，我们想要确定一个关系的函数依赖集（用 X 表示），X 要小于由该关系上成立的全部函数依赖构成的集合（用 Y 表示），并且 Y 中的每一个函数依赖都能够被 X 蕴涵。因此，如果我们支持 X 中的函数依赖所定义的完整性约束，自然也就实现了 Y 中的函数依赖所定义的完整性约束。这种需求表明必须可以从一些函数依赖推导出另外一些函数依赖。例如，如果关系中存在函数依赖 A → B 和 B → C，则函数依赖 A → C 在该关系中也成立。A → C 就是一个**传递**函数依赖的例子，在前面的 14.4 节和 14.7 节我们已经讨论过了。

我们怎样开始着手确定关系中这些有用的函数依赖呢？通常，数据库设计人员首先确定那些语义上非常明显的函数依赖；但是，经常还会有大量的其他函数依赖的存在。事实上，在实际的数据库项目中要想确定所有可能的函数依赖基本上是不现实的。然而，在本节里，我们的确是在讨论一种帮助我们确定关系的所有函数依赖集合的方法，然后讨论如何获得一个能够表示这个所有集的最小函数依赖集。

被某一函数依赖集 X 所蕴涵的所有函数依赖的集合称为 X 的**闭包**，记为 X^+。显然，我们需要一组规则帮助我们从 X 计算出 X^+。被称为 **Armstrong 公理**的这套推导规则，规定了如何从已知的函数依赖推导出新的依赖（Armstrong，1974）。为了便于讨论，我们用 A、B 和 C 表示关系 R 的属性的子集。Armstrong 公理如下：

（1）**自反性**（Reflexivity）：若 B 是 A 的子集，则 A → B。

（2）**增广性**（Augmentation）：若 A → B，则 A，C → B，C。

（3）**传递性**（Transitivity）：若 A → B 且 B → C，则 A → C。

上述三条规则都可以利用函数依赖的概念直接证明。给定一个函数依赖的集合 X 后，利用这三条规则就可以推导出所有 X 所蕴涵的函数依赖，因此 Armstrong 的规则是**完备的**。规则又是**有效的**，因为所有不被 X 所蕴涵的函数依赖都不会被推导出来。也就是说，可以利用 Armstrong 的三条规则导出 X 的闭包 X^+。

从上述三条规则还可以推导出其他几条规则，利用这些规则可以简化 X^+ 的计算。在以下规则中，D 也表示关系 R 的属性的一个子集：

（4）**自确定性**（Self-determination）：A → A。

（5）**分解性**（Decompositon）：若 A → B，C，则 A → B，A → C。

（6）**合并性**（Union）：若 A → B 且 A → C，则 A → B，C。

（7）**复合性**（Composition）：若 A → B，C → D，则 A，C → B，D。

　　规则 1（自反性规则）和规则 4（自确定性规则）表明一组属性总能决定它的任意子集和它自身。因为用这两个规则导出的函数依赖总是成立的，所以这些依赖是平庸的（trivial），如前所述，是我们不感兴趣的、对规范化没用的函数依赖。规则 2（增广性规则）表明在依赖的左右两边同时增加一组相同的属性后得到的依赖仍然是有效的依赖。规则 3（传递性规则）表明函数依赖是可以传递的。规则 5（分解性规则）表明去掉依赖右边的一些属性后，依赖仍然成立。重复使用这个规则，就可以将函数依赖 A → B，C，D 分解为一组函数依赖 A → B、A → C 和 A → D。而规则 6（合并性规则）表明反之亦然，即我们可以将函数依赖 A → B、A → C 和 A → D 合并为一个函数依赖 A → B，C，D。规则 7（复合性规则）比规则 6 更加一般化，它表明可以将一组不相重叠的函数依赖合并成一个新的依赖。

　　在开始确定一个关系的函数依赖集合 F 时，通常我们会首先根据属性的语义确定部分函数依赖。然后，应用 Armstrong 公理（规则 1～3）推导出其他的函数依赖。推导这些函数依赖的一种系统化的方法是首先确定所有会在依赖的左边出现的属性组 A，然后确定所有依赖于 A 的属性。这样，对于每一组属性 A，我们都可以确定一个属性集 A^+，A^+ 是基于 F 被 A 函数决定的属性的集合（A^+ 被称为 A 在 F 下的闭包（closure））。

15.1.2　最小函数依赖集

　　本节将介绍函数依赖的**等价集合**。如果函数依赖集 Y 的每一个函数依赖都属于函数依赖集 X 的闭包 X^+，就称 Y 被 X **覆盖**，即 Y 中的每个依赖都能够从 X 导出。如果函数依赖集 X 满足下列条件，就称 X 是最小函数依赖集：

- X 中每个依赖的右边都只包含单个属性。
- 对 X 中任意依赖 A → B，不存在 A 的一个真子集 C，使得用依赖 C → B 替换依赖 A → B 后得到的函数依赖集仍旧和 X 等价。
- 从 X 中去掉任何依赖以后的函数依赖集与 X 都不等价。

　　最小依赖集应该是一种没有冗余的标准形式。函数依赖集 X 的最小覆盖是与 X 等价的最小依赖集 X_{min}。不幸的是，一个函数依赖集可能有几个最小覆盖。下面就举例说明如何确定关系 StaffBranch 上的最小覆盖。

| 例 15.1 ▶▶ 确定关系 StaffBranch 的最小函数依赖集

　　对例 14.5 中的关系 StaffBranch 的函数依赖集应用最小函数依赖集的三个条件，我们得到了下面的函数依赖：

```
staffNo → sName
staffNo → position
staffNo → salary
staffNo → branchNo
branchNo → bAddress
bAddress → branchNo
branchNo, position → salary
bAddress, position → salary
```

　　这些函数依赖能够满足上述三个条件，因此就是关系 StaffBranch 的最小函数依赖集。条件 1 保证了每个依赖都是标准的，即右边只有单个属性。条件 2 和条件 3 保证了这些依赖中没有冗余，其中包括：依赖的左边不包含冗余属性（条件 2）；不存在能由 X 中其他函数依赖导出的函数依赖（条件 3）。

下面我们将重新考虑规范化的问题。首先讨论一种比 3NF 更高的范式——Boyce-Codd 范式（BCNF）。

15.2 Boyce-Codd 范式（BCNF）

上一章，我们分别举例说明了 2NF 和 3NF 如何消除对主关键字的部分依赖和传递依赖。若关系上具有对主关键字的部分依赖和传递依赖则会产生 14.3 节讨论过的更新异常。然而，14.7 节和 14.8 节的 2NF 和 3NF 的定义中并没有考虑对其他候选关键字的部分依赖和传递依赖的存在。14.9 节提出了 2NF 和 3NF 的一般化定义，即不允许存在任何对候选关键字的部分依赖和传递依赖。应用 2NF 和 3NF 的一般化定义可以发现，由于对候选关键字存在部分和传递依赖而产生的冗余。然而，即使增加了这些附加约束，在 3NF 的关系中仍有可能存在一些会引起冗余的依赖。3NF 的这一不足导致了另外一种更强的范式的出现——Boyce-Codd 范式（Codd，1974）。

Boyce-Codd 范式的定义

Boyce-Codd 范式是在考虑了关系中所有候选关键字上的函数依赖的基础上定义的。尽管如此，同 14.9 节的 3NF 的一般化定义相比较，BCNF 还添加了一些其他的约束。

Boyce-Codd 范式 | 当且仅当每个函数依赖的决定方都是候选关键字时，某一关系才是 BCNF 的。

为了验证一个关系是否是 BCNF 的，我们首先要确定所有的决定方，然后再验证它们是否都是候选关键字。回想一下决定方的定义：决定方就是一个或一组被其他属性完全函数依赖的属性。

3NF 和 BCNF 之间的区别表现在对于一个函数依赖 A → B，3NF 允许 B 是主关键字属性且 A 不是候选关键字；但是，BCNF 却要求在这个依赖中，A 必须是候选关键字。所以，Boyce-Codd 范式是增强的 3NF，每一个 BCNF 的关系也是 3NF 的，但是一个 3NF 的关系却不一定是 BCNF 的。

在分析下一个例子之前，我们重新考虑一下图 14-17 中的关系 Client、Rental、PropertyForRent 和 Owner。其中，Client、PropertyForRent 和 Owner 都已经是 BCNF 范式，因为这些关系都只有一个决定方，并且决定方都是候选关键字。再回过头来看看关系 Rental，它包含了三个决定方：（clientNo，propertyNo）、（clientNo，rentStart）和（propertyNo，rentStart），在关系 Rental 上成立的函数依赖如下所示（参见例 14.11）：

fd1	clientNo, propertyNo → rentStart, rentFinish
fd5′	clientNo, rentStart → propertyNo, rentFinish
fd6′	propertyNo, rentStart → clientNo, rentFinish

由于关系 Rental 的这三个决定方都是候选关键字，所以 Rental 也是 BCNF 范式。一般很少会违反 BCNF，除了在一些比较特殊的条件下。可能会违反 BCNF 的情况有：

- 关系中包含两个（或更多个）合成候选关键字。
- 候选关键字互相重叠，通常至少都包含一个相同的属性。

在接下来的示例中，我们将给出一种违反 BCNF 范式的情况，并说明如何将这个关系转化为 BCNF 范式。这个示例给出了将 1NF 关系转化为 BCNF 关系的过程。

例 15.2 >> Boyce-Codd 范式（BCNF）

本例将对 DreamHome 案例研究进行扩展，加入了 DreamHome 的员工与客户进行会谈的记录。与会谈相关的信息都记录在关系 ClientInterview 中，如图 15-1 所示。在会谈那天，参与会谈的员工被安排在一个指定的房间。但是，根据需要，在一个工作日里一个房间可能会被分配给多个员工。一个客户仅在指定的日期参与一次会谈，但有可能会在以后的日子进行其他的会谈。

ClientInterview

clientNo	interviewDate	interviewTime	staffNo	roomNo
CR76	13-May-14	10.30	SG5	G101
CR56	13-May-14	12.00	SG5	G101
CR74	13-May-14	12.00	SG37	G102
CR56	1-Jul-14	10.30	SG5	G102

图 15-1　关系 ClientInterview

关系 ClientInterview 有三个候选关键字：（clientNo，interviewDate），（staffNo，interviewDate，interviewTime）和（roomNo，interviewDate，interviewTime），所以关系 ClientInterview 有三个合成候选关键字，它们都包含了一个共同的属性 interviewDate。我们选择（clientNo，interviewDate）作为主关键字。关系 ClientInterview 的结构如下所示：

ClientInterview (clientNo, interviewDate. interviewTime, staffNo, roomNo)

关系 ClientInterview 上成立的函数依赖如下所示：

fd1　clientNo, interviewDate → interviewTime, staffNo, roomNo　　（主关键字）
fd2　staffNo, interviewDate, interviewTime → clientNo　　（候选关键字）
fd3　roomNo, interviewDate, interviewTime → staffNo, clientNo　　（候选关键字）
fd4　staffNo, interviewDate → roomNo

现在我们分析一下这些函数依赖以确定关系 ClientInterview 的范式。由于函数依赖 fd1、fd2、fd3 都是该关系的候选关键字，所以这些依赖都不会给 ClientInterview 带来任何问题。唯一需要讨论的函数依赖是（staffNo，interviewDate）→ roomNo（fd4）。尽管（staffNo，interviewDate）不是关系 ClientInterview 的候选关键字，但是由于 roomNo 是候选关键字（roomNo，interviewDate，interviewTime）的一部分，因此 roomNo 是主属性，所以这个函数依赖也是 3NF 所允许的。因为在主关键字（clientNo，interviewDate）上不存在部分依赖和传递依赖，并且函数依赖 fd4 也没有破坏 3NF 的条件，所以关系 ClientInterview 是 3NF 的。

但是，这个关系却不是 BCNF 的（一种增强的 3NF 范式）。因为决定方（staffNo，interviewDate）不是关系的候选关键字，而 BCNF 要求关系中所有的决定方都必须是候选关键字，所以关系 ClientInterview 可能会出现更新异常。例如，当我们要改变员工 SG5 在 2005 年 5 月 13 日进行会谈的房间编号时，就需要同时对两个元组进行更新。如果只更新了一个元组的房间编号，就会导致数据库的状态不一致。

Interview

clientNo	interviewDate	interviewTime	staffNo
CR76	13-May-14	10.30	SG5
CR56	13-May-14	12.00	SG5
CR74	13-May-14	12.00	SG37
CR56	1-Jul-14	10.30	SG5

StaffRoom

staffNo	interviewDate	roomNo
SG5	13-May-14	G101
SG37	13-May-14	G102
SG5	1-Jul-14	G102

为了将关系 ClientInterview 转化为 BCNF 范式，就必须消除不满足 BCNF 条件的函数依赖，为此，可以建立两个新的关系 Interview 和 StaffRoom，如图 15-2 所示。这两个关系的结构如下所示：

图 15-2　BCNF 的关系 Interview 和 StaffRoom

Interview (<u>clientNo</u>, <u>interviewDate</u>, interviewTime, staffNo)
StaffRoom (<u>staffNo</u>, <u>interviewDate</u>, roomNo)

如上所示，我们可以将任何不是 BCNF 的关系分解成 BCNF 的关系。但是，这种分解的结果并非总是我们想要的 BCNF 关系，比如说，如果在分解过程中丢失了某个函数依赖（也就是说，决定方和由它决定的属性被分解到了不同的关系中），其结果就并非我们所求。在这种情况下，也就很难实现该函数依赖，一个重要的约束也会因此而丢失。当发生这种情况时，最好将规范化过程只进行到 3NF，而只将关系分解到 3NF 是不会丢失任何依赖的。注意，在例 15.2 中，当我们将关系 ClientInterview 分解成两个 BCNF 的关系时，就已经"丢失"了函数依赖：roomNo，interviewDate，interviewTime → staffNo，clientNo（fd3）。因为这个依赖的决定方被分解到了不同的关系中。但是，还必须认识到，如果不消除函数依赖 staffNo，interviewDate → roomNo（fd4），那么关系 ClientInterview 中将会存在数据冗余。

在规范化关系 ClientInterview 时，是规范化到 3NF 好还是继续规范化到 BCNF，主要考虑是由 fd4 导致的数据冗余度产生的影响大还是由于"丢失"fd3 造成的影响更大。例如，如果每个员工每天只与客户进行一次会谈，在这种情况下，关系 ClientInterview 上的函数依赖 fd4 的存在不会导致数据冗余，因此也就没有必要将关系 ClientInterview 分解成两个 BCNF 的关系，即使分解，也没有什么额外的用处。相反，如果每位员工每天都会多次与客户进行会谈，那么函数依赖 fd4 的存在势必产生数据冗余，所以这时就要将 ClientInterview 规范化为 BCNF 范式。然而，我们还应该考虑丢失 fd3 的影响，即 fd3 是否传达了关于客户会谈的一些重要信息，而且这些信息必须在结果关系中表现出来？对这个问题的回答可以帮助我们决定到底是保留所有的函数依赖还是消除数据冗余。

15.3　规范化到 BCNF 的过程小结

本节将对前面章节以及 15.2 节讲述的规范化过程加以小结。我们以来自 DreamHome 案例研究的样本报表为例，说明如何将其属性规范化为一组 Boyce-Codd 范式。在这个例子中，我们使用的是基于主关键字的 2NF 和 3NF 的定义，如何使用 2NF 和 3NF 的一般化定义对该例进行规范化则留给读者作为练习。

▌例 15.3 》 从第一范式规范化到 Boyce-Codd 范式

在这个实例中，我们对 DreamHome 案例研究进行扩展，加入了员工对房产进行调查的信息。要求员工进行房产调查时，会分配一辆公司专车供其调查当天使用。但是，在一个工作日里，一辆车可能会根据需要被分配给多名员工使用。一名员工也可能在一天对多处房产进行调查，但一处房产在一天只会被调查一次。DreamHome 的房产调查报告如图 15-3 所示。最上面的一份报告是员工对位于格拉斯哥的房产 PG4 的调查报告。

第一范式

首先将两份房产调查报告中的样本数据转化为含有行、列的表的形式，得到的表 StaffPropertyInspection 是一个不规范的表，如图 15-4 所示，这个不规范的表的关键字属性是 propertyNo。

可以发现这张不规范的表的重复组是房产调查信息和员工信息，这些信息在每一处房产的调查信息记录中都会重复一次。该重复组的结构如下：

Repeating Group = (iDate, iTime, comments, staffNo, sName, carReg)

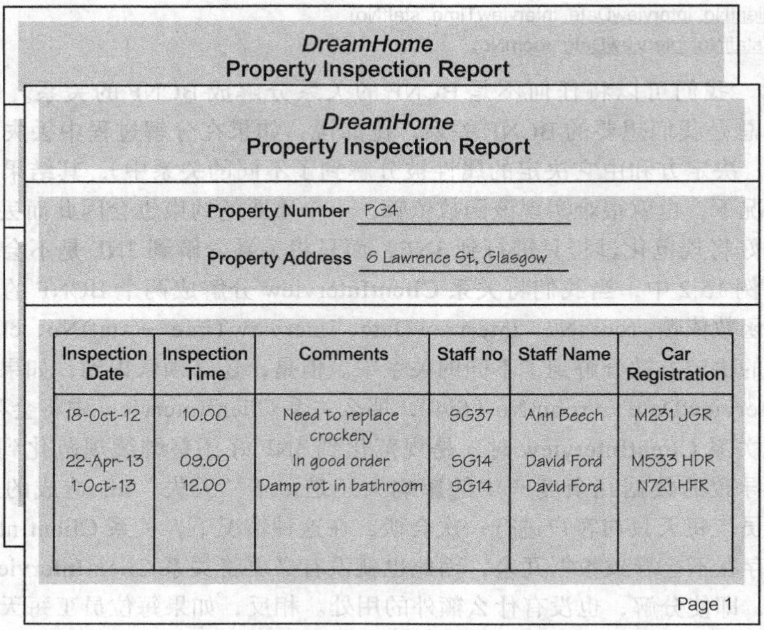
DreamHome
Property Inspection Report

DreamHome
Property Inspection Report

Property Number PG4

Property Address 6 Lawrence St, Glasgow

Inspection Date	Inspection Time	Comments	Staff no	Staff Name	Car Registration
18-Oct-12	10.00	Need to replace crockery	SG37	Ann Beech	M231 JGR
22-Apr-13	09.00	In good order	SG14	David Ford	M533 HDR
1-Oct-13	12.00	Damp rot in bathroom	SG14	David Ford	N721 HFR

Page 1

图 15-3 DreamHome 房产调查报告

StaffPropertyInspection

propertyNo	pAddress	iDate	iTime	comments	staffNo	sName	carReg
PG4	6 Lawrence St, Glasgow	18-Oct-12 22-Apr-13 1-Oct-13	10.00 09.00 12.00	Need to replace crockery In good order Damp rot in bathroom	SG37 SG14 SG14	Ann Beech David Ford David Ford	M231 JGR M533 HDR N721 HFR
PG16	5 Novar Dr, Glasgow	22-Apr-13 24-Oct-13	13.00 14.00	Replace living room carpet Good condition	SG14 SG37	David Ford Ann Beech	M533 HDR N721 HFR

图 15-4 非规范化表 StaffPropertyInspection

由此可以推出，该表的某些行列交叉处都出现了多种取值。例如，对于属性 propertyNo 为 PG4 的房产来说，其属性 iDate 列就有三种取值（18-Oct-12，22-Apr-13，1-Oct-13）。我们用 14.6 节的第一种方法将这个不规范的表转化为第一范式。利用第一种方法，通过在表的每一行中插入合适的房产信息（非重复数据）来消除重复组（房产调查信息和员工信息）。最后得到的第一范式 StaffPropertyInspection 关系如图 15-5 所示。

StaffPropertyInspection

propertyNo	iDate	iTime	pAddress	comments	staffNo	sName	carReg
PG4	18-Oct-12	10.00	6 Lawrence St, Glasgow	Need to replace crockery	SG37	Ann Beech	M231 JGR
PG4	22-Apr-13	09.00	6 Lawrence St, Glasgow	In good order	SG14	David Ford	M533 HDR
PG4	1-Oct-13	12.00	6 Lawrence St, Glasgow	Damp rot in bathroom	SG14	David Ford	N721 HFR
PG16	22-Apr-13	13.00	5 Novar Dr, Glasgow	Replace living room carpet	SG14	David Ford	M533 HDR
PG16	24-Oct-13	14.00	5 Novar Dr, Glasgow	Good condition	SG37	Ann Beech	N721 HFR

图 15-5 第一范式（1NF）StaffPropertyInspection 关系

在图 15-6 中，我们给出了关系 StaffPropertyInspection 的函数依赖（fd1 ~ fd6）。用这些函数依赖（参见 14.4.3 节）可以确定关系 StaffPropertyInspection 的三个复合候选关键字：（propertyNo，iDate），（staffNo，iDate，iTime）和（carReg，iDate，iTime）。我们选择（propertyNo，iDate）作为主关键字。为了清楚起见，将构成主关键字的属性挨在一起，放在关系的左侧，则关系 StaffPropertyInspection 的结构如下所示：

StaffPropertyInspection　（<u>propertyNo</u>, <u>iDate</u>, iTime, pAddress, comments, staffNo, sName, carReg）

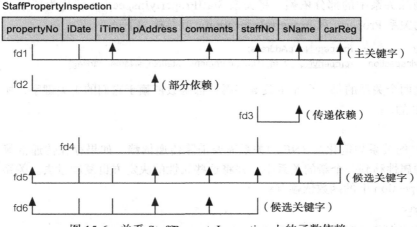

图 15-6　关系 StaffPropertyInspection 上的函数依赖

由于每一行列的交叉部分都只有一个值，所以关系 StaffPropertyInspection 是第一范式（1NF）的。该关系包含了员工对房产进行调查的信息，其中房产和员工的信息都出现了多次重复。可以看出，在 StaffPropertyInspection 中存在着大量的数据冗余，如果物理实现的话，这个 1NF 的关系将会产生更新异常。为了消除部分更新异常，必须将这个关系进一步转化为第二范式。

第二范式

将第一范式的关系规范化为 2NF 的关系需要消除主关键字上的部分依赖。如果存在部分依赖，就要把关系中部分函数依赖于主关键字的属性移到一个新的关系中，同时将其决定方也复制到新的关系中。

如图 15-6 所示，关系 StaffPropertyInspection 上的函数依赖（fd1 ~ fd6）有：

fd1　propertyNo, iDate → iTime, comments, staffNo,
　　　sName, carReg　　　　　　　　　　　　　（主关键字）
fd2　propertyNo → pAddress　　　　　　　　　（部分依赖）
fd3　staffNo → sName　　　　　　　　　　　　（传递依赖）
fd4　staffNo, iDate → carReg
fd5　carReg, iDate, iTime → propertyNo, pAddress,
　　　comments, staffNo, sName　　　　　　　　（候选关键字）
fd6　staffNo, iDate, iTime → propertyNo, pAddress, comments　（候选关键字）

利用这些函数依赖，我们继续对关系 StaffPropertyInspection 进行规范化。首先通过测试主关键字上是否存在部分依赖来验证 StaffPropertyInspection 是否是 2NF 的。可以发现房产的属性（pAddress）是部分依赖于主关键字的，即 pAddress 是依赖于 propertyNo 的（fd2），而其余的属性（iTime、comments、staffNo、sName 和 carReg）则是完全依赖于整个主关键字（propertyNo 和 iDate）的（fd1）。尽管函数依赖 staffNo，iDate → carReg（fd4）的决定方只含有主关键字的 iDate 属性，但在这个阶段并不准备消除这一依赖，因为这个决定方还含有一个非主关键字的属性 staffNo。也就是说，这个依赖并不是全部依赖于主关键字的一部分，所以与 2NF 的定义并不矛盾。

部分依赖（propertyNo → pAddress）的存在说明了关系 StaffPropertyInspection 不是 2NF 的。为了将这个关系转化为 2NF，需要创建一些新的关系，使得那些在原关系中部分依赖于主关键字的属性在新的关系里完全依赖于新关系的主关键字。

通过消除关系中的部分依赖，将关系 StaffPropertyInspection 转化为了第二范式，生成了两个新的关系 Property 和 PropertyInspection，其结构如下：

```
Property          (propertyNo, pAddress)
PropertyInspection (propertyNo, iDate, iTime, comments, staffNo, sName, carReg)
```

由于这两个关系的每一个非主关键字属性都函数依赖于它们的主关键字，所以这两个关系都是 2NF 的。

第三范式

将 2NF 的关系规范化为 3NF 的关系需要消除传递依赖。如果存在传递依赖，就将产生传递依赖的属性移到一个新的关系中，并将这些属性的决定方也复制过去。关系 Property 和 PropertyInspection 上的函数依赖有：

关系 Property

```
fd2    propertyNo → pAddress
```

关系 PropertyInspection

```
fd1    propertyNo, iDate → iTime, comments, staffNo, sName, carReg
fd3    staffNo → sName
fd4    staffNo, iDate → carReg
fd5′   carReg, iDate, iTime → propertyNo, comments, staffNo, sName
fd6′   staffNo, iDate, iTime → propertyNo, comments
```

由于关系 Property 中没有主关键字上的传递依赖，所以它已经是 3NF 的。尽管关系 PropertyInspection 的所有非主关键字属性都完全依赖于该关系的主关键字，但是属性 sName 却传递依赖于 staffNo（fd3）。我们还注意到函数依赖 staffNo，iDate → carReg（fd4）中有一个非主关键字属性 carReg 部分依赖于另一个非主关键字属性 staffNo。但在这一阶段并不移除这个依赖，因为在这个依赖的决定方中包含了一个主关键字属性 iDate。即这个依赖并不完全是非主关键字属性的传递依赖，所以并不违反 3NF 的定义。（也就是说，正如 14.9 节讨论的那样，当考虑关系的所有候选关键字时，依赖 staffNo，iDate → carReg 在 3NF 中是允许的，因为 carReg 是关系 PropertyInspection 的候选关键字（carReg，iDate，iTime）的一部分，故为主属性。）

为了将 PropertyInspection 转化为 3NF，必须消除传递依赖（staffNo → sName），由此创建两个新的关系 Staff 和 PropertyInspect，其结构如下：

```
Staff           (staffNo, sName)
PropertyInspect (propertyNo, iDate, iTime, comments, staffNo, carReg)
```

由于在关系 Staff 和 PropertyInspect 中不存在非主关键字属性完全函数依赖于另一个非主关键字属性，所以 Staff 和 PropertyInspect 都是 3NF 的。通过规范化，图 15-5 中的关系 StaffPropertyInspection 就被转化为了三个 3NF 的关系，如下所示：

Property	(propertyNo, pAddress)
Staff	(staffNo, sName)
PropertyInspect	(propertyNo, iDate, iTime, comments, staffNo, carReg)

Boyce-Codd 范式

现在来分析关系 Property、Staff 和 PropertyInspect，看看它们是否是 BCNF 的。回忆一下 BCNF 的定义，只有当所有的决定方都是候选关键字时，这个关系才是 BCNF 的。所以，为了验证这些关系是否是 BCNF 的，可以先确定所有的决定方，再验证它们是否都是候选关键字。

关系 Property、Staff 和 PropertyInspect 上成立的函数依赖有：

关系 Property

fd2　propertyNo → pAddress

关系 Staff

fd3　staffNo → sName

关系 PropertyInspect

fd1′　propertyNo, iDate → iTime, comments, staffNo, carReg
fd4　staffNo, iDate → carReg
fd5′　carReg, iDate, iTime → propertyNo, comments, staffNo
fd6′　staffNo, iDate, iTime → propertyNo, comments

可以看到，由于关系 Property 和 Staff 的每个决定方都是候选关键字，所以这两个关系已经是 BCNF 的。现在只有 3NF 的关系 PropertyInspect 不是 BCNF 的，这是因为决定方（staffNo，iDate）（fd4）不是候选关键字。由此可以推断，关系 PropertyInspect 可能会存在更新异常的问题。例如，当 2012 年 4 月 22 日（22-Apr-12）那天派给员工 SG14 的车的信息发生变化时，必须同时更新两个元组。如果只有一个元组更新了车辆登记编号，就会导致数据库处于不一致的状态。

为了将关系 PropertyInspect 转化为 BCNF 的关系，必须消除那些违反了 BCNF 定义的依赖，因此可以创建两个新的关系 StaffCar 和 Inspection，其结构如下：

| StaffCar | (staffNo, iDate, carReg) |
| Inspection | (propertyNo, iDate, iTime, comments, staffNo) |

由于关系 StaffCar 和 Inspection 的决定方都是候选关键字，所以这两个关系都是 BCNF 的。

现在我们来小结一下，将图 15-5 中的关系 StaffPropertyInspection 分解为图 15-7 所示的 BCNF 的关系。在这个示例当中，将原关系 StaffPropertyInspection 分解为 BCNF 的关系导致了函数依赖 carReg，iDate，iTime → propertyNo，pAddress，comments，staffNo，sName 的 "丢失"，因为该依赖的决定方现在位于不同的关系中（fd5）。然而我们也认识到，如果不消除函数依赖 staffNo，iDate → carReg（fd4），那么关系 PropertyInspect 中将会存在数据冗余。

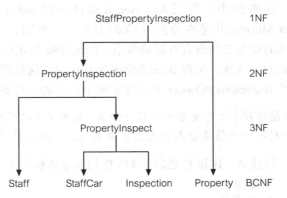

图 15-7　将关系 StaffPropertyInspection 分解为 BCNF 的关系

最后得到的 BCNF 关系的如下所示：

Property (propertyNo, pAddress)
Staff (staffNo, sName)
Inspection (propertyNo, iDate, iTime, comments, staffNo)
StaffCar (staffNo, iDate, carReg)

利用主关键字 / 外部关键字机制，可以由关系 Property、Staff、StaffCar 和 Inspection 重新得到最初的图 15-5 所示的关系 StaffPropertyInspection。例如，属性 staffNo 是关系 Staff 的主关键字，同时也是关系 Inspection 的外部关键字。外部关键字允许将关系 Staff 和 Inspection 关联起来以确定对某一房产进行调查的员工姓名。

15.4　第四范式（4NF）

尽管 BCNF 消除了由于函数依赖所带来的异常，但是进一步的研究表明，另外一种依赖——**多值依赖**（Multi-Valued Dependency，MVD），也会导致数据冗余（Fagin, 1977）。本节，我们将简要地讲述多值依赖以及这种依赖和第四范式（4NF）之间的关联。

15.4.1　多值依赖

由于第一范式不允许元组任一属性的取值是值的集合，因此关系中就可能会存在多值依赖。例如，如果某一关系有两个多值属性，为了保证关系中元组的一致性，则其中一个属性的每一种取值都不得不重复另一个属性的所有值。这种类型的约束就是多值依赖（Multi-Value Dependency，MVD），多值依赖导致了数据冗余。考虑图 15-8a 所示的关系 BranchStaff-Owner，该关系中包含了每个分公司（branchNo）的员工（sName）和业主（oName）。在这个例子中，假设每个员工的名字（sName）和每个业主的名字（oName）都是唯一的。

BranchStaffOwner

branchNo	sName	oName
B003	Ann Beech	Carol Farrel
B003	David Ford	Carol Farrel
B003	Ann Beech	Tina Murphy
B003	David Ford	Tina Murphy

BranchStaff

branchNo	sName
B003	Ann Beech
B003	David Ford

BranchOwner

branchNo	oName
B003	Carol Farrel
B003	Tina Murphy

a) 关系 BranchStaffOwner　　　　b) 第四范式的 BranchStaff 和 BranchOwner 关系

图　15-8

在本例中，员工 Ann Beech 和 David Ford 在分公司 B003 工作，业主 Carol Farrel 和 Tina Murphy 均是在分公司 B003 注册的。然而，由于在某分公司工作的员工与在某分公司注册的业主之间没有直接的联系，因此需要创建将每个员工和业主关联在一起的元组以保证关系的一致性。关系 BranchStaffOwner 中的这种约束就是多值依赖，即 MVD 的存在是由于关系 BranchStaffOwner 中包含了两个独立的一对多关系。

多值依赖 | 表示关系中属性（如 A、B 和 C）之间的依赖，对于 A 的每一种取值，B 和 C 都分别有一个值集合与之对应，并且 B、C 的取值是相互独立的。

属性 A、B 和 C 之间的 MVD 用如下的标记表示：

A →→ B
A →→ C

例如，图 15-8a 中的关系 BranchStaffOwner 上的 MVD 有：

branchNo —↠ sName
branchNo —↠ oName

多值依赖又可以进一步分为**平凡的**（trivial）和**非平凡的**（nontrivial）。对于关系 R 中的多值依赖 A —↠ B，如果（a）B 是 A 的子集，或者（b）A ∪ B＝R，那么多值依赖 A —↠ B 就是平凡的，否则 A —↠ B 就是非平凡的。平凡 MVD 并不对应着关系中的任何约束，而一个非平凡 MVD 则代表了关系上的一个约束。

图 15-8a 中的关系 BranchStaffOwner 包含两个非平凡 MVD，即 branchNo —↠ sName 和 branchNo —↠ oName，而 branchNo 不是该关系的候选关键字。因此，关系 BranchStaff-Owner 受这些非平凡 MVD 的约束：为了保证属性 sName 和 oName 之间关系的一致性，元组信息不得不重复。例如，如果要为分公司 B003 新增一位业主，为了保证关系的一致性就必须插入两个新的元组，每个元组对应着一名员工。这是一个由非平凡 MVD 的存在而引起更新异常的例子。很明显，我们需要一种范式以排除像关系 BranchStaffOwner 这样的关系结构。

15.4.2 第四范式的定义

> **第四范式（4NF）** | 一个关系是 4NF 当且仅当对每一个非平凡多值依赖 A —↠ B，A 都是关系的候选关键字。

第四范式能够防止关系中存在那些决定方不是关系候选关键字的非平凡 MVD（Fagin，1977）。违反 4NF 规则会引起的数据冗余，正如前面图 15-8a 所示。规范非 4NF 的关系需要消除关系中那些引发问题的多值依赖，这可以通过将产生多值依赖的属性及其决定方的副本移到一个新的关系中来实现。

例如，图 15-8a 中的关系 BranchStaffOwner 由于存在两个非平凡 MVD，所以不是 4NF 的。我们将关系 BranchStaffOwner 分解为两个关系 BranchStaff 和 BranchOwner，如图 15-8b 所示。这两个新关系都是 4NF 的，因为在关系 BranchStaff 中只存在平凡 MVD：branchNo —↠ sName，而在关系 BranchOwner 中也只存在平凡 MVD：branchNo —↠ oName。注意：由于 4NF 中没有数据冗余，所以也就消除了潜在的更新异常。例如，如果为分公司 B003 新增一名业主，那么只需在关系 BranchOwner 中增加一个元组。关于 4NF 更详细的讨论，感兴趣的读者请参见 Date（2012）及 Elmasri 和 Navathe（2010）。

15.5 第五范式（5NF）

无论何时将一个关系分解为两个关系，结果关系总是要具有无损连接的特性。无损连接特性是指将分解后的结果关系重新连接起来就能生成原关系。尽管比较少见，但有的时候需要将一个关系分解为多个关系，这时就可以用连接依赖和第五范式来处理。下面将简要地讲述无损连接依赖及其与第五范式的关联。

15.5.1 无损连接依赖

> **无损连接依赖** | 一种与分解有关的特性，该特性能够确保在通过自然连接运算将分解后的关系重新组合起来时，不会产生谬误的元组。

在使用投影运算拆分关系时，这种分解方法可以很清楚地体现出无损连接依赖的特性。具体来说，就是我们在使用投影运算进行分解时要非常小心谨慎，要使得过程可逆，即还可以通过连接投影的结果关系而重构原关系。由于这样的分解保留了原关系中的所有数据，并且没有产生附加的谬误元组，所以这样的分解就称为**无损连接**（也称为无损耗或无附加连接）分解。例如，图 15-8a 和图 15-8b 显示了将关系 BranchStaffOwner 分解为关系 BranchStaff 和 BranchOwner，该分解就具有无损连接的特性。也就是说，可以通过对关系 BranchStaff 和 BranchOwner 进行自然连接运算来重构最初的 BranchStaffOwner 关系。在这个例子中，原关系被分解为两个关系。但是，有的时候却需要将一个关系无损连接地分解为两个以上的关系（Aho et al.，1979），这些情况就是无损连接依赖和第五范式（5NF）所要关注的。

15.5.2　第五范式的定义

> **第五范式（5NF）** | 一个关系是 5NF 当且仅当对于关系 R 的每个连接依赖（R_1，R_2，…，R_n)，每个投影包含原关系的一个候选关键字。

第五范式（5NF）能防止关系中存在那些所关联投影不包含原关系的任一候选关键字的非平凡连接依赖（Fagin，1977）。不与候选关键字相关联的非平凡连接依赖十分少见，因此通常 4NF 都是 5NF 的。

尽管少见，还是让我们看看若关系违反 5NF 的规则会出现什么问题。图 15-9a 所示关系 PropertyItemSupplier 包括了一个非平凡连接依赖。该关系描述房产（propertyNo）需要的家具（itemDescription）及其供给该房产的供应商（supplierNo）的信息。而且约定，当某处房产（p）需要某家具（i）时，若有供应商（s）出售该家具（i），并且该供应商（s）又已经为该房产（p）供应至少一件家具，那么该供应商（s）就将继续为房产（p）供应家具（i）。在该例中，假设对家具的描述属性（itemDescription）能够唯一标识每种类型的家具。

为了确定图 15-9a 的关系 PropertyItemSupplier 的约束类型，考虑下面的情形：

如果	房产 PG4 需要 Bed（床）	（元组 1）
	供应商 S2 为房产 PG4 供应过家具	（元组 2）
	供应商 S2 有 Bed 出售	（元组 3）
那么	就由供应商 S2 为房产 PG4 供应 Bed	

这个例子说明了关系 PropertyItemSupplier 上约束的循环特性（cyclical nature）。如果在设计上支持该约束，那么就说明无论在何种合法的状态下，关系 PropertyItemSupplier 中都必然存在元组（PG4，Bed，S2），如图 15-9b 所示。这是一类更新异常的示例，我们说在这个关系中存在连接依赖（Join Dependency，JD）。

> **连接依赖** | 连接依赖是依赖的一种。对于关系 R 及其属性的子集 A，B，…，Z，当且仅当 R 的每一个合法的元组都与其在 A，B，…，Z 上的投影的连接结果相同时，称关系 R 满足连接依赖。

由于关系 PropertyItemSupplier 中含有连接依赖，所以它不是 5NF 的。为了消除连接依赖，我们将关系 PropertyItemSupplier 分解为三个 5NF 的关系，即 PropertyItem（R1）、ItemSupplier（R2）和 PropertySupplier（R3），如图 15-10 所示。也就是说形为（A，B，C）的关系 PropertyItemSupplier 满足连接依赖 JD（R1（A，B），R2（B，C），R3（A，C））。

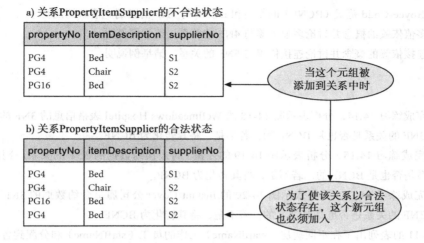

图　15-9

PropertyItem	
propertyNo	itemDescription
PG4	Bed
PG4	Chair
PG16	Bed

ItemSupplier	
itemDescription	supplierNo
Bed	S1
Chair	S2
Bed	S2

PropertySupplier	
propertyNo	supplierNo
PG4	S1
PG4	S2
PG16	S2

图 15-10　5NF 的关系 PropertyItem、ItemSupplier 和 PropertySupplier

对这三个关系中的任意两个进行自然连接运算都会产生谬误的元组，这一点很重要，我们要注意。但是如果自然连接这三个关系，就可以重构原关系 PropertyItemSupplier。

关于第五范式更详细的讨论，感兴趣的读者可以参见 Date（2012）和 Elmasri and Navathe（2010）。

本章小结

- 可以利用**推导规则**来导出在某一关系上成立的所有函数依赖。一个关系上的函数依赖集可能很大。
- 称为 **Armstrong 公理**的推导规则可以根据某一关系上成立的函数依赖确定其最小函数依赖集。
- **Boyce-Codd 范式**（BCNF）是每一个决定方都是候选关键字的关系。
- 一个关系是 4NF 当且仅当对每一个非平凡多值依赖 A ↠ B，A 都是关系的候选关键字。
- **多值依赖**（MVD）表示关系中属性（A，B 和 C）之间的依赖，即对于 A 的每个值，都对应着 B 的一个取值集合和 C 的一个取值集合，而且，B 和 C 的值集是相互独立的。
- **无损连接**依赖是一种分解的特性，它表示当关系通过自然连接运算重新组合起来时，不会产生谬误的元组。
- 一个关系是 5NF 当且仅当对于关系 R 的每个连接依赖（R_1，R_2，$\cdots$，R_n），每个投影包含原关系的一个候选关键字。

思考题

15.1　描述利用推导规则确定给定关系的函数依赖的目的。

15.2　讨论 Armstrong 公理的用途。

15.3 讨论 Boyce-Codd 范式（BCNF）的作用和 BCNF 与 3NF 的区别。请举例说明。

15.4 描述多值依赖的概念并讨论多值依赖与 4NF 的关系。请举例说明。

15.5 描述连接依赖的概念并讨论连接依赖与 5NF 的关系。请举例说明

习题

15.6 继续完成练习 14.14，分析表示图 14-18 的 Wellmeadows Hospital 表格信息的 3NF 的关系。判断这些 3NF 的关系是否也是 BCNF 的，若不是，将其转化为 BCNF。

15.7 继续完成练习 14.15，分析表示图 14-19 的牙医 / 病人预约数据的 3NF 的关系。判断这些 3NF 的关系是否也是 BCNF 的，若不是，将其转化为 BCNF。

15.8 继续完成练习 14.16，分析表示图 14-20 的 Instant Cover 公司雇员合约数据的 3NF 关系。判断这些 3NF 的关系是否也是 BCNF 的，若不是，将其转化为 BCNF。

15.9 图 15-11 的表列出了在不同病房（wardName）工作的员工（staffName）和分配到各个病房的病人（patientName）。在病房工作的员工和分配到该病房的病人之间没有任何关联。本例中，假设员工的名字（staffName）唯一地标识每位员工，病人的名字（patientName）唯一地标识每位病人。

(a) 说明为什么图 15-11 的关系不是 4NF 的。

(b) 图 15-11 的关系容易受到更新异常的影响，请给出插入异常、删除异常和修改异常的例子。

(c) 描述并解释说明将图 15-11 的关系规范化为 4NF 的过程。

15.10 图 15-12 中的关系描述了医院（hospitalName）需要的设备（itemDescription）的信息，这些设备由相应的供应商（supplierNo）提供给医院（hospitalName）。而且，当医院（h）需要某种设备（i）时，若供应商（s）供应设备（i）且已经为医院（h）提供过至少一种设备，则供应商（s）将继续为医院（h）提供设备（i）。在这个例子中假设对设备的描述（itemDescription）唯一地标识每一种类型的设备。

(a) 说明为什么图 15-12 的关系不是 5NF 的。

(b) 描述并解释说明将图 15-12 的关系规范化为 5NF 的过程。

wardName	staffName	patientName
Pediatrics	Kim Jones	Claire Johnson
Pediatrics	Kim Jones	Brian White
Pediatrics	Stephen Ball	Claire Johnson
Pediatrics	Stephen Ball	Brian White

图 15-11　关系 WardStaffPatient

hospitalName	itemDescription	supplierNo
Western General	Antiseptic Wipes	S1
Western General	Paper Towels	S2
Yorkhill	Antiseptic Wipes	S2
Western General	Antiseptic Wipes	S2

图 15-12　关系 HospitalItemSupplier

扩展阅读

Connolly T., Begg C., and Holowczak R. (2008) *Business Database Systems*. Addison-Wesley

Date C.J. (2003). *An Introduction to Database Systems* 8th edn. Reading, MA: Addison-Wesley

Date C.J. (2012). *Database Design and Relational Theory: Normal Forms and All That Jazz*. 1st edn. O'Reilly Media

Elmasri R. and Navathe S. (2010). *Fundamentals of Database Systems* 6th edn. New York, NY: Addison-Wesley

Ullman J.D. (1988). *Principles of Database and Knowledge-base Systems* Volumes I and II. Rockville, MD: Computer Science Press

第四部分

Database Systems: A Practical Approach to Design, Implementation, and Management, 6E

方　法　学

方法学——概念数据库设计

本章目标

本章我们主要学习：

- 设计方法学的用途
- 数据库设计的三个主要阶段：概念设计、逻辑设计和物理设计
- 如何将整体设计分解为企事业单位的具体视图
- 如何根据企事业单位视图所给出的信息，用实体－联系（ER）模型建立局部概念数据模型
- 如何验证全局概念模型的有效性，确保其能真实准确地反映企事业单位的视图
- 如何将概念数据库的设计过程用文档记录下来
- 终端用户在整个概念数据库设计过程中的重要作用

第 10 章我们讨论了数据库系统开发的生命周期，其中一个主要的阶段就是**数据库设计**。数据库设计阶段在企事业单位的需求分析完全结束之后才开始。

本章以及后面的第 17 ～ 19 章，都将针对适用于关系数据库系统开发生命周期中数据库设计阶段的方法学进行讨论。这些方法学分步给出了三个主要数据库设计阶段的指南，分别是概念设计、逻辑设计和物理设计（参见图 10-1）。每个阶段的主要目标如下：

- **概念数据库设计**：生成数据库的概念表示，包括重要的实体、联系以及属性的定义。
- **逻辑数据库设计**：将概念表示转换成数据库的逻辑结构，包括关系的设计。
- **物理数据库设计**：如何在目标数据库管理系统（DBMS）中物理地实现逻辑结构（作为基础关系）。

本章结构

16.1 节给出了数据库设计方法学的定义，并回顾了数据库设计的三个阶段。16.2 节对该方法学进行了概述，并简要描述了与每个设计阶段相关的主要活动。16.3 节重点讲述了数据库概念设计的方法并给出了具体的概念数据模型的建模步骤。我们用第 12 和 13 章中讲述的实体－联系（ER）模型创建概念数据模型。

第 17 章重点讲述关系模型的逻辑数据库设计方法学，并详细描述将概念数据模型转换成**逻辑数据模型**的步骤。逻辑数据库设计方法学中还包括一个可选的步骤——处理数据库设计中多用户视图的方法，即如何利用视图集成的方法将两个或多个逻辑数据模型合并为一个逻辑数据模型的方法（参见 10.5 节）。第 17 章描述的逻辑数据模型是接下来的两章将描述的数据库设计最后一个阶段工作的起点。

第 18 章和第 19 章详细讨论了关系 DBMS 的物理数据库设计的步骤，从而完成对整个数据库设计方法学的讨论。设计方法学的这个部分说明：只开发逻辑数据库模型并不足以保证数据库系统的最优化实现。例如，为了获得可接受的性能，我们可能不得不对逻辑模型进行修改。

对于那些早已熟悉数据库设计，只是想快速回顾一下数据库设计主要步骤的读者，可以参见附录 D，附录 D 是数据库设计方法学的概述。在整个方法学的讨论过程中，用"实体"和"联系"代替术语"实体类型"和"联系类型"，只有在可能存在歧义时才加上"类型"。本章大部分内容的示例都取自 11.4 节和附录 A 描述的 DreamHome 案例研究中的用户视图 StaffClient。

16.1　数据库设计方法学简介

在讲述方法学之前，我们先讨论设计方法学包含的内容以及数据库设计的三个阶段。之后我们还会给出如何成功地进行数据库设计的指导方针。

16.1.1　什么是设计方法学

设计方法学｜一种结构化的方法，它用过程、技术、工具以及文档等辅助手段来支持和简化设计过程。

设计方法学的每个阶段都是由若干步骤组成的，这些步骤指导设计者在工程的各个阶段采用相应的合适的技术。设计方法学同样帮助设计者对数据库系统开发项目进行计划、管理、控制和评估。并且，设计方法学是结构化的方法，因为设计方法学用标准化和组织化的方式对数据库系统的一系列需求进行分析和建模。

16.1.2　概念、逻辑和物理数据库设计

在数据库设计方法学中，设计过程被分成三个主要阶段：概念数据库设计、逻辑数据库设计和物理数据库设计。

概念数据库设计｜在不考虑任何物理因素的情况下构建企事业单位数据模型的过程。

概念数据库设计从创建企事业单位的概念数据模型开始，概念数据模型完全独立于诸如目标 DBMS、应用程序、编程语言、硬件平台、性能问题或其他物理因素等实现细节。

逻辑数据库设计｜在不考虑具体 DBMS 和其他物理因素的情况下基于特定数据模型构建企事业单位的数据模型的过程。

逻辑数据库设计阶段将概念模型映射为逻辑模型，该逻辑模型受到目标数据库数据模型（如关系模型）的影响。逻辑数据模型是物理设计阶段的基础，为物理数据库的设计者进行全面考虑和权衡提供依据，这对设计高效的数据库十分重要。

物理数据库设计｜在二级存储器上实现数据库的过程，包括定义基础关系、文件组织、用于实现高效数据访问的索引，以及相关的完整性约束和安全机制。

在物理数据库设计阶段，设计者可以自行决定实现数据库的方式。物理设计因 DBMS 而异。在物理设计和逻辑设计之间存在着反馈过程，因为在物理设计过程中为提高性能所采取的措施可能会影响逻辑数据模型。

16.1.3　成功设计数据库的关键因素

通常，下面几点对数据库设计的成功与否至关重要：

- 尽可能多地与用户交流。
- 在数据建模的整个过程中遵循结构化的方法学。
- 使用数据驱动方法。
- 在数据模型中综合考虑结构性和完整性。
- 数据建模方法学应结合概念化、规范化和事务验证技术。
- 尽可能多地用图表来描述数据模型。
- 用数据库设计语言（Database Design Language，DBDL）来描述难以用图表表达的数据的语义。
- 建立数据字典对数据模型图和 DBDL 进行补充说明。
- 自觉地迭代。

上述指导原则在本章给出的数据库设计方法学中得到了综合体现。

16.2　数据库设计方法学概述

本节对数据库设计方法学进行概述。数据库设计方法学包括以下步骤。

概念数据库设计

步骤 1　建立概念数据模型

　　　　步骤 1.1　标识实体类型

　　　　步骤 1.2　标识联系类型

　　　　步骤 1.3　标识属性并将属性与实体或联系类型相关联

　　　　步骤 1.4　确定属性域

　　　　步骤 1.5　确定候选关键字、主关键字和可替换关键字属性

　　　　步骤 1.6　考虑使用增强的建模概念（可选步骤）

　　　　步骤 1.7　检查模型的冗余

　　　　步骤 1.8　针对用户事务验证概念模型

　　　　步骤 1.9　与用户一起复查概念数据模型

关系模型的逻辑数据库设计

步骤 2　建立逻辑数据模型

　　　　步骤 2.1　从逻辑数据模型中导出关系

　　　　步骤 2.2　使用规范化方法验证关系

　　　　步骤 2.3　针对用户事务验证关系

　　　　步骤 2.4　检查完整性约束

　　　　步骤 2.5　与用户一起复查逻辑数据模型

　　　　步骤 2.6　将逻辑数据模型合并为全局模型（可选步骤）

　　　　步骤 2.7　检查模型对未来可拓展性的支持

关系数据库的物理数据库设计

步骤 3　转换逻辑数据模型以适应目标 DBMS

　　　　步骤 3.1　设计基础关系

　　　　步骤 3.2　设计导出数据的表示方法

　　　　步骤 3.3　设计一般性约束

步骤 4 设计文件组织方法和索引

　　步骤 4.1 分析事务

　　步骤 4.2 选择文件组织方法

　　步骤 4.3 选择索引

　　步骤 4.4 估计所需的磁盘空间

步骤 5 设计用户视图

步骤 6 设计安全机制

步骤 7 考虑引入可控冗余

步骤 8 监控系统和系统调优

　　从相对简单的数据库系统到高度复杂的数据库系统，都可以使用上述方法学进行数据库系统的设计。在数据库系统开发的生命周期（参见 10.6 节）中，数据库设计被分为三个阶段，分别为概念设计、逻辑设计和物理设计。因此，方法学也包含三个相应的阶段：步骤 1 是概念数据库设计，步骤 2 是逻辑数据库设计，步骤 3 到步骤 8 是物理数据库设计。根据要建立的数据库系统复杂度的不同，有些步骤可以省略。例如，对于不管是单用户视图的数据库系统，还是用集中式方法处理多用户视图的数据库系统（参见 10.5 节），方法学中的步骤 2.6 都显然是多余的。因为我们只需要在步骤 1 中创建一个单一的概念数据模型，或者在步骤 2 中创建一个单一的逻辑数据模型就可以了。如果数据库设计人员在设计数据库系统时使用了视图集成的方法处理多个用户视图（参见 10.5 节），就需要反复应用步骤 1 和步骤 2，直到完成了所有模型的创建，然后在步骤 2.6 再将这些模型合并。

　　第 10 章我们使用的术语"局部概念数据模型"和"局部逻辑数据模型"是指对数据库系统的一个或者多个（不是全部）用户视图建模，术语"全局逻辑数据模型"则指对数据库系统的所有用户视图建模。在方法学中，除了可选步骤 2.6 外，使用的都是一般性的术语"概念数据模型"和"逻辑数据模型"，在步骤 2.6 中因为要描述的任务是将各个局部逻辑数据模型合并为全局逻辑数据模型，所以使用了术语"局部概念数据模型"和"局部逻辑数据模型"。

　　设计方法学中一个很重要的方面是：不断地对生成的模型进行验证，以保证其始终能够准确地反映被建模的那部分企事业单位的需求。在数据库设计方法学中，可以使用多种方法对数据模型进行验证，例如规范化（步骤 2.2）、确保对关键事务的支持（步骤 1.8 和 2.3）、要求尽可能多地与用户一起验证数据模型（步骤 1.9 和 2.5）。

　　步骤 2 所建立的逻辑模型是步骤 3 到步骤 8 进行物理数据库设计的基础。同样，根据数据库系统的复杂性以及目标 DBMS 的功能，物理数据库设计的某些步骤也可以省略。例如，对于基于 PC 的 DBMS，步骤 4.2 就可以省略。第 18 章和第 19 章详细讲述了物理数据库设计的步骤。

　　数据库设计是一个反复迭代的过程，其不断求精的过程几乎没有止境。尽管方法学的步骤是一个程序式的过程，但必须强调的是这并不意味着实际的设计过程就是按照这些步骤进行的。从某一个步骤里获得的信息有可能改变前一个步骤的结果，同样，前一个步骤的修改又可能影响后面的步骤。所以，方法学就是一个框架，它引导设计者有效地进行数据库设计。

　　我们使用 DreamHome 案例研究来说明数据库设计方法学。DreamHome 数据库包含多个用户视图（Director、Manager、Supervisor、Assistant 和 Client），并使用视图集成和集中的方法（参见 11.4 节）来处理它们。应用集中的方法生成了两类视图：StaffClient 用户视图和 Branch 用户视图。这两类视图分别包括：

- **StaffClient 用户视图**——包括了主管（Supervisor）、助理（Assistant）和客户（Client）的用户视图。
- **Branch 用户视图**——包含负责人（Director）和经理（Manager）的用户视图。

本章针对方法学中的步骤 1，我们使用 StaffClient 用户视图演示如何创建概念数据模型，下一章则讲述在步骤 2 中如何将这个模型转换成逻辑数据模型。因为 StaffClient 用户视图只代表了 DreamHome 数据库的所有用户视图的一个子集，因此这里所说的数据模型就应该是局部数据模型。前面已经提过，为了简单起见，在方法学和案例描述中，我们都使用术语"概念数据模型"和"逻辑数据模型"，一直到可选步骤 2.6 为止。步骤 2.6 将描述如何对局部逻辑数据模型 StaffClient 用户视图和 Branch 用户视图进行集成。

16.3　概念数据库设计方法学

本节将逐步介绍概念数据库的设计。

步骤 1　建立概念数据模型

| **目标** | 创建一个满足企事业单位数据需求的概念数据模型。

概念数据库设计的第一步是建立一个（或多个）满足企事业单位数据需求的概念数据模型。一个概念数据模型包括：

- 实体类型
- 联系类型
- 属性和属性域
- 主关键字和可替换关键字
- 完整性约束

概念数据模型由 ER 图、数据字典等文档支持，这些文档是在模型开发过程中逐步生成的。在后面的每个步骤中我们都将说明该步骤生成的支持文档的类型。步骤 1 的任务是：

步骤 1.1　标识实体类型
步骤 1.2　标识联系类型
步骤 1.3　标识属性并将属性与实体或联系类型相关联
步骤 1.4　确定属性域
步骤 1.5　确定候选关键字、主关键字和可替换关键字属性
步骤 1.6　考虑使用增强的建模概念（可选步骤）
步骤 1.7　检查模型的冗余
步骤 1.8　针对用户事务验证概念模型
步骤 1.9　与用户一起复查概念数据模型

步骤 1.1　标识实体类型

| **目标** | 标识所需的实体类型。

创建概念数据模型的第一步是定义用户关心的主要对象。这些对象就是模型的实体类型（参见 12.1 节）。确定实体的一种方法是审查用户需求规格说明书。我们可以标出需

求规格说明书中的名词和名词短语（如员工编号、员工姓名、房产所有者编号、房产所有者地址、租金、房间数等）。当然，我们要找出主要的对象，如人、地址或者是感兴趣的概念，排除那些仅仅用来描述对象性质的名词。比如，我们可以将员工编号和员工姓名组成一个名为 Staff 的对象或者实体，将房产编号、房产地址、租金和房间数组成一个名为 PropertyForRent 的实体。

确定实体的另外一种方法就是查找那些客观存在的对象。比如说 Staff 是一个实体，因为不管我们知不知道他们的名字、职务以及出生日期，员工都会客观存在。可能的话，用户应该协助完成这个任务。

由于用户的需求规格说明书的表达方式各不相同，所以确定实体有时会比较困难。用户经常采用例子和类比。比如用户通常直接提到某人的名字，而不用我们所需要的一般意义上的"员工"这个名词。有时，用户使用工作角色之类的名词，特别是经常使用某个人所属的单位名称。这些角色可能是工作头衔或职务，如负责人、经理、主管或助理等。

用户经常混用同义词或歧义词，从而使事情变得更复杂。意义相同的两个词叫同义词，例如，"branch"和"office"。歧义词是指在不同的上下文中有不同含义的词。例如，单词"program"有几种不同的意思，如一种学习的课程、一系列事件、一个工作计划或一段电视节目。

某个对象是否就是实体、联系或者属性并不总是显而易见的。例如，婚姻应该归为哪一类？事实上，根据实际需求，它既可以属于三者中的任一类型也可同时属于三种类型。设计是主观的，不同的设计者可能有不同的设计，但是这些设计都应该同等有效，并且在解释上也应该是等同的。因此在某种程度上，这个过程依赖于设计者的判断力和经验。数据库设计者必须对现实世界做出一定的取舍，并对所观察的企事业单位内部情况进行分类。因此，根据所给的需求规格说明书，不一定总会推导出唯一的实体类型集。但设计过程的不断迭代至少会选出满足系统需求的实体。对于 DreamHome 的 StaffClient 用户视图，我们标识出如下实体：

Staff	PropertyForRent
PrivateOwner	BusinessOwner
Client	Preference
Lease	

用文档记录实体类型

标识出实体类型后，应为其指定有意义并且很容易被用户理解的名字，并且将这些实体的名字及描述记录在数据字典中。如果可能，记录每个实体期望出现的次数。如果一个实体有多个名字，则把它们定义为同义词或别名，并记录到数据字典中。图 16-1 显示了数据字典的一部分，记录了 DreamHome 中 StaffClient 用户视图的实体。

步骤 1.2　标识联系类型

| **目的** | 标识实体类型之间的重要联系。

标识实体后，下一步就是标识所有存在于这些实体间的联系（参见 12.2 节）。标识实体的一种办法就是找出用户需求规格说明书中出现的名词。同样，我们可以用需求规格说明书中的文法来识别联系。通常，联系体现在动词或动词词组上面。例如：

- Staff *Manages* PropertyForRent （员工管理房产）
- PrivateOwner *Owns* PropertyForRent （业主拥有房产）
- PropertyForRent *AssociatedWith* Lease （房产关联着租约）

实体名	描述	同义词	出现
Staff	通用术语，描述由Dream-Home雇用的所有员工	Employee	Staff的每个成员都在某一个分公司工作
PropertyForRent	通用术语，描述所有待出租房产	Property	每套房产有单一业主，挂在某一分公司下出租并由该分公司的一名员工管理。可能有多个客户看过该房产，但任何时候只能由一名客户租用

图 16-1　节选数据字典关于 DreamHome 的 StaffClient 用户视图中实体的描述

需求规格说明书之所以记录这些联系，是因为它们对企事业单位很重要，因此在模型中应该包含它们。我们只对实体之间需要的联系感兴趣。

上例中，我们标识出了 Staff Manages PropertyForRent 和 PrivateOwner Owns PropertyForRent 两种联系。当然，也可以考虑 Staff 和 PrivateOwner 之间的联系（例如 Staff Assists Private-Owner（员工帮助业主））。尽管它是一种可能的联系，但从需求规格说明书来看，建模时并不需要它。

大多数情况下，联系是二元的，即联系仅存在于两个实体类型之间。但我们也要注意多个实体类型之间的复杂联系（参见 12.2.1 节）以及单个实体类型的递归联系（参见 12.2.2 节）。

设计者必须仔细分析，确保识别出用户需求规格说明书中显式或隐式说明的所有联系。原则上说，应该检查每一对实体类型，找出所有潜在的联系。但是，这对于一个包含几百个实体类型的大系统来说过于复杂。另一方面，不做这样的检查又不太明智，这通常是分析员和设计员的责任。不过，当我们针对要支持的事务验证模型时也应该很容易发现那些遗漏的联系（步骤 1.8）。

使用实体 – 联系（ER）图

用可视化的方式描述复杂系统通常要比使用冗长的文本描述容易得多。使用 ER 图来描述实体和它们之间的联系要更简单一些。在数据库设计的整个阶段，强烈建议在需要的时候尽量使用 ER 图来表示企事业单位建模的各个部分。本书使用最新的面向对象表示方法——统一建模语言（UML），不过其他表示方法也可以完成类似的功能（见附录 C）。

确定联系类型的多重性约束

联系确定以后，下一步就是要确定每一种联系的多重性（参见 12.6 节）。如果已经知道联系的多重性的取值，或者知道取值的上限和下限，那么直接记录下来就可以了。

多重性约束主要用于检查和维护数据。更新数据库时，可以根据多重性约束判断此次更新是否违反了企事业单位声明的规定，因此多重性约束是实体的实例出现能否被录入的准则。具有多重性约束的模型能够更加明确地表述联系的语义，从而更好地表示企事业单位的数据需求。

检查扇形陷阱和断层陷阱

必要的联系确定以后，还要检查 ER 模型中的每个联系是否准确地描述了"现实世界"，确保没有无意中形成的扇形陷阱和断层陷阱（参见 12.7 节）。

图 16-2 为 DreamHome 案例中用户视图 StaffClient 的 ER 图的初步构想。

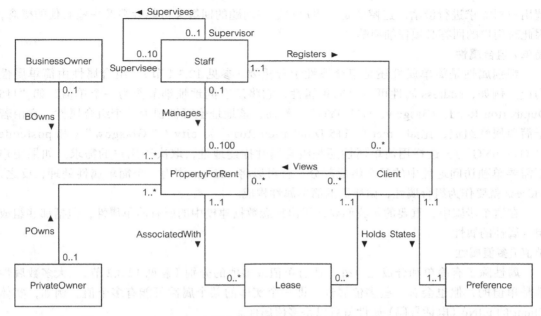

图 16-2 DreamHome 中用户视图 StaffClient 的实体和联系类型的 ER 图

用文档记录联系类型

确定好联系类型以后，还要赋予它们有意义并且容易被用户理解的名字。同时还要在数据字典中记录联系的描述以及多重性约束。图 16-3 显示了数据字典中关于 DreamHome 的用户视图 StaffClient 的部分内容。

实体名	多样性	联系	多样性	实体名
Staff	0..1 0..1	*Manages* *Supervises*	0..100 0..10	**PropertyForRent** **Staff**
PropertyForRent	1..1	*AssociatedWith*	0..*	**Lease**

图 16-3 节选数据字典中关于 DreamHome 的用户视图 StaffClient 的联系的描述

步骤 1.3 标识属性并将属性与实体或联系类型相关联

┃**目标**┃将属性与相应的实体和联系类型关联在一起。

方法学的下一个步骤就是要确定那些已经被选定要在数据库中表示的实体和联系的属性。类似于实体的确定，我们继续在用户需求规格说明书中寻找名词和名词短语。若名词或名词短语是实体或联系的一种特性、性质、标识符或特征时，即可标识为属性（参见 12.3 节）。

当我们已经在需求规格说明书中标识出了实体（x）或联系（y）以后，接下来就可以问自己"对于 x 或 y，我们需要保留它们的哪些信息？"到现在为止这是确定属性最简单的方法，而问题的答案应该在需求规格说明书中有清楚的描述。但是某些情况下，可能还有必要请用户对需求进行澄清。遗憾的是，用户对这些问题的回答又可能会涉及一些其他的概念，因此对用户的回答必须仔细斟酌。

简单 / 组合属性

判别属性是简单属性还是组合属性十分重要（参见 12.3.1 节）。组合属性由简单属性构成。例如，address 属性可以是简单属性，它将所有的地址细节作为一个单值，如 "115 Dumbarton Road，Glasgow，G11 6YG"。然而，该地址也可被视为一个组合属性，它由若干简单属性组成，比如 street（"115 Dumbarton Road"）、city（"Glasgow"）和 postcode（"G11 6YG"）。选择用简单属性还是组合属性描述地址，取决于用户的需求。如果用户不需要单独访问地址中的某个组成部分，就可以将 address 作为一个简单属性处理，反之，address 就要作为组合属性，由所需的简单属性构成。

在这个步骤中，重要的是我们要标识出概念数据建模中的所有简单属性，包括那些组成组合属性的属性。

单值 / 多值属性

属性除了有简单和合成之分外，还有单值或多值的分别（参见 12.3.2 节）。大多数属性都是单值的，但也会有一些多值属性，即一个实体的某个属性可能有多个值。例如，实体 Client 的 telNo（电话号码）属性就可以是多值属性。

另一方面，客户的电话号码也可被视为独立于客户的另一实体。在设计模型时，这两种方案都是可行的，而且同样有效。在步骤 2.1 中我们会看到，多值属性被映射为关系，所以两种方法产生的结果是一样的。

导出属性

其值依赖于其他属性值的属性称为导出属性（参见 12.3.3 节）。导出属性的例子包括：

- 员工的年龄
- 一个员工管理的房产数量
- 押租（一般按两倍月租计算）

一般情况下，导出属性不在概念数据模型中描述。但有时候导出属性依赖的属性和属性值会被删除或修改，此时导出属性就必须在概念数据模型中描述，以避免可能的信息丢失。如果一个导出属性出现在模型中，就必须注明它是导出的。导出属性的表示形式将在物理数据库设计时考虑。根据导出属性使用方式的不同，导出属性的值可在每次被访问时计算，或者在其所依赖的属性值发生变化时计算。不过，概念数据库设计并不关心这个问题，这部分内容将在第 18 章讲述步骤 3.2 时详细讨论。

潜在问题

在为视图标识实体、联系和属性时，常常会从最初始的选择中遗漏一个或多个实体、联系或者属性。这种情况下，我们需要返回到前面的步骤，记录新确定的实体、联系或属性，并重新检查所有相关的联系。

通常属性的数量要比实体和联系多，最好先对用户需求规格说明书中给出的所有属性做个列表。一旦发现某个属性和某个实体或联系相关联，就从列表中删除该属性。这样能确保一个属性只与一个实体或联系类型关联。当列表为空时，所有属性就都和实体或联系类型关联起来了。

要当心可能存在一个属性与多个实体或联系类型相关联的情形，原因可能是：

（1）我们已经确定了多个实体，其实这些实体可以被抽象为一个实体。例如，我们可能已经确定了实体 Assistant 和 Supervisor，它们都包含属性 staffNo（员工编号）、name、sex 和 DOB（出生日期），其实这两个实体都可以用实体 Staff 来表示，而 Staff 的属性包括 staffNo、name、sex、DOB 和 position（其值可以是助理（Assistant）也可以是主管（Supervisor））。另一方面，这些实体也可能共同拥有某些属性，然后又各自拥有一些特殊的属性。这时，我们必须决定是将这些实体泛化为一个单一的实体（如 Staff），还是将它们作为分别表示不同职业角色的特殊化实体来对待。关于特殊化还是泛化实体的问题已经在第 13 章中讨论过，在步骤 1.6 中还将有更详细的说明。

（2）我们在实体类型间已确定了一个联系。此时，属性只能与唯一一个实体，就是父实体关联，并确保该联系已在前面的步骤 1.2 中被标识。如果不是这样，就应该更新文档，将新确定的联系写入文档。例如，假设我们已经确定了实体 Staff 和 PropertyForRent 及其属性：

Staff	staffNo, name, position, sex, DOB
PropertyForRent	propertyNo, street, city, postcode, type, rooms, rent, managerName

PropertyForRent 中，属性 managerName 表示联系 Staff *Manages* PropertyForRent。此时，应该将属性 managerName 从 PropertyForRent 中删掉，并增加联系 Manages。

DreamHome 中实体的属性

对于 DreamHome 的用户视图 StaffClient，我们可以确定以下实体及其属性：

Staff	staffNo, name（由属性 **fName, lName** 组合）, position, sex, DOB
PropertyForRent	propertyNo, address（由属性 **street, city, postcode** 组合）, type, rooms, rent
PrivateOwner	ownerNo, name（由属性 **fName, lName** 组合）, address, telNo
BusinessOwner	ownerNo, bName, bType, address, telNo, contactName
Client	clientNo, name（由属性 **fName, lName** 组合）, telNo, eMail
Preference	prefType, maxRent
Lease	leaseNo, paymentMethod, deposit（由 **deposit = PropertyForRent.rent*2** 导出）, depositPaid, rentStart, rentFinish, duration（由 **duration = rentFinish– rentStart** 导出）

DreamHome 中联系的属性

一些属性不应该和实体关联，而应该和联系相关联。对于 DreamHome 的用户视图 StaffClient，属性与联系关联的情况如下：

Views	viewDate, comment

用文档记录属性

确定了属性以后，还要为它们指派对用户而言有意义的名字。每个属性需要被记录的信息包括：

- 属性名和说明。
- 数据类型和长度。
- 该属性已知的所有别名。
- 属性是否为组合的，如果是则给出组成它的简单属性。
- 该属性是否为多值的。
- 该属性是否为导出的，如果是应如何计算它。
- 该属性的默认值。

图 16-4 给出了数据字典中记录 DreamHome 中用户视图 StaffClient 的属性的部分内容。

实体名	属性	描述	数据类型及长度	可空	多值	…
Staff	staffNo	唯一标识一位员工	5个字符	No	No	
	name					
	fName	员工的名	15个字符	No	No	
	lName	员工的姓	15个字符	No	No	
	position	员工的职位	10个字符	No	No	
	sex	员工的性别	1个字符（M或F）	Yes	No	
	DOB	员工的出生日期	日期型	Yes	No	
PropertyForRent	propertyNo	唯一标识一处待出租房产	5 variable characters	No	No	

图 16-4　节选数据字典中关于 DreamHome 中用户视图 StaffClient 的属性的描述

步骤 1.4　确定属性域

目标｜确定概念数据模型中属性的域。

步骤 1.4 的目的是为模型中的所有属性确定域（参见 12.3 节）。域是值集，一个或多个属性可以从中取值。例如，可以定义：

- 合法员工编号（staffNo）的属性域是五个字符长的字符串，头两个是字母，接着三个是数字，数字范围是 1 ～ 999。
- 实体 Staff 的属性 sex 的可能的值要么是"M"，要么是"F"。这个属性的域是单字符的字符串，由"M"或"F"构成。

完善的数据模型应为每个属性指定域，包括：

- 属性的合法值的集合。
- 属性的存储空间大小和格式。

还有更多的信息可用于说明域，如属性上允许的操作，哪些属性可以相互比较，或者哪些属性可以相互组合。不过，如何在 DBMS 中实现属性域的这些特性仍然处于研究阶段。

用文档记录属性域

确定属性域后，在数据字典中记录属性域的名字和特性。更新数据字典，用属性域替代属性的数据类型和长度信息。

步骤 1.5　确定候选关键字、主关键字和可替换关键字属性

目标｜为每个实体类型确定候选关键字，如果有多个候选关键字，则选择一个作为主关键字，其他作为可替换关键字。

这个步骤主要考虑为实体确定候选关键字，并选择其中一个作为主关键字（参见 12.3.4 节）。**候选关键字**是实体中可以唯一确定该实体每个出现的最小属性集合。我们可以确定出多个候选关键字，然而必须从中选择一个作为**主关键字**，剩下的候选关键字称为**可替换关键字**。

人名通常做不了候选关键字。例如，读者可能认为组合属性 name 即员工的姓名适合作为实体 Staff 的候选关键字。然而，DreamHome 中有可能两个人同名，很显然，name 作为候选关键字是不合适的。同样，DreamHome 中的业主的名字也有类似的问题。这种情况下，

尽管我们可以考虑将若干属性组合在一起以满足唯一性，但更好的方法是使用一个已存在并能保证唯一性的属性，如实体 Staff 的属性 staffNo 和实体 PrivateOwner 的属性 ownerNo，或者定义一个新的能保证唯一性的属性。

从候选关键字中选择主关键字时，可以参考以下原则：

- 包含属性个数最少的候选关键字。
- 属性值被修改的可能性最小的候选关键字。
- 字符数最少的候选关键字（对于文本属性）。
- 最大值最小的候选关键字（对于数值属性）。
- 从用户的角度看最容易使用的关键字。

在确定主关键字的过程中，要注意实体的强弱。如果能为一个实体指定主关键字，该实体就是强实体，否则就是弱实体（参见 12.4 节）。可以通过设置外部关键字，将弱实体和其所有者实体关联起来，然后确定弱实体的主关键字。步骤 2.1 描述了将实体和实体间的联系映射为关系的过程，到这一步才能为弱实体指定主关键字。

DreamHome 的主关键字

图 16-5 中给出了 DreamHome 的 StaffClient 用户视图的主关键字。注意 Preference 实体是个弱实体，联系 Views 有两个属性：viewDate 和 comment。

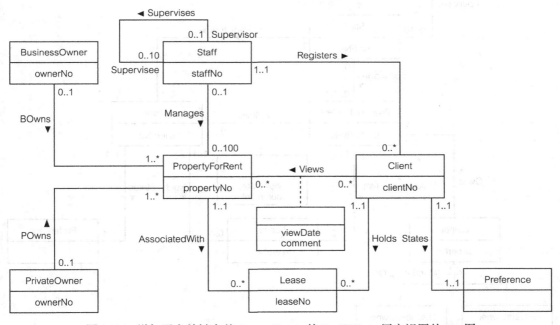

图 16-5　增加了主关键字的 DreamHome 的 StaffClient 用户视图的 ER 图

用文档记录主关键字和可替换关键字

在数据字典中记录主关键字和所有可替换关键字的标识。

步骤 1.6　考虑使用增强的建模概念（可选步骤）

┃目标┃考虑使用增强的建模概念，如特殊化/泛化、聚合和组合。

在这个步骤中，可选使用第 13 章中讨论的特殊化/泛化、聚合和组合等高级建模概念，继续改进 ER 模型。如果使用特殊化方法，就要定义一个或多个**子类**或**超类**实体来体现实体间的不同。如果使用泛化方法，就要寻找实体间的共同特征，以定义一个泛化的超类实体。可以使用聚合表示实体间的"拥有"或"属于"联系，其中一个实体是"整体"，另一个则是"部分"。可以使用组合（一个特殊的聚合）表示在"整体"和"部分"之间具有强附属关系以及相同的生命周期。

对于 DreamHome 的 StaffClient 用户视图，对 PrivateOwner 和 BusinessOwner 这两个实体进行泛化，创建一个包含公共属性 ownerNo、address 和 telNo 的超类 Owner。超类 Owner 和它的子类之间是强制参与和不相交的联系，记为 {Mandatory, Or}：超类 Owner 的每一个成员必须是其中一个子类的成员，但不能同时属于两个。

此外，我们创建 Staff 的一个特殊化子类 Supervisor，并特别构建联系 Supervises。超类 Staff 和子类 Supervisor 的联系是可选参与的，超类 Staff 的成员不必是子类 Supervisor 的成员。为了使设计简单，我们不使用聚合和组合。修改后的 DreamHome 的 StaffClient 用户视图的 ER 图如图 16-6 所示。

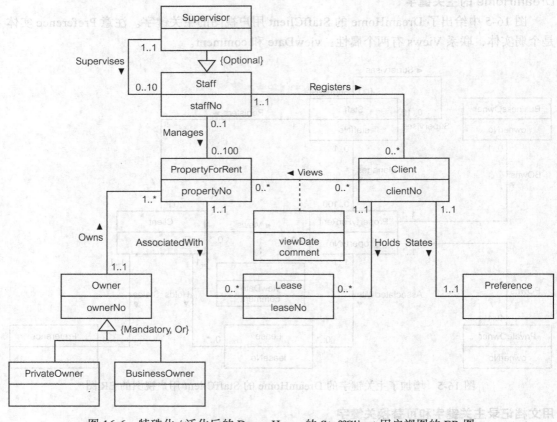

图 16-6　特殊化 / 泛化后的 DreamHome 的 StaffClient 用户视图的 ER 图

在选用高级建模概念开发 ER 模型时没有严格的规定，基本上取决于设计者的主观意志以及所建模型的特征。从经验来说，选择使用这些概念时，要能使 ER 图尽可能清楚地表示重要的实体以及它们之间的联系。因此，应根据 ER 图的可读性，以及描述重要实体和联系时的清晰程度决定高级建模概念的选用。

虽然这些概念是和增强的 ER 模型相关的，但因这一步是可选的，所以在整个方法学中仍然简单地用"ER 图"代表数据模型的图形表示。

步骤 1.7　检查模型的冗余

│**目标**│检查模型中任何存在的冗余。

步骤 1.7 检查概念数据模型中是否存在任何冗余，若有，则删除它们。这一步主要的活动有：

- 重新检查一对一（1:1）联系。
- 删除冗余的联系。
- 考虑时间因素。

（1）重新检查一对一（1:1）联系

在确定实体的过程中，可能发现两个实体表示企事业单位中的同一个对象。例如，可能确定两个实际上相同的实体 Client 和 Renter，换句话说，Client 和 Renter 是同义词。这种情况下，两个实体应该合为一个。如果主关键字不同，选择一个作为主关键字，将另外一个作为可替换关键字。

（2）删除冗余的联系

如果一个联系表示的信息能通过其他联系获得，这个联系就是冗余的。我们要努力创建最小的数据模型，所以冗余的联系是不必要的，应该删除。注意，虽然确定两个实体间是否存在多个路径比较容易，但这不意味着某个联系就是多余的，它们完全可能表示两个实体间不同的关联。例如，考虑图 16-7 中给出的实体 PropertyForRent、Lease 和 Client 之间的联系。在实体 Property-ForRent 和 Client 之间有一条直接路径，即联系 Rents，还有一条间接路径，即通过中间实体 Lease 的联系 Holds 和 AssociatedWith。在判断这两条路径是否都需要之前，我们要先弄清楚创建这两条路径的目的。联系 Rents 表示某个客户租用某处房产。另一方面，联系 Holds 表示某个客户是一个租用关系的实施者，联系 AssociatedWith 则表示该租用关系

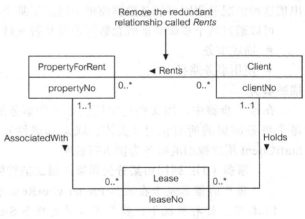

图 16-7　删除冗余联系 Rents

的租用对象是某处房产。现实生活中，尽管在客户和他们租用的房产之间确实存在联系，但一般不是直接联系，这种联系通过租用关系关联显得更加准确。因此，联系 Rents 是一个冗余联系，因为它并没有表示出实体 PropertyForRent 和 Client 之间更多的、用通过实体 Lease 的间接关联无法正确表示的信息。为了创建最小化的模型，冗余联系 Rents 必须删除。

（3）考虑时间因素

在考虑冗余时，联系的时间因素很重要。例如，考虑这样的情形——在实体 Man、Woman 和 Child 之间建立联系，如图 16-8 所示。很明显，在 Man 和 Child 之间有两个路径：一个是通过直接联系 FatherOf，另一个则是通过联系 MarriedTo 和 MotherOf。进而，我们就会认为联系 FatherOf 是不必要的，然而这并不正确，原因是：

- 父亲可能会因为先前的婚姻而有孩子，而该模型中只用一个一对一联系表述父亲当前的婚姻情况。
- 父亲和母亲可能没有结婚，或者父亲与不是孩子母亲的人结婚（或者母亲与不是孩子父亲的人结婚）。

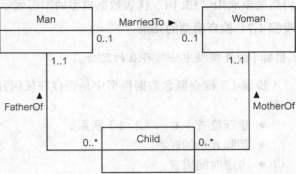

无论哪种情况，没有 FatherOf 联系的话，所需要的联系就不能构建出来。这个例子说明在考虑冗余时，检查实体间的每个联系的含义都很重要。最后，我们通过删除任何内在的冗余简化了局部概念数据模型。

图 16-8　非冗余联系 FatherOf 的例子

步骤 1.8　针对用户事务验证概念模型

| **目标** | 确保概念模型支持所需要的事务。

至此我们已经有了一个表示企事业单位数据需求的概念数据模型。本步骤的目的是检查模型以确保模型支持所需要的事务。在这个模型的基础上，我们尝试以手工的方式模拟运行企事业单位的业务。如果能用这种方法完成所有事务，我们就能验证这个概念数据模型是支持这些事务的。然而，如果某个事务不能手工完成，则数据模型肯定存在必须解决的问题。出现这种情况的原因可能是数据模型中遗漏了某个实体、联系或属性。

可以通过两个步骤验证概念数据模型是否支持所需要的事务：

- 描述事务
- 使用事务路径

描述事务

在这个步骤中，用文档写出模型中每个事务的需求，我们就可以检验该模型是否支持每个事务需要的所有信息（实体、联系和属性）。下面以附录 A 中列举的 DreamHome 的 StaffClient 用户视图的事务为例进行说明：

事务（d）：列出由某分公司某位员工监管的房产的详细清单

房产的信息包含在实体 PropertyForRent 中，而管理房产的员工的信息包含在实体 Staff 中。这种情况下，我们可以通过联系 Staff Manages PropertyForRent 来生成需要的列表。

使用事务路径

第二步是针对所需的事务验证概念模型，验证方法是在 ER 图中直接标出每个事务所有的路径。图 16-9 给出了附录 A 中列出的用户视图 StaffClient 的查询事务的一个例子。很显然，事务越多，该图就越复杂，因此为了可读性，我们需要多张图来描述所有的事务。

采用这种方法，设计人员就能形象地表示出模型中与某事务相关和不相关的部分，因此就能够很直观地看到数据模型对所需事务的支持情况。如果模型中有些部分不被任何事务使用，我们就要质疑这部分信息在数据模型中存在的意义了。另一方面，如果模型中某些部分不足以为某个事务提供正确的路径，我们就要检查是否遗漏了关键的实体、联系或者属性。

使用这种方法检查视图是否支持每个事务，看起来很复杂，事实也如此。那么有些人就可能省略这个步骤。然而在这个时候就进行这样的检查很重要，如果推迟到以后再做，一旦发现数据模型中的任何错误，解决起来难度更大，代价更高。

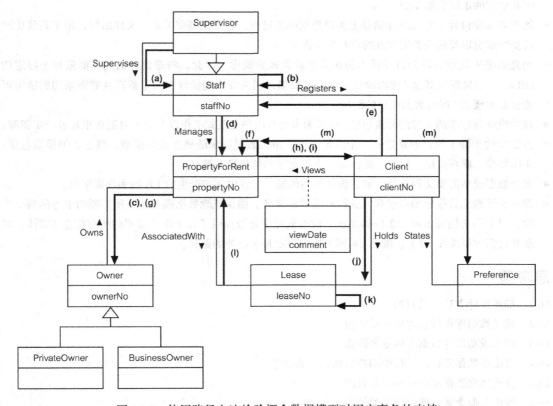

图 16-9　使用路径方法检验概念数据模型对用户事务的支持

步骤 1.9　与用户一起复查概念数据模型

| 目标 | 和用户一起复查概念数据模型以确保该模型真实地描述了企事业单位的数据需求。

在步骤 1 完成之前，我们和用户一起复查概念数据模型。概念数据模型包括 ER 图和描述数据模型的支持文档。如果数据模型中存在任何问题，我们必须进行适当的修改，这可能需要重复前面的步骤。这个过程可能需要重复多次，直到用户确认该模型确实"真实地"表现了被建模的那部分企事业单位需求。

附录 D 总结了本方法的这些步骤。下一章讲述逻辑数据库设计方法学的详细步骤。

本章小结

- **设计方法学**是一种结构化的方法，它用过程、技术、工具和文档等辅助手段来支持和简化设计过程。
- 数据库设计包括三个主要阶段：**概念**数据库设计、**逻辑**数据库设计和**物理**数据库设计。
- **概念数据库设计**是为企事业单位使用的数据构建模型的过程，独立于所有物理上的考虑。
- 概念数据库设计始于企事业单位**概念数据模型**的创建，该数据模型完全独立于有关实现的细节，如目标 DBMS、应用程序、编程语言、硬件平台、性能问题或其他物理因素等。

- **逻辑数据库设计**是基于一个特定的数据模型（比如关系模型）创建一个企事业单位使用的数据模型的过程，但独立于特定的 DBMS 和其他物理上的考虑。逻辑数据库设计将概念数据模型转换成企事业单位的逻辑数据模型。

- 物理数据库设计是在二级存储器上实现数据库的过程，它描述基础关系、文件组织，用于高效访问数据的索引以及相关的完整性约束和安全机制。

- 物理数据库设计阶段允许设计人员决定怎样实现数据库。因此，**物理设计**的实现要依赖于特定的 DBMS。在物理与概念 / 逻辑设计之间会有反馈，因为在物理设计中为了提高性能而采用的措施可能会影响概念 / 逻辑数据模型的结构。

- 成功设计数据库的关键的因素包括：尽可能多地与用户交互式工作以及必要时愿意重复各个步骤等。

- 方法学的步骤 1 的目的是建立一个满足企事业单位数据需求的概念数据模型。概念数据模型包括：实体类型、联系类型、属性、属性域、主关键字和可替换关键字。

- 概念数据模型需要文档支持，如在设计模型的整个过程中逐步产生的 ER 图和数据字典。

- 需要验证概念数据模型以确保它支持所需要的事务。确保概念数据模型支持所需要的事务的两个步骤：（1）用文档写出每个事务的需求，检查模型中是否提供了每个事务需要的所有信息（实体、联系和它们的属性）；（2）直接在 ER 图上标出表示每个事务的路径。

思考题

16.1 描述设计方法学的目的。

16.2 描述数据库设计包含的主要阶段。

16.3 指出成功设计数据库的重要因素。

16.4 讨论在数据库设计过程中用户扮演的重要角色。

16.5 描述概念数据库设计的主要目的。

16.6 指出与概念数据库设计相关的主要步骤。

16.7 如何从用户需求规格说明书中确定实体和联系类型？

16.8 如何从用户需求规格说明书中确定属性，并将属性和实体或者联系类型关联？

16.9 描述特殊化 / 泛化实体类型的目的，并讨论在概念数据库设计中为什么这一步是可选的。

16.10 如何检查数据模型中的冗余，举例说明。

16.11 讨论为什么要验证概念数据模型，并描述验证概念模型的两种方法。

16.12 指出并描述概念数据库设计过程中产生的文档的用途。

习题

DreamHome 案例研究

16.13 为附录 A 中描述的 DreamHome 的用户视图 Branch 建立一个概念数据模型。把你的 ER 图和图 13-8 相比较，说明不同之处。

16.14 证明你的概念数据模型支持附录 A 中列举的 DreamHome 的用户视图 Branch 的所有查询事务。

University Accommodation Office 案例研究

16.15 给出附录 B.1 中描述的 University Accommodation Office 案例的用户需求规格说明书。

16.16 为该案例创建概念数据模型，并说明为支持设计而做的假设。验证概念数据模型对所需事务的支持。

EasyDrive School of Motoring 案例研究

16.17 给出附录 B.2 中描述的 EasyDrive School of Motoring 案例的用户需求规格说明书。

16.18 为该案例创建概念数据模型，并说明为支持设计而做的假设。验证概念数据模型对所需事务的支持。

Wellmeadows Hospital 案例研究

16.19 确定附录 B.3 中描述的 Wellmeadows Hospital 案例中的用户视图 Medical Director 和 Charge Nurse。

16.20 为每个用户视图提供用户需求规格说明书。

16.21 为每个用户视图创建概念数据模型，并说明为支持设计而做的假设。

Database Systems: A Practical Approach to Design, Implementation, and Management, 6E

方法学——关系模型的逻辑数据库设计

本章目标

本章我们主要学习：

- 如何从概念数据模型中导出一组关系
- 如何使用规范化技术验证这些关系
- 如何验证逻辑数据模型以确保它支持所需的事务
- 如何将基于一个或多个用户视图的局部逻辑数据模型合并为反映所有用户视图的企事业单位的全局逻辑数据模型
- 如何保证最终的全局逻辑数据模型真实且准确地反映企事业单位的数据需求

第 10 章我们讨论了数据库系统开发生命周期的主要阶段，其中一个主要阶段是数据库设计。数据库设计阶段又包括了三个子阶段：概念数据库设计、逻辑数据库设计和物理数据库设计。上一章我们引入了方法学的概念，并讲述了数据库设计的三个子阶段所包含的具体步骤，并讨论了其中的步骤 1，即概念数据库设计。

本章我们继续讨论方法学中的步骤 2，将步骤 1 中生成的概念模型转换成逻辑数据模型。

本书给出的逻辑数据库设计方法学包含了一个可选的步骤 2.6，即当数据库拥有多个用户视图且采用集成的方法来处理它们时（参见 10.5 节），步骤 2.6 才是必需的。在这种情况下，我们需要重复步骤 1 到步骤 2.5 以创建所需的足够多的局部逻辑数据模型，然后在步骤 2.6 再将它们合并形成一个全局逻辑数据模型。一个局部逻辑数据模型反映了一个或者多个（但不是所有）用户视图的数据需求，全局逻辑数据模型则反映了所有用户视图的数据需求（参见 10.5 节）。在步骤 2.6 之后，我们不再使用术语"全局逻辑数据模型"，而只是简单地将最终模型称为"逻辑数据模型"。逻辑数据库设计阶段的最后一步则是考虑该模型对数据库系统未来开发需求的支持度。

步骤 2 创建的逻辑数据模型是物理数据库设计的起点，物理数据库设计将在第 18 章和第 19 章中的步骤 3 到步骤 8 中讨论。在整个方法学的描述中，我们在语义明确的时候都使用术语"实体"和"联系"替代"实体类型"和"联系类型"，"类型"二字只有在需要避免歧义的时候才会使用。

17.1　关系模型的逻辑数据库设计方法学

本节讲述关系模型的逻辑数据库设计方法的步骤。

步骤 2　建立逻辑数据模型

目标｜将概念数据模型转换为逻辑数据模型，并对该模型的结构正确性以及是否能够支持企事业单位需要处理的事务进行验证。

这一步的主要目的是将步骤 1 中创建的概念数据模型转换成满足企事业单位数据需求的**逻辑数据模型**，具体步骤为：

步骤 2.1 从逻辑数据模型中导出关系

步骤 2.2 使用规范化方法验证关系

步骤 2.3 针对用户事务验证关系

步骤 2.4 检查完整性约束

步骤 2.5 与用户一起复查逻辑数据模型

步骤 2.6 将逻辑数据模型合并为全局模型（可选步骤）

步骤 2.7 检查模型对未来可扩展性的支持

首先我们要从步骤 1 创建的概念数据模型中导出一组关系（关系模式）。关系模式的结构需要用规范化的方法进行验证，然后还要检查这些关系是否一定能够支持用户需求规格说明书中列出的事务。接下来，检查逻辑数据模型是否包含了所有重要的完整性约束。另外，我们还要和用户一起复查逻辑数据模型，直到用户认可该模型确实能够真实地反映企事业单位的数据需求。

方法学的步骤 2 既适用于简单数据库系统的设计，也适用于复杂的数据库系统。例如，如果只需要创建一个单用户视图的数据库，或者使用视图集中方法（参见 10.5 节）创建多用户视图的数据库，则这两种情况均属简单数据库系统的设计。此时可应用步骤 2 创建其逻辑数据模型，但需省去步骤 2.6。如果要创建的数据库具有多个用户视图，并需要使用视图集成的方法处理多用户视图（参见 10.5 节），则需要反复执行步骤 2.1 到步骤 2.5 的操作，以获得若干个数据模型，这些数据模型分别表示数据库系统中不同的用户视图。在步骤 2.6 再将这些数据模型合并为一个全局逻辑数据模型。

步骤 2（可能包含步骤 2.6，也可能不包含）的最后是对逻辑数据模型的评估，以确保模型支持系统未来可能的进一步的开发。步骤 2 结束后，我们将得到一个正确的、容易理解的、准确地反映了企事业单位数据需求的逻辑数据模型。

我们使用基于上一章的 DreamHome 案例研究的 Staff 用户视图创建的概念数据模型来说明步骤 2，图 17-1 给出了它的 ER 图。我们也使用 DreamHome 案例研究的 Branch 用户视图（图 13-8 给出了它的 ER 图）来说明一些 Staff 用户视图中没有涉及的概念，并且在步骤 2.6 中演示如何将这些数据模型合并。

步骤 2.1 从逻辑数据模型中导出关系

| **目标** | 为逻辑数据模型创建关系，用来表示已确定的实体、联系和属性。

在步骤 2.1 中，将为逻辑数据模型导出关系以表示实体、联系和属性。我们可以使用关系数据库的数据库定义语言（DataBase Definition Language，DBDL）描述每个关系的组成。使用 DBDL 时，我们需要首先指定关系的名字以及被括号括起来的关系的简单属性列表。然后，指定关系的主关键字、可替换关键字或外部关键字。在外部关键字后面要给出所引用的主关键字的关系。也要列出所有导出属性及其计算方法。

实体与实体之间的联系通过主关键字/外部关键字机制表示。要确定在什么地方该使用外部关键字，必须先确认联系中包含的"父"实体和"子"实体。父实体是指这样的实体，它的主关键字的副本被放入表示子实体的关系中，作为该关系的外部关键字。

现在我们讨论如何为下列结构导出与之对应的关系，这些结构都有可能出现在概念数据

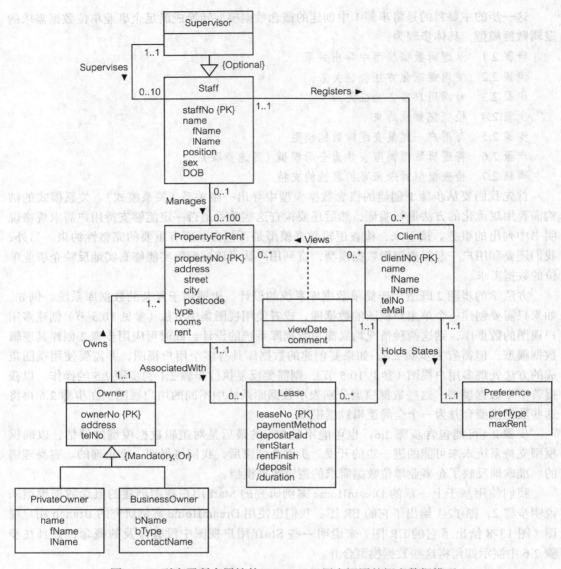

图 17-1 列出了所有属性的 StaffClient 用户视图的概念数据模型

模型中：
  （1）强实体类型
  （2）弱实体类型
  （3）一对多（1：*）二元联系类型
  （4）一对一（1：1）二元联系类型
  （5）一对一（1：1）递归联系类型
  （6）超类/子类联系类型
  （7）多对多（*：*）二元联系类型
  （8）复杂联系类型
  （9）多值属性

在下面讨论的大多数例子中，我们都使用 DreamHome 的用户视图 StaffClient 的概念数据模型，图 17-1 给出了它的 ER 图。

（1）强实体类型

对于数据模型中每个强实体，创建一个包含这个实体所有简单属性的关系。对于组合属性，比如 name，仅将主要的简单属性包含进关系，如 fName 和 lName。例如，图 17-1 中 Staff 关系的组成为：

> **Staff** (staffNo, fName, lName, position, sex, DOB)
> 主关键字 staffNo

（2）弱实体类型

对于数据模型中的每个弱实体，创建一个包含该实体所有简单属性的关系。弱实体的部分主关键字甚至全部都是从所有者实体中获取的，因此弱实体关键字的确认要等与所有者实体相关的联系全部都转换完毕后才能进行。例如，图 17-1 中的弱实体 Preference 起初被转换为关系 Preference：

> **Preference** (prefType, maxRent)
> 主关键字 无 （目前为止）

在这种情况下，关系 Preference 的主关键字还无法确定，要等到联系 States 被正确地转换完毕后才能确认。

（3）一对多（1:*）二元联系类型

对于每个一对多的二元联系，联系"一方"的实体被标记为父实体，联系"多方"的实体被标记为子实体。为了描述这种联系，我们要将父实体的主关键字属性的副本放到对应于子实体的关系中，作为该关系的外部关键字。

例如，在图 17-1 中的联系 Staff Registers Client 是一个 1:* 的联系，即一个员工负责为多个客户注册。在该例中，Staff 是"一方"，表示父实体，Client 为"多方"，表示子实体。这些实体间联系的建立方式是：将 Staff（父）实体的主关键字 staffNo 的副本放到 Client（子）关系中。Staff 和 Client 的结构为：

> 将staffNo插入Client中，表示出Registers联系
>
> **Staff** (staffNo, fName, lName, position, sex, DOB)　　**Client** (clientNo, fName, lName, telNo, eMail, staffNo)
> 主关键字 staffNo　　　　　　　　　　　　　　　　　　　　主关键字 clientNo
> 　　　　　　　　　　　　　　　　　　　　　　　　　　　　可替换关键字 eMail
> 　　　　　　　　　　　　　　　　　　　　　　　　　　　　外部关键字 staffNo references Staff(staffNo)

此外，如果一个 1:* 的联系本身还拥有一个或者多个属性，则这些属性也应该和主关键字一起放到子实体的关系中。例如，如果联系 Staff *Registers* Client 本身还有属性 dateRegister，表示一个员工注册某客户的时间，则这个属性也应该和关系 Staff 的主关键字 staffNo 一起放到关系 Client 中。

（4）一对一（1:1）二元联系类型

创建一个表示 1:1 联系的关系的过程稍稍复杂一点，因为基数已经无法再帮助我们区分谁是父实体、谁是子实体了。这时，我们可以在参与约束（参见 12.6.5 节）的帮助下决定最好应该如何表示这种联系：是将两个实体合并到一个关系中，还是创建两个关系，并将一个关系的主关键字复制到另外一个关系中。接下来我们要考虑的是应该怎样用关系表示下列

参与约束：

- 双方都强制参与的 1∶1 联系
- 一方强制参与的 1∶1 联系
- 双方都可选参与的 1∶1 联系

（a）双方都强制参与的 1∶1 联系。在这种情况下，应该将联系中的两个实体合并到一个关系里，并选择原实体的一个主关键字作为新关系的主关键字，其他的（如果有的话）作为可替换关键字。

联系 Client *States* Preference 是一个双方都强制参与的 1∶1 联系。所以我们将这两个关系合并，得到下面的关系 Client：

Client (clientNo, fName, lName, telNo, eMail, prefType, maxRent, staffNo)
主关键字 clientNo
可替换关键字 eMail
外部关键字 staffNo 引用 Staff(staffNo)

如果双方都强制参与的 1∶1 联系本身还有一个或多个属性，那么这些属性也应该包含在合并以后的关系中。例如，如果联系 States 还有一个用来记录日期的属性 dateStated，那么在合并以后的 Client 关系中也应该包含这个属性。

注意，仅当这两个实体间没有其他直接联系（这种联系会妨碍合并，比如 1∶* 联系）时才能将两个实体合并为一个关系。否则，就要用主关键字/外部关键字机制表示联系 States。我们将在（c）中简要讨论在这种情形下如何指定父实体和子实体。

（b）一方强制参与的 1∶1 联系。这种情况下可以使用参与约束来标识 1∶1 联系的父实体和子实体。联系中可选参与的实体被指定为父实体，在联系中强制参与的实体被指定为子实体。如上所述，我们要把父实体的主关键字的副本放到表示子实体的关系中。如果这个联系本身还有一个或多个属性，则这些属性也应该放到子实体中。

例如，如果在 1∶1 联系 Client *States* Preference 中，Client 是部分参与（换句话说，不是每个 Client 都指定了 Preference），则指定实体 Client 为父实体，而实体 Preference 为子实体。因此，Client（父）实体的主关键字的副本（即 clientNo）将被放到 Preference（子）关系中，如：

对于 Client 为可选方的 1∶1 联系，应将 ClientNo 插入
Preference，表示出 States 联系

Client (clientNo, fName, lName, telNo, eMail, staffNo)
主关键字 clientNo
可替换关键字 eMail
外部关键字 staffNo 引用 Staff(staffNo)

Preference (clientNo, prefType, maxRent)
主关键字 clientNo
外部关键字 clientNo 引用 Client(clientNo)

注意关系 Preference 的外部关键字属性也是 Preference 的主关键字。在这种情况下，要等到外部关键字从关系 Client 复制到关系 Preference 以后，才能最后确认关系 Preference 的主关键字是什么。因此，在步骤的最后，应该标识出在这个转换过程中形成的所有新的主关键字或者候选关键字，并对数据字典做相应的更新。

（c）双方都可选参与的 1∶1 联系。在这种情况下，我们可以随意地指定父实体和子实体。否则如果能够找到更多的与该联系相关的信息，就可以帮助我们判断谁是父实体、谁

是子实体。

例如，考虑双方均为可选参与的 1∶1 的联系 Staff *Uses* Car。（注意稍后讨论的结果也适用于下面这种情形：尽管 1∶1 联系的双方都是强制参与的，但又不能将它们组合到一个关系里。）如果没有其他信息帮助我们确定父实体和子实体，那么就可以随意选择。换句话说，我们可以将实体 Staff 的主关键字的副本放到实体 Car 里，反之亦然。

但是，若假设大多数但不是全部汽车可被员工使用，但只有少数员工使用汽车。实体 Car 尽管是可选参与的，但相比实体 Staff 来说要强制一些。因此我们可以指定 Staff 为父实体，Car 为子实体，并将实体 Staff 的主关键字（staffNo）的副本放到关系 Car 中。

（5）一对一（1∶1）递归联系类型

对于 1∶1 的递归联系，同样遵循前面已经讨论的 1∶1 联系的各种参与规则。然而对于这种特殊的 1∶1 联系，参与联系的双方是同一个实体。对于双方都是强制参与的 1∶1 递归联系，我们可以用一个关系表示，只不过这个关系中存在两个主关键字的副本。和前面一样，其中一个主关键字的副本是外部关键字，并且要被重命名以说明它所代表的联系的含义。

对于一方强制参与的 1∶1 递归联系，既可以像前面讲的那样，创建一个包含了两个主关键字副本的关系，也可以再创建一个新的关系单独表示这种联系。这个新的关系应该只有两个属性，两个都是主关键字的副本。和前面一样，主关键字的副本都将作为外部关键字存在，并且要重新命名以阐明它们在关系中的意义。

对于双方都为可选参与的 1∶1 递归联系，可以像前面一样创建一个新关系来表示它。

（6）超类 / 子类联系类型

对于概念数据模型中的每个超类 / 子类联系，将超类实体作为父实体，子类实体作为子实体。如何表示这种联系？有几种不同的选择：可以用一个关系表示，也可以用多个关系表示。有很多因素可以帮助我们做出正确的选择，比如超类 / 子类联系的不相交性和参与约束（参见 13.1.6 节）、子类是否与不同的联系有关、超类 / 子类联系中参与者的数量等。表 17-1 给出了仅基于参与约束和不相交约束表示超类 / 子类联系的方法。

表 17-1　基于参与约束和不相交约束表示超类 / 子类联系的方法

参 与 约 束	不相交约束	所 需 关 系
强制	非不相交 {And}	一个关系（具有一个或者多个鉴别子以区分各元组的类型）
可选	非不相交 {And}	两个关系：一个关系表示超类，所有子类用一个关系（具有一个或多个鉴别子以区分各元组的类型）表示
强制	不相交 {Or}	多个关系：每一对超类 / 子类转化为一个关系
可选	不相交 {Or}	多个关系：一个关系表示超类，每个子类各用一个关系表示

例如，考虑图 17-1 中给出的 Owner 超类 / 子类联系。从表 17-1 中可以看出，我们有多种方法将这种联系转化为一个或多个关系，如图 17-2 所示。选择的范围很广，我们可以将所有属性都放到同一个关系中，并使用两个鉴别子 pOwnerFlag 和 bOwnerFlag 说明元组是否属于某一个特定子类（选择 1），也可以将这些属性划分到三个关系中（选择 4）。此时，对超类 / 子类联系最恰当的描述取决于联系上的约束。从图 17-1 中可以看出，超类 Owner 及其子类的联系是强制和不相交的，因为超类 Owner 的每个成员必须是某个子类的成员（PrivateOwner 或 BusinessOwner），但是不能同时属于两个子类。因此我们将选择 3 作为这

种联系的最佳描述，为每个子类创建一个单独的关系，并在每个子类中都包含了超类的主关键字的副本。

选择1-强制、非不相交

AllOwner (ownerNo, address, telNo, fName, lName, bName, bType, contactName, pOwnerFlag, bOwnerFlag)
主关键字 ownerNo

选择2-可选、非不相交

Owner (ownerNo, address, telNo)
主关键字 ownerNo

OwnerDetails (ownerNo, fName lName, bName, bType, contactName, pOwnerFlag, bOwnerFlag)
主关键字 ownerNo
外部关键字 ownerNo 引用 Owner(ownerNo)

选择3-强制、不相交

PrivateOwner (ownerNo, fName, lName, address, telNo)
主关键字 ownerNo

BusinessOwner (ownerNo, bName, bType, contactName, address, telNo)
主关键字 ownerNo

选择4-可选、不相交

Owner (ownerNo, address, telNo)
主关键字 ownerNo

PrivateOwner (ownerNo, fName, lName)
主关键字 ownerNo
外部关键字 ownerNo 引用 Owner(ownerNo)

BusinessOwner (ownerNo, bName, bType, contactName)
主关键字 ownerNo
外部关键字 ownerNo 引用 Owner(ownerNo)

图 17-2　基于表 17-1 中显示的参与约束和不相交约束来表示 Owner 超类 / 子类联系的各种方法

必须强调的是表 17-1 给出的仅仅是一个参考，可能会有其他因素影响最终的选择。例如，对于选择 1（强制、非不相交），我们使用两个鉴别子标识元组是否是某个特定子类的成员。一种等效的方法是可以用一个鉴别子区分元组是 PrivateOwner 的成员还是 BusinessOwner 的成员，或者两者都是。甚至可以不要鉴别子，简单地对专属于某个子类的一个属性进行测试，通过测试该属性的值，就可以判断这个元组是否为那个子类的成员。在这种情况下，必须保证被检测的属性就是可以对元组进行区分的属性（因此必须非空）。

在图 17-1 中，在 Staff 和 Supervisor 之间有另外一种可选参与的超类 / 子类联系。因为超类 Staff 只有一个子类（Supervisor），所以没有不相交约束。这种情况下，因为"被主管管理的员工"要比"主管"多，所以我们将这种联系表示成一个单关系：

Staff (staffNo, fName, lName, position, sex, DOB, supervisorStaffNo)
主关键字 staffNo
外部关键字 supervisorStaffNo 引用 Staff(staffNo)

如果我们把这个超类 / 子类联系像图 17-5 中那样表示为一个一对多的联系，两方都是可选参与，得到的结果和前面表示的一样。

（7）多对多（*：*）二元联系类型

为每个 *：* 二元联系创建一个关系，关系中包含了 *：* 二元联系的所有属性以及参与这个联系的实体的主关键字属性的副本，主关键字属性的副本作为外部关键字。这些外部关键字可能直接构成新关系的主关键字，也可能与联系自身的某些属性组合在一起构成新关系的主关键字。（如果联系自身的一个或者多个属性具有唯一性，尽管本转换方法可以解决这个问题，但还是说明我们在建立概念数据模型时漏掉了一个实体。）

例如，考虑图 17-1 中的多对多联系 Client *Views* PropertyForRent。联系 Views 有两个属性：dateView 和 comments。为了表示这个联系，我们首先将强实体 Client 和 PropertyForRent 转化为关系，然后创建关系 Viewing 来表示联系 Views：

Client (clientNo, fName, lName, telNo, eMail,
　　　　prefType, maxRent, staffNo)
主关键字 clientNo
可替换关键字 eMail
外部关键字 staffNo 引用 Staff(staffNo)

PropertyForRent (propertyNo, street, city,
　　　　postcode, type, rooms, rent)
主关键字 propertyNo

Viewing (clientNo, propertyNo, dateView, comment)
主关键字 clientNo, propertyNo
外部关键字 clientNo 引用 Client(clientNo)
外部关键字 propertyNo 引用 PropertyForRent(propertyNo)

（8）复杂联系类型

为每一个复杂联系都创建一个关系，该关系包含了属于这个联系的所有属性，并将参与该联系的实体的主关键字属性也复制到这个关系中，作为关系的外部关键字。表示联系的"多"方（如 1..*，0..*）的外部关键字通常也会成为这个新创建的关系的主关键字，也可能与联系的其他一些属性共同构成主关键字。

例如，图 13-8 给出的用户视图 Branch 中的三元联系 Registers，Registers 表示某位员工在某分公司新注册了一位客户，即 Registers 表示员工、分公司和客户三者间的关联。为了表示这种关联，我们可以为强实体 Branch、Staff 和 Client 分别创建一个关系，并创建关系 Registration 表示联系 Registers：

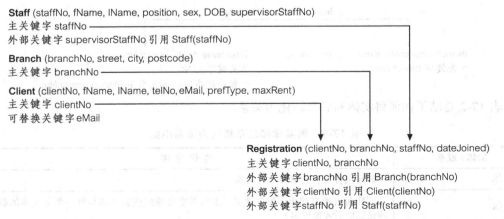

Staff (staffNo, fName, lName, position, sex, DOB, supervisorStaffNo)
主关键字 staffNo
外部关键字 supervisorStaffNo 引用 Staff(staffNo)

Branch (branchNo, street, city, postcode)
主关键字 branchNo

Client (clientNo, fName, lName, telNo, eMail, prefType, maxRent)
主关键字 clientNo
可替换关键字 eMail

Registration (clientNo, branchNo, staffNo, dateJoined)
主关键字 clientNo, branchNo
外部关键字 branchNo 引用 Branch(branchNo)
外部关键字 clientNo 引用 Client(clientNo)
外部关键字 staffNo 引用 Staff(staffNo)

注意，联系 Registers 在图 17-1 中作为一个二元联系，这与它在图 17-3 中的构成形式是一致的。至于 Registers 在 DreamHome 的 StaffClient 用户视图中（作为一个二元联系）和 Branch 用户视图中（作为一个复杂三元联系）的差别以及如何解决将在步骤 2.6 中讨论。

Staff (staffNo, fName, lName, position, sex, DOB, supervisorStaffNo) 主关键字 staffNo 外部关键字 supervisorStaffNo 引用 Staff(staffNo)	**PrivateOwner** (ownerNo, fName, lName, address, telNo) 主关键字 ownerNo

BusinessOwner (ownerNo, bName, bType,
        contactName, address, telNo)
主关键字 ownerNo
可替换关键字 bName
可替换关键字 telNo
	Client (clientNo, fName, lName, telNo, eMail, prefType,
	        maxRent, staffNo)
	主关键字 clientNo
	可替换关键字 eMail
	外部关键字 staffNo 引用 Staff(staffNo)

PropertyForRent (propertyNo, street, city, postcode,
        type, rooms, rent, ownerNo, staffNo)
主关键字 propertyNo
外部关键字 ownerNo 引用 PrivateOwner(ownerNo) and
        BusinessOwner(ownerNo)
外部关键字 staffNo 引用 Staff(staffNo)
	Viewing (clientNo, propertyNo, dateView, comment)
	主关键字 clientNo, propertyNo
	外部关键字 clientNo 引用 Client(clientNo)
	外部关键字 propertyNo 引用 PropertyForRent(propertyNo)

Lease (leaseNo, paymentMethod, depositPaid, rentStart, rentFinish, clientNo, propertyNo) 主关键字 leaseNo 可替换关键字 propertyNo, rentStart 可替换关键字 clientNo, rentStart 外部关键字 clientNo 引用 Client(clientNo) 外部关键字 propertyNo 引用 PropertyForRent(propertyNo) 导出 deposit (PropertyForRent.rent*2) 导出 duration (rentFinish – rentStart)	

图 17-3 DreamHome 的用户视图 StaffClient 的关系

（9）多值属性

对于实体中的每一个多值属性，都创建一个新的关系来表示这个多值属性，并且将实体的主关键字也复制到新建立的关系中，作为新关系的外部关键字。除非多值属性本身是实体的可替换关键字，否则新关系的主关键字就是多值属性和实体的主关键字的组合。

例如，在用户视图 Branch 中，每个分公司都有多达三个电话号码，因此实体 Branch 的属性 telNo 就被定义为多值属性，如图 13-8 所示。为了表示多值属性，我们为实体 Branch 创建了一个关系，另外创建了一个关系 Telephone 表示多值属性 telNo：

将 branchNo 插入 Telephone

Branch (branchNo, street, city, postcode)　　　　**Telephone** (telNo, branchNo)
主关键字 branchNo　　　　　　　　　　　　　　　　主关键字 telNo
　　　　　　　　　　　　　　　　　　　　　　　　外部关键字 branchNo 引用 Branch(branchNo)

表 17-2 总结了如何将实体和联系转化为关系。

表 17-2 将实体和联系转化为关系小结

实体 / 联系	转 化 方 法
强实体	创建包含所有简单属性的关系
弱实体	创建包含所有简单属性的关系（主关键字要等到该弱实体与每一个父实体的联系 转化完成后才能确定）

（续）

实体 / 联系	转 化 方 法
1 : * 二元联系	将"一方"实体的主关键字作为表示"多方"实体的关系的外部关键字，该联系的所有属性也都放到表示"多方"实体的关系中
1 : 1 二元联系	
（a）双方都为强制参与	将两个实体组合起来，用一个关系表示
（b）一方强制参与	将"可选"方实体的主关键字作为表示"强制"方实体的关系的外部关键字
（c）双方都为可选参与	如果没有其他信息帮助我们确定父实体和子实体，那么就可以随意选择，即可以将任意一个实体的主关键字作为与另外一个实体相对应的关系的外部关键字
超类 / 子类联系	参见表 17-1
* : * 二元联系、复杂联系	创建一个关系表示此类联系，该关系包含了联系本身的所有属性，并将参与该联系的所有实体的主关键字也复制到关系中，作为外部关键字
多值属性	创建一个关系表示多值属性，并将多值属性所在的实体的主关键字作为该关系的外部关键字

用文档记录关系和外部关键字属性

在步骤 2.1 的最后，使用 DBDL 将从逻辑数据模型导出的关系记录在文档中。图 17-3 给出了 DreamHome 的 StaffClient 用户视图的所有关系。

现在，每一个关系都包含了所有应该包含的属性，接下来就该确定这些关系的主关键字和可替换关键字了。这一步对于弱实体尤其重要，因为弱实体的主关键字是依赖于父实体（可能有多个父实体）的，即将父实体的主关键字复制过来构成自己的主关键字。例如，弱实体 Viewing 的主关键字就是由实体 PropertyForRent 的主关键字的副本（propertyNo）和实体 Client 的主关键字的副本（clientNo）组合而成的。

可以扩展 DBDL 语法来表示外部关键字的完整性约束（步骤 2.5）。数据字典也要更新，以记录本步骤所确定的所有新的主关键字和可替换关键字。例如，复制了其他关系的主关键字以后，关系 Lease 又得到了两个新的可替换关键字，分别为属性集（propertyNo，rentStart）和（clientNo，rentStart）。

步骤 2.2　使用规范化方法验证关系

目标 使用规范化方法验证逻辑数据模型的关系。

在前一个步骤中，我们导出了一组关系来表示步骤 1 中创建的概念数据模型。这一步，我们用规范化的规则对每个关系中的属性集合进行验证。规范化的目的是确保这组关系在拥有最小属性集合的同时，又足以支撑企事业单位的数据需求。而且，这些关系还应该具有最小的数据冗余，以避免 14.3 节中讨论的更新异常情况。但是，有些冗余是为了允许关系之间进行连接操作而存在的，因此是必要的冗余。

运用规范化方法之前，首先要确定每个关系的属性之间的函数依赖。我们在 14.4 节已经讨论了规范化方法要用到的函数依赖的特性，并且知道只有在明确了每个属性的含义之后才能确定函数依赖。函数依赖是一个关系内属性之间的重要联系。规范化过程要用到的是关系的函数依赖和主关键字。

规范化方法采取一系列步骤对关系进行查验，以确认其属性是否遵循某个给定的范式，如第一范式（1NF）、第二范式（2NF）或者第三范式（3NF）。这些范式的规则已经在

14.6 ～ 14.8 节详细地讨论过了。为了避免由于数据冗余而引起的问题，建议每个关系至少是 3NF 的。

按照前面讲述的从概念数据模型导出关系的过程去做的话，我们得到的关系应该已经是 3NF 的。如果发现某个关系不是 3NF，则说明逻辑数据模型或概念数据模型中存在错误，或者我们在从概念数据模型中导出关系的过程中出现了错误。如果有必要，我们要重建这些错误的关系或者数据模型，以确保它们能够真实地反映企事业单位的数据需求。

曾经有这样的观点，规范化的数据库设计不能够提供最高的处理效率。在此提出下列观点以供参考：

- 规范化设计就是按照函数依赖组织数据。因此，这个过程处于概念设计和物理设计之间。
- 逻辑设计不是最后的设计。逻辑设计应该反映数据库设计者对企事业单位数据特性和含义的最佳理解。如果有特别的性能指标，物理设计可以不同。一种可能是将一些规范化关系做非规范化处理。物理数据库设计方法的步骤 7 将详细讨论这种方法（参见第 19 章）。
- 规范化设计鲁棒性更强，不存在 14.3 节讨论的更新异常问题。
- 现在的计算机比几年前要强大得多。有些时候，在实现中用额外的性能成本来换取易用性可能更好一些。
- 要使用规范化，数据库设计人员必须完全理解数据库中的每个属性。这种好处可能是最重要的。
- 规范化可以得到灵活的数据库设计，并且很容易扩展。

步骤 2.3　针对用户事务验证关系

| **目标** | 确保逻辑数据模型中的关系支持所需的事务。

步骤 2.3 的目的是验证逻辑数据模型，确保该逻辑数据模型能够支持用户需求规格说明书中描述的企事业单位所需的事务。步骤 1.8 执行过这种检查，以确保概念数据模型能够支持所需的事务。本步骤检查上一步创建的关系是否也支持所需的事务，并且确保创建关系的过程没有错误。

利用关系、关系的主关键字/外部关键字、ER 图和数据字典，我们可以尝试以手工的方式来执行企事业单位的业务。如果能用这种方法解决所有事务，就说明逻辑数据模型能够支持所需的事务。反之，如果某一事务不能手工完成，则说明数据模型中一定存在问题，而且必须解决。出现这种情况的原因很可能是在创建关系时出现了错误，应该返回去检查事务所涉及的那部分数据模型，解决存在的问题。

步骤 2.4　检查完整性约束

| **目标** | 检查逻辑数据模型中的完整性约束。

完整性约束是为了避免数据库的不完全、不准确、不一致而增加的约束。虽然最后选用的 DBMS 可能并不一定支持所设计的完整性约束，但这不是关键。这个阶段只关心高层的设计，也就是说，首先弄清楚需要什么样的完整性约束，而不急于考虑怎样实现它们。包含了所有重要的完整性约束的逻辑数据模型才是企事业单位数据需求的"真实"写照。考虑下面几种完整性约束：

- 必须有值的数据约束
- 属性域约束
- 多重性约束
- 实体完整性约束
- 引用完整性约束
- 一般性约束

必须有值的数据约束

某些属性必须总需要一个有效值，也就是说，它们不允许为空。例如，每位员工必须有一个相关的工作职位（如主管或者助理）。这些属性一旦被记录在数据字典中（步骤 1.3），就表明已经确认了这些约束的存在。

属性域约束

每个属性都有一个域，即一组合法的值。例如，员工的性别要么是"M"要么是"F"，因此 sex 属性的域就由单字符"M"和"F"组成。在为数据模型确定属性域时，这些约束应该已经被确认（步骤 1.4）。

多重性约束

多重性是定义在数据库中数据之间的联系上的约束。例如描述一个部门有很多员工，而一个员工只能在一个部门工作的情况。企事业单位数据建模的一个重要部分是确保描述了所有适当的完整性约束。在步骤 1.2 中，我们定义了实体之间的联系，这一步将定义和记录所有可以这样描述的完整性约束。

实体完整性约束

实体的主关键字不能为空。例如，关系 Staff 的每个元组的主关键字属性 staffNo 必须有一个值。在为每个实体类型确认主关键字时，就应该已经考虑过这些约束了（步骤 1.5）。

引用完整性约束

子关系中的每个元组都通过外部关键字链接到父关系中拥有相同键值的元组。引用完整性是指，如果外部关键字包含一个值，这个值就必须指向父关系中存在的一个元组。例如，考虑联系 Staff *Manages* PropertyForRent。关系 PropertyForRent 中的属性 staffNo 将待租的房产链接到关系 Staff 中管理该房产的员工。如果 staffNo 不为空，则它必然包含一个有效的值，而且是关系 Staff 的属性 staffNo 上存在的一个值，否则就可能将房产分配给一个不存在的员工。

对于外部关键字，有两个问题必须考虑。第一个问题是外部关键字是否允许为空。例如，是否允许存储一个房产的详细描述而没有指定一个员工去管理它（也就是说，能指定 staffNo 为空吗）？这个问题不是员工是否存在，而是是否必须指派一名员工管理房产。一般而言，对于联系中的子关系：

- 如果是强制参与的，则不允许为空。
- 如果是可选参与的，则允许为空。

第二个问题是如何保证引用完整性。为了实现这一点，我们可以指定**存在约束**，存在约束定义一个候选关键字或者外部关键字可以插入、更新或删除的条件。对于 1:* 的联系 Staff *Manages* PropertyForRent，考虑下面的情况。

情况 1：在子关系（PropertyForRent）中插入元组。为确保引用完整性，检查新插入的 PropertyForRent 元组的外部关键字属性 staffNo，或者为空，或者设置为现存的 Staff 元组中已有的值。

情况 2：从子关系（PropertyForRent）中删除元组。删除子关系的一个元组不会影响引用完整性。

情况 3：更新子关系（PropertyForRent）的元组的外部关键字。类似于情况 1。为了确保引用完整性，检查更新的 PropertyForRent 元组的属性 staffNo，或者为空，或者设置为现存 Staff 元组中已有的值。

情况 4：在父关系（Staff）中插入元组。向父关系（Staff）中插入一个元组不会影响引用完整性，它仅仅是没有引用（子）元组的（父）元组，即不管理任何房产的一名员工。

情况 5：从父关系（Staff）中删除元组。如果删除父关系的一个元组，并且存在一个子元组引用了要被删除的父元组，那么就破坏了引用完整性。也就是说，删除了管理着一处或多处房产的员工。对这种情况，可以考虑下面几种策略：

- NO ACTION：如果有子元组引用，则禁止在父关系中删除该父元组。在这里就是，"如果一个员工当前管理着房产，就不能删除他"。
- CASCADE：在删除父元组时，自动删除任何引用它的子元组。如果被删除的子元组在另外一个联系中作为父元组，那么这种删除操作应该作用到它的子关系的元组上，依此类推。也就是说，父关系的删除操作延伸到了子关系。在这里就是，"如果删除一名员工，就自动删除他管理的所有房产"。显然在这种情况下采用这种策略是不明智的。当使用组合这种增强建模技术关联父实体和子实体时，经常采用 CASCADE 策略（参见 13.3 节）。
- SET NULL：删除一个父元组时，将所有与被删除元组关联的子元组中的外部关键字的值自动设为空。在这里就是，"如果删除某位员工，则将当前分配给他管理的那些房产的管理者设置为未知"。如果外部关键字的属性可以为空，我们就得考虑使用这种策略。
- SET DEFAULT：删除一个父元组时，将所有与被删除元组关联的子元组中的外部关键字的值自动设为它们的默认值。在这里就是，"如果删除某位员工，则将当前分配给他管理的房产指定由另外一名（默认）员工（比如经理）负责管理"。如果为外部关键字的属性定义了默认值，我们就得考虑使用这种策略。
- NO CHECK：删除一个父元组时，不会为维持引用完整性而做任何处理。

情况 6：更新父元组（Staff）中的主关键字。在更新父关系元组的主关键字值的时候，如果有一个子元组引用了原主关键字的值，即如果要更新某员工的主关键字的值，而该员工目前仍管理着一处或多处房产，则此次更新操作破坏了引用完整性。这种情况可以使用前面的策略来保证引用完整性。如果使用 CASCADE，父元组的主关键字的更新就会影响到任何引用它的子元组，如果一个引用子元组本身又是主关键字、父元组，则此次更新还将级联到引用这个子元组的子元组，依此类推。对于更新操作，通常会指定为 CASCADE 方式。

图 17-4 给出了为 DreamHome 的 StaffClient 用户视图创建的关系上的引用完整性约束。

一般性约束

最后我们考虑一般性约束。更新实体的操作可能受到完整性约束的制约，这些约束来自更新操作所代表的事务对"现实世界"的管控。例如，DreamHome 就有条规则：一名员工不能同时管理多于 100 处房产。

Staff (staffNo, fName, lName, position, sex, DOB, supervisorStaffNo)
主关键字 staffNo
外部关键字 supervisorStaffNo 引用 Staff(staffNo) ON UPDATE CASCADE ON DELETE SET NULL

Client (clientNo, fName, lName, telNo, eMail, prefType, maxRent, staffNo)
主关键字 clientNo
可替换关键字 eMail
外部关键字 staffNo 引用 Staff(staffNo) ON UPDATE CASCADE ON DELETE NO ACTION

PropertyForRent (propertyNo, street, city, postcode, type, rooms, rent, ownerNo, staffNo)
主关键字 propertyNo
外部关键字 ownerNo 引用 PrivateOwner(ownerNo) and BusinessOwner(ownerNo)
　　　　　　　　　　　ON UPDATE CASCADE ON DELETE NO ACTION

外部关键字 staffNo 引用 Staff(staffNo) ON UPDATE CASCADE ON DELETE SET NULL

Viewing (clientNo, propertyNo, dateView, comment)
主关键字 clientNo, propertyNo
外部关键字 clientNo 引用 Client(clientNo) ON UPDATE CASCADE ON DELETE NO ACTION
外部关键字 propertyNo 引用 PropertyForRent(propertyNo)
　　　　　　　　　　　ON UPDATE CASCADE ON DELETE CASCADE

Lease (leaseNo, paymentMethod, depositPaid, rentStart, rentFinish, clientNo, propertyNo)
主关键字 leaseNo
可替换关键字 propertyNo, rentStart
可替换关键字 clientNo, rentStart
外部关键字 clientNo 引用 Client(clientNo) ON UPDATE CASCADE ON DELETE NO ACTION
外部关键字 propertyNo 引用 PropertyForRent(propertyNo)
　　　　　　　　　　　ON UPDATE CASCADE ON DELETE NO ACTION

图 17-4　DreamHome 的 StaffClient 用户视图的关系上的引用完整性约束

用文档记录所有完整性约束

为物理数据库设计考虑，在数据字典中应记录下所有的完整性约束。

步骤 2.5　与用户一起复查逻辑数据模型

目标 | 和用户一起复查逻辑数据模型，确保用户能够认可，即该模型真实地表示了企事业单位的数据需求。

现在，逻辑数据模型应该已经设计完毕并且全部文档化了。然而，为了确认我们的工作，还需要和用户一起复查逻辑数据模型，并确保用户认可该模型，使得用户也认为该模型能够真实地表示企事业单位的数据需求。如果用户对模型不满意，我们就需要重复前面的一些步骤，对模型进行修改。

如果用户满意，则下一步工作（特别是采用什么方法处理用户视图）主要依赖于数据库的用户视图的个数。如果数据库系统只有一个用户视图，或者即使有多个用户视图但是只需要使用视图集中的方法进行处理（参见 10.5 节）的话，我们就直接进入步骤 2 的最后一步，即步骤 2.7。如果数据库有多个用户视图，而且需要使用视图集成的方法处理（参见 10.5 节），则执行步骤 2.6。视图集成方法的结果是建立多个逻辑数据模型，每个逻辑数据模型表示数据库的一个或者多个（但不是全部）用户视图。步骤 2.6 的目标就是合并这些逻辑数据模型，创建一个表示数据库全部用户视图的逻辑数据模型。在讨论这个步骤之前，我们简单讨论一下逻辑数据模型和数据流图之间的关系。

逻辑数据模型和数据流图的关系

　　逻辑数据模型反映了企事业单位需要存储的数据的结构。数据流图（Data Flow Diagram，DFD）显示了数据在企事业单位的流动情况和存储情况。如果企事业单位拥有某属性，则该属性就必须出现在某个实体类型中，并且可能以数据流的形式在企事业单位的事务中流动。当我们使用这两种技术根据用户的需求规格说明书建模时，可以用其中一个来检查另一个的一致性和完整性。两种技术之间的关联规则是：

- 数据存储结构应该描述所有的实体类型。
- 数据流中出现的属性应该属于某个实体类型。

步骤 2.6　将逻辑数据模型合并为全局模型（可选步骤）

| **目标** | 将局部逻辑数据模型合并为表示数据库所有用户视图的全局逻辑数据模型。

　　只有在数据库拥有多个用户视图，并且使用视图集成的方法处理这些模式时，本步骤才是必需的。为了方便合并过程的描述，我们使用术语"局部逻辑数据模型"和"全局逻辑数据模型"。**局部逻辑数据模型**表示数据库的一个或者多个（但不是全部）用户视图，**全局逻辑数据模型**则表示数据库所有的用户视图。在步骤 2.6 中，我们将两个或者多个局部逻辑数据模型合并为一个全局逻辑数据模型。

　　本步骤的数据来源是通过方法学的步骤 1 以及步骤 2.1 ～ 2.5 创建的局部数据模型。当然，每个局部逻辑数据模型必须是正确的、易理解的和无歧义的，每个模型只表示数据库的一个或者多个（但不是全部）用户视图。也就是说，每个模型只表示整个数据库的一部分。因此当我们将所有的用户视图看作一个整体时，就有可能出现不一致或者重叠的现象。所以，当我们将局部逻辑数据模型合并为全局逻辑数据模型时，要致力于解决视图之间可能存在的冲突和重叠问题。

　　合并完成后，还需要使用类似于验证局部数据模型的方法来对全局逻辑数据模型进行验证。验证过程要重点针对在合并过程中变化了的那部分内容。

　　步骤 2.6 的活动包括：

　　步骤 2.6.1　将局部逻辑数据模型合并为全局模型

　　步骤 2.6.2　验证全局逻辑数据模型

　　步骤 2.6.3　与用户一起复查全局逻辑数据模型

　　我们将以两个局部逻辑数据模型为例逐步讲述步骤 2.6 的具体操作：一个示例是为 DreamHome 案例研究的用户视图 StaffClient 创建的局部逻辑数据模型，另一个示例是第 12 章和第 13 章中讲述的为 DreamHome 的用户视图 Branch 创建的局部逻辑数据模型。根据图 13-8 中给出的 Branch 用户视图的 ER 模型，图 17-5 给出了建立的关系。作为练习，请证明这个转换结果是正确的（参见习题 17.6）。

步骤 2.6.1　将局部逻辑数据模型合并为全局模型

| **目标** | 将局部逻辑数据模型合并为一个全局逻辑数据模型。

　　至此，我们已经为每一个局部逻辑数据模型都生成了 ER 图、关系模式、数据字典以及描述模型中约束的支撑文档。本步骤利用这些信息确认模型之间的相似和不同之处，并据此将模型合并。

　　对于只有少量视图并且每个视图只有少量实体和联系类型的简单数据库系统来说，比较

Branch (branchNo, street, city, postcode, mgrStaffNo) 主关键字 branchNo 可替换关键字 postcode 外部关键字 mgrStaffNo 引用 Manager(staffNo)	**Telephone** (telNo, branchNo) 主关键字 telNo 外部关键字 branchNo 引用 Branch(branchNo)
Staff (staffNo, name, position, salary, supervisorStaffNo, branchNo) 主关键字 staffNo 外部关键字 supervisorStaffNo 引用 Staff(staffNo) 外部关键字 branchNo 引用 Branch(branchNo)	**Manager** (staffNo, mgrStartDate, bonus) 主关键字 staffNo 外部关键字 staffNo 引用 Staff(staffNo)
PrivateOwner (ownerNo, name, address, telNo) 主关键字 ownerNo	**BusinessOwner** (bName, bType, contactName, address, telNo) 主关键字 bName 可替换关键字 telNo
PropertyForRent (propertyNo, street, city, postcode, type, rooms, rent, ownerNo, staffNo, bName, branchNo) 主关键字 propertyNo 外部关键字 ownerNo 引用 PrivateOwner(ownerNo) 外部关键字 bName 引用 BusinessOwner(bName) 外部关键字 staffNo 引用 Staff(staffNo) 外部关键字 branchNo 引用 Branch(branchNo)	**Client** (clientNo, name, telNo, eMail, prefType, maxRent) 主关键字 clientNo 可替换关键字 eMail
Lease (leaseNo, paymentMethod, depositPaid, rentStart, rentFinish, clientNo, propertyNo) 主关键字 leaseNo 可替换关键字 propertyNo, rentStart 可替换关键字 clientNo, rentStart 外部关键字 clientNo 引用 Client(clientNo) 外部关键字 propertyNo 引用 PropertyForRent(propertyNo) 导出 deposit (PropertyForRent.rent*2) 导出 duration (rentFinish – rentStart)	**Registration** (clientNo, branchNo, staffNo, dateJoined) 主关键字 clientNo, branchNo 外部关键字 clientNo 引用 Client(clientNo) 外部关键字 branchNo 引用 Branch(branchNo) 外部关键字 staffNo 引用 Staff(staffNo)
Advert (propertyNo, newspaperName, dateAdvert, cost) 主关键字 propertyNo, newspaperName, dateAdvert 外部关键字 propertyNo 引用 PropertyForRent(propertyNo) 外部关键字 newspaperName 引用 Newspaper(newspaperName)	**Newspaper** (newspaperName, address, telNo, contactName) 主关键字 newspaperName 可替换关键字 telNo

图 17-5 DreamHome 的 Branch 用户视图对应的所有关系

各局部模型、合并模型以及解决模型间存在的差异等工作都相对比较简单。但是对于大型复杂系统，就必须采用更系统化的方法。下面我们给出一种方法，可以用于局部模型的合并，并且能够解决合并过程中发现的各种不一致的问题。对于其他方法的讨论，有兴趣的读者可以查阅 Batini and Lanzerini（1986）、Biskup and Convent（1986）、Spaccapietra et al.（1992）和 Bouguettaya et al.（1998）的相关论文。

我们要讨论的合并多个局部模型的方法的典型活动包括：

（1）复查实体/关系的名字、含义及其候选关键字。

（2）复查联系/外部关键字的名字和含义。

（3）合并局部数据模型中的实体/关系。

（4）直接包含（不合并）各局部数据模型所独有的实体/关系。

（5）合并局部数据模型的联系/外部关键字。

（6）直接包含（不合并）各局部数据模型所独有的联系/外部关键字。

（7）查验遗漏的实体/关系和联系/外部关键字。

（8）查验外部关键字。

（9）查验完整性约束。

（10）画出全局 ER/关系图。

（11）更新文档。

在上面的一些任务中，我们使用了术语"实体/关系"和"联系/外部关键字"，意思是设计人员可以选择查验 ER 模型或者查验由 ER 模型导出的关系以及支撑文档，或者两者都查验。基于关系组合检查可能更容易些，因为由不同设计人员设计的 ER 模型中可能存在许多语法和语义的不同。

合并几个局部数据模型最简单方法是：先合并两个数据模型，得到一个新的模型，然后继续合并剩下的局部数据模型，直到所有的局部模型都被合并到全局数据模型中。这种方法要比一次试图同时合并所有局部数据模型要简单一些。

（1）复查实体/关系的名字、含义及其候选关键字

花点时间仔细查看数据字典，对出现在局部数据模型中的实体/关系的名字和描述进行查验是值得的。当存在两个或者多个实体/关系时，可能出现的问题有：

- 名字相同，但是实际含义不同（同名异义）。
- 名字不同，但是实际含义相同（同义异名）。

要想解决这些问题，需要比较每个实体/关系的数据内容。特别是利用候选关键字帮助我们确认那些实际含义相同、但是在不同的视图里有不同名字的实体/关系。表 17-3 给出了 DreamHome 的用户视图 Branch 和 StaffClient 对应关系的比较。两个视图中共有的关系被加粗显示。

表 17-3　用户视图 Branch 和 StaffClient 中的实体/关系的名字和候选关键字的比较

用户视图 Branch		用户视图 StaffClient	
实体/关系	候选关键字	实体/关系	候选关键字
Branch	branchNo postcode		
Telephone	telNo		
Staff	**staffNo**	**Staff**	**staffNo**
Manager	staffNo		
PrivateOwner	**ownerNo**	**PrivateOwner**	**ownerNo**
BusinessOwner	**bName**	**BusinessOwner**	**bName**
	telNo		**telNo**
			ownerNo
Client	**clientNo** **eMail**	**Client**	**clientNo** **eMail**
PropertyForRent	**propertyNo**	**PropertyForRent**	**propertyNo**
		Viewing	clientNo, propertyNo
Lease	**leaseNo** **propertyNo** **rentStart** **clientNo, rentStart**	**Lease**	**leaseNo** **propertyNo** **rentStart** **clientNo, rentStart**
Registration	(clientNo, branchNo)		
Newspaper	newspaperName telNo		
Advert	(propertyNo, newspaperName, dateAdvert)		

（2）复查联系 / 外部关键字的名字和含义

这个过程和复查实体 / 关系中描述的相同。表 17-4 给出了 DreamHome 的用户视图 Branch 和 StaffClient 中的外部关键字的比较。两个视图中共同的外部关键字被加粗显示。注意两个视图共同的关系，Staff 和 PropertyForRent 关系都有一个额外的外部关键字 branchNo。

表 17-4 用户视图 Branch 和 Staff 中外部关键字的比较

用户视图 Branch			用户视图 StaffClient		
子关系	外部关键字	父关系	子关系	外部关键字	父关系
Branch	mgrStaffNo →	Manager(staffNo)			
Telephone[①]	branchNo →	Branch(branchNo)			
Staff	**supervisorStaffNo →** branchNo →	**Staff(staffNo)** Branch(branchNo)	Staff	**supervisor-StaffNo →**	**Staff(staffNo)**
Manager	staffNo →	Staff(staffNo)			
PrivateOwner			PrivateOwner		
BusinessOwner			BusinessOwner		
Client			Client	staffNo →	Staff(staffNo)
PropertyForRent	**ownerNo →**	**PrivateOwner (ownerNo)**	PropertyForRent	**ownerNo →**	**PrivateOwner (ownerNo)**
	bName →	BusinessOwner (bName)		ownerNo →	BusinessOwner (onwerNo)
	staffNo →	**Staff(staffNo)**		**staffNo →**	**Staff(staffNo)**
	branchNo →	Branch(branchNo)			
			Viewing	clientNo →	Client(clientNo)
				propertyNo →	PropertyForRent (propertyNo)
Lease	**clientNo →**	**Client(clientNo)**	Lease	**clientNo →**	**Client(clientNo)**
	propertyNo →	**PropertyForRent (propertyNo)**		**propertyNo →**	**PropertyForRent (propertyNo)**
Registration[②]	clientNo →	Client(clientNo)			
	branchNo →	Branch(branchNo)			
	staffNo →	Staff(staffNo)			
Newspaper					
Advert[③]	propertyNo →	PropertyForRent (propertyNo)			
	newspaperName →	Newspaper (newspaperName)			

①关系 Telephone 是根据多值属性 telNo 创建的。

②关系 Registration 是根据三元联系 Registers 创建的。

③关系 Advert 是根据多对多（*：*）的联系 Advertises 创建的。

通过比较各视图中联系的名字和外部关键字就能看出视图的重叠程度。不过，我们必须认识到，我们不能简单地相信两个视图中具有相同名字的实体或者联系就一定扮演着相同的角色。尽管如此，在查验两个视图是否存在重叠时，只要我们足够小心，从比较实体 / 关系

和联系 / 外部关键字的名字开始仍然是一个好的选择。

我们必须小心处理那些具有相同名字但实际上表示不同概念（也称为同名异义）的实体和联系。例如用户视图 StaffClient 中的 Staff *Manages* PropertyForRent 和用户视图 Branch 中的 Manager *Manages* Branch，很明显，联系 Manages 在两个视图中分别表示不同的意思。

我们必须保证具有相同名字的实体或者联系表示的是"现实世界"中相同的概念，并且在各个视图中不同的名字表示不同的概念。为了达到这个目的，应比较与每个实体相关联的属性（特别是关键字），并对它们和其他实体的联系进行比较。同时，也要注意这种情况：在一个用户视图中可能被提取为实体或者联系的对象在另外一个视图中可能就简单地表示为某个实体的属性了。例如，实体 Branch 拥有的属性 managerName 在另外一个用户视图中则被表示为实体 Manager。

（3）合并局部数据模型中的实体 / 关系

检查模型中要合并的各实体 / 关系的名字和含义，看看它们是否表示相同的对象，以及能否被合并。这一步的典型活动有：

- 合并名字相同并且主关键字也相同的实体 / 关系。
- 合并名字相同但是主关键字不同的实体 / 关系。
- 合并名字不同但是主关键字相同或不同的实体 / 关系。

合并名字相同并且主关键字也相同的实体 / 关系。通常，主关键字相同的实体 / 关系表示的"现实世界"中的对象也相同，因此应该被合并。合并以后的实体 / 关系包含了原实体 / 关系中的所有属性，但是要去除重复属性。例如，图 17-6 为关系 PrivateOwner 的属性，关系 PrivateOwner 在用户视图 Branch 和 StaffClient 中均有定义。两个 PrivateOwner 关系的主关键字都是 ownerNo。我们通过合并它们的属性来合并这两个关系，合并以后的关系 PrivateOwner 就包含了原来两个 PrivateOwner 关系的所有属性。注意两个视图在表示所有者的名字上存在冲突。这种情况下，我们应该（如果可能的话）咨询各个视图的用户，以决定最终应该如何表述。本例中，在合并以后的全局视图中所有者的名字被分解为两个属性，即用属性 fName 和 lName 表示所有者的名字。

图 17-6   合并两个用户视图 Branch 和 StaffClient 中均有定义的关系 PrivateOwner

同样，从表 17-3 可以看出，两个视图中共有的关系 Staff、Client、PropertyForRent 和 Lease 都有相同的主关键字，这些关系也可以用上面讨论的方法进行合并。

合并名字相同但是主关键字不同的实体 / 关系。有些时候，我们会发现两个实体 / 关系有相同的名字和相似的候选关键字，但是主关键字不同。这种情况下，应该像上面一样合并这些实体 / 关系。不过，还要选择一个关键字作为主关键字，其他关键字则作为可替换关键字。例如，图 17-7 列出了在两个视图中都有定义的关系 BusinessOwner 的属性。用户视图 Branch 中的关系 BusinessOwner 的主关键字是 bName，但是用户视图 StaffClient 中关系 BusinessOwner 的主关键字是 ownerNo，bName 是可替换关键字。尽管主关键字不同，但是用户视图 Branch 中 BusinessOwner 的主关键字是用户视图 StaffClient 中 BusinessOwner 的可替换关键字。于是，我们将这两个关系合并，并将 bName 作为可替换关键字，如图 17-7 所示。

Branch用户视图

BusinessOwner (bName, bType, contactName, address, telNo)

主关键字 bName

可替换关键字 telNo

StaffClient用户视图

BusinessOwner (ownerNo, bName, bType, contactName, address, telNo)

主关键字 ownerNo

可替换关键字 bName

可替换关键字 telNo

Global用户视图

BusinessOwner (ownerNo, bName, bType, contactName, address, telNo)

主关键字 ownerNo

可替换关键字 bName

可替换关键字 telNo

图 17-7   合并主关键字不同的关系 BusinessOwner

合并名字不同但是主关键字相同或不同的实体 / 关系。有时候，我们会发现两个实体 / 关系尽管名字不同，但是所表达的对象却是相同的。这些等同的实体 / 关系可以简单地通过下面的方法识别：

- 根据名字判断，名字能说明它们表达的对象是否相同。
- 根据含义判断，特别是主关键字表达的意义。
- 根据它们与某些联系之间的关联判断。

一个明显的例子就是实体 Staff 和 Employee，如果发现它们是一对等同的实体，则合并。

（4）直接包含（不合并）各局部数据模型所独有的实体 / 关系

前面的工作应该已经找出了所有相同的实体 / 关系。所有剩下的实体 / 关系都应该不加修改地直接放到全局模型中。从表 17-3 中可以看出，关系 Branch、Telephone、Manager、Registration、Newspaper 和 Advert 仅属于用户视图 Branch，关系 Viewing 则仅属于用户视图 StaffClient。

（5）合并局部数据模型的联系 / 外部关键字

这个步骤中，我们检查数据模型中的每个联系 / 外部关键字的名字和创建目的。在合并联系 / 外部关键字之前，我们首先要解决联系之间存在的冲突，如不同的多重性约束等。本步骤的活动包括：

- 合并名字相同并且创建目的也相同的联系 / 外部关键字。
- 合并名字不同但是创建目的相同的联系 / 外部关键字。

根据表 17-3 和数据字典，我们可以找出名字相同且创建目的也相同的外部关键字，并将它们合并到全局模型中。

注意两个视图中的联系 Registers，他们在本质上表示相同的 "事件"：在 StaffClient 用户视图中，Registers 联系表示一位员工注册一名客户，通过将 staffNo 作为 Client 关系的外部关键字实现；而在 Branch 用户视图中，因为涉及为分公司建模，所以情况稍微复杂一点，它引入一个称为 Registration 的关系来表示某分公司的某位员工为某位客户注册这一情况。在这种情况下，可以忽略用户视图 StaffClient 中的联系 Registers，待到下一步，再包含 Branch 用户视图中等价的联系 / 外部关键字。

（6）直接包含（不合并）各局部数据模型所独有的联系 / 外部关键字

同样，上一个任务已经找到了所有等同的联系 / 外部关键字（按照定义，这些等同的联系 / 外部关键字一定关联着等同的实体 / 关系，而这些等同的实体 / 关系则应该已经被合并）。所有剩余的联系 / 外部关键字都应该不加改变地直接被包含到全局模型中。

（7）查验遗漏的实体 / 关系和联系 / 外部关键字

也许在生成全局模型时一个最困难的任务就是，寻找不同局部数据模型之间遗漏的实体 / 关系和联系 / 外部关键字。如果企事业单位的数据模型已经建立，这种遗漏可能揭示出某些实体或者联系没有被任何局部数据模型所包含。作为一种预防性的手段，在与某个特定用户视图的用户会谈时，要请他们特别留意其他视图中已经存在的实体和联系。否则，就要分析每个实体 / 关系的属性，找出这些属性对其他局部数据模型中的实体 / 关系的引用。这样做，就有可能发现一个局部数据模型中的某个实体 / 关系的某个属性对应另外一个局部数据模型中某个实体 / 关系的主关键字、可替换关键字甚至非关键字属性。

（8）查验外部关键字

经过上述步骤，实体 / 关系和联系 / 外部关键字可能被合并，主关键字可能被修改，也可能会添加新的联系。因此在本步骤中，我们要复查子关系中的外部关键字是否仍然正确，若需要，则进行必要的修改。图 17-8 给出了 DreamHome 的全局逻辑数据模型中的关系。

（9）查验完整性约束

复查完整性约束，保证全局逻辑数据模型的完整性约束和每个视图原有约束之间没有冲突。例如，如果增加了新的联系，创建了新的外部关键字，就要确保定义了恰当的引用完整性约束。如果有冲突，则必须同用户商谈后再解决。

（10）画出全局 ER / 关系图

现在我们可以画出所有合并以后的局部数据模型的图。如果是在关系的基础上进行合并，则该图就是**全局关系图**，全局关系图显示了所有的主关键字和外部关键字。如果合并的是局部 ER 图，则结果图就是全局 ER 图。DreamHome 的全局关系图如图 17-9 所示。

（11）更新文档

更新文档，以反映在生成全局数据模型过程中的所有变化。保持文档最新，并且文档要能够反映当前的数据模型，这一点非常重要。如果在以后数据库的实现过程中，或者在维护过程中又对数据模型进行了修改，则文档也应该保持同步更新。陈旧过时的信息会给以后的工作造成混乱。

步骤 2.6.2　验证全局逻辑数据模型

目标｜如果需要的话，用规范化方法对全局逻辑数据模型中创建的关系进行验证，确保它们支持所需的事务。

Branch (branchNo, street, city, postcode, mgrStaffNo) 主关键字 branchNo 可替换关键字 postcode 外部关键字 mgrStaffNo 引用 Manager(staffNo)	**Telephone** (telNo, branchNo) 主关键字 telNo 外部关键字 branchNo 引用 Branch(branchNo)
Staff (staffNo, fName, lName, position, sex, DOB, salary, supervisorStaffNo, branchNo) 主关键字 staffNo 外部关键字 supervisorStaffNo 引用 Staff(staffNo) 外部关键字 branchNo 引用 Branch(branchNo)	**Manager** (staffNo, mgrStartDate, bonus) 主关键字 staffNo 外部关键字 staffNo 引用 Staff(staffNo)
PrivateOwner (ownerNo, fName, lName, address, telNo) 主关键字 ownerNo	**BusinessOwner** (ownerNo, bName, bType, contactName, address, telNo) 主关键字 ownerNo 可替换关键字 bName 可替换关键字 telNo
PropertyForRent (propertyNo, street, city, postcode, type, rooms, rent, ownerNo, staffNo, branchNo) 主关键字 propertyNo 外部关键字 ownerNo 引用 PrivateOwner(ownerNo) and BusinessOwner(ownerNo) 外部关键字 staffNo 引用 Staff(staffNo) 外部关键字 branchNo 引用 Branch(branchNo)	**Viewing** (clientNo, propertyNo, dateView, comment) 主关键字 clientNo, propertyNo 外部关键字 clientNo 引用 Client(clientNo) 外部关键字 propertyNo 引用 PropertyForRent(propertyNo)
Client (clientNo, fName, lName, telNo, eMail, prefType, maxRent) 主关键字 clientNo 可替换关键字 eMail	**Registration** (clientNo, branchNo, staffNo, dateJoined) 主关键字 clientNo, branchNo 外部关键字 clientNo 引用 Client(clientNo) 外部关键字 branchNo 引用 Branch(branchNo) 外部关键字 staffNo 引用 Staff(staffNo)
Lease (leaseNo, paymentMethod, depositPaid, rentStart, rentFinish, clientNo, propertyNo) 主关键字 leaseNo 可替换关键字 propertyNo, rentStart 可替换关键字 clientNo, rentStart 外部关键字 clientNo 引用 Client(clientNo) 外部关键字 propertyNo 引用 PropertyForRent(propertyNo) 导出 deposit (PropertyForRent.rent*2) 导出 duration (rentFinish – rentStart)	**Newspaper** (newspaperName, address, telNo, contactName) 主关键字 newspaperName 可替换关键字 telNo
Advert (propertyNo, newspaperName, dateAdvert, cost) 主关键字 propertyNo, newspaperName, dateAdvert 外部关键字 propertyNo 引用 PropertyForRent(propertyNo) 外部关键字 newspaperName 引用 Newspaper(newspaperName)	

图 17-8　DreamHome 全局逻辑数据模型中的关系

步骤 2.6.2 和步骤 2.2、步骤 2.3 中对局部逻辑数据模型的验证相同。不过，这里只需要检查在合并过程中发生变化的那部分模型。在大型系统中，这种操作模式将明显减少需要完成的复查工作量。

步骤 2.6.3　与用户一起复查全局逻辑数据模型

目标｜和用户一起复查全局逻辑数据模型，确保用户能够认可该模型真实地表示了企事业单位的数据需求。

现在到了完善企事业单位全局逻辑数据模型的时候了，力求模型的完全性和正确性。我们应该和用户一起对模型以及描述模型的文档进行复查，确保该模型表示了企事业单位数据的真实需求。

为了方便描述步骤 2.6 中的任务，我们使用了术语"局部逻辑数据模型"和"全局逻辑数据模型"。不过这个步骤完成以后，所有的局部逻辑数据模型都被合并为一个全局逻辑数据模型，因此也就没有必要再区分模型究竟表示的是部分视图还是全部视图。因此，在方法学后面的步骤中，我们都将使用术语"逻辑数据模型"表示"全局逻辑数据模型"。

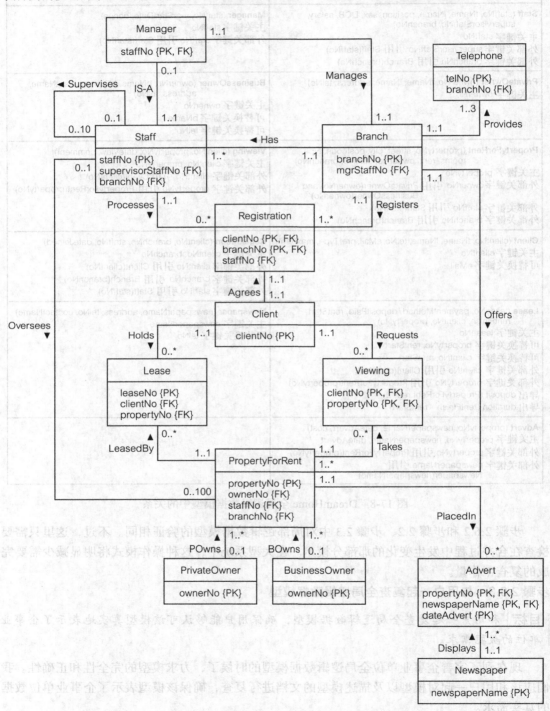

图 17-9　DreamHome 的全局关系图

步骤 2.7　检查模型对未来可拓展性的支持

目标｜判断在可预见的未来系统需求是否会有明显的变化，并且对逻辑数据模型能否适应这些变化进行评估。

在逻辑数据库设计的最后阶段要考虑的问题是：逻辑数据模型（经历或者可能没有经历步骤 2.6）是否能被扩展以支持未来可能的开发需求。如果一个模型只能支持当前的需求，这个模型的生命周期就可能很短，并且为了适应新的需求，可能需要做很大的改动才行。开发一个可扩展的模型非常重要，该模型应该具有可演化的能力以支持新的需求，同时最小限度地影响老用户的使用。当然，这可能很难做到，因为企事业单位自己都可能不知道它将来需要什么。不过即使企事业单位清楚未来所需，也可能会放弃，因为要想实现适应未来可能的需求而具备的可扩展性，在时间上和费用上都要有很高的投入。所以需要对模型应该适应什么进行选择。总而言之，这样做是值得的，即对全局模型进行分析，以查验模型在影响最小的前提下的可扩展能力。不过除非用户提出明确的需求，否则没有必要把任何变化都合并到数据模型中来。

在步骤 2 的最后，逻辑数据模型将被用作物理数据库设计的数据源，在后面的两章中，继续介绍方法学的步骤 3 到步骤 8，主要讨论物理数据库的设计方法学。

对于熟悉数据库设计的读者，可以参考附录 D 中给出的对方法学各个步骤的概述。

本章小结

- 数据库设计方法学包括三个主要的阶段：概念数据库设计、逻辑数据库设计和物理数据库设计。
- **逻辑数据库设计**是基于一个特定的数据模型（比如关系模型）创建一个企事业单位使用的数据模型的过程，但独立于特定的 DBMS 和其他物理上的考虑。
- **逻辑数据模型**包括 ER 图、关系模式以及支撑文档，支撑文档包括了在开发模型的过程中生成的数据字典。
- 方法学中逻辑数据库设计的步骤 2.1 的目标是根据步骤 1 创建的概念数据模型导出**关系模式**。
- 步骤 2.2 用规范化方法验证关系模式，确保每个关系在结构上都是正确的。可以利用规范化的方法改进模型，使之满足某些约束，去掉不必要的冗余。步骤 2.3 则验证关系模式，确保其支持用户需求规格说明书中列出的事务。
- 步骤 2.4 查验逻辑数据模型的完整性约束。附加在数据库上的**完整性约束**是为了防止出现不完整、不正确和不一致的情况。完整性约束主要有必须有值的数据约束、属性域约束、多重性约束、实体完整性约束、引用完整性和一般性约束。
- 在步骤 2.5 中，需要和用户一起验证逻辑数据模型。
- 逻辑数据库设计的步骤 2.6 是一个可选步骤，只有在数据库有多个用户视图，并且使用集成的方法处理这些视图时（参见 10.5 节）才需要，因为多个视图会生成两个或者多个局部逻辑数据模型。**局部逻辑数据模型**表示数据库的一个或者多个（但不是全部）用户视图的数据需求。步骤 2.6 将这些局部逻辑数据模型合并为一个表示所有用户视图的**全局逻辑数据模型**。需要针对所需事务对全局逻辑数据模型进行规范化验证，并且得到用户的确认。
- 逻辑数据库设计还包括步骤 2.7，该步骤检查模型是否能够扩充以支持未来可能的应用。在步骤 2 的最后，逻辑数据模型（不管是否用到步骤 2.6）将被用作物理数据库设计的数据源，物理数据库设计（步骤 3 ～步骤 8）将在后续两章讨论。

思考题

17.1 讨论逻辑数据库设计的目的。

17.2 描述将下列类型转换为关系的规则，举例说明：

  （a）强实体类型

  （b）弱实体类型

  （c）一对多（1：*）二元联系类型

  （d）一对一（1：1）二元联系类型

  （e）一对一（1：1）递归联系类型

  （f）超类/子类联系类型

  （g）多对多（*：*）二元联系类型

  （h）复杂联系类型

  （i）多值属性

17.3 讨论如何使用规范化技术验证从概念数据模型中导出的关系。

17.4 讨论用于验证关系模式如何支持所需事务的两种方法。

17.5 描述完整性约束的目的并给出逻辑数据模型上主要的完整性约束。

17.6 描述删除有子元组引用的父元组时可选的几种策略。

17.7 给出将局部逻辑数据模型合并为全局逻辑数据模型的典型活动。

习题

17.8 从图 17-10 所示的概念数据模型中导出关系。

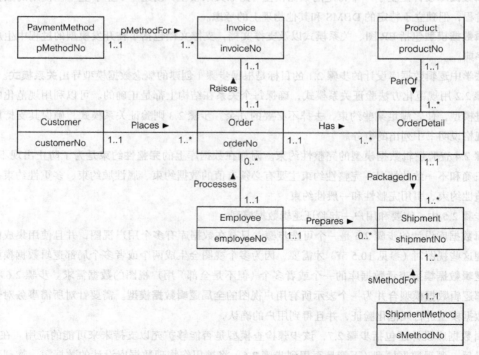

图 17-10 一个概念数据模型的例子

DreamHome 案例研究

17.9 基于习题 16.13 生成的概念数据模型，创建 DreamHome 的用户视图 Branch 的关系模式，并将该模式与图 17-5 中列出的关系进行比较，讨论它们的不同。

University Accommodation Office 案例研究

17.10 为习题 16.16 中创建的 University Accommodation Office 的概念数据模型创建逻辑数据模型，并对其进行验证。

EasyDrive School of Motoring 案例研究

17.11 为习题 16.18 中创建的 EasyDrive School of Motoring 的概念数据模型创建逻辑数据模型，并对其进行验证。

Wellmeadows Hospital 案例研究

17.12 为习题 16.21 中给出的 Wellmeadows Hospital 的每个局部概念数据模型创建局部逻辑数据模型，并对其进行验证。

17.13 合并局部数据模型，创建 Wellmeadows Hospital 的全局逻辑数据模型。并说明为支持你的设计所做的假设。

Parking Lot 案例研究

17.14 将在习题 12.13 和习题 13.11 中描述、图 17-11 中显示的停车场 EER 图映射为关系模式。

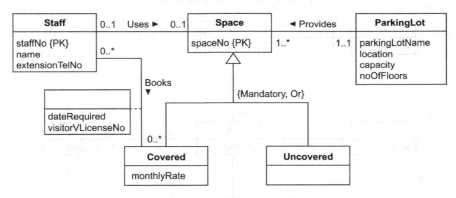

图 17-11 停车场 EER 图

Library 案例研究

17.15 将在习题 12.14 和习题 13.12 中描述、图 17-12 中显示的图书馆 EER 图映射为关系模式。

17.16 图 17-13 所示 ER 图仅有实体和主关键字属性。没给出实体和联系可识别的名字是为了强调前面在逻辑数据库设计步骤 2.1 中给出的映射是规则性的。回答下列有关如何将图 17-13 中的 ER 模型映射为关系模型的问题。

（a）表示这个 ER 模型需要多少个关系？

（b）有多少个外部关键字被映射到表示 X 的关系中？

（c）哪个（些）关系将没有外部关键字？

（d）仅用每个实体已有的字母标识符，为从 ER 模型映射得到的关系合适地命名。

（e）如果将该 ER 模型变为这样一个版本，即所有联系的基数都为 1∶1 的，并且所有实体都完全参与联系，那么应该导出多少个关系？

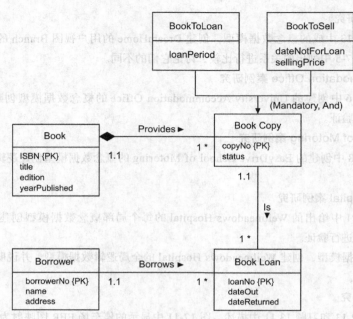

图 17-12　图书馆 EER 图

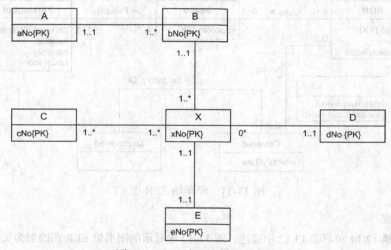

图 17-13　一个 ER 模型的例子

扩展阅读

Avison D.E. and Fitzgerald G. (1988). *Information Systems Development: Methodologies, Techniques and Tools.* Oxford: Blackwell

Batini C., Ceri S., and Navathe S. (1992). *Conceptual Database Design: An Entity–Relationship Approach.* Redwood City, CA: Benjamin Cummings

Blaha M. and Premerlani W. (1999). *Object-Oriented Modeling and Design for Database Applications.* Prentice-Hall

Castano S., DeAntonellio V., Fugini M.G., and

Pernici B. (1998). Conceptual schema analysis: techniques and applications. *ACM Trans. Database Systems,* **23**(3), 286–332

Connolly T., Begg C., and Holowczak R. (2008) Business Database Systems. Addison-Wesley

Hawryszkiewycz I.T. (1994). *Database Analysis and Design* 4th edn. New York: Macmillan

Howe D. (1989). *Data Analysis for Data Base Design* 2nd edn. London: Edward Arnold

Muller R.J. (1999). *Database Design for Smarties:*

Using UML for Data Modeling. Morgan Kaufmann
Naiburg E. and Maksimchuck R.A. (2001). *UML for Database Design.* Addison-Wesley
Navathe S. and Savarese A. (1996). A practical schema integration facility using an object-oriented approach. In *Object-Oriented Multidatabase Systems: A Solution for Advanced*
Applications (Bukhres O. and Elmagarmid A., eds). Prentice-Hall
Sheth A., Gala S., and Navathe S. (1993). On automatic reasoning for schema integration. *Int. Journal of Intelligent Co-operative Information Systems,* **2**(1)

网络资源

http://www.businessrulesgroup.org　The Business Rules Group, formerly part of GUIDE International, formulates and supports standards about business rules.

http://www.inconcept.com/JCM/index.html　Journal of Conceptual Modeling.

http://www.revealnet.com　A portal site for Oracle database administration and development.

http://www.sswug.orj　A portal site for Oracle, DB2, and SQL Server database administration and development.

第 18 章

Database Systems: A Practical Approach to Design, Implementation, and Management, 6E

方法学——关系数据库的物理数据库设计

本章目标

本章我们主要学习：

- 物理数据库设计的目标
- 如何将逻辑数据库设计映射为物理数据库设计
- 如何为目标 DBMS 设计基础关系
- 如何为目标 DBMS 设计一般性约束
- 如何基于对事务的分析选择合适的文件组织方式
- 何时使用辅索引来提高性能
- 如何估计数据库的大小
- 如何设计用户视图
- 如何设计满足用户需求的安全机制

本章及下一章，我们都将通过示例来说明关系数据库的物理数据库设计方法学。

本章以第 16 章和 17 章讨论的方法学中建立的逻辑数据模型和文档作为起点。概念 / 逻辑数据库设计方法学的步骤 1 生成了概念数据模型，步骤 2 由此导出一组关系，建立了逻辑数据模型。所导出的关系都通过第 14、15 章介绍的规范化技术验证了结构的正确性，并保证能支持用户需求的事务。

在数据库设计方法学的第三阶段，也是最后一个阶段，设计者必须决定如何将数据库的逻辑设计（这是指实体、属性、联系和约束等）转化为可以在目标 DBMS 中实现的物理数据库设计。因为物理数据库设计的许多方面都高度依赖于目标 DBMS，所以数据库的很多部分都可能存在多种实现方式。想要圆满完成这项工作，设计者必须对目标 DBMS 的功能非常熟悉，并了解各种实现方法的优缺点。某些系统还要求设计者选择一种合适的存储策略来适应特殊的数据库使用需求。

本章结构

18.1 节将逻辑数据库设计和物理数据库设计加以比较。18.2 节给出了物理数据库设计方法学的概述，并简要描述了各个设计阶段的主要活动。18.3 节重点讨论物理数据库设计方法学，并详细讲述了建立一个物理数据模型需要进行的前四步工作。这些步骤展示了如何将为逻辑数据模型导出的关系转化为特定的数据库实现。我们给出了为基础关系选择存储结构以及什么时候建立索引的指南。为了阐明这些内容，书中在很多地方都给出了物理实现的细节。

第 19 章讨论如何监控系统和进行系统调优，以完成物理数据库设计方法学的讨论。此外，还讲解了何时采用逆规范化的逻辑数据模型，引入可控的数据冗余。对于已经熟悉数据库设计并只需浏览主要设计步骤的读者，可以直接阅读附录 D。

18.1 逻辑数据库设计与物理数据库设计的比较

本书讨论数据库设计方法学时，将设计过程划分为三个主要阶段：概念数据库设计、逻辑数据库设计和物理数据库设计。物理数据库设计的前一个阶段是逻辑数据库设计，这个阶段高度独立于实现细节，比如独立于目标 DBMS 提供的特殊功能及其应用，但是要依赖于目标数据模型。逻辑数据库设计的输出结果是逻辑数据模型，包括 ER/ 关系图、关系模式，以及描述模型的支持文档，如数据字典等，这些信息综合在一起就是物理设计阶段的信息源，为物理数据库的设计者提供了权衡的依据，这对高效数据库设计极其重要。

逻辑数据库设计关注设计什么，物理数据库设计则关注如何实现设计。这两个设计阶段分别需要不同的技能，而且这些技能往往被不同的人掌握。例如，物理数据库的设计者必须知道计算机系统怎样支持 DBMS 操作，并且需要对目标 DBMS 的功能有充分的了解。因为目前各种 DBMS 系统提供的功能在各方面都很不同，所以物理数据库的设计必须与某种特定的系统相适应。不过，物理数据库设计也不是一项孤立的活动——通常在物理设计、逻辑设计和应用系统设计之间存在着反馈。例如，在物理设计阶段为提高系统性能做出的一些取舍，如合并关系等，可能会影响逻辑数据模型的结构，进而影响应用系统的设计。

18.2 物理数据库设计方法学概述

物理数据库设计 | 在二级存储器上实现数据库描述的过程，这些描述包括基础关系、文件组织、为实现数据的高效访问而建立的索引、相关的完整性约束以及安全策略，等等。

物理数据库设计方法学的步骤如下：
步骤 3　转换逻辑数据模型以适应目标 DBMS
　　步骤 3.1　设计基础关系
　　步骤 3.2　设计导出数据的表示方法
　　步骤 3.3　设计一般性约束
步骤 4　设计文件组织方法和索引
　　步骤 4.1　分析事务
　　步骤 4.2　选择文件组织方法
　　步骤 4.3　选择索引
　　步骤 4.4　估计所需的磁盘空间
步骤 5　设计用户视图
步骤 6　设计安全机制
步骤 7　考虑引入可控冗余
步骤 8　监控系统和系统调优

本书讲述的物理数据库设计方法学被划分为六个主要的步骤，步骤编号从 3 开始，紧跟在概念数据库设计和逻辑数据库设计方法学的两个步骤之后。物理数据库设计的步骤 3 利用目标 DBMS 所提供的功能，设计实现基础关系和一般性约束。这一步还要考虑数据模型中导出数据的表示方式。

步骤 4 的活动包括为基础关系选择文件的组织方式和索引方式。一般情况下，PC 上的 DBMS 都有固定的存储结构，但其他类型的 DBMS 则往往提供了多种可以选择的数据组织方式。从用户的角度来看，关系的内部存储方式应该是透明的——用户不需要知道元组存储的方式和位置就能够访问元组和关系。这就需要 DBMS 提供物理数据独立性，使得用户不受数据库物理存储结构的影响，就像在 2.1.5 节中讨论的那样。内部模式里定义了逻辑数据模型和物理数据模型之间的映射关系，参见图 2-1。设计者可能需要向 DBMS 和操作系统提供物理设计的细节。对于 DBMS，设计者可能需要指定每个关系的文件组织方式。对于操作系统，设计者则必须指定诸如每个文件的位置和保护方式等细节。建议读者在阅读方法学的步骤 4 之前最好先参考附录 F 中关于文件组织和存储结构方面的内容。

步骤 5 考虑如何选择每个用户视图的实现方式。步骤 6 则是设计为了保护数据不被未授权者访问而采取的必要安全措施，包括基础关系中需要的访问控制。

步骤 7（在第 19 章讨论）考虑为了提高系统整体效率，放宽加在逻辑数据模型上的规范化约束。该步骤仅在需要时才使用，因为引入数据冗余可能会给保持一致性带来问题。步骤 8（参见第 19 章）是在对运行的系统进行监控时，找出并解决设计中出现的各种问题，从而满足新的或者变化了了的需求。

附录 D 是数据库设计方法学的概述，适合于那些熟悉数据库的设计并且只需要简单浏览主要设计过程的读者阅读。

18.3　关系数据库的物理数据库设计方法学

本节逐步介绍关系数据库的物理数据库设计的前四个步骤。我们通过讲述不同的设计在不同目标 DBMS 上的实现，来说明物理数据库设计与实现之间的密切关系。余下的两个步骤则留待下一章讨论。

步骤 3　转换逻辑数据模型以适应目标 DBMS

| 目标 | 根据逻辑数据模型生成可以在目标 DBMS 上实现的关系数据库模式。

物理数据库设计的第一个活动就是将逻辑数据模型中的关系转换成可由目标关系 DBMS 实现的形式。在转换过程中，第一部分工作就是将逻辑数据库设计阶段生成数据字典时收集的信息和需求分析阶段撰写需求规格说明书时收集的信息进行比较。第二部分工作则是根据这些信息制定基础关系的设计方案。这个过程需要充分了解目标 DBMS 所提供的功能。例如，设计者有必要知道：

- 如何创建基础关系。
- 系统是否支持主关键字、外部关键字、可替换关键字的定义。
- 系统是否支持必须有值的数据约束定义（即系统是否允许属性被定义为 NOT NULL）。
- 系统是否支持域的定义。
- 系统是否支持关系的完整性约束。
- 系统是否支持完整性约束的定义。

步骤 3 又可以划分为：

步骤 3.1　设计基础关系

步骤 3.2　设计导出数据的表示方法

步骤 3.3　设计一般性约束

步骤 3.1　设计基础关系

| 目标 | 决定如何在目标 DBMS 中表示逻辑数据模型中的基础关系。

进入物理设计阶段后，我们首先要做的是校对和接收在逻辑数据库设计阶段产生的关系的信息。这些信息可以从数据字典以及使用数据库设计语言（DBDL）描述的关系定义中获得。逻辑数据模型中的每个关系的定义包含以下内容：

- 关系名。
- 括号中的简单属性表。
- 主关键字、可替换关键字（AK）（如果有的话）和外部关键字（FK）。
- 所有外部关键字的引用完整性约束。

从数据字典中，我们还可以得到关于每个属性的如下信息：

- 属性域，由数据类型、长度和域约束组成。
- 一个可选的属性默认值。
- 该属性值是否能为空。
- 属性是否是导出的，如果是，它的计算方式是什么。

为了表示基础关系的设计，我们使用扩充的 DBDL 来定义域、默认值和 NULL。图 18-1 给出了 DreamHome 案例中的 PropertyForRent 关系的设计。

```
Domain PropertyNumber:        variable length character string, length 5
Domain Street:                variable length character string, length 25
Domain City:                  variable length character string, length 15
Domain Postcode:              variable length character string, length 8
Domain PropertyType:          single character, must be one of 'B', 'C', 'D', 'E', 'F', 'H', 'M', 'S'
Domain PropertyRooms:         integer, in the range 1–15
Domain PropertyRent:          monetary value, in the range 0.00–9999.99
Domain OwnerNumber:           variable length character string, length 5
Domain StaffNumber:           variable length character string, length 5
Domain BranchNumber:          fixed length character string, length 4
PropertyForRent(
    propertyNo    PropertyNumber    NOT NULL,
    street        Street            NOT NULL,
    city          City              NOT NULL,
    postcode      Postcode,
    type          PropertyType      NOT NULL DEFAULT 'F',
    rooms         PropertyRooms     NOT NULL DEFAULT 4,
    rent          PropertyRent      NOT NULL DEFAULT 600,
    ownerNo       OwnerNumber       NOT NULL,
    staffNo       StaffNumber,
    branchNo      BranchNumber      NOT NULL,
    PRIMARY KEY (propertyNo),
    FOREIGN KEY (staffNo) REFERENCES Staff(staffNo) ON UPDATE CASCADE ON DELETE SET NULL,
    FOREIGN KEY (ownerNo) REFERENCES PrivateOwner(ownerNo) and BusinessOwner(ownerNo)
                    ON UPDATE CASCADE ON DELETE NO ACTION,
    FOREIGN KEY (branchNo) REFERENCES Branch(branchNo)
                    ON UPDATE CASCADE ON DELETE NO ACTION);
```

图 18-1　PropertyForRent 关系的 DBDL 定义

基础关系的实现

下一步决定如何实现基础关系。基础关系的实现需要依赖于目标 DBMS，相对于其他系统来说，某些系统提供了更简便的方法来定义基础关系。此前，本书已经举例说明了用 ISO

SQL 标准如何实现基础关系（参见 7.1 节），也说明了用 Microsoft Office Access（参见附录 H.1.3）和 Oracle（参见附录 H.2.3）如何实现基础关系。

用文档记录基础关系的设计

应该详细记录下基础关系的设计和选择如此设计的理由。特别是当存在多种实现方法时，要记录选用其中一种方法的原因。

步骤 3.2   设计导出数据的表示方法

| **目标** | 决定如何在目标 DBMS 中表示逻辑数据模型中的导出数据。

如果某属性的值可以通过其他属性的值计算得到，则称该属性为**导出属性**或者**可计算属性**。例如，下面的属性都是导出属性：

- 在某个分公司工作的员工的人数
- 所有员工的月薪总和
- 一名员工管理的房产数量

通常，导出属性不会出现在逻辑数据模型中，但会记录在数据字典中。如果导出属性在模型中出现，我们常用符号"/"来说明它是一个导出属性（参见 12.1.2 节）。步骤 3.2 的第一步是检查逻辑数据模型和数据字典，列出所有导出属性。对于物理数据库设计者来说，是选择将导出属性存储在数据库中，还是在需要的时候再计算它，需要仔细权衡。设计者应该计算：

- 存储导出数据的开销，以及保持导出数据与计算导出数据的原始数据之间的一致所需要的额外开销。
- 每次需要时再计算导出属性的开销。

依据性能要求，选择代价较小的方案。对于前面刚刚提到的那个例子，则可以考虑在关系 Staff 中增加一个额外的属性来表示每位员工当前管理的房产数量。图 18-2 的关系 Staff 是根据图 4-3 的 DreamHome 数据库的实例简化而来的，它增加了一个新的导出属性 noOfProperties。

PropertyForRent

propertyNo	street	city	postcode	type	rooms	rent	ownerNo	staffNo	branchNo
PA14	16 Holhead	Aberdeen	AB7 5SU	House	6	650	CO46	SA9	B007
PL94	6 Argyll St	London	NW2	Flat	4	400	CO87	SL41	B005
PG4	6 Lawrence St	Glasgow	G11 9QX	Flat	3	350	CO40		B003
PG36	2 Manor Rd	Glasgow	G32 4QX	Flat	3	375	CO93	SG37	B003
PG21	18 Dale Rd	Glasgow	G12	House	5	600	CO87	SG37	B003
PG16	5 Novar Dr	Glasgow	G12 9AX	Flat	4	450	CO93	SG14	B003

Staff

staffNo	fName	lName	branchNo	noOfProperties
SL21	John	White	B005	0
SG37	Ann	Beech	B003	2
SG14	David	Ford	B003	1
SA9	Mary	Howe	B007	1
SG5	Susan	Brand	B003	0
SL41	Julie	Lee	B005	1

图 18-2   关系 PropertyforRent 和具有导出属性 noOfProperties 的简化关系 Staff

增加这样一个导出属性需要增加的额外存储开销并不是很大。但是每当分配（或取消分配）一名员工去管理一处房产或者正被管理房产要从出租房产列表中去掉时，都要更新该导出属性的值，即对应员工的属性 noOfProperties 都要被加 1 或者减 1。必须确保这种变化的一致性，从而维持计数的正确性，进而保证数据库的完整性。当需要查询该属性时，它的值可以立即得到，不需要计算。另一方面，如果这个属性没有直接存储在关系 Staff 中，那么每次访问它时都需要重新计算。这就涉及到关系 Staff 和关系 PropertyForRent 的一次连接操作。所以，如果这种查询很频繁，或者对这种查询的运行效率要求很高，则存储该导出属性要比每次都去计算它的方式更好。

当 DBMS 的查询语言很难表示导出属性的计算算法时，选择存储导出属性也更合适一些。就像我们在第 6 章中讨论的那样，SQL 只有非常有限的聚集函数，很难处理递归查询。

用文档记录导出数据的设计

应详细记录导出数据的设计以及确定选择某种设计的原因。特别是，在存在多种设计方法时，选择其中一种的理由。

步骤 3.3 设计一般性约束

┃目标┃ 为目标 DBMS 设计一般性约束。

关系的更新可能会受到完整性规则的限制，这些规则反映了"现实世界"事务更新活动的约束。在步骤 3.1 中，我们已经设计了几种约束：必须有值的数据约束、域约束、实体约束和引用完整性约束。步骤 3.3 要考虑剩下的一般性约束。一般性约束的设计也依赖于所选择的 DBMS，与其他 DBMS 相比，某些 DBMS 的一般性约束的定义方式更加简便。和上一步类似，如果目标 DBMS 系统和 SQL 标准兼容，则很容易实现某些约束。例如 DreamHome 有一条规则，不允许一名员工同时管理 100 处以上的房产。要设计实现这种约束，我们只需要在创建 PropertyForRent 表的 CREATE TABLE SQL 语句中使用如下的子句：

```
CONSTRAINT StaffNotHandlingTooMuch
        CHECK (NOT EXISTS (SELECT staffNo
                    FROM PropertyForRent
                    GROUP BY staffNo
                    HAVING COUNT(*) > 100))
```

还可以利用 8.3 节中介绍的触发器来实现约束。有些系统可能不支持某些或所有的一般性约束，这时就需要在应用程序中设计实现这些约束。例如，现在很少有关系 DBMS（如果有的话）支持这样的时间约束：在每年最后一个工作日的 17:30，对当年推销出的所有房产记录进行存档，并删除相关的记录。

用文档记录一般性约束的设计

用文档记录一般性约束的设计。特别是存在多种设计选择时，记录选择某种设计的原因。

步骤 4 设计文件组织方法和索引

┃目标┃ 选择最佳的文件组织方式来存储基础关系，以及为了获得可接受的性能而建立索引，也就是关系和元组在二级存储器中的组织方法。

物理数据库设计的主要目的之一就是高效地存储和访问数据（参见附录 F）。有的存储结构虽然可以高效地将数据批量地装载到数据库中，但在此后运行时效率可能就变低了。所以，我们可能需要选择一种高效的存储结构来建立数据库，运行时则使用另一种结构。

同样，有哪些文件组织方式可供选用依赖于目标 DBMS，相比而言，有些系统提供了更多的可供选择的存储结构。物理数据库设计者必须完全了解各种可选的存储结构，以及目标系统是如何使用这些结构的。这可能需要设计者去了解系统的查询优化功能。例如，可能存在这样的情况，即使存在辅索引，查询优化也不会用到这个辅索引。结果，增加一个辅索引并没有提高查询的效率，只是白白增加了开销。查询过程和优化将在第 23 章讨论。

和逻辑数据库设计不同的是，物理数据库设计必须充分考虑数据的特性和用途。特别是数据库设计者必须了解数据库的日常负荷。在需求收集和分析阶段，必须明确如事务需要运行多快、每秒钟要处理多少事务等性能需求。这些信息将会为我们在步骤 4 中的决定提供依据。

记住本步骤的目标后，接下来我们将讨论步骤 4 中的活动：

步骤 4.1　分析事务

步骤 4.2　选择文件组织方法

步骤 4.3　选择索引

步骤 4.4　估计所需的磁盘空间

步骤 4.1　分析事务

| 目标 | 理解在数据库上运行的事务的功能，对重要的事务进行分析。

为了高效地进行物理数据库设计，了解数据库上运行的事务和查询非常必要，包括定性和定量的信息。我们可以根据某些性能准则对事务进行分析，例如：

- 经常运行且对性能有重大影响的事务是什么。
- 在业务操作中的关键事务是什么。
- 每天 / 周中，对数据库请求最多（称为峰值负载）的时段是什么。

根据这些信息可以确定数据库中可能引发性能问题的事务。同时，我们还需确定事务的高层功能，比如更新事务中要修改的属性，或者查询中元组的检索条件。我们根据这些信息来选择适当的文件组织方式和索引。

在很多情况下，对所有事务都进行分析是不可能的，我们需要选择性地研究那些最"重要"的事务。研究表明数据总查询的 80% 来自最活跃的 20% 的用户（Wiederhold，1983）。这条 80/20 规则可以作为事务分析的指导原则。为了确定哪些事务需要研究，我们可以使用事务 / 关系交叉引用矩阵，它描述了每个事务访问的关系和事务使用图，用图形化的方式显示了哪些关系可能会被大量使用。为了集中分析容易引发问题的区域，我们可以：

（1）将所有事务路径映射到关系。

（2）找出事务最频繁访问的关系。

（3）分析与这些关系相关的重要事务的数据使用情况。

将所有事务路径映射到关系

在概念 / 逻辑数据库设计方法学的步骤 1.8、步骤 2.3 和步骤 2.6.2 中，我们通过将事务路径映射到实体 / 关系来验证数据模型对用户所需事务的支持。如果使用类似图 16.9 给出的事务路径图，我们就可以通过该图找出使用最频繁的关系。另一方面，如果还需要采用其他方式验证对事务的支持，那么事务 / 关系交叉引用矩阵的创建就可能很有必要。该矩阵以可视化的方式显示了企业所需处理的事务以及这些事务需要访问的关系。例如，表 18-1 就是

一个事务/关系交叉引用矩阵，其中包括了 DreamHome 的录入、更新/删除和查询事务（参见附录 A）：

（A）录入一项新房产和所有者的详细信息（如 Tina Murphy 拥有的在格拉斯哥市房产编号为 PG4 的房产的详细信息）。

（B）更新/删除房产的细节。

（C）确定在格拉斯哥市各分公司的员工总数。

视图 StaffClient

（D）列出格拉斯哥市中所有房产的房产编号、地址、类型、租金（以租金为序）。

（E）列出某指定员工所管理的供出租的房产的详细情况。

（F）确定某分公司中每位员工管理的房产的总数。

视图 Branch

表 18-1　事务和关系交叉引用

事务/关系	(A)				(B)				(C)				(D)				(E)				(F)			
	I	R	U	D	I	R	U	D	I	R	U	D	I	R	U	D	I	R	U	D	I	R	U	D
Branch										X				X								X		
Telephone																								
Staff		X				X				X								X				X		
Manager																								
PrivateOwner	X																							
BusinessOwner	X																							
PropertyForRent	X				X	X	X							X				X				X		
Viewing																								
Client																								
Registration																								
Lease																								
Newspaper																								
Advert																								

I＝插入，R＝读取，U＝更新，D＝删除

从该矩阵中可以看出（仅以事务（A）为例）：事务（A）读取 Staff 表，并将记录插入关系 PropertyForRent 和 PrivateOwner/BusinessOwner 中。为了提供更多更有用的信息，矩阵应该能够显示一定时间间隔（如每小时、每天或每周）内每个单元的访问次数。但是为了矩阵的简单易读，我们在这里并没有显示出这些信息。从该矩阵可以看出，关系 Staff 和 PropertyForRent 被 6 个事务中的 5 个访问，因此对这些关系的高效访问可以有效地避免性能问题的产生。我们也因此得出结论：对这些事务和关系进行仔细的审查是很有必要的。

确定访问频率信息

在 11.4.4 节的 DreamHome 需求说明书中，我们估计约有 100000 处房产可以出租，2000 名员工分布在超过 100 个分公司中，每个分公司平均有 1000 处房产，最多 3000 处房产。图 18-3 给出了事务（C）、（D）、（E）和（F）的**事务使用图**，这些事务都至少访问关系 Staff 和关系 PropertyForRent 中的一个，在图上添加了期望返回的元组数目。因为关系 PropertyForRent

的数据量很大，所以尽可能高效地访问这个关系就显得极其重要。因此，有必要对访问该关系的事务进行深入分析。

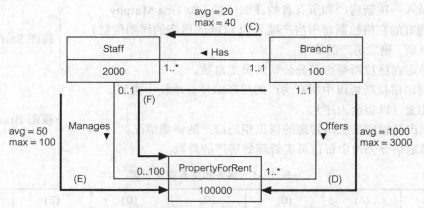

图 18-3　标明了期望返回数的部分事务的事务使用图

对每个事务进行分析时，不仅要知道每小时运行次数的最大值和平均值，还要知道事务运行的日期和时间，包括什么时候达到运行峰值等。例如，某些事务可能在大多数的时间都运行在平均频率上，但由于星期五早晨要开例会的缘故，这些事务在每个星期四的 14：00到 16：00 之间都在峰值频率上运行。有的事务则有可能只在某一特定时间才运行，比如周五 / 周六的 17：00 ～ 19：00，同时这也是它们的峰值运行时间。

当事务需对某些关系进行频繁访问时，操作方式非常重要。如果各事务的操作以互不相关的方式运行，就会降低产生性能问题的风险。然而，如果这些事务的访问操作运行时相互冲突，为了缓解可能出现的问题，就需要对这些事务进行深入细致的检查，确定是否可以通过改变关系的结构来提高性能，我们将在下一章的步骤 7 中讨论这部分内容。或者，我们可以重新调度某些事务，使得事务的操作不再发生冲突（例如，可以将一些汇总性的事务安排在晚上系统空闲的时刻进行）。

分析数据使用情况

确定了重要的事务之后，还要对每个事务进行更加详细地分析，我们需要确定：

- 事务访问的关系和属性以及访问的类型，即此次访问是插入、更新、删除还是检索（也称为查询）事务。

对于更新事务，注意被修改的属性，因为这些属性的修改可能会破坏某个访问结构（比如辅索引）。

- 某个谓词（在 SQL 中，谓词是 WHERE 子句里的查询条件）中使用的属性。检查该谓词是否包括：
  - 模式匹配，例如：（name LIKE '%Smith%'）。
  - 范围搜索，例如：（salary BETWEEN 10000 AND 20000）。
  - 关键字精确匹配检索，例如：（salary＝30000）。

这不仅适用于查询事务，也适用于更新和删除事务，它可以限制关系中要修改 / 删除元组的范围。

这些属性可能是访问结构的候选关键字。

- 查询中连接两个或多个关系的属性。

这些属性也可能是访问结构的候选关键字。

- 事务运行的期望频率，例如某事务每天运行约 50 次。
- 事务的性能目标，例如某事务必须在 1 秒钟内完成。

对于在频繁或关键事务中用到的谓词所涉及的属性，在考虑访问结构时应该具有较高的优先权。

图 18-4 给出了事务（D）的**事务分析表单**的例子。该表单显示了该事务的平均运行频率为每小时 50 次，峰值出现在每天的 17：00 ～ 19：00 之间，为每小时 100 次。也就是说，每小时有一半的分公司会运行这个事务，在峰值时刻，所有分公司每小时都会运行这个事务一次。

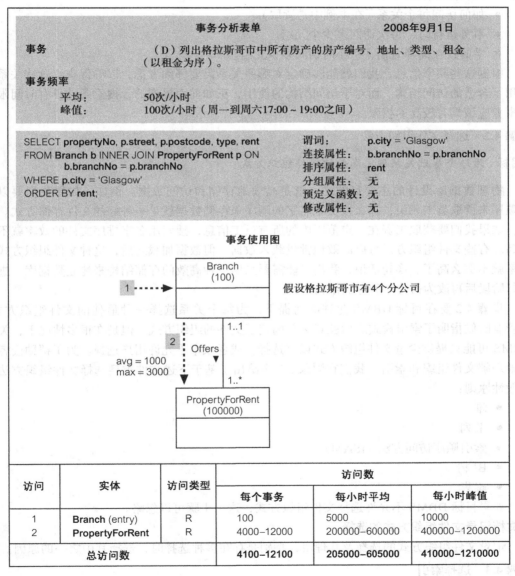

图 18-4　事务分析表单示例

该表单还给出了事务运行时所涉及的 SQL 语句以及事务使用图。在这个阶段，没有必要使用完整的 SQL 语句，但是应该指出相关的细节，包括：

- 需要用到的谓词。
- 连接关系（对于查询事务）时需要用到的属性。
- 用于对结果进行排序的属性（对于查询事务）。
- 用于对数据进行分组的属性（对于查询事务）。
- 要用到的聚集函数（如 AVG、SUM 等）。
- 可能被事务修改的属性。

这些信息可以帮助我们确定需要建立哪些索引（下面将要讨论）。在事务使用图的下面，还有一个详细的细目说明：

- 如何访问每个关系（在本例中是读取）。
- 事务运行时，每次访问多少个元组。
- 平时或在高峰时期，每小时访问多少元组。

根据这些频率信息，我们就能够确定对哪些关系需要仔细考虑，以确保查询这些关系时采用了合适的访问结构。而对于访问结构的使用，正如前面提到的，搜索条件具有时间限制的事务应该具有较高的权限。

步骤 4.2   选择文件组织方法

目标 为每个基础关系确定高效的文件组织方式。

物理数据库设计的主要目的之一就是高效地存储和访问数据。例如，如果我们要以字母顺序来读取员工元组，那么按员工名字的顺序来存储数据就是一种好的文件存储方式。不过，如果我们要获取工资在一定范围内的所有员工信息，搜索用名字排序文件的效率就不会很高。有些文件组织方式可以高效地批量载入数据，但数据加载之后，这种文件组织方式的效率就不那么高了。换句话说，我们可能需要采用一种高效的存储结构来建立数据库，进入运行阶段后再改为另外一种存储结构。

步骤 4.2 要在目标 DBMS 允许的前提下，为每个关系选择一种最佳的文件组织方式。尽管有时候指明了索引模式之后就意味着确定了文件的组织方式，但是在很多情况下，关系 DBMS 可能只提供少量文件组织方式以供选择，或者根本不允许用户选择。为了帮助读者更好地理解文件组织和索引，我们在附录 F.7 中给出了基于下述文件类型选择文件组织方法的一般性原则：

- 堆
- 散列
- 索引顺序访问方法（ISAM）
- B+ 树
- 聚集

如果目标 DBMS 不允许选择文件组织方式，这一步骤可以忽略。

用文档记录文件组织方式的选择

记录文件组织方式的选择及其理由，特别是存在多种选择时，选择其中之一的原因。

步骤 4.3   选择索引

目标 决定是否增加索引以提高系统的性能。

为关系选择文件组织方式的方法之一是保持元组的无序，并根据需要建立足够多的**辅索引**。另一种方法是通过指定主索引或者聚集索引对关系排序（参见附录 F.5）。这种情况下，可以选择如下的属性来为元组排序或者建立聚集：

- 常被用来进行连接操作的属性，这会使连接操作更加高效。
- 常按其顺序来访问关系中元组的属性。

如果被选作排序用的属性是关系中的关键字，该索引就是一个**主索引**。如果被用来排序的属性不是关键字，该索引就是聚集索引。记住每个关系只能拥有一个主索引或者聚集索引。

确定索引

在 7.3.5 节中，我们看到可以使用 SQL 语句 CREATE INDEX 创建索引。例如，在关系 PropertyForRent 中的属性 propertyNo 上创建一个主索引的 SQL 语句为：

CREATE UNIQUE INDEX PropertyNoInd **ON** PropertyForRent(propertyNo);

在关系 PropertyForRent 中的属性 staffNo 上创建一个聚集索引，可以使用下面的 SQL 语句：

CREATE INDEX StaffNoInd **ON** PropertyForRent(staffNo) **CLUSTER**;

前面提到过，在一些系统中，文件的组织方式是固定的。例如，不久前 Oracle 还只支持 B$^+$ 树，最近才增加了对聚集的支持。而 INGRES 则提供了许多不同的索引结构，可以在 CREATE INDEX 中使用下面的子句选择：

[STRUCTURE = BTREE | ISAM | HASH | HEAP]

选择辅索引

辅索引是一种为基础关系指定附加关键字的机制，辅索引可以提高数据的检索效率。例如，关系 PropertyForRent 可以对房产编号 propertyNo 进行散列，即在属性 propertyNo 上建立主索引。但是可能基于属性 rent 的访问也很频繁。这种情况下，我们可以增加对 rent 的辅索引。

维护和使用辅索引需要一定的开销，而利用辅索引又能提高检索数据的性能，我们需要在这两者之间进行权衡。这些开销包括：

- 在关系中插入元组时，需要在每个辅索引中添加索引记录。
- 当关系中相应的元组被修改时，也要修改辅索引。
- 存储辅索引需要增加磁盘空间。
- 可能会降低查询优化的性能，因为在选择最佳的执行策略时，查询优化可能会考虑所有的辅索引。

索引"愿望表"创建指南

确定需要哪些辅索引的方法之一是为那些考虑建立索引的属性建立愿望表（wish-list），然后检查保留每个索引的效果。建立索引的愿望表时可以参考下面几条：

（1）不要为小关系建立索引。在内存中搜索关系比存储附加的索引结构效率更高。

（2）一般来说，如果一个主关键字未作为文件组织的关键字，就要为它建立索引。尽管 SQL 标准提供了说明主关键字的子句，就像在 7.2.3 节中讨论的一样，但这并不能保证一定会对主关键字建立索引。

（3）如果一个外部关键字经常被访问，就要为它建立一个辅索引。例如，如果我们经常使用房产所有者编号 ownerNo 对关系 PropertyForRent 和关系 PrivateOwner/

BusinessOwner 进行连接操作。则在关系 PropertyForRent 中的属性 ownerNo 上添加一个辅索引就会获得更高的效率。注意，一些 DBMS 会自动地为外部关键字建立索引。

（4）为那些频繁作为辅关键字使用的属性建立索引（例如像上面讨论的，在关系 PropertyForRent 中为属性 rent 建立辅索引）。

（5）为经常在如下操作中使用的属性建立索引：

　　（a）选择或连接条件。

　　（b）ORDER BY 子句中。

　　（c）GROUP BY 子句中。

　　（d）其他包含排序的操作（如 UNION 或 DISTINCT）。

（6）对于内置的聚集函数中涉及的属性，以及任何内置函数使用的属性，我们都可以为它们建立辅索引。例如，我们可以使用如下的 SQL 查询来找出各分公司员工的平均工资：

```
SELECT branchNo, AVG(salary)
FROM Staff
GROUP BY branchNo;
```

如前所述，因为有 GROUP BY 子句，我们可以考虑为属性 branchNo 添加一个索引。但如果考虑建一个在 branchNo 和 salary 两个属性上的索引，效率可能会更高。因为这使得 DBMS 只需根据该索引就可完成整个查询操作，而不需要访问数据库文件本身。这种方式有时被称为**仅用索引的规划**（index-only plan），因为只使用索引中的数据就能响应请求。

（7）将上一条一般化，为能产生仅用索引规划的属性添加辅索引。

（8）避免为经常需更新的关系或者属性建立索引。

（9）如果查询请求可能检索出关系中相当比例（如大于 25%）的元组，就应该避免为关系中的属性建立索引。因为在这种情况下，搜索整个关系会比使用索引检索的效率更高。

（10）避免为由长字符串组成的属性建立索引。

　　如果搜索条件中包含多个谓词，并且其中某项含有 OR 子句，且该项没有索引 / 分类排序，那么即使为其他属性添加索引，也不会提高查询的速度，因为仍然需要对关系进行线性查找。例如，假设在关系 PropertyForRent 中，仅对属性 type 和 rent 建立了索引，而我们需要执行查询：

```
SELECT *
FROM PropertyForRent
WHERE (type = 'Flat' OR rent > 500 OR rooms > 5);
```

　　尽管这两个索引可以用来帮助查找满足（type='Flat' or rent>500）的元组，但属性 rooms 没有索引，这意味着这些索引不能被整个 WHERE 子句使用。因此，增加属性 type 和 rent 上的索引在这里没有任何好处，除非它们对其他查询有用。

　　另一方面，如果 WHERE 子句中的谓词是以 AND 连接的，属性 type 和 rent 上的索引就可以被用来优化查询操作。

从愿望表中去除索引

　　列出潜在索引的愿望表后，现在要考虑每个索引对更新事务的影响。如果索引的维护操作会使重要的更新事务变慢，那么就可以考虑从表中去除该索引。但是也要注意，某个索引也可能会使更新操作效率更高。例如，要更新某个给定员工编号的员工的工资，如果拥有基于属性 staffNo 的索引，则找到要被更新的元组会更快一些。

如果有可能，我们可以通过实验确定一个索引是会大大提高系统性能，还是只有很小的提高，或者对性能有负面的影响。对于最后一种情况，显然应该从愿望表中去除该索引。加入索引后，如果只观察到了系统性能的少许提高，我们就有必要更深入地进行检查，确定该索引在什么情况下有用，并且这些情况是否足够重要，以决定是否实现该索引。

有些系统允许用户查看执行某些查询或者更新的最优化策略，有时称为**查询执行规划**（Query Execution Plan，QEP）。例如，Microsoft Access 有一个运行分析器，Oracle 有 EXPLAIN PLAN 诊断功能（参见 23.6.3 节），DB2 有 EXPLAIN 功能，INGRES 有在线 QEP 查看工具。当查询运行比期望的慢时，便可以用这类工具检查慢的原因，找出可能提高查询效率的可选策略。

如果有大量的元组要插入某个具有一个或者多个索引的关系中，可以先删除索引，执行插入操作，然后再重新创建索引，这样执行效率会高一些。经验表明，如果插入操作将使关系的大小增加至少 10%，就应该临时性地删除索引。

更新数据库的统计数据

查询优化机制根据系统目录中存储的数据库的统计值来选择最佳执行策略。不论什么时候创建索引，DBMS 都会自动将当前索引加入系统目录。我们可能会发现 DBMS 需要一个程序来更新系统目录中与关系和索引相关的统计值。

用文档记录索引的选择

应该用文档记录下对索引的选择及选择原因。特别是当某些属性因为性能的原因而不能建立索引时，尤其要进行详细记录。

在 Microsoft Access 中实现 DreamHome 的文件组织和索引

像大多数（如果不是所有的）PC 上的 DBMS 一样，Microsoft Office Access 使用一种固定的文件组织方式。因此，如果目标 DBMS 是 Microsoft Office Access，则可以省略步骤 4.2。但是 Microsoft Office Access 支持我们正在讨论的索引。在本节中，我们使用 Access 的术语，将关系称为一个包含了字段和记录的表。

建立索引指南。在 Access 中，一个表的主关键字是自动被索引的，但是数据类型为 Memo、Hyperlink 或者 OLE 对象的字段则不能被索引。对于其他字段，若满足下面所有条件，Microsoft 建议为其建立索引：

- 该字段的数据类型是 Text、Number、Currency 或者 Date/Time。
- 用户期望对存储在该字段中的值进行搜索。
- 用户期望对该字段中的值进行排序。
- 用户期望在该字段中存储许多不同的值。如果该字段的很多值重复出现，那么即使对该字段建立索引也不会大幅度地提高查询速度。

另外，Microsoft 还建议：

- 在连接操作两边的连接字段上都建立索引，或者创建这些字段之间的一个联系，此时，如果在外部关键字字段上还没有建立索引的话，Microsoft Office Access 会自动索引外部关键字。
- 当根据连接字段的值对记录进行分组时，GROUP BY 子句中的字段要与聚集函数计算的字段在同一个关系里。

Microsoft Office Access 可以对简单和复杂的谓词（在 Access 中称为表达式）进行优化。对于某种特定类型的复杂表达式，Microsoft Office Access 使用一种称为乱序流（rushmore）的数据访问技术，实现更高层次的优化。复杂表达式由两个简单表达式通过 AND 或 OR 运算符连接而成，例如：

branchNo = 'BOO1' **AND** rooms > 5
type = 'Flat' **OR** rent > 300

在 Office Access 中，复杂表达式可以被部分优化还是完全优化，一方面依赖于两个简单表达式是否都能够被优化，另一方面还依赖于连接两个简单表达式的运算符是什么。当下面的三个条件都满足时，可以对一个复杂的表达式进行乱序流优化：

- 表达式以 AND 或 OR 连接两个条件。
- 两个条件都由简单的可优化的表达式组成。
- 两个表达式都包含索引字段。这些字段可以是单独索引的或者是作为复合索引的一部分。

DreamHome 的索引。在创建愿望表之前，我们将忽略所有小表，因为小表通常可以全部放在内存中而不需增加额外的索引。对于 DreamHome，我们忽略对表 Branch、Telephone、Manager 和 Newspaper 的考虑。基于上述指南，我们可以知道：

（1）为每个表创建主关键字，同时 Office Access 会自动为该字段创建索引。

（2）确保在 Relationships（联系）窗口中创建所有联系，这样 Office Access 会自动为外部关键字创建索引。

至于要创建的其他索引，我们考虑在附录 A 中列出的 DreamHome 的 StaffClient 用户视图中的查询事务。表 18-2 给出了基本表和这些事务相互作用的情况。该图针对每个表显示了操作该表的事务、访问类型（基于谓词的搜索、基于连接字段的连接操作、对字段排序、对字段分组）以及事务执行的频率。

表 18-2　DreamHome 的 StaffClient 视图中基本表与查询事务的相互关系

表	事　务	字　段	频率（每天）
Staff	(a), (d)	谓词：fName, lName	20
	(a)	连接关系：Staff 连接属性：supervisorStaffNo	20
	(b)	排序：fName, lName	20
	(b)	谓词：position	20
Client	(e)	连接关系：Staff 连接属性：staffNo	1000 ~ 2000
	(j)	谓词：fName, lName	1000
PropertyForRent	(c)	谓词：rentFinish	5000 ~ 10000
	(k), (l)	谓词：rentFinish	100
	(c)	连接关系：PrivateOwner/BusinessOwner 连接属性：ownerNo	5000 ~ 10000
	(d)	连接关系：Staff 连接属性：staffNo	20
	(f)	谓词：city	50
	(f)	谓词：rent	50

（续）

表	事　务	字　段	频率（每天）
PropertyForRent	(g)	连接关系：Client 连接属性：clientNo	100
Viewing	(i)	连接关系：Client 连接属性：clientNo	100
Lease	(c)	连接关系：PropertyForRent 连接属性：propertyNo	5000 ～ 10000
	(l)	连接关系：PropertyForRent 连接属性：propertyNo	100
	(j)	连接关系：Client　连接关系：clientNo	1000

基于这些信息，我们创建了其他索引，见表 18-3。我们把这部分内容作为练习（参见习题 18.5），请读者针对附录 A 中列出的 DreamHome 的 Branch 视图的事务在 Microsoft Office Access 中有选择性地创建索引。

在 Oracle 中实现 DreamHome 的文件组织和索引

这一节，我们将重复上面为 DreamHome 的 StaffClient 视图确定适当的文件组织方式和索引的过程，并使用 Oracle DBMS 的术语，称关系为一个具有行和列的表。

Oracle 数据库会自动为每一个主关键字建立索引。另外，Oracle 建议不在表中显式定义 UNIQUE 索引，而是在相应的列中定义 UNIQUE 的完整性约束。Oracle 通常在具有唯一性约束的关键字上自动定义唯一索引，以此强制实现 UNIQUE 的完整性约束。

表 18-3　在 Microsoft Office Access 中基于 Dream-Home 的 StaffClient 视图的查询事务创建的索引

表	索　引
Staff	fName, lName
	position
Client	fName, lName
PropertyForRent	rentFinish
	city
	rent

因为性能的缘故，也有例外情况存在。例如，执行 CREATE TABLE...AS SELECT 语句时，若语句中定义了 UNIQUE 约束，则该语句的执行速度要比先创建一个没有 UNIQUE 约束的表然后再手工创建 UNIQUE 索引的方式慢。

假设在创建表时就已经指定了主关键字、候选关键字和外部关键字。我们现在要确定是否还需要聚集和其他索引。为了使设计简单化，假设在这里创建聚集并不合适。同样，我们也只需要考虑附录 A 中列出的 DreamHome 的 StaffClient 视图的查询事务，那么添加表 18-4 中的索引就可以使性能得到提高。同样作为练习（参见习题 18.6），请读者针对附录 A 中列出的 DreamHome 的 Branch 视图的事务在 Oracle 中创建索引。

表 18-4　在 Oracle 中基于 DreamHome 的 Staff 视图的查询事务创建的索引

表	索　引	表	索　引
Staff	fName, lName		clientNo
	supervisorStaffNo	PropertyForRent	rentFinish
	position		city
Client	staffNo		rent
	fName, lName	Viewing	clientNo

（续）

表	索　引	表	索　引
PropertyForRent	ownerNo	Lease	propertyNo
	staffNo		clientNo

步骤 4.4　估计所需的磁盘空间

| **目标** | 估计数据库所需的磁盘空间。

　　数据库的物理实现可能会受制于当前的硬件配置。即使不会受到硬件配置的限制，设计者仍然需要估算存储数据库所需的磁盘空间大小，确定是否需要更新硬件。步骤 4.4 的目标是估计支持数据库物理实现所需的二级存储器的磁盘空间大小。像前述步骤一样，磁盘空间需求大小的估计高度依赖于目标 DBMS 以及支撑数据库的硬件。一般来说，对磁盘空间大小的估计依赖于关系中每个元组的大小和元组数目的多少。对元组的个数的估计应该取其可能的最大值，另外，考虑将来关系大小的变化也很有必要，可以根据关系大小的变化修改对所需磁盘空间的估计，并以此确定未来数据库可能需要的磁盘空间的大小。附录 J（参见本书的 Web 网站）给出了在 Oracle 中如何对所创建的关系的大小进行评估的过程。

步骤 5　设计用户视图

| **目标** | 根据数据库系统开发生命周期的需求收集和分析阶段产生的信息设计用户视图。

　　在第 16 章中讲述的数据库设计方法学中，第一步就是为数据库分析阶段定义的一个或者多个视图创建局部概念数据模型。在 11.4.4 节中我们为 DreamHome 确定了 5 个用户视图，分别为 Director、Manager、Supervisor、Assistant 和 Client，根据对这些视图的数据需求的分析，我们使用集中的方法将这些用户视图合并为：
- Branch：包括 Director 和 Manager 用户视图。
- StaffClient：包括 Supervisor、Assistant 和 Client 用户视图。

　　在步骤 2 中，概念数据模型被映射为逻辑数据模型（关系模型）。步骤 5 的目的就是设计实现前面已经确定的用户视图。对可以独立运行在 PC 上的 DBMS 来说，用户视图通常是为了简化数据库需求、方便用户使用而设计的。但是在一个多用户的 DBMS 中，用户视图则在定义数据库的结构和强化安全措施方面起着重要作用。在 7.4.7 节中我们讨论了用户视图的主要优点，如数据独立性、降低复杂度和用户化定制等。我们在前面已经讨论了如何使用 ISO SQL 标准创建视图（参见 7.4.1 节），以及如何在 Microsoft Office Access（参见本书的 Web 网站上的附录 M）创建视图（被存储查询）。

用文档记录用户视图的设计

　　将每个用户视图的设计都记录在文档中。

步骤 6　设计安全机制

| **目标** | 为数据库设计安全机制，这些安全性需求是在数据库系统的开发生命周期的需求收集和分析阶段由用户指定的。

　　数据库代表了整个企业的重要资源，因此数据库资源的安全性非常重要。在数据库系

统开发生命周期的需求收集和分析阶段，应该已经将用户列出的安全需求用文档记录在系统需求规格说明书中（参见 11.4.4 节）。步骤 6 的目标是如何实现这些安全需求。有些系统支持的安全机制比其他系统更为方便。同样，数据库设计者必须熟悉目标 DBMS 的安全机制。正如将在第 20 章中讨论的那样，关系 DBMS 一般支持两种类型的数据库安全：

- 系统安全
- 数据安全

系统安全适用于系统层数据库的访问和使用，如用户名和密码等。**数据安全**则适用于用户对数据库对象（如关系和视图）的访问、使用以及用户可以对这些对象进行的操作。同样，访问规则的设计依赖于目标 DBMS，与其他系统相比，某些系统支持的访问规则的设计机制更为便利。前面我们已经讨论了如何使用 ISO SQL 标准中的 GRANT 和 REVOKE 语句自主创建访问规则（参见 7.6 节）。也说明了在 Microsoft Office Access（参见附录 H.1.9）和 Oracle（参见附录 H.2.5 节）中如何创建访问规则。我们将在第 20 章对安全进行更全面的讨论。

用文档记录安全机制的设计

用文档记录对安全机制的设计。如果物理设计会影响逻辑数据模型，则逻辑数据模型也要进行相应的修改。

本章小结

- **物理数据库设计**是在二级存储器上实现数据库描述的过程，这些描述包括基础关系、文件组织、为实现数据的高效访问而建立的索引、相关的完整性约束以及安全策略。只有在设计者完全熟悉目标 DBMS 提供的工具后方可进行基础关系的设计。

- 物理数据库设计的初始步骤（步骤 3）是将逻辑数据模型转化为能够在目标关系 DBMS 上实现的形式。

- 步骤 4 负责设计与存储基础关系相关的文件组织方式和访问方法。包括：对将在数据库上运行的事务的分析，基于这些分析选择合适的文件组织方式，选择索引，最后估计物理实现时所需的磁盘空间大小。

- **辅索引**是一种可以为基础关系确定另外的、用于高效检索数据的关键字的机制。维护和使用辅索引会带来一定的开销，而利用辅索引检索数据时性能会得到提高，因此需要在两者之间进行权衡。

- 为关系选择文件组织方式的一种方法是保持元组的无序，并按需要创建足够多的辅索引。另一种方法是将关系中的元组按照指定主关键字或建立的聚集索引进行排序。为要建立索引的候选属性建立一个"愿望表"，然后检测保留每一个索引对系统的影响，这是帮助我们确定所需辅索引的方法之一。

- 步骤 5 的目标是设计早在需求收集和分析阶段已确定的用户视图的实现方法，如使用 SQL 提供的机制等。

- 数据库代表着一个单位的重要资源，因此该资源的安全性极其重要。步骤 6 的目标是设计需求收集和分析阶段定义的安全机制的实现方法。

思考题

18.1 说明概念数据库设计、逻辑数据库设计和物理数据库设计的区别，为什么这些任务可能需要由不同的人来完成？

18.2 描述物理数据库设计的输入和输出。

18.3 描述本章物理数据库设计方法学中各主要步骤的目标。

18.4 讨论何时索引会提高系统的效率。

习题

DreamHome 案例研究

18.5 在步骤 4.3 中，我们针对附录 A 中列出的 DreamHome 的 StaffClient 用户视图的查询事务在 Microsoft Office Access 中选择并创建了索引。请在 Microsoft Office Access 中针对附录 A 中列出的 DreamHome 的 Branch 用户视图的查询事务选择并创建索引。

18.6 以 Oracle 为目标 DBMS，重新完成习题 18.5。

18.7 基于你所熟悉的 DBMS，为 DreamHome 案例研究的逻辑设计（参见第 17 章）创建物理数据库设计。

18.8 实现习题 18.7 中创建的物理设计。

University Accommodation Office 案例研究

18.9 基于习题 17.10 创建的逻辑数据模型，用你所熟悉的 DBMS，为 University Accommodation Office 案例研究（参见附录 B.1）创建物理数据库设计。

18.10 根据习题 18.9 创建的物理设计实现 University Accommodation Office 数据库。

EasyDrive School of Motoring 案例研究

18.11 基于习题 17.11 中创建的逻辑数据模型，用你所熟悉的 DBMS 为 EasyDrive School of Motoring 案例研究（参见附录 B.2）创建物理数据库设计。

18.12 根据习题 18.11 中创建的物理设计实现 EasyDrive School of Motoring 数据库。

Wellmeadows Hospital 案例研究

18.13 基于习题 17.13 中创建的逻辑数据模型，用你所熟悉的 DBMS，为 Wellmeadows Hospital 案例研究（参见附录 B.3）创建物理数据库设计。

18.14 根据习题 18.13 中创建的物理设计实现 Wellmeadows Hospital 数据库。

方法学——运行时系统的监控与调优

本章我们主要学习：

- 逆规范化的意义
- 利用逆规范化提高系统性能的时机
- 对运行时系统进行监控和调优的重要性
- 如何衡量效率
- 系统资源是如何影响性能的

　　本章我们讨论并用实例说明关系数据库的物理数据库设计方法学的最后两个步骤，给出何时需对逻辑数据模型进行逆规范化的处理和引入冗余的指导原则，最后讨论对运行时系统进行监控和调优的重要性。为了使讨论更加清晰明了，我们在多处都给出了物理实现的细节。

19.1　逆规范化与可控冗余的引入

步骤 7　考虑引入可控冗余

| **目标** | 确定是否需要通过放宽规范化要求，引入可控冗余以提高系统效率。

　　规范化过程（参见第 14、15 章）决定了哪些属性应该放在同一个关系中。关系数据库设计的基本目标之一就是将属性按函数依赖分组，从而生成一个一个的关系。规范化的结果是一个结构上一致并且拥有最少冗余的逻辑数据库设计。然而，有观点认为，规范化的数据库设计并不能提供最大的处理效率。因此，在某些情况下，为了性能的提高而有必要考虑放弃完全规范化带来的好处。这也仅在估计系统不能满足性能需求时才考虑。我们不是提倡将规范化过程从逻辑数据库设计中去除：规范化过程强迫设计者理解数据库中每一个属性所代表的意思。这可能是关系整个系统成功与否的最重要的因素。另外，我们还要考虑下列因素：

- 逆规范化会使实现变得更加复杂。
- 逆规范化通常会降低灵活性。
- 逆规范化会加快检索的速度，但却会降低更新的速度。

　　从形式上看，**逆规范化**（denormalization）是指对关系模式的精化，使得修改后至少有一个关系的规范化程度低于原关系的规范化程度。我们也常用这个术语指代将两个关系合并为一个新关系的情形，新生成的关系仍然是规范化的，但与原关系相比则含有更多的空白项。有些人将逆规范化称为**使用精化**（usage refinement）。

　　通常的经验是，如果系统性能不太令人满意，并且关系具有较低的修改率和较高的查询率，逆规范化就可能是一种可行的改进方案。在步骤 4.1 中创建的事务 / 关系交叉引用矩阵，为本步骤提供了有用的信息。该矩阵以可视化的方式给出了将要运行于数据库上的事务的访问模式。可以根据这些信息找到要进行逆规范化的候选关系，同时还能够对逆规范化操作对模型中其他部分可能带来的影响进行评估。

更具体地说，该步骤考虑复制某些属性或者将某些关系连接起来，以减少执行查询时所需进行的连接操作。例如，在处理地址属性时，我们将间接地碰到逆规范化的问题。考虑关系 Branch 的定义：

Branch (branchNo, street, city, postcode, mgrStaffNo)

严格地说，该关系不是第三范式的：postcode（邮政编码）函数决定 city。换句话说，给定属性 postcode 的一个值，便可以确定属性 city 的一个值。因此，关系 Branch 是第二范式（2NF）的。若将该关系规范化为第三范式（3NF），则有必要将该关系分解成两个，如下所示：

Branch (branchNo, street, postcode, mgrStaffNo)
Postcode (postcode, city)

但是，我们很少会访问没有 city 属性的分公司地址。这意味着无论何时，当我们需要某分公司完整地址信息的时候，都需要执行一个连接操作。因此，我们仍应选择第二范式的方案，即选择实现原关系 Branch。

遗憾的是，并不存在一种固定的规则来确定什么时候应该对关系进行逆规范化。在步骤 7 中，我们讨论几种常见的需要考虑逆规范化的情况。而其他的信息，感兴趣的读者可以参见 Rogers（1989）和 Fleming and Von Halle（1989）。具体来说，一般考虑下列逆规范化的情况，尤其是在可以加速执行那些频繁或者关键的事务时：

步骤 7.1　合并一对一（1∶1）联系
步骤 7.2　在一对多（1∶*）联系中复制非关键字属性以减少连接操作
步骤 7.3　在一对多（1∶*）联系中复制外部关键字属性以减少连接操作
步骤 7.4　在多对多（*∶*）联系中复制属性以减少连接操作
步骤 7.5　引入重复组
步骤 7.6　创建抽取表
步骤 7.7　对关系进行分割

为了阐明这些步骤，使用图 19-1a 中的关系图和图 19-1b 中的示例数据。

步骤 7.1　合并一对一（1∶1）联系

重新分析一对一（1∶1）的联系，分析将两个关系合并为一个关系后的效果。如果两个关系经常被一起访问并且很少被单独访问，那就应该考虑合并了。例如，考虑如图 19-1 所示的关系 Client 和 Interview 的 1∶1 的联系。关系 Client 存储了可能成为租房人的信息，关系 Interview 则包含了公司员工与 Client 会谈的日期以及对 Client 的评价信息。

我们可以将这两个关系合并成一个新的关系 ClientInterview，如图 19-2 所示。既然 Client 和 Interview 之间的联系是 1∶1 的，并且是可选参与，那么合并之后的关系 ClientInterview 中就可能存在大量的空白项，这和参与元组的比例有关，如图 19-2b 所示。如果原关系 Client 很大并且参与此 1∶1 联系的元组的比例很小，那么将会造成大量的空间浪费。

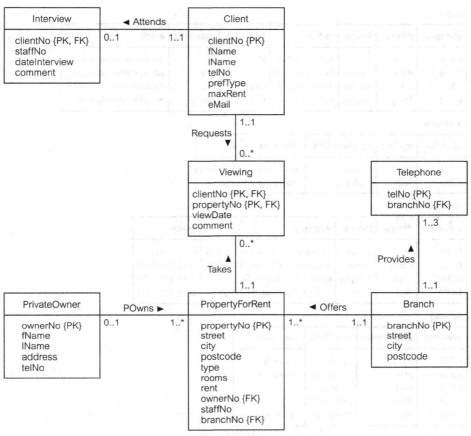

a) 关系图示例

Branch

branchNo	street	city	postcode
B005	22 Deer Rd	London	SW1 4EH
B007	16 Argyll St	Aberdeen	AB2 3SU
B003	163 Main St	Glasgow	G11 9QX
B004	32 Manse Rd	Bristol	BS99 1NZ
B002	56 Clover Dr	London	NW10 6EU

Telephone

telNo	branchNo
0207-886-1212	B005
0207-886-1300	B005
0207-886-4100	B005
01224-67125	B007
0141-339-2178	B003
0141-339-4439	B003
0117-916-1170	B004
0208-963-1030	B002

PropertyForRent

propertyNo	street	city	postcode	type	rooms	rent	ownerNo	staffNo	branchNo
PA14	16 Holhead	Aberdeen	AB7 5SU	House	6	650	CO46	SA9	B007
PL94	6 Argyll St	London	NW2	Flat	4	400	CO87	SL41	B005
PG4	6 Lawrence St	Glasgow	G11 9QX	Flat	3	350	CO40		B003
PG36	2 Manor Rd	Glasgow	G32 4QX	Flat	3	375	CO93	SG37	B003
PG21	18 Dale Rd	Glasgow	G12	House	5	600	CO87	SG37	B003
PG16	5 Novar Dr	Glasgow	G12 9AX	Flat	4	450	CO93	SG14	B003

图 19-1

Client

clientNo	fName	lName	telNo	prefType	maxRent	eMail
CR76	John	Kay	0207-774-5632	Flat	425	john.kay@gmail.com
CR56	Aline	Stewart	0141-848-1825	Flat	350	astewart@hotmail.com
CR74	Mike	Ritchie	01475-392178	House	750	mritchie01@yahoo.co.uk
CR62	Mary	Tregear	01224-196720	Flat	600	maryt@hotmail.co.uk

Interview

clientNo	staffNo	dateInterview	comment
CR56	SG37	11-Apr-12	current lease ends in June
CR62	SA9	7-Mar-12	needs property urgently

PrivateOwner

ownerNo	fName	lName	address	telNo
CO46	Joe	Keogh	2 Fergus Dr, Aberdeen AB2 7SX	01224-861212
CO87	Carol	Farrel	6 Achray St, Glasgow G32 9DX	0141-357-7419
CO40	Tina	Murphy	63 Well St, Glasgow G42	0141-943-1728
CO93	Tony	Shaw	12 Park Pl, Glasgow G4 0QR	0141-225-7025

Viewing

clientNo	propertyNo	viewDate	comment
CR56	PA14	24-May-13	too small
CR76	PG4	20-Apr-13	too remote
CR56	PG4	26-May-13	
CR62	PA14	14-May-13	
CR56	PG36	28-Apr-13	no dining room

b) 关系示例

图 19-1 （续）

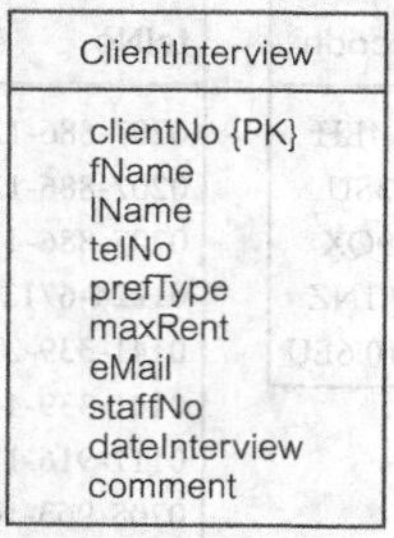

```
ClientInterview

clientNo {PK}
fName
lName
telNo
prefType
maxRent
eMail
staffNo
dateInterview
comment
```

a) 修改从关系图中提取出来的部分

ClientInterview

clientNo	fName	lName	telNo	prefType	maxRent	eMail	staffNo	dateInterview	comment
CR76	John	Kay	0207-774-5632	Flat	425	john.kay@gmail.com			
CR56	Aline	Stewart	0141-848-1825	Flat	350	astewart@hotmail.com	SG37	11-Apr-12	current lease ends in June
CR74	Mike	Ritchie	01475-392178	House	750	mritchie01@yahoo.co.uk			
CR62	Mary	Tregear	01224-196720	Flat	600	maryt@hotmail.co.uk	SA9	7-Mar-12	needs property urgently

b) 合并而成的关系

图 19-2 合并关系 Client 和 Interview

步骤 7.2 在一对多（1:*）联系中复制非关键字属性以减少连接操作

为了减少和去除频繁执行的或者关键查询中的连接操作，考虑将父关系的一个或者多个非关键字属性复制到 1：＊联系的子关系中，这样做也许会带来好处。例如，任何时候在访问关系 PropertyForRent 的同时访问业主名字的操作很常见。典型的 SQL 查询为：

SELECT p.*, o.lName
FROM PropertyForRent p, PrivateOwner o
WHERE p.ownerNo ＝ o.ownerNo **AND** branchNo ＝ 'B003';

基于图 19-1 所示的原关系图和示例关系，如果将属性 lName 复制到关系 PropertyForRent 中，那么可以将关系 PrivateOwner 从查询中去除，根据图 19-3 所示的修改后的关系，SQL 语句就变成：

SELECT p.*
FROM PropertyForRent p
WHERE branchNo ＝ 'B003';

PropertyForRent

propertyNo	street	city	postcode	type	rooms	rent	ownerNo	lName	staffNo	branchNo
PA14	16 Holhead	Aberdeen	AB7 5SU	House	6	650	CO46	Keogh	SA9	B007
PL94	6 Argyll St	London	NW2	Flat	4	400	CO87	Farrell	SL41	B005
PG4	6 Lawrence St	Glasgow	G11 9QX	Flat	3	350	CO40	Murphy		B003
PG36	2 Manor Rd	Glasgow	G32 4QX	Flat	3	375	CO93	Shaw	SG37	B003
PG21	18 Dale Rd	Glasgow	G12	House	5	600	CO87	Farrell	SG37	B003
PG16	5 Novar Dr	Glasgow	G12 9AX	Flat	4	450	CO93	Shaw	SG14	B003

图 19-3 改变后的 PropertyForRent 关系，具有从 PrivateOwner 关系复制来的 lName 属性

我们必须在如此修改带来的好处与其可能带来的问题之间进行权衡。例如，如果复制的数据在父关系中被改变了，则子关系中相应的数据也必须跟着改变。进一步来说，对于一个 1：＊联系，子关系中可能存在某个数据项的多个副本（例如，名字 Farrel 和 Shaw 两次出现在修改之后的关系 PropertyForRent 中），我们必须保持多个数据副本之间的一致性。如果在关系 PrivateOwner 和 PropertyForRent 中，属性 lName 的值不能被自动修改，就需要考虑失去数据一致性的潜在危险了。因复制而产生的一个相关问题是每当一个元组被插入、修改或者删除时，会带来维持数据一致性的额外开销。在上例中，一般不会对业主的名字进行修改，因此复制是可行的。

另一个需要考虑的问题是因复制所带来的存储开销。由于现在二级存储器的价格很便宜，这可能不是一个很重要的问题。但是，这并不意味着可以随意复制。

一种特殊的一对多联系（1：＊）是**查看表**（lookup table），有时候也叫引用表（reference table）或者选择表（pick list）。典型的查看表一般包含一个代码属性和一个描述属性。例如，我们可以为房产类型定义一个查看表（父关系），并将表 PropertyForRent（子关系）修改为图 19-4 所示的形式。使用查看表的好处有：

- 减小子关系的大小；代码属性只占 1 个字节，而类型描述需要 5 个字节。
- 如果描述可能被修改（在本例子中不会），则只需要在查看表中修改一次，而不需要在子关系中修改多次。
- 查看表可以用来检查用户输入的有效性。

如果将查看表用于频繁执行的查询或者关键查询中，并且描述属性一般不会被修改，则可以考虑将查看表的描述属性复制到子关系中，如图 19-5 所示。原来的查看表并不是多余的，它仍然可以用来检查用户输入的合法性。但是在子关系中复制描述属性后，查询就不再

需要连接子关系和查看表了。

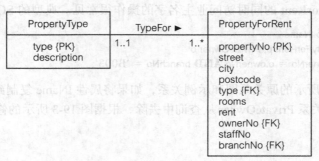

a) 关系图

PropertyType

type	description
H	House
F	Flat

PropertyForRent

propertyNo	street	city	postcode	type	rooms	rent	ownerNo	staffNo	branchNo
PA14	16 Holhead	Aberdeen	AB7 5SU	H	6	650	CO46	SA9	B007
PL94	6 Argyll St	London	NW2	F	4	400	CO87	SL41	B005
PG4	6 Lawrence St	Glasgow	G11 9QX	F	3	350	CO40		B003
PG36	2 Manor Rd	Glasgow	G32 4QX	F	3	375	CO93	SG37	B003
PG21	18 Dale Rd	Glasgow	G12	H	5	600	CO87	SG37	B003
PG16	5 Novar Dr	Glasgow	G12 9AX	F	4	450	CO93	SG14	B003

b) 关系案例

图 19-4　房产类型的查看表

PropertyForRent

propertyNo	street	city	postcode	type	description	rooms	rent	ownerNo	staffNo	branchNo
PA14	16 Holhead	Aberdeen	AB7 5SU	H	House	6	650	CO46	SA9	B007
PL94	6 Argyll St	London	NW2	F	Flat	4	400	CO87	SL41	B005
PG4	6 Lawrence St	Glasgow	G11 9QX	F	Flat	3	350	CO40		B003
PG36	2 Manor Rd	Glasgow	G32 4QX	F	Flat	3	375	CO93	SG37	B003
PG21	18 Dale Rd	Glasgow	G12	H	House	5	600	CO87	SG37	B003
PG16	5 Novar Dr	Glasgow	G12 9AX	F	Flat	4	450	CO93	SG14	B003

图 19-5　修改后的包含复制的描述属性的 PropertyForRent 关系

步骤 7.3　在一对多（1 : *）联系中复制外部关键字属性以减少连接操作

同样，为了减小和去除频繁执行的事务或者关键查询中的连接操作，可以考虑复制关系中的一个或者多个外部关键字属性。例如，DreamHome 的一个常用查询是列出某分公司管理的所有房产业主。基于图 19-1 中所示的原始数据，该查询用 SQL 语句可以表示为：

SELECT o.lName
FROM PropertyForRent p, PrivateOwner o
WHERE p.ownerNo = o.ownerNo **AND** branchNo = 'B003';

换句话说，因为不存在 PrivateOwner 和 Branch 之间的直接联系，所以为了得到业主名单，不得不利用关系 PropertyForRent 获得对分公司编号 branchNo 的访问。我们可以在关系 PrivateOwner 中复制外部关键字 branchNo，这样就可以去除连接操作，即在关系 Branch 和 PrivateOwner 之间增加一个直接的联系。基于图 19-6 的修改后的关系图和关系 PrivateOwner，其 SQL 查询可以简化为：

SELECT o.lName
FROM PrivateOwner o
WHERE branchNo = 'B003';

如果进行了这样的修改，则必须添加步骤 2.2 中曾讨论过的外部关键字的一致性约束。

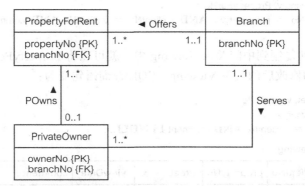

a) 修改（简化）了的关系图，包含了作为外部关键字的branchNo

PrivateOwner

ownerNo	fName	lName	address	telNo	branchNo
CO46	Joe	Keogh	2 Fergus Dr, Aberdeen AB2 7SX	01224-861212	B007
CO87	Carol	Farrel	6 Achray St, Glasgow G32 9DX	0141-357-7419	B003
CO40	Tina	Murphy	63 Well St, Glasgow G42	0141-943-1728	B003
CO93	Tony	Shaw	12 Park Pl, Glasgow G4 0QR	0141-225-7025	B003

b) 修改了的关系**PrivateOwner**

图 19-6　在关系 PrivateOwner 中复制外部关键字 branchNo

然而，如果某个业主通过多个分公司出租房产，则上面的修改不可行。在这种情况下，必须在 Branch 和 PrivateOwner 之间建立一个多对多（＊:＊）的联系。还要注意，关系 PropertyForRent 需要属性 branchNo 的原因是某一房产可能还没有被分配给某个员工，这在房产刚刚通过代理录入时最有可能发生。如果关系 PropertyForRent 没有分公司编号，就必须通过关系 PropertyForRent 和 Staff 基于属性 staffNo 的连接操作来找到所属的分公司。原始的 SQL 查询语句可能为：

SELECT o.lName
FROM Staff s, PropertyForRent p, PrivateOwner o
WHERE s.staffNo = p.staffNo **AND** p.ownerNo = o.ownerNo **AND** s.branchNo = 'B003';

若要从上述查询中去掉两个连接操作，则最好的实现方法是建立关系 PrivateOwner 和 Branch 之间的直接联系，并在关系 PrivateOwner 中复制外部关键字 branchNo。

步骤 7.4　在多对多（＊:＊）联系中复制属性以减少连接操作

在逻辑数据库设计中，我们将每个多对多联系映射为了三个关系：由两个原始实体导出两个关系，另一个新关系则表示两个实体之间的联系。但是现在如果希望从 * : * 联系中提取信息，就不得不将这三个关系连接起来。某些情况下，将原实体中的属性复制到那个中间关系中，就可能减少参加连接操作的关系的个数。

例如，Client 和 PropertyForRent 之间 * : * 的联系就可以引入一个中间关系 Viewing 来表示。考虑下面的需求，DreamHome 的销售人员应该与那些看过房但还未进行评价的客户联系。然而，销售人员在与客户对话时仅需房产的 street 属性。根据图 19-1 所示的关系模型和案例数据，所需的 SQL 查询为：

SELECT p.street, c.*, v.viewDate
FROM Client c, Viewing v, PropertyForRent p
WHERE v.propertyNo = p.propertyNo **AND** c.clientNo = v.clientNo **AND** comment
  IS NULL;

如果把 street 属性复制到中间关系 Viewing 中，就可以将 PropertyForRent 关系从查询中去掉。基于图 19-7 的修改后的关系 Viewing，SQL 查询语句变为：

SELECT c.*, v.street, v.viewDate
FROM Client c, Viewing v
WHERE c.clientNo = v.clientNo **AND** comment **IS NULL**;

Viewing

clientNo	propertyNo	street	viewDate	comment
CR56	PA14	16 Holhead	24-May-13	too small
CR76	PG4	6 Lawrence St	20-Apr-13	too remote
CR56	PG4	6 Lawrence St	26-May-13	
CR62	PA14	16 Holhead	14-May-13	no dining room
CR56	PG36	2 Manor Rd	28-Apr-13	

图 19-7 将关系 PropertyForRent 的属性 street 复制到关系 Viewing 中

步骤 7.5 引入重复组

因为所有关系都必须满足第一范式，所以重复组已经从逻辑数据模型中去掉了。重复组被分解成新的关系，与原（父）关系形成了 1 : * 的联系。有时候，重新引入重复组可以有效地提高系统性能。例如，DreamHome 中虽然不是所有的分公司都有相同个数的电话号码，但每个分公司最多可有三个电话号码。在前述的逻辑数据模型中，我们创建了实体 Telephone，它与 Branch 之间形成三对一（3 : 1）的联系，并且转换为图 19-1 所示的两个关系。

如果对这些信息的查询很重要或者执行频率很高，则可以将这两个关系合并起来，在原来的 Branch 关系中存储电话的详细信息，即将每个电话号码作为一个属性（如图 19-8 所示），效率可能更高。

一般来说，在下面的情况下可以考虑这种逆规范化：

- 重复组中项的绝对数目是已知的（在这个例子中，最多有三个电话号码）。
- 该数目是静态的，不会随着时间的改变而改变（最多的电话号码个数是固定的，且不希望被改变）。
- 该数目不是很大，一般不会超过 10，尽管比起前两个条件来这显得并不十分重要。

有时候，在一个重复组中经常被访问的可能只有最近的或当前的值，或者只有某一重复组经常被访问。例如，在上面的例子中，我们可以选择在关系 Branch 中只存储一个电话，而将其他的号码存储在关系 Telephone 中。这将会去除关系 Branch 中的空白项，因为每个分公司至少有一个电话号码。

Branch

Branch
branchNo {PK}
street
city
postcode
telNo1 {AK}
telNo2
telNo3

Branch

branchNo	street	city	postcode	telNo1	telNo2	telNo3
B005	22 Deer Rd	London	SW1 4EH	0207-886-1212	0207-886-1300	0207-886-4100
B007	16 Argyll St	Aberdeen	AB2 3SU	01224-67125		
B003	163 Main St	Glasgow	G11 9QX	0141-339-2178	0141-339-4439	
B004	32 Manse Rd	Bristol	BS99 1NZ	0117-916-1170		
B002	56 Clover Dr	London	NW10 6EU	0208-963-1030		

a) 修改后的关系图　　　　　　　　　　　　　　　**b) 修改后的关系**

图 19-8　分公司合并重复组

步骤 7.6　创建抽取表

有些时候可能需要在白天的峰值时刻运行报表程序。这些报表程序可能会访问某些导出数据，并要在同一组基础关系上运行涉及了多个关系的连接操作。但是，报表所需的数据可能是相对静止的，或者在某些情况下可以不必是当前的（也就是说，即使是几个小时之前的数据，报表也是完全可以接受的）。在这种情况下，可能需要基于报表所需的关系创建一个独立的、高度逆规范化的抽取表，用户可以直接访问抽取表，而不必访问基础关系。常用的创建抽取表的方法是，在系统负载较轻时批量创建并装载这些表。

步骤 7.7　对关系进行分割

相比关系的合并，关系分割可解决对超大关系（和索引）的支持问题，即将关系分割为多个小一些的更好管理的被称为**分割**（partition）的片段。关系的分割一般分为两类：水平分割和垂直分割，如图 19-9 所示。

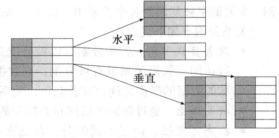

图 19-9　水平分割和垂直分割

水平分割｜关系的元组被分布到多个（小一些的）关系中。

垂直分割｜关系的属性被分布到多个（小一些的）关系中（主关键字被复制到各个关系中，以便于关系的重组）。

在存储和分析大量的数据时分割非常有用。例如，出于数据分析的目的，DreamHome 的关系 ArchivedPropertyForRent 中存储了数十万个元组。在一个分公司中搜索一个特定的元组会非常耗时，但我们可以通过对该关系进行水平分割，即一个分公司属于一个分割的方法，缩短搜索时间。我们可以使用图 19-10 所示的 SQL 语句在 Oracle 中为上面的情形创建（散列）分割。

除了散列分割以外，其他常见的分割有**范围**分割（根据一个或多个属性的取值范围来定义分割）和**列表**分割（根据某个属性值的列表定义分割）。还有组合类型的分割，如**范围 - 散列分割**和**列表 - 散列分割**（根据属性的取值范围或值的列表定义分割，然后再基于某个散列函数对这些分割进行再次分割）。

```
CREATE TABLE ArchivedPropertyForRentPartition(
    propertyNo VARHAR2(5) NOT NULL,
    street VARCHAR2(25) NOT NULL,
    city VARCHAR2(15) NOT NULL,
    postcode VARCHAR2(8),
    type CHAR NOT NULL,
    rooms SMALLINT NOT NULL,
    rent NUMBER(6, 2) NOT NULL,
    ownerNo VARCHAR2(5) NOT NULL,
    staffNo VARCHAR2(5),
    branchNo CHAR(4) NOT NULL,
    PRIMARY KEY (propertyNo),
    FOREIGN KEY (ownerNo) REFERENCES PrivateOwner(ownerNo),
    FOREIGN KEY (staffNo) REFERENCES Staff(staffNo),
    FOREIGN KEY (branchNo) REFERENCES Branch(branchNo))
PARTITION BY HASH (branchNo)
(PARTITION b1 TABLESPACE TB01,
 PARTITION b2 TABLESPACE TB02,
 PARTITION b3 TABLESPACE TB03,
 PARTITION b4 TABLESPACE TB04);
```

图 19-10   进行散列分割的 Oracle SQL 语句

有些情况下，我们也可能需要频繁访问某个超大关系的某些属性，这时候就可以对关系进行垂直分割，将经常被访问的属性放到一起作为一个分割，剩下的属性则作为另外一个分割（主关键字被复制到各个关系中，便于关系的重组）。

关系分割有如下优点：

- 改善负载平衡。各个分割可以被分配到二级存储器的不同区域，从而允许数据的并行访问。假设关系没有被分割，则数据都存储在同一片区域，此时并行访问这片区域的数据的操作之间存在着竞争，关系的分割可将这种竞争最小化。
- 提高性能。通过限制要访问和处理的数据量以及通过并行处理来提高系统性能。
- 提高可用性。由于不同的分割存储在不同的区域，因此当一个存储区域不可用时，其他分割仍然可用。
- 提高可恢复性。小的分割可以更高效地恢复（同样，DBA 会发现备份小的分割比备份超大的关系更容易些）。
- 安全。对于分割中的数据，可以只允许需要访问它们的用户访问，不同的分割可以有不同的访问限制。

关系分割也有下列缺点：

- 复杂。分割对于终端用户和查询并不总是透明的，执行写操作时，使用多于一个分割会更加复杂。
- 降低性能。查询时，合并多个分割中的数据要比从没被分割的关系中获取数据慢。
- 复制的影响。垂直分割要复制主关键字，这不仅会增加存储空间的大小，而且会增加潜在的不一致性。

考虑逆规范化的影响

考虑进行逆规范化处理对设计方法学前面的步骤的影响。例如：可能需要重新考虑被逆规范化的关系上索引的选择，考虑是否去掉某些现存的索引，以及是否需要增加新的索引。

另外还需要考虑如何维护数据的完整性。常用的解决方法有：

- 触发器。可以使用触发器自动更新导出和复制的数据。
- 事务。在每个应用中建立事务，将被逆规范化的数据的更新作为一个单一（原子）操作处理。
- 完整性批处理。在适当的时候运行批处理程序维护逆规范化数据的一致性。

对于数据完整性的维护，触发器提供了最好的解决方案，虽然可能会带来一些性能上的问题。表 19-1 对逆规范化的优缺点进行了总结。

表 19-1　逆规范化的优缺点

优　　点	缺　　点
通过下面的方法提高性能： ● 预先计算导出数据 ● 使连接操作最少化 ● 减少关系中外部关键字的数量 ● 减少索引的数量（同时节省存储空间） ● 减少关系的数量	● 加快数据读取的速度，但会降低更新的速度 ● 和应用的特性有关，应用改变时需要重新评价 ● 会增加关系的大小 ● 有些情况下能简化实现，但其他情况下可能会更复杂 ● 牺牲灵活性

用文档记录引入的可控冗余

对引入的可控冗余需用文档——记录下来，同时记录引入的原因。特别是当存在多种选择时，要记录选择其中某种方法的原因。根据逆规范化的结果修改逻辑数据模型。

19.2　监控系统以提高性能

步骤 8　监控系统和系统调优

│目标│ 监控运行时系统，提高系统性能，目的是修正不合理的设计或者是适应需求的变化。

我们应该记得物理数据库设计的主要目标之一就是高效地存储和访问数据（参见附录 F）。可以基于下面这些指标对效率进行评估：

- 事务吞吐率。该指标表示在给定时间段能处理事务的数量。在有些系统中，如机票预订系统，高的事务吞吐率是整个系统成功的关键。
- 响应时间。该指标表示单个事务完成的延迟时间。从用户的角度来看，我们需要尽可能地缩短响应时间。但有一些设计者无法控制的因素会影响响应时间，如系统加载和通信的次数。可以通过下面一些方法缩短响应时间：
  - 减少竞争和等待时间，特别是磁盘 I/O 等待时间。
  - 减少需要访问资源的时间总数。
  - 使用更快的处理组件。
- 磁盘存储。该指标表示存储数据库文件所需的磁盘空间总量。设计者可能希望减少磁盘空间的占有量。

然而，不存在某一项指标总是对的。通常，我们需要在多种因素之间权衡以达到一种合理的平衡。例如，增加存储数据量的大小会缩短响应时间或者提高事务的吞吐率。初始物理数据库设计不应该视为静态的，而应该看作是对实际系统可能如何运行的评估。初始的设计一旦实现，就有必要对系统进行监控，并根据观察到的性能情况和需求的变化，对系统进行必要的调优（参见步骤 8）。许多 DBMS 为数据库管理员（DBA）提供了用于监控系统运行以及对系统进行调优的工具。

对数据库的调优可以带来很多好处：

- 调优可以避免新硬件的采购。
- 调优可以降低对硬件配置的要求。因此系统就可以选用更少的、更便宜的硬件，对硬件的维护费用也会随之减少。
- 一个经过调优的系统将会有更短的响应时间和更高的吞吐率，从而提高了用户的使用效率，因而也就提高了企业的生产率。
- 缩短响应时间可以提高员工的工作热情。
- 缩短响应时间可以增加客户的满意度。

最后两个好处与其他好处相比，更加无形，更加无法量化。当然我们也可以说太慢的响应时间会降低员工的工作热情，并会面临失去客户的潜在危险。要对运行时系统进行调优，物理数据库的设计者必须清楚不同的硬件组件之间如何相互影响，并且会对数据库的性能产生怎样的影响，下面我们将就这部分内容进行讨论。

理解系统资源

内存。对内存的访问比对二级存储器的访问要快得多，有时候能快几万甚至几十万倍。一般情况下，为 DBMS 和数据库系统提供的内存越大，系统运行得越快。正确的做法是保证至少有 5% 的内存富余，同样，建议富余的内存不要超过 10%，否则对内存的使用就不是最优的。如果内存不足以容纳所有进程，操作系统就会通过将进程占用的页转存到磁盘上的方法来释放内存。如果接下来要用到转出的某个页面，操作系统就必须从磁盘中读取该页。有时候为了释放内存，可能需要把整个进程都从内存交换到磁盘，然后再交换回来。当页面调度或者页交换过多时，就说明内存部分出现了问题。

要想高效地利用内存，就必须了解目标 DBMS 如何使用内存，在内存中维护了哪些缓冲区，以及可以通过哪些参数来调整这些缓冲区的大小等。例如，Oracle 在内存中维护了一个数据字典的缓冲区，从理论上来讲，这块缓冲区要足够大以保证 90% 对数据字典的访问都不再需要从磁盘上读取信息。另外还必须了解用户的访问模式：同时访问数据库的用户数量的增加会导致更多的内存被使用。

CPU。CPU 负责控制其他系统资源并负责执行用户进程，是系统中最昂贵的资源，因此需要正确使用。CPU 的主要目标是防止等待 CPU 的各个进程之间因争夺 CPU 而发生冲突。如果操作系统或用户进程发出了太多对 CPU 的操作请求，就会出现 CPU 瓶颈，这常常是由于页面调度过多导致的。

我们有必要了解 24 小时工作负载的典型分布情况，系统资源不仅要满足一般工作负载的需要，还要满足工作负载达到峰值时的需要（例如，如果在一般情况下 CPU 的使用率已是 90%，空闲率仅为 10%，那么就有可能不能满足工作负载达到峰值时的需要）。一种选择是在峰值时刻只运行必需的工作，其他工作则在其他时间运行。另一种选择就是考虑多 CPU 的配置，这样各个进程就可以分布到不同的 CPU 上并行运行。

CPU MIPS（每秒百万条指令数）可以用作 CPU 平台之间进行比较的一个准则，并以此来确定其满足企业吞吐率需求的能力。

磁盘 I/O。对于一些大型的 DBMS，在存储和读取数据时涉及大量的磁盘 I/O。磁盘一般都有一个推荐的 I/O 速度，如果超过这个速度，就会产生 I/O 瓶颈。近年来，CPU 的时钟速度得到了显著提高，但是 I/O 速度却并没有成比例地提高。数据在磁盘中的组织方式对整个磁盘性能的影响非常大。当多个进程试图同时访问同一个磁盘时，就会发生**磁盘冲突**。大多数磁盘对每秒访问次数和传输数据量都有限制，达到这个极限时，进程就得等待磁盘访问。为了避免出现磁盘访问等待，建议将数据平均分布到不同的可用磁盘驱动器上以减少性能问题的发生。图 19-11 给出了在磁盘上分布数据的基本原则：

- 操作系统文件和数据库文件分开。
- 主数据库文件和索引文件分开。
- 恢复日志文件（参见 22.3.3 节）和整个数据库分开。

　　如果一个磁盘仍然过载，可以将其上的一个或者多个经常被访问的文件移到另一个不太活跃的磁盘上（即分布式 I/O）。对每一个磁盘都使用这条原则直到它们都具有大致相同的 I/O 量时，就达到了**负载均衡**。同样，物理数据库的设计者必须了解 DBMS 的运行方式、硬件的特性以及用户的访问模式。

　　RAID（独立磁盘冗余阵列）技术的引入带来了磁盘 I/O 的革命。RAID 是由一些独立的磁盘组成的大的磁盘阵列，通过有效地组织这些磁盘就可以提高 I/O 性能和可靠性。我们将在 20.2.7 节对 RAID 进行讨论。

操作系统　　主数据库文件　　索引文件　　恢复日志文件

图 19-11　典型的磁盘配置

　　网络。当网络上传输的数据量太大，或者网络冲突太大时，就产生了网络瓶颈。

　　上述的每一种资源都会影响其他资源。一种资源的改善一般会导致另一种资源的改善，例如：

- 增加内存会减少页面调度，有助于避免 CPU 瓶颈。
- 更高效地使用内存会导致更少的磁盘 I/O。

　　小结。调优是一种永无止境的工作。在系统的整个生命周期中，都有必要监控系统性能，特别是要解决环境和用户需求的改变带来的问题。但是，为了提高性能而对运行时系统某一部分进行的改变，却可能同时给其他部分带来负面影响。例如，为关系加入一个索引会提高某个事务的性能，但是却可能会影响其他事务的性能，也许是更重要的事务。如果可能，要先在测试数据库上测试这些改动带来的影响，或者在系统没有被充分使用的时候进行测试（如下班时间）。

用文档记录调优活动

　　用文档记录下系统调优的机制和原因，特别是存在多种调优方法时选择其一的原因。

DreamHome 的新需求

　　除了对系统进行调优使其保持最佳性能外，还需要处理需求的变化。例如，假设某数据库全面运行了几个月以后，几位 DreamHome 系统的用户提出了三个新的要求：

（1）能够存储出租房产的图片，以及对该出租房产主要特性的描述。

　　在 Microsoft Office Access 中，可以使用 OLE（对象连接和嵌入）字段满足这个需求，它可以存储 Microsoft Word 或者 Microsoft Excel 文档、图片、声音以及其他程序创建的其他类型的二进制数据。OLE 对象可以连接或者嵌入 Microsoft Office Access 表的一个字段中，然后就可以显示在表单或者报表中。

　　为了实现这个新需求，我们修改了表 PropertyForRent 的结构，包括：

（a）增加了一个 OLE 类型的名为 picture 的字段，用来存储房产的图片，即扫描出租房产的照片所得到的 BMP（位图）图像文件。

（b）增加了一个 Memo 类型的名为 comments 的字段，可以用来存储长文本。

还创建了一个基于表 PropertyForRent 的表单，包含了新的字段，如图 19-12 所示。存储图像的主要问题是需要大量的磁盘空间来存储图像文件。因此，我们还需要继续监控 DreamHome 数据库的性能，以确保能满足这项新的需求，并且不会影响系统的性能。

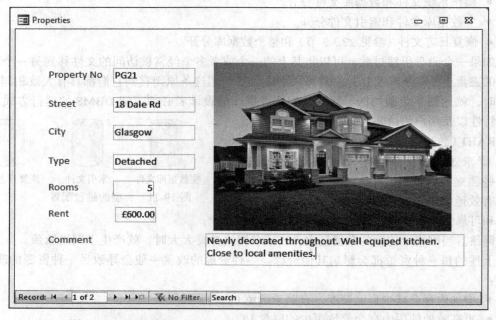

图 19-12　基于表 PropertyForRent 的包含了图片和描述字段的表单

（2）能够在网络上发布可供出租的房产的信息。

Microsoft Office Access 或者 Oracle 都能满足这个需求，因为它们的许多特性都能够支持网络应用的开发和在 Internet 上发布信息。但是，使用这些特性需要有浏览器，如 Microsoft Internet Explorer 或者 Netscape Navigator，以及调制解调器和连接 Internet 所需的其他硬件。我们将在第 29 章详细介绍数据库与 Web 的集成技术。

（3）允许业主在网上查看他的房产的信息和未来的房客所作评论。

这一点需求在技术上与前一点没什么差别，但要求在数据库中存储业主的登录信息，包括 email 和密码。一旦登录，业主也应该只能看到他自己房产的相关信息。（重新组织包括了业主登录信息的 Client 关系参见图 4-3。）

本章小结

- 逆规范化是指对关系模式的精化，使得修改以后至少有一个关系的规范化程度低于原关系的规范化程度。我们也常用这个术语指代将两个关系合并为一个新关系的情形，新生成的关系仍然是规范化的，但与原关系相比则含有更多的空白项。

- 物理数据库设计的步骤 7 考虑对关系模式进行逆规范化处理，以改善系统性能。有些情况下，出于性能的考虑，可能要放弃完全规范化所带来的一些好处。这仅在估计到系统无法满足其性能需求时才应该考虑。经验表明，如果系统性能不能令人满意，且关系修改率很低，查询率却很高，那么逆规范化就是一种可以考虑的改进措施。

- 物理数据库设计的最后一步（步骤 8）是对运行时系统的不间断的监控和调优，以期望获得最高性能。
- 物理数据库设计的主要目的之一是实现高效的数据存储和数据访问。评价效率的指标包括吞吐率、响应时间和磁盘存储空间。
- 为了提高系统性能，必须了解四种基本硬件对系统性能的影响以及它们之间的相互作用，包括内存、CPU、磁盘 I/O 和网络。

思考题

19.1 描述本章给出的物理数据库设计方法学各主要步骤的目标。

19.2 在什么情况下需要对逻辑数据模型进行逆规范化处理？举例说明。

19.3 评价效率的指标有哪些？

19.4 讨论四种基本硬件对系统性能的影响以及它们之间如何相互作用。

19.5 如何在磁盘之间分布数据库文件？

习题

19.6 研究你现在使用的 DBMS 是否支持本章步骤 8 中给出的 DreamHome 案例研究中提出的三条新需求。如果可以，则给出满足这三条需求的设计，并在目标 DBMS 中实现。

扩展阅读

Connolly T., Begg C., and Holowczak R. (2008) *Business Database Systems.* Addison-Wesley

Howe D. (1989). *Data Analysis for Data Base Design* 2nd edn. London: Edward Arnold

Novalis S. (1999). *Access 2000 VBA Handbook.* Sybex

Powell G. (2003). *Oracle High Performance Tuning for 9i and 10g.* Butterworth-Heinemann

Senn J.A. (1992). *Analysis and Design of Information Systems* 2nd edn. New York, NY: McGraw-Hill

Shasha D. (1992). *Database Tuning: A Principled Approach.* Prentice-Hall

Tillmann G. (1993). *A Practical Guide to Logical Data Modelling.* New York, NY: McGraw-Hill

Wertz C.J. (1993). *Relational Database Design: A Practitioner's Guide.* New York, NY: CRC Press

Willits J. (1992). *Database Design and Construction: Open Learning Course for Students and Information Managers.* Library Association Publishing

第五部分

Database Systems: A Practical Approach to Design, Implementation, and Management, 6E

可选的数据库专题

安全与管理

本章我们主要学习：

- 数据库安全的范畴
- 为什么组织机构都非常关注数据库安全问题
- 哪些类型的威胁影响着数据库系统的安全
- 如何基于计算机的控制保护计算机系统
- Microsoft Access 和 Oracle 两个 DBMS 提供的安全措施
- Web 上的 DBMS 的安全策略
- 数据管理和数据库管理之间的区别
- 数据管理和数据库管理的目的和任务

数据是一种极具价值的资源，像团体的其他资源一样，数据也应当受到严格的控制和管理。对一个组织机构来说，部分或者全部数据可能具有战略重要性，因此应该确保其安全性和机密性。

在第 2 章我们已经讨论了数据库的环境，并且特别论述了数据库管理系统（DBMS）应该提供的典型功能和服务，其中包括授权服务，例如 DBMS 必须提供某种机制以保证只有经授权的用户才能访问数据库。也就是说，DBMS 必须保证数据库是安全的。**安全**指的是保护数据库以防止非法访问，不管这种访问是有意的还是无意的。除了 DBMS 提供的安全机制以外，数据库的安全还要涉及更广泛的内容，包括保护数据库和数据库环境的安全。但是，这些问题超出了本书的范围，有兴趣的读者可以参看 Pfleeger（2006）。

本章结构

20.1 节讨论数据库安全的范畴，分析一般而言可能对计算机系统安全构成威胁的因素。20.2 节讨论应对这些威胁时，基于计算机能采取的控制措施。20.3 节和 20.4 节讲述 Microsoft Office Access 2010 和 Oracle 11g 两个 DBMS 提供的安全措施。20.5 节分析与 DBMS 和 Web 相关的安全措施。20.6 节总结了在一个组织机构内部数据管理和数据库管理的目标和任务。本章所有的例子都取自 11.4 节和附录 A 中的 DreamHome 案例研究。

20.1 数据库安全

本节将讨论数据库安全的范畴，并讨论组织机构为何一定要高度重视其计算机系统的潜在威胁。另外，还将研究这些威胁的范围及其对计算机系统造成的危害。

数据库安全 | 保护数据库以抵御有意或无意威胁的机制。

对于安全问题不仅仅要考虑数据库存储的数据的安全，安全漏洞还可能会威胁系统的其他部分，从而进一步影响数据库。因此数据库安全涉及硬件、软件、人和数据。为了有效地实现安全保障，必须对系统加以适当的控制，这些控制则是针对系统特定的任务目标而制定的。过去常常被轻视甚至忽视的安全需求如今已经逐渐引起了组织机构的重视，因为越来越多的组织机构关键数据存储在计算机中，而且人们已经认识到，这些数据的任何损坏、丢失以及低效、不可用都将是一次灾难。

数据库代表了一种关键的组织机构资源，应该通过适当的控制进行合理的保护。因此，考虑下列与数据库安全有关的问题：

- 盗用和假冒
- 破坏机密性
- 破坏隐私
- 破坏完整性
- 破坏可用性

这些问题代表了组织机构在竭力降低风险时应该考虑的方方面面。风险指的是组织机构数据遭遇丢失或者破坏的可能性。在某些情况下，这些问题是密切相关的，即某一行为造成了某一方面的损失，同时也可能对其他方面造成破坏。此外，对于某些有意或者无意的行为而引发的假冒或者泄露隐私的问题，数据库或者计算机系统未必能察觉得到。

盗用或假冒不但会影响数据库环境，而且还会影响到整个组织机构。因为导致这类问题出现的原因是人本身，所以应该致力于对人的控制，以减少这类问题发生的几率。盗用或假冒的行为不一定会修改数据，它与泄露隐私和机密的行为造成的结果类似。

机密性是指维持数据保密状态的必要性，通常只针对那些对组织机构至关重要的数据而言；而隐私是指保护个体信息的必要性。由于安全漏洞而导致机密性被破坏会给组织机构带来损失，例如使组织机构丧失竞争力；而隐私被泄密则可能会使组织机构面临法律问题。

数据完整性的破坏会导致产生无效或者被损毁的数据，这些数据会严重影响组织机构的正常运作。现在，许多组织机构都要求数据库系统不间断运作，即所谓的"24×7"（一天24小时，一星期7天）不停机运行模式。可用性被破坏则意味着数据或者系统无法访问，或者二者同时都无法访问，这将严重影响组织机构的经济效益。在某些情况下，导致系统不可用的故障也会导致数据损毁。

数据库安全是在不过分约束用户行为的前提下，尽力以经济高效的方式将可预见事件造成的损失降至最小。最近，基于计算机的犯罪活动大幅度增加，预计今后几年还将持续上升。

威胁

威胁 | 有意或是无意的、可能会对系统造成负面影响的、进而影响企业运作的任何情况或事件。

威胁可能是由会给组织机构带来危害的某种局势或者事件产生的，这种局势或者事件涉及人、人的操作以及环境。危害可能是有形的，比如硬件、软件或数据遭到了破坏或者丢失；也可能是无形的，比如组织机构因此失去了信誉或者客户的信赖。任何组织机构都将面临的问题是发现所有可能的威胁，至少组织机构应当投入时间和精力找出后果最为严重的威胁。

在上一节里，我们分析了某些有意或无意的行为可能造成的危害。不管这些威胁是有意还是无意的，危害的结果都是一样的。有意的威胁来自人，制造威胁的人可能是授权用户，也可能是未授权用户，其中还可能包括组织机构外部人员。

任何威胁都必须被看作是一种潜在的安全漏洞，如果入侵成功，将会对组织机构造成一定的冲击。表 20-1 列举了各种不同类型的威胁，同时还列举了它们可能造成的破坏。例如"查看和泄露未授权数据"，这种威胁可能就会导致盗用和假冒，还会导致组织机构机密及隐私的泄露。

表 20-1　威胁示例

威　　胁	盗用和假冒	破坏机密性	破 坏 隐 私	破坏完整性	破坏可用性
使用他人身份访问	√	√	√		
未授权的数据修改和复制	√			√	
程序变更	√			√	√
策略或过程的不完备导致机密数据和普通数据混淆在一起输出	√	√	√		
窃听	√	√	√		
黑客的非法入侵	√	√	√		
敲诈、勒索	√	√	√		
制造系统"陷阱门"	√	√	√		
盗窃数据、程序和设备	√	√	√		√
安全机制失效导致超出常规的访问		√	√	√	
员工短缺或罢工				√	√
员工训练不足		√	√	√	√
查看和泄漏未授权数据	√	√	√		
电子干扰和辐射				√	√
因断电或电涌导致数据丢失				√	√
火灾（电起火、闪电或人为纵火）、洪水、爆炸				√	√
设备的物理损坏				√	√
线缆不通或断开				√	√
病毒入侵				√	√

威胁对组织机构造成危害的后果的严重程度取决于很多因素，例如是否存在相应的对策或应急措施。比如说，如果二级存储设备发生硬件故障而崩溃，那么所有的数据处理活动都将终止，直到该问题得到解决。恢复也取决于多种因素，其中包括最后备份的时间和恢复系统所需时间。

首先组织机构需要明确其可能面临的威胁，并开始着手拟定相应的解决方案和应对策略，同时考虑实施成本。显然，在那些只会导致轻微损失的威胁上投入大量的时间、精力和资金得不偿失。组织机构的业务种类也会影响我们对可能遭受威胁类型的考虑，对于某些组织机构来说，某些威胁基本不会出现。但是，这些小概率事件也应该在考虑之中，尤其是那些后果严重的事件。图 20-1 对计算机系统安全的潜在威胁进行了小结。

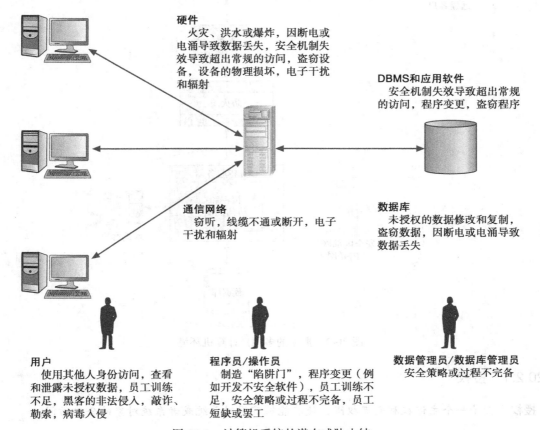

硬件
　　火灾、洪水或爆炸，因断电或电涌导致数据丢失，安全机制失效导致超出常规的访问，盗窃设备，设备的物理损坏，电子干扰和辐射

DBMS和应用软件
　　安全机制失效导致超出常规的访问，程序变更，盗窃程序

通信网络
　　窃听，线缆不通或断开，电子干扰和辐射

数据库
　　未授权的数据修改和复制，盗窃数据，因断电或电涌导致数据丢失

用户
　　使用其他人身份访问，查看和泄露未授权数据，员工训练不足，黑客的非法侵入，敲诈、勒索，病毒入侵

程序员/操作员
　　制造"陷阱门"，程序变更（例如开发不安全软件），员工训练不足，安全策略或过程不完备，员工短缺或罢工

数据管理员/数据库管理员
　　安全策略或过程不完备

图 20-1　计算机系统的潜在威胁小结

20.2　对策——基于计算机的控制

　　针对计算机系统受到的威胁，可采取的对策涵盖了物理控制和管理过程。尽管基于计算机的控制手段很多，但值得注意的一点是，通常情况下 DBMS 的安全程度仅与操作系统的安全程度相当，因为两者密切相关。典型的多用户计算机环境如图 20-2 所示。本节重点关注多用户环境下的基于计算机的安全控制（部分控制可能在 PC 环境下不适用）：

- 授权
- 访问控制
- 视图
- 备份和恢复
- 完整性
- 加密
- RAID 技术

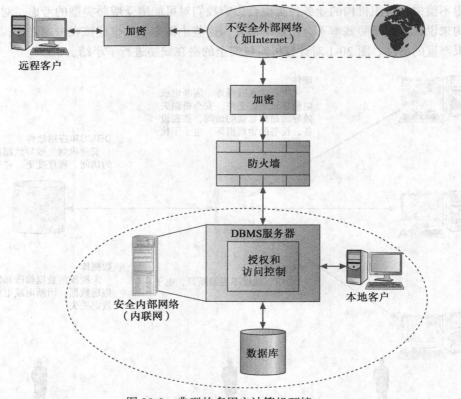

图 20-2 典型的多用户计算机环境

20.2.1 授权

| **授权** | 授予一个主体权利或者权限，使其能够实现对系统或者系统对象的合法访问。

授权控制可以在软件中实现，授权控制不但能够控制某一特定用户可访问的系统或者对象，还可以控制允许用户进行的操作。授权过程包括对主体请求访问对象的认证，这里的"主体"代表用户或者程序，"对象"代表数据库的表、视图、过程、触发器或者在系统里能够创建的所有其他对象。

| **认证** | 一种用来判断用户身份是否属实的机制。

通常，系统管理员负责为每一个用户创建一个账号，以此管理用户对计算机系统的访问。每一个用户被赋以一个唯一的标识符，操作系统以此判断用户的身份。和用户标识符相关的是密码，密码是由用户自己选择由操作系统录入并存储的，密码是必需的，因为操作系统要根据密码来确认（或者认证）用户身份是否属实。

上述过程允许授权用户对计算机系统的使用，但并不一定意味着该用户被授权访问 DBMS 或任何相关的应用程序。用户对 DBMS 的访问授权需要单独进行，授权过程类似。通常是由数据库管理员（Database Administrator，DBA）负责对 DBMS 的访问授权，DBA 还负责使用 DBMS 创建用户账号和密码。

一些 DBMS 专门维护了一张其合法用户名及其密码的列表，可与操作系统的列表不同。而另一些 DBMS 所维护的用户列表，需在用户登录时根据其登录标识符参照操作系统的对应列表进行确认，以防止某些用户试图使用一个名字登录操作系统，而使用另一个名字登录 DBMS。

云计算服务呈现了另一种形式的计算机软、硬件资源，它们通过网络提交，用户借助 Web 浏览器或移动应用来访问（参见 3.5 节）。这种技术为许多基于 Internet 的商业、消费品和服务提供了强有力的支持，本身要求复杂的基础设施，以提供数据、软件和计算的远程访问。云计算被越来越多的公司采用，视其为以低风险、低代价方便地提供和访问可伸缩软件应用的一种方式，同时也是降低整个 IT 设施投资的一种方式。

对于许多基于 Web 和基于云的服务，认证的过程更自动化。一般根据其安全级别决定人和计算机是否通过 email 或其他 Internet 服务介入用户账号确认过程，以保证用户身份的真实性和账户的有效创建。网上的银行服务、金融业、其他网上零售、公司的应用产品和服务以及电子政务服务等等，都会有各种组合形式的账户确认。

20.2.2 访问控制

典型的数据库系统访问控制机制是基于权限的授予与回收。**权限**允许用户创建或者访问（即读、写或者修改）某些数据库对象（比如关系、视图或者索引），或者运行某些 DBMS 的实用工具。用户被授予满足其工作所需的各项权限。鉴于过多不必要的授权可能会危及系统安全，所以应该按需授权：只有在用户不具备某权限就无法完成工作时，才应对其进行相应的授权。某一数据库对象（比如关系或者视图）的创建者自动拥有该对象上的所有权限。DBMS 将跟踪这些权限又是如何授予其他用户的，如果必要需对权限进行回收，以确保任何时刻只有具备必要权限的用户才能够访问数据库对象。

自主访问控制

大多数商用 DBMS 都提供一种使用 SQL 进行权限管理的机制，即**自主访问控制**（Discretionary Access Control，DAC）机制。SQL 标准通过 GRANT 和 REVOKE 命令来支持 DAC 的实施。GRANT 命令将权限授予用户，REVOKE 命令回收权限。我们已经在 7.6 节讨论了 SQL 标准是如何支持自主访问控制的。

自主访问控制尽管有效，但也有弱点。特别是在自主访问控制机制里，一个未授权用户可以利用授权用户，令其泄露机密数据。例如，某未授权用户，比如 DreamHome 案例研究中的一位助理，创建了一个用来获取新客户信息的关系，并在系统的某位授权用户（比如经理）不知情的情况下，将对新建关系的访问权限授予他。然后这位助理再偷偷修改应用程序，使得当这位经理在访问只有他才有权访问的数据时，执行一些隐秘的指令，将关系 Client 中的机密数据复制到助理新创建的那个关系中。于是未授权用户（即该助理）就拥有了一份机密数据的副本，即 DreamHome 新客户的资料，然后助理将应用程序再次修改回去以掩盖其非法行为。

显然，还需要某些安全机制来消除这类漏洞，强制访问控制（Mandatory Access Control，MAC）机制就能够满足我们的需求，下面将详细讨论。自主访问控制是大多数商用 DBMS 的典型安全机制，只有少量商用 DBMS 支持强制访问控制。

强制访问控制

强制访问控制（MAC）是一种系统级的策略，用户无法对其进行修改。在该机制中，每一个数据库对象都被赋予了一个安全级别（security class），每一位用户也都被赋予了对某种安全级别的访问许可级别（clearance），并且制定了用户读、写数据库对象的规则（rule）。DBMS 根据读、写规则，比照用户的访问许可级别和用户要访问对象的安全级别来决定是否允许用户的此次读、写操作。这些规则是为了确保机密数据永远不会被没有相应访问许可的用户得到。SQL 标准中并没有包括对 MAC 的支持。

一种常用的 MAC 模型是 Bell-LaPadula 模型（Bell and LaPadula，1974），该模型的术语包括**对象**（比如关系、视图、元组和属性）、**主体**（比如用户和程序）、**安全级别**和**访问许可级别**。每一个数据库对象都被赋予了一个安全级别，每一个主体也都被赋予了一个与某一安全级别相对应的访问许可级别。系统的安全级别是有序的，包括一个最高安全级别和一个最低安全级别。为了便于对该模型进行讨论，我们假设共有四个级别：绝密级（top secret，TS）、机密级（secret，S）、秘密级（confidential，C）和无密级（unclassified，U），其中，TS>S>C>U，我们将对象或者主体 A 的级别标记为 class（A），因此当 A>B 时就表示 A 级别数据的安全程度要高于 B 级别的数据。

Bell-LaPadula 模型对数据库对象的所有读、写操作施加了两条限制规则：

（1）**简单安全特性**：当且仅当 class（S）>=class（O）时，主体 S 可以读对象 O。例如，访问许可级别为 TS 的用户能够读取安全级别为 C 的关系，但是访问许可级别为 C 的用户则不能够读取安全级别为 TS 的关系。

（2）***_ 特性**：当且仅当 class（S）<=class（O），主体 S 可以写对象 O。例如，访问许可级别为 S 的用户只能写安全级别为 S 或者 TS 的对象。

如果系统已经实施了自主访问控制，则这些规则表示额外的访问限制。所以用户要想读、写数据库对象，除了必须拥有使用 SQL 的 GRANT 命令（参见 7.6 节）授予的权限以外，用户的安全级别和对象的安全级别之间也必须满足上述规则。

多级关系与多实例化

为了在关系 DBMS 中应用强制访问控制策略，每一个数据库对象都要被指派一个安全级别。对象的粒度可以是关系、元组甚至单个属性值。假设每一个元组都被赋予了一个安全级别，这种状况就体现了**多级关系**（multilevel relation）这个概念，多级关系指的是同一个关系在具有不同安全许可级别的用户眼里具有不同的元组。

例如，另外添加了一个属性的关系 Client，如图 20-3a 所示，该属性记录了每一个元组的安全级别。

具有 S 或者 TS 许可级别的用户将能够看到关系 Client 中所有的元组。但是具有 C 许可级别的用户则只能看到前两个元组，具有 U 许可级别的用户则无法访问任何元组。假设具有 C 许可级别的用户希望将元组（CR74，David，Sinclaire）插入关系 Client 中，Client 的主关键字是 clientNo。插入操作将被拒绝，因为它破坏了主关键字的约束（参见 4.2.5 节）。但是这次不成功的插入操作却告诉具有 C 许可级别的用户 Client 中已经存在一个主关键字为 CR74 的元组，且该元组的安全级别高于 C。这将违背了系统的安全需求：用户不能得知任何安全级别高于自己的许可级别的对象的信息。

将安全级别属性也视为主关键字的一部分就可以解决这个推断问题。再次考虑上面的例子，此时将允许用户将这一新的元组插入关系 Client 中，修改后的关系实例如图 20-3b 所示。具有 C 许可级别的用户可以看到前两个元组以及新增的这个元组，然而具有 S 或者 TS 许可级别的用户则可以访问全部五个元组。允许执行上述插入操作的结果就是在一个关系中有两个 ClientNo 的值都为 CR74 的元组，这容易让人糊涂。处理这种情况的办法是假设具有高级别的元组具有较高的优先级，只允许用户访问优先级高的元组，或者只允许用户访问一个元组，究竟访问哪一个，要根据用户的许可级别来决定。这种在具有不同许可级别的用户眼里数据对象具有不同值的现象就是**多实例化**（polyinstantiation）。

clientNo	fName	lName	telNo	prefType	maxRent	securityClass
CR76	John	Kay	0207-774-5632	Flat	425	*C*
CR56	Aline	Stewart	0141-848-1825	Flat	350	*C*
CR74	Mike	Ritchie	01475-392178	House	750	*S*
CR62	Mary	Tregar	01224-196720	Flat	600	*S*

a) 增加了一个表示每个元组安全级别的属性的关系Client

clientNo	fName	lName	telNo	prefType	maxRent	securityClass
CR76	John	Kay	0207-774-5632	Flat	425	*C*
CR56	Aline	Stewart	0141-848-1825	Flat	350	*C*
CR74	Mike	Ritchie	01475-392178	House	750	*S*
CR62	Mary	Tregar	01224-196720	Flat	600	*S*
CR74	David	Sinclaire				*C*

b) 关系Client中有两个元组的clientNo都为CR74。Cient的主关键字为（clientNo, securityClass）

图　20-3

尽管强制访问控制确实专注于弥补自主访问控制的缺点，但是 MAC 也有其缺点，MAC的一个主要缺点就是 MAC 环境太苛刻。例如，MAC 策略通常要由数据库或者系统管理员建立，有时候这种分级机制显得不够灵活。

20.2.3　视图

| **视图** | 视图是作用于基础关系的一个或多个关系运算的动态结果，即视图就是这些关系运算的结果关系。视图是一个虚（virtual）关系，在数据库中并不实际存在，它根据某个用户的请求并在请求那一刻才计算产生。

通过视图机制可向某些用户隐藏数据库的一部分信息，因而是一种强大而灵活的安全机制。用户不会知道未在视图中出现的任何属性或行是否存在。视图可以定义在多个关系上，用户被授予适当的权限以后就可以使用视图，具有对视图使用权限的用户只能访问该视图而不能访问视图所依赖的基础关系。这样一来，使用视图就比简单地将基础关系的使用权限授予用户更具有限制性，从而更加安全。本书 4.4 节和 7.4 节已经就视图进行过详细讨论。

20.2.4　备份和恢复

| **备份** | 周期性地将数据库、日志文件（可能还有程序）复制到脱机的存储媒介上的过程。

DBMS 应该提供备份机制来帮助遭遇故障的 DBMS 进行恢复。定期备份数据库副本和日志文件，并确保这些备份被放置在安全的地方。一旦发生故障导致数据库不可用，可以使用备份副本和日志文件中记载的信息将数据库恢复到一个尽可能新的、一致的状态。如何使用日志文件恢复数据库的内容详见 22.3.3 节。

| **日志** | 保存并维护将数据库全部变化都记录在案的日志文件，从而保证在出现故障时能够有效地进行恢复的过程。

DBMS 应该提供日志机制，来跟踪事务的当前状态和数据库的变化，对恢复过程提供支

持。日志的优点在于，万一出现故障，可以利用数据库的备份副本和日志文件记载的信息将数据库恢复到最近的、一致的状态。如果故障系统没有日志机制，那么唯一的恢复方法就是使用数据库最近的备份版本对数据库进行修复。但是，若没有日志文件，数据库最后一次备份之后的所有修改结果就会丢失。日志的工作过程详见 22.3.3 节。

20.2.5 完整性

完整性约束也有助于维护数据库系统的安全，完整性约束可以防止非法数据的生成，从而避免产生容易误解的或不正确的结果。完整性约束的内容已经在 4.3 节进行了讨论。

20.2.6 加密

| 加密 | 使用特定算法对数据进行编码，使得任何没有解密密钥的程序都无法读取数据。

如果数据库系统存储了非常机密的数据，就有必要对其进行编码处理，作为对外部潜在威胁或者非法访问企图的一种防范。为此，某些 DBMS 提供了加密实用工具。DBMS 可访问数据（解码之后），但是因为对数据进行解码要花费些时间，所以性能会降低。加密还可以在数据通过通信线路进行传输的过程中保护数据的安全。对数据进行编码以隐藏信息的算法有很多，一些是不可逆的，另一些则是可逆的。不可逆的算法，正如其名字暗示的那样，不允许原始数据公开，但可用这些数据来获取有效的统计信息。可逆的方法较为通用。为了在不安全的网络上安全地传输数据需要用到**密码系统**，密码系统包括：

- 对数据（明文）进行加密的加密密钥。
- 加密算法，利用加密密钥将明文转换为密文。
- 对密文进行解密的解密密钥。
- 解密算法，利用解密密钥将密文重新转换为明文。

对称加密算法使用的加密、解密密钥相同，因而密钥的交换需要依赖于安全的通信线路。但是，大部分用户可以访问的通信线路都不安全，要想实现真正的安全，密钥需与消息同样长（Leiss，1982），可是大部分可行的密码系统都是基于用户密钥比消息要短这一点设计的。名为**数据加密标准**（Data Encryption Standard，DES）的加密方案是一种由 IBM 开发的标准加密算法。由于这种方案的加密和解密都使用同一个密钥，因此应该保证密钥的机密性，但是却无需保证算法的机密性。DES 算法使用 56 位的密钥加密传输每一个 64 位长的明文块。DES 的安全性并不被广泛认可，一些人认为应该使用更长的密钥。例如，PGP（Pretty Good Privacy）方案就是采用 128 位的对称算法对数据进行加密传输的。

目前，64 位的密钥已可被拥有特殊硬件的大国破解，虽然代价不菲。很快，这种技术也将会被有组织的犯罪集团、大型机构和小国掌握。尽管有人宣称 80 位的密钥今后也能够被破解，但是 128 位的密钥在可预见的一段时间内不会被破解。我们使用术语"强认证"（strong authentication）和"弱认证"（weak authentication）对算法进行区分：不管出于何种目的，利用现有知识和技术无法破解的算法就是"强认证"，否则就是"弱认证"。

另外一种密码系统使用不同的密钥加密和解密，被称为**非对称加密**算法。**公开密钥**密码系统就是非对称加密算法，它使用两个密钥：一个是公钥，另一个是私钥。加密算法可以公开，所以任何想要给某位用户发送报文的人，都可使用该用户的公钥以及公开的加密算法对报文加密传送。只有拥有私钥的用户才能对报文解密。公钥密码系统也可用于发送带有"数字签名"的报文，数字签名可用于验证发送报文的人和宣称发送了该报文的人是否为同一个人。最著名的非对称加密系统就是 **RSA**（RSA 来源于三个算法设计者名字的首字母）。

通常，对称算法在计算机上的执行速度比非对称算法要快得多。但实际上，两者经常被结合起来使用：用公开密钥算法加密随机产生的加密密钥，用对称算法和该随机密钥对真正要发送的报文进行加密。我们将在 20.5 节讨论 Web 环境下的加密。

20.2.7　RAID（独立磁盘冗余阵列）

运行 DBMS 的硬件必须具备容错的性能：即使在硬件组件出现故障的情况下，DBMS 还能够继续运行。这就表明系统必须具备冗余组件，无论何时一个或多个组件出现故障时，冗余组件都能够无缝地集成到正在运行的系统当中。应该具备容错特性的主要硬件组件包括磁盘驱动器、磁盘控制器、CPU、电源和风扇。磁盘驱动器是最脆弱的组件，发生故障的频率也最高。

解决方法之一就是采取**独立磁盘冗余阵列**（Redundant Array of Independent Disks，RAID）技术。RAID 原本代表廉价磁盘冗余阵列（Redundant Array of Inexpensive Disk），但是最近，RAID 中的"I"代表的是独立（Independent）。RAID 是由多个独立的磁盘构成的大型磁盘阵列，它能够提高可靠性，同时也能够提高性能。

系统性能的提高是通过数据条带化（data stripe）技术实现的：数据被分成大小相同的部分（条带单元），透明地分布到多个磁盘中。表面上看起来是一个大型的、高速的磁盘，实际上数据分布在几个小型的磁盘上。条带技术允许并行执行多个 I/O 操作，从而提高了全局的 I/O 性能。与此同时，数据条带化也能够平衡各磁盘的负载。

可靠性的提高是通过在多个磁盘上存储冗余信息并使用奇偶校验编码或纠错编码（例如 Reed-Solomon 编码，参见 Pless，1989）实现的。在奇偶校验编码中，每一个字节都设置一个奇偶校验位，用来记录字节中为 1 的位数是奇数还是偶数。如果字节中某些位的信息被破坏，则新生成的奇偶校验位与原来存储的奇偶校验信息不匹配。同样，如果是原来存储的奇偶校验位被破坏，它也不会和该字节中的信息匹配。纠错编码则存储两个或两个以上的附加位信息，如果一位被破坏，还能重构原始数据。不管是奇偶校验编码还是纠错编码，在将字节条带化分布到各个磁盘时均可使用。

RAID 有很多不同的磁盘配置方法，称为 RAID 级别。关于每一个 RAID 级别的简要描述如下所示，每一级的详细图解如图 20-4 所示，图上的数字代表数据块的编号，字母表示数据块的段的编号：

- RAID 0——无冗余。RAID 0 不维护冗余数据，因此执行写操作的性能最好，因为无需对更新信息进行复制。数据条带化在块这一级进行。RAID 0 如图 20-4a 所示。
- RAID 1——镜像。RAID 1 在不同磁盘上维护数据的两个相同副本（镜像）。为了在磁盘故障的情况下维护系统的一致性，写操作不可以同时执行。这是最昂贵的存储解决方案。RAID 1 如图 20-4b 所示。
- RAID 0＋1——无冗余镜像。这一级综合应用了条带和镜像技术。
- RAID 2——主存方式的纠错编码。这一级的条带化单元是位，冗余方案采用海明编码。RAID 2 如图 20-4c 所示。
- RAID 3——位交叉奇偶校验。这一级通过在阵列中的一个磁盘上存储奇偶校验信息来提供冗余信息。在其他磁盘出现故障时，可以利用这些奇偶校验信息进行数据恢复。RAID 3 使用的存储空间比 RAID 1 要小，但奇偶校验磁盘可能会成为瓶颈。

RAID 3 如图 20-4d 所示。

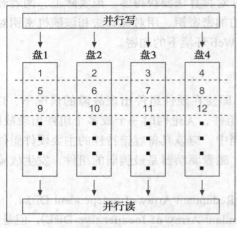

a) RAID0——无冗余

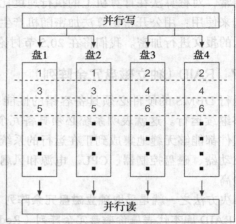

b) RAID1——镜像

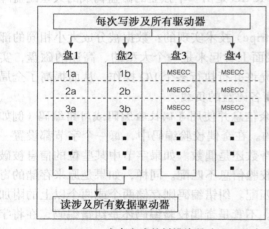

c) RAID2——主存方式的纠错编码（MSECC）

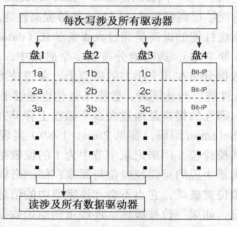

d) RAID3——位交叉奇偶校验（位-IP）

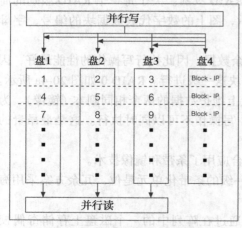

e) RAID4——块交叉奇偶校验（块-IP）

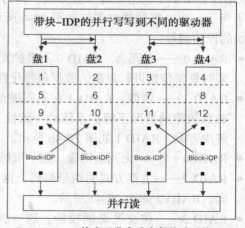

f) RAID5——块交叉分布式奇偶校验（块-IP）

图 20-4　RAID 级别，其中数字代表块的编号，字母代表数据块内节的编号。

- RAID 4——块交叉奇偶校验。在这一级中，条带化单元是磁盘块，使用一个单独的磁盘来维护其他磁盘块的奇偶校验块。如果某一磁盘出现故障，则可通过奇偶校验块以及其他磁盘的对应块来重构故障磁盘的块。RAID 4 如图 20-4e 所示。
- RAID 5——块交叉分布式奇偶校验。RAID 5 使用和 RAID 3 相似的奇偶校验数据作为冗余信息，但是 RAID 5 将奇偶校验数据分布到所有磁盘上，这与条带化源数据的方式相同。这种方式减轻了奇偶校验磁盘的瓶颈效应。RAID 5 如图 20-4f 所示。
- RAID 6——P＋Q 冗余。RAID 6 和 RAID 5 相似，对额外冗余数据的维护使得 RAID 6 能够处理多个磁盘故障的情况。RAID 6 采用纠错编码而非奇偶校验码。

以 Oracle 为例，Oracle 推荐使用 RAID 1 来重写日志文件。对数据库文件而言，如果写开销可以接受的话，Oracle 推荐使用 RAID 5，否则可以使用 RAID 1 或者 RAID 0＋1。对 RAID 的完整讨论超出了本书范围，感兴趣的读者可以参看下列论文：Chen and Patterson（1990）和 Chen et al.（1994）。

20.3 Microsoft Office Access DBMS 的安全机制

本节主要关注 Microsoft Office Access 2010 提供的安全机制。7.6 节曾讲述了 SQL 的 GRANT 和 REVOKE 语句。但 Microsoft Office Access 2010 并不支持这些语句，而是提供了下列数据库安全机制：

- 拆分数据库。
- 为数据库设置密码。
- 托管（启用）数据库中禁用的内容。
- 打包、签名并部署数据库。

拆分数据库

在数据库中保护数据最安全的方式就是把数据库表与数据库应用对象（如表单、报表等）分离开来，此动作称为拆分数据库。Office Access 2010 提供了一个数据库拆分向导，选择工具栏"Move Data"部分的"Access Database"按钮即可。按该按钮即显示图 20-5 所示数据库拆分窗口。

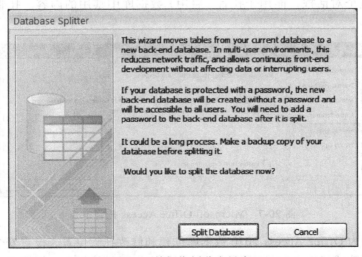

图 20-5　数据库拆分向导窗口

指明后端数据库的位置，一旦复制到新位置后即可像下一节描述的那样，通过设置密码做进一步保护。

为数据库设置密码

设置数据库启动密码是一种简单的安全机制。通过选择菜单 File / Info 部分的"密码加密"即可设置密码。一旦设置了密码，以后每次打开数据库时就会弹出请求输入密码的对话框。只有那些输入了正确密码的用户才允许打开数据库。这种方法是安全的，因为 Microsoft Office Access 对密码进行了加密处理，所以即使直接读取数据库文件也无法得知密码。然而，一旦数据库打开后，用户就可以访问数据库的所有对象。图 20-6a 为设置密码的对话框，图 20-6b 则是启动数据库时请求输入密码的对话框。

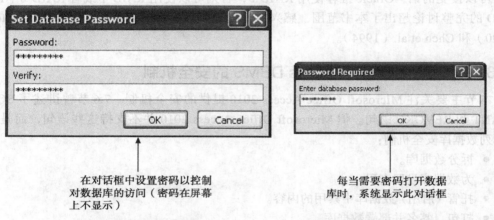

在对话框中设置密码以控制
对数据库的访问（密码在屏幕
上不显示）

每当需要密码打开数据
库时，系统显示此对话框

a) 设置数据库密码的对话框   b) 启动数据库时请求输入密码的对话框

图 20-6　利用密码保证 DreamHome 数据库的安全

Microsoft Access 2010 与以前的版本相比，在密码加密、为高效管理而与 Microsoft SharePoint 的集成以及检测应用的信息使用等方面都有所改进。

托管（启用）数据库中禁用的内容

托管中心是个对话框，能用于托管（启用）数据库中禁用的内容。托管中心对话框如图 20-7 所示。

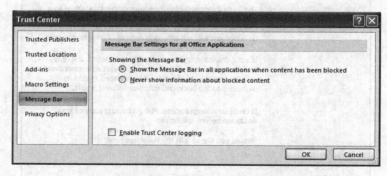

图 20-7　Microsoft Office Access 托管中心

托管中心能为 Office Access 2010 数据库创建和修改托管位置、设置安全选项。这些设置会影响一个新建或已存在数据库在 Access 实例中打开时的行为。托管中心中还包含一些规则：确定如何评估数据库的各组成部分；打开一个数据库是否安全；托管中心是否应该禁用（disable）数据库，而让用户决定启用（enable）；等等。

打包、签名并部署数据库

打包并签名机制首先把数据库放在一个 Access 部署文件（.accdc）中，然后签署这个包，并把签名后的包存放在期望的位置。以后，用户能从该包抽取数据库并直接在数据库上工作（但不是在包文件上）。打包数据库并对包签名是表达可信的一种方式。用户得到一个包后，若签名表明其未被篡改，同时用户又信任签名者的话，内容即可放心使用。

附录 H 给出了 Microsoft Office Access 2010 DBMS 的概述（也可参见 Web 网站）。

20.4 Oracle DBMS 的安全机制

附录 H 对 DBMS Oracle11g 进行了概述。本节将重点关注 Oracle 的安全机制。我们将分析 Oracle 提供的两种安全机制：系统安全和数据安全。Oracle 所用系统安全机制与 Office Access 一样，就是采用标准的用户名和密码的形式，即用户在访问数据库之前必须提供合法的用户名和密码，当然，认证用户的责任也可交由操作系统负责。图 20-8 是创建新用户 Beech 和设置认证密码的过程。当用户 Beech 试图连接数据库时，系统都会弹出一个和图 20-9 类似的 Connect（连接）或 Log On（登录）对话框，提示用户输入能够访问某数据库的用户名和密码。

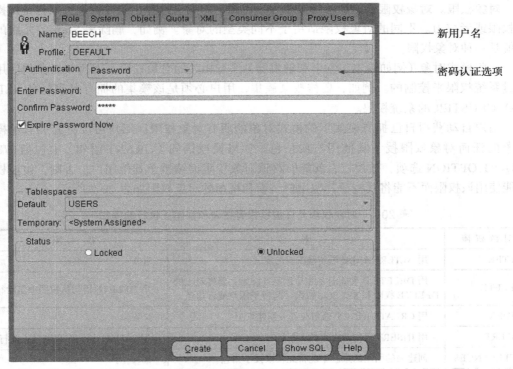

图 20-8　创建新用户 Beech 并设置认证密码

权限

正如 20.2.2 节所述，**权限**就是执行特定类型的 SQL 语句或者访问其他用户对象的权力。

Oracle 权限的例子有：

- 连接数据库（创建会话）
- 创建表
- 从其他用户的表中选择行

Oracle 提供了两种不同形式的权限：

- 系统权限
- 对象权限

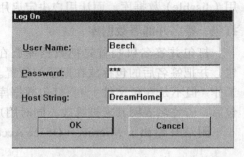

系统权限。系统权限就是执行某种特殊的操作或者对任何特殊类型的模式对象执行某种操作的权力。例如，在数据库中创建表空间和创建用户这两种权限都属于系统权限。Oracle 中有超过 80 种不

图 20-9 请求输入用户名、密码以及欲连接数据库名的登录对话框

同的系统权限。可以使用下列两种方式之一将系统权限授予用户和角色，或者从用户和角色处回收系统权限：

- Oracle 安全管理器的 Grant System Privileges/Roles（授予系统权限 / 角色）对话框和 Revoke System Privileges/Roles（回收系统权限 / 角色）对话框。
- SQL GRANT 和 REVOKE 语句（参见 7.6 节）。

然而，只有那些被授予某种系统权限时带有 ADMIN OPTION 选项，或是是具有 GRANT ANY PRIVILEGE 系统权限的用户才能够授予或回收系统权限。

对象权限。对象权限就是能够在某个表、视图、序列、过程、函数或包上执行特殊操作的权限或者权力。不同的对象权限适用于不同类型的对象。例如，删除表 Staff 的元组的权限就是一种对象权限。

一些模式对象（例如簇集、索引和触发器）没有相关的对象权限，对这些对象的使用是通过系统权限来控制的。例如，要修改某簇集，用户必须是该簇集的拥有者或具有 ALTER ANY CLUSTER 的系统权限。

用户自动获得自己拥有模式下的模式对象的所有对象权限。用户可以将其拥有的模式对象的任何对象权限授予其他用户或角色。如果授权语句（GRANT 语句）中包括 WITH GRANT OPTION 选项，被授权者就能够将该对象权限继续授予其他用户；否则，被授权者只能使用该权限而不能将其授予其他用户。表和视图的对象权限如表 20-2 所示。

表 20-2 对象权限允许被授权者在表和视图上执行的操作

对 象 权 限	表	视 图
ALTER	用 ALTER TABLE 语句修改表的定义	N/A
DELETE	用 DELETE 语句将行从表中删除。注意：要将对表的 DELETE 权限和 SELECT 权限一起授予用户或者角色	用 DELETE 语句从视图中删除行
INDEX	用 CREATE INDEX 语句在表上创建索引	N/A
INSERT	用 INSERT 语句向表中插入新行	用 INSERT 语句向视图插入新行
REFERENCES	创建表的引用约束。不能将此权限授予角色	N/A
SELECT	用 SELECT 语句对表进行查询	用 SELECT 语句对视图进行查询
UPDATE	用 UPDATE 语句对表中的数据进行更新。注意：要将对表的 UPDATE 权限与 SELECT 权限一起授予用户或者角色	用 UPDATE 语句对视图中的数据进行更新

角色。用户可通过两种方式接收权限：

（1）显式地授予用户权限。例如，某用户可以将向表 PropertyForRent 插入行的权限显式地授予用户 Beech：

GRANT INSERT ON PropertyForRent **TO** Beech;

（2）先将权限授予**角色**（某指定的权限组），然后将角色授予一个或多个用户。例如，用户可以将对表 PropertyForRent 进行查询、插入和更新的权限授予角色 Assistant，然后将角色 Assistant 授予用户 Beech。用户可以被授予多个角色，同一个角色也可以被授予多个用户。图 20-10 显示使用 Oracle 安全管理器将这些权限授予角色 Assistant。

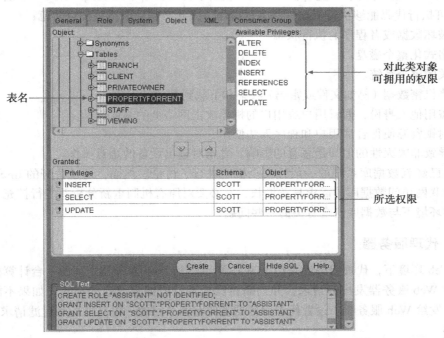

图 20-10 将表 PropertyForRent 的查询、插入和更新权限授予角色 Assistant

因为角色机制使得对权限的管理变得更加简单，能够更好地对权限进行管理，所以通常都是将权限授予角色而不是授予具体的用户。

20.5 DBMS 与 Web 安全

我们将在第 29 章全面论述 Web 上的 DBMS。本节主要讨论如何保证 Web 上的 DBMS 的安全。建议对 Web 上的 DBMS 的相关术语和技术不熟悉的读者在阅读本节前先阅读第 29 章。

Internet 传输依赖于底层的 TCP/IP 协议，但是无论是 TCP/IP 还是 HTTP，在设计之初都没有考虑安全问题。如果没有专门的软件，Internet 上的所有数据都是用明文传输的，任何对网络进行监测的人都能读取。因为 Internet 一直都是一个开放的网络，所以这种形式的攻击相对来说很容易实现，只要利用免费的"包监测"软件就可以进行。例如，当用户使用信用卡在 Internet 上购物时，请你考虑一下信用卡信息被不道德团伙截取的后果。通过 Internet 传送和接收信息，遇到的关键问题是如何保证：

- 除发送者和接收者外，任何人不能访问该信息（隐秘性）。
- 信息在传输过程中不能被修改（完整性）。
- 接收者能够确定信息的确是来自发送者（真实性）。
- 发送者能够保证接收者是名副其实的接收者（非伪装性）。
- 发送者不能否认曾经发送过该信息（不可否认性）。

然而，事务保护机制只能解决部分问题。一旦信息到达 Web 服务器，服务器也必须提供保护机制。Web 环境广泛使用的三层体系结构，进一步增加了数据库访问安全的复杂性。如今，大部分这种结构的系统都能够得到安全保护，但是通常需要其他产品和机制的支持。

Web 环境安全中另外一个需要强调的问题是传输到客户端的信息中可能含有可执行代码。例如，HTML 网页中可能包含 ActiveX 控件、JavaScript/VBScript 以及一个或多个 Java applet。可执行代码能够执行下面一些恶意操作，因此必须采取措施加以防范：

- 破坏数据或者程序的执行状态。
- 格式化整个磁盘。
- 关闭整个系统。
- 将机密数据（例如文件或密码）收集和下载到其他站点。
- 盗用他人身份，假冒用户或用户的机器攻击网络上的其他目标。
- 封锁资源使得合法用户和程序无法使用。
- 导致非毁灭性的但却是恶意的影响，尤指对输出设备的恶意操作。

此前已经就数据库系统的一般性安全机制进行了讨论。然而，通过公开的 Internet 和组织机构内联网访问数据库的需求日益增长，有必要对原有机制重新分析并进行扩充。本节将讨论这类环境下与数据库安全有关的一些问题。

20.5.1 代理服务器

在 Web 环境下，代理服务器是位于 Web 浏览器和 Web 服务器之间的一台计算机。它截获所有对 Web 服务器发出的请求，并判断自己是否就能够完成这些请求。如果不能，它会将请求转发给 Web 服务器。设置代理服务器主要有两个目的：提高性能和过滤请求。

提高性能

由于代理服务器上保存了一段时间之内所有请求的处理结果，所以代理服务器的设置能够极大地提高用户组的性能。例如，假设用户 A 和用户 B 通过代理服务器访问 Web。首先，用户 A 请求访问某个网页，稍后，用户 B 也请求同一个网页。这时，代理服务器并不将 B 的请求转发给网页所在站点的 Web 服务器，而是将先前为用户 A 请求且已经从该站点获取并存储在本地的缓存页面转发给 B。因为代理服务器经常和用户处于同一网络中，所以显然这样操作要快得多。实际的代理服务器（如 Compuserve 和 America Online 等大型网站）所采用的通常能够支持数以千计的用户。

过滤请求

代理服务器也可以用来过滤请求。例如，组织机构可以利用代理服务器来禁止员工访问某些网站。

20.5.2 防火墙

标准的安全建议是，确保 Web 服务器不要连接任何内部网络，并且做好定期备份，以保证能从不可避免的攻击中重新恢复。当 Web 服务器不得不连接内部网络时，例如为了访问公司数据库，若正确安装并维护防火墙，则可利用防火墙技术帮助阻止未授权访问。

防火墙是一种用于防止对私有网络或来自私有网络的未授权访问的系统，防火墙可以用软件也可以用硬件实现，或者软件、硬件相结合。我们经常用防火墙来阻止未授权的 Internet 用户对接入 Internet 的私有网络，尤其是对组织机构内联网的访问。所有进入或离开组织机构内联网的报文都要经过防火墙，防火墙对每一个报文进行分析，若不满足安全准则，则报文被阻塞。防火墙技术包括：

- **包过滤**。查看每一个进入或离开网络的数据包，依据用户定义的规则决定是否允许其通过。包过滤是一种相对有效的机制，包过滤对用户透明，但是配置起来比较困难。另外，包过滤容易受到 IP 欺骗攻击（IP 欺骗是一种未授权访问计算机的技术，攻击者发送伪造了 IP 地址的报文，让对方计算机误以为该报文来自可信任端口）。
- **应用级网关**。适用于某些应用的安全机制，例如 FTP 和 Telnet 服务器。这是一种非常有效的机制，但是会使性能降低。
- **电路级网关**。在建立 TCP 或 UDP（User Datagram Protocol，用户数据报协议）连接时实施的安全机制。一旦建立连接，则无需对数据包做进一步检查即可在主机之间流动。
- **代理服务器**。截获所有进入或离开网络的报文。代理服务器有效地隐藏了真实的网络地址。

实际上，许多防火墙都综合使用了多种技术。防火墙被认为是保护私有信息的第一道防线。为了更加安全，数据应该加密，这就是我们接下来要讨论的主题，在 20.2.6 节也早有论述。

20.5.3 报文摘要算法和数字签名

报文摘要算法，也称单向散列函数，传送的信息包括一个任意长度的字符串（报文）和一个固定长度的字符串（摘要或者散列值）。摘要具有下列特征：

- 要发现能够产生相同摘要的另一段报文是很困难的。
- 摘要不会泄露任何关于报文的信息。

数字签名由两部分信息组成：根据正被"签名"的数据计算得到的位串以及希望签名的个人或组织的私有密钥。数字签名可用来验证数据是否真正来自这个人或这个组织。和手写签名一样，数字签名也具备许多有用的特性：

- 使用相应公钥即可验证发送者身份的真实性。
- 不可伪造（假设能够保证私钥的秘密性）。
- 数字签名是被签名数据的函数，它对其他数据无效。
- 被签名的数据不能被修改，否则签名将不再有效。

一些数字签名算法对部分计算数据使用报文摘要算法，另外一些签名算法出于效率的考虑，首先计算报文的摘要，然后对摘要进行数字签名，而不是对整个报文签名。

20.5.4 数字证书

数字证书是出于安全目的而添加在报文中的附件，大部分数字证书是为了验证报文发送者的身份是否属实，同时为接收者提供一种对应答进行编码的方法。

　　希望发送加密报文的个人需要向 CA（Certificate Authority，认证中心）申请数字证书。CA 负责向其发放一个加密的个人数字证书，该数字证书包含了申请者的公钥和其他一些认证信息。CA 将自己的公钥打印发放，或者通过 Internet 发放。

　　密文的接收者利用 CA 的公钥对附加在报文中的数字证书进行解码，以证实该报文的确是 CA 发布的，解码后，接收者获取发送者的公钥和数字证书其他的认证信息。利用这些信息，接收者可以发送一个加密回复报文。

　　VeriSign 开发了下面几类数字证书：

- 第一类面向个人（打算用于 E-mail）。
- 第二类面向组织机构（针对那些要求身份证明的）。
- 第三类面向服务器/软件签名（针对那些拟通过某个发布的 CA 进行独立的验证、身份检查和授权的）。
- 第四类面向计算机之间的联机商业事务。
- 第五类面向私有机构或政府的安全保密。

　　目前证书用的最普遍的是 S-HTTP 网站。Web 浏览器若确认一个安全套接层 Web 服务器为可信的，就能保证用户与 Web 网站的交互没有偷听者，并且该网站也就是其宣称的网站。（S-HTTP 和 SSL 稍后讨论。）

　　显然，CA 在这个过程中担当的角色至关重要，CA 扮演着双方的中间人。在大型的分布式复杂网络环境下，比如 Internet，客户端和服务器端之间可能并没有建立相互信任的机制，当双方需要进行安全会话时，第三方信任模型是非常必要的。但是由于各方都信任 CA，并且 CA 能够通过对其证书的签名担保每一方的真实身份和可信任度，这样各方之间都能够相互认可、相互信任。使用最广泛的数字证书的标准是 X.509。

20.5.5　Kerberos

　　Kerberos 是一种安全的用户名和密码的服务器（Kerberos 是古希腊神话里守卫地狱之门的长有三个头的看门狗）。Kerberos 的重要性在于它能够为网络上的所有数据和资源提供一个中央安全服务器。可信任的 Kerberos 服务器集成了许多安全特性，包括数据库访问、登录、授权控制等。Kerberos 与认证服务器的功能类似：验证和确认用户身份。安全公司现在正在对一种将 Kerberos 和认证服务器混合使用的方法进行测试，以开发一种全网络范围的安全系统。

20.5.6　安全套接字层和安全 HTTP

　　许多大型的 Internet 产品开发商都在使用像网景（Netscape）开发的安全套接字层（Secure Socket Layer，SSL）这样的加密协议在 Internet 上传输机密文档。SSL 用私有密钥对数据加密，并采用 SSL 连接进行传输。网景的 Navigator 和 IE 都支持 SSL，许多站点也使用该协议来获取机密的用户信息，例如信用卡号码等。该协议位于应用层协议（例如 HTTP）和 TCP/IP 传输层协议之间，目的是为了阻止窃听、篡改以及报文伪造。因为 SSL 是位于应用层协议之下的协议，所以它可以被其他应用层协议（例如 FTP 和 NNTP）使用。

　　另外一种在 Web 上安全传输数据的协议是安全 HTTP（S-HTTP），它是标准 HTTP 协议的一个改进版本。S-HTTP 是 EIT（Enterprise Integration Technologies）开发的，EIT 于 1995 年被 Verifone 有限公司收购。尽管 SSL 能够在客户端和服务器端之间建立安全的连接，任何规模的数据都可以在此连接上安全地传输，但是 S-HTTP 是为了安全传输单个报文而设计的。因此，可以将 SSL 和 S-HTTP 看成是相互补偿的技术，而不是相互竞争的技术。SSL 和 S-HTTP 均已提交 Internet 工程任务小组（Internet Engineering Task Force，IETF），并被接纳成为标准。根据约定，需要 SSL 连接的网页请求以 https: 开头（代替 http:）。并非所有的 Web 浏览器和服务器都支持 SSL/S-HTTP 协议。

这些协议基本上都允许浏览器和服务器互相认证，以保证消息流的安全传输。利用密码技术，例如加密与数字签名，SSL/S-HTTP 协议能够：

- 允许 Web 浏览器和服务器相互认证。
- 允许网站的所有者实现对特殊服务器、目录、文件或服务的访问控制。
- 允许敏感数据（例如信用卡号码）在浏览器和服务器之间传输，并且对第三方不可用。
- 保证浏览器和服务器之间进行可靠的数据交换，也就是既不会被偶然或有意地破坏，也不会被侦听截获。

利用 SSL 或 S-HTTP 协议建立安全的 Web 会话时，一个重要的组件就是数字证书，数字证书如前所述。如果没有权威的、可信赖的证书，SSL 和 S-HTTP 根本没有安全性可言。

20.5.7 安全电子交易和安全交易技术

安全电子交易（Secure Electronic Transaction，SET）协议是一种开放的、可互操作的标准，用于处理 Internet 基于信用卡电子支付的交易，是由 Netscape、Microsoft、Visa、Mastercard、GTE、SAIC、Terisa Systems 和 VeriSign 共同提出的。SET 的目标是要实现 Internet 的基于信用卡的电子支付交易，使其如同在零售店的支付一样简单和安全。为了保护隐私，将交易过程进行分割：商家可以看到的信息包括客户正在购买的商品信息、商品价格和是否已经成功支付，但是不包括客户付款的方式。相似地，信用卡的发放方（例如 Visa）可以得知商品的销售价格，但是无法得知这是哪一种商品的价格。

在 SET 中，证书得到了广泛的应用，证书提供了信用卡持有者、商家以及金融机构之间的认证，如图 20-11 所示。Microsoft 和 Visa International 都是 SET 规范的主要制定者，他们目前提出了安全交易技术（Secure Transaction Technology，STT）协议，目的是为了解决 Internet 上的安全银行支付问题。STT 使用 DES 信息加密算法、RSA 银行卡信息加密算法以及对所有交易参与方的强认证。

20.5.8 Java 安全

在 29.7 节我们将说明 Java 已经日渐成为一种重要的 Web 开发语言。建议对 Java 不熟悉的读者在学习本节之前先阅读 29.7 节。

安全和保密是 Java 设计的整体组成部分，Java "沙箱"（sandbox）能够确保不受信任的、恶意的应用程序无法访问系统资源。Java 沙箱由三个组件组成：类加载器、字节码检验器和安全管理器。安全特性是由 Java 语言和 Java 虚拟机（JVM）提供的，由编译器和运行系统执行；保密则是构筑在这些安全层上的一种策略。

Java 语言的两种安全特性都与强类型以及无用内存自动回收相关。本节讨论其他两种特性：类加载器和字节码检验器。为了完整地讨论 Java 的安全，我们还会对 JVM 安全管理器进行分析。

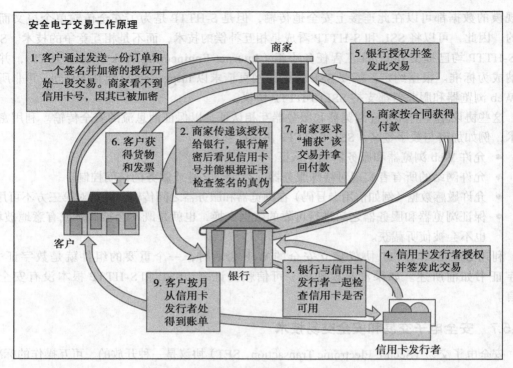

图 20-11   SET 交易

类加载器

类加载器除了加载所需的类并对其格式进行验证以外，还通过名字空间的分配来检查应用程序 /applet 是否危及系统安全。名字空间是一种层次结构，允许 JVM 基于类的来源（本地或是远程）对类进行分组。类加载器禁止来自"低保护级"名字空间的类替换高保护级名字空间的类。利用这种方法，非本地的 Java 类就无法调用或者覆盖本地 Java 类中定义的文件系统的 I/O 原语。一个正在执行的 JVM 允许有多个同时激活的类加载器，每一个类加载器都有自己的名字空间。浏览器和 Java 应用程序通常都拥有自己的类加载器，它们都是基于 Sun 公司的模板实现的，这一点可被视为安全模型的一个缺陷。但是，也有一些人主张这正是 Java 的强大之处，因为它使得系统管理员能够实施自己（也许更加严密）的安全策略。

字节码检验器

在 JVM 运行应用程序 /applet 之前，首先要对代码进行检验。检验器假设所有的代码都会危害系统安全，需要执行一系列的检查，包括执行一个定理证明器。典型的检查包括：

- 编译后的代码格式是否正确。
- 内部堆栈是否出现溢出或者下溢。
- 是否出现非法的数据转换（例如，整型到指针类型的转换）——为了确保变量无法访问受保护的内存区域。
- 字节码指令是否拼写正确。
- 所有对类成员的访问是否有效。

安全管理器

Java 的安全策略是面向应用程序的。一个 Java 应用，诸如一个支持 Java 的 Web 浏览器或者一个 Web 服务器，自己定义并实现其安全策略。所有应用都要实现自己的安全管理器。支持 Java 的 Web 浏览器拥有自己的 applet 安全管理器，此浏览器下载的所有 applet 都受制于该安全策略。通常，安全管理器负责对那些存在潜在"危险"的方法进行运行时验证，这些方法包括 I/O 请求、网络访问和定义新类加载器，等等。一般情况下，对下载的 applet 操作时有如下限制：

- 禁止读写客户端文件系统中的文件。这项规定禁止了 applet 在客户端里存储持久性数据（例如数据库），尽管数据可以发送回主机端进行存储。
- 除了提供编译过的".class"文件的主机外，禁止与其他计算机进行网络连接。即允许连接的主机要么是发出 HTML 网页的主机，要么是在 applet 的标签 CODEBASE 参数中指明的主机，优先连接 CODEBASE 指明的主机。
- 禁止在客户端启动其他程序。
- 禁止加载库文件。
- 禁止定义方法调用。如果允许 applet 定义本地方法调用，将会导致 applet 对底层操作系统的直接访问。

无论是从公共 Internet 或者公司内联网上下载的 applet，上述规定均适用。但是对于客户端本地磁盘上的 applet 和出现在客户端 CLASSPATH 参数指定目录下的 applet，上述限制则不适用。本地 applet 是由文件系统加载器加载的，能够读写文件，也允许退出虚拟机，且不必通过字节码检验器。JDK（Java 语言开发工具包）Appletviewer 对这些限制有所放松，允许用户自定义一个下载的 applet 能够访问的文件列表。同样，微软的 IE 4.0 引入了"区域"（zone）的概念，一些区域是可信任的，而另一些则是不可信任的，从某些区域下载的 applet 就能够读取客户端硬盘驱动器上的文件。这些区域划分由网络管理员来决定。

增强的 applet 安全

1996 年 1 月，在 Java applet API 的第一个版本中引入了沙箱模型。虽然这个模型通常能够保护系统免受网络上不信任代码可能的攻击，但是它并不能解决许多其他的安全和隐私问题。applet 来源的真实性需要通过认证来保证。经过数字签名和认证的 applet 就升级为可信任的 applet，因而在允许时也就受到较少的安全限制。

JDK 1.1 支持的 Java 安全 API 包括数字签名、报文摘要、密钥管理和加密 / 解密（符合美国出口控制规定）的 API。目前，为签名 applet 的灵活安全策略制定一个基础架构的工作正在进行中。

20.5.9　ActiveX 安全

ActiveX 的安全模型与 Java applet 的安全模型有很大的不同。Java 通过将 applet 的行为限制在一个安全的指令集范围内来保证安全，而 ActiveX 并不限制 ActiveX 控件的行为。每一个 ActiveX 控件可被其制作者使用 Authenticode™ 系统进行数字签名，然后数字签名再经由认证中心（CA）认证。ActiveX 安全模型将计算机安全的责任交给了用户。浏览器在下载未被签名的或者来自某未知 CA 认证的 ActiveX 控件之前，将弹出对话框提醒用户此次操作可能是不安全的。用户可以选择放弃或者继续运行该 ActiveX 控件并承担其后果。

20.6　数据管理与数据库管理

数据管理员（DA）负责管理和控制组织机构的数据，而数据库管理员（DBA）负责管理和控制组织机构的数据库。DA 的活动主要集中在生命周期的前期阶段——从数据库规划到逻辑数据库设计。DBA 则更关注生命周期的后期阶段——从应用程序设计或物理数据库设计阶段开始直至运行维护阶段。在本章最后一节，我们将讨论与数据和数据库管理有关的目的和任务。

20.6.1　数据管理

数据管理｜管理数据资源，包括数据库规划，标准、策略、过程的建立及维护，以及概念数据库设计和逻辑数据库设计。

　　DA 对组织机构的数据资源负责，包括那些未存入计算机的数据，实际上，DA 经常管理的是由多个用户或组织机构内多个应用部门共享的数据。DA 负责同资深管理层人员协商并提出建议，以确保数据库技术的应用始终能够支持组织机构的目标。在一些组织机构中，数据管理是一个独立的职能部门，在另一些组织机构中则与数据库管理合并。表 20-3 描述了与数据管理相关的任务。

表 20-3　数据管理的任务

选择合适且高生产率的工具
协助组织机构 IT/IS 的开发和组织机构策略的制定
承担可行性研究，对数据库开发进行规划
建立单位的数据模型
确定组织机构数据需求
建立数据收集的标准并定义数据格式
估计数据容量及其增长速度
定义数据使用模式和使用频率
定义数据访问需求，确保囊括了单位所有合法的需求
承担概念数据库设计和逻辑数据库设计
及时与数据库管理员和应用开发人员进行交流，确保应用程序满足所有已定义的需求
对用户进行培训，使其了解数据标准和法律责任
紧跟 IT/IS 和组织机构发展的动向
确保文档的及时更新与文档的完整，包括标准、策略、过程、数据字典的使用以及终端用户的控制
管理数据字典
同用户交流以确定新的需求，解决与数据访问和性能相关的问题
制定安全策略

20.6.2　数据库管理

数据库管理｜对数据库系统的物理实现进行管理，包括物理数据库设计与实现，建立安全机制与实施完整性控制，监控系统性能，并在必要时对数据库进行重组。

　　与数据管理员相比，数据库管理员的技术性更强，需要有 DBMS 和操作系统的专业知识。尽管数据库管理员的主要职责集中在充分利用 DBMS 软件进行系统开发和系统维护，但是 DBA 也要在其他方面协助 DA，如表 20-4 所示。参与数据库管理的人数是变化的，通常由系统的规模确定。表 20-4 种描述了数据库管理的任务。

表 20-4 数据库管理的任务

评估并选择 DBMS 产品

承担物理数据库设计

在目标 DBMS 上实现物理数据库的设计

建立安全机制，实施完整性约束

与数据库应用程序开发人员进行交流

制定测试策略

对用户进行培训

负责对最终实现的数据库系统签署交付

监控系统性能，在适当的时机对数据库进行调优

定期执行备份

确保恢复机制和恢复过程的正确性

确保文档的完整，包括内部产生的材料

关注软件和硬件的最新发展以及市场报价，必要时进行升级换代

20.6.3 数据管理与数据库管理的比较

在前两节中，我们已经研究了数据管理和数据库管理的目的和任务，最后再把它们做个简要的对比。表 20-5 总结了数据管理员和数据库管理员在主要任务上的不同。可能最明显的区别在于所做工作的本身的性质：数据管理员趋向于管理型，而数据库管理员更趋向于技术型。

表 20-5 数据管理员和数据库管理员——职责的主要区别

数 据 管 理	数据库管理
参与 IS 策略的制定	评估新的 DBMS
决定长期目标	执行计划以达成目标
制定标准、策略和过程	实施标准、策略和过程
定义数据需求	实现数据需求
完成概念数据库设计和逻辑数据库设计	完成逻辑数据库设计和物理数据库设计
建立和维护组织机构数据模型	实现物理数据库设计
协调系统开发	监控数据库
面向管理	面向技术
与 DBMS 无关	与 DBMS 相关

本章小结

- **数据库安全**是保护数据库免受有意或无意威胁的机制。数据库安全关注避免下列情况的发生：盗用和假冒、破坏机密性（秘密性）、破坏隐私、破坏完整性、破坏可用性。

- **威胁**指有意或无意的，可能会对系统造成负面影响的，进而影响组织机构运作的任何情况或事件。

- 多用户环境下**基于计算机的安全控制**包括：授权、访问控制、视图、备份和恢复、完整性、加密和 RAID 技术。

- **授权**是授予一个主体权利或者权限，使其能够实现对系统或者系统对象的合法访问。**认证**是一种用来判断用户身份是否属实的机制。

- 多数商用 DBMS 支持一种叫作**自主访问控制**（DAC）的方法，DAC 使用 SQL 对权限进行管理。SQL 标准通过提供 GRANT 和 REVOKE 命令实现对 DAC 的支持。一些商业 DBMS 还支持另外一种叫作**强制访问控制**（MAC）的访问控制方法。MAC 是基于系统范围的策略，用户无法更改。在 MAC 中，数据库的每一个对象都被赋予了一个安全级别，每一个用户也被赋予了与某一安全级别相对应的一个访问许可级别，还包括用户对数据库对象的读写规则。SQL 标准中并不包括对 MAC 的支持。

- **视图**是作用于基础关系的一个或多个关系运算的动态结果，即视图就是这些关系运算的结果关系。视图是一个**虚关系**，在数据库中并不实际存在，它根据某个用户的请求并在请求那一刻才计算产生。视图通过向某些用户隐藏数据库部分信息这一方式，提供了强大而又灵活的安全机制。

- **备份**是周期性地将数据库、日志文件（可能还有程序）复制到脱机的存储媒介上的过程。**日志**是指保存并维护将数据库全部变化都记录在案的日志文件，从而保证在出现故障时能够有效地进行恢复的过程。

- **完整性约束**也有助于维护数据库系统的安全，完整性约束可以防止非法数据的生成，从而避免产生容易误解的或不正确的结果。

- **加密**是使用特定算法对数据进行编码，使得任何没有解密密钥的程序都无法读取数据。

- **云计算**使用借助网络提供的计算机软、硬件资源，用户一般通过 Web 浏览器或移动应用来访问。

- **DBMS Microsoft Office Access** 提供了四种方法以保证数据库安全，包括：拆分数据库，为数据库设置密码，托管（启用）数据库中禁用的内容，以及打包、签名并部署数据库。

- **DBMS Oracle** 提供了两种安全机制：系统安全和数据安全。**系统安全**机制允许为打开数据库设置密码；**数据安全**机制支持用户级安全，可以对用户能够读取和更新的数据库部分加以限定。

- 与 Web 上的 DBMS 相关的安全措施包括代理服务器、防火墙、报文摘要算法和数字签名、数字证书、Kerberos、安全套接字层（SSL）和安全 HTTP（S-HTTP）、安全电子交易（SET）和安全交易技术（SST）、Java 安全以及 ActiveX 安全。

- **数据管理**是对数据资源的管理，包括：数据库规划，标准、策略、过程的建立和维护，以及概念数据库设计和逻辑数据库设计。

- **数据库管理**是对数据库系统的物理实现进行管理，包括：物理数据库设计与实现，建立安全机制与实施完整性控制，监控系统性能，并在必要时重组数据库。

思考题

20.1 解释数据库安全的作用和范围。

20.2 列举影响数据库系统的主要威胁，并针对每一种威胁描述可能采取的措施。

20.3 从数据库安全的角度解释下列术语：

    （a）授权

    （b）认证

    （c）访问控制

    （d）视图

    （e）备份和恢复

    （f）完整性

    （g）加密

    （h）RAID 技术

20.4 讨论自主访问控制与强制访问控制。

20.5 描述 DBMS Microsoft Office Access 或者 Oracle 的安全机制。

20.6 描述保证 Web 上的 DBMS 安全的各种方法。

20.7 描述云计算服务以及其中涉及的数据库。

20.8 描述移动应用和设备中特殊的安全度量。

20.9 数据管理的任务是什么?

20.10 数据库管理的任务是什么?

习题

20.11 分析你所在单位使用的 DBMS,列举它所提供的安全机制。

20.12 列举出你所在单位对从 Web 上可访问的 DBMS 所采用的安全保障机制。

20.13 思考第 11 章给出的 DreamHome 案例研究,列举可能出现的安全威胁,并提出相应的解决办法。

20.14 考虑附录 B.3 给出的 Wellmeadows Hospital 案例研究,列举可能出现的安全威胁,并提出相应的解决办法。

20.15 调查一下在你的组织机构或单位里是否存在独立的数据管理和数据库管理的职能部门。如果确实有,描述各自的组织、责任和任务。

20.16 描述云计算服务在你们单位的使用情况或潜在用途,列出潜在的威胁、危害和对策。

扩展阅读

Ackmann D. (1993). Software Asset Management: Motorola Inc. *I/S Analyzer*, **31**(7), 5–9

Berner P. (1993). Software auditing: Effectively combating the five deadly sins. *Information Management & Computer Security*, **1**(2), 11–12

Bhashar K. (1993). *Computer Security: Threats and Countermeasures*. Oxford: NCC Blackwell

Brathwaite K.S. (1985). *Data Administration: Selected Topics of Data Control*. New York, NY: John Wiley

Castano S., Fugini M., Martella G., and Samarati P. (1995). *Database Security*. Addison-Wesley

Chin F. and Ozsoyoglu G. (1981). Statistical database design. *ACM Trans. Database Systems*, **6**(1), 113–139

Collier P.A., Dixon R., and Marston C.L. (1991). Computer Research Findings from the UK. *Internal Auditor*, August, 49–52

Denning D. (1980). Secure statistical databases with random sample queries. *ACM Trans. Database Systems*, **5**(3), 291–315

Denning D.E. (1982). *Cryptography and Data Security*. Addison-Wesley

Ford W. and Baum M.S. (2000). *Secure Electronic Commerce: Building the Infrastructure for Digital Signatures and Encryption* 2nd edn. Prentice Hall

Griffiths P. and Wade B. (1976). An authorization mechanism for a relational database system. *ACM Trans. Database Systems*, **1**(3), 242–255

Hsiao D.K., Kerr D.S., and Madnick S.E. (1978). Privacy and security of data communications and data bases. In *Issues in Data Base Management, Proc. 4th Int. Conf. Very Large Data Bases*. North-Holland

Jajodia S. (1999). *Database Security: Status and Prospects* Vol XII. Kluwer Academic Publishers

Jajodia S. and Sandhu R. (1990). Polyinstantiation integrity in multilevel relations. In *Proc. IEEE Symp. On Security and Privacy*

Kamay V. and Adams T. (1993). The 1992 profile of computer abuse in Australia: Part 2. *Information Management & Computer Security*, **1**(2), 21–28

Landwehr C. (1981). Formal models of computer security. *ACM Computing Surveys*, **13**(3), 247–278

Nasr J. and Mahler R. (2001). *Designing Secure Database Driven Web Sites*. Prentice Hall

Perry W.E. (1983). *Ensuring Data Base Integrity*. New York, NY: John Wiley

Pfleeger C. and Pfleeger S. (2006). *Security in Computing* 2nd edn. Englewood Cliffs, NJ: Prentice Hall

Rivest R.L., Shamir A., and Adleman L.M. (1978). A method for obtaining digital signatures and public-key cryptosystems. *Comm. ACM*, **21**(2), 120–126

Schneier B. (1995). *Applied Cryptography: Protocols, Algorithms, and Source Code in C.* John Wiley & Sons

Stachour P. and Thuraisingham B. (1990). Design of LDV: A multilevel secure relational database management system. *IEEE Trans. on Knowledge and Data Engineering*, **2**(2)

Stallings W. (2002). *Network Security Essentials.* US Imports and PHIPE

Stallings W. (2003). *Cryptography and Network Security: Principles and Practice.* Prentice Hall

Theriault M. and Heney W. (1998). *Oracle Security.* O'Reilly & Associates

网络资源

http://www.abanet.org/scitech/ec/isc/dsg-tutorial. html   The American Bar Association Section of Science and Technology, Information Security Committee has produced this guide to digital signatures.

http://www.computerprivacy.org/who/   Americans for Computer Privacy (ACP) is a group of companies and associations representing manufacturing, telecommunications, financial services, IT, and transportation, as well as law enforcement, civil liberty, and taxpayer groups who are concerned about computer privacy.

http://www.cpsr.org/   Computer Professionals for Social Responsibility (CPSR) is a public-interest group of computer scientists and others concerned about the impact of computer technology on society.

http://www.cve.mitre.org/   Common Vulnerabilities and Exposures (CVE) is a list of standardized names for vulnerabilities and other information security exposures that have been identified by the CVE Editorial Board and monitored by MITRE Corporation. CVE aims to standardize the names for all publicly known vulnerabilities and security exposures.

http://www.epic.org   Electronic Privacy Information Center (EPIC).

http://www.isi.edu/gost/brian/security/kerberos. html   This document contains a guide to the Kerberos protocol for user authentication.

数据管理中的职业、法律与道德问题

本章我们主要学习：

- 如何定义 IT 中的道德、IT 治理（IT governance）和法律问题
- 在数据和数据库管理员面对的问题和场景中，如何区分哪些属法律范畴、哪些属 IT 治理范畴、哪些属道德范畴
- 新的规章对数据和数据库管理员增加了哪些要求和责任
- 像萨班斯 – 奥克斯利法规和巴塞尔 II 这类法律协议，对数据和数据库管理的功能有何影响
- 为支持审计、IT 治理和遵守规则而进行的一些最好的准备工作
- 与 IT 及数据与数据库管理相关的知识产权（IP）问题

正如第 20 章讨论的那样，对于规模不断增长的组织机构数据的内部日常管控问题，数据管理员和数据库管理员似乎还能胜任。然而，他们发现自己正陷入相对陌生的、有关法律和道德守则的泥潭。仔细观察过去几年有大量丑闻曝光的公司（例如，美国的安然公司和世通公司，欧洲的帕玛拉特公司），人们发现，随着一些新的法律和规章的出台，组织机构的运作方式将发生巨大变化。身份盗窃案件数量的上升可能引起人们对数据管理的更多注意。在本书讨论的范畴中，关于 IT 的法律和道德影响涉及最多的就是数据管理。因此，本章的目标是首先定义基本问题，然后说明在数据管理背景下这些问题的面貌，最后为数据和数据库管理员提供应对这些问题的实际措施。

本章伊始的 21.1 节定义在 IT 的范畴中什么是法律和道德问题。21.2 节讨论为控制这些问题应建立的法规，并着重说明它们对数据和数据库管理功能的影响。21.3 节分步说明如何建立全组织内的策略和过程，以期在数据管理和 IT 治理中的行为能够合法且遵守道德。我们针对 11.4 节描述的 DreamHome 案例研究给出一套策略。21.4 节以介绍知识产权的一些主要概念来结束本章。

21.1 定义 IT 中的法律与道德问题

让我们先想一想，为什么在一本关于数据库系统的教科书中，要用一章来讨论法律、IT 治理和道德问题呢？答案很简单，世界各地的公司发现，他们不得不越来越多地回答关于其员工的行为、品行方面的问题。与此同时，人们需要搞清楚何谓职业行为，何谓非职业的行为。此外，为了保证 IT 资源和数据管理更透明、更高效，组织机构的压力不断增大，他们要不断宣贯相关过程和政策。

21.1.1　定义 IT 中的道德规范

过去，IT 员工在各自岗位上为单位工作，他们可能在很大程度上感受不到其经理和上司各种行为（可能含违法行为）的影响。毕竟，上司或经理负责单位运作，而 IT 工作人员只是简单地落实他们的指示罢了。今天情形不再如此。随着大规模存储和处理能力的增长和聚集，IT 对单位其他部门的影响逐步增大，股东、监察人员、媒体和单位内部知情人的监视不断，这些都把 IT 员工推到风口浪尖。例如，毫不鲜见，一个小型电商轻易就能积攒若干 T 字节（10^{12}byte）的客户点击流（clickstream）⊖数据。金融服务公司处理 P 字节（10^{15}byte）事务，它们涉及成千上万客户和公司。在这样的技术背景下，IT 部门要负责处理山一样的数据，以期为公司带来新效益。正像第 20 章讨论的那样，任何企图盗用者（既可能来自单位内部，也可能来自外部）都会发现如此大量的数据是极其诱人的。与此同时，任何贪婪的管理者也可能受到诱惑，突破道德底线地使用商业智能技术（我们将在第 31 ～ 34 章讨论商业智能技术）。目前，立法和政府的管理还远没有跟上技术迅速发展的步伐。此外需要说明的是，判断是否违背了各种不断出现的新规章本身也要求进行精确的数据分析。

我们首先给出几个基本定义供本章使用，并列举几个场景以说明一些出色的实践。

| 道德规范 | 一组正确的行为准则，或者一套道德价值理论或体系。

关于道德规范有许多的定义，其中大多数与业务或技术人员日常面对的都有差异。因此，我们简单地认为，所谓道德的行为就是按社会的标准"做对的事情"。当然，这可能又让人纠结"谁的社会"这一问题，在一种文化（国家、地区或宗教）中认为道德的行为可能在另一种文化中就是不道德的。不过纠缠这样的争论已超出本书的范围。

21.1.2　道德行为与合法行为的差别

另一个容易引起混乱的地方是道德与合法的对比。我们可能认为法律就是简单地强制某些符合道德的行为。例如，大多数人都认同偷别人东西是不道德的。足够多的人内心接受要"做对的事情"这条标准，其实在大多数社会的法律中也强制了这一具体的道德行为。这样的思维方式导出两个熟悉的观点：符合道德的就是合法的，不道德的就是不合法的。有许多例子支持这样的主张。

然而，这样的主张带来一个问题：所有不道德的行为都是违法的吗？假设 DreamHome 数据库系统中有一名孤独的数据库管理员，他利用其具有的管理员访问权限，在 DreamHome 数据库中查找这样一些客户，其申请租房的模式暴露了其现为单身。这是个很好的例子，事情本身似乎不违反任何法律，但公司应该明确这是不道德行为。

另一个问题是，所有道德的行为都合法吗？例如，考虑美国证券交易委员会（Securities and Exchange Commission，SEC）的规制国家市场体系（Regulation National Market System，Reg NMS）。这部包罗万象的规则的目标就是改变美国市场股票公平交易的方式。Reg NMS 的一项主张称为"订单保护规则"，说的是对于一宗交易的某个价格，假如在其他"快速"交易和市场上还有更好的价格存在（快速市场指能在亚秒内完成交易），那么这宗交易便不能以欠佳的价格成交。例如，假设在纽约证券交易所（NYSE）有 50000 股 IBM 的股票正以每股 \$80.15 的价格出售给买主，而在电子交易市场 Instinet，某买主以每股 \$80.14 的价格仅

⊖　点击流就是 Web 或应用日志，它记录了用户何时点击了网页或应用中的哪个链接。

购买 300 股。根据 Reg NMS 的规定，NYSE 需用那个较低的价格挂牌上市。可是，像基金、养老金一类大的投资户，交易额大、流动性高，要在短时间内完成买、卖，即使比同期最好价格高一分、二分也在所不惜。原因是，大宗买卖一旦出现，市场价格就会波动。即一个大的沽盘会迫低价格（a large sell order will drive the price down）。结果，一个本打算保证所有客户能用最优价格交易的 Reg NMS，却把对一个金融投资商来说道德的事变为对其代理和接受订单的交易所来说是不合法的事了，即使他们正在受客户委托行事。

实质上，道德领先于法律，实际生活中的道德规范帮助确定相关的法律是否应出台。当技术发展引发新问题，而相应的法律还没跟上时，一般由道德规范来填补这个空白。

21.1.3　IT 中的道德行为

由 TechRepublic（techrepublic.com，CNET Networks 维护的一个面向 IT 的门户网站）发起的一项调查表明，57% 参与调查的 IT 工作人员暗示被上司要求做了不道德的事（Thornberry，2002）。虽然该项调查未深究具体做了什么，但很显然这已是个令人不安的数字。大多数人认为不道德（和违法）的事包括安装盗版软件（参见 21.4.5 节）、访问私人信息和泄露交易秘密。

还有一类数据库技术叫数据仓库和数据挖掘，使用它能汇集并找出看似不相关数据之间的联系和模式。这样的商业智能工具在过去的十年间，伴随着处理能力和存储的快速进步得到长足的发展，使得即使一个中小规模的公司都能负担得起在相当细微的层面上分析客户行为。

该技术当然也有许多明显符合道德的使用。例如，把嫌疑犯的车（从视频录像中识别出车牌）与其在 ATM 取钱的一次事务联系在一起，可证明其在犯罪现场。当然，我们也能轻易举出许多场景，它们违背了道德和隐私标准。例如，假设你是一名数据库管理员，当要求你实现一个用于借款应用的模式时，却要求必须包括申请者的种族和国籍等属性。

日积月累的事件带来更大范围的数据收集，比如打手机、用信用卡或借记卡购物、申请贷款、经过自动收费站或地铁入口、在伦敦市内驾驶、拜访医生或药店，甚至简单地点击 Web 网站上的链接都会产生事务日志，它们都能被收集、连接并挖掘出模式，许多公司和政府都能从中获益。当公司受到竞争压力时，收集和挖掘数据的诱惑就会更大。

这些例子说明合法的行为中许多是不道德的。问题归结起来是认识到这样一个事实，尽管随着 IT 的进步，这样的数据分析已成为可能，但政府和法律团体还没认识到其对隐私的潜在威胁，以致于分析与否留给了各个组织机构自己来决定，其结果完全视该组织机构的文化和它对道德行为的认识而定。21.3 节将展现在 IT 人员中建立道德行为文化的实践。

IT 治理

正如前面强调的那样，在过去十年间，组织机构内的 IT 部门变得越发重要，数据和 IT 资源对其他部门的影响以及与此相关联的业务政策，都引人注目地变为促进组织机构革新、高效和增长的关键因素。结果是，对企业 IT 投资多少成为董事会和执行机构主要关心的问题。

2002 年的大丑闻使人们猛醒，治理是个重要的问题，要采用惯例和法规来定义组织机构的目标、规则并监控财务和法人行为，以保证透明地达成目标。IT 治理通常以在责任、决策权、IT 资源的管理和使用方面的优先级为基础，目的是用 IT 保证达到组织机构的业务目标。此外，IT 治理也必须极力主张立法和一切自愿制定的规章、标准和惯例，只要能减少非法行为、改进效率，以及减少 IT 故障、其他公司的攻击、国家基础设施故障、顾客出错和自然环境的影响带来的风险。总之，我们提出下面这个广泛可接受的 IT 治理的定义（Weill and Ross，2004）。

| IT 治理 | 用于指明决策权和责任，以鼓励在使用 IT 时能有期望的行为。

21.2　若干法规及其对 IT 功能的影响

正如上一节叙述的那样，由于涉及数据收集、处理和分发的一些法律和规章的引入与修改，使得"合法"和"符合道德"之间的界限变得模糊。本节我们介绍最近推出的几个法规以及它们对数据和数据管理功能的影响。

21.2.1　美国证券交易委员会（SEC）推出的规制国家市场体系（NMS）

在之前谈论貌似道德但实际上不合法的活动时，我们曾提到过 SEC 的规制 NMS 和"订单保护规则"，在此规则下本来投资方接受的活动（用较低的价格购买了大宗股票）被认为是非法的。那么，实施该法规后，金融服务公司必须及时收集市场数据，用以说明在交易那一刻确实没有更优惠的价格。因此，金融服务公司的数据管理员都应该知晓这个法规，以及它对公司业务的影响。还需开发另外的数据库，把贸易活动与市场数据关联起来，还要有专门的报表工具用于产生证实报告以及满足 SEC 调查用的特别报告。

21.2.2　萨班斯－奥克斯利法案、COBIT 和 COSO

在安然、世通、帕玛拉特和其他一些公司的金融丑案出现之后，美国和欧洲政府都颁布了法规，对公司如何形成董事会、如何接受审计以及如何公布财务状况提出严格要求。在美国，这个法规就是萨班斯－奥克斯利法案 2002（The Sarbanes-Oxley Act，SOX），它也适用于在美国上市的欧洲公司。虽然 SOX 重点关注的是账目和财务方面的问题，但数据管理、数据库及应用的审计也被推到前台，因为公司必须证明它们的财务数据是真实准确的。从数据管理员的角度看，SOX 对公司财务数据的保密性和审计增加了要求，而这些要求实际影响到数据如何收集、处理、保护，甚至包括在组织机构内部和外部如何形成报表，等等。

| 内部控制 | 组织机构采用的一组规则，以保证本单位制定的政策和流程不被违反、数据安全可靠且业务运转高效。

为了遵守 SOX，公司必须采用正式的信息管理风险控制架构。两个重要的架构是下面将讨论的"信息和相关技术的控制目标"（Control Objectives for Information and related Technology，COBIT）和"全国反虚假财务报告委员会下属的发起人委员会"（Committee of Sponsoring Organizations of the Treadway Commission，COSO）。

COBIT 于 1996 年由 IT 治理协会（ITGI）制定，至今已改版四次，COBIT 5 于 2012 年由信息系统审计和控制协会（ISACA）和 ITGI 联合发布。ISACA 在关于 COBIT 的 Web 网站（www.isaca.org/cobit）上说：

> COBIT 5 提供一个综合架构，能帮助企事业单位达到管理和控制单位的信息和技术资产（IT）的目标……COBIT 5 使得单位的 IT 能以整体的方式管理和控制，关注到各项业务和 IT 的责任范围，考虑内部与外部投资人与 IT 相关的利益。

COBIT 5 加强并整合了架构 COBIT 4.1、Val IT 2.0 和 Risk IT，从 ISACA 的 IT 保险框架（IT Assurance Framework，ITAF）和信息安全业务模型（the Business Model for Information Security，BMIS）中也抽取了部分内容。它还与若干架构和标准结合在一起，包括：信息技术基础设施库（Information Technology Infrastructure Library，ITIL）、国际标准化组织（International Organization for Standardization，ISO）、项目管理知识体（Project Management Body of Knowledge，PMBOK）、PRINCE2 和开放式群组架构框架（The Open Group Architecture Framework，TOGAF）。

COBIT 5 的过程分为治理和管理两个领域。这两个领域一共包含五个方面和 37 个过程。

企业 IT 治理（Governance of Enterprise IT）

- **评估（Evaluate）、指导（Direct）和监视（Monitor）（EDM）。** 治理通过下面的措施保证企事业单位的目标能够达成：评估投资者的需要、条件和选择；根据优先级和决策分析结果确定发展方向；监视企业是否沿着既定的方向和目标运转和进步。这个方面包括 5 个过程。

EDM01	保证治理架构的设置与维护	EDM04	保证资源优化
EDM02	保证利益投送	EDM05	保证投资者透明
EDM03	保证风险优化		

企业 IT 管理（Management of Enterprise IT）

- **调准（Align）、规划（Plan）和组织（Organize）（APO）。** APO 涉及信息和技术的使用以及怎样最好地利用它们来达成组织机构的目标。它也强调组织机构基础性 IT 的投入是为了达到最优的效果和产生最大的效益。这个方面有 13 个过程：

APO01	监管 IT 管理架构	APO08	监管关系
APO02	监管策略	APO09	监管服务一致性
APO03	监管单位的体系结构	APO10	监管供货商
APO04	监管革新	APO11	监管质量
APO05	监管投资	APO12	监管风险
APO06	监管预算和成本	APO13	监管安全保密
APO07	监管人事		

- **构建（Build）、获取（Acquire）和实现（Implement）（BAI）。** BAI 包括识别 IT 需求、获取相关技术并在组织机构当前的业务过程中实现它。这个方面有 10 个过程：

BAI01	监管程序和项目	BAI06	监管变化
BAI02	监管需求定义	BAI07	监管变化的认可和转变
BAI03	监管解决方案的认同和创建	BAI08	监管知识
BAI04	监管可用性和职位	BAI09	监管资产
BAI05	监管组织机构能进行的变化	BAI10	监管配置

- **交付（Deliver）、服务（Service）和支持（Support）（DSS）。** DSS 覆盖 IT 的交付方面，包括在 IT 系统中应用的执行和结果，以及能使这些 IT 系统有效且高效执行的支撑

过程。这个方面有 6 个过程：

DSS01	监管操作	DSS04	监管持续性
DSS02	监管服务请求和突发事件	DSS05	监管安全服务
DSS03	监管问题	DSS06	监管业务过程控制

- 监控（Monitor）、评价（Evaluate）和评定（Assess）(MEA)。MEA 考虑组织机构有关评定其自身需要、评定当前 IT 系统是否达到设计时的目标以及为遵守规定的要求是否有必要的控制等方面的策略。监控还包括一个由内、外审计员实施的独立评估，主要是针对 IT 系统满足业务目标的能力和组织机构的控制过程。这个方面有 3 个过程：

MEA01	监控、评价以及评定性能和一致性
MEA02	监控、评价和评定内部控制体系
MEA03	评价和评定对外部要求的服从

另一方面 COSO 架构更多地集中在内部控制，由下面五个部分组成：
- 控制环境：建立一种受控、有责任、行为符合道德的文化。
- 风险评定：评估实现组织机构的目标所面临的风险。
- 控制活动：实现为降低风险而做的必要的控制。
- 信息和通信：说明在组织机构内部以及与合作伙伴之间报告和通信的途径。
- 监控：评估所设置控制的有效性。

显然，数据管理员应该直接参与每一部分的工作。在大型组织机构中，这意味着与高层管理者密切接触，使他们了解从 IT 的角度看实现这些控制的意义。一些重要的资源（新的软件、硬件、数据库、培训和新人员）也需要游说才能获得。

值得注意的是，COBIT 虽然为组织机构提供了关于策略和标准方面的指南，但对于在过程中如何实现它们以及如何为这些指南设计支撑结构方面却未给出建议，这要求组织机构自己来解释执行。

21.2.3 健康保险流通和责任法案（HIPAA）

由美国卫生部出台的健康保险流通和责任法案（HIPAA）1996，对所有卫生保健和健康保险的提供者均有影响。该法案的规定正在分期分批实施，各卫生保健提供商的最后期限视其规模和类型而定。该法案有几条主要的规定，下面五条是与数据库管理有直接重要关系的：

（1）病人信息的私密性（2003 年 4 月后对大多数组织机构强制执行）。病人现在要正式签署同意书后，他的卫生保健提供商才能将其医疗信息共享给其他提供商或保险公司。因此，数据管理员必须保证，在数据库和系统中保存好病人的意见书，并据此同意或拒绝传送数据（无论是电子的还是纸质的）。

（2）各个卫生保健组织机构间电子保健 / 医疗记录和交易的标准化（2003 年 10 月后强制执行）。开发了一系列标准，覆盖了诸如索赔、登记、病人资格和付款等典型的医疗保健交易。对于数据管理员，这意味着要改变本单位的数据模型，另外加入一些属性，并与电子数据交换软件（EDI[⊖]）提供商一道努力，保证保健数据能以标准的格式在组织机构间传递。

（3）为员工建立全国范围内可识别的身份标识，用于员工保健计划（2004 年 7 月大多数组织机构开始执行）。这个标识（不是社会保险号）以后还会用于保健组织之间的所有交易。同样，数据管理员需要修改单位的数据模型，增加这些可选的标识。

（4）关于病人数据和涉及这些数据的交易的保密标准（2005 年 4 月大多数组织机构开始执行）。必须保证病人数据在数据库中和在机构之间传递时的安全。泄密病人数据要面临大额罚款。Oracle 和 IBM 这些数据库生产商都提供了加密工具，能对数据库表的列数据加密，此外还提供机制对数据库事务进行精细的审计。

（5）为卫生保健机构和个人提供商建立全国范围内可识别的标识。这项规定的含义与前面说到的标准化员工身份标识是类似的。

21.2.4　欧盟数据保护法令 1995

欧盟数据保护法令正式的标题是"欧洲议会和委员会 1995 年 10 月 24 日关于在个人数据处理中个体的保护及这类数据自由移动方面的法令 95/46/EC"（OJEC，1995）。这个 1995 年由欧盟成员国采用的法令囊括 34 个条款，也许是当今世界所有类似法令和法规中最庞杂的了。全面深入研究这部法令已超出本书范围，但其中某些条款还是值得关注：

- 条款 6 和条款 7 包含十一条要求，其中的八条要求用作下节将讨论的英国数据保护规范的基础。
- 条款 8 集中在处理那些暴露个人种族、政治倾向、宗教信仰、所属工会的数据和处理涉及健康和性生活的数据。这样的处理活动一般是禁止的，但有 10 种情况例外，包括主体本身允许、法律规定的处理以及所做处理是与行业功能相一致的，等等。
- 条款 10、11 和 12 是关于如何收集数据的，以及个人有查看并认可数据正确与否的权利。
- 条款 16 和条款 17 是关于数据在收集和处理过程中机密性和安全性的度量。
- 条款 18 ～ 21 涉及一个处理者如何告知他的欧盟成员，他处理数据的意图以及在什么情形下该成员应该传播这个处理操作。

这部欧盟法令建立在下面七条原则之上：

- 通告主体：收集其数据时，主体应被告知。
- 用途确定：所收集的数据应该仅用于所叙述的用途，而不能作他用。
- 征得许可：未征得主体同意，个人数据不得透露给第三方或与其共享。
- 保障安全：个人数据一经收集，须保证其安全保密，防止滥用、盗用和丢失。
- 信息公开：其个人数据正被收集的主体应被告知收集者的相关情况。
- 授权访问：主体应有权访问他们个人的数据并允许纠正不实之处。
- 责任与义务：主体应能约束个人数据收集者，使其有责任和义务遵守这些原则。

在该法令中，个人数据意味着任何与一个被标识或可标识的自然人（数据主体）相关的信息；一个可标识的人是指他能直接或间接地被标识，具体可能通过标识号或者通过他的一个或多个身体、生理、心理、经济、文化和社会特征（条款 2a）。数据被考虑为个人数据的依据是，任何人都会把它与一个特定的人联系在一起，即使数据持有者本身都未意识到这种

⊖　EDI 是网上计算机到计算机的业务数据交换标准，典型的事务包括采购订单、发票和付款等。

关联。这类数据的例子有，地址、银行对账单、信用卡号等。个人数据的处理也被广泛地定义，涉及手工和自动的操作，包括收集、录制、组织、存储、修改、检索、使用、传递、分发或发布，甚至分块、擦除或破坏（条款 2b）。这部法令不但适用于驻扎或运转在欧盟的控制者，而且对那些使用安装在欧盟境内的设备处理个人数据的控制者也同样有效。因此，欧盟之外的组织机构只要在欧盟境内处理个人数据就必须遵从这部法令。

2012 年 1 月，欧盟委员会披露要创建一部单独的欧洲数据保护法律，适用欧盟所有成员国。打算做下列修改：

- 适用性扩至所有非欧洲的公司，只要其数据处理在欧洲境内进行就受此法律制裁。
- 必须声明同意机制。因此对任何个人数据的处理，将要求向涉及的个人提供清晰的信息，并要从个人那里得到明确的许可，才能处理他们的数据。
- 使得在欧盟外（包括在云中）数据安全传输更容易，只要当事人承诺遵守共同规则。
- 新增私有权利，将在欧盟建立数据主体的"携带权"和"遗忘权"。携带权允许在有要求时，所有数据可以从一个提供者转移到另一个提供者，例如传输一部社会媒体简介，而遗忘权允许人们擦除历史数据。
- 十三岁以下个人的数据通常须征得父母同意，这使得公司更难开展针对未成年人的业务。
- 当公司发现数据保护法规遭到破坏或数据被泄露时，应在 24 小时内通知欧盟数据保护当局和数据涉及的个人。
- 严厉制裁违反欧共体数据保护法的行为，对于严重的破坏行为罚款高达公司全球营业额的 2%。

21.2.5 英国数据保护法令（DPA）1998

英国数据保护法令（DPA）1998（OPSI，1998）的意图是维护表 21-1 中的八条数据保护原则。这八条是从欧盟数据保护法令 1995 中借用而来的。在此法规下，公民有权要求查看任何组织机构保存的有关他的数据副本，并能更正其中的错误。收集和维护这些数据的组织机构必须有清晰的政策，即明确如何响应查看数据的请求和与其他组织共享数据的请求。这些策略显然需要与本法规和该组织机构的道德标准相协调。

表 21-1 英国数据法规 1998（OPSI，1998）

（1）个人数据应诚实、合法地被处理，具体地说，除非经过同意或有必要，否则不应被处理。处理时必要的条件都详尽地列在本法规的清单 2 和清单 3 中。
（2）个人数据应因某种明确合法的用途而获取，并且不应该以任何与这个或这些用途不相容的方式做进一步处理。
（3）为某个或某些用途而处理的个人数据应该是足够、相关和不过多的。
（4）个人数据应该精确，必要时还应为最新的。
（5）为某个或某些用途处理的个人数据，当用途不再需要后数据也不应再保留。
（6）处理个人数据时应与该法规下数据主体的权利一致。
（7）应有合适的技术和组织手段以检测非授权或非法的个人数据处理，以及个人数据的意外丢失、被破坏或损坏。
（8）个人数据不应传送到欧盟以外的国家和地区，除非该国家和地区保证对数据主体关于个人数据处理的权利和自由提供了一个合适级别的保护。

21.2.6 信息访问法规

据专门监督和游说信息权法的组织 RighttoInfo.org 披露，截止到 2012 年 1 月，超过 90 个国家已立法，提供公众访问政府持有信息的权利和流程。1766 年，瑞典成为第一个建立信息访问法的国家，随后是芬兰（1951 年）和美国（1966 年），剩下的国家都是近 50 年内才立法。促使这些类似于 DPA 的法规出台，主要是为了增大政府机构的透明度和责任义务。对于某些国家，还能减少腐败，鼓励正规、合法地行使职权。

英国建立了信息自由法 2000（FOIA）和（苏格兰）信息自由法 2002（FOISA）。这使得该国任何公民有权访问政府机构持有的大量信息，从医院、应急服务机构到地方当局、中央政府和高等学府。这部法规由八个部分的条款构成，它与 DPA 1998 有一部分重叠。表 21-2 给出前两部分，它是整个法规的概要。

表 21-2 英国信息自由法 2000 节选

部分 1– 访问政府机构持有的信息
- 规定对政府机构持有记录信息的一般访问权，事先说明在什么条件下，一个机构必须接受访问请求。
- 根据第一节列出的责任和义务描述部分 2 中各项豁免的效果。
- 规定该法规覆盖团体、个人或在清单 1 中指定的政府部门和公有公司，并有权进一步指定政府机构受其约束。
- 允许政府机构按国务大臣指定的规定收费。
- 提供接受请求的时段限制。
- 制定特别条款，针对传到公共记录办公室（the Public Record Office）的那些公共记录，等等。
- 要求政府机构为申请者提供建议和帮助。
- 要求政府机构说明拒绝一个请求的依据。
- 重新命名数据保护官（the Data Protection Commissioner）和数据保护特别法庭（Data Protection Tribunal）（以及后续对清单 2 中指定的其他一些法规的修改）。
- 要求政府机构采用并维持一个消息发布模式，并照该模式发布消息。

部分 2– 豁免信息
- 设置哪些信息属于"豁免信息"（exempt information）的情况。

Part 4– 强制执行
- 当申请者不满意政府机构对其信息请求的答复时，他可以要求署长（the Commissioner）判定该机构是否依法行事。例如，署长有义务判决到底是受制于某些条件，还是手段疲乏。
- 描述署长具有的调查权和强制权。这肯定了任何政府机构都不能做有违这部法规的事。这部分还规定了这样的情形，此时可以由一个值得信任的人（an accountable person）发放证书，该证书专门针对署长公布的关于豁免信息的判决通知书和实施通知书。该证书的用途就是使一个政府机构可以不必理睬署长的通知书。

英国的信息自由法是由信息官强制推行的，他们建议了一个消息发布模式的模板，相关的组织机构可采用或据此工作。根据请求的不同，是否能容易地从数据库和记录中提取信息，以及是否服从前述各项法规并满足其最后期限要求等，都会对组织机构产生管理费用，因此许多单位选择固化策略和流程，并与受过培训的员工一起组成其治理结构的一部分。这经常是由一个主要负责法律和管理信息或数据的部门或个人来处理，也可能是处理 DPA 的部门。对于那些响应请求可能要求高额行政费用的地方，可能要考虑是否向请求者收费。然而，也有许多组织为了减少遵从 FOIA 或 FOISA 所带来的管理工作和费用，而在它们的策略流程中确定，定期自发地公布那些非豁免信息，大部分是在公众和内部人员均可访问的 Web 网站上。此外，在决策结构、信息和数据管理策略中还考虑到跨组织记录、存储和管理数据的相关问题，这样做时要特别注意能以相对低的代价立即访问到数据，从而满足信息官给出的最终期限要求。

21.2.7 国际银行业——巴塞尔 II 协议

关于资本计量和资本标准的国际趋同（The International Convergence of Capital Measurement and Capital Standards），也称为"巴塞尔 II"，是 2004 年对由巴塞尔银行监管委员会（BCBS）

推出的 1998 巴塞尔资本协议（巴塞尔 I）的修订版。其中含一些建议的政策，要求各国必须将其纳入法律，并由合适的国家监管机构监管。在美国，这个监管机构是由美国十家最大的国际活跃银行构成的联邦储备银行和证券公司证券交易委员会。创建这两家监管机制是为了使全球竞争性机构处于同一平台，并设置标准以减小世界金融系统内的系统性风险。国际银行系统内的机构通过若干种方式相互联系，包括契约（agreements）、借款（loans）和其他信贷义务责任（credit and debt obligations）。令人担忧的是，一个大公司倒台可能造成远离它的国家和组织机构拖欠债务。

巴塞尔 II 框架有三块主要的基石：

（1）最小化资本需求。机构必须保持足够的资金（储备）以应对他们资产组合（借款、有价证券等）的固有风险水平。修订并扩充了风险计量，包括：

　　（a）信贷风险——债权人不能收回他的借款的风险（本金和利息）。

　　（b）市场风险——当市场（或经济）衰退时，所有投资回报都将衰退的风险，原因可能是工业界，也可能是公司特殊的原因，包括利率和现金短缺。

　　（c）利率风险——当利率增加时投资价值减小的风险。

　　（d）操作风险——由于内部控制混乱、操作不当、系统和人力资源等原因造成损失的风险，以及某些外部事件（如自然灾害）造成损失的风险。

（2）监督审查程序。管理层必须掌握和实际控制风险，有足够的内部风险控制和定期报告，包括补偿计划，用于奖励适当的风险管理行为。

（3）市场纪律。机构必须向大众公开它的资金充足率、风险承担以及估算和迁移风险的程序。

为了计算市场风险，公司必须汇集正交易借贷（信用卡、车、房和商业等），以及至少每日的金融操作和实时的贸易情况。风险计算还需要每一资产一到两年甚至更长的历史数据，以便能计算风险模型，包括蒙特卡洛模拟中要求的方差 - 协方差矩阵。信贷风险模型用到一些外部资源，比如标准普尔公司（Standard & Poor）对上市公司和高流通性金融产品的信用排名，但银行还必须维护足够的数据以使得其内部风险模型生效。这包括信贷历史、商业财务数据、贷款员报表，等等。评估操作风险要求更多数据，巴塞尔 II 要求至少 5 年的数据。操作风险评估要求分析高频低值的事件，更关键的是高值罕见的事件，因为在考虑基础的资金需求时，这些事件没什么统计意义。在美国和欧洲正在形成的大财团共享操作风险事件，使得每个成员都先有一个基础，在其上再开发他们自己内部的操作风险模型。与使用萨班斯－奥克斯利法规一样，适当地进行有效的内部控制在减轻操作风险方面能起很大作用。

2008 年 9 月金融风暴之后，BCBS 重点修改了原有的资金充足率指南，产生了巴塞尔 III。目标是加强全球资金和流动准则，以增进银行部门的适应性。在 2010 年 11 月的首尔峰会上，G20（20 大经济体的财政部长和中央银行行长）支持巴塞尔 III。目前，巴塞尔 III 并不是所有细节都已确定下来，但核心原则已达成一致，并责成相关机构于 2019 年之前全面完成。与巴塞尔 II 一样，金融机构持有和交换的数据及元数据的质量将是实现巴塞尔 III 最重要的因素。

21.3　建立守法、道德的数据管理文化

前一节讨论的近年来颁布的法规，其复杂性及与 IT 的牵连引发出若干问题，它们对一个组织机构上上下下的员工都极其重要。高层管理人员，如董事会成员、总裁、首席信息官（CIO）和数据管理员们发现，他们防范员工违背这些法规的责任变得越来越重。因此，需要

强制制定相关的政策并明确传达到各级组织。一个明显的问题来了："从哪儿开始？"下面给出基本步骤。

21.3.1 制定本组织内关于法律和道德行为的政策

首先，高层管理团队了解新的法规和工业界的变化非常重要。评估这些变化对本组织的影响是关键的第一步。业务全球一体化常常带来问题，例如，一个公司发现，它若在某个法律苛刻的国家有业务，则为了满足这个国家的要求，它不得不按最严的标准调整全部操作。

接下来，数据管理员和首席信息官需要评估法规对组织机构内数据的流动有什么影响。特别应该注意来自自治机构内部和外部的用户是如何收集、存储、保密和访问数据的。第20章讨论过的许多安全技术可用于此。接着，各种新的或修改过的操作流程应形成文档，并通知所有相关人员。此外，评估有可能发现另外一些员工和合作伙伴，他们在工作中会接触到敏感数据和程序，这在以前曾被忽视了。

一旦指导业务合法进行的守则明确下来，类似的关于如何有道德地开展业务的规则也应该形成。组织机构大多都有企业道德声明，可以以此为起点。正像曾强调过的那样，出台的政策都必须形成文档，通告所有雇员并让其认识到高层在考虑这些问题时的严肃性。

最后，对于违反法律和道德的行为，应该公平、迅速地按照所有员工都周知的条例加以处理。这样也有助于政策和程序进一步发展完善，使法律和道德法规不断演化以适应新的商业形势。

关于通用指导原则，还可借鉴 IT 相关的职业社团和组织已经采用的道德守则、行为守则和行业准则。下一节讨论两个这样的守则文本。

21.3.2 行业组织和伦理守则

许多行业组织都有道德守则，其成员都必须承诺遵守。也许最全面的 IT 道德守则是美国计算机协会（ACM）制定的，该组织自 1947 年成立，至今在全世界已有八万会员（www.acm.org）。ACM 的道德和职业行为守则（ACM，1992）含 24 条个人责任声明，分为四个主要类别：

- **基本道德考量**。该类别述及下面八个方面：
  - 对社会和人类福祉的贡献。
  - 避免伤害他人。
  - 诚实守信。
  - 公正，无歧视行为。
  - 重视产权，包括版权和专利。
  - 给予知识产权合适的信任。
  - 尊重他人隐私。
  - 重视机密性。
- **特殊职业行为考量**。该类别述及下面八个方面：
  - 无论是过程还是产品，在业务工作中努力追求最高的质量、效力和尊严。
  - 获取并保持职业能力。
  - 了解并遵守适用于职业工作的已有法律。
  - 接受并提供适当的职业检查。

- 对计算机系统及其影响进行全面彻底的评估，包括对可能出现的风险的分析。
- 重视合同、约定和担负的责任。
- 提高公众对计算及其结果的理解。
- 仅当被授权时才访问计算和通信资源。

● 作为领导的考量。该类别述及下面六个方面：

- 能对组织单位内的成员清晰地表达社会责任，并鼓励全盘接受这些责任。
- 管理人员和资源，他们正设计和构建能改善工作质量的信息系统。
- 承认并支持对机构内计算和通信资源的恰当和授权使用。
- 保证一个系统的用户或将受该系统影响的人，在需要评定和确认阶段能清楚地表达他们的需求，以后，该系统必须确认满足了这些需求。
- 明确表述并支持这样一些政策，它们保护一个计算机系统的用户和受系统影响的人的尊严。
- 创造机会，让组织机构内的成员能学习和了解计算机系统的原理和局限。

● 遵守守则。最后一类述及两个主要方面：

- 坚持和推广本守则的各项原则。
- 违反本守则视同不满足 ACM 会员资格。

英国计算机协会（www.bcs.org）成立于 1957 年，目前有来自 100 个国家的 5 万多会员。所有 BCS 会员同意遵守的 BCS 行为守则 2011（BCS，2011）指出了四个方面的行为：

（1）公众利益

（a）你应该适当地考虑公众的健康、隐私、安全和他人及环境的福祉。

（b）你应该适当地考虑第三方的权益。

（c）你进行职业活动时，不应该歧视性别、性取向、婚姻状况、国籍、肤色、人种、血统、宗教、年龄、残疾，或任何别的情况和要求。

（d）你应该提倡平等地获取 IT 的好处，并且一旦有机会就试图惠及社会的方方面面。

（2）专业能力与诚实正直

（a）你应该仅承担你专业能力能及的工作或提供力所能及的服务。

（b）你**不应该**声称具有你没有的能力。

（c）你应该不断地提高业务知识、技能和能力，持续关注与你的领域相关的技术的发展、过程和标准。

（d）你应该保证自己有法律知识，理解法规，并能在履行你的职业责任时遵守法规。

（e）你应该尊重和重视不同的观点，并征求、接受和欢迎对工作坦诚的批评意见。

（f）你应该避免伤害他人，包括他们的财产、声誉或就业，无论是通过错误、恶意的行为，还是因为粗心大意的行为。

（g）你应该拒绝任何行贿受贿或违反职业道德的诱惑。

（3）有关当局的职责

（a）你应该按照相关当局的要求，小心、勤勉地履行你的职责，并在所有时候都行使你的职业判断力。

（b）任何情形下你都应该避免引起与相关当局之间的利益冲突。

（c）你应该为自己和下属的工作承担职责。

（d）你**不应该**披露或授权披露，不为谋私利或为第三方谋利而使用机密信息，除非你的相关当局允许，或法律要求这样。

（e）在产品、系统或服务的展示中，你应该**不会错误表达或故意保留信息**（除非受保密的限制而不能披露这个信息），或者利用别人的知识或经验缺失。

（4）行业职责

（a）你应该认同你有责任维护行业的声誉，不做任何有损行业名誉的事情。

（b）你应该通过参与开发、使用和强制执行等途径，试图完善行业标准。

（c）你应该维护 BCS（英国特许 IT 协会）的声誉和良好形象。

（d）你应该带着诚意和尊敬与合作伙伴共事，与 BCS 会员共事，与其他同行共事。

（e）如果你发现违法犯罪，或面临破产，或没资格担任公司董事等状况时，你应该通知 BCS，并给出判断每种情况的相关细节。

（f）你应该鼓励和支持同伴的职业成长。

无论是 ACM 守则还是 BCS 守则，首先都是建立为社会提供益处这个基础。以此为出发点，都认为按最高标准执行自己的职责，并守法、符合道德地行使职责是最重要的。承认知识产权（下面讨论）、致谢来源、尊重隐私和机密性、全面关心公众健康、安全和环境等也都是公共主题。正如本章所述，两部守则都明显地提到会员有责任了解并遵守所有相关的法律、法规和标准。两部守则也提到各级领导的责任和对一般大众的责任。美、英两国的主要的计算机协会能够共享许多共识，是因为他们语言相同，对法律、道德本有广泛共识，这一点不足为奇。然而，并不是所有的国家跟美、英都有相同的社会价值观。因此，我们能在几个国家发现这样的情形——个人隐私权和反歧视的概念都与美、英的说法不一致。

已有的这些守则和由 Lee（2006）引用的其他一些守则都可用作资源，供希望建立自己的类似准则的组织机构参考。

21.3.3　制定 DreamHome 组织内部关于法律和道德行为的政策

本节我们给出 DreamHome 房屋租赁公司如何制定关于法律和道德行为的内部政策。作为一个业务公司，DreamHome 每天要打交道的对象包括私人和集体业主、希望或者已经租了房子的客户，以及报业公司等其他组织机构。DreamHome 保存的数据可视为敏感信息，如一个客户为租某处房屋所付的租金额。类似地，客户的租房历史和支付信息也都是非常敏感的。因此，DreamHome 的政策应明确阐述：

- DreamHome 员工与客户和业务伙伴（如业主）之间的交互。关键点包括：
  - 尊敬客户（比如，在电子邮件中或电话上）。
  - 尊敬业务伙伴。
  - 特别小心限制把信息透露给业务伙伴，包括处理信息请求的过程本身。
- 为客户和其他业务数据保密。关键点包括：
  - 提高对客户个人数据敏感性的认识，包括支付历史、信用卡号和租房历史等。
  - 为保护这些敏感数据，确保进行恰当的安全测量。
  - 各种正规的处理程序，用于来自各方面的数据请求：
    - 内部员工（比如，建议挖掘数据或访问敏感客户数据）。
    - 业主（比如，请求重设密码）。
    - 业务伙伴（如果允许这样的数据共享）。
    - 其他可能的法律执行（比如，请求查询某客户的支付信息和租房历史）。

- 公司资源使用（硬件、软件、Internet 等）。关键点包括：
  - 没有分公司经理的许可，计算机硬件不可以移动。
  - 带许可证（licensed）的计算机软件不可以复制、散发或不合适地用作他用。
  - 没有 IT 部门的批准不可以安装其他软件。
  - Internet 资源不可以用于非公司的事情。
- 损害客户和业务伙伴数据的安全性或信任的后果。关键点包括：
  - 将所有违规行为写成报告提交监督委员会，该委员会由来自不同业务部门和管理层的代表组成。严重的违规还将上报有关当局。
  - 故意或恶意的违规将被开除并起诉。
  - 其他的违规将根据督查委员会判定的违规严重性给予相应处罚。

最后，DreamHome 还应该建立一个程序，每年定期或每次出现严重违纪事件或其他突发情况时，评审一下该政策，以确保当技术和业务环境发生变化时该政策的适用性。

21.4 知识产权

最后一节，我们介绍**知识产权**（intellectual property，有时用首字母缩写 IP）的主要概念。重要的是，数据与数据库管理员、业务分析师和软件开发员都认识并理解围绕 IP 的相关问题，保护他们自己的思想，同时不侵害别人的权益。我们从定义开始。

| **知识产权** | 人类在产业界、科学、文学和艺术领域的创造的产物。

知识产权包括由个人或团体想出来、开发出来或写出来的发明、原创思想、专利和专利申请、发现、革新、（注册）商标、设计和设计权（注册和未注册）、作品（包括计算机软件）和专有技术。工作过程中产生的 IP 法律上属于雇主，除非有特别的允诺。正像有形产品的所有权赋予所有者各种权利一样，无形资产的所有权也试图为所有者提供类似的专有权利，即能赠与、发放许可证和转让他们的知识产权。虽然知识产权的排他性似乎很强，但 IP 法的强势常常由于时空的限制或所有者自己放弃维权而削弱。

我们区分两类 IP：

背景 IP	一个活动发生之前已存在的 IP
前景 IP	一个活动中产生的 IP

一个项目可能用到不属于本组织的背景 IP，这时应该与 IP 所有者达成契约。保护 IP 权利有三种主要的方式：专利、版权和注册商标，下面进行讨论。

21.4.1 专利

| **专利** | 提供一种专有（合法）的权利，即在设定的一段时间内有权加工（make）、使用（use）、销售（sell）或进口（import）一项发明。

若个人或机构申请时能说明下列事项，政府即授予其专利：
- 此发明是新的。
- 此发明以某种方式显示其有用。
- 此发明表现出创造力。

此外，专利系统中一个关键考量是专利申请中必须说清楚此发明如何工作。这样，此专利一旦公布，公众即可获得这方面的信息，增长了公共知识财富。专利有效地保护了新技术，使得一项产品、一部作品或一个程序能获得长期的商业效益。然而，值得注意的是艺术创作、数学模型、计划、模式或其他纯心智的过程不能申请专利。

21.4.2　版权

版权｜提供一种专有（合法）的权利，即在设定的一段时间内有权复制和分发一部文学著作、一段音乐、一部视听作品或任一有作者的作品。

专利有正式的申请程序，但版权不同，作品一旦成型（例如，写出来或有声音）版权便立即有效。版权不仅覆盖图书、文章、歌词、音乐 CD、视频、DVD 和电视节目，也包括计算机软件、数据库、技术图纸与设计以及多媒体。版权持有者可出卖其对作品的权利以换取经济利益，这通常称为版税（royalties）。版权也有例外，某些轻量级的使用可以不损害版权（例如，非商业受限使用，私人学习和教学用）。

版权也给出道义上的权利，即标识谁是作品发明人，反对歪曲和损毁名誉。虽然版权不要求注册，但许多国家允许对作品进行注册，比如通过确定作品的标题，或提供当出现版权纠纷时法庭可用的明显证据，等等。

21.4.3　（注册）商标

商标｜提供一种专有（合法）使用权，即有权使用标识某货物或服务发源的文字、符号、图像、声音或其他某种有区分度的元素。

第三种形式的保护是商标。通常，商标与具体的货物和服务相关联，以帮助顾客识别他们所购买物品的类型和质量。与专利和版权一样，商标也赋予其所有人权利，能排他合法地使用、发放许可证和买卖被该商标注册的货物和服务。与版权一样，商标不一定注册，不过注册它可能更明智一些，即使在通常法律下这样做昂贵且耗时。考虑 *DreamHome* 房屋租赁的案例研究，那家公司可能决定注册公司的名字。

21.4.4　软件的知识产权问题

正如前面所说，有若干理由表明理解知识产权很重要：
- 作为原创思想和工作成果的生产者，清楚你或你的组织拥有的权利。
- 认识原创工作成果的价值。
- 清楚保护和开发利用这一工作成果的程序。
- 懂得如何进行法律度量，以防对工作成果的非法使用。
- 公平、明智地确定你的工作成果可合法用于非盈利目的。

本节我们简要讨论某些与软件知识产权特别相关的问题。

软件与专利性

20 世纪 70 年代到 80 年代，关于专利和版权是否应该保护计算机软件曾有过广泛的讨论。当时普遍接受的意见是，软件应受版权保护，而使用软件的设备应受专利保护。然而，时至今日界限已不清晰。虽然英国仍把软件排除在专利之外，但还是有一些地方认为软件是整个机械或工业过程的一部分。因此，仅为一段软件申请专利行不通，但为一段软件产生的技术效果申请专利则将予以考虑，这符合 21.3.1 节提出的要求。在美国，专利性扩展为包括所谓的"业务方法"（business method），所以许多软件已授专利，更多的还在申请过程中，随着 Internet、移动操作系统、应用和电子商务蓬勃发展，这一现象尤为突显。

近年出现的智能手机和平板电脑开辟了一块新发明的竞技场，为争夺操作系统和器件的控制权，引发如谷歌、苹果、三星、微软、摩托罗拉和 HTC 等多家跨国大公司展开围绕其专利的激烈竞争。其中有些争端和申述颇具争议性，因为，除了"保护发明"这个堂而皇之的理由外，解决争端还不可避免地要上法庭，这样就可以阻止或拖延一种设备在某地区的销售，从而减少其市场占有率。这仅仅是一个例子，说明当人们考虑知识产权时，为了使一个机构的行为合法且符合道德观念上的变化，法律所面临的新的挑战。

软件和版权

所有软件都会有一名或多名作者，他们对自己所写的东西拥有知识产权。因此，无论你是否为版权付过费，它都适用于所有软件，并且分发和使用软件要按照许可证给出的条款进行。一款软件适用的条件与若干因素有关，但一般有四类许可证：

- 商用软件（永久使用）。在这种情况下，软件要付费，而许可证允许你永久使用（一般仅限一台机器），只有以防机器出错时才备份软件。软件可转移到另一台机器上，但必须从原来的机器上删除掉。某些情况下，许可证也允许在多台机器上使用软件，但这须在许可证条款上明确说明。
- 商用软件（年费制）。这与永久使用许可证类似，只是可能要求在连续使用的每一年里都付费。大多数情况下若不缴费，软件就停止工作，续费后提供商会发放一个新的许可证关键字以重启工作。年租这种方式常用于站点许可证（一旦付费，组织机构想在多少台机器上使用软件就在多少台机器上用）和大型机与服务器上的软件许可。同样，许可证条款上要明确说明允许的使用方式。
- 共享件。软件一开始有一个免费的试用期，试用期（例如 30 天）一过，若还想继续使用该软件，则要求向软件作者交费（通常很少）。在某些情况下，软件会通过拒绝工作来强制用户交费。若不管它，在试用期后继续使用软件，则会不断接到许可证条款通知并且已经开始侵犯作者版权。而付费后，一般会得到一个更新版本的软件，它不会再不断提醒用户注册并为软件付费了。
- 自由件。软件对某类使用（例如教育和个人使用）免费。主要有两类自由件：分发时不带源代码以防用户修改的软件和开放源码软件（OSS）。后者通常带着一个像通用公共许可证（the GNU Public License，GPL）一类的许可证，该许可证说明了免费使用的期限和条件。主要的限制是软件不能用于商业目的，虽然通常允许修改软件，但有义务把所做的改进反馈给软件原作者，以便在后续发布的版本中体现出来。第二条限制是再分发时，要把版权化的 GPL 许可证正文加进去。

注意，前两种情况的任一种都不允许修改软件，或对软件进行逆向工程，或移除版权信息和类似内容。所有软件都有许可条件，即使是从 Internet 上免费下载的，不遵守许可条件就是侵害版权。

21.4.5   数据的知识产权问题

组织机构收集、处理以及可能与贸易伙伴共享的数据也必须加以考虑。数据管理员一定要与高层管理和法律顾问一道制定政策，强制何时共享数据，以及在机构内怎样使用数据。

例如，考虑 DreamHome 保存的关于客户租房习惯的数据。其他零售商、目标营销公司甚至法律执行机构都完全可能有兴趣访问客户租房的详细历史信息。对某些行业，共享受限的数据（例如不暴露个人身份的购买模式）或汇总数据从增收的立场可能还说得过去。如果某个业务最适宜共享数据，那必须实行数据许可证，以防数据再共享给其他方。

虽然这不完全是个云计算问题，但随着云计算应用的拓展和数据的跨国存储，能否完全控制对个人和团体 IP 的访问日益受到关注。例如，某些政府立法规定他们可以不受限制地访问团体和个人的私有数据。作为对 911 恐怖袭击的直接反应，美国爱国者法案 2001 强迫那些有本地和国外服务器的美国公司或控制有数据的美国公司释放关于个人的数据——哪怕他们当地（例如欧洲）的法律禁止这样做。由于美国公司以及它们在欧洲的子公司都受美国爱国者法案制约，所以凡使用其服务的欧洲顾客都把自己暴露了给美国法律。为避免此情况，专门建立了美欧瑞士安全港口框架（The U.S. and EU Swiss Safe Harbour framework），然而，据来自运转在欧洲的某些美国公司的报道，已确认这是无效的。

本章小结

- 最近众所周知的一些机构的破产迫使人们仔细审视它们，结果导致在美国和其他地方出台了若干新的法律和规章。
- 符合**道德**被定义为在给定的社会和文化中"做对的事情"。
- **IT 治理**用于指明决策权和责任，以鼓励在使用 IT 时能有期望的行为。
- 合法的行为常常与符合道德的行为连在一起，其实并不总是这样。
- 本章讨论的大多数法律都关乎怎样有助于减少不打算暴露的信息被暴露的可能性。
- 本章讨论的大部分法令法规中的核心部分都有保护客户数据的内容，同时增加了公司需向官方机构报告的要求。这两方面的核心都是数据管理问题。
- **内部控制**是组织机构采用的一组规则，以保证本单位制定的政策和流程不被违反、数据安全可靠且业务运转高效。
- 在组织内（当然在 IT 内）建立保密、隐私的意识，并在其涉及组织机构收集和处理的数据时进行报告是一个关键的任务，特别在当今这样一个变化的环境下。
- **知识产权**包括由个人或团体想出来、开发出来或写出来的发明、原创思想、专利和专利申请、发现、革新、商标、设计和设计权、作品和专有技术。
- **背景知识产权**是一个活动发生之前已存在的 IP。
- **前景知识产权**是一个活动中产生的 IP。
- **专利**提供一种专有（合法）的权利，即在设定的一段时间内有权加工（make）、使用（use）、销售（sell）或进口（import）一项发明。
- **版权**提供一种专有（合法）的权利，即在设定的一段时间内有权复制和分发一部文学著作、一段音乐、一部视听作品或任一有作者的作品。
- **商标**提供一种专有（合法）使用权，即有权使用标识某货物或服务发源的文字、符号、图像、声音或其他某种有区分度的元素。

思考题

21.1　根据组织机构如何管理业务来定义"道德规范"。

21.2　描述这样的业务场景，其中个人或公司的行为被认为是：

（a）非法且不道德的

（b）合法但不道德的

（c）非法但符合道德

21.3 说明一个坚持"行业规范"的公司怎么发现它自己违法了。

21.4 描述 IT 治理的重要性以及它与组织机构内法律和道德实践的联系。

21.5 说明一个国际化公司会受到外国法律的什么影响？在什么情况下它可能要因其不可控的原因而为顾客负责？

21.6 说明一个国际化公司在数据管理上的法律风险。

21.7 描述在一个组织机构内部或外部的个人或实体怎样才能有权访问该机构的数据，进而影响数据的管理方式。

21.8 描述在知识产权保护和促进技术创新时遇到的法律方面的挑战。

习题

21.9 假设你是一家欧洲大制药公司的数据管理员，该公司在欧洲、日本和美国市场都有很大投入，在数据管理上你不得不关注的最大问题是什么？

21.10 假设你刚入职一家大型金融服务公司，出任 IT 负责人。现要求你编制一部 IT 道德守则。你将采取哪些步骤来完成此任务？你将参考哪些资源？

21.11 访问一下 Peter Neumann 关于 ACM 通讯中"内部风险（Inside Risk）"文章的归档（www.csl.sri.com/users/neumann/insiderisks.html）。简单总结一下在这些归档中近来涉及法律、道德问题的文章有哪些。

21.12 阅读 ACM 的道德和职业行为守则和 BCS 的行为守则及良好习惯守则。比较两者的侧重点有何不同。

21.13 阅读新加坡计算机协会的行为守则（www.scs.org.sg/code_of_conduct.php）. 试分别比较它与ACM 和 BCS 守则的差异。

21.14 考察第 11 章给出的 DreamHome 案例研究。给该公司负责人提交一份报告，列出需要考虑的法律和道德问题，并给出你的合理化建议。

21.15 考察附录 B 给出的各个案例研究。为每个案例研究写一份报告，列出需要考虑的法律和道德问题，并给出你的合理化建议。

21.16 假设你是欧洲一所公立大学的首席信息官，你将不得不介入哪些数据管理问题？你将考虑实施哪些治理政策和过程以保证符合法律标准？

21.17 描述在你的组织机构里实现怎样的 IT 治理机制能改进 IT 和数据管理的方式。

21.18 对于为支持跨国数据管理而正在使用的各种法律框架，举例说明其在保护公司和顾客隐私方面未达到预期效果。

扩展阅读

Baase S. (2002). *Gift of Fire: Social, Legal, Ethical Issues for Computers and the Internet*. Prentice Hall.

Bott F. (2006). *Professional Issues in Information Technology*. British Computing Society.

Duquenoy P. (2008). *Ethical, Legal, and Professional Issues in Computing*. Thomson Learning.

Himma K., and Herman T. (2008). *The Handbook of Information and Computer Ethics*. Wiley-Interscience.

Quinn M. (2008). Ethics for the Information Age. Addison-Wesley.

事务管理

第 2 章讨论了 DBMS（Database Management System，DBMS）应该具备的功能。其中有三个密切相关的功能，用以保证数据库是可靠的、一致的，即事务支持、并发控制服务和恢复服务。即使出现了硬件或软件部件的故障，以及在多个用户同时访问数据库的情况下，DBMS 都必须保证这种可靠性和并发性。本章重点讲述这三个功能。

虽然每个功能均可单独论述，但是它们之间是相互依赖的。并发控制和恢复主要用于保护数据库，避免数据库发生数据不一致或者数据丢失。许多 DBMS 都允许用户对数据库进行并发操作。如果对这些操作不加控制，对数据库的访问将相互干扰，使得数据库出现不一致的情况。为了解决这个问题，DBMS 实现了**并发控制**协议，来阻止数据库访问之间的相互干扰。

数据库恢复是指在故障以后将数据库还原到正确状态的过程。故障发生的原因可能是硬件错误而导致的系统崩溃、软件错误、介质故障（例如读写头损坏）或者应用程序的代码错误（例如一个访问数据库的程序中有逻辑错误）。数据库管理员或者用户有意 / 无意地对数据或设备的毁损或者破坏也会导致故障。不管故障的底层原因是什么，DBMS 必须能够将数据库从故障状态中重新恢复到正确的状态。

本章结构

理解并发控制和恢复的关键在于**事务**这个概念——详见 22.1 节。22.2 节讨论并发控制和解决冲突的协议。22.3 节将讨论数据库的恢复以及在数据库出现故障时维护数据库一致状态的技术。22.4 节将分析更加先进的事务模型，这些事务模型的提出是为了解决持续时间较长（可能持续几个小时甚至几个月）、进度不确定、从而出现某些无法预见的行为的长寿事务。22.5 节将讨论 Oracle 的并发控制和恢复技术。

本章主要考虑集中式 DBMS 的事务支持、并发控制和恢复，集中式 DBMS 仅由一个数据库组成的。后面的第 25 章将讨论分布式 DBMS 的上述机制，分布式 DBMS 由多个逻辑上相关却分布在网络各个节点的数据库组成。

22.1 支持事务处理

事务 | 由单个用户或者应用程序执行的，完成读取或者更新数据库内容的一个或者一串操作。

事务是数据库的**逻辑操作单位**。它可以是整个程序、部分程序或者一条命令（诸如一条 INSERT 或者 UPDATE 的 SQL 命令），也可能是涉及数据库的任意多个操作。从数据库的角度来看，应用程序的一次执行就是一个事务或者多个事务，若看成多个事务，在事务与事务之间只会出现非数据库操作。为了解释事务的概念，首先分析图 4-3 所示的 DreamHome 案例数据库中的两个关系：

Staff   (**staffNo**, fName, lName, position, sex, DOB, salary, branchNo)
PropertyForRent   (**propertvNo**, street, city, postcode, type, rooms, rent, ownerNo, staffNo, branchNo)

在该数据库上执行的一个简单事务为：更新员工编号为 x 的员工的工资。可以将此事务简单地表述成图 22-1a 所示的程序。本章，我们把对数据库数据项 x 的读、写操作分别标记为 read(x) 和 write(x)，如果有必要，还会添加其他的标记。例如，在图 22-1a 中，用标记 read(staffNo=x, salary) 表示我们想要读取主关键字值为 x 的元组的数据项 salary 的值。在这个示例中，**事务**由两个数据库操作（读和写）和一个非数据库操作（salary=salary * 1.1）组成。

一个更复杂的事务的例子是：删除员工编号为 x 的员工的记录，如图 22-1b 所示。本例要删除的元组同样来自关系 Staff，并且要在 PropertyForRent 里找到所有由该员工负责管理的元组，然后将其重新指派给另外一个员工编号为 newStaffNo 的员工。在这一系列的操作中，若并非所有的操作都被执行，则数据库的引用完整性将遭到破坏，数据库也将处于**不一致的状态**：一个在数据库中已经不存在的员工还在继续管理着公司的可租赁房产。

在事务处理过程中，尽管我们允许数据库的一致性暂时遭到破坏，但是事务应该总是能够将数据库从一种一致的状态转换到另一种一致的状态。例如，在图 22-1b 的事务执行过程中，可能会有某个时刻，此时 PropertyForRent 的一个元组已经被更新为新的 newStaffNo，而另外一个元组的员工编号依然是 x。但是在事务结束后，所有需要更新的元组都应该包含新的 newStaffNo 的值。

```
                                                delete(staffNo = x)
                                                for all PropertyForRent records, pno
    read(staffNo = x, salary)                   begin
    salary = salary * 1.1                            read(propertyNo = pno, staffNo)
    write(staffNo = x, salary)                       if (staffNo = x) then
                                                     begin
                                                         staffNo = newStaffNo
                                                         write(propertyNo = pno, staffNo)
                                                     end
                                                end
               a)                                          b)
```

图 22-1 事务示例

事务可能有以下两种结果中的一种。如果执行成功，也就是说事务最终**被提交**，数据库也将到达一种新的一致的状态。另一方面，如果事务没有执行成功，则意味着事务**被撤销**。如果事务被撤销，则数据库必须要还原到事务开始之前的一致的状态。我们称这样的事务被**回滚**或者**撤销**了。已经提交了的事务不能被撤销。如果发现已提交的事务是错误的，我们必须执行另外一个**补偿事务**来消除该事务已经产生的影响（参见 22.4.2 节）。注意，根据导致事务失败的原因的不同，被回滚的撤销事务有可能在稍后重启，或许在重启以后可以成功执行并提交。

DBMS 无法得知哪些更新操作将被组合在一起以构成一个独立的逻辑事务。因此，DBMS必须提供一种允许用户自己定义事务边界的方法。很多数据操作语言中都使用关键字 BEGIN TRANSACTION、COMMIT 和 ROLLBACK（或者其他等效语句⊖）来划定事务的界限。如果不使用这些分界词，通常会将整个程序视为一个事务，DBMS 将在程序正确结束后自动执行 COMMIT 操作，或者如果程序不能成功执行，则将自动执行 ROLLBACK 操作。

图 22-2 为事务的状态转换图。注意除了活跃（ACTIVE）、提交（COMMITTED）和撤销（ABORTED）这些显而易见的状态外，还有其他两种状态：

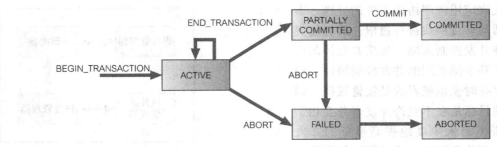

图 22-2 事务的状态转换图

- 部分提交（PARTIALLY COMMITTED）：当最后一条语句被执行后，事务可能会处于部分提交状态。即在这一时刻，有可能发现该事务破坏了可串行化（参见 22.2.2 节）或者违反了完整性约束，因此事务必须被撤销。或者，系统可能出现故障，事务更新的数据没有被安全地写到二级存储设备上。在后面两种情况下，事务将进入失败（FAILED）状态，必须被撤销。若事务被成功执行，所做的任何更新将被安全

⊖ 根据 ISO SQL 标准，第一个事务初始的 SQL 语句就隐含实现了 BEGIN TRANSACTION 的操作（参见 7.5 节）。

地记录下来，则事务将进入 COMMITTED 状态。

- 失败（FAILED）：当事务无法被提交或者当事务还处于 ACTIVE 状态时就被撤销，则事务将处于 FAILED 状态。其原因可能是用户撤销了事务或者并发控制协议为了保证可串行化而撤销了事务。

22.1.1 事务的性质

有些性质是所有事务都应该具备的。事务应该具有四个基本性质，即 ACID 性质：

- 原子性（Atomicity）："全部或者都不"性质。事务是一个不可分割的单元，要么全部执行，要么都不执行。由 DBMS 的恢复子系统负责保证事务的原子性。
- 一致性（Consistency）：事务必须将数据库从一种一致的状态转换到另一种一致的状态。事务的一致性是由 DBMS 和应用程序的开发者共同保证的。DBMS 可以通过强制实施所有在数据库模式中定义的约束（例如完整性约束和企业自定义约束）来保证一致性。但这并不能完全保证事务的一致性。例如，假设某转账事务想要将资金从银行的某一个账户转到另一个账户，但是程序员编写事务的逻辑时出现了错误，他从正确的账户上取出了资金却转入了错误的账户，这样数据库就处于一种不一致的状态。但是产生这种不一致性并非 DBMS 的责任，因此 DBMS 也不必具备检测这种错误的能力。
- 隔离性（Isolation）：事务的执行是相互独立的。也就是说，未完成事务的中间结果对其他事务来说应该是不可见的。由并发控制子系统负责保证事务的隔离性。
- 持久性（Durability）：成功完成（提交）的事务的结果要永久地记录在数据库中，不能因为以后的故障而丢失。由恢复子系统负责保证事务的持久性。

22.1.2 数据库体系结构

第 3 章讲述了 DBMS 的体系结构。图 22-3 是从图 3-21 提取的与事务处理、并发控制和恢复相关的四个高层数据库模块。**事务管理器**代表应用程序协调事务的处理。事务管理器与**调度**模块进行通信，后者负责实现某种并发控制策略。如果并发控制协议指的是基于锁机制的并发控制协议，则调度程序有时候也被看成是**锁管理器**。调度程序的目标是在不允许并发事务互相干扰的前提下最大限度地提高事务的并发度，当然可能要牺牲一些数据库的完整性或一致性。

如果事务在处理过程中发生故障，数据库将会处于不一致的状态。这时将由**恢复管理器**负责将数据库恢复到事务开始前的状态，使得数据库重新处于一致的状态。最后，**缓冲区管理器**负责在磁盘存储器和主存间高效地传输数据。

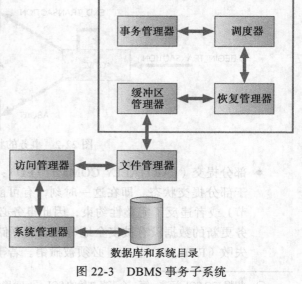

图 22-3 DBMS 事务子系统

22.2 并发控制

本节主要分析并发访问时会出现的问题以及避免出现这些问题的相关技术。首先，介绍并发控制的定义。

| **并发控制** | 管理数据库上的并发操作以使之互不冲突的过程。

22.2.1 并发控制的必要性

开发数据库的一个主要目标就是使得多个用户能够并发地访问共享数据。如果所有用户都只是读取数据，并发访问就相对简单，因为互相之间不可能产生干扰。但是，如果两个或者更多的用户同时访问数据库，并且至少有一个执行更新操作，则这些操作之间就有可能相互干扰，导致数据库处于不一致的状态。

这个目标和多用户计算机系统的目标类似，后者允许同时执行两个或者多个应用程序（或者事务）。例如，许多系统都有输入/输出（I/O）子系统，输入/输出子系统能够在中央处理器（CPU）执行某些操作的同时，独立地处理 I/O 操作。这样的系统就允许同时执行两个或者多个事务。系统开始执行第一个事务直至第一个 I/O 操作，在执行第一个 I/O 操作的时候，CPU 挂起第一个事务并开始执行来自第二个事务的操作。当第二个事务也到达 I/O 操作时，CPU 控制又返回到第一个事务，从事务刚刚被挂起的地方继续执行。第一个事务继续执行直至再次到达另外一个 I/O 操作。通过这种方法，两个事务的操作**互相重叠**，并发执行。并且，在一个事务执行 I/O 操作的时候，CPU 并没有因为等待该 I/O 操作的完成而处于空闲的状态，而是继续执行其他事务，这种做法提高了系统**吞吐量**，即在给定时间间隔内完成的工作量。

虽然两个事务各自执行时是完全正确的，但是这种操作的重叠方式却可能产生不正确的结果，从而破坏数据库的完整性和一致性。下面我们将举例分析并发可能导致的三种问题：**丢失更新问题、未提交依赖问题**和**不一致分析问题**。为了解释这三种问题，我们利用一个简单的银行账户关系，它包含 DreamHome 员工的账户信息。这里把事务作为并发控制的基本单元。

| **例 22.1** ≫ **丢失更新问题**

一位用户的更新操作明明已经成功完成，可是其结果却被另外一个用户的操作结果取代了。这就是通常所说的**丢失更新问题**，如图 22-4 所示，这里事务 T_1 和事务 T_2 并发执行，T_1 从余额为 bal_x（初始余额 100 英镑）的账户里取出 10 英镑，T_2 向同一账户存入 100 英镑。如果这两个事务串行执行，一个事务执行完后再执行另外一个事务，没有任何操作的重叠，则不管先执行哪一个事务，最后的账户余额都应该是 190 英镑。

Time	T_1	T_2	bal_x
t_1		begin_transaction	100
t_2	begin_transaction	read(bal_x)	100
t_3	read(bal_x)	$bal_x = bal_x + 100$	100
t_4	$bal_x = bal_x - 10$	write(bal_x)	200
t_5	write(bal_x)	commit	90
t_6	commit		90

图 22-4 丢失更新问题

事务 T_1 和 T_2 几乎同时启动，都读取到余额为 100 英镑，T_2 向 bal_x 增加 100 英镑后，bal_x 的余额为 200 英镑，最后将更新结果存入数据库。同时，事务 T_1 从 bal_x 的副本上减去 10 英镑，bal_x 的余额为 90 英镑，T_1 也将该结果存入数据库，从而覆盖了前面的更新，因此"丢失"了先前添加到账户上的 100 英镑。

要想避免丢失 T_2 的更新结果，可以禁止 T_1 读取 bal_x 的值，直到 T_2 的更新完成之后。　◀◀

例 22.2 ▶▶ 未提交依赖（或称污读）问题

如果允许一个事务看到另外一个未提交事务的中间结果，则会出现未提交依赖问题。图 22-5 给出了一个导致错误的未提交依赖的示例，余额 bal_x 的初值与例 22.1 中的初值相同。本例中，事务 T_4 将 bal_x 更新为 200 英镑，但是由于该事务被撤销，因此 bal_x 应该重置为原来的初值 100 英镑。但是在 T_4 被撤销之前，事务 T_3 就已经读取了 bal_x 更新后的新值（200 英镑），并且在 200 英镑的基础上减去了 10 英镑，得到了一个不正确的余额——190 英镑（应为 90 英镑）。T_3 读取的 bal_x 的余额被称为脏数据（dirty data），该问题也因此被称为污读问题（dirty read problem）。

Time	T_3	T_4	bal_x
t_1		begin_transaction	100
t_2		read(bal_x)	100
t_3		$bal_x = bal_x + 100$	100
t_4	begin_transaction	write(bal_x)	200
t_5	read(bal_x)	:	200
t_6	$bal_x = bal_x - 10$	rollback	100
t_7	write(bal_x)		190
t_8	commit		190

图 22-5　未提交依赖问题

导致事务回滚的原因很多，可能是事务出现了错误，例如弄错了要存钱的账号。上述污读问题的原因是 T_3 假设 T_4 的更新已经成功完成了，但是事实上，T_4 的更新随后被回滚了。如果在 T_4 成功提交或者撤销之前禁止 T_3 读取 bal_x 就可以避免此类问题的发生。　◀◀

示例中的两个问题都发生在这样的事务身上，即事务试图更新数据库，并且它们在操作上的相互干扰可能会破坏数据库。然而，假设允许它们读取那些并发更新数据库且尚未成功提交的事务的中间结果的话，即使是对数据库只执行读操作的事务也可能产生不正确的结果。下面通过一个示例来说明这个问题。

例 22.3 ▶▶ 不一致分析问题

当某事务正从数据库中读取多个数据的值，但是另一个事务却在其读取过程中修改了其中某些数据的值，这时就会出现不一致分析问题。例如，某一事务正在对数据库中的数据进行统计运算（比如说统计总储蓄额），如果在其统计过程中，其他事务正在同时对数据库进行更新，则该事务将得到一个不正确的统计结果。如图 22-6 所示，统计事务 T_6 与事务 T_5 并发执行。事务 T_6 正在计算账户 x（100 英镑）、账户 y（50 英镑）和账户 z（25 英镑）的总余额，但是，与此同时事务 T_5 已经执行了转账操作：将 10 英镑从 bal_x 转至 bal_z。因此 T_6 得到了一个错误的统计结果（比实际总余额多出 10 英镑）。如果在事务 T_5 完成其更新操作之前禁止事务 T_6 读取 bal_x 和 bal_z，则可以避免发生此类问题。　◀◀

Time	T_5	T_6	bal_x	bal_y	bal_z	sum
t_1		begin_transaction	100	50	25	
t_2	begin_transaction	sum = 0	100	50	25	0
t_3	read(bal_x)	read(bal_x)	100	50	25	0
t_4	$bal_x = bal_x - 10$	sum = sum + bal_x	100	50	25	100
t_5	write(bal_x)	read(bal_y)	90	50	25	100
t_6	read(bal_z)	sum = sum + bal_y	90	50	25	150
t_7	$bal_z = bal_z + 10$		90	50	25	150
t_8	write(bal_z)		90	50	35	150
t_9	commit	read(bal_z)	90	50	35	150
t_{10}		sum = sum + bal_z	90	50	35	185
t_{11}		commit	90	50	35	185

图 22-6　不一致分析问题

当事务 T 再次从数据库中读取它前面已经读取过的数据项时，若两次读取操作之间有其他事务对此数据进行了修改，就会出现另一种不一致分析问题。这样，对同一数据项的两次读取，T 居然得到了两个不同的值。这个问题有时也被称为**不可重（或模糊）读**问题。还有一种类似的问题。如果事务 T 执行某一查询——从某关系中检索满足给定谓词条件的元组的集合，稍后事务 T 再次执行这个查询，却发现这次检索得到的集合中还包括了其他（**幻象**）元组，这些元组是由同时执行的另外一个事务插入的。这个问题有时也被称为**幻读**（phantom read）。

在讨论主要的并发控制技术之前，先学习几个与事务可串行性和可恢复性有关的概念。

22.2.2　可串行性与可恢复性

并发控制协议的目标就是以一种避免事务之间相互干扰的方式对事务进行调度，从而防止前一节讲述的各种问题的发生。一种显而易见的解决方案是，同一时刻只允许一个事务执行，即一个事务必须在上一个事务提交（commit）后才能开始（begin）执行。但是，多用户 DBMS 的目标是将系统的并发度或者并行度最大化，使得执行时互不干扰的事务能够得到并行执行。例如，访问数据库不同位置数据的事务可以被同时调度而互不干扰。本节将讨论可串行性，可串行性这种方法帮助我们识别那些执行时能够确保一致性的事务（Papadimitriou，1979）。本节首先给出一些定义。

调度｜一组并发事务操作的序列，对于其中每个事务来说，该序列保留了该事务的所有操作的先后次序。

事务是由操作序列组成的，而操作包括了对数据库的读、写动作，以及这些操作之后进行的提交或者撤销动作。调度 S 由 n 个事务 T_1，T_2，…，T_n 的操作序列组成，并且满足约束：调度 S 中属于同一事务的操作的相对位置保持不变。因此，对于调度 S 中的每一个事务 T_i 来说，T_i 中操作的先后次序要与它们出现在调度 S 的先后次序一样。

串行调度｜每一个事务的操作都按顺序执行且各事务之间的操作没有任何交叉的调度。

在串行调度中，事务以串行的次序执行。例如，如果有两个事务 T_1 和 T_2，串行的次序就是先执行 T_1 然后执行 T_2，或者先执行 T_2 然后执行 T_1。串行执行不会出现事务的相互干扰，因为在任意给定时刻都只有一个事务在执行。但是，我们无法保证给定事务集的所有可能的串行执行的结果都是一样的。例如，在银行业中，有一笔较大金额的款项要存入某个账户，则对该账户利息的计算结果取决于存款动作是在计算利息之前还是之后执行的。

| 非串行调度 | 一组并发事务的操作相互交叉执行的调度。

例 22.1 至例 22.3 中讨论的问题都是源于对并发的错误管理，前两个例子使得数据库处于不一致的状态，第三个例子则是将错误的结果返回用户。串行执行能够避免此类问题的发生。不管选择哪一种串行调度，串行执行从不会使数据库处于不一致的状态，因此，尽管可能产生不同的结果，但是所有串行执行都被认为是正确的。**可串行性**的目标就是寻找那些既能使事务并发执行又互不干扰的非串行调度，从而产生一个能由串行执行产生的数据库状态。

如果一组事务并发执行，当且仅当（非串行）调度能够产生和某些串行执行相同的结果时，调度才是正确的，这样的调度就被称为是**可串行化**的。为了避免由于事务相互冲突而产生的不一致性，必须保证并发事务的可串行化。在可串行化问题中，读写操作的次序非常重要：

- 如果两个事务都只是读取某一数据项，则它们之间不会相互冲突，这两个事务的执行次序无关紧要。
- 如果两个事务要读写的数据项完全没有交集，则它们不会相互冲突，这两个事务的执行次序无关紧要。
- 如果一个事务写某个数据项，而另一个事务要读或者写同一个数据项，则这两个事务的执行次序就非常重要。

考虑图 22-7a 所示的调度 S_1，S_1 包含了两个并发执行的事务 T_7 和 T_8 的操作。因为 T_8 中对 bal_x 的写操作与接下来的事务 T_7 中对 bal_y 的读操作之间没有冲突，我们交换这两个操作的次序就可以产生图 22-7b 中的等价调度 S_2。如果也改变下面非冲突操作的次序，则会产生图 22-7c 所示的等价调度 S_3：

- 交换 T_8 的 write（bal_x）和 T_7 的 write（bal_y）的执行次序。
- 交换 T_8 的 read（bal_x）和 T_7 的 read（bal_y）的执行次序。
- 交换 T_8 的 read（bal_x）和 T_7 的 write（bal_y）的执行次序。

Time	T_7	T_8	T_7	T_8	T_7	T_8
t_1	begin_transaction		begin_transaction		begin_transaction	
t_2	read(bal_x)		read(bal_x)		read(bal_x)	
t_3	write(bal_x)		write(bal_x)		write(bal_x)	
t_4		begin_transaction		begin_transaction	read(bal_y)	
t_5		read(bal_x)		read(bal_x)	write(bal_y)	
t_6		write(bal_x)		read(bal_y)	commit	
t_7	read(bal_y)			write(bal_x)		begin_transaction
t_8	write(bal_y)			read(bal_y)		read(bal_x)
t_9	commit		commit			write(bal_x)
t_{10}		read(bal_y)		read(bal_y)		read(bal_y)
t_{11}		write(bal_y)		write(bal_y)		write(bal_y)
t_{12}		commit		commit		commit
	a) 非串行调度S_1		b) 与S_1等价的非串行调度S_2		c) 与S_1、S_2都等价的串行调度S_3	

图 22-7 等价调度

调度 S_3 是串行调度，而 S_1、S_2 与 S_3 等价，所以 S_1 和 S_2 都是可串行化的调度。

这种类型的可串行化被称为**冲突可串行化**（conflict serializability）。冲突可串行调度中所有冲突操作的执行次序与其在某些串行调度中的执行次序相同。

冲突可串行化的检测。 在**限定写规则**（即事务更新某数据项之前总是先读取该数据项的旧值）下，总能产生一个**优先图**（precedence graph）或称**串行化图**（serialization graph），用于检测调度是否为冲突可串行的。对于调度 S，其优先图是一个有向图 G＝(N，E)，G 由节点的集合 N 和有向边的集合 E 构成，构造方法如下所示：

- 为每个事务创建一个节点。
- 如果 T_j 读取了由 T_i 修改的数据项的值，则创建有向边 $T_i \rightarrow T_j$。
- 如果 T_j 对 T_i 已经读取的数据项执行写操作，则创建有向边 $T_i \rightarrow T_j$。
- 如果 T_j 对 T_i 已经修改的数据项执行了写操作，则创建有向边 $T_i \rightarrow T_j$。

如果 S 的优先图中存在 $T_i \rightarrow T_j$ 的边，则在任何与 S 等价的串行调度 S′ 中，T_i 都必须出现在 T_j 之前。如果优先图中有环存在，则调度不是冲突可串行的。

| 例 22.4 ≫ 非冲突可串行的调度

考虑图 22-8 所示的两个事务。事务 T_9 将余额为 bal_x 的账户的 100 英镑转至另一个余额为 bal_y 的账户上，与此同时 T_{10} 将这两个账户的余额各增加了 10%。图 22-9 是该调度的优先图，图中有环存在，因此该调度不是冲突可串行的。◀

Time	T_9	T_{10}
t_1	begin_transaction	
t_2	read(bal_x)	
t_3	$bal_x = bal_x + 100$	
t_4	write(bal_x)	
t_4		begin_transaction
t_5		read(bal_x)
t_6		$bal_x = bal_x *1.1$
t_7		write(bal_x)
t_8		read(bal_y)
t_9		$bal_y = bal_y *1.1$
t_{10}		write(bal_y)
t_{11}	read(bal_y)	commit
t_{12}	$bal_y = bal_y - 100$	
t_{13}	write(bal_y)	
t_{14}	commit	

图 22-8　两个非冲突可串行的并发更新事务

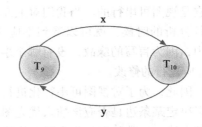

图 22-9　图 22-8 所示事务的优先图，因图上有环，所以该调度不是冲突可串行的

视图可串行化

还有其他几种可串行化，它们对等价调度的定义并没有冲突可串行化中对等价调度的定义那么严格。其中一种限制较少的定义称为**视图可串行化**（view serializability）。调度 S_1 和 S_2 都由 n 个事务 T_1，T_2，…，T_n 的操作组成，如果 S_1、S_2 满足下面三个条件，则 S_1、S_2 就是视图等价的：

- 对每一个数据项 x，如果在调度 S_1 中，事务 T_i 读取了 x 的初值，那么在调度 S_2 中，事务 T_i 也必须读取 x 相同的初值。
- 在调度 S_1 中，对于事务 T_i 对数据项 x 的每一个读操作来说，如果 T_i 读取的 x 的值是由事务 T_j 写入的，那么在调度 S_2 中，事务 T_i 也必须要读取由事务 T_j 修改的 x 的值。

- 对于每一个数据项 x 来说，如果在调度 S_1 中，其最后写操作是由事务 T_i 执行的，那么在调度 S_2 中，对数据项 x 的最后写操作也应该由同一事务执行。

若某调度视图等价于一个串行调度，则该调度是视图可串行的。所有冲突可串行调度都是视图可串行的，反之不成立。例如，图 22-10 所示的调度是视图可串行的，但不是冲突可串行的。在本例中，事务 T_{12} 和 T_{13} 并不符合限定写规则，换句话说，它们执行的是盲写。可以证明，对于任何视图可串行调度，若其不是冲突可串行的，则必然包含一个或多个盲写。

Time	T_{11}	T_{12}	T_{13}
t_1	begin_transaction		
t_2	read(bal_x)		
t_3		begin_transaction	
t_4		write(bal_x)	
t_5		commit	
t_6	write(bal_x)		
t_7	commit		
t_8			begin_transaction
t_9			write(bal_x)
t_{10}			commit

图 22-10　不是冲突可串行但却是视图可串行的调度

视图可串行化的检测。 对视图可串行化的测试要比对冲突可串行化的测试复杂得多。事实上，已经证明对视图可串行化的测试是一个 NP 完全（NP-complete）问题，即找到一个有效测试算法的希望微乎其微（Papadimitriou，1979）。对于图 22-10 中的调度，我们可以给出其（冲突可串行的）优先图，如图 22-11 所示。图上存在的环表示该调度不是冲突可串行的，但是，因为它视图等价于串行调度 T_{11}、T_{12}、T_{13}，因此它是视图可串行的。当我们对上面给出的优先图的规则进行分析的时候，就可以看到不应该把边 $T_{12} \rightarrow T_{11}$ 插入图中，因为盲写的缘故，没有哪个事务读取了 T_{11}、T_{12} 对 bal_x 所进行的修改。

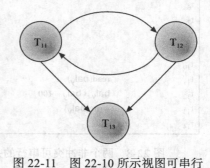

图 22-11　图 22-10 所示视图可串行调度的优先图

因此，为了对视图可串行化进行测试，我们需要一种可以决定某条边是否应该插入优先图的方法。下面就介绍这种方法——带标记的优先图，构造方法如下：

（1）为每一个事务创建一个节点。

（2）创建节点 T_{bw}。T_{bw} 是在调度开始位置插入的一个虚拟事务，T_{bw} 包括了对调度中所有被访问数据项的一个写操作。

（3）创建节点 T_{fr}。T_{fr} 是在调度的最后位置插入的一个虚拟事务，T_{fr} 包括了对调度中所有被访问数据项的一个读操作。

（4）如果 T_j 读取了由 T_i 修改的数据项的值，则创建有向边 $T_i \xrightarrow{0} T_j$。

（5）如果 T_i 没有路径到达 T_{fr}，则去掉所有与 T_i 直接相连的有向边。

（6）对于每一个由 T_i 写后 T_j 读过的数据项，如果 $T_k(T_k \neq T_{bw})$ 也对其执行了写操作，则：

（a）如果 $T_i = T_{bw}$，$T_j \neq T_{fr}$，则创建有向边 $T_i \xrightarrow{0} T_k$。

（b）如果 $T_i \neq T_{bw}$，$T_j = T_{fr}$，则创建有向边 $T_k \xrightarrow{0} T_i$。

（c）如果 $T_i \neq T_{bw}$，$T_j \neq T_{fr}$，则创建一对有向边 $T_k \overset{x}{\to} T_i$ 和 $T_j \overset{x}{\to} T_k$，x 是不重复出现的正整数，而且没有用其标识过前面已经创建的有向边。这条规则是前面两条规则的更一般的情况，表明如果事务 T_i 修改了某数据项，接着 T_j 读取了该数据项，然后对于任何事务 T_k，如果 T_k 要对这一数据项执行写操作，则 T_k 要么在 T_i 之前，要么在 T_j 之后。

对图 22-10 中的调度应用前五条规则，生成的优先图如图 22-12a 所示。应用规则 6（a），我们增加了有向边 $T_{11} \to T_{12}$ 和 $T_{11} \to T_{13}$，均被标记为 0；应用规则 6（b），增加了有向边 $T_{11} \to T_{13}$（已经增加）和 $T_{12} \to T_{13}$，也都被标记为 0。最后生成的优先图如图 22-12b 所示。

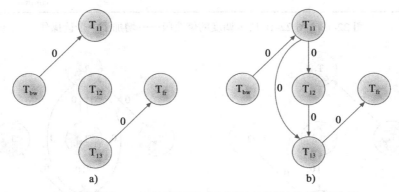

图 22-12　图 22-10 所示视图可串行调度的带标记的优先图

根据这个带标记的优先图，对视图可串行化的测试如下：

（1）如果图上无环，则该调度为视图可串行的。

（2）然而，图中存在环并不足以说明这个调度就不是视图可串行的。实际上检测应该是，依据上述规则 6（c）生成了 m 对特殊的有向边，如果一个图仅包含每对边中的一条，则 m 对有向边就会生成 2^m 个不同的图。只要这些图中有一个图是无环的，则该调度就是视图可串行的，串行化顺序可由去掉虚拟事务 T_{bw} 和 T_{fr} 之后的图的拓扑结构给出。

我们对图 22-12b 应用上述方法进行测试，结果是无环的，因此可以得出结论——该调度是视图可串行的。考虑另外一个示例，我们对图 22-10 稍作改动得到了图 22-13，即事务 T_{13A} 与事务 T_{13} 相比增加了一个读操作。应用前五条规则生成的该调度的优先图如图 22-14a 所示。应用规则 6（a），我们增加了有向边 $T_{11} \to T_{12}$ 和 $T_{11} \to T_{13A}$，均被标记为 0；应用规则 6（b），增加了有向边 $T_{11} \to T_{13A}$（已经增加）和 $T_{12} \to T_{13A}$（也已经增加），也都被标记为 0；应用规则 6（c），增加了一个有向边对 $T_{11} \to T_{12}$ 和 $T_{13A} \to T_{11}$，这次都标记为 1。最终的优先图如图 22-14b 所示。因此我们可以得到两个不同的图，每个图都只包含了这个有向边对中的一条边，如图 22-14c、图 22-14d 所示。图 22-14c 是无环的，我们可以得出结论——这个调度也是视图可串行的（即视图等价于串行调度 $T_{11} \to T_{12} \to T_{13A}$）。

实际上，DBMS 并不对调度是否可串行化进行检测。这一点可能不切实际，因为并发事务的操作次序是由操作系统决定的。但是可以采用一些普遍认可的协议来生成可串行的调度。我们将在下一节讨论这些协议。

Time	T_{11}	T_{12}	T_{13A}
t_1	begin_transaction		
t_2	read(**bal**$_x$)		
t_3		begin_transaction	
t_4		write(**bal**$_x$)	
t_5		commit	
t_6			begin_transaction
t_7			read(**bal**$_x$)
t_8	write(**bal**$_x$)		
t_9	commit		
t_{10}			write(**bal**$_x$)
t_{11}			commit

图 22-13　图 22-10 所示调度的修改版——增加了一个读操作

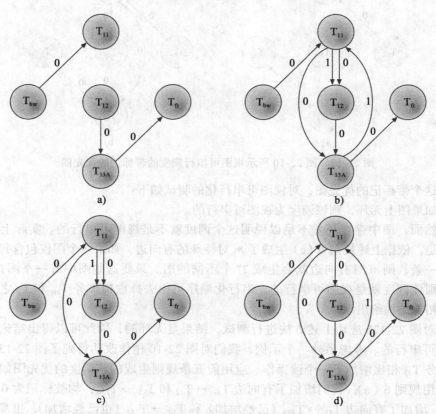

图 22-14　图 22-13 所示视图可串行调度的带标记的优先图

可恢复性

假设调度中每一个事务都不失败，则可串行化就标识出那些能够维护数据库一致性的调度。从另一方面看，我们还需对调度中的事务的可恢复性进行分析。如果事务失败，事务的原子性要求我们必须撤销事务对数据库造成的所有影响。而持久性要求一旦提交后，事务对数据库的所有修改不能被撤销（不包括执行另一补偿性事务）。我们再来分析一下图 22-8 所示的两个并发事务，这次假设事务 T_9 最终没有执行提交操作，而是回滚事务。而 T_{10} 已经读取了 T_9 对 bal$_x$ 的修改结果，并且 T_{10} 也修改了 bal$_x$ 的值然后成功提交。严格来讲，T_{10} 也应该回滚，因为它读取了后来被回滚的数据项 bal_x 的值。但是，持久性却不允许这样做。也就是说，这个调度是一个不可恢复调度。这就引出了可恢复调度的定义。

可恢复调度 | 如果 T_j 读取了由 T_i 修改过的数据项，那么事务 T_i 的提交操作应该在事务 T_j 的提交操作之前。若调度中的每一对事务 T_i 和 T_j 都能满足上述要求，则该调度称为可恢复调度。

并发控制技术

串行化可通过多种方式实现。允许事务安全地并发执行并且满足某些约束的并发控制技术主要有两种：加锁和时间戳方法。

加锁和时间戳本质上是**保守（悲观）**方法：因为一旦在将来某一时刻发现事务之间相互冲突，则会推迟事务执行。后面我们还会讲述一些**乐观**方法，这些方法都是基于如下前提：冲突出现的概率很小，因此允许事务异步执行，只在最后事务提交时再对冲突进行检测。下面我们将对加锁、时间戳和乐观的并发控制技术进行讨论。

22.2.3 加锁方法

加锁 | 用来控制并发访问数据的过程。当一个事务正在访问数据库时，可以用锁拒绝其他事务的访问请求，从而避免产生不正确的结果。

加锁是使用最为广泛的、能够保证并发事务可串行化的方法。尽管加锁有几种变形，但是基本特征相同，即事务在对数据库进行读写操作之前必须获取一个**共享（读）**锁或者**互斥（写）**锁。锁可以阻止其他事务修改该事务正在操作的数据项，如果是互斥锁的话，甚至还可以阻止其他事务对该数据项的读取。加锁的基本规则如下。

共享锁 | 如果事务在数据项上加了共享锁，则事务只能读而不能修改该数据项。

互斥锁 | 如果事务在数据项上加了互斥锁，则事务既可以读也可以修改该数据项。

不同范围的数据项——大到整个数据库，小到一个字段——都可以被加锁。数据项的范围决定了锁的细度，或者说粒度（granularity）。实际的锁可以如此实现：在数据项中增加一个比特位来指示该部分是否加锁，或者为数据库中加锁的部分维护一个列表，也可以通过其他方式实现。本书将在 22.2.8 节进一步讨论锁的粒度问题。下面继续使用术语"数据项"来指代锁的粒度。

既然读操作是不冲突的，就应该允许多个事务同时拥有同一数据项的共享锁。另一方面，互斥锁使得事务以排他的方式对数据项进行访问。因此，只要事务拥有了数据项的互斥锁，那么其他事务都无法读取或者修改该数据项。锁的使用方式如下：

- 任何需要访问数据项的事务首先要对数据项加锁，如果只读则申请共享锁，如果需要读写则申请互斥锁。
- 如果数据项没有被其他事务加锁，则允许事务对其加锁。
- 如果数据项已经被加锁，则由 DBMS 来判断当前的加锁请求是否和已经存在的锁相容。如果对已经加上共享锁的数据项请求加上共享锁，则请求被认可；否则，事务必须**等待**，直至现有的锁被释放。
- 事务持有锁直至它在执行期间显式地释放锁或者它被终止（撤销或者提交）。只有当互斥锁被释放的时候，写操作的结果才对其他事务可见。

除了上述规则，某些系统还允许事务对数据项先加共享锁，在以后的某个时刻再将锁**升级**为互斥锁。这实际上是允许事务首先查看数据，再决定是否更新它。若不支持升级，则事务必须对在执行期间可能进行修改的所有数据项都加上互斥锁，这潜在地降低了系统并发程度。出于同样的原因，一些系统也允许事务先加上一个互斥锁，稍后再将其**降级**为共享锁。

然而，从例 22.5 中可以看出，即使事务按照上述规则使用锁，也不能保证调度的可串行化。

│ 例 22.5 ≫ 不正确的加锁调度

再次考虑图 22-8 中的两个事务。使用上述加锁规则，可能会产生这样一个合法的调度：

$$S = \{write\_lock(T_9, bal_x), read(T_9, bal_x), write(T_9, bal_x), unlock(T_9, bal_x),$$
$$write\_lock(T_{10}, bal_x), read(T_{10}, bal_x), write(T_{10}, bal_x), unlock(T_{10}, bal_x),$$
$$write\_lock(T_{10}, bal_y), read(T_{10}, bal_y), write(T_{10}, bal_y), unlock(T_{10}, bal_y),$$
$$commit(T_{10}), write\_lock(T_9, bal_y), read(T_9, bal_y), write(T_9, bal_y),$$
$$unlock(T_9, bal_y), commit(T_9)\}$$

假设在执行之前，$bal_x = 100$，$bal_y = 400$。如果先执行 T_9 然后执行 T_{10}，则结果为 $bal_x = 220$，$bal_y = 330$；如果先执行 T_{10} 再执行 T_9，则 $bal_x = 210$，$bal_y = 340$。然而，调度 S 的执行结果为 $bal_x = 220$，$bal_y = 340$（S **不**是一个可串行的调度）。　　　　　　 ≪

该例的问题在于，事务一旦完成了对某个加锁数据项（例如 bal_x）的读/写操作并且以后不再访问它时，调度就把该事务拥有的这个锁释放掉。然而，事务释放了加在 bal_x 上的锁以后，又对其他数据项（bal_y）加锁。虽然看起来增加了并发性，但是它允许事务彼此干扰，导致隔离性和原子性全部丢失。

为了保证可串行化，必须遵循另一个协议，该协议关注每一个事务加锁、解锁操作的时机。这就是著名的**两段锁**（Two-Phase Locking，2PL）协议。

两段锁（2PL）

│ 2PL │ 如果事务中所有的加锁操作都出现在第一个解锁操作之前，则该事务是遵循两段锁协议的。

根据该协议的规则，每个事务可以被分为两个阶段：首先是**扩展阶段**（growing phase），在该阶段，事务可以获取它所需要的全部锁，但不能释放任何一个锁；其次是**收缩阶段**（shrinking phase），在该阶段，事务可以释放它所拥有的锁，但不能再获取任何新的锁。协议并不要求同时获取所有的锁。通常，事务先获取一些锁，进行相应的处理，然后再根据需要获取其他锁。然而，事务在到达不再需要任何新锁的阶段之前，不会释放任何锁。规则如下：

- 事务在对数据项进行操作之前，必须先获得该数据项的锁。根据访问的类型需要，可以是读锁或者写锁。
- 一旦事务开始释放锁，它就不能再获得任何新锁。

如果允许锁的升级，则升级只能在扩展阶段进行，并且事务可能需要等待，直至另一个事务释放加在该数据项上的共享锁。对锁的降级只能在收缩阶段进行。下面我们就看看如何用两段锁协议解决 22.2.1 节提到的三个问题。

例 22.6 ≫ 使用 2PL 解决丢失更新问题

解决丢失更新问题的一种方案如图 22-15 所示。为了防止丢失更新问题的发生，T_2 首先请求 bal_x 的互斥锁。然后 T_2 从数据库中读取 bal_x 的值并将其增加了 100 英镑，最后把 bal_x 的新值写回数据库。当 T_1 开始执行时，T_1 也请求对 bal_x 加互斥锁。但是，由于此时 bal_x 已经被 T_2 以排他的方式加了锁，因此，T_1 的请求无法立即被满足，T_1 不得不**等待**，直到 T_2 释放其加在 bal_x 上的互斥锁。而 T_2 直到提交完成后才释放该锁。 ◀◀

Time	T_1	T_2	bal_x
t_1		begin_transaction	100
t_2	begin_transaction	write_lock(bal_x)	100
t_3	write_lock(bal_x)	read(bal_x)	100
t_4	WAIT	$bal_x = bal_x + 100$	100
t_5	WAIT	write(bal_x)	200
t_6	WAIT	commit/unlock(bal_x)	200
t_7	read(bal_x)		200
t_8	$bal_x = bal_x - 10$		200
t_9	write(bal_x)		190
t_{10}	commit/unlock(bal_x)		190

图 22-15　防止出现丢失更新问题

例 22.7 ≫ 使用 2PL 解决未提交依赖问题

解决未提交依赖问题的一种方案如图 22-16 所示。为了避免此类问题的发生，T_4 首先请求对 bal_x 加互斥锁。然后 T_4 从数据库中读取 bal_x 的值，并增加 100 英镑，之后将 bal_x 的新值写回数据库。在回滚时，事务 T_4 对数据库所做的修改被撤销，bal_x 的值又被还原到初值 100 英镑。当 T_3 开始执行时，T_3 也申请 bal_x 的互斥锁。但是，因为数据项 bal_x 已经被 T_4 以排他的方式加了锁，所以无法立即满足 T_3 的请求，T_3 不得不等待，直到 T_4 释放加在 bal_x 上的互斥锁。而 T_4 只有在执行完回滚操作之后才会释放该锁。 ◀◀

Time	T_3	T_4	bal_x
t_1		begin_transaction	100
t_2		write_lock(bal_x)	100
t_3		read(bal_x)	100
t_4	begin_transaction	$bal_x = bal_x + 100$	100
t_5	write_lock(bal_x)	write(bal_x)	200
t_6	WAIT	rollback/unlock(bal_x)	100
t_7	read(bal_x)		100
t_8	$bal_x = bal_x - 10$		100
t_9	write(bal_x)		90
t_{10}	commit/unlock(bal_x)		90

图 22-16　防止出现未提交依赖问题

例 22.8 ≫ 使用 2PL 解决不一致分析问题

解决不一致分析问题的一种方案如图 22-17 所示。为了防止出现此类问题，T_5 必须以互斥锁执行读操作，而 T_6 必须以共享锁执行其读操作。因此，当 T_5 开始请求并获取了 bal_x 上的互斥锁时，T_6 试图对 bal_x 加共享锁，该请求无法立即被满足，T_6 必须等待直到 T_5 的锁被释放，即 T_6 必须等待直到 T_5 提交。 ◀◀

Time	T_5	T_6	bal_x	bal_y	bal_z	sum
t_1		begin_transaction	100	50	25	
t_2	begin_transaction	sum = 0	100	50	25	0
t_3	write_lock(bal_x)		100	50	25	0
t_4	read(bal_x)	read_lock(bal_x)	100	50	25	0
t_5	$bal_x = bal_x - 10$	WAIT	100	50	25	0
t_6	write(bal_x)	WAIT	90	50	25	0
t_7	write_lock(bal_z)	WAIT	90	50	25	0
t_8	read(bal_z)	WAIT	90	50	25	0
t_9	$bal_z = bal_z + 10$	WAIT	90	50	25	0
t_{10}	write(bal_z)	WAIT	90	50	35	0
t_{11}	commit/unlock(bal_x, bal_z)	WAIT	90	50	35	0
t_{12}		read(bal_x)	90	50	35	0
t_{13}		sum = sum + bal_x	90	50	35	90
t_{14}		read_lock(bal_y)	90	50	35	90
t_{15}		read(bal_y)	90	50	35	90
t_{16}		sum = sum + bal_y	90	50	35	140
t_{17}		read_lock(bal_z)	90	50	35	140
t_{18}		read(bal_z)	90	50	35	140
t_{19}		sum = sum + bal_z	90	50	35	175
t_{20}		commit/unlock(bal_x, bal_y, bal_z)	90	50	35	175

图 22-17　防止出现不一致分析问题

可以证明，如果调度中的每个事务都遵循两段锁协议，那么该调度必然是冲突可串行的（Eswaran et al., 1976）。但是，在利用两段锁协议保证可串行化时，锁的释放时机仍会产生问题，见下例。

例 22.9 >> 级联回滚

考虑如图 22-18 所示的由三个事务组成的调度，该调度遵循两段锁协议。T_{14} 获得了 bal_x

Time	T_{14}	T_{15}	T_{16}
t_1	begin_transaction		
t_2	write_lock(bal_x)		
t_3	read(bal_x)		
t_4	read_lock(bal_y)		
t_5	read(bal_y)		
t_6	$bal_x = bal_y + bal_x$		
t_7	write(bal_x)		
t_8	unlock(bal_x)	begin_transaction	
t_9	⋮	write_lock(bal_x)	
t_{10}	⋮	read(bal_x)	
t_{11}	⋮	$bal_x = bal_x + 100$	
t_{12}	⋮	write(bal_x)	
t_{13}	⋮	unlock(bal_x)	
t_{14}	⋮	⋮	
t_{15}	rollback	⋮	
t_{16}		⋮	begin_transaction
t_{17}		⋮	read_lock(bal_x)
t_{18}		rollback	⋮
t_{19}			rollback

图 22-18　遵循两段锁协议的级联回滚

上的互斥锁，然后根据 bal_y 的值对 bal_x 进行修改，T_{14} 事先已经获得了 bal_y 的共享锁，并且 T_{14} 在释放 bal_x 的锁之前将 bal_x 的值写回数据库。接着，事务 T_{15} 获得了 bal_x 上的互斥锁，T_{15} 从数据库中读取 bal_x 的值，更新 bal_x，再将 bal_x 的新值写回数据库，然后释放 bal_x 上的锁。最后，T_{16} 对 bal_x 加共享锁，并从数据库中读取 bal_x 的值。此时，T_{14} 失败并回滚。然而因为 T_{15} 与 T_{14} 相关（T_{15} 读取了由 T_{14} 更新的数据项），所以 T_{15} 也必须回滚。同样，T_{16} 也与 T_{15} 相关，因此 T_{16} 也必须回滚。这种由于一个事务引发的一连串回滚的现象被称为**级联回滚**（cascading rollback）。

级联回滚是一种不好的现象，这意味着由于级联回滚而导致大量工作将被撤销。显然，设计一种避免级联回滚的协议将是很有意义的。在两段锁的前提下，避免级联回滚的方法是：就像前面的例题那样，直到事务的最后才允许释放所有的锁。采用这种方式，就不会再发生级联回滚的问题，因为直到 T_{14} 完成回滚后，T_{15} 才会获得 bal_x 的互斥锁。这种方法被称为**严格 2PL**（rigorous 2PL）。可以证明，若事务均遵循严格 2PL，则事务将按其提交的顺序被串行化。**弱严格 2PL**（strict 2PL）是 2PL 的另一种变形，弱严格 2PL 只要求互斥锁到事务的最后再释放。大多数数据库系统实现的是这两种 2PL 变形中的一种。

还有另一个与两段锁有关的问题，这个问题其实也与所有的加锁机制有关，即由于事务对数据项锁的等待而产生的**死锁**（deadlock）。如果两个事务互相等待对方所持有的数据项上的锁，则产生死锁，从而需要 22.2.4 节描述的死锁检测和恢复机制。事务也可能处于**活锁**（livelock）状态，此时尽管 DBMS 中并未发生死锁，事务仍处于无限期等待状态中，不能获得任何新锁。当事务的等待算法不够公平，并且未考虑事务已经等待的时长时，就有可能发生这种情况。为了避免活锁，可以使用优先级系统：事务等待的时间越长，其优先级就越高。例如，可以将等待事务放到先来先服务（first-come-first-served）的队列中。

索引结构的并发控制

对索引结构（见附录 F）的并发控制的管理，可以通过将索引的每一页都看作一个数据项，并对其应用前面讲述的两段锁协议来进行。然而，由于索引经常会被访问，尤其是树的高层（因为搜索是从根开始往下进行的），所以这种简单的并发控制策略可能会导致激烈的锁竞争。因此，需要对索引应用一种更高效的加锁协议。如果我们分析一下基于树的索引是如何被遍历的，就会有以下两个发现：

- 搜索路径从根开始，一直向下到达树的叶节点，搜索从不向上折返。因此，一旦一个低层节点被访问，这条路径上的所有高层节点都不会再被访问。
- 当一个新的索引值（关键字和指针）被插入一个叶节点时，如果这个节点还未满，则这次插入不会影响高层节点。这就意味着在这种情况下，我们只需对叶节点加上互斥锁，只有当这个节点满了，需要进行分裂时，才有必要对高层节点加上互斥锁。

基于上述发现，我们可以推导出下面的加锁策略：

- 检索时，从根节点开始，沿着相应的路径向下依次申请各个节点的共享锁。一旦获得了某节点的子节点上的锁，则该节点（作为父节点）上的锁可被释放。
- 插入时，一种保守的做法是：从根开始沿搜索路径向下直到要修改的叶节点，对该路径上的所有节点都加上互斥锁。这就保证了叶节点的一次分裂总是能够沿该路径向上传播到每个父节点直至树的根。但是，如果其中某个子节点不满，则其所有父节点上的锁都可以被释放。另一种比较乐观的方法是：除了要执行插入操作的叶节点以外，我们对这条路径上的所有节点都加上共享锁，仅获取该叶节点的互斥锁。如果叶节点需要分裂，就将其上层父节点的共享锁升级为互斥锁。如果父节点也需要进行分裂，则继续将其上层节点的锁升级。在大多数情况下，节点并不会分裂，因此这是一种比较好的方法。

这种在可能的情况下仅对子节点加锁而释放加在父节点上的锁的技术被称为**锁耦合**（lock-coupling）或者**侧航**（crabbing）。关于树的并发控制算法性能的进一步讨论，感兴趣的读者可以参阅 Srinivasan and Carey（1991）。

锁存器

DBMS 还支持另一种称为**锁存器**（latch）的锁。锁存器的加锁时间比一般的锁要短得多。在从磁盘读出或写入某一页前，可以用锁存器保证操作的原子性。例如，当要把数据库缓冲区的页写入磁盘时，需要获取该页的锁存器，将该页写到磁盘以后，锁存器立即被释放。由于锁存器仅用于避免这类访问冲突，因此不需要遵循那些常规的并发控制协议，比如两段锁协议。

22.2.4　死锁

| **死锁** | 当两个（或多个）事务互相等待对方释放自己已经占有的锁时产生的僵局。

图 22-19 中有两个处于死锁状态的事务 T_{17} 和 T_{18}，因为它们都在等待对方释放自己已经占有的数据项上的锁。在 t_2 时刻，事务 T_{17} 申请并获得了数据项 bal_x 的互斥锁；在 t_3 时刻，事务 T_{18} 获取了数据项 bal_y 的互斥锁。接着在 t_6 时刻，T_{17} 申请 bal_y 的互斥锁。由于 bal_y 的锁正被 T_{18} 占有，因此事务 T_{17} 只好等待。在 t_7 时刻，事务 T_{18} 请求对 bal_x 加锁，而该锁正被事务 T_{17} 持有。这样，两个事务都不能继续，因为两个事务所申请的锁都只有在对方完成之后才能获取，所以出现了相互等待状态。一旦发生死锁，相关的应用程序并不能解决这个问题。DBMS 必须能够意识到死锁的存在，并通过某种方法打破死锁。

Time	T_{17}	T_{18}
t_1	begin_transaction	
t_2	write_lock(bal_x)	begin_transaction
t_3	read(bal_x)	write_lock(bal_y)
t_4	$bal_x = bal_x - 10$	read(bal_y)
t_5	write(bal_x)	$bal_y = bal_y + 100$
t_6	write_lock(bal_y)	write(bal_y)
t_7	WAIT	write_lock(bal_x)
t_8	WAIT	WAIT
t_9	WAIT	WAIT
t_{10}	⋮	WAIT
t_{11}	⋮	⋮

图 22-19　两个事务间的死锁

遗憾的是，只有一种方法能够打破死锁：撤销其中的一个或多个事务。这通常涉及撤销被撤销事务所做的所有修改。在图 22-19 中，我们可以选择撤销事务 T_{18}。一旦 T_{18} 被撤销，T_{18} 占有的锁就被释放，T_{17} 就能够继续执行。死锁应该对用户透明，因此 DBMS 应该自动重启被撤销的事务。然而，实际上 DBMS 并不能重启被撤销的事务，因为 DBMS 即使了解事务的历史，也不懂事务的逻辑（除非事务中没有用户的输入或者输入不是数据库状态的函数）。

有三种常用的死锁处理技术：超时、死锁预防以及死锁检测和恢复。**超时**是指每个请求加锁的事务等待的时间都有一个上限。**死锁预防**是指 DBMS 总是提前判断是否有事务会引发死锁，从而杜绝死锁的发生。**死锁检测和恢复**是指 DBMS 允许发生死锁，但是能够认识到死锁的发生并能够打破死锁。与超时或者检测到死锁并打破死锁的做法相比，预防死锁的难度要大得多，因此，系统一般都不采用死锁预防方法。

超时

这是一种基于锁超时的、比较简单的防止死锁的方法。采用这种方法时，会等待加锁的事务，其等待时间最多等于系统设定的等待时间。如果在这段时间内事务没有获得请求的锁，则这次加锁请求超时。在这种情况下，DBMS 假定该事务已经死锁（即使实际上可能并未死锁），从而撤销这个事务，并将其自动重启。这是一种非常简单又很实用的防止死锁的方案，因而被某些商业 DBMS 所采用。

死锁预防

另一种防止死锁的方法是为事务加上时间戳从而使事务有序，详见 22.2.5 节。Rosenkrantz 等（1978）提出了两种死锁预防算法。一种算法叫 Wait-Die（等待 - 死亡法），它只允许一个较老的事务等待一个较新的事务，否则事务被撤销（die），并以相同的时间戳重启。这样，该事务最终会成为最老的活跃事务，不再会被撤销。第二种算法叫 Wound-Wait（伤害 - 等待法），它使用相反的方法：只允许一个较新的事务等待一个较老的事务。如果一个较老事务申请的锁已经被一个较新的事务占有，则较新的事务被撤销（wound）。

一种 2PL 的变形称为**保守的 2PL**（conservative 2PL）协议，它也能够预防死锁的发生。根据保守的 2PL，事务在开始之前必须获得全部的锁，否则就等待，直到能获得全部锁为止。这个协议的优越性体现在，如果锁的竞争很激烈，由于事务运行中从不被阻塞，因此也从不需要等待锁，所以锁被占有的时间就减少了。另一方面，如果锁的竞争比较少，则在该协议下锁被占有的时间就更长。另外，因为所有的锁必须全部获取并且全部释放，所以加、解锁的开销很高。因此如果事务在申请某个锁时失败了，则必须释放它已经获得的所有锁，以后再重新申请这些锁。从实际的角度来看，事务在启动的时候可能不知道究竟需要哪些锁，因此可能会扩大加锁的范围。所以，该协议实际上并没有得到应用。

死锁检测

通常通过构造显示事务之间依赖关系的**等待图**（Wait-For Graph，WFG）进行死锁检测。如果 T_j 持有 T_i 等待的数据项上的锁，则事务 T_i 依赖于事务 T_j。WFG 是一个有向图 G＝(N, E)，G 由一组节点 N 和一组有向边 E 构成。WFG 的构造规则如下：

- 为每个事务创建一个节点。
- 如果事务 T_i 等待对某数据项加锁，而该数据项当前已被 T_j 加锁，则创建一条有向边 $T_i \rightarrow T_j$。

当且仅当 WFG 中有环时才会发生死锁（Holt，1972）。图 22-20 是图 22-19 所示事务的 WFG 图。显然，图上存在环（$T_{17} \rightarrow T_{18} \rightarrow T_{17}$）。因此，可断言该系统处于死锁

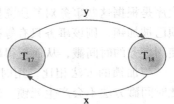

图 22-20　有环存在的 WFG，表示两个事务死锁

状态。

死锁检测的频率

由于等待图中有环存在是死锁存在的充分必要条件，故死锁检测算法可以周期性地生成等待图，并检测其中是否有环存在。执行该算法进行死锁检测的时间间隔的选取很重要。如果时间间隔选得太小，那么死锁检测将增加大量的开销。如果时间间隔选得太大，则即使发生死锁，也要经过很长一段时间才能被检测到。另一种方法是，采用动态死锁检测算法。动态死锁检测算法以某一初始时间间隔被启动，每次执行时，如果没有检测到死锁，则增加检测时间间隔，比如增加为原来的两倍。如果检测到死锁，则将时间间隔减小，比如减小为原来的一半，但无论增加还是减小都不能超出某个上限和下限。

死锁检测后的恢复

正如上文提到的，一旦检测到死锁，DBMS 必须撤销一个或多个事务。撤销时，DBMS需要考虑这样几个问题：

(1) 对死锁牺牲者的选择。在某些情况下，可以明确被撤销事务。但是，在另一些情况下，选择就没有那么明确。在这种情况下，我们就需要撤销那些代价最小的事务。主要考虑以下因素：

　　(a) 事务已经运行的时间的长短（最好撤销一个刚刚开始运行的事务，而不是一个已经运行了一段时间的事务）。

　　(b) 事务已经更新的数据项的多少（最好撤销一个只对数据库做了少许改变的事务，而不是一个已对数据库做了大量修改的事务）。

　　(c) 事务还需要更新的数据项的多少（最好撤销一个对数据库还有许多更新操作没有完成的事务，而不是一个只需再做少量操作就能完成的事务）。遗憾的是，DBMS 未必了解这方面的信息。

(2) 事务回滚的程度。决定了撤销哪个事务以后，还要决定将这个事务回滚多远。显然，撤销该事务所做的所有改变是最简单的方法，但未必是最高效的方法。有时，只需要事务部分回滚就能够解决死锁问题。

(3) 避免饿死。如果某个事务总被选为牺牲者，则可能发生饿死的现象——该事务永远无法完成。饿死现象与 22.2.3 节中提到的活锁很相似，活锁是并发控制协议始终不选择执行某个等待加锁的事务。DBMS 可以用以下方法来避免饿死现象的发生：记录事务被选为牺牲者的次数，并在该次数到达某上限时，启用另一种选择标准。

22.2.5　时间戳方法

使用锁并结合两段锁协议即能保证调度的可串行化。在等价的串行调度中，事务的先后次序是根据这些事务对其所需数据项加锁的先后次序决定的。如果一个事务所需的某个数据项已被加锁，则该事务只有等待，直到此数据项的锁被释放。另一种保证可串行化的方法是使用事务的时间戳，从而使得事务以某种串行调度的顺序执行。

与加锁的方法相比，用时间戳方法进行并发控制有很大不同。由于不需要用到锁，因此时间戳方法不会产生死锁。通常，加锁方法是通过使事务等待来防止冲突。在时间戳方法中，事务无需等待：冲突的事务只需简单回滚并重启即可。

┃时间戳┃由 DBMS 创建的、标识事务的相对启动时间的、具有唯一性的标识符。

在事务开始执行时，可以简单地用系统时钟生成时间戳。更常见的做法是，每当有新的事务启动时，就将一个逻辑计数器的值加一。

时间戳技术 | 一种并发控制协议，它用以下方式确定事务的顺序——越早的事务，时间戳越小，在发生冲突时优先级越高。

采用时间戳技术时，如果某事务企图读或写一个数据项，则只有当该数据项最近一次的修改是由一个较早的事务执行时，才允许该事务进行读或写。否则，请求读/写的事务将被赋予一个新的时间戳后重启。为了防止事务总是不断被撤销、重启，在事务重启时必须为其分配新的时间戳。否则，可能由于较新的事务已经提交，使得持有旧时间戳的事务无法提交。

除了事务有时间戳，数据项也可以有时间戳。每个数据项都有一个**读时间戳**（read_timestamp），其值为最后一个读取该数据项的事务的时间戳；数据项还有一个**写时间戳**（write_timestamp），其值为最后一个写（更新）该数据项的事务的时间戳。对于一个时间戳为 ts（T）的事务 T，时间戳排序协议的工作原理如下：

（1）事务 T 发出读请求 read(x)。

（a）事务 T 要求读数据项（x），而该数据项已经被一个较新（较晚）的事务更新，即 ts(T)<write_timestamp(x)。这表示一个较早的事务试图读取一个由较新事务更新的数据项的值。这个较早的事务现在才来读一个以前存在过而现在已经被更新了的值，显然太迟了，而且它已经获得的其他值很有可能与这个已经被更新的数据项的值不一致。在这种情况下，事务 T 必须被撤销，并以一个新（较晚）的时间戳重启。

（b）否则，ts(T)≥write_timestamp(x)，则读操作可以被执行，并且置 read_timestamp(x)＝max(ts(T), read_timestamp(x))。

（2）事务 T 发出写请求 write(x)。

（a）事务 T 要求写数据项（x），而该数据项已经被一个较新的事务读取，即 ts(T)<read_timestamp(x)。这说明一个较新的事务已经使用了该数据项的当前值，如果事务 T 现在更新它，就会出错。当一个事务延误了对数据项的写，而另一个较新的事务却已经读取了该数据项以前的值或已经写入了一个新值，在这种情况下就会出错。此时，唯一的解决办法是将事务 T 回滚并且用一个新的时间戳重启。

（b）事务 T 要求写数据项（x），而该数据项已经被一个较新的事务更新，即 ts(T)<write_timestamp(x)。这说明事务 T 试图向数据项 x 写入一个应该在前面时刻存在而此时已属陈旧的值。所以事务 T 应该被回滚并且用一个新的时间戳重启。

（c）否则，写操作可以被执行，并且置 write_timestamp(x)＝ts(T)。

这种称为**基本时间戳排序**的模式，能够保证事务是冲突可串行的，并且结果等价于这样一个串行调度，即事务按照时间戳的大小顺序执行。换句话说，其结果就好像是先执行事务 1 的所有操作，然后执行事务 2 的全部操作，如此下去，其间没有交叉。但是，基本时间戳排序并不能保证调度的可恢复性。在演示如何使用上述规则产生一个基于时间戳的调度之前，先来分析一个稍作变化的协议，该协议能够提供更高的并发性。

托马斯写规则

通过对基本时间戳排序协议进行修改，放宽对冲突可串行化的要求，拒绝过时的写操作以获得更高的并行性（Thomas，1979）——该扩展被称为**托马斯写规则**（Thomas's write rule）。该规则修改了事务 T 的写操作规则：

（a）事务 T 要求写数据项（x），而该数据项已经被一个较新的事务读过，即 ts(T)＜read_timestamp(x)。同前面一样，将事务 T 回滚并且用一个新的时间戳重启。

（b）事务 T 要求写数据项（x），而该数据项已经被一个较新的事务更新过，即 ts(T)＜write_timestamp(x)。这说明一个较新的事务已经更新了该数据项的值，因此，较早的事务（T）要写入的值，必须是在一个更加陈旧的值的基础上写入。在这种情况下，忽略写操作毫无问题。这有时也被称为**忽略过时写规则**（ignore obsolete write rule），这种规则支持更高的并发性。

（c）否则，与此前一样，写操作可以被执行。然后置 write_timestamp(x)＝ts(T)。

采用托马斯写规则可以产生本节讨论的其他并发协议不可能产生的调度。例如，在图 22-10 中给出的调度是非冲突可串行的：事务 T_{11} 在事务 T_{12} 之后对 bal_x 的写操作将被拒绝，则 T_{11} 将被回滚，并使用一个新的时间戳重启。但是，如果使用托马斯写规则，这种视图可串行的调度将被视为是合法的，没有事务需要回滚。

下一节将讨论另外一种基于数据项的多个版本的时间戳协议。

例 22.10 >> 基本时间戳排序

在图 22-21 中，有三个事务在并发执行。事务 T_{19} 的时间戳为 $ts(T_{19})$，事务 T_{20} 的时间戳为 $ts(T_{20})$，事务 T_{21} 的时间戳为 $ts(T_{21})$，且 $ts(T_{19})＜ts(T_{20})＜ts(T_{21})$。在 t_8 时刻，事务 T_{20} 的写操作违反了第一条写规则，因此 T_{20} 被撤销，并在 t_{14} 时刻重启。在 t_{14} 时刻，根据忽略过时写规则，事务 T_{19} 的写操作被安全地忽略，因为该写操作的结果早就应该被事务 T_{21} 在 t_{12} 时刻的写操作所覆盖。   《

Time	Op	T_{19}	T_{20}	T_{21}
t_1		begin_transaction		
t_2	read(bal_x)	read(bal_x)		
t_3	$bal_x = bal_x + 10$	$bal_x = bal_x + 10$		
t_4	write(bal_x)	write(bal_x)	begin_transaction	
t_5	read(bal_y)		read(bal_y)	
t_6	$bal_y = bal_y + 20$		$bal_y = bal_y + 20$	begin_transaction
t_7	read(bal_y)			read(bal_y)
t_8	write(bal_y)		write(bal_y)①	
t_9	$bal_y = bal_y + 30$			$bal_y = bal_y + 30$
t_{10}	write(bal_y)			write(bal_y)
t_{11}	$bal_z = 100$			$bal_z = 100$
t_{12}	write(bal_z)			write(bal_z)
t_{13}	$bal_z = 50$	$bal_z = 50$		commit
t_{14}	write(bal_z)	write(bal_z)②	begin_transaction	
t_{15}	read(bal_y)	commit	read(bal_y)	
t_{16}	$bal_y = bal_y + 20$		$bal_y = bal_y + 20$	
t_{17}	write(bal_y)		write(bal_y)	
t_{18}			commit	

① 在时刻 t_8，事务 T_{20} 的写操作违反了第一条时间戳写规则，因此，事务 T_{20} 被撤销，并在时刻 t_{14} 重新启动。

② 在时刻 t_{14}，根据忽略过时写规则，事务 T_{19} 的写操作被安全地忽略，因为这次写操作早就应该被事务 T_{12} 在时刻 t_{12} 时刻的写操作覆盖。

图 22-21   时间戳示例

各种方法的比较

图 22-22 显示了冲突可串行化（CS）、视图可串行化（VS）、两段锁（2PL）和时间戳（TS）间的关系。可以看到，视图可串行化包含了其他三种方法，冲突可串行化则包含了两段锁和时间戳，而两段锁和时间戳是互相重叠的。注意，最后一种情况意味着，存在着同时满足两段锁和时间戳规则的调度，但是也存在着只能根据两段锁协议产生的或只能由时间戳规则产生的调度。

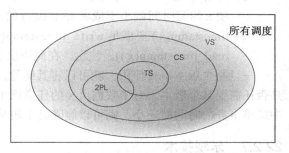

图 22-22　冲突可串行化（CS）、视图可串行化（VS）、两段锁（2PL）以及时间戳（TS）之间的比较

22.2.6 多版本时间戳排序

通过将数据版本化还可以增加并发性，因为这样就允许不同的用户并发地对同一个对象的不同版本进行操作，而不必等到其他事务结束时再访问这一对象。在任一阶段，万一某操作出现了错误，都能够将该操作回滚到某个合法的状态。版本被用于 22.4 节讨论的嵌套和多级并发控制协议（比如可以参见 Beech and Mahbod，1988 和 Chou and Kim，1986，1988）。本节将简要介绍一种并发控制机制，该机制在时间戳的基础上使用版本来增加并发性（Reed，1978；1983）。22.5 节将简要地讨论 Oracle 是如何使用这种机制进行并发控制的。

在前一节讨论的基本时间戳排序协议中，我们假设数据项只有一个版本，因此，同一时刻只能有一个事务访问该数据项。如果允许多个事务读或写同一个数据项的不同版本，并能保证每个事务所访问的数据项的版本是一致的，则可以放宽前面所述的限制。在多版本的并发控制中，每次写操作都在保留原有版本的同时，又为数据项创建了一个新版本。当某事务试图读一个数据项时，系统将为其选择一个能够保证可串行化的数据项版本。

对每个数据项 x，假设数据库中保留了 x 的 n 个版本 x_1, x_2, $\cdots$, x_n。系统为每个版本 i 存储了三个值：

- 版本 x_i 的值。
- read_timestamp(x_i) 是所有成功读取了版本 x_i 的事务的时间戳中的最大值。
- write_timestamp(x_i) 是创建版本 x_i 的事务的时间戳。

令 ts(T) 为当前事务的时间戳。多版本时间戳排序协议使用下面两条规则来保证可串行化：

（1）事务 T 发出写请求 write(x)。如果事务 T 要写数据项 x，则必须保证该数据项尚未被另一事务 T_j(ts(T)<ts(T_j)) 读取过。因为出于可串行化的考虑，T 所做的改变应该为 T_j 所见。很显然，如果 T_j 在较早时刻就已经读取了该数据项的值，那么它是不会见到 T 的修改结果的。

因此，假设数据项 x 的版本 x_j 具有最大写时间戳，其值小于或者等于 ts(T)（即 write_timestamp(x_j)≤ts(T)），而 read_timestamp(x_j)>ts(T)，则事务 T 必须被撤销并以一个新的时间戳重启。否则，可为数据项 x 创建一个新的版本 x_i，并置 read_timestamp(x_i)=write_timestamp(x_i)=ts(T)。

（2）事务 T 发出一个读请求 read(x)。如果允许事务 T 读取数据项 x，则必须返回数据项 x 的写时间戳小于或者等于 ts(T) 的诸版本中时间戳最大的那个 x_j，即 x_j 的 write_timestamp(x_j) 要满足 write_timestamp(x_j)≤ts(T)。置 read_timestamp(x_j)＝max(ts(T), read_timestamp(x_j))。注意，在此协议下，读操作从不失败。

一旦某个版本不再使用，就可以将其删除。根据当前系统中最早的事务的时间戳来决定是否还需要某个版本。对于数据项 x 的任意两个版本 x_i 和 x_j，若它们的写时间戳比当前系统中最早事务的时间戳还小，则可以删除其中较早的一个版本。

22.2.7 乐观技术

在某些情况下，事务之间很少发生冲突，因此，由锁或者时间戳协议带来的一些额外操作对许多事务来说都是不必要的。**乐观技术**（optimistic technique）基于很少发生冲突这一假设，因此无需为保证可串行化而延迟事务执行，从而更加高效（Kung and Robinson，1981）。当事务准备提交时，将对其进行检验，以确定是否有冲突存在。如果确实存在冲突，则事务被回滚并重启。由于前提是发生冲突的概率很低，因此回滚的概率也很小。由于回滚实际上意味着重做整个事务，因此事务重启的开销可能相当可观。只有当冲突发生的概率很低，即大多数事务不会被延迟执行时，这种开销才是可以接受的。由于不需要加锁，乐观技术能比传统的协议提供更高的并发性。

根据事务是只读事务还是更新事务，乐观的并发控制协议可以分为两到三个阶段：

- **读阶段**。读阶段从事务开始直到事务提交前的一刻。事务从数据库中读取所有它需要的数据项的值，并将其存放在本地变量中。更新操作只在数据的本地副本上进行，并不修改数据库本身。
- **确认阶段**。读阶段之后就是确认阶段。为了确保将事务的更新结果写入数据库后不会破坏可串行化，必须对事务进行检验。对于只读事务，检验该事务读取的数据值是否是对应数据项的当前值。如果没有冲突存在，则事务可以提交。如果出现冲突，则事务被撤销并重启。对于更新事务，要检验该事务是否使得数据库处于一致的状态，并维持了可串行化。如果不满足，则撤销事务并重启。
- **写阶段**。对于更新事务，成功通过确认阶段之后就进入了写阶段。在这一阶段，将把本地副本的修改结果反映到数据库中。

确认阶段要检验事务的读写操作是否出现了冲突。在每个事务 T 开始执行时，就被赋予了一个时间戳 start(T)，进入事务确认阶段时又被赋予了时间戳 validation(T)，在事务结束时（如果有写阶段，则被包括在内）的时间戳为 finish(T)。要通过确认检查，则至少要满足以下条件中的一条：

（1）在事务 T 开始执行之前，所有具有较早时间戳的事务 S 都必须结束，即 finish(S)＜start(T)。

（2）如果事务 T 在一个较早的事务 S 结束之前开始，则：

    （a）较早的事务所写的数据项并不是当前事务读取的数据项。

    （b）在当前事务进入确认阶段之前，较早的事务已经完成了其写阶段，即 start(T)＜finish(S)＜validation(T)。

规则 2（a）保证了较早事务写操作的结果没有被当前事务读取；规则 2（b）保证了写操作是串行执行的，不会发生冲突。

虽然在冲突很少发生的情况下，乐观技术非常高效，但它会造成个别事务的回滚。注意，这里的回滚只涉及数据的本地副本，并没有真正对数据库写，因此不会导致级联回滚。然而，如果被撤销的事务是那种执行时间较长的事务，就会因为事务的重启浪费大量处理时间。如果回滚经常发生，则表明对于这种环境下的并发控制，采用乐观的方法是一种失败的选择。

22.2.8　数据项的粒度

| **粒度** | 受到保护的数据项的大小，是并发控制协议中受到保护的基本单位。

此前讨论过的所有并发控制协议都假设数据库由大量的"数据项"组成，但并未明确定义什么是数据项。数据项通常有如下的选择，按粒度从粗到细排列，细粒度是指比较小的数据项，粗粒度是指较大的数据项：

- 整个数据库
- 一个文件
- 一页（有时也称为一个区间或数据库空间，即存储关系的物理磁盘上的一块）
- 一条记录
- 记录的一个字段的值

在一次操作中可被加锁的数据项的大小（或者说粒度），对并发控制算法的全局性能有很大的影响。但是，在选择数据项的大小时，需要权衡许多因素。尽管对其他并发控制技术也可以进行类似的讨论，但是我们只讨论在加锁技术中如何进行权衡。

考虑仅修改一个元组的事务。并发控制算法可以允许事务仅对一个元组加锁，在这种情况下，加锁粒度的大小就是一条记录。另外，也可以对整个数据库加锁，此时加锁粒度的大小就是整个数据库。在第二种情况下，这个粒度会阻塞其他事务的执行，直到锁被释放。这显然是不理想的。另一方面，如果某事务要更新某文件中 95% 的记录，那么令该事务对整个文件加锁，而不是对每条记录分别并多次加锁，两者相比，前者效率更高。然而，将加锁的粒度从字段或者记录增大为文件，也会增加发生死锁的可能性。

因此，数据项的粒度越粗，则并发程度越低。另一方面，数据项的粒度越细，就需要存储越多的加锁信息。最佳数据项的大小应该根据事务的性质来决定。如果一个典型事务的访问只涉及少量的记录，则数据项的粒度最好为记录级的。但是，如果一个典型事务的访问需要涉及同一个文件中的多条记录，则最好将数据项粒度定为页或者文件，这样，事务就能将所有的记录看作一个（或几个）数据项。

有人还提出了一些动态数据项大小的技术。在这些技术中，根据当前执行的事务的类型对数据项的大小进行调整，使其最适合这些事务的执行。理想情况下，DBMS 应该能支持记录级、页级以及文件级的混合粒度。当某事务对文件中超过某个百分值的记录或者页加锁时，一些系统会自动将锁从记录级或者页级升级到文件级。

粒度的层次

我们可以用层次结构表示锁的粒度，如图 22-23 所示，其中每个节点代表一种数据项的大小。其中，根节点代表整个数据库，第一层节点代表文件，第二层节点代表页，第三层节点代表记录，第四层叶节点代表单个字段。当一个节点被加锁时，其所有的子孙节点都被锁住。例如，如果某事务对页 $Page_2$ 加锁，则该页所有的记录（$Record_1$ 和 $Record_2$）和记录下所有的字段（Field$_1$ 和 Field$_2$）都被加了锁。如果另有一事务请求对同一节点加一个不相容的锁，则 DBMS 清楚地知道不能满足这一事务的加锁请求。

如果另有一个事务请求对已被加锁节点的任意子孙节点加锁，则 DBMS 先检查从根到请求节点的层次路径，确定其祖先节点是否已被加锁，然后再决定是否同意对请求节点加锁。因此如果加锁请求是对记录 Record$_1$ 加互斥锁，则 DBMS 首先检查其父节点（Page$_2$），再检查其祖父节点（File$_2$），最后检查数据库本身，看看它们之中是否有节点已被加锁。当发现 Page$_2$ 已被加锁时，DBMS 就会拒绝此次加锁请求。

另外，事务可能会请求对一个其子孙节点已被加锁的节点加锁。例如，若某事务请求对 File$_2$ 加锁，则 DBMS 需要首先检查该文件中（File$_2$）的所有页、这些页中的所有记录以及这些记录中的所有字段，确定它们中的任意一个是否已被加锁，然后才能决定是否允许对 File$_2$ 加锁。

多粒度加锁

为了减少对子孙节点加锁情况的搜索，DBMS 采用另外一种称为**多粒度加锁**（multiple-granularity locking）的专门的加锁策略。该策略使用了一种新型锁——**意向锁**（intention lock）（Gary et al.，1975）。当一个节点被加锁时，该节点的所有祖先节点就都被加了意向锁。因此，如果 File$_2$ 的某个子孙节点（如前例中的 Page$_2$）被加锁，当有对 File$_2$ 的加锁请求时，File$_2$ 上的意向锁则会表明它的某个子孙节点已经被加锁。

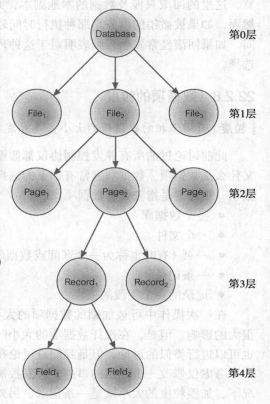

图 22-23 加锁的层次图

意向锁可以是共享的（S）或互斥的（X）。意向共享（Intention Shared，IS）锁只与互斥锁冲突，意向互斥（Intention eXclusive，IX）锁与共享锁和互斥锁均冲突。另外，事务可以拥有共享意向互斥（Shared and Intention eXclusive，SIX）锁，这与同时拥有一个共享锁和一个意向互斥锁在逻辑上是等价的。SIX 锁与所有与共享锁或者意向互斥锁冲突的锁冲突，换句话说，SIX 锁仅与 IS 锁兼容。表 22-1 所示为多粒度加锁技术中各种锁之间的兼容性。

表 22-1 多粒度加锁技术中各种锁之间的兼容性

	IS	IX	S	SIX	X
IS	√	√	√	√	×
IX	√	√	×	×	×
S	√	×	√	×	×
SIX	√	×	×	×	×
X	×	×	×	×	×

注：√=兼容，×=不兼容

为了保证多级加锁的可串行化，使用下述两段锁协议：

- 一旦有节点被解锁，就不再继续加锁。
- 直到其父节点被加了意向锁，才允许对该节点加锁。
- 直到其所有的子孙节点都被解锁，该节点才可以被解锁。

根据上述规则，申请锁时，应从根节点自上而下，每层均加上意向锁，直到遇到了真正要被加上共享锁或者互斥锁的那个节点；释放锁时，自下而上地进行。然而，应用该协议仍然可能发生死锁，对死锁的处理如前所述。

22.3 数据库恢复

| 数据库恢复 | 在发生故障时，将数据库还原到正确状态的过程。

在本章的开篇，我们曾介绍过数据库恢复的概念：作为 DBMS 必须提供的一种服务，数据库恢复机制能够保证数据库的可靠性，能够保证在发生故障的情况下，也能使数据库处于一致的状态。这里，可靠性既指 DBMS 对各种故障的适应能力，也指其从故障中恢复的能力。本节考虑的是如何实现这种服务。为了更好地理解在实现一个可靠系统时可能会遇到的问题，我们从恢复的必要性以及数据库环境里可能发生的故障开始分析。

22.3.1 恢复的必要性

通常有四种不同类型的数据存储介质，若按可靠性递增的顺序排序，这四种存储介质为：主存储器、磁盘、磁带和光盘。主存储器是**易失性**存储器，若系统崩溃，则不能幸免，数据全失。磁盘属于**联机非易失**存储器。与主存储器相比，磁盘更可靠也更便宜，但是要慢三到四个数量级。磁带是一种**非联机非易失**存储介质，与磁盘相比，更可靠、更便宜，但更慢，且只能支持串行访问。光盘比磁带更可靠，通常也更便宜、更快，且支持随机访问。主存储器通常被称为**一级存储器**，磁盘和磁带通常被称为**二级存储器**。**稳定存储**是指已被复制到许多非易失的、具有独立故障模式的存储介质（通常指磁盘）上的信息。例如，可以利用 RAID（Redundant Array of Independent Disk，独立磁盘冗余阵列）技术来模拟实现稳定存储，RAID 技术能够保证单个磁盘发生故障（即使故障发生在数据传输的过程中），也不会导致数据丢失（参见 20.2.7 节）。

影响数据库处理的故障有许多种，每一种故障的处理方法都不同。一些故障只影响主存储器，但有一些故障会影响非易失（二级）存储器。故障的原因包括：

- **系统崩溃**。由于硬件或软件错误产生的系统崩溃将导致主存储器中的数据丢失。
- **介质故障**。比如磁头损坏盘片或者介质不可读，介质故障将导致二级存储器的数据丢失。
- **应用软件错误**。比如访问数据库的程序中的逻辑错误，这一类错误将导致一个或多个事务失败。
- **自然物理灾害**。比如火灾、水灾、地震或者断电。
- **疏忽**。操作人员或者用户由于无心之失而造成对数据或者设备的破坏。
- **蓄意破坏**。故意损毁或者破坏数据、硬件、软件设备。

不管故障产生的原因是什么，我们都需要考虑这样两个基本的影响：包括数据库缓冲区在内的主存储器的数据丢失；数据库磁盘数据的丢失。在本章的其余部分，主要讨论能将影响最小化以及与故障恢复相关的概念与技术。

22.3.2   事务和恢复

事务是数据库系统进行恢复的基本单位。故障发生时，由恢复管理器负责保证事务 ACID 特性中的原子性和持久性。恢复管理器必须保证在故障恢复以后，某事务的操作结果要么全部都被永久地记录在数据库中，要么什么都不留下。实际情况很复杂，由于数据库写并不是一个原子（一步就完成的）操作，因此，很有可能产生这种情况：尽管事务已经提交，但是其结果还并未全部、永久性地记录在数据库中，只因为它们还没有被送达数据库。

再来看看本章举的第一个例子，如图 22-1a 所示，该例为增加某位员工的工资的操作。为了完成读操作，DBMS 执行下列步骤：

- 找到主关键字为 x 的记录所在的磁盘块的地址。
- 将该磁盘块传送到内存的数据库缓冲区。
- 将数据库缓冲区中的工资数据复制给变量 salary。

为了完成写操作，DBMS 执行下列步骤：

- 找到主关键字为 x 的记录所在的磁盘块的地址。
- 将该磁盘块传送到内存的数据库缓冲区。
- 将工资数据从变量 salary 复制到数据库缓冲区。
- 将数据库缓冲区的数据写回磁盘。

数据库缓冲区位于内存，用于在内存和二级存储器之间传递数据。只有缓冲区中的数据被刷新到二级存储器中，更新操作才能被看作是永久性的。缓冲区到数据库的刷新操作可以被某个特殊的命令触发（比如事务提交），也可以在缓冲区满时自动进行。缓冲区到二级存储器的显式写被称为**强制写**（force-writing）。

如果在写缓冲区和将缓冲区数据写（刷新）到二级存储器之间发生了故障，恢复管理器必须确定当故障发生时正在执行写操作的事务的状态。如果该事务已经执行了提交，则为了保证持久性，恢复管理器必须**重做**（redo）该事务对数据库的所有修改操作，也称为**向前滚**（rollforward）。

另一方面，如果在故障发生时该事务还未提交，则恢复管理器必须**撤销**（undo）即回滚（rollback）该事务对数据库已做的所有修改，以保证事务的原子性。如果只有一个事务需要被撤销，则称为**部分撤销**（partial undo）。如前一节所述，当根据某并发控制协议需将事务回滚并重启时，调度程序触发部分撤销动作。事务也可以单方面执行撤销，例如，由用户或者是应用程序中的某个异常条件触发。当所有的活跃事务都必须被撤销时，称为**全局撤销**（global undo）。

▌例 22.11 ≫ 撤销（UNDO）/ 重做（REDO）的应用

图 22-24 显示了一组并发执行的事务 $T_1, \cdots,$ T_6。DBMS 在 t_0 时刻启动，在 t_f 时刻出现故障。假设在故障发生前，事务 T_2 和 T_3 的数据已经被写到二级存储器。

显然，当故障发生时，T_1 和 T_6 还未提交。因此在重启时，恢复管理器必须撤销（undo）事务 T_1 和 T_6。然而，恢复管理器并不清楚另外两个（已提交）事务 T_4 和 T_5 所做的哪些修改已经

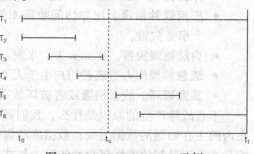

图 22-24   UNDO/REDO 示例

被写入了位于非易失存储器上的数据库里。之所以不确定，是因为易失数据库缓冲区里的数据可能已经被写入磁盘，也可能还未来得及写入磁盘。在缺乏更多信息的情况下，恢复管理器不得不重做（redo）事务 T_2、T_3、T_4 和 T_5。 ◀

缓冲区管理

对数据库缓冲区的管理在恢复的过程中起着重要的作用。因此讲述恢复机制之前，我们先简要地介绍缓冲区的管理。正如在本章开始曾提到的，缓冲区管理器负责高效地管理数据库缓冲区，数据库缓冲区则负责将页写入二级存储器以及从二级存储器读出页。这包括将页从磁盘读出并写入缓冲区，直到所有缓冲区满，然后利用某种替换策略来决定将哪个（些）缓冲区强制写到磁盘，以便为后面要从磁盘上读出的新页让出空间。替换策略有先进先出（First-In-First-Out，FIFO）和最近最少使用（Least Recently Used，LRU）。另外，当数据库缓冲区里已经存在某页时，缓冲区管理器就不必再从磁盘上读取该页。

一种方法是利用两个变量 pinCount 和 dirty 来记录与每个数据库缓冲区有关的管理信息，初始值均为 0。当从磁盘上请求某页时，缓冲区管理器将检查该页是否已经存在于某个数据库缓冲区里。如果不在，则：

（1）缓冲区管理器根据替换策略选择一个缓冲区页进行页的替换（称为替换缓冲区页），该缓冲区页的 pinCount 的值加 1。意即正在被请求的页被**钉住**（pinned）在数据库缓冲区中，不能将被钉住的页写回磁盘。因此替换策略不会选择一个正被钉住的缓冲区页作为替换缓冲区页。

（2）如果替换缓冲区页的变量 dirty 的值被修改过（即不为 0），则缓冲区管理器将该缓冲区页写回磁盘。

（3）缓冲区管理器从磁盘将请求页读到替换缓冲区页，并重置该缓冲区页的变量 dirty 的值为 0。

如果再次请求相同的页，则与该页相对应的 pinCount 的值加 1。当系统通知缓冲区管理器它已经结束了对该页的使用时，则将相应的 pinCount 的值减 1。此时，系统还会通知缓冲区管理器该页是否曾被修改，并根据修改与否设置变量 dirty 的值。当 pinCount 的值变为 0 时，称该页**未钉住**（unpinned），如果该页曾被修改过（即变量 dirty 的值被修改过），则可将其写回磁盘。

在数据库恢复中，当页被写回磁盘时，会用到下列术语：

- **偷窃策略**（steal policy）允许缓冲区管理器在事务提交前将缓冲区（缓存区为未钉住的）写回磁盘。也就是说，缓冲区管理器从事务那里偷了一页。与其对应的则是**非偷窃**（no-steal）策略。
- **强制策略**（force policy）保证在事务提交时，事务更新的所有页立即被写回磁盘。与其对应的是**非强制**（no-force）策略。

从实现的角度来说，最简单的方法是使用非偷窃策略和强制策略：使用非偷窃策略时，我们无需撤销（undo）一个已撤销的事务所做的更改，因为这些修改结果还未被写回磁盘；使用强制策略时，就无需在系统崩溃时重做（redo）一个已经提交事务所做的更改，因为所有的更新在提交时就已被写回磁盘。接下来要讨论的延迟修改恢复协议使用的就是非偷窃策略。

从另一方面看，若有一组并发事务运行，则要存储这组事务的所有更新页将需要巨大的缓冲空间，这实际上是不现实的，使用偷窃策略可避免这种情况的发生。此外，非强制策略的一个显著优点是：当一个较新的事务修改一个较早的已提交事务修改过的页时，该页可能还在数据库缓冲区里，因此也就不必再次从磁盘读入该页。出于以上原因，大多数 DBMS 使用偷窃且非强制策略。

22.3.3 恢复机制

DBMS 应该提供以下机制以支持数据库的恢复：

- **备份机制**：周期性地对数据库进行备份。
- **日志机制**：跟踪当前事务的状态与数据库的变化。
- **检查点机制**：能够保证正在进行的对数据库的更新操作的永久性。
- **恢复管理器**：能够使得数据库在故障以后仍能恢复到一个一致的状态。

备份机制

DBMS 应该提供某种机制，使得系统能够定期备份数据库和日志文件（见下面的讨论），而且除非必要，否则就不应先停止系统的运行再备份。数据库的备份可以在数据库被损坏或者被毁坏时使用。备份可以是对整个数据库的复制，也可以是递增备份，递增备份中只包含最近一次完全备份或者递增备份以后被修改的数据。通常，备份被存储到脱机存储介质，比如磁带。

日志文件

为了跟踪数据库事务的执行进度，DBMS 中维护着一种特殊的文件——**日志**（log），也称为**日记**（journal）或**流水账**（journal），日志中记录了对数据库的所有更新信息。日志中可能包含下列数据：

- **事务记录**，包括：
  - 事务标识符。
  - 日志记录的类型（事务开始、插入、更新、删除、撤销、提交）。
  - 对数据库的动作（插入、删除和更新操作）所影响到的数据项的标识符。
  - 数据项的**前像**（before-image），即数据项被修改之前的值（仅指更新和删除操作）。
  - 数据项的**后像**（after-image），即数据项被修改以后的值（仅指插入和更新操作）。
  - 日志管理信息，比如指向某事务（所有操作）的前一条或下一条日志记录的指针。
- **检查点记录**，将在稍后介绍。

除了帮助系统进行恢复以外，日志还可以用于性能监测和审计。在这些情况下，需要在日志文件中添加额外的信息（比如，数据库读、用户登录、注销等），不过这些信息与恢复无关，因此这里略去不谈。图 22-25 是某日志文件的一段，表明当时有三个并发执行的事务 T_1、T_2 和 T_3。列 pPtr 和 nPtr 代表指向每个事务的前一条和后一条日志记录的指针。

由于事务的日志文件在恢复处理中的重要性，因此日志需要被双倍或三倍地复制（即保存两到三个独立的副本），这样，如果其中的一个副本遭到破坏，也还有另一个副本可用。以前，日志文件是存储在磁带上的，因为磁带比磁盘更可靠、更便宜。但是，现在的 DBMS 希望能够迅速地从较小的故障中恢复。这就要求日志文件要被存储在联机的、可快速直接访问的存储设备上。

Tid	时间	操作	对象	前像	后像	pPtr	nPtr
T1	10:12	START				0	2
T1	10:13	UPDATE	STAFF SL21	（旧值）	（新值）	1	8
T2	10:14	START				0	4
T2	10:16	INSERT	STAFF SG37		（新值）	3	5
T2	10:17	DELETE	STAFF SA9	（旧值）		4	6
T2	10:17	UPDATE	PROPERTY PG16	（旧值）	（新值）	5	9
T3	10:18	START				0	11
T1	10:18	COMMIT				2	0
	10:19	CHECKPOINT	T2, T3				
T2	10:19	COMMIT				6	0
T3	10:20	INSERT	PROPERTY PG4		（新值）	7	12
T3	10:21	COMMIT				11	0

图 22-25　某日志文件的一段

在某些情况下，每天会产生大量的日志信息（每天产生 10^4MB 的日志量是很寻常的），因此不可能总是将所有的日志信息都联机保存。但是为了从较小的故障中快速恢复（比如死锁之后事务的回滚），又需要将日志文件联机保存。对于较大的故障，比如磁盘读写头损坏，显然需要较长的时间进行恢复，并且需要访问大量的日志文件。在这种情况下，为了将脱机存储介质上的那部分日志文件读到联机存储介质上，等待是可以接受的。

一种处理日志文件脱机存储的方法是，将联机的日志文件分成两个独立的随机访问文件。日志记录被写入第一个文件，直到到达某个上限阈值，比如总信息量的 70%。然后，打开第二个文件，新事务的所有日志记录都被写入该文件。旧的事务则继续使用第一个文件，直到这些事务结束，此时，第一个文件被关闭，并写到脱机存储介质上。这种方法简化了对单个事务恢复的处理，因为该事务的所有日志记录要么都在联机存储介质上，要么都在脱机存储介质上。注意，日志文件可能会成为瓶颈，写日志文件的速度对于整个数据库系统的性能至关重要。

检查点

可以根据日志文件中的信息，在数据库发生故障时进行恢复。在应用这种机制时的一个难点是：当故障发生时，我们不知道应该在日志文件中向前搜索多远才可以不用重做那些已经安全地写到数据库的事务。为了限制搜索的范围以及对日志文件进行后续处理的工作量，我们采用了一种称为**检查点**（checkpointing）的技术。

检查点 | 数据库与事务日志文件之间的同步点，在该点上所有的缓冲区都被强制写到二级存储器。

DBMS 在预定义的时刻设置检查点，并执行以下操作：
- 将内存中的所有日志记录写到二级存储器。
- 将数据库缓冲区中所有被修改过的块写到二级存储器。
- 将一个检查点记录写到日志文件。该记录包含所有在检查点时刻活跃事务的标识符。

若事务串行执行，则当故障发生时，检查日志文件，找到在最近一个检查点前启动的最后一个事务。其他较早的事务应该均已提交，并且在该检查点时刻均已被写入数据库。因此，需要重做的事务就是在检查点时刻活跃以及在该事务之后启动并且其开始和提交记录都出现在日志中的那些事务。如果当故障发生时，一个事务仍处于活跃状态，则该事务必须被撤销。如果事务并发执行，那么应该重做所有在最近检查点以后提交的事务，并且撤销所有在故障发生时仍处于活跃状态的事务。

｜例 22.12 》带检查点的 UNDO/REDO

在例 22.11 中，如果我们假设在时刻 t_c 有一个检查点，那么事务 T_2、T_3 所做的修改应该已经被写入二级存储器。这种情况下，恢复管理器就不会重做事务 T_2、T_3。但是，恢复管理器必须重做事务 T_4 和 T_5，因为 T_4、T_5 是在检查点之后提交的。恢复管理器必须撤销事务 T_1 和 T_6，因为 T_1、T_6 在故障发生时仍处于活跃状态。

总而言之，检查点技术是一种相对而言代价不高的操作，通常，在一个小时之内可以设置三到四个检查点。这样，最多只需要恢复 15 ～ 20 分钟的工作。

22.3.4 恢复技术

究竟执行哪种恢复程序，主要依赖于数据库受损的程度。考虑以下两种情况：

- 如果数据库遭到了很严重的损毁，比如磁头损坏并且破坏了数据库，则除了必须利用数据库最近的副本进行恢复以外，还要利用日志文件重做已提交事务所做的更新操作。当然，前提是日志文件并未遭到破坏。在第 19 章中提出的物理数据库设计方法的步骤 8 中，推荐尽可能地将日志文件和主数据库文件分别存储在独立的磁盘上。这样可以降低数据库文件与日志文件同时损坏的风险。

- 如果数据库并没有受到物理损坏，但是处于不一致的状态，比如在事务执行时系统崩溃，则必须撤销引发不一致的修改操作。可能还有必要重做某些事务，以确保这些事务所做的更新操作都被存储到二级存储器里。这里，无需使用数据库的备份副本，只需要使用日志文件中的**前像**和**后像**就可以将数据库恢复到一致的状态。

针对第二种情况（即数据库未被破坏，但处于不一致的状态）进行恢复的技术主要有两种，分别称为**延迟修改**（deferred update）和**立即修改**（immediate update），两者采用不同的方式将修改结果写入二级存储器。此外，我们还将简要地介绍一种称为**影像页**（shadow paging）的技术。

采用延迟修改的恢复技术

采用延迟修改恢复协议时，直到事务提交以后，修改结果才会被写到数据库。如果事务在提交前失败，则不会修改数据库，因此，无需对事务的修改操作执行撤销操作。然而，对已提交事务的修改操作则有必要重做，因为这些修改可能还未被写入数据库。在这种情况下，按下述方式可利用日志文件恢复系统故障：

- 当事务启动时，将事务开始（transaction start）记录写入日志。
- 当执行任何一个写操作时，先写日志记录，该记录包括所有以前说过的日志数据（除了被修改数据项的前像）。此时并没有真正将修改结果写入数据库缓冲区或者数据库。
- 当事务要提交时，写入事务提交（transaction commit）日志记录，先将该事务的所有日志记录写到磁盘，然后提交事务。根据日志记录完成对数据库的真正更新。
- 如果事务被撤销了，则忽略该事务的日志记录，不执行写操作。

注意，延迟修改恢复协议在事务真正提交之前将日志记录写到磁盘，因此，如果在对数据库进行真正更新的过程中系统发生故障，日志记录还在，没有被破坏，因此稍后还可以再对数据库进行更新。当故障发生时，需要检查日志文件，找到故障发生时正在执行的所有事务。从日志文件的最后一项开始，回溯到最近的一个检查点记录：

- **重做**所有出现了事务开始（transaction start）和事务提交（transaction commit）日志记录的事务。重做过程是依据事务的后像日志记录执行所有的数据库写操作，并且按照这些记录写入日志的顺序执行。如果在故障发生前这个写操作已经执行过，再做一次写操作也没有什么危害（即这个操作是**幂等的**）。这种方法保证了我们一定会更新所有在故障发生前没有被正确更新的数据项。
- 对所有出现了事务开始和事务撤销（transaction abort）日志记录的事务，不执行任何操作，因为这些事务并没有对数据库执行真正的写操作，所以也不必撤销。

如果在恢复过程中发生了第二次系统崩溃，则可以再次利用日志记录来恢复数据库。写日志记录的方式决定了不管重做多少次这些写操作，结果都是一样的。

采用立即修改的恢复技术

采用立即修改恢复协议时，更新一旦发生就被立即施加到数据库，而无需等到提交时刻。正像发生故障后不得不重做已经提交事务所做的更新一样，现在需要的是撤销故障发生时刻仍未提交的事务的影响。在这种情况下，按下述方式可利用日志文件恢复系统故障：

- 当事务启动时，向日志写入事务开始记录。
- 当执行任何一个写操作时，向日志文件中写入一条包含必要数据的记录。
- 一旦写日志记录完成，立刻将修改结果写入数据库缓冲区。
- 对数据库的更新在下一次将缓冲区的内容刷新到二级存储器时进行。
- 当事务提交时，向日志写入事务提交记录。

在事务的操作结果被写入数据库之前就先将日志记录（至少是部分日志记录）写入数据库是非常必要的，这被称为**先写日志协议**（write-ahead log protocol）。如果先将修改结果写入数据库，那么一旦在写日志记录之前发生了故障，恢复管理器是无法撤销（或者重做）这些操作的。根据先写日志协议，恢复管理器可以大胆假设，如果在日志文件中不存在某个事务的事务提交记录，则该事务在故障发生时必然仍处于活跃状态，因此必须被撤销。

如果事务被撤销（absort），则可以利用日志进行撤销（undo），因为日志中包含了所有被更新字段修改前的值。由于一个事务可能对一个数据项进行多次修改，则对写操作的撤销要按相反的顺序进行。无论事务的写操作是否已经被施加到数据库本身，写入数据项的前像能够保证数据库被恢复到该事务开始前的状态。

如果系统发生了故障，利用日志对事务进行撤销或者重做的恢复包括：

- 对于任何事务，若其事务开始和事务提交记录都出现在日志中，则根据日志记录重做，将被更新字段的后像写入数据库，如前所述。注意，如果后像已经被写入了数据库，重做时的再次写虽然没有必要，但也不会对数据库造成任何不良影响。然而，这种操作使得那些实际上还未将修改结果写入数据库的写操作此时得到了真正的执行。
- 对于任何事务，若日志中仅包含了该事务的事务开始记录而没有事务提交记录，则必须撤销。这时，要利用日志记录写入被影响字段的前像，从而将数据库恢复到该事务开始前的状态。撤销操作要按照它们被写入日志文件的相反的顺序进行。

影像页技术

除了基于日志的恢复技术以外，还有一种我们前面曾提到过的恢复技术——**影像页**（shadow paging）技术（Lorie，1977）。影像页技术在事务的生存期中为其维持了两张页表：当前页表和影像页表。当事务刚启动时，两张页表是相同的。此后，影像页表不再改变，并在系统故障时用于恢复数据库。在事务执行的过程中，当前页表用于记录对数据库的所有更新。当事务完成时，当前页表转变为影像页表。与基于日志的方法相比，影像页技术有许多优点：没有维持日志文件的开销，而且由于无需撤销或者重做，恢复起来也相当快速。然而，它也有缺点，比如数据分裂以及需要周期性地进行无用单元回收，以回收那些不再被访问的块。

22.3.5 分布式 DBMS 的恢复

在第 24 章和第 25 章，我们将讨论分布式 DBMS（Distributed DBMS，DDBMS），DDBMS由逻辑上相关物理上却分布于计算机网络中的多个数据库组成，每一个数据库都是由本地DBMS 控制的。在 DDBMS 中，**分布式事务**（访问多个节点的数据的事务）可以被划分为多个**子事务**，每一个子事务负责访问一个节点的数据。在这样的系统里，既需要维护子事务的原子性，也需要维护整体（全局）事务的原子性。上述技术可以用于保证子事务的原子性。保证全局事务的原子性则意味着保证子事务要么都提交，要么都被撤销。在 DDBMS 中比较常用的两种恢复协议是两阶段提交（2PC）和三阶段提交（3PC），我们将在 25.4 节详细讨论这两种协议。

22.4 高级事务模型

到现在为止，本章讨论的所有事务协议都适用于传统商业应用领域的事务类型，比如银行系统和航空订票系统。这些应用有如下特征：

- 数据类型简单，比如只要求整型、十进制数字类型、短字符串、日期型。
- 事务的生存期短，通常不是在数秒之内就是在数分钟之内结束。

在 9.1 节我们分析了已经出现的一些更高级的数据库应用。例如在设计领域的应用，包括计算机辅助设计、计算机辅助制造和计算机辅助软件工程等，它们具有以下不同于传统数据库应用的特点：

- 设计可能非常庞大，可能由上百万个部分组成，其中包含许多相互关联的子系统设计。
- 设计不是静止不变的，而是随着时间的推移而演变。当设计被修改时，必须将修改传播到所有相关的对象中。设计本身动态变化的特性可能意味着某些行为是无法预见的。
- 由于拓扑联系、功能上的联系以及容错等原因，使得设计上的更新可能波及很大范围，一次修改可能会影响大量的设计对象。
- 通常，每个组件都有多种设计方案可供考虑，而且必须保留每个部件的正确版本。这就涉及要以某种形式进行版本控制和配置管理。
- 可能有几百人参与设计，并且他们可能在该大型设计的多个版本上并行地开展工作。即便如此，最后的结果也必须保持一致性与协调性。这有时候也被称为协同工程。协同合作要求在并发活动之间实现交互和共享。

上述一些特点使得事务变得很复杂，要访问许多数据项，生存期长达几个小时、几天甚至几个月。这些特点要求我们重新审视传统事务的管理协议，以解决下列问题：

- 考虑到时间因素，**长寿事务**（long-duration transaction）更容易发生故障。对这类事务的撤销是令人难以接受的，因为这会浪费大量已经完成的工作。因此，为了使工作量的损耗最小，我们要求事务能够被恢复到故障发生前不久的某个状态。
- 再次考虑时间因素，长寿事务可能会（例如加锁）访问大量的数据项。为了保持事务的隔离性，一直要等到该事务提交后，这些数据项才能被其他应用程序访问。如果在很长一段时间之内数据都不能被访问，则会限制并发性，这是人们所不期望的。
- 如果使用的是基于加锁的协议，那么事务运行的时间越长，发生死锁的可能性就越大。已经证明，死锁发生的频率与事务大小的四次方成正比（Gray，1981）。
- 一种能使人们之间协同合作的方法是使用共享数据项。但是，由于传统的事务管理协议要求未完成的事务之间相互隔离，所以就严格限制了这种类型的协同合作。

在下面的小节里，我们将讨论下列高级事务模型：

- 嵌套事务模型
- Saga
- 多级事务模型
- 动态重构
- 工作流模型

22.4.1 嵌套事务模型

嵌套事务模型 | 事务被看成一组相互关联的子任务或者子事务，每个子任务或子事务又可以包含任意多个子事务。

嵌套事务模型（nested transaction model）是由 Moss（1981）提出的。在嵌套事务模型中，完整的事务构成了一棵**子事务**（subtransaction）树，或者子事务层次。子事务树有一个顶层事务，顶层事务又有许多子事务，每个子事务又可以包含嵌套事务。在 Moss 的最初设想中，只允许叶子级的子事务（位于嵌套的最底层的子事务）执行数据库操作。例如，在图 22-26 中，有一个预订事务（T_1），T_1 又由预订航班（T_2）、酒店（T_5）和租车（T_6）事务组成。航班预订事务本身又被分成两个子事务：一个预订从伦敦到巴黎的航班（T_3），另一个预订从巴黎到纽约的航班（T_4）。事务只能自下而上地提交。因此，T_3 和 T_4 必须在父事务 T_2 之前提交，而 T_2 必须在其父事务 T_1 之前提交。但是，某层事务的撤销不应该影响高层事务的执行。而父事务则可以按如下方式进行恢复：

- 重试子事务。
- 当子事务确实不太重要时，可以忽略失败的子事务。在本例中，汽车租赁可被看成可有可无的，因此总的预订事务在没有该子事务的情况下照样可以继续进行。
- 子事务失败时，可以执行一个被称为应急子事务（contingency subtransaction）的替代子事务。在本例中，如果预定 Hilton 饭店的子事务失败了，则可以尝试预订另外一个饭店，比如 Sheraton。
- 撤销。

位于中间层的子事务提交以后，其所做的更新只对它们的直接父事务可见。因此，当 T_3 提交时，T_3 所做的修改只为 T_2 所见，而对 T_1 或 T_1 以外的任何事务均不可见。此外，子事务的提交还受限于其上层事务的提交或撤销。在嵌套事务模型里，高层事务均遵循**扁平事务**（flat transaction）的传统 ACID 特性。

```
begin_transaction T₁                                    Complete Reservation
    begin_transaction T₂                                Airline_reservation
        begin_transaction T₃                            First_flight
            reserve_airline_seat(London, Paris);
        commit T₃;
        begin_transaction T₄                            Connecting_flight
            reserve_airline_seat(Paris, New York);
        commit T₄;
    commit T₂;
    begin_transaction T₅                                Hotel_reservation
        book_hotel(Hilton);
    commit T₅;
    begin_transaction T₆                                Car_reservation
        book_car();
    commit T₆;
commit T₁;
```

图 22-26 嵌套事务

基于严格两段锁协议，Moss 还提出了一个用于嵌套事务的并发控制协议。子事务的执行相对独立，仿佛与其父事务没有什么关联。若子事务请求对某数据项加锁，而持有冲突锁的事务就是该子事务的父事务，则该加锁请求被允许。当子事务提交时，它所拥有的锁被其父事务继承。在继承锁时，如果父子事务都持有同一个数据项的锁，则父事务以一种更加互斥的模式持有该锁。

嵌套模型的主要优点在于它支持：

- 模块化。为了更好地实现并发和恢复，一个事务可以被分解为多个子事务。
- 在更细粒度的级别上进行并发控制和恢复。并发控制和恢复是在子事务级而不是事务级上进行。
- 事务内部的并行性。子事务可以并发执行。
- 事务内部的可恢复性。未提交的子事务可以在不影响其他子事务的情况下被撤销或者回滚。

利用保存点模拟嵌套事务

| **保存点** | 平板事务中表示一个部分一致状态的可标识点。随后一旦出现问题，可将保存点作为事务内部的重启点。

嵌套事务模型的目标之一是提供一种比事务这一粒度级别更细的恢复单位。在事务的执行过程中，用户可以调用 SAVE WORK 语句建立一个**保存点**（savepoint）。于是就会产生一个标识符，在后面用户执行 ROLLBACK WORK<savepoint_identifier> 语句⊖进行回滚时，就可以将事务回滚到该保存点。然而，与嵌套事务不同的是，保存点不支持任何形式的事务内部并行。

22.4.2 Saga

| **Saga** | 一系列可以相互重叠执行的（平板）事务。

⊖ 这不是标准的 SQL 语句，仅仅用作举例说明。

Saga 这一概念是由 Garcia-Molina 和 Salem（1987）基于补偿事务提出来的。DBMS 保证要么 Saga 中所有的事务都成功提交，要么就执行补偿事务对部分已执行事务进行恢复。与嵌套事务不同的是，嵌套事务可以嵌套任意多层，而 Saga 只能嵌套一层。而且，针对每一个子事务都存在一个补偿事务，该补偿事务能够从语义上撤销该子事务的影响。因此，若有一个包含 n 个事务 T_1，T_2，$\cdots$，T_n 的 Saga，相应的补偿事务是 C_1，C_2，$\cdots$，C_n，则 Saga 最终的执行序列可能为：

T_1，T_2，$\cdots$，T_n 如果事务成功完成

T_1，T_2，$\cdots$，T_i，C_{i-1}，$\cdots$，C_2，C_1 如果子事务 T_i 失败且被撤销

例如，在前面讨论的预订系统中，为了产生一个 Saga，我们对事务进行了重构，去除了其中嵌套的航班预订，如下所示：

T_3，T_4，T_5，T_6

这些子事务表示图 22-26 中顶层事务的叶节点。可以很容易地推导出撤销两次航班预订、酒店预订以及汽车租赁预订的补偿事务。

与扁平事务模型相比，Saga 放宽了对隔离性的要求：在 Saga 完成前，允许 Saga 将其部分结果透露给其他并发执行的事务。当子事务相对独立并且具有补偿事务时，Saga 通常比较有用，预订系统就属于这种情况。然而在某些情况下，很难预先对补偿事务做出定义，DBMS 可能有必要和用户交互以确定正确的补偿效应。在另一些情况下，可能根本无法定义补偿事务，比如，对于一个从自动取款机取走现金的事务，就无法为其构造补偿事务。

22.4.3　多级事务模型

22.4.1 节的嵌套事务模型要求提交过程按自下而上直至顶层事务的方式进行。更准确地说，这被称为**封闭式嵌套事务**（closed nested transaction），因为这些事务的语义强制了顶层的原子性。与之相反的是**开放式嵌套事务**（open nested transaction），开放式嵌套事务放宽了这个条件，并且允许子事务的部分结果可以为外部事务所见。上节讨论的 Saga 模型就是开放式嵌套事务的一个例子。

开放式嵌套事务的一个特例是**多级事务**（multilevel transaction）模型，多级事务模型的子事务树是平衡的（Weikum，1991；Weikum and Schek，1991）。树中相同深度的节点代表了 DBMS 中相同抽象级别上的操作。树中的边则表示某一操作是由其直接下层的一系列操作实现的。n 级事务的各级分别被标识为 L_0，L_1，$\cdots$，L_n，其中 L_0 代表树的最低一级，L_n 代表树的根。传统的扁平事务保证在最低级（L_0）没有冲突。然而，多级事务模型的基本思想是：若 L_i 级有两个操作，L_i 级的下一层是 L_{i-1} 级，L_{i-1} 级为这两个操作的具体实现，则即使 L_{i-1} 级出现了冲突，L_i 级也可能不会冲突。多级事务模型具有冲突信息仅与特定层相关的优点，因此与传统的扁平事务相比，多级事务可支持更高的并发度。

比如，考虑图 22-27 所示的包含两个事务 T_7 和 T_8 的调度。可以很容易地证明这个调度不是冲突可串行化的。然而，考虑将 T_7 和 T_8 分成以下在较高级别操作的子事务：

T_7：T_{71}，将 bal_x 加 5 T_8：T_{81}，将 bal_y 加 10

  　　T_{72}，从 bal_y 中减 5   　　T_{82}，从 bal_x 中减 2

根据这些操作的语义，由于加法和减法是可交换的，因此可以任意顺序执行这些子事务，且总是能产生正确结果。

Time	T_7	T_8
t_1	begin_transaction	
t_2	read(bal_x)	
t_3	$bal_x = bal_x + 5$	
t_4	write(bal_x)	
t_5		begin_transaction
t_6		read(bal_y)
t_7		$bal_y = bal_y + 10$
t_8		write(bal_y)
t_9	read(bal_y)	
t_{10}	$bal_y = bal_y - 5$	
t_{11}	write(bal_y)	
t_{12}	commit	
t_{13}		read(bal_x)
t_{14}		$bal_x = bal_x - 2$
t_{15}		write(bal_x)
t_{16}		commit

图 22-27 非串行调度

22.4.4 动态重构

在本节的开始介绍了设计类应用程序的某些特征，比如生存期的不确定性（从数小时到数月）、需与并发的活动交互、开发进度不确定，因此，某些活动无法一开始就做出预测。为了解决由扁平事务的 ACID 特性对这些应用的约束问题，人们提出了两种新的操作：**拆分事务**（split-transaction）和**合并事务**（join-transaction）（Pu et al., 1988）。拆分事务的基本做法是将一个活跃事务拆分成两个可串行的事务，同时在两个新事务之间对操作和资源（比如，加锁的数据项）进行分割。分割之后，新事务被独立执行，也许还分别被不同的用户控制，似乎它们从来就是相互独立的一样。这就使得事务在保持语义不变的同时，还允许其他事务与其共享部分结果，也就是说，如果原事务是遵循 ACID 特性的，那么新事务也会遵循 ACID 特性。

只有当生成的两个事务互相是可串行的并且与其他所有并发执行事务均可串行时，拆分事务的操作才能执行。事务 T 可以被拆分为事务 A 和 B 的条件是：

（1）AWriteSet∩BWriteSet⊆BwriteLast，也就是说被 A 写的数据项集（AWriteSet）与被 B 写的数据项集（BWriteSet）的交集应该包含于被 B 最后写的数据项集（BwriteLast）中。条件 1 说明如果 A 和 B 都写同一个对象，那么 B 的写操作必须在 A 的写操作之后执行。

（2）AReadSet∩BWriteSet＝∅，也就是说被 A 读的数据项集（AReadSet）和被 B 写的数据项集应该没有交集。条件 2 说明 A 不能看到 B 的任何修改结果。

（3）BReadSet∩AWriteSet＝ShareSet，也就是说被 B 读的数据项集（BReadSet）与被 A 写的数据项集可以不为空，而等于某一数据项的集合（ShareSet）。条件 3 说明 B 可以看到 A 的修改结果。

这三个条件保证了在可串行化的调度中，A 在 B 之前。但是，如果 A 被撤销，那么 B 也必须被撤销，因为它读了由 A 写的数据。如果 BWriteLast 和 ShareSet 均为空，则 A 和 B 可以任意顺序被串行化，并且可以独立提交。

合并事务是拆分事务的逆操作。合并事务将正在执行的两个或多个相互独立的事务的操作合并，就好像这些事务一直就是一个事务似的。在拆分事务之后，紧接着又将新创建的事务合并，这种方法可被用于在某些事务之间传递资源，使得这些资源在此期间对其他事务不可用。

动态重构方法的优点主要有：

- 自适应性恢复，允许事务提交部分操作结果，因此这些已经提交的结果就不会受到以后发生的故障的影响。
- 放松了对隔离性的要求，使得资源在部分事务提交时就被释放。

22.4.5 工作流模型

迄今为止，本节讨论的模型都是为了解决长寿事务无法适应扁平事务的特性约束而提出的。然而，有人认为，这些模型仍不足以有力地刻画商业活动。人们将开放和嵌套事务相结合，提出了更复杂的模型。但是，由于这些模型基本上不遵循任何 ACID 特性，因此使用工作流模型这个名字来指代它们更贴切。

作为一种活动，工作流涉及由不同处理实体执行的多个任务之间的协调运行。处理实体可以是人也可以是软件系统，例如 DBMS、应用程序或者电子邮件系统。DreamHome 案例研究的一个实例就是关于房产的租用许可的处理过程。想要租住某房产的客户与负责管理该房产的员工联络，该员工再与公司的信誉管理员联系，而信誉管理员又要利用类似信誉检查机构的资源来判定是否接受该客户。然后仍由信誉管理员决定是接受还是拒绝该项业务，并将最终结果告知该员工，员工再把结果通知客户。

在工作流系统中，通常涉及两个问题：工作流的说明以及工作流的执行。事实上，由于许多企业都是用多个独立控制的系统自动处理业务流程的不同部分，因此这两个问题变得比较复杂。下列是定义工作流时的关键问题（Rusinkiewicz and Sheth，1995）：

- 任务说明。通过定义一组对外可见的执行状态以及状态间的迁移，来定义每个任务的执行结构。
- 任务协调一致的需求。这种需求通常被描述为任务间的执行相关性和数据流相关性，也就是工作流的结束条件。
- 执行（正确性）需求。限制工作流的执行必须满足应用程序指定的正确性标准，包括对故障和执行原子性的要求以及工作流并发控制和恢复要求。

从执行角度而言，一个活动具有开放的嵌套语义，即活动允许部分结果在其边界外可见，也允许活动的组件独立提交。活动的组件可以是具有开放嵌套语义的活动，或者是只有在提交时其结果才对整个系统可见的封闭的嵌套事务。而封闭的嵌套事务只能由其他封闭的嵌套事务组成。活动的部分组件被定义为关键组件，当关键组件被撤销时，则其父事务也必须被撤销。另外，如前所述，还可以定义补偿事务和应急子事务。

对高级事务模型更深入的讨论，感兴趣的读者可参考 Korth et al.（1988）、Skarra and Zdonik（1989）、Khoshafian and Abnous（1990）、Barghouti and Kaiser（1991）和 Gray and Reuter（1993）。

22.5 Oracle 中的并发控制与恢复

为了使本章更加完整，我们简要地分析一下 Oracle11g 中的并发控制和恢复机制。Oracle 处理并发访问的方法与 22.2 节中描述的协议稍有差别。Oracle 使用的是多版本读一致性协议，该协议保证用户查询访问数据时，能看到所查询数据的一个一致的视图（Oracle Corporation，2011a）。即使另外一个用户在查询期间修改了基础数据，Oracle 也将维护该数据的一个版本，保持其在查询开始之初的状态。如果在查询开始时还有其他的未提交事务在执行，Oracle 保证查询事务不会看到这些未提交事务的修改结果。另外，Oracle 从不对读操作涉及的数据加锁，这意味着读操作从不阻塞写操作的执行。我们将在后面的部分着重讨论这些概念。接下来将使用 DBMS 这个术语，即在 Oracle 中，关系是由行、列构成的表。附录 H.2 对 Oracle 进行了简介。

22.5.1　Oracle 的隔离级别

在 7.5 节中，我们已经讨论过隔离级别的概念，隔离级别描述了事务是如何相互隔离的。Oracle 实现了 ISO SQL 标准定义的四个隔离级别中的两个，即 READ COMMITTED（读已提交）和 SERIALIZABLE（可串行化）：

- READ COMMITTED：**语句级强制串行化**（这是 Oracle 默认的隔离级别）。在这一隔离级别，事务中的每一条语句都只能看到该语句（而不是事务）开始之前被提交的数据。这就意味着在执行同一事务的两条相同的读语句之间，数据可以被其他事务修改，即允许出现不可重读和幻读。
- SERIALIZABLE：**事务级强制串行化**。事务中的每条语句都只能看见在本事务开始之前被提交的数据，以及本事务通过 INSERT、UPDATE 或 DELETE 语句修改的结果。

这两种隔离级别都使用行级锁，并且若事务企图修改一行数据，而该行被某未提交事务更新过，那么事务只能等待。如果阻塞的事务被撤销并且回滚其修改，那么等待的事务可以开始更新先前被加锁的行。如果阻塞的事务提交并且释放了锁，若采用的是 READ COMMITTED 模式，则等待的事务可以开始执行更新操作；然而，若采用的是 SERIALIZABLE 模式，则返回一个错误信息，表明这些操作不可串行化。在这种情况下，应用程序开发人员必须在程序中加入逻辑控制，使得程序返回事务的起点并重启。

另外，Oracle 还支持第三种隔离级别：

- READ ONLY：只读事务只能看到在本事务开始前提交的数据。

在 Oracle 中，用 SQL SET TRANSACTION 或者 ALTER SESSION 命令设置隔离级别。

22.5.2　多版本读一致性

本节我们简要地介绍一下 Oracle 是如何实现多版本读一致性协议的。主要涉及回滚段、系统改变号（System Change Number，SCN）和锁。

回滚段

回滚段是 Oracle 数据库中用于存储撤销（undo）信息的结构。当事务准备修改某块的数据时，Oracle 先将数据的前像写入回滚段。回滚段除了可以支持多版本读一致性协议以外，还被用于撤销事务。Oracle 还保存了一个或多个重做（redo）日志，日志中记录了所有已经发生的事务，在系统出现故障时可以利用重做日志进行恢复。

系统改变号

为了维护操作正确的执行次序，Oracle 提供了一种叫作系统改变号（SCN）的机制。SCN 是一种逻辑时间戳，记录了操作的执行次序。Oracle 将 SCN 存储在重做日志中，以便将来能按正确的顺序重做事务。根据 SCN 判断事务应该使用数据项的哪个版本。Oracle 还利用 SCN 来决定何时可以清除回滚段中保存的信息。

锁

尽管 Oracle 提供了一种机制，使得用户能够手工加锁或者更改默认的加锁方式，但其实 Oracle 对所有的 SQL 语句都会隐式地加锁，因此用户无需对任何资源进行显式加锁。默认的加锁机制是对限制范围内最低层的数据加锁，从而在最大限度支持并发的同时保证完整性。尽管许多 DBMS 将行级锁中的信息存储在主存的列表中，但是 Oracle 却将行级锁的信息存储在该行所在的物理数据块中。

正如在 22.2 节讨论那样，一些 DBMS 还允许锁的升级。比如，如果 SQL 语句请求对表中的大多数行进行加锁，则一些 DBMS 就会将行级锁升级为表级锁。尽管这样减少了 DBMS 需要管理的锁的数量，但是也把一些不需要修改的行加了锁，这就潜在地降低了并发性，并且增加了死锁的可能性。由于 Oracle 在数据块中存储行锁，因此 Oracle 不需要对锁升级。

只要有这样一个事件发生，Oracle 就会自动释放锁，意味着事务不再要求这个资源了。大多数情况下，数据库会在事务期间一直持有该事务语句获得的锁。这些锁能保证当前事务不会遭到破坏性干扰，比如污读、丢失修改和破坏性 DDL。Oralce 会在事务交付或回滚时释放该事务的语句获得的所有锁。它也会在回退到一个保留点后释放该保留点之后获得的那些锁。然而，只有那些不等待前面已被锁资源的事务能获得目前可用资源上的锁。处于等待状态的事务只能继续等待，直到原来的事务完成交付或回滚。

Oracle 支持多种类型的锁，包括：

- DDL 锁。用于保护模式对象，比如表和视图的定义。DDL 锁分为三类：
  - 互斥 DDL 锁，为防止与其他并发操作相互干扰，大多数 DDL 操作都要加此锁。
  - 共享 DDL 锁，它能防止冲突操作的干扰，但允许与类似的操作（如 CREATE VIEW/PROCEDURN/FUNCTION/TRIGGER）并发。
  - 可解除分析锁，这些锁由在共享池的 SQL 语句（或 PL/SQL 程序单元）持有，针对涉及的每个模式对象。分析锁并不驳回任何 DDL 操作，目的是允许解除冲突的 DDL 操作（故而得名）。
- DML 锁。用于保护基本数据，比如保护整个表的表锁和保护指定行的行锁。Oracle 支持以下类型表级锁（从限制最少到限制最多）：
  - 行共享表级锁（也叫子共享表级锁）：表示事务已经对表中的行加锁并且有意向更新它们。
  - 行互斥表级锁（也叫子互斥表级锁）：表示事务已经对表中的行执行了一个或多个更新操作。
  - 共享表级锁：允许其他事务访问该表。
  - 行共享表级互斥锁（也叫共享子互斥表级锁）：任何时候仅一个事务能获得给定表上的这样一个锁，它允许其他事务查询表，但不能更新表。
  - 互斥表级锁：允许事务以互斥的方式访问表。
- 内部锁存器：用于保护系统全局区（SGA）中的共享数据结构。
- Mutex。公共互斥对象（mutex）用于阻止内存中的对象被并发的进程破坏。它类似于锁存器，但公共互斥对象保护的是单个对象，而锁存器保护的是一组对象。
- 内部锁。用于保护数据字典的条目、数据文件、表空间以及回滚段。

- 分布锁。用于保护在分布和并行服务器环境中的数据。
- PCM 锁。并行高速缓存管理（PCM）锁被用于保护并行服务器环境中的高速缓存。

22.5.3   死锁检测

Oracle 自动检测死锁，将引起死锁的语句回滚以解决死锁，并向回滚了语句的事务发送消息以通知该事务。通常，收到消息的事务应该显式地执行回滚，该事务也可以等一段时间后重试被回滚的语句。

22.5.4   备份和恢复

Oracle 提供了复杂的备份和恢复服务，以及支持高可用性的服务机制。对这些服务机制的完整叙述超出了本书的范围，因此，我们对其中一些显著的特征进行讨论。感兴趣的读者可以参考 Oracle 文档以获取进一步的信息（Oracle Corporation，2011c）。

恢复管理器

Oracle 的恢复管理器（RMAN）支持所管理服务器的备份和恢复，包括了以下机制：

- 将一个或多个数据文件备份到磁盘或者磁带。
- 将归档的重做日志备份到磁盘或者磁带。
- 从磁盘或磁带上还原数据文件。
- 还原并应用归档的重做日志进行恢复。

RMAN 保存了备份信息的目录，并有能力进行完全备份或者递增备份。后者只存储自上一次备份以来被修改的数据块。

实例恢复

当 Oracle 的一个实例在故障后重启时，Oracle 可以根据控制文件及数据库文件的文件头中的信息，检测到发生了故障。Oracle 会根据重做日志文件，利用前滚和回滚的方法，将数据库恢复到一个一致的状态，就像我们在 22.3 节中讨论的那样。Oracle 还允许通过初始化文件（INIT.ORA）中的一个参数设置间隔定期做检查点，若该参数被置为零，则禁用检查点。

时间点恢复

在 Oracle 的早期版本中，基于时间点的恢复能够利用备份和重做信息将数据库文件恢复到某指定的时间点或者系统改变号（SCN）的那一时刻。在发生了错误并且要求数据库必须被恢复到一个特定的时间点时，这种机制就很有用（比如，用户误删除了一个表）。Oracle 对这个机制进行了扩展，允许表空间级的时间点恢复，即允许将一个或多个表空间恢复到某个时间点。

备用数据库

Oracle 会维护一个备用数据库以备在主数据库故障时使用。备用数据库可以存储在一个与主数据库不同的地方，当注入重做日志时，Oracle 会将其迁移到备用数据库所在站点上，并应用于备用数据库。这保证了备用数据库基本上能同步更新。另外一个特征是，可以利用备用数据库进行只读操作，从而替主数据库分担一些负载。

闪回技术

Oracle 的闪回技术（flashback）是对传统备份恢复技术的一种替换。闪回允许看到数据过去的状态，根据时间回移数据库而无需从备份中重存数据。实际上只需一条命令就能回绕整个数据库，或让某个表回到过去某个时刻。闪回机制应比正常情形下的介质恢复更高效，同时破坏性更小。然而，它不是真正意义下的介质恢复，因为它不涉及再存物理文件。

    Oracle 用过去的块映像使数据库回到变化前的样子。在正常数据库操作期间，Oracle 间或在闪回日志中顺序记下块映像。Oracle 自动地创建、删除在闪回恢复区的闪回日志，以及重置其大小。利用 SQL 的 FLASHBACK DATABASE 语句，闪回日志中的前像先把数据库带回到过去的某一时刻，再用向前恢复把数据库带到过去的一个一致状态。Oracle 只把数据文件带回到过去某一时刻，而不改变辅助文件，比如初始化参数文件。

    当数据库在线时，利用 SQL 的 FLASHBACK TABLE 语句，可以把表以及相关的索引、触发器和约束回绕到过去的某个存储点或某个时间点，所撤销的修改仅限于指定的表。例如，我们能用下面的语句将表 Staff 再存成特定时刻的样子：

FLASHBACK TABLE Staff
TO TIMESTAMP TO_TIMESTAMP('2013-11-16 09:00:00', 'YYYY-MM-DD
HH:MI:SS');

    这个语句并没解决物理问题，比如磁盘损坏、数据段不一致或索引不一致等。效果上，该语句就像一个自助服务工具，若某个用户不小心删了表中重要的几行，则通过将表重存为删除前的样子，这些行自然就恢复了。

    该语句还能用于消除 DROP TABLE 语句的效果。它比在此情形下能用的其他恢复机制都快得多，比如时间点恢复，而且不会导致丢失新近事务和系统停运。当表被撤销时，Oracle 并不立即释放该表占用的空间。Oracle 用再循环箱（recycle bin）管理撤销的数据库对象，直到其占用的空间需要存储新的数据。再循环箱能用 SHOW RECLCLEBIN 语句或通过检索 Reclclebin 表查看；例如：

SELECT object_name **AS** recycle_name, original_name, type
FROM Recyclebin;

将产生如下输出：

Recycle_Name	Original_Name	Type
BIN$sk34sa/3alk5hg3k2lbl7j2s==$0	STAFF	TABLE
BIN$SKS483273B1ascb5hsz/I419==$0	I_LLNAME_STAFF	INDEX

下面的语句能用于恢复 Staff 表：

FLASHBACK TABLE "BIN$sk34sa/3alk5hg3k2lbl7j2s==$0" **TO BEFORE
DROP**;

或者用原来的表名，也可为恢复后的表起个新名字：

FLASHBACK TABLE Staff **TO BEFORE DROP**
    RENAME TO RestoredStaff;

    闪回查询。闪回查询能使用户查看和修改历史数据。闪回查询需在 SELECT 语句中用 AS OF 子句标明。这个子句通过时间戳或 SCN（系统改变号）指明一个过去的时间。查询返回那一时刻最新的交付数据。例如，我们能用下面的查询获得员工 White 在两个时间间隔的工资数：

```
SELECT salary
FROM Staff
VERSIONS BETWEEN SYSTIMESTAMP-INTERVAL '10' MINUTE AND
                 SYSTIMESTAMP-INTERVAL '1' MINUTE
WHERE lName = 'White';
```

能用下面的语句将工资改回为原来的值:

```
UPDATE Staff SET salary =
    (SELECT salary
     FROM  Staff AS OF TIMESTAMP (SYSTIMESTAMP-INTERVAL '2'
     MINUTE)
     WHERE lName = 'White')
WHERE lName = 'White';
```

　　闪回查询使用多版本读一致性机制来实现应用所要求的撤销重存数据。Oracle 中有一个称为撤销意向间隔(undo intention period)的参数,它指出多长时间之后能够覆盖原来的撤销信息——也就是已交付事务的撤销信息。数据库收集使用的统计数据,根据统计数据和撤销表空间的大小来调整撤销意向间隔的值。

本章小结

- **并发控制**是管理数据库上的并发操作以使之互不冲突的过程。**数据库恢复**是在发生故障以后将数据库还原到一个正确状态的过程。两者都是为了保护数据库,以免数据库出现不一致的状态或数据遭到破坏。

- **事务**是由单个用户或应用程序执行的,完成读取或者更新数据库内容的一个或者一串操作。事务是使数据库从一个一致的状态转换到另一个一致状态的逻辑工作单位。事务可能会成功结束(**提交**),也可能不成功结束(**撤销**(absort))。被撤销(absort)的事务必须被撤销(undo)或者回滚。事务也是并发和恢复的基本单位。

- 事务应该具备被称为 ACID 的四个基本特性:原子性、一致性、隔离性和持久性。原子性和持久性是由恢复子系统负责保证的;隔离性是由并发控制子系统负责保证的,从某种程度上来说,一致性也是由并发控制子系统负责保证的。

- 当允许多个用户同时访问数据库时,必须进行并发控制,否则可能会发生丢失更新、未提交依赖、不一致分析等问题。串行执行意味着一次只能执行一个事务,操作之间不存在重叠。**调度**生成事务操作的执行序列。如果一个调度能够产生与某个串行调度相同的执行结果,这个调度就是**可串行化行**的。

- 保证可串行化的两种方法是**两段锁**(2PL)和**时间戳**。锁可以是共享的(读)或者互斥的(写)。在**两段锁**协议中,事务在释放任意一个锁之前必须获得它所需要的所有锁。在**时间戳**协议中,一旦出现冲突,事务排序的方式是较早的事务具有较高的优先级。

- 当两个或更多事务相互等待访问被对方加锁的数据时,便会发生**死锁**。一旦发生死锁,唯一打破死锁的方法就是撤销其中一个或者多个事务。

- 当系统允许对不同大小的数据项加锁时,可以用树来表示加锁的粒度。若某数据项被加了锁,则该数据项的所有子孙节点也被加了锁。当一个新事务请求对某对象加锁时,可以很容易地检查该对象的所有祖先以确定它们是否已被加锁。如果需要在某节点的任一子孙节点上加锁,则需要对该节点的所有祖先都加上**意向锁**。

- 引起系统故障的原因有:系统崩溃、介质故障、应用软件错误、误操作、自然物理灾害以及人为蓄意破坏。这些故障可能导致内存或者数据库磁盘备份的丢失。恢复技术将尽量减少上述损失。

- 实施恢复的一种方法就是，由系统维护一个**日志文件**，日志文件中包含事务的启动 / 结束、事务写操作的前像和后像这样一些事务记录。若采用**延迟修改**技术，写操作最初只在日志文件中记录，以后再根据日志记录对数据库进行真正的更新。如果出现故障，则系统对日志进行分析以决定哪些事务需要**重做**，但是不需要**撤销**任何写操作。若采用**立即修改**技术，则在写操作被写入日志记录以后的任意时间都可以将这次写操作的结果写入数据库。当故障发生时，可以根据日志对事务进行撤销和重做。
- **检查点**被用来提高数据库的可恢复性。在检查点，所有被修改的缓冲块、所有的日志记录以及一个记录了所有活跃事务的检查点记录都被写入磁盘。如果发生了故障，查看检查点记录就可以知道哪些事务需要重做。
- **高级事务模型**包括嵌套事务、Saga、多级事务、动态重构事务和工作流模型。

思考题

22.1 解释什么是事务。为什么在 DBMS 中事务是一个重要的操作单位？

22.2 事务的 ACID 特性是保证事务的可靠性和一致性的基础。分析每一种特性并讨论它们是如何与并发控制和恢复机制相关联的。举例说明。

22.3 举例说明在一个多用户的环境中，当允许对数据库进行并发访问时，会发生哪些类型的问题。

22.4 给出一种并发控制机制以确保不会发生习题 22.3 中出现的问题，请给出详细说明。分析该机制如何防止上述问题的发生，并讨论该并发控制机制是如何与事务机制相互作用的。

22.5 解释什么是串行调度、非串行调度和可串行化调度。阐明调度等价的原则。

22.6 讨论冲突可串行化和视图可串行化之间的区别。

22.7 讨论基于锁机制的并发控制中可能产生的问题以及 DBMS 为避免这些问题所采取的措施。

22.8 为什么两段锁不是一种适用于索引的并发控制机制？给出一种更适合树状索引的加锁机制。

22.9 什么是时间戳？基于时间戳的并发控制协议与基于锁的并发控制协议有何不同？

22.10 描述基本时间戳排序并发控制协议。什么是托马斯写规则？托马斯写规则对基本时间戳排序协议有何影响？

22.11 描述如何使用版本来提高并发性。

22.12 讨论悲观并发控制和乐观并发控制的区别。

22.13 讨论在数据库环境中可能出现的故障的类型。解释为什么对一个多用户的 DBMS 来说，提供恢复机制很重要。

22.14 讨论为何日志文件（或称日记）是各种恢复机制的基本特性。解释什么是向前恢复，什么是向后恢复。日志文件在向前恢复和向后恢复中发挥了什么作用？先写日志协议的重要意义是什么？检查点对恢复协议的影响是什么？

22.15 比较延迟修改恢复协议和立即修改恢复协议。

22.16 讨论下列高级事务模型：
（a）嵌套事务
（b）Saga
（c）多级事务
（d）动态重构事务

习题

22.17 分析你正在使用的 DBMS。这些 DBMS 都使用哪些并发控制协议？支持哪些类型的恢复机制？对在 22.4 节中讨论的高级事务模型又提供了怎样的支持？

22.18 对于下列每一个调度，说明其是否为可串行化调度、冲突可串行化调度、视图可串行化调度、可恢复调度，以及是否能够避免级联撤销。

(a) read(T_1, bal$_x$), read(T_2, bal$_x$), write(T_1, bal$_x$), write(T_2, bal$_x$), commit(T_1), commit(T_2)

(b) read(T_1, bal$_x$), read(T_2, bal$_y$), write(T_3, bal$_x$), read(T_2, bal$_x$), read(T_1, bal$_y$), commit(T_1), commit(T_2), commit(T_3)

(c) read(T_1, bal$_x$), write(T_2, bal$_x$), write(T_1, bal$_x$), abort(T_2), commit(T_1)

(d) write(T_1, bal$_x$), read(T_2, bal$_x$), write(T_1, bal$_x$), commit(T_2), abort(T_1)

(e) read(T_1, bal$_x$), write(T_2, bal$_x$), write(T_1, bal$_x$), read(T_3, bal$_x$), commit(T_1), commit(T_2), commit(T_3)

22.19 给出上题中的调度（a）到（e）的优先图。

22.20 (a) 解释什么是限定写规则。在限定写规则下，怎样测试一个调度是否为冲突可串行的？运用这种方法，判断下面的调度是否是可串行的。

$S = [R_1(Z), R_2(Y), W_2(Y), R_3(Y), R_1(X), W_1(X), W_1(Z), W_3(Y), R_2(X), R_1(Y), W_1(Y), W_2(X), R_3(W),$
$W_3(W)]$

其中 $R_i(Z)/W_i(Z)$ 是指事务 i 对数据项 Z 的读 / 写操作。

(b) 基于可串行化生成并发控制算法是否明智？论证你的观点。可串行化在标准的并发控制协议算法中是如何使用的？

22.21 (a) 讨论怎样利用带标记的优先图对视图可串行化进行检测。

(b) 采用前面的方法，判断下列调度是否为冲突可串行的。

(i) $S_1 = [R_1(X), W_2(X), W_1(X)]$
(ii) $S_2 = [W_1(X), R_2(X), W_3(X), W_2(X)]$
(iii) $S_3 = [W_1(X), R_2(X), R_3(X), W_3(X), W_4(X), W_2(X)]$

22.22 生成下面事务场景的等待图，并判断是否存在死锁。

事　　务	加锁的数据项	等待加锁的数据项
T_1	x_2	x_1, x_3
T_2	x_3, x_{10}	x_7, x_8
T_3	x_8	x_4, x_5
T_4	x_7	x_1
T_5	x_1, x_5	x_3
T_6	x_4, x_9	x_6
T_7	x_6	x_5

22.23 给出实现共享锁和互斥锁的算法。说明粒度对算法的影响。

22.24 给出检测并发执行的事务是否处于死锁的算法。

22.25 结合例 22.1、例 22.2 和例 22.3 给出的事务案例，说明如何利用时间戳生成可串行化调度。

22.26 图 22-22 给出了一个维恩（Venn）图，说明了冲突可串行化、视图可串行化、两段锁和时间戳协议之间的关系。对该图进行扩充，使之包括乐观的和多版本的并发控制协议。进一步扩充它，使之区分 2PL 和严格 2PL、无托马斯写规则的时间戳和带托马斯写规则的时间戳协议。

22.27 解释为什么不可能实现真正的稳定存储？怎样模拟稳定存储？

22.28 对 DBMS 来说是动态地维护等待图更现实，还是在每次执行死锁检测算法时临时生成等待图更现实？解释你的答案。

扩展阅读

Bayer H., Heller H., and Reiser A. (1980).
Parallelism and recovery in database systems.
ACM Trans. Database Systems, **5**(4), 139–156

Bernstein P.A. and Goodman N. (1983). Multiversion concurrency control—theory and algorithms.
ACM Trans. Database Systems, **8**(4), 465–483

Bernstein A.J. and Newcomer E. (2003). *Principles of Transaction Processing*. Morgan Kaufmann

Bernstein P.A., Hadzilacos V., and Goodman
N. (1988). *Concurrency Control and Recovery in Database Systems*. Reading, MA: Addison-Wesley

Bernstein P.A., Shipman D.W., and Wong W.S.
(1979). Formal aspects of serializability in database concurrency control. *IEEE Trans. Software Engineering*, **5**(3), 203–215

Chandy K.M., Browne J.C., Dissly C.W., and Uhrig
W.R. (1975). Analytic models for rollback and recovery strategies in data base systems. *IEEE Trans. Software Engineering*, **1**(1), 100–110

Chorafas D.N. and Chorafas D.N. (2003).
Transaction Management. St Martin's Press

Davies Jr. J.C. (1973). Recovery semantics for a DB/DC system. In *Proc. ACM Annual Conf.*, 136–141

Elmagarmid A.K. (1992). *Database Transaction Models for Advanced Applications*. Morgan Kaufmann

Elmasri R. and Navathe S. (2006). *Fundamentals of Database Systems* 5th edn. Addison-Wesley

Gray J.N. (1978). Notes on data base operating systems. In *Operating Systems: An Advanced Course, Lecture Notes in Computer Science* (Bayer R., Graham M., and Seemuller G., eds), 393–481.
Berlin: Springer-Verlag

Gray J.N. (1981). The transaction concept: virtues and limitations. In *Proc. Int. Conf. Very Large Data Bases*, 144–154

Gray J.N. (1993). *Transaction Processing: Concepts and Techniques*. San Mateo CA: Morgan-Kaufmann

Gray J.N., McJones P.R., Blasgen M., Lindsay B.,
Lorie R., Price T., Putzolu F., and Traiger I.
(1981). The Recovery Manager of the System R database manager. *ACM Computing Surv.*, **13**(2),
223–242

Jajodia S. and Kerschberg L., eds (1997).
Advanced Transaction Models and Architectures.
Kluwer Academic

Kadem Z. and Silberschatz A. (1980). Non-two phase locking protocols with shared and exclusive locks. In *Proc. 6th Int. Conf. on Very Large Data Bases*, Montreal, 309–320

Kohler K.H. (1981). A survey of techniques for synchronization and recovery in decentralized computer systems. *ACM Computing Surv.*, **13**(2), 148–183

Korth H.F. (1983). Locking primitives in a database system. *J. ACM*, **30**(1), 55–79

Korth H., Silberschatz A., and Sudarshan S. (1996).
Database System Concepts 3rd edn. McGraw-Hill

Kumar V. (1996). *Performance of Concurrency Control Mechanisms in Centralized Database Systems*.
Englewood Cliffs, NJ: Prentice-Hall

Kung H.T. and Robinson J.T. (1981).
On optimistic methods for concurrency control. *ACM Trans. Database Systems*,
6(2), 213–226

Lewis P.M., Bernstein A.J., and Kifer M. (2003).
Databases and Transaction Processing: An Application-Oriented Approach. Addison-Wesley

Lorie R. (1977). Physical integrity in a large segmented database. *ACM Trans. Database Systems*,
2(1), 91–104

Lynch N.A., Merritt M., Weihl W., Fekete A., and
Yager R.R., eds (1993). *Atomic Transactions*.
Morgan Kaufmann

Moss J., Eliot J., and Eliot B. (1985). *Nested Transactions: An Approach to Reliable Distributed Computing*. Cambridge, MA: MIT Press

Papadimitriou C. (1986). *The Theory of Database Concurrency Control*. Rockville, MD: Computer Science Press

Thomas R.H. (1979). A majority concensus approach to concurrency control. *ACM Trans. Database Systems*, **4**(2), 180–209

网络资源

http://tpc.org The TPC is a non-profit corporation founded to define transaction processing and database benchmarks and to disseminate objective, verifiable TPC performance data to the industry.

第 23 章

Database Systems: A Practical Approach to Design, Implementation, and Management, 6E

查 询 处 理

本章目标

本章我们主要学习：

- 查询处理和优化的目标
- 静态与动态查询优化
- 查询如何进行分解和语义分析
- 如何创建表示查询的关系代数树
- 关系代数运算的等价规则
- 如何运用启发式变换规则改进查询效率
- 为估计运算的开销需要哪些类型的数据库统计数据
- 实现关系代数运算的不同策略
- 如何估计关系代数运算的开销和结果大小
- 如何利用流水线技术提高查询效率
- 物化与流水线的差别
- 左深树的优点
- 找出最优执行策略的方法
- 关系查询处理的扩展和支持高级查询的查询优化
- Oracle 的查询优化策略

当关系模型刚刚开始商用时，常常被批判的一点就是查询性能低。从那以后，大量的研究工作都致力于开发高性能的查询处理算法。执行复杂查询的方式很多，而查询处理的目标之一就是确定哪一种方法最节省开销。

在第一代网状和层次数据库系统中，低级的过程查询语言通常被嵌入高级编程语言（例如 COBOL）中，而由程序员负责选择最合适的执行策略。比较起来，当 SQL 这样的语言出现之后，用户仅仅需要告诉系统查询什么而不是怎样查询，这样一来，用户不必负责决策，甚至也不必知道什么是好的执行策略，从而语言的使用变得更为广泛。另外，由 DBMS 负责选择最佳策略而不是由用户选择，这可以提高效率，因为用户选择往往低效，而这种方式还可以让 DBMS 更好地管控系统性能。

查询优化技术主要有两种，尽管在实际应用中通常会将两者合二为一。一种方法是利用**启发式规则**对查询中的运算重新排序。另一种方法是比较不同策略的开销，选择资源占用率最小的策略。因为相对于内存来说，磁盘的访问速度要慢得多，对于集中式的 DBMS而言，查询处理最大的开销就是磁盘访问开销，而这也是本章在估算查询开销时所主要关注的。

本章结构

23.1 节将概括性地论述查询处理及其主要步骤。23.2 节将重点论述查询处理的第一阶段，即查询解析，该阶段将高级查询转化为关系代数查询，并对其进行语法和语义的检查。23.3 节将研究查询优化的启发式方法，启发式方法根据转换规则对查询中的运算重新排序，以产生良好的执行策略。23.4 节将讨论查询的代价估算方法，通过比较不同策略的开销，选择其中资源占用最小的策略。23.5 节将讨论流水线技术，流水线技术可以进一步提高查询处理的效率。流水线允许多个运算并行执行，这样，不必等待一个操作的结束就可以开始执行另外一个操作了。我们还分析了一个典型的查询处理器是如何选择最佳执行策略的。在第 9 章，我们讨论过关系模型的面向对象扩展，包括用户自定义类型和用户自定义函数。23.6 节我们讨论为满足这些扩展，查询处理与优化需要进行那些改变。在最后一节，我们简要地分析 Oracle 的查询优化方式。

本章主要介绍集中式关系 DBMS 的查询处理和优化技术。集中式关系 DBMS 这一领域引起了最广泛的关注，因此也是本书的重点所在。我们所讨论的一些技术通常也适用于其他类型的具有高层接口的系统。以后，还会简要介绍分布式 DBMS 的查询处理。

在学习本章之前，读者需要熟悉 5.1 节关系代数的概念以及附录 F 中文件组织的概念。本章示例引自 11.4 节和附录 A 的 DreamHome 案例研究。

23.1　查询处理概述

查询处理｜包括语法分析、正确性验证、查询优化以及查询执行等活动。

查询处理的目标是将高级语言（例如 SQL）表示的查询转换为正确有效的、用低级语言（实现关系代数）表达的执行策略，并执行该策略以获取所需检索的数据。

查询优化｜为查询处理选择一个高效的执行策略。

查询处理一个重要的步骤就是查询优化。由于与一个高级查询等价的转换形式有多种，所以查询优化的目标就是选择其中资源占用最少的一种。通常，要尽力减少查询的执行时间。查询执行时间等于查询中所有运算执行时间的总和（Selinger et al., 1979）。另外，资源利用也可被考虑为一种查询的响应时间，此时，应考虑如何尽力增加并行运算的数量（Valduriez and Gardarin, 1984）。在关系个数很多的情况下，这个问题的计算比较困难。通常采取的策略是寻找一种近似最优解（Ibaraki and Kameda, 1984）。

查询优化的两种方法都需要根据数据库的统计数据对各种不同的可选策略做出正确的评估。因此，统计数据的准确性和即时性对所选执行策略的效率评估有着非常大的影响。这些统计数据涵盖了关系、属性和索引的相关信息。例如，系统目录中存储的统计数据可能包括关系基数、属性不同取值的数目和多级索引的级数（参见附录 F.5.4）。保证统计数据的即时性是非常困难的。如果 DBMS 在每次插入、更新或者删除一个元组的时候都要更新统计数据，则在峰值运行期间，这样的操作将会对性能造成极大的影响。一种可选的、通常也是更可取的方法是周期性地更新统计数据，例如在每天晚上或者任何系统空闲的时候。另一种可采纳的方法就是由用户自己决定更新统计数据的时机。我们将在 23.4.1 节详细讨论数据库的统计数据。

下面，我们将举例说明不同的处理策略对资源占用的不同影响。

| 例 23.1 ≫ 不同处理策略的比较

找出所有在伦敦分公司工作的经理。

表达上述查询的 SQL 语句为：

SELECT *
FROM Staff s, Branch b
WHERE s.branchNo = b.branchNo **AND**
        (s.position = 'Manager' **AND** b.city = 'London');

与该 SQL 语句等价的三个关系代数查询为：

(1) $\sigma_{(position='Manager') \wedge (city='London') \wedge (Staff.branchNo=Branch.branchNo)}(Staff \times Branch)$

(2) $\sigma_{(position='Manager') \wedge (city='London')}(Staff \bowtie_{Staff.branchNo=Branch.branchNo} Branch)$

(3) $(\sigma_{position='Manager'}(Staff)) \bowtie_{Staff.branchNo=Branch.branchNo'}(\sigma_{city='London'}(Branch))$

在本例中，假定 Staff 中有 1000 个元组，Branch 中有 50 个元组，50 位经理（每个分公司有一位经理），在伦敦有 5 个分公司。我们把实现这三种查询所需的磁盘访问次数做个比较。简单起见，假定任一关系上都不存在索引，也没有按其顺序进行排序的关键字，所有中间运算的结果都被存储在磁盘上。最后的写开销忽略不计，因为三种查询策略最后的写开销是一样的。我们进一步假定每次磁盘读写只访问一个元组（尽管实际的磁盘访问是基于块的，通常每次访问会涉及几个元组），并且内存的容量足以处理每个关系代数运算中所涉及的整个关系。

第一种查询策略在计算 Staff 和 Branch 的笛卡儿乘积时，共需要（1000＋50）次磁盘访问，然后生成一个包含了（1000×50）个元组的关系。接着再挨个读取这些元组，判断它们是否满足选择谓词，这又需要（1000×50）次的磁盘访问，所以总的开销为：

$$(1000+50)+2\times(1000\times50)=101050 \text{ 次磁盘访问}$$

第二种查询策略根据分公司编号 branchNo 对 Staff 和 Branch 执行连接操作，则读取这两个关系的所有的元组需要（1000＋50）次磁盘访问。我们知道，这两个关系的连接操作的结果关系中含有 1000 个元组，每一个元组对应着一名员工（因为每一名员工只能在一个分公司工作）。接下来，为执行选择运算还需要进行 1000 次磁盘访问以读取连接操作的中间结果，因此总的开销为：

$$2\times1000+(1000+50)=3050 \text{ 次磁盘访问}$$

最后一种查询策略首先读取 Staff 的每一个元组，以选择那些职位为 Manager 的元组，这需要 1000 次磁盘访问，生成一个含有 50 个元组的关系。第二个选择运算需要读取 Branch 的所有元组，以选择所有伦敦的分公司，这又需要 50 次的磁盘访问，生成一个含有 5 个元组的关系。最后将执行了选择操作之后的关系 Staff 和 Branch 进行连接，连接运算需要（50＋5）次磁盘访问，所以总的开销为：

$$1000+2\times50+5+(50+5)=1160 \text{ 次磁盘访问}$$

显然，对于本例来说，第三种策略是最优的，与第一种查询策略相比，效率比为 87：1。如果关系 Staff 的元组个数增加到 10000，Branch 的元组增加到 500，则效率比将增加到 870：1。直观地看，执行笛卡儿乘积运算和连接运算的开销比选择运算的开销要高得多，第三种查询策略则大大减少了进行连接运算的两个关系的元组个数。稍后，我们就可以看到查询处理的一个基本策略就是尽可能早地执行选择运算和投影运算等一元运算，以减少后面要进行二元运算的运算对象的大小。

≪

查询处理分为四个主要阶段：分解（包括语法分析和正确性验证）、优化、代码生成和代码执行，如图 23-1 所示。在 23.2 节，将简要地分析第一阶段——分解；然后讨论第二阶段——查询优化。在本节的最后，我们将简要地讨论一下执行查询优化的时机。

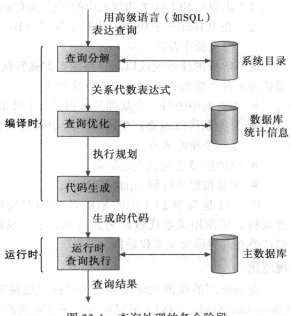

动态优化与静态优化

查询处理前三个阶段的执行时机有两种选择。一种选择是每次运行查询时动态地进行查询的分解和优化。动态查询优化的优点在于用以选择最优策略的全部信息都是最新的。缺点是查询的性能受到了影响，因为在每次执行查询前都要进行解析、正确性验证和优化。而且，为了获得可接受的开销，也许还有必要减少待分析的执行策略的数量，因而可能导致最终被选择的策略不是最优的。

图 23-1　查询处理的各个阶段

另一种选择是静态查询优化。静态查询优化只进行一次解析、正确性验证和优化。这种方法类似于编程语言的编译器所采用的方法。静态查询的优点在于消除了每次运行时都要进行解析、正确性验证和优化的开销，从而有更多的时间对更多的执行策略进行评估，进而增加发现更好策略的可能性。对于需要多次执行的查询而言，为了选择一个更优的策略而多花费些时间已证明是非常值得的。静态查询的缺点在于编译时选择的最优策略可能并不一定是运行时最优的策略。但是，我们可以用一种混合的策略克服这一缺点：如果系统检测到自最近一次编译查询后，数据库的统计数据发生了很大的变化，则重新优化该查询。或者，系统可以在一个会话中首次执行查询时进行编译，然后将最优执行计划缓存起来以备会话期间的再次执行，这样一来，开销被分散到了整个 DBMS 的会话期间。

23.2　查询解析

查询处理的第一个阶段是查询解析。查询解析的目标是将高级查询转换为关系代数查询，并且分析语法和语义的正确性。查询解析通常又可分为以下几个阶段：分析、规范化、语义分析、化简和查询重构。

分析

在这一阶段，利用程序设计语言编译器的技术对查询进行词法分析和语法分析（可参见 Aho and Ullman，1977）。另外，这一阶段还负责验证查询中出现的关系和属性是否在系统目录中有定义，并且还要检查对数据库对象施加的运算是否与对象的类型相匹配。例如，考虑下面的查询：

SELECT staffNumber
FROM Staff
WHERE position > 10;

该查询将被拒绝执行，理由有两个：

（1）出现在 SELECT 的列表中的属性 staffNumber 在关系 Staff 中未定义（应为 staffNo）。

（2）在 WHERE 子句中，比较运算"＞10"和 position 的数据类型不兼容，position 是可变长字符串。

这一阶段的任务完成以后，高级查询被转换为更适合处理的内部表示。通常其内部表示形式为某种类型的查询树，构造方法如下：

- 为查询中的每一个基础关系创建一个叶节点。
- 为关系代数运算产生的每一个中间关系创建一个非叶节点。
- 树的根节点代表查询结果。
- 运算按照从叶到根的顺序执行。

图 23-2 是与例 23.1 中的 SQL 语句相对应的查询树，该图用关系代数作为其内部表示。我们把这类查询树称为**关系代数树**。

图 23-2 关系代数树示例

规范化

查询处理的规范化阶段将查询转换成更易于处理的规范化的形式。应用某些转换规则（Jarke and Koch，1984）可以将不管多么复杂的谓词（在 SQL 语句中表现为 WHERE 条件表达式）转换为下列两种形式之一：

- 合取范式：通过运算符 ∧（AND）连接而成的多个合取式的序列。每一个合取式可以包含一个或者多个通过运算符 ∨（OR）连接的项。例如：

  (position = 'Manager' ∨ salary > 20000) ∧ branchNo = 'B003'

  合取选择仅包含那些满足所有合取式的元组。

- 析取范式：通过运算符 ∨（OR）连接而成的多个析取式的序列。每一个析取式可以包含一个或者多个通过运算符 ∧（AND）连接的项。

  例如，可以将上面的合取范式改写为：

  (position = 'Manager' ∧ branchNo = 'B003') ∨ (salary > 20000 ∧ branchNo = 'B003')

  析取选择包含了满足各个析取式的所有元组的并集。

语义分析

语义分析的目标是摒弃那些规范后结构有误或者逻辑矛盾的查询。我们所说的结构有误是指查询中的某些成分对查询结果无任何影响，此类情况的发生可能是因为丢失了某些连接说明。而逻辑矛盾是指查询谓词无法被任何元组满足。例如，关系 Staff 上的谓词（position＝'Manager' ∧ position＝'Assistant'）就是矛盾的，因为任何员工不可能同时既是经理又是助理。因此，可将谓词（（position＝'Manager' ∧ position＝'Assistant'）∨ salary＞20000）简化为（salary＞20000），因为矛盾的子句可被解释为 FALSE。遗憾的是，不同的 DBMS 对矛盾子句的处理并不一致。

仅对那些不含析取和否定运算的查询存在检验其正确性的算法。对于这样的查询，可以应用下面的验证机制：

（1）构造关系连通图（Wong and Youssefi，1976）。如果该图不连通，则说明该查询结构有误。为构造关系连通图，我们为每一个基础关系创建一个节点，并且创建一个节点表示最后的结果关系，若两个关系进行连接运算，对应的两个节点之间有一条边，投影运算的源与结果关系之间也有一条边。

（2）构造规范化属性连通图（Rosenkrantz and Hunt，1980）。如果图中存在一条权的总和为负的环（cycle），则该查询是矛盾的。为构造规范化属性连通图，为每个属性引用创建一个节点，为常数创建 0 节点。在表示连接操作的两节点之间定义一有向边，在属性节点和代表选择运算的常数 0 节点之间定义一有向边。接下来，如果边 a→b 代表不等式（a≤b+c），则在其上加权值 c；如果边 0→a 代表不等式（a≥c），则在其上加权值 −c。

例 23.2 》 验证语义的正确性

考虑下面的 SQL 查询：

SELECT p.propertyNo, p.street
FROM Client c, Viewing v, PropertyForRent p
WHERE c.clientNo = v.clientNo **AND**
　　　c.maxRent >= 500 **AND** c.prefType = 'Flat' **AND** p.ownerNo = 'CO93';

图 23-3a 所示的关系连接图并不是全连通的，这表明此查询存在结构错误。在这个示例中，遗漏了谓词的连接条件（v.propertyNo＝p.propertyNo）。

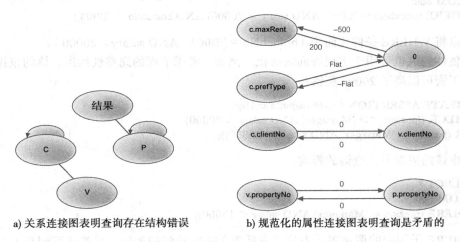

a) 关系连接图表明查询存在结构错误　　　b) 规范化的属性连接图表明查询是矛盾的

图　23-3

现在思考下面的查询：

SELECT p.propertyNo, p.street
FROM Client c, Viewing v, PropertyForRent p
WHERE c.maxRent > 500 **AND** c.clientNo = v.clientNo **AND**
　　　v.propertyNo = p.propertyNo **AND** c.prefType = 'Flat' **AND** c.maxRent < 200;

该查询的规范化属性连通图如图 23-3b 所示，在节点 c.maxRent 和 0 节点之间存在一个总和为负值的环，这表明此查询是矛盾的。很明显，客户的租金不可能既多于 500 英镑又少于 200 英镑。

化简

化简过程的目标是检测冗余条件，去除公共的子表达式，将查询转换成语义上等价、更易于高效计算的形式。通常，访问限制、视图定义和完整性约束等问题都在本阶段考虑，它们之中有一些也可能引入冗余。如果用户不是对查询中每个部分都具有相应的访问权限，那么查询将被拒绝执行。如果用户具有相应的访问权限，则对查询的初始优化就是采用众所周知的布尔代数的幂等规则，即：

$$p \wedge (p) \equiv p \qquad\qquad p \vee (p) \equiv p$$
$$p \wedge false \equiv false \qquad p \vee false \equiv p$$
$$p \wedge true \equiv p \qquad\qquad p \vee true \equiv true$$
$$p \wedge (\sim p) \equiv false \qquad p \vee (\sim p) \equiv true$$
$$p \wedge (p \vee q) \equiv p \qquad p \vee (p \wedge q) \equiv p$$

例如，考虑下面的视图定义和基于该视图的查询：

CREATE VIEW Staff3 **AS**
SELECT staffNo, fName, lName, salary, branchNo
FROM Staff
WHERE branchNo = 'B003';

SELECT *
FROM Staff3
WHERE (branchNo = 'B003' **AND**
　　　salary > 20000);

如在 7.4.3 节中描述的那样，经过对视图的处理，最终的查询将是：

SELECT staffNo, fName, lName, salary, branchNo
FROM Staff
WHERE (branchNo = 'B003' **AND** salary > 20000) **AND** branchNo = 'B003';

可以将 WHERE 条件化简为（branchNo＝'B003' AND salary＞20000）。

完整性约束也可用于实现查询的简化。例如，考虑下面的完整性约束，该约束保证只有经理的工资可以高于 20000 英镑：

CREATE ASSERTION OnlyManagerSalaryHigh
CHECK ((position <> 'Manager' **AND** salary < 20000)
OR (position = 'Manager' **AND** salary > 20000));

考虑该约束对下述查询的影响：

SELECT *
FROM Staff
WHERE (position = 'Manager' **AND** salary < 15000);

WHERE 子句中的谓词表示查找工资低于 15000 英镑的经理，显然该谓词与上面的完整性约束相矛盾，因此不存在满足该谓词的元组。

查询重构

在查询解析的最后阶段，系统将重构查询以便更加高效地实现查询。我们将在下一节进一步讨论查询的重构。

23.3 查询优化的启发式方法

本节将学习查询优化的启发式方法，启发式方法是通过转换规则将某一关系代数表达式转换为更加高效的并与之等价的形式。例如，在例 23.1 中我们已经看到，在连接运算之前先执行选择运算比之后执行要高效得多。在 23.3.1 节还将会看到，存在这样的转换规则，即允许改变连接和选择运算的执行顺序，从而可以先执行选择运算。在讨论了有效的转换之后，23.3.2 节提出了一套能生成"好的"（虽然未必是最优的）执行策略的启发式规则。

23.3.1　关系代数运算的转换规则

通过应用转换规则，优化器可以将一种关系代数表达式转换为另一种与之等价的并且执行效率更高的表达式。下面将用这些规则重构在查询解析阶段产生的（规范的）关系代数树。这些规则的正确性证明可参见 Aho et al.（1979）。在列举这些规则时，会用到三个关系 R、S 和 T，其中 R 是定义在属性集合 A＝$\{A_1, A_2, \cdots, A_n\}$ 上的关系，S 是定义在属性集合 B＝$\{B_1, B_2, \cdots, B_n\}$ 上的关系。p、q 和 r 代表谓词，L、L_1、L_2、M、M_1、M_2 和 N 代表属性集。

（1）将合取选择运算转换为单个选择运算的串联执行（反之亦然）

$$\sigma_{p \wedge q \wedge r}(R) = \sigma_p(\sigma_q(\sigma_r(R)))$$

此转换规则有时也称为串联式选择。例如：

$$\sigma_{branchNo='B003' \wedge salary>15000}(Staff) = \sigma_{branchNo='B003'}(\sigma_{salary>15000}(Staff))$$

（2）选择运算的交换律

$$\sigma_p(\sigma_q(R)) = \sigma_q(\sigma_p(R))$$

例如：

$$\sigma_{branchNo='B003'}(\sigma_{salary>15000}(Staff)) = \sigma_{salary>15000}(\sigma_{branchNo='B003'}(Staff))$$

（3）一串投影运算中只需执行最后一个投影运算

$$\Pi_L\Pi_M \ldots \Pi_N(R) = \Pi_L(R)$$

例如：

$$\Pi_{lName}\Pi_{branchNo, lName}(Staff) = \Pi_{lName}(Staff)$$

（4）选择运算和投影运算的交换律

如果谓词 p 仅涉及投影运算列中的属性，则可以交换选择运算和投影运算的执行次序：

$$\Pi_{A_1,\ldots,A_m}(\sigma_p(R)) = \sigma_p(\sigma_{A_1,\ldots,A_m}(R)), \quad p \in \{A_1, A_2, \ldots, A_m\}$$

例如：

$$\Pi_{fName, lName}(\sigma_{lName='Beech'}(Staff)) = \sigma_{lName='Beech'}(\Pi_{fName, lName}(Staff))$$

（5）θ 连接（和笛卡儿乘积）运算的交换律

$$R \bowtie_p S = S \bowtie_p R$$

$$R \times S = S \times R$$

因为等接和自然连接是 θ 连接的特殊形式，所以该规则也适用于这些连接运算。例如，Staff 和 Branch 的等接运算：

$$Staff \bowtie_{Staff.branchNo=Branch.branchNo} Branch = Branch \bowtie_{Staff.branchNo=Branch.branchNo} Staff$$

（6）选择运算和 θ 连接（或笛卡儿乘积）运算的交换律

如果选择谓词仅涉及一个被连接关系的属性，则可以交换选择运算和连接运算（或笛卡儿乘积）的执行次序：

$$\sigma_p(R \bowtie_r S) = (\sigma_p(R)) \bowtie_r S$$

$$\sigma_p(R \times S) = (\sigma_p(R)) \times S, \quad p \in \{A_1, A_2, \ldots, A_n\}$$

或者，如果选择谓词是形如（p∧q）这样的合取谓词，其中的 p 仅涉及 R 的属性，q 则仅涉及 S 的属性，则可以交换选择运算和 θ 连接运算的执行次序：

$$\sigma_{p \wedge q}(R \bowtie_r S) = (\sigma_p(R)) \bowtie_r (\sigma_q(S))$$

$$\sigma_{p \wedge q}(R \times S) = (\sigma_p(R)) \times (\sigma_q(S))$$

例如：

$$\sigma_{position='Manager' \wedge city='London'} (Staff \bowtie_{Staff.branchNo=Branch.branchNo} Branch) =$$

$$(\sigma_{position='Manager'} (Staff)) \bowtie_{Staff.branchNo=Branch.branchNo} (\sigma_{city='London'}(Branch))$$

（7）投影和 θ 连接（或笛卡儿乘积）的交换律

如果投影列表形如 $L = L_1 \cup L_2$，其中 L_1 是涉及 R 的属性，L_2 是涉及 S 的属性，那么如果连接条件仅包含了 L 的属性，则可以交换投影运算和 θ 连接运算的执行次序：

$$\Pi_{L_1 \cup L_2} (R \bowtie_r S) = (\Pi_{L_1}(R)) \bowtie_r (\Pi_{L_2}(S))$$

例如：

$$\Pi_{position, city, branchNo} (Staff \bowtie_{Staff.branchNo=Branch.branchNo} Branch) =$$

$$(\Pi_{position, branchNo} (Staff)) \bowtie_{Staff, branchNo=Branch.branchNo} (\Pi_{city, branchNo} (Branch))$$

如果连接条件还包含了 L 以外的其他属性，假设属性集 $M = M_1 \cup M_2$，其中 M_1 是涉及 R 的属性，M_2 是涉及 S 的属性，那么最终的投影运算必须是：

$$\Pi_{L_1 \cup L_2} (R \bowtie_r S) = \Pi_{L_1 \cup L_2} ((\Pi_{L_1 \cup M_1} (R)) \bowtie_r (\Pi_{L_2 \cup M_2} (S)))$$

例如：

$$\Pi_{position, city}(Staff \bowtie_{Staff.branchNo=Branch.branchNo} Branch) =$$

$$\Pi_{position, city}((\Pi_{position, branchNo}(Staff)) \bowtie_{Staff.branchNo=Branch.branchNo} (\Pi_{city, branchNo} (Branch)))$$

（8）并运算和交运算（不含集合差运算）的交换律

$$R \cup S = S \cup R$$

$$R \cap S = S \cap R$$

（9）选择运算和集合运算（并、交和集合差运算）的交换律

$$\sigma_p (R \cup S) = \sigma_p (S) \cup \sigma_p(R)$$

$$\sigma_p (R \cap S) = \sigma_p (S) \cap \sigma_p(R)$$

$$\sigma_p (R - S) = \sigma_p (S) - \sigma_p(R)$$

（10）投影运算和并运算的交换律

$$\Pi_L(R \cup S) = \Pi_L(S) \cup \Pi_L(R)$$

（11）θ 连接（和笛卡儿乘积）运算的结合律

笛卡儿乘积和自然连接总是满足结合律的：

$$(R \bowtie S) \bowtie T = R \bowtie (S \bowtie T)$$

$$(R \times S) \times T = R \times (S \times T)$$

如果连接条件 q 仅涉及关系 S 和 T 的属性，那么在下列情况下 θ 连接仍然满足结合律：

$$(R \bowtie_p S) \bowtie_{q \wedge r} T = R \bowtie_{p \wedge r} (S \bowtie_q T)$$

例如：

$$(Staff \bowtie_{Staff.staffNo=PropertyForRent.staffNo} PropertyForRent) \bowtie_{ownerNo=Owner.ownerNo \wedge Staff.lName=Owner.lName} Owner$$
$$= Staff \bowtie_{Staff.staffNo=PropertyForRentstaffNo \wedge Staff.lName=lName} (PropertyForRent \bowtie_{ownerNo} Owner)$$

注意在此例中，仅移动括号的位置是不对的，因这样会导致关系 PropertyForRent 和 Owner 的连接条件中出现未定义的引用（Staff.lName）：

$$PropertyForRent \bowtie_{PropertyForRent.ownerNo=Owner.ownerNo \wedge Staff.lName=Owner.lName} Owner$$

（12）并和交（不含集合差）运算的结合律

$$(R \cup S) \cup T = S \cup (R \cup T)$$
$$(R \cap S) \cap T = S \cap (R \cap T)$$

例 23.3 》 转换规则的应用

为有意租赁公寓的客户查找满足他们要求的、业主为 CO93 的房产。

可用 SQL 语句表示此查询：

```
SELECT p.propertyNo, p.street
FROM Client c, Viewing v, PropertyForRent p
WHERE c.prefType = 'Flat' AND c.clientNo = v.clientNo AND
      v.propertyNo = p.propertyNo AND c.maxRent >= p.rent AND
      c.prefType = p.type AND p.ownerNo = 'CO93';
```

在此例中，我们假设业主 CO93 拥有的房产数目少于想租用公寓的求租者的人数。将该 SQL 语句转换为关系代数，得到：

$$\Pi_{p.propertyNo, \, p.street} \, (\sigma_{c.prefType = 'Flat' \wedge c.clientNo=v.clientNo \wedge v.propertyNo=p.propertyNo \wedge c.maxRent>=p.rent \wedge c.prefType=p.type \wedge p.ownerNo='CO93'} ((c \times v) \times p))$$

可以将这个查询表示成如图 23-4a 所示的规范的关系代数树形式。应用下述转换规则以提高执行策略的效率：

（1）（a）规则 1，将选择运算的连接拆分成一个个独立的选择运算。

（b）规则 2 和规则 6，将选择运算重新排序，然后交换选择运算和笛卡儿乘积运算的执行次序。

前两步的运算结果如图 23-4b 所示。

（2）由 5.1.3 节知，我们可以将笛卡儿乘积及其后的相等谓词选择运算重写为一个等接运算，即：

$$\sigma_{R.a=S.b}(R \times S) = R \bowtie_{R.a=S.b} S$$

在适当的地方应用该转换规则。这一步的结果如图 23-4c 所示。

（3）规则 11，重新排序等接运算，优先执行更严格的选择（p.ownerNo='CO93'），如图 23-4d 所示。

（4）规则 4 和规则 7，将投影运算移到等接运算的下面，根据需要创建新的投影运算。应用这些规则的结果如图 23-4e 所示。

对该特例可进行的另一个优化是：将选择运算（c.prefType=p.type）化简为（p.type='Flat'）。因为从第一个谓词可以知道（c.prefType='Flat'）。通过这个替换，可以将此选择运算放置到树的底部，化简后的关系代数树的结果如图 23-4f 所示。 《

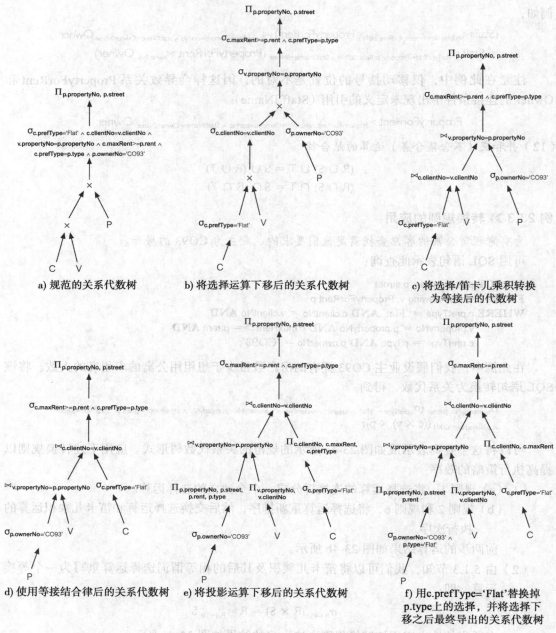

a) 规范的关系代数树　　　　b) 将选择运算下移后的关系代数树　　　　c) 将选择/笛卡儿乘积转换为等接后的代数树

d) 使用等接结合律后的关系代数树　　　　e) 将投影运算下移后的关系代数树　　　　f) 用c.prefType='Flat'替换掉p.type上的选择，并将选择下移之后最终导出的关系代数树

图 23-4　例 23.3 的关系代数树

23.3.2 启发式处理策略

很多 DBMS 在选择查询处理的策略时都采用启发式的方法。本节我们将分析查询处理过程中可能会用到的一些比较好的启发式规则。

（1）尽可能早地执行选择运算

选择运算减少了关系的基数，从而也就降低了后面处理该关系时的复杂度。因此，可以通过规则 1 的使用串联执行一串选择运算，然后利用与选择运算相关的一元、二元运算的交换律（如规则 2、规则 4、规则 6 和规则 9），将选择运算尽可能地移动到关系代数树的底部。注意要将作用于同一关系的选择谓词放在一起。

（2）合并笛卡儿乘积与其后的选择运算为连接运算，用选择运算的谓词表示连接条件

前面曾提到过，可以将一个带有 θ 连接谓词的选择运算和一个笛卡儿乘积运算重新改写为一个 θ 连接运算：

$$\sigma_{Ra\,\theta\,S.b}(R \times S) = R \bowtie_{Ra\,\theta\,S.b} S$$

（3）利用二元运算的结合律对叶节点重新排序，先执行条件最严格的选择运算

优化的首要原则是在执行二元运算之前尽可能地减少参与运算的关系的规模。因此，如果要执行两个连续的连接运算：

$$(R \bowtie_{Ra\,\theta\,S.b} S) \bowtie_{S.c\,\theta\,T.d} T$$

那么可以使用关于 θ 连接（以及并和交运算）的结合律（如规则 11 和规则 12），对运算重新排序，使得产生较小结果关系的连接优先执行，因为这意味着参与下一个连接运算的操作数的规模也较小。

（4）尽可能早地执行投影运算

同样，投影运算可以减少关系的基数，从而降低了后面对该关系处理的复杂度。因此，可以使用规则 3 对投影进行级联处理，使用关于投影和二元运算的交换律（如规则 4、规则 7 和规则 10），将投影运算尽可能地移至关系代数树的底部。注意将属于同一关系的投影属性放在一起。

（5）只计算一次公共表达式的值

如果公共表达式在关系代数树中多次出现，而且计算结果的规模又不是太大的话，则在第一次计算之后，可以将结果存储起来，以备后面需要的时候重用。只有在下列情况下，存储公共表达式的计算结果的做法才会带来好处：公共表达式计算结果的规模足够小到或者可以被存储在主存储器中，或者若被存储在辅助存储器中，则从辅存读取该结果的开销要低于重新计算的开销。当对视图进行查询时，该策略显得尤其有用，因为每一次构造视图时都是用同一个表达式。

在 25.7 节中我们将讨论如何将启发式规则用于分布式查询。在 23.6 节中还将看到，若想将这些启发式规则应用于对象关系 DBMS 的查询处理，尚需做进一步的考虑，因为对象关系的 DBMS 支持包含用户自定义类型和用户自定义函数的查询。

23.4 关系代数运算的代价估算

DBMS 可以有多种不同的方式来实现关系代数运算。查询优化的目的就是从中选择效率最高的那种方案。为了做到这一点，DBMS 采用公式来估算不同方案的开销，然后选择其中开销最小的。本节，我们将对实现重要的关系代数运算的一些不同的选择方案进行分析。对每一种方案我们都将给出其实现的概述以及实现的代价估算。查询处理中占主导地位的开销通常是磁盘访问的开销，因为磁盘访问要比主存访问慢得多，所以在进行代价估算时，仅考虑磁盘访问的开销。每一种估算的结果均表示所需的磁盘块访问的次数，但不包括最后将结果关系写入磁盘的开销。

许多代价估算都是基于关系的基数的。由于需要估算中间结果关系的基数，因此我们还会给出一些关于估算这些基数的常用方法。本节首先分析统计数据的类型，DBMS 将统计数

据存储在系统目录中，用于协助进行代价估算。

23.4.1 数据库的统计信息

估算关系代数运算中间结果的大小和开销时，正确与否的关键在于 DBMS 存储的统计信息的数量和即时性。通常，我们期望 DBMS 在系统目录中存储以下类型的信息：

关于基本关系 R 的统计信息

- nTuples(R)：关系 R 的元组（记录）的数目（即 R 的基数）。
- bFactor(R)：R 的块因子（即一块可以存储的 R 元组的个数）。
- nBlocks(R)：存储关系 R 所需的块数。如果 R 的元组物理上存在一起，则：

$$nBlocks(R) = [nTuples(R)/bFactor(R)]$$

[x] 表示计算的结果被截断为大于或者等于 x 的最小整数。

关于基本关系 R 的属性 A

- $nDistinct_A(R)$：属性 A 在关系 R 中的不同取值的个数。
- $min_A(R)$，$max_A(R)$：属性 A 在关系 R 中可能的最小值和最大值。
- $SC_A(R)$：属性 A 在关系 R 中的选择基数（selection cardinality）。这是满足属性 A 的某个等值条件的平均元组个数。如果假定 A 的值在 R 中均匀分布，且至少有一个值满足条件，则：

$$SC_A(R) = \begin{cases} 1 & \text{如果A是R的关键属性} \\ [nTuples(R)/nDistinct_A(R)] & \text{否则} \end{cases}$$

也可以基于其他条件来估算选择基数：

$$SC_A(R) = \begin{cases} [nTuples(R)*((max_A(R)-c/(max_A(R)-min_A(R)))] & \text{若为不等值比较} A>c \\ [nTuples(R)*((c-min_A(R))/(max_A(R)-min_A(R)))] & \text{若为不等值比较} A<c \\ [(nTuples(R)nDistinct_A(R))*n] & \text{若查询条件为} A\in\{c_1, c_2, \cdots, c_n\} \\ SC_A(R)*SC_B(R) & \text{若查询条件为} A\wedge B \\ SC_A(R)+SC_B(R)-SC_A(R)*SC_B(R) & \text{若查询条件为} A\vee B \end{cases}$$

关于属性集 A 上的多级索引 I

- $nLevels_A(I)$：I 的级数。
- $nLfBlocks_A(I)$：I 中叶的块数。

要保持这些统计数据的即时性是很困难的。如果 DBMS 每插入、更新或者删除一个元组的时候就更新一次统计数据，则在系统峰值的时刻就会严重影响系统的性能。所以，一种更可取的方式是，DBMS 周期性地对统计信息进行更新，例如在晚上或者系统空闲的任何时候进行。某些系统还采取了另外一种做法，即由用户自己决定何时更新统计数据。

23.4.2 选择运算

正如 5.1.1 节所述，在关系 R 上进行的关系代数的选择运算（$S=\sigma_p(R)$），可以说是定义了另一个关系 S，S 仅包含 R 中那些满足特定谓词的元组。谓词可以是简单谓词，例如只是将 R 的某一属性和一个常量或者另一个属性的值进行比较。也可以是包含多个条件的复合谓词，这多个条件则是由逻辑连接符 ∧（AND）、∨（OR）以及 ～（NOT）连接起来的。选择运算有很多不同的实现策略，具体依赖于存储关系的文件的结构和谓词中所涉及的属性（组）是否被索引或被散列。主要的策略有：

- 线性搜索（无序文件，无索引）
- 二分法搜索（有序文件，无索引）
- 散列关键字上的等值比较
- 主关键字上的等值比较
- 主关键字上的非等值比较
- 聚集（辅）索引上的等值比较
- 非聚集（辅）索引上的等值比较
- B^+ 树辅索引上的非等值比较

每一种策略的开销如表 23-1 所示。

表 23-1　选择运算策略的 I/O 代价估算概览

策　　略	开　　销
线性搜索（无序文件，无索引）	如果是关键属性上的等值比较，则为 $[nBlocks(R)/2]$；否则为 $nBlocks(R)$
二分法搜索（有序文件，无索引）	如果是有序属性上的等值比较，若 A 为 R 的关键属性则为 $[\log_2(nBlocks(R))]$，否则为 $[\log_2(nBlocks(R))] + [SC_A(R)/bFactor(R)] - 1$
散列关键字上的等值比较	1（假设无溢出）
主关键字上的等值比较	$nLevels_A(I) + 1$
主关键字上的非等值比较	$nLevels_A(I) + [nBlocks(R)/2]$
聚集（辅）索引上的等值比较	$nLevels_A(I) + [SC_A(R)/bFactor(R)]$
非聚集（辅）索引上的等值比较	$nLevels_A(I) + [SC_A(R)]$
B^+ 树辅索引上的非等值比较	$nLevels_A(I) + [nLfBlock_A(I)/2 + nTuples(R)/2]$

估算选择运算的基数

在考虑这些可选策略之前，首先应对 R 进行选择运算后的结果关系 S 的大小和各属性不同取值的个数做个估算。通常情况下，精确估算相当困难，但是如果我们基于这样一种传统的简化了的假设——属性值在它的值域中均匀分布并且属性之间相互独立，则可以采用下列估算方式：

$$nTuples(S) = SC_A(R) \qquad 谓词 p 形如 (A\,\theta\,x)$$

对 S 中任何属性 B（B≠A）：

$$nDistinct_B(S) = \begin{cases} nTuples(S) & 若 nTuples(S) < nDistinct_B(R)/2 \\ [(nTuples(S) + nDistinct_B(R))/3] & 若 nDistinct_B(R)/2 \le \\ & \quad nTuples(S) \le 2*nDistinct_B(R) \\ nDistinct_B(R) & 若 nTuples(S) > 2*nDistinct_B(R) \end{cases}$$

如果没有均匀分布的前提假设，则可能会获得更为准确的估算值，但是这需要用到更为详细的统计信息，例如柱状图和分布步长（Piatetsky-Shapiro and Connell，1984）。我们将在 23.6.2 节简要介绍 Oracle 如何利用柱状图。

（1）线性搜索（无序文件，无索引）

如果采用这种策略，则可能有必要对每一块中的每一个元组进行扫描，以判断其是否满足谓词，其算法概要如图 23-5 所示。有时也称该策略为全表扫描（full table scan）。如果是关键属性上的等值比较，假设元组在文件中均匀分布，那么在找到满足查找条件的元组之前平均要对半数的块进行搜索，因此该搜索的代价估算是：

$$[nBlocks(R)/2]$$

如果是其他搜索条件，则可能需要搜索整个文件，因此更一般的代价估算是：

$$nBlocks(R)$$

```
//
// 线性查找
// 谓词是查找关键字
// 文件无序，数据块从1顺序编号
// 返回的结果表包含R中所有满足谓词的元组
//
for i = 1 to nBlocks(R) {                    // 在每个块上循环
    block = read_block(R, i);
    for j = 1 to nTuples(block) {            // 在块i的每个元组上循环
        if (block.tuple[j] satisfies predicate)
        then add tuple to result;
    }
}
```

图 23-5　线性搜索算法

（2）二分法搜索（有序文件，无索引）

如果谓词形如（A＝x），且文件在属性 A 上有序，A 还是关系 R 上的关键属性，那么搜索的代价估算为：

$$[\log_2 (nBlocks(R))]$$

二分法搜索的算法如图 23-6 所示。更一般的代价估算为：

```
//
// 二分查找
// 谓词是查找关键字
// 文件有序，按排序关键字A的升序排列
// 文件占据nblocks块，从1开始编号
// 返回一个布尔变量（found）说明是否发现一个记录
// 与谓词和结果表匹配（若找到的话）
//
next = 1; last = nBlocks; found = FALSE; keep_searching = TRUE;
while (last >= 1 and (not found) and (keep_searching)) {
    i = (next + last)/2;                     // 对分查找空间
    block = read_block(R, i) ;
    if (predicate < ordering_key_field(first_record(block)))
    then                                     // 记录在查找空间的下一半
        last = i − 1;
    else if (predicate > ordering_key_field(last_record(block)))
        then                                 // 记录在查找空间的上一半
            next = i + 1;
        else if (check_block_for_predicate(block, predicate, result))
            then                             // 要找的记录就在该块中
                found = TRUE;
            else                             // 记录不在那儿
                keep_searching = FALSE;
}
```

图 23-6　有序文件上的二分法搜索算法

$$[\log_2 (nBlocks(R))] + [SC_A (R)/bFactor(R)] - 1$$

第一项表示使用二分法搜索方法找到第一个元组的开销。假设有 $SC_A(R)$ 个元素满足谓词，它们分布在 $[SC_A(R)/bFactor(R)]$ 个块上，第一个满足条件的元组就是在这些块中找到的。

（3）散列关键字上的等值比较

如果属性 A 是散列关键字，那么我们可以利用散列算法计算出元组的目标地址。如果没有溢出，则期望开销为 1。如果有溢出，则需要额外的访问开销，具体依赖于溢出的数量和处理溢出的方法。

（4）主关键字上的等值比较

如果谓词涉及主关键字字段上的等值比较（A＝x），那么可以利用主关键字索引来检索满足该条件的那一个元组。这时，需要读取的块的个数比需要访问的索引块的个数多 1，即代价估算值为：

$$nLevels_A (I) + 1$$

（5）主关键字上的非等值比较

如果谓词包含了主关键字字段 A 上的非等值比较（A＜x，A＜＝x，A＞x，A＞＝x），那么可以先利用索引对满足谓词 A＝x 的元组进行定位。一旦获得了该元组的索引，就可以通过访问该元组前面或者后面所有的元组来获得满足查询条件的元组。假定元组是均匀分布的，则可以期望有一半的元组满足不等条件，所以主关键字上的非等值比较的代价估算为：

$$nLevels_A(I) + [nBlocks(R)/2]$$

（6）聚集（辅）索引上的等值比较

如果谓词为属性 A 上的等值比较，而属性 A 不是主关键字，但在 A 上却建立了聚集辅索引，则可以利用该索引来检索所需元组，代价估算为：

$$nLevels_A(I) + [SC_A(R)/bFactor(R)]$$

第二项是对存储满足等值比较条件的元组的块数的估算，$SC_A(R)$ 表示满足条件的元组的个数。

（7）非聚集（辅）索引上的等值比较

如果谓词涉及了属性 A 上的等值比较，A 虽然不是主关键字，但在 A 上存在非聚集辅索引，则可以利用索引来检索所需元组。这时，我们假定元组位于不同的块上（此时索引是非聚集的），所以代价估算为：

$$nLevels_A(I) + [SC_A(R)]$$

（8）B⁺ 树辅索引上的非等值比较

如果谓词涉及属性 A 上的非等值比较（A＜x，A＜＝x，A＞x，A＞＝x），且属性 A 上存在 B⁺ 树辅索引，则可以从树的叶节点开始对关键字的值进行扫描，从最小值一直扫描到 x（对于＜和＜＝条件），或者从 x 开始扫描直到遇到最大值（对于＞和＞＝条件）。假设元组分布均匀，则可以期望有一半的叶节点块被访问到，通过索引，有一半的元组被访问到。所以代价估算值为：

$$nLevels_A(I) + [nLfBlocks_A(I)/2 + nTuples(R)/2]$$

利用 B⁺ 树索引搜索单个元组的算法如图 23-7 所示。

```
//
// B⁺树查找
// B⁺树结构表示为一个链表，其每个非叶节点的结构为：
// 最多有n个元素，每个元素由下面的成分组成：
// 一个关键字值（key）和一个指向子节点的指针（p）（可能为NULL）
// 关键字排了序：key₁ < key₂ < … < keyₙ₋₁
// 叶节点指向实际记录的地址
// 谓词是查找关键字
// 返回一个布尔变量（found）说明是否找到一个记录和
// 指向这个记录的地址（若找到的话）
//
node = get_root_node();
while (node is not a leaf node) {
        i = 1;                          // 找到比谓词小的关键字
        while (not (i > n or predicate < node[i].key)) {
                i = i + 1;
        }
node = get_next_node(node[i].p);    // Node[i].p指向一棵子树，它可能包含谓词
}
// 找到一个叶节点，检查是否有使谓词为真的记录
i = 1;
found = FALSE;
while (not (found or i > n)) {
        if (predicate = node[i].key)
        then {
                found = TRUE;
                return_address = node[i].p;
        }
        else
                i = i + 1;
}
```

图 23-7　搜索与给定值匹配的单个元组的 B⁺ 树算法

（9）复合谓词

到目前为止，我们将讨论局限于仅涉及单个属性的简单谓词。但是在很多情况下，谓词可能是复合的，是由涉及多个属性的多个条件复合而成的。在 23.2 节中就已经讲述了我们可以用两种形式表示复合谓词——合取范式和析取范式：

- 合取选择的结果只包含那些满足所有合取式的元组。
- 析取选择的结果则包含那些满足任何一个析取式的元组的并集。

不含析取的合取选择。如果复合谓词不包含析取项，则可以考虑采用下列方法：

- 如果在合取中的某一属性上有索引或者该属性是有序的，则可以利用前面讨论的选择策略 2 ～ 8 来检索出那些满足该条件的元组，然后验证这些元组是否满足谓词中其余的条件。
- 如果选择涉及两个或多个属性上的等值比较，并且在这些属性上存在组合索引（或散列关键字），则如前所述，可以直接利用索引进行检索。至于应该使用前面讲述的哪一种算法，则由索引的类型来决定。
- 如果在一个或多个属性上定义了辅索引，并且这些属性仅在谓词的等值比较条件中涉及到，那么如果索引使用记录指针（一个记录指针唯一地标识一个元组，而且提供了

元组在磁盘上的地址）而不是块指针，我们就可以分别扫描每个索引，检索出那些满足单个条件的元组。然后求检索所得记录指针集合的交集，这样就找到了满足所有条件的元组的记录指针。如果并不是所有的属性上都存在索引，则可以就剩余的条件对检索得到的元组再进行测试。

带有析取式的选择。 如果选择条件中的某一项含有 ∨（OR）运算，则需要对该项进行线性搜索，因为不存在合适的索引或者已排好的序可用，也就是说，该选择运算需要采用线性搜索法。只有该选择的每一个项上都存在索引或者都有序时，我们才能够对其进行优化，即分别检索出满足每一个条件的元组，然后进行合并运算求其并集，求并集的操作还可以消除重复元组，详见后面 23.4.5 节的讨论。同样，如果存在记录指针的话，还可以利用记录指针进行合并运算。

如果没有属性可用于高效检索，则可以利用线性搜索法对每一个元组同时检测所有条件。下面将举例说明对选择运算的估算。

例 23.4 ≫ 选择运算的代价估算

在本例中，对于关系 Staff 做出如下假设：

- 主关键字属性 staffNo 上存在一个无溢出的散列索引。
- 外部关键字属性 branchNo 上存在聚集索引。
- 属性 salary 上存在一个 B$^+$ 树索引。
- 在系统目录中存储的与关系 Staff 有关的统计数据为：

$$
\begin{aligned}
&\text{nTuples(Staff)} && = 3000 \\
&\text{bFactor(Staff)} && = 30 && \Rightarrow && \text{nBlocks(Staff)} && = 100 \\
&\text{nDistinct}_{\text{branchNo}}\text{(Staff)} && = 500 && \Rightarrow && \text{SC}_{\text{branchNo}}\text{(Staff)} && = 6 \\
&\text{nDistinct}_{\text{position}}\text{(Staff)} && = 10 && \Rightarrow && \text{SC}_{\text{position}}\text{(Staff)} && = 300 \\
&\text{nDistinct}_{\text{salary}}\text{(Staff)} && = 500 && \Rightarrow && \text{SC}_{\text{salary}}\text{(Staff)} && = 6 \\
&\text{min}_{\text{salary}}\text{(Staff)} && = 10,000 && && \text{max}_{\text{salary}}\text{(Staff)} && = 50,000 \\
&\text{nLevels}_{\text{branchNo}}\text{(I)} && = 2 \\
&\text{nLevels}_{\text{salary}}\text{(I)} && = 2 && && \text{nLfBlocks}_{\text{salary}}\text{(I)} && = 50
\end{aligned}
$$

对关键属性 staffNo 进行线性搜索的代价估算为 50 块，对非关键属性的线性搜索的开销为 100 块。考虑下列选择运算，通过使用前面的策略来改善这两个开销：

S1: $\sigma_{\text{staffNo}='\text{SG5}'}(\text{Staff})$

S2: $\sigma_{\text{position}='\text{Manager}'}(\text{Staff})$

S3: $\sigma_{\text{branchNo}='\text{B003}'}(\text{Staff})$

S4: $\sigma_{\text{salary}>20000}(\text{Staff})$

S5: $\sigma_{\text{position}='\text{Manager}' \wedge \text{branchNo}='\text{B003}'}(\text{Staff})$

S1：选择运算包含了对主关键字的等值比较。因此，鉴于 staffNo 是散列属性，可以采用前面定义的策略 3，其代价估算为 1 块。结果关系的估计基数为 $\text{SC}_{\text{staffNo}}(\text{Staff})=1$。

S2：谓词中涉及的属性是非关键字、无索引的属性，所以无法改善线性搜索方法的性能，估算开销为 100 块。结果关系的估计基数为 $\text{SC}_{\text{position}}(\text{Staff})=300$。

S3：谓词中的属性是带有聚集索引的外部关键字，所以可以采用策略 6 进行代价估算，开销为 $2+[6/30]=3$ 块。结果关系的估计基数为 $\text{SC}_{\text{branchNo}}(\text{Staff})=6$。

S4：该查询的谓词涉及对属性 salary 的范围搜索，属性 salary 上有一个 B$^+$ 树索引，因此可以采用策略 7 进行估算，开销为 $2+[50/2]+[3000/2]=1527$ 块。但是这个估算结果显然要比线性搜索的开销大得多，所以在此采用线性搜索的方法。结果关

系的估计基数是 $SC_{salary}(Staff) = [3000 \times (50000-20000)/(50000-10000)] = 2250$。

S5：在最后一个示例中，包含了一个复合谓词，但对第二个条件的检索可以利用 branchNo 上的聚集索引（前面的 S3）实现，则其代价估算为 3 块。当利用聚集索引检索出每一个元组时，我们同时验证它是否满足第一个条件（position = 'Manager'）。我们知道第二个条件的估计基数为 $SC_{branchNo}(Staff) = 6$，如果将这个中间关系记为 T，那么可以估算 position 在 T 中不同取值的个数为 $[(6+10)/3] = 6$。现在应用第二个条件，结果关系的估计基数为 $SC_{postion}(T) = 6/6 = 1$，如果每个分公司只有一名经理的话，这个结果就是正确的。

23.4.3 连接运算

在本章开篇曾提到过，当关系模型刚刚开始商用时，其查询性能是人们置疑的焦点之一。人们尤其担忧的是连接运算（$T = (R \bowtie_F S)$）的执行性能，因为它是除了笛卡儿乘积之外最为耗时的运算，所以也是执行时必须要保证尽可能高效的一种运算。回顾 5.1.3 节，θ 连接运算定义的关系是由关系 R 和 S 的笛卡儿乘积中满足特定谓词 F 的元组构成的。谓词 F 形如 R.aθS.b，这里 θ 可以是一个逻辑比较运算符。如果谓词只包含等号（＝），则这种连接称为等接。本节讨论实现连接运算的主要策略：

- 块嵌套循环连接
- 索引嵌套循环连接
- 分类归并连接
- 散列连接

感兴趣的读者，可以参考 Mishra and Eich（1992）的著作以更加全面地了解连接策略。不同连接运算策略的代价估算如表 23-2 所示。下面从连接运算的基数估算开始讨论。

表 23-2　连接运算策略的 I/O 开销估算概览

策　略	开　销
块嵌套循环连接	如果缓冲区只能缓存 R 和 S 的一个数据块，则开销为： $nBlocks(R) + (nBlocks(R)*nBlocks(S))$ 如果缓冲区可以缓存 R 的 (nBuffer–2) 块，则开销为： $nBlocks(R) + [nBlocks(S)*(nBlocks(R)/(nBuffer-2))]$ 如果 R 的所有块都能缓存在数据库缓冲区中，则开销为： $nBlocks(R) + nBlocks(S)$
索引嵌套循环连接	具体依赖于索引的方式，例如：如果 S 中的连接属性 A 是主关键字，则开销为： $nBlocks(R) + nTuples(R)*(nLevels_A(I)+1)$ 如果属性 A 有聚集索引 I，则开销为： $nBlocks(R) + nTuples(R)*(nLevels_A(I) + [SC_A(R)/bFactor(R)])$
分类归并连接	排序的开销为： $nBlocks(R)*[log_2(nBlocks(R)] + nBlocks(S)*[log_2(nBlocks(S))]$ 归并的开销为： $nBlocks(R) + nBlocks(S)$
散列连接	如果散列索引缓存在内存中，则开销为： $3(nBlocks(R) + nBlocks(S));$ 否则，开销为： $2(nBlocks(R) + nBlocks(S))*[logn_{Buffer-1}(nBlocks(S)) - 1] + nBlocks(R) + nBlocks(S)$

估算连接运算的基数

R、S 的笛卡儿乘积 R×S 的基数很简单：

$$nTuples(R) * nTuples(S)$$

遗憾的是，要估算任何连接运算的基数都很困难，因为它取决于连接属性的值的分布。在最坏的情况下，连接的基数也不会大于笛卡儿乘积的基数，所以：

$$nTuples(T) \leqslant nTuples(R) * nTuples(S)$$

一些系统就是采用这个上界，但此估算结果过于悲观。如果假定在两个关系中的值的分布都是均匀的话，就可以提高这个估算值，即带有谓词（R.A＝S.B）的等接的代价估算为：

- 如果 A 是 R 的关键属性，那么 S 的一个元组只能和 R 的一个元组连接。因此，等接的基数不可能大于 S 的基数：

$$nTuples(T) \leqslant nTuples(S)$$

- 同样，如果 B 是 S 的关键属性，则：

$$nTuples(T) \leqslant nTuples(R)$$

- 如果 A 和 B 都不是关键属性，则连接的基数可以估算为：

$$nTuples(T) = SC_A (R)*nTuples(S)$$

或者为

$$nTuples(T) = SC_B (S)*nTuples(R)$$

第一个估算式基于这样一个事实：在连接中，对于 S 中的任意元组 s 来说，平均只能和属性 A 为某一取值的 $SC_A(R)$ 个元组进行连接，即最多能生成连接结果中的 $SC_A(R)$ 个元组。再把这个数和 S 的元组数相乘，就得到了第一个估算公式。以此类推，得到第二个估算式。

（1）块嵌套循环连接

最简单的连接算法是嵌套循环：每次从两个关系中各取一个元组进行连接。外循环在关系 R 的每一个元组上迭代，内循环则在第二个关系 S 的元组上迭代。可是，我们知道读/写操作的基本单位是一个磁盘块，因此只要增加两个块处理的循环，就可以改进这个算法。算法的主要内容如图 23-8 所示。

```
//
// 块嵌套循环连接
// 两个文件中的块都从1顺序编号
// 返回的结果表包含R与S的连接结果
//
for iblock = 1 to nBlocks(R) {                      // 外循环
    Rblock = read_block(R, iblock);
    for jblock = 1 to nBlocks(S) {                  // 内循环
        Sblock = read_block(S, jblock);
        for i = 1 to nTuples(Rblock) {
            for j = 1 to nTuples(Sblock) {
                if (Rblock.tuple[i]/Sblock.tuple[j] match join condition)
                    then   add them to result;
            }
        }
    }
}
```

图 23-8　块嵌套循环连接算法

因为需要对 R 的每一块进行读取操作，而且每读取 R 的一个块就要读取 S 的所有块，所以嵌套循环法的代价估算为：

$$nBlocks(R) + (nBlocks(R) * nBlocks(S))$$

对于上述估算式，第二项是固定的，而第一项则取决于选择哪一个关系作为循环的外关系。显然，应该选择块数较少的关系作为外关系。

对该策略的一个改进为：为循环的内关系和结果关系各保留一个数据块后，把尽可能多的较小关系（假设为 R）的数据块读取到数据库缓冲区中。如果缓冲区能有 nBuffer 块，那么可以一次将 R 的（nBuffer−2）块和 S 的 1 块读取到缓冲区中。对 R 的读取的总块数仍然是 nBlocks(R)，但要读取的 S 的块数就减少为 [nBlocks(S)*(nBlocks(R)/(nBuffer−2))]。通过这种改进，新的代价估算为：

$$nBlocks(R) + [nBlocks(S)*(nBlocks(R)/(nBuffer - 2))]$$

如果可以将 R 的所有数据块都读取到缓冲区中，则开销减少为：

$$nBlocks(R) + nBlocks(S)$$

如果等接（或者自然连接）中的连接属性是循环内关系上的关键字，则一旦找到第一个匹配值，内循环就可以终止。

（2）索引嵌套循环连接

如果内关系的连接属性上存在索引（或者散列函数），则可以用索引查询来取代低效的文件扫描。对 R 的每一个元组，可以利用索引来检索 S 中与该元组匹配的元组。索引嵌套循环连接算法的概览图如图 23-9 所示。为了清晰起见，我们对外层循环采用了一次处理一块的简化算法。但是如前所述，读取 R 时，我们应该将尽可能多的块读到数据库缓冲区中。对此算法的改进留作练习，请读者完成（见习题 23.19）。

```
//
//R与S在连接属性A上的索引块循环连接
//假设关系S在属性A上建有索引并且
//针对元组索引值R[i].A有m个索引项I[1], I[2], …, I[m]
//R中的块从1顺序编号
//返回的结果表包含R与S的连接结果
//
for iblock = 1 to nBlocks(R) {
    Rblock = read_block(R, iblock);
    for i = 1 to nTuples(Rblock) {
        for j = 1 to m {
            if (Rblock.tuple[i].A = I[j])
                then    add corresponding tuples to result;
        }
    }
}
```

图 23-9   索引嵌套循环连接算法

索引嵌套循环连接算法是一个相对比较高效的连接算法，避免了像 R 和 S 的笛卡儿乘积那样的遍历。对 R 的扫描开销和前面一样，还是 nBlocks(R)，但在 S 中检索匹配元组的代价却取决于索引的类型和相匹配元组的个数。例如，如果 S 中的连接属性 A 是主关键字，则代价估算为：

$$nBlocks(R) + nTuples(R)*(nLevels_A (I) + 1)$$

如果 S 的连接属性 A 上存在聚集索引，则代价估算为：

$$nBlocks(R) + nTuples(R)*(nLevels_A (I) + [SC_A (R)/bFactor(R)])$$

（3）分类归并连接

对于等接，当两个关系都在连接属性上已排序时，连接的执行效率是最高的。在这种情况下，可以通过对这两个关系的归并来寻找 R 和 S 中满足条件的元组。如果 R、S 不是已经排序的，则可以先执行一个预处理步骤，对其进行排序。因此我们认为关系是已排序的，具有相同连接属性值的元组一定是连续的。如果假定连接是多对多的，即 R 和 S 中的多个元组在连接属性上都具有相同的值，并且如果假设每一组具有相同连接属性值的元组都能被同时缓存在数据库缓冲区中，则每一个关系的每一块只需要被读取一次即可。因此，分类归并连接的代价估算是：

$$nBlocks(R) + nBlocks(S)$$

如果需要先对关系进行排序的话（假设为 R），还必须加上排序的开销，排序的开销大致可以估算为：

$$nBlocks(R)* [log_2 (nBlocks(R))]$$

分类归并连接算法如图 23-10 所示。

```
//
//R与S在连接属性A上的分类归并连接
//算法假设连接是多对多的
//为简单起见省略了读
//首先排序R和S（若两个文件已按连接关键字排序则不需再做此步）
sort(R);
sort(S);
//现在进行归并
nextR = 1; nextS = 1;
while (nextR <= nTuples(R) and nextS <= nTuples(S)) {
    join_value = R.tuples[nextR].A;
//扫描S直到发现一个小于当前连接值的值
    while (S.tuples[nextS].A < join_value and nextS <= nTuples(S)) {
        nextS = nextS + 1;
    }
//可能有R与S能匹配的元组
//对S中每个带join_value的元组与R中每个带join_value的元组匹配
//假设M:N连接
    while (S.tuples[nextS].A = join_value and nextS <= nTuples(S)) {
        m = nextR;
        while (R.tuples[m].A = join_value and m <= nTuples(R)) {
            add matching tuples S.tuples[nextS] and R.tuples[m] to result;
            m = m + 1;
        }
        nextS = nextS + 1;
    }
//至此找到了R与S中所有带同样join_value的可匹配元组
//现在找R中带不同join_value的下一元组
    while (R.tuples[nextR].A = join_value and nextR <= nTuples(R)) {
        nextR = nextR + 1;
    }
}
```

图 23-10　分类归并连接算法

（4）散列连接

对于自然连接（或者等接），散列连接算法也可以用于计算关系 R 和 S 在连接属性 A 上的连接。算法的思想是：用某一种散列函数对关系 R 和 S 进行划分（partition），散列函数要具有均匀性和随机性。R 和 S 的每一个等价划分在连接属性上的值都应该是相同的，尽管有时也可能会包含多个值。因此，算法只要验证等价划分中是否具有相等的值就可以了。例如，如果散列函数 h() 将关系 R 分解为 R_1，R_2，…，R_M，将关系 S 分解为 S_1，S_2，…，S_M，则如果 B 和 C 分别是 R 和 S 的属性，且 $h(R.B) \neq h(S.C)$，则 $R.B \neq S.C$。但是，如果 $h(R.B) = h(S.C)$，则并不意味着 $R.B = S.C$，因为不同的值可能会被映射到相同的散列值上。

第二个阶段被称为探查阶段，依次读取 R 的每一个划分，并试图将该划分内的元组与 S 中对等划分中的元组进行连接。如果在第二阶段采用嵌套循环连接算法，则将较小的划分作为外层循环，假设为 R_i。将整个划分 R_i 读入内存，然后读取对等划分 S_i 中的每一块，用 S_i 的每一个元组对 R_i 进行探查，以寻找匹配元组。为了提高效率，通常要用另外一个散列函数为每一个划分 R_i 构造一个内存散列表，这个散列函数与原来那个划分散列函数不同。散列连接算法如图 23-11 所示。散列连接的代价估算为：

$$3(nBlocks(R) + nBlocks(S))$$

```
//
// 散列连接算法
// 为简单起见省略了读
//
// 首先散列（分区）R和S
for i = 1 to nTuples(R) {
    hash_value = hash_function(R.tuple[i].A);
    add tuple R.tuple[i].A to the R partition corresponding to hash value, hash_value;
}
for j = 1 to nTuples(S) {
    hash_value = hash_function(S.tuple[j].A);
    add tuple S.tuple[j].A to the S partition corresponding to hash value, hash_value;
}
// 下面进行探查（匹配）阶段
for ihash = 1 to M {
    read R partition corresponding to hash value ihash;
    RP = Rpartition[ihash];
    for i = 1 to max_tuples_in_R_partition(RP) {
// 用 hash_function2() 构造一个内存散列索引，该函数不同于 hash_function()
        new_hash = hash_function2(RP.tuple[i].A);
        add new_hash to in-memory hash index;
    }
// 扫描S的分区找能匹配R的元组
    SP = Spartition[ihash];
    for j = 1 to max_tuples_in_S_partition(SP) {
        read S and probe hash table using hash_function2(SP.tuple[j].A);
        add all matching tuples to output;
    }
    clear hash table to prepare for next partition;
}
```

图 23-11　散列连接算法

这个开销包括划分 R 和 S 时的读开销、写划分到磁盘的写开销，以及后来寻找匹配元组时再次读取 R 和 S 每一个划分的读开销。这个估算是一个近似值，因为没有考虑划分时的溢出。同时我们也假定散列索引可以被缓存在内存中。如果不是这样，关系的划分就不可能一趟扫描完成，而要采用迭代的划分算法。此时，总的代价估算就是：

$$2(nBlocks(R) + nBlocks(S))*[log_{nBuffer-1}(nBlocks(S)) - 1]$$
$$+ nBlocks(R) + nBlocks(S)$$

关于散列连接算法更完整的讨论，感兴趣的读者可以参考 Valduriez and Gardarin（1984）、DeWitt et al.（1984）和 DeWitt and Gerber（1985）。算法后来被进一步地扩展，包括混合散列连接，参见 Shapiro（1986），而 Davison and Graefe（1994）更新的研究则描述了可适配可用内存的散列连接技术。

例 23.5 >> 连接运算的代价估算

在本例中，有如下假设：
- 基于关系 Staff 的主关键字属性 staffNo 和关系 Branch 的主关键字属性 branchNo 分别建立了无溢出的散列索引。
- 有 100 个数据库缓冲区块可用。
- 系统目录存储了下列统计数据：

nTuples(Staff)	= 6000			
bFactor(Staff)	= 30	⇒	nBlocks(Staff)	= 200
nTuples(Branch)	= 500			
bFactor(Branch)	= 50	⇒	nBlocks(Branch)	= 10
nTuples(PropertyForRent)	= 100,000			
bFactor(PropertyForRent)	= 50	⇒	nBlocks(PropertyForRent)	= 2000

表 23-3 比较了前述四种不同策略用于下面两个连接操作时的开销。

J1: Staff $\bowtie_{staffNo}$ PropertyForRent

J2: Branch $\bowtie_{branchNo}$ PropertyForRent

对于这两个连接，结果关系的基数都不可能大于第二个关系的基数，因为连接属性是第一个关系的主关键字。注意，没有任何一种策略同时最适用于这两个示例。如果两个关系都已排序，则最适用于第一个连接运算的是分类归并连接，而最适用于第二个连接运算的是索引嵌套循环连接。

表 23-3 例 23.5 中的连接运算的 I/O 开销估算

策 略	J1	J2	注 释
块嵌套循环连接	400200	20010	在缓存区中分别为 R 和 S 分配 1 个块
	4282	N/A[1]	在缓存区中为 R 分配（nBuffer-2）个块
	N/A[2]	2010	R 的所有块都被缓存在数据库缓冲区中
索引嵌套循环连接	6200	510	散列关键字
分类归并连接	25800	24240	未排序
	2200	2010	已排序
散列连接	6600	6030	散列表被缓存在内存中

[1] R 的所有块都能同时读入缓冲区中。

[2] 不能把 R 的所有块都同时读入缓冲区中。

23.4.4　投影运算

投影运算（$S = \Pi_{A_1, A_2, \cdots, A_m} (R)$）也是一种一元运算，它定义的关系 S 是从 R 中抽取了某些特定属性的值并消除了重复值以后得到的关系 R 的垂直子集。因此，要完成投影运算，需要完成下列步骤：

（1）去除不需要的属性。

（2）从上一步的结果关系中去除重复元组。

第二步实现起来比较麻烦，尽管只有在投影属性没有包含关系的关键属性的情况下才需要执行。消除重复元组有两种主要方法：排序和散列。在介绍这两种方法之前，先来估算一下结果关系的基数。

估算投影运算的基数

如果投影包含了一个关键属性，则由于不需要去除重复元组，所以投影的基数为：

$$nTuples(S) = nTuples(R)$$

如果仅在一个非关键属性上投影（$S = \Pi_A(R)$），则投影的估算基数为：

$$nTuples(S) = nDistinct_A(R)$$

否则，假定关系是属性值的笛卡儿乘积（通常是不现实的），则基数估算为：

$$nTuples(S) \leqslant min(nTuples(R) \prod_{i=1}^{m} nDistinct_{A_i}(R))$$

（1）利用排序去除重复元组

这种方法的目标是将剩下的属性作为排序关键字对简化后的关系中的元组进行排序。这样做的结果是将重复的元组集中在一起，然后就能轻易地去除重复元组了。为了去除不需要的属性，首先需要读取 R 的所有元组，然后将所需的属性复制到一个临时关系中，这一步的开销为 nBlocks(R)。排序的代价估算为 nBlocks(R)*[log₂(nBlocks(R))]，则合在一起的总开销为：

$$nBlocks(R) + nBlocks(R)*[log_2(nBlocks(R))]$$

利用排序去除重复元组的算法如图 23-12 所示。

（2）利用散列去除重复元组

如果缓冲区的块数相对于关系 R 的块数来说较大的话，则用散列的方法会比较有效。利用散列去除重复元组分为两个阶段：划分和去重。

在划分阶段，分配一个缓冲区块用于读取关系 R 的元组，（nBuffer-1）个块用于缓存划分结果。对于 R 的每个元组，首先把不需要的属性去掉，然后将散列函数 h 作用于剩余的属性集合，按散列值将简化后的元组写到对应缓冲块。应该精心挑选散列函数 h，以便元组能够均匀地分布到（nBuffer-1）个划分中。属于不同划分的两个元组一定不是重复元组，因为它们具有不同的散列值，这样一来，去除重复元组所要搜索的范围就缩小到每个划分的范围了。第二阶段的工作如下进行：

- 依次读取（nBuffer-1）个划分。
- 当读取每一个元组时应用另一个（不同的）散列函数 h2()。
- 将计算后的散列值插入位于内存中的一个散列表。
- 如果该元组和其他元组的散列值相同，则检查二者是否为重复元组，若是，则删除后面的那个元组。
- 一旦处理完一个划分，就将散列表中的元组写入结果文件。

```
//
//利用排序的投影算法
//假设将关系R投影到属性a₁, a₂, …, aₘ
//返回结果关系S
//
//首先去掉不要的属性
for iblock = 1 to nBlocks(R) {
    block = read_block(R, iblock);
    for i = 1 to nTuples(block) {
        copy block.tuple[i].a₁, block.tuple[i].a₂, …, block.tuple[i].aₘ, to output T
    }
}
//如果必要下面排序T
if {a₁, a₂, …, aₘ} contains a key
then
    S = T;
else {
    sort(T);
//最后去掉重复
    i = 1; j = 2;
    while (i <= nTuples(T)) {
        output T[i] to S;
//如果某个元组重复, 则跳过重复的
        while (T[i] = T[j]) {
            j = j + 1;
        }
        i = j; j = i + 1;
    }
}
```

图 23-12 利用排序的投影算法

如果在去除重复元组之前, 用来存放 R 的投影运算结果的临时表需要 nb 个块, 则估算的开销为:

$$nBlocks(R) + nb$$

上面的结果不包括写结果关系的开销, 同时假定散列划分无溢出。我们将此算法的改进作为习题留给读者。

23.4.5 关系代数的集合运算

二元集合运算——合并（R∪S）、相交（R∩S）和集合差（R−S）仅适用于并集相容的关系（参见 5.1.2 节）。这些运算的实现, 可以先基于相同的属性对两个关系排序, 然后经过对这两个已排序的关系的一遍扫描就可以得到我们想要的结果。比如对于合并运算, 就是将无论在哪个原始关系中出现的元组都放入结果关系中, 必要时去除重复元组。对于相交运算, 只将同时出现在两个原始关系中的元组放入结果关系中。至于集合差运算, 查看 R 的每一个元组, 如果它没有在 S 中出现, 则放入结果关系。对所有这些二元运算, 我们都可以按照分类归并连接算法的思路为其构造实现算法。这些二元运算的代价估算比较简单:

$$nBlocks(R) + nBlocks(S) + nBlocks(R)*[\log_2 (nBlocks(R))]$$
$$+ nBlocks(S)*[\log_2 (nBlocks(S))]$$

我们还可以采用散列算法来实现这些运算。例如，对于合并运算，可以构造一个驻于内存的 R 上的散列索引，然后将未出现在散列表中的 S 的元组加入散列索引。最后，将散列索引中的元组写入结果关系。

估算集合运算的基数

因为在执行合并运算时会出现重复元组，所以通常很难对合并运算的基数进行估算，但是我们还是可以给出其上限和下限：

$$\max(\mathrm{nTuples(R)}, \mathrm{nTuples(S)}) \leqslant \mathrm{nTuples(T)} \leqslant \mathrm{nTuples(R)} + \mathrm{nTuples(S)}$$

对于集合差，也可以给出上限和下限：

$$0 \leqslant \mathrm{nTuples(T)} \leqslant \mathrm{nTuples(R)}$$

考虑下列 SQL 语句，该语句查找员工的平均工资：

SELECT AVG(salary)
FROM Staff;

该查询语句用到了聚集函数 AVG。为了实现这个查询，可以扫描整个 Staff 关系，并保存扫描时读入的元组的个数和全部工资的总和。扫描结束时，根据这两个运行得到的和就很容易计算出平均工资。

考虑下面这个 SQL 查询，该语句用来查找每一个分公司员工的平均工资：

SELECT AVG(salary)
FROM Staff
GROUP BY branchNo;

该查询也用到了聚集函数 AVG，但其中多了一个分组子句。对于分组查询的实现，我们可以采用与去除重复元组相似的方式，即排序或者散列算法。如果用前面选择运算的估算值对分组进行估算，我们就可以估算出结果关系的基数。具体的代价估算留给读者作为练习。

23.5   其他可选的执行策略

决定查询优化效率的主要因素之一是所有可能的执行策略构成的**搜索空间**的大小，另一个是选择哪一种**枚举算法**来搜索该空间以寻找最优策略。对于一个给定的查询，搜索空间可能非常大。例如，对于由 R、S、T 三个关系的连接构成的查询来说，就有十二种不同的连接次序：

R⋈(S⋈T)	R⋈(T⋈S)	(S⋈T)⋈R	(T⋈S)⋈R
S⋈(R⋈T)	S⋈(T⋈R)	(R⋈T)⋈S	(T⋈R)⋈S
T⋈(R⋈S)	T⋈(S⋈R)	(R⋈S)⋈T	(S⋈R)⋈T

通常，对于 n 个关系来说，有 $(2(n-1))!/(n-1)!$ 种不同的连接次序。如果 n 较小，该搜索空间还比较容易处理，但是，随着 n 的增加，这个数字会变得异乎寻常地大。比如，若 $n=4$，则 $(2(n-1))!/(n-1)!=120$；若 $n=6$，则 $(2(n-1))!/(n-1)!=30240$；若 $n=8$，则为 17000000 种；若 $n=10$，则超过 176000000000 种。使问题更严重的是，优化器还需要考虑各种不同的选择方法（比如，线性搜索、基于索引的搜索）和连接方法（比如，分类归并连接、散列连接等）。本节就将讨论如何缩小搜索空间以及如何有效地实现遍历。我们先分析与之相关的两个问题：流水线和线性树。

23.5.1 流水线

本节进一步讨论经常用以提高查询性能的技术，即**流水线**（pipelining），有时也被称为**基于流的处理**（stream-based processing）或者**即时处理**（on-the-fly processing）。在目前的讨论中，我们一直假设关系代数运算的中间结果被临时写入磁盘。这个过程被称为**物化**（materialization）：即一个运算的结果被存放在临时关系中，以待下一个运算处理。另一种方法就是将一个运算的结果直接流水送入下一个运算中，而不必创建临时关系来保存中间结果。显然，如果采用流水线技术，则可以节省创建临时关系和重新读取中间结果的开销。

例如，在 23.4.2 节的最后，我们讨论了含有复合谓词的选择运算的实现，例如：

$$\sigma_{\text{position='Manager'} \wedge \text{salary}>20000}(\text{Staff})$$

若假设属性 salary 上存在索引，则可以使用串联选择规则将该选择转换为两个运算：

$$\sigma_{\text{position='Manager'}}(\sigma_{\text{salary}>20000}(\text{Staff}))$$

现在，可以利用索引有效地处理 salary 上的第一个选择运算，将结果存放在一个临时关系中，然后对临时关系执行第二个选择运算。流水线方法则无需使用临时关系，而是在第一个选择运算生成中间结果的每一个元组时，直接对该元组执行第二个选择运算，最后才将满足第二个选择条件的元组存到结果关系中。

通常，在 DBMS 内部流水线是被作为一个独立的过程或者线程实现的。每一条流水线都是在输入端接收一个元组流，然后再生成一个元组流作为流水线的输出。每一对相邻的运算之间都有一个缓冲区，用来暂存从一个运算输送到另一个运算的元组。流水线的一个缺陷就是运算的所有输入不一定在处理开始时就全部可用，这就限制了算法的选择。例如，如果有一个连接运算，流水线化的输入元组并没有在连接属性上排序，那么我们就不能使用标准的分类归并连接算法。然而，在执行策略中仍然有许多机会可用到流水线。

23.5.2 线性树

在本章前面的章节中创建的所有关系代数树都具有如图 23-13a 所示的形式。这种类型的关系代数树被称为**左深（连接）树**（left-deep(join) tree）。这个术语和执行查询时运算的结合方式有关，也就是说只允许连接的左侧为前一个连接运算的计算结果，因此被称为左深树（left-deep tree）。对于连接算法而言，左子节点是外关系，右子节点是内关系。其他类型的关系代数树还包括**右深树**（right-deep tree），如图 23-13b 所示，以及**丛生树**（bushy tree），如图 23-13d 所示。丛生树也称为非线性树，左深树和右深树则被称为线性树。图 23-13c 给出了另外一种线性树的示例，它既不是左深树，又不是右深树。

对于线性树，在运算符某一侧的关系都是基础关系。但是对于外关系的每一个元组，我们都要对整个内关系进行测试，所以内关系必须是物化的。这使得左深树更具有吸引力，因为其内关系总是基础关系（因此总是物化的）。

左深树的优点在于能够缩小最优策略的搜索空间，并且正如我们稍后将讨论的那样，查询优化器还能基于动态的处理技术。其主要缺点在于，在缩小搜索空间的过程中，放弃了许多可选的执行策略，它们当中也许存在着某些策略，其开销比线性树的开销更低。左深树支持完全流水线化的策略，即在此策略中，全部采用流水线来执行连接运算。

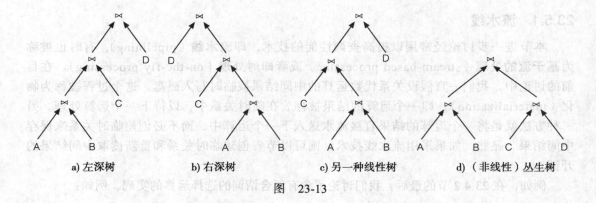

a) 左深树   b) 右深树   c) 另一种线性树   d)（非线性）丛生树

图　23-13

23.5.3　物理算子和执行策略

术语**物理算子**（physical operator）有时用以表示实现某个数据库逻辑运算（比如选择或者连接）的一个特定算法。例如，我们可以使用物理算子"分类归并连接"实现关系代数的连接运算。用物理算子替换关系代数树中的逻辑运算，就为该查询生成了一个**执行策略**（也称为**查询执行计划**或者**访问计划**）。图 23-14 给出了一个关系代数树和一个相应的执行策略。

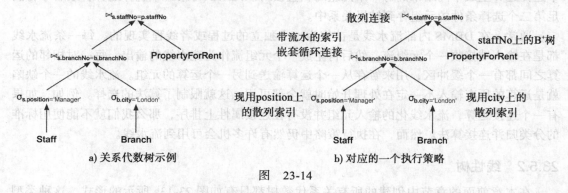

a) 关系代数树示例   b) 对应的一个执行策略

图　23-14

虽然各个 DBMS 一般拥有各自的内部实现，但仍可认为下列抽象算子实现关系代数树叶节点上的功能：

（1）TableScan(R)：以任意顺序读取 R 的所有块。

（2）SortScan(R, L)：顺序读取 R 的元组，元组已根据列表 L 中的属性（集）排好序。

（3）IndexScan(R, P)：P 为形如 $A\theta c$ 的谓词，其中，A 为 R 的一个属性，θ 为一个常用的比较运算符，c 为常量。对 R 的元组的读取是通过属性 A 上的索引实现的。

（4）IndexScan(R, A)：A 为 R 的一个属性，利用属性 A 上的索引对 R 进行全关系检索。尽管与 TableScan 相似，但是在某些情况下（比如，R 是非聚集存储的），效率可能更高。

另外，DBMS 通常支持统一的**迭代器**（iterators）接口，该接口将每一个算子的内部实现细节隐藏了起来。迭代器接口是由以下三种函数构成的：

（1）Open：该函数在检索第一个元组之前初始化迭代器的状态，并为输入和输出分配好缓冲区。它的参数定义了选择的条件，而选择的条件决定操作的行为。

（2）GetNext：该函数返回结果中的下一个元组，并将其置于输出缓冲区内。GetNext 又调用每一个输入节点上的 GetNext 函数，然后对输入执行算子特定的代码，产生输出结果。最后更新迭代器的状态以反映输入元组的处理进度。

（3）Close：当全部的输出元组都已生成（通过反复调用 GetNext）后，函数 Close 将终止操作并整理，根据要求释放缓冲区。

在使用迭代器时，许多运算可能立即被激活。元组根据要求在操作之间传递，自然地支持了流水技术。然而，究竟是选择流水线技术还是物化技术，要根据处理输入元组的算子特定的代码而定。如果代码允许输入元组一旦被接收就进行处理，那么就选择流水线技术；如果代码需要对相同的输入元组进行多次处理的话，则应选用物化技术。

23.5.4 缩小搜索空间

正如本节开篇所讲，复杂查询的搜索空间可能非常大。为了缩小搜索策略不得不探究的搜索空间，查询优化器一般用几种不同的方法对搜索空间进行限制。最常用于一元选择和投影运算的限制规则为：

限制规则 1：一元运算采用即时处理策略，即关系在第一次被访问时就执行选择运算；当其他运算的结果元组产生时即时执行投影运算。

这就意味着所有的运算都被作为连接运算的一部分来处理。现在我们考虑将例 23.3 简化之后的这个查询：

SELECT p.propertyNo, p.street
FROM Client c, Viewing v, PropertyForRent p
WHERE c.clientNo = v.clientNo **AND** v.propertyNo = p.propertyNo;

从本节一开始的讨论来看，该查询有 12 种可能的连接次序。可是，要注意其中一些连接次序导致最后执行的是笛卡儿乘积而不是连接运算。例如：

Viewing ⋈ (Client ⋈ PropertyForRent)

上述连接次序导致在 Client 和 PropertyForRent 之间实际执行的是笛卡儿乘积。下面的限制规则去除了包含了笛卡儿乘积的非最优化的连接树。

限制规则 2：除非查询本身指定，否则无论如何不应形成笛卡儿乘积。

最后考虑连接树的形状。正如 23.5.2 节讨论的那样，最典型的处理方法就是利用左深树的内操作数均为基础关系，从而已经物化这一事实：

限制规则 3：每个连接运算的内操作数都须是基础关系，不能为中间结果关系。

第三个限制规则比前两个规则更具有启发性，并且排除了许多的备选策略，其中有一些策略的代价其实比采用左深树策略的代价更低。然而，经验告诉我们，在大多数情况下，最优左深树策略的代价不会比全局最优树的代价高多少。并且，第三种限制规则极大地减少了备选连接策略的个数。当查询涉及 n 个关系时，这些备选连接策略的数量级达 $O(2^n)$，对应的时间复杂度达 $O(3^n)$。利用这种方法，查询优化器能够有效地处理涉及十个关系的查询，这足以满足传统商业应用中绝大多数的查询。

23.5.5 枚举左深树

采用**动态规划**技术的左深树算法是在设计 System R 的查询优化器时首次提出来的（Selinger et al., 1979）。从那时起，许多商用系统都采用了这种基本策略。本节，我们对该算法进行概述，左深树算法本质上是一个动态剪枝、穷举搜索的算法。

动态规划算法是基于这样一个假设：代价模型满足优化原则。因此，为了得到包含了 n 个连接的查询的最优策略，我们只需要考虑包含了 $(n-1)$ 个连接的子表达式的最优策略，然后再对这些策略进行扩展，即再添加一个连接。而其余非最优的策略就可以不必再考虑。然而，用这种简单的形式，一些有用的策略可能会被丢失。考虑下面的查询：

```
SELECT p.propertyNo, p.street
FROM Client c, Viewing v, PropertyForRent p
WHERE c.maxRent < 500 AND c.clientNo = v.clientNo AND
      v.propertyNo = p.propertyNo;
```

假设在关系 Client 的属性 clientNo 和属性 maxRent 上分别存在 B+ 树索引，优化器同时支持分类归并连接和块嵌套循环连接。在考虑访问关系 Client 的所有可能方式时，我们会估算对 Client 进行线性搜索和利用两个 B+ 树搜索的代价。如果最优策略是利用 maxRent 上的 B+ 树索引进行搜索的话，我们将会放弃另外两种方式。可是，如果利用 clientNo 上的 B+ 树索引则会使得关系 Client 在连接属性 clientNo 上有序，这样的话，系统就会以更小的代价实现 Client 和 Viewing（作为已排序关系）的分类归并连接。为了保证这种可能性不会被丢弃，算法引入了一个新的概念：感兴趣序（interesting orders），即若某一中间结果或在 ORDER BY 的属性、或在 GROUP BY 的属性或者其后任一参与连接操作的属性上有序，则称该中间结果含有一个感兴趣序。前例中，属性 c.clientNo、v.clientNo、v.propertyNo 和 p.propertyNo 都是感兴趣的（interesting）。在优化的过程中，如果任何一个中间结果在任意一个这样的属性上有序，则对应的部分策略必须被保留在搜索策略中。

动态规划算法自下而上地生成所有能够满足前一小节定义的各条限制规则的备选连接树。具体过程如下所述。

第 1 遍：列出对每一个基础关系进行线性搜索以及利用所有可用的索引进行搜索的策略。根据每一个感兴趣序（如前所述），将这些部分（单个关系上的）策略划分为等价类，然后再生成一个含非感兴趣序的等价类。对每一个等价类，保留代价最低的那个策略，以备下一步使用。对于含非感兴趣序的等价类中代价最低的策略，若其代价不低于所有其他的策略，则不予保留。对于给定的关系 R，任何仅涉及 R 的属性的选择运算都被即时处理。同样，任何不在 SELECT 子句中出现的并且对后面的连接运算也毫无贡献的 R 的属性，则在此阶段通过投影被去除（根据限制规则 1）。

第 2 遍：将第 1 遍保留下来的所有单个关系的策略作为外关系，并且去除所有的笛卡儿乘积（根据限制规则 2），就能够产生包含了两个关系的全部策略。同样，所有随即处理都被执行掉，并且每一个等价类中只有代价最低的策略被保留下来，以备后用。

第 k 遍：将第 $(k-1)$ 遍保留的策略作为外关系，去除所有的笛卡儿乘积，并且对选择和投影执行即时处理，就可以产生包含了 k 个关系的全部策略。同样，每一个等价类中最低代价的策略被保留，以备后用。

第 n 遍：将第 $(n-1)$ 遍保留的策略作为外关系，并且去除所有的笛卡儿乘积，就可以生成包含了 n 个关系的全部策略。经过剪枝，我们就得到了该查询的代价最低的全局策略。

尽管这个算法仍然是指数级的，但是有一些查询形式的策略个数只有 $O(n^3)$，因此若 $n=10$，则其量级为 1000，这与本节开始得出的 1760 亿个不同的连接次序相比有了显著的提高。

23.5.6 语义查询优化

查询优化时另一种缩小搜索空间的方法是基于定义在数据库模式上的约束。这种方法被称为**语义查询优化**，可以综合前面讨论的技术一起使用。例如，在 7.2.5 节，我们定义了一个一般性约束，该约束用下述断言限制了一个员工不能同时管理超过 100 处的房产：

CREATE ASSERTION StaffNotHandlingTooMuch
    CHECK (NOT EXISTS (SELECT staff No
        FROM PropertyForRent
        GROUP BY staffNo
        HAVING COUNT(*) > 100))

现在考虑查询：

SELECT s.staffNo, **COUNT**(*)
FROM Staff s, PropertyForRent p
WHERE s.staffNo = p.staffNo
GROUP BY s.staffNo
HAVING COUNT(*) > 100;

如果优化器知道该约束的存在，就无需对该查询进行优化，因为没有哪个组能够满足 HAVING 子句。

再例如，若有加在员工薪水上的约束：

CREATE ASSERTION ManagerSalary
    CHECK (salary > 20000 **AND** position = 'Manager')

考虑下面这个查询：

SELECT s.staffNo, fName, lName, propertyNo
FROM Staff s, PropertyForRent p
WHERE s.staffNo = p.staffNo **AND** position = 'Manager';

利用上面的约束，我们可以重写该查询为：

SELECT s.staffNo, fName, lName, propertyNo
FROM Staff s, PropertyForRent p
WHERE s.staffNo = p.staffNo **AND** salary > 20000 **AND** position = 'Manager';

如果关系 Staff 只存在属性 salary 上的 B^+ 树索引的话，则增加的这个谓词可能会非常有用。反之，如果不存在这样的索引，那么这个新增的谓词将会使得该查询复杂化。关于语义查询优化的更多的信息，感兴趣的读者请参见 King（1981）、Malley and Zdonik（1986）、Chakravarthy et al.（1990）和 Siegel et al.（1992）。

23.5.7 其他查询优化方法

查询优化是一个适于进行研究的领域，人们提出了许多代替 System R 的动态规划算法的方法。例如，**模拟退火**（simulated annealing）算法对图进行搜索，图的节点对应全部执行策略的集合（该算法模拟退火的过程：晶体的形成是先对容器内的液体加热，然后再让其慢慢冷却）。每一个节点都有一个相应的代价，算法的目标是找到那个具有全局最小代价的节点。从一个节点向另一个节点移动时，如果源节点的代价高于（低于）目标节点的代价，则被认为是下山（上山）。若从某节点出发的所有路径上，任意一个下山的移动都跟在至少一个上山的移动之后，则称该节点为局部最小节点。若某节点为所有节点中代价最小者，则称此节点为全局最小节点。该算法持续不断地进行随机移动，总是接受下山移动，而以某种概率接受上山移动，试图避免具有较高代价的局部最小节点。这个概率会随着时间的推移而不断降低，最终变为零。一旦变为零，搜索终止，将所访问过的具有最低代价的节点返回，作为最优执行策略。感兴趣的读者请参见 Kirkpatrick et al.（1983）和 Ioannidis and Wong（1987）。

迭代改进（Iterative Improvement）算法则进行大量的局部优化，每一个局部优化都是从随机选取的节点开始，然后反复执行随机的向下移动直到到达一个局部最小节点。感兴趣的读者请参见 Swami and Gupta（1988）和 Swami（1989）。**两阶段优化**（Two-Phase Optimization）算法是模拟退火与迭代改进的混合算法。在第一阶段，利用迭代改进进行局部优化，生成局部最小节点。将该局部最小节点作为第二阶段的输入，第二阶段则基于模拟退火，该算法具有一个较低的向上移动的起始概率。感兴趣的读者请参见 Ioannidis and Kang（1990）。

模拟生物现象的**遗传**（Genetic）算法也已经被用于查询优化。该算法从随机的一组策略构成的原始种群开始，其中每个策略都有自己的代价。然后，将种群中的每一对策略进行匹配产生子代，尽管子代能随机地发生一些小的变化（变异），但是子代还是继承了双亲策略的特征。在下一代里，算法只保留了那些具有最低代价的父或子。当整个种群都是由同一个（最优的）策略的不同复制形式组成时，算法终止。感兴趣的读者请参见 Bennett et al.（1991）。

A* 启发式（A* heuristic）算法已经在人工智能中得到了应用，主要用以解决复杂搜索问题，并且也已经被用于查询优化（Yoo and Lafortune，1989）。与前面讨论的动态规划算法不同，A* 算法基于策略与最优策略的邻近度，每次只对一个执行策略进行扩展。已经证明，与动态规划相比，A* 能够更早地生成一个完整的策略，并且剪枝的力度更大。

23.5.8 分布式查询优化

在第 24 章和第 25 章我们将讨论分布式 DBMS（DDBMS），DDBMS 由逻辑上相关、物理上却分布于计算机网络中的多个数据库构成，而每一个数据库都是在本地 DBMS 的控制下运行的。在 DDBMS 中，一个关系可能被划分成了分布在若干个节点的多个片断，各片断包含的信息可以重复。在 25.6 节，我们将考虑 DDBMS 的查询优化。由于数据分布在网络的各个节点，因此分布式查询优化变得更加复杂。在分布的环境中对不同的策略进行比较时，除了要考虑本地的处理代价（即 CPU 和 I/O 开销）以外，也要考虑到底层网络速度对策略的影响。我们将综合考虑上述因素对以下两个查询优化算法进行讨论：一个算法是对 System R 的动态规划算法的扩展；另一个算法则来自于另外一个非常著名的 DDBMS 的研究项目 SDD-1。

23.6 查询处理与优化

在前面的小节中，我们介绍了新 SQL 标准的一些特征，尽管其中一些特征（比如操作符）已经被延缓到较晚一些的版本去了。这些特征解决了我们在 9.2 节讨论的关系模型存在的一些问题。遗憾的是，在 SQL:2011 标准中未讨论这些扩展特性的某些方面的问题，因此，关于它们的具体实现，例如如何定义新的索引结构的机制、如何为查询优化器提供用户自定义函数的代价信息等，这些问题将因产品的不同而不同。第三方软件供应商缺乏将其软件与各种 ORDBMS 集成的标准方法，因此，除了 SQL:2011 已经定义的内容以外，还需要制定更加完善的标准。本节将通过若干说明性的例子，探讨为何这些机制对于一个真正的 ORDBMS 非常重要。

例 23.6 》》 再看用户自定义函数的用法

列出分公司 B003 可供出租的公寓。

实现该查询时用到了下面这个函数:

CREATE FUNCTION flatTypes() **RETURNS SET**(PropertyForRent)
    SELECT * **FROM** PropertyForRent **WHERE** type = 'Flat';

则查询语句如下:

SELECT propertyNo, street, city, postcode
FROM TABLE (flatTypes())
WHERE branchNo = 'B003';

在本例中，我们希望查询处理器能够通过下列步骤将查询平板化:

(1) **SELECT** propertyNo, street, city, postcode
    FROM TABLE (**SELECT** * **FROM** PropertyForRent **WHERE** type = 'Flat')
    WHERE branchNo = 'B003';

(2) **SELECT** propertyNo, street, city, postcode
    FROM PropertyForRent
    WHERE type = 'Flat' **AND** branchNo = 'B003';

如果在表 PropertyForRent 的 branchNo 列上存在一个 B 树索引，则查询处理器应该能够利用带索引的扫描，就像 23.4 节讨论的那样，通过扫描 branchNo 列而实现对满足查询需求的行的高效检索。 《

从本例可以看出，任何时候只要有可能，ORDBMS 查询处理器都应该具有将查询平板化的能力。在本例中这样做是可行的，因为用户自定义的函数也是用 SQL 实现的。可是，如果假设函数为外部函数，则查询处理器怎样才能知道应该如何优化这一查询呢？答案就在于需要一种可扩展的查询优化机制。可能需要用户在定义新的 ADT 时提供一些例程，并指明查询优化器应如何使用。例如 Illustra ORDBMS（现为 Informix 的一部分），在定义（外部）用户自定义函数时，需要提供下列信息:

A	函数每次被调用时的 CPU 的开销
B	函数所读实参字节数的期望百分比。这是针对函数的某个参数为大对象类型的情况，而在处理过程中可能没必要用到整个对象的信息
C	读取每个字节的 CPU 开销

则函数调用的 CPU 开销根据公式 A+C*（B* 参数大小的期望值）计算，I/O 开销是 B* 参数大小的期望值。

因此，在 ORDBMS 中，我们还是可以期望能为执行查询优化提供所需信息。这样做的问题是，对用户来说提供这些数据可能很困难。或许一个更具吸引力的方法是，ORDBMS 可以基于实验获得这些数据，即函数在对具有不同大小和不同复杂性的对象进行处理时获得实验数据。

例 23.7 》》 不同的查询处理启发式

找出格拉斯哥市所有两英里以内有小学校且由 Ann Beech 管理的独体别墅类房产。

SELECT *
FROM PropertyForRent p, Staff s

　　　　　　WHERE p.staffNo = s.staffNo **AND**
　　　　　　　　　p.nearPrimarySchool(p.postcode) < 2.0 **AND** p.city = 'Glasgow' **AND**
　　　　　　　　　s.fName = 'Ann' **AND** s.lName = 'Beech';

　　对于上述查询，我们假设已经创建了外部的用户自定义函数 nearPrimarySchool，该函数根据邮政编码和已知建筑（例如住宅区、商厦、工业区）的内部数据库信息来判断与最近的小学的距离。我们将查询转换为 23.3 节讨论的关系代数树，如图 23-15a 所示。如果使用通常的查询处理启发式原则，则应该将选择运算提前到笛卡儿乘积之前执行，然后将笛卡儿乘积／选择运算转换为一个连接运算，如图 23-15b 所示。在本例中，这可能不是最佳的策略。如果每次调用用户自定义函数 nearPrimarySchool 时都要进行大量的处理工作，则下述策略也许更好：首先在 Staff 表上执行选择运算，然后在 staffNo 上执行连接运算，最后再调用用户自定义函数。对于本例，我们还可以利用连接的可交换性规则重新安排叶节点的位置，以便让有更多限制的选择运算先被执行（作为左深连接树的外关系），如图 23-15c 所示。此外，如果按照既定的从左到右的执行顺序执行（nearPrimarySchool( )<2.0 AND city='Glasgow'）上的选择运算的查询计划，并且既不存在已定义的索引也没有事先按某属性排序，那么同样，其执行效率也没有下述查询计划高效：首先执行（city='Glasgow'）上的选择运算，然后再执行（nearPrimarySchool( )<2.0）上的选择运算，如图 23-15d 所示。

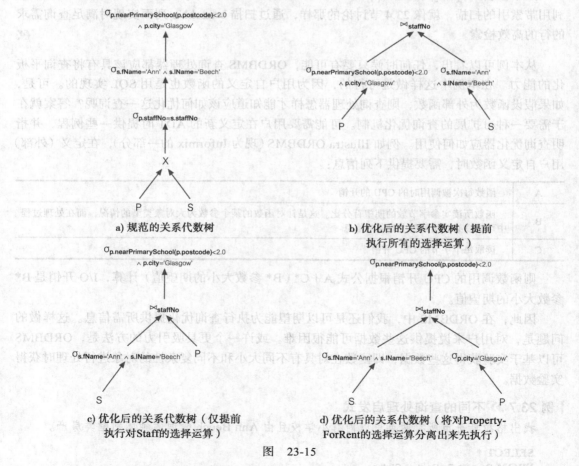

　　　　　　a) 规范的关系代数树　　　　　　　　　　　b) 优化后的关系代数树（提前
　　　　　　　　　　　　　　　　　　　　　　　　　　执行所有的选择运算）

　　　c) 优化后的关系代数树（仅提前　　　　　　　d) 优化后的关系代数树（将对Property-
　　　　　执行对Staff的选择运算）　　　　　　　　　　ForRent的选择运算分离出来先执行）

图　23-15

　　在例 23.7 中，用户自定义函数 nearPrimarySchool 的结果是一个浮点值，表示某房产与其最近小学之间的距离。提高查询性能的一个可用策略是添加一个索引，不是为函数的执行添加索引，而是为其结果添加索引。例如，在 Illustra 中，可以使用下述 SQL 语句为 UDF（用户自定义函数）的结果创建一个索引：

CREATE INDEX nearPrimarySchoolIndex
ON PropertyForRent **USING** B-tree (nearPrimarySchool(postcode));

现在，无论何时，当一条新记录被插入表 PropertyForRent 中，或者一条已有记录的 postcode 列被更新时，ORDBMS 都将计算 nearPrimarySchool 函数并对结果进行索引。当一条 PropertyForRent 记录被删除时，ORDBMS 将再次计算该函数以便删除相应的索引记录。因此，当查询中出现 UDF 时，Illustra 就能利用索引检索记录，以提高响应速度。

另一个可选策略是允许在客户端而不是在服务器端调用 UDF。当 UDF 的处理量很大，而且客户端具有执行 UDF 的权利和能力的时候（即客户端是相当重要的节点），这也许是一个适当的策略。这样就减轻了服务器的处理量，有助于提高整个系统的性能和吞吐量。

这还解决了另一个我们尚未讨论的与 UDF 相关的安全性问题。当 UDF 导致运行时致命错误发生时，如果 UDF 代码是与 ORDBMS 服务器链接的，则错误可能会引发像服务器崩溃这样的严重后果。显然，ORDBMS 需要保护服务器以免受到此类错误的影响。一种解决方法是要求所有的 UDF 都用解释性的语言（如 SQL 和 Java）定义。不过，SQL:2011 允许用高级程序设计语言（如 C 或 C++）定义外部例程，并作为 UDF 被调用。在这种情况下，一种解决方法是在一个与 ORDBMS 服务器不同的地址空间运行 UDF，而且在 UDF 和服务器之间使用某种形式的进程间通信机制（IPC）通信。在这种情形下，如果 UDF 引发了一个运行时致命错误，唯一受到影响的进程就是该 UDF 进程。

新的索引类型

在例 23.6 中可以看到，在 ORDBMS 中，对于返回标量数据（具有数值或字符数据类型）的用户自定义函数，计算结果并对其建立索引是可行的。传统的 RDBMS 利用 B 树索引加快对标量数据的访问（见附录 F）。然而，B 树是一种一维的访问方法，对于多维的访问需求（比如地理信息系统、遥感勘测和图像处理系统中的访问需求）并不适合。由于 ORDBMS 具备定义复杂数据类型的能力，因此需要专门的索引结构以实现这类数据的高效访问。一些 ORDBMS 已经开始支持其他的索引类型，例如：

- 通用 B 树：允许在任何数据类型（不仅仅是字母与数字类型）上建立 B 树。
- 四叉树（Finkel and Bentley，1974）。
- K-D-B 树（Robinson，1981）。
- R 树（区域树）：为了快速访问二维或三维数据（Gutman，1984）。
- 栅格文件（Nievergelt et al.，1984）。
- D 树：为了支持文本类型。

最灵活的方式是允许植入用户自定义的任意索引结构。这需要 ORDBMS 公开访问方法接口，该接口允许用户提供满足自己特殊需求的自定义访问方法。这个听起来相对简单，但实际上编写访问方法的人必须要考虑到诸如加锁、恢复、页管理等诸多 DBMS 机制。

ORDBMS 能够提供一个通用的索引模板结构，通常足以包括用户可能会设计的大多数的索引结构以及一些标准的 DBMS 机制的接口。例如，通用搜索树（Generalized Search Tree，GiST）就是一个基于 B 树的索引模板结构，它只需少量编程，适于多种树状索引结构

(Hellerstein et al., 1995)。

23.7 Oracle 的查询优化

在本章的最后，讨论一下 Oracle11g 的查询优化机制（Oracle Corporation，2011b）。本节讨论仅限于基于基本数据类型的优化。本节采用 DBMS Oracle 的术语，即将关系看成是具有行和列的表。我们已经在 H.2 节对 Oracle 做了简介。

23.7.1 基于规则和基于代价的优化

Oracle 支持两种本章已讨论过的查询优化方法：基于规则的优化和基于代价的优化。

基于规则的优化器

Oracle 基于规则的优化器共有 15 条规则，按照效率分为若干等级，如表 23-4 所示。只有当查询语句包含了使某个访问路径可用的谓词或者其他结构时，优化器才会为表选择该访问路径。根据这些等级，基于规则的优化器为每一种执行策略指定了一个分值，并且总是选择具有最好（最低）分值的执行策略。当两个策略分值相同时，Oracle 则根据表在 SQL 语句中出现的顺序做出决策，而不再进行"抢七"（tie-break）。但是，一般认为，这并不是一种特别好的做出最后抉择的办法。

表 23-4 基于规则的优化等级

等 级	访 问 路 径	等 级	访 问 路 径
1	根据 ROWID（行标识符）确定单行	9	单列索引
2	利用聚集连接确定单行	10	对被索引列的限定范围的搜索
3	根据唯一列或主关键字的散列聚集确定单行	11	对被索引列的非限定范围搜索
4	根据唯一列或主关键字确定单行	12	分类归并连接
5	聚集连接	13	被索引列的 MAX 值或者 MIN 值
6	散列聚集关键字	14	被索引列上的 ORDER BY
7	带索引的聚集关键字	15	全表扫描
8	合成关键字		

例如，考虑下列在表 PropertyForRent 上的查询，假设我们已经分别在主关键字 propertyNo、列 rooms 和列 city 上建立了索引：

SELECT propertyNo
FROM PropertyForRent
WHERE rooms > 7 **AND** city = 'London';

对于该查询，基于规则的优化器将考虑下列访问路径：

- 单列访问路径：根据 WHERE 条件（city='London'），利用列 city 上的索引。该访问路径的等级为 9。
- 非限定的范围扫描：根据 WHERE 条件（rooms>7），利用列 rooms 上的索引。该访问路径的等级为 11。
- 全表扫描：适用于所有 SQL 语句。该访问路径的等级为 15。

虽然在列 propertyNo 上也建有索引，但是由于 propertyNo 并未出现在 WHERE 子句中，所以基于规则的优化器不会考虑该索引。根据这些路径，基于规则的优化器将选择使用列 city 上的索引。目前可以采用基于代价的优化，这使得基于规则的优化变成受到抨击的特性。

基于代价的优化器

为了改进查询优化，Oracle 在 Oracle 7 中引入了基于代价的优化器。基于代价的优化器将选择资源需求最小的执行策略（避免前述的"抢七"异常），这里的资源是指在对查询要访问的全部行进行处理时所必需的资源。通过设置初始化参数 OPTIMIZER_MODE，用户可以选择最小资源需求是基于吞吐量（最小化处理查询所涉及的全部行所需的资源量），还是基于响应时间（最小化处理查询访问的第一行所需的资源量）。基于代价的优化器还会考虑用户给出的提示，我们稍后讨论。

统计数据

基于代价的优化器依赖于所有与查询相关的表、聚集和索引的统计信息。然而，Oracle 并不会自动地收集统计数据，生成统计数据并保持其即时性是用户的职责。PL/SQL 的 DBMS_STATS 包可用于产生和管理与表、列、索引、划分以及所有存储在模式或者数据库中的模式对象相关的统计数据。在任何可能的时候，Oracle 都会采用并行的方法收集统计数据，尽管索引统计数据是串行收集的。例如，可用下列 SQL 语句收集模式"Manager"的模式统计数据：

EXECUTE DBMS_STATS.GATHER_SCHEMA_STATS('Manager',
DBMS_STATS. AUTO_SAMPLE_SIZE);

最后一个参数表示为了产生良好的统计数据，允许 Oracle 自动选择最佳采样空间的大小。

在收集统计数据时可以指定多种选择。例如，可以指定是计算整个数据结构的统计信息，还是只计算数据的采样信息。在后一种情况下，我们还可以指定是基于行还是基于块采样：

- 行采样（row sampling）在读取行信息时不考虑其在磁盘上的物理位置。最坏的情况是，行采样在每一块都选取一行，这样就需要对表或者索引进行全扫描。
- 块采样（block sampling）读取随机选取的样本块信息，利用这些块的所有的行获取统计数据。

与计算整个结构的精确值相比，采样通常占用更少的资源。例如，分析一个大型表的 10% 或者更少的数据可以得到同样大小的空闲空间比。

在创建或重构索引的时候，也可以通过在 CREATE INDEX 或者 ALTER INDEX 命令中加入 COMPUTE STATISTICS 选项而让 Oracle 收集统计数据。统计数据保存在 Oracle 的数据字典里，可以通过表 23-5 所示的视图进行查阅。每一个视图可以有三种前缀：

- ALL_ 包括了本用户具有访问权限的所有数据库对象，其中含授予本用户访问权限的其他模式对象。
- DBA_ 包括数据库中的所有对象。
- USER_ 仅包括本用户模式下的对象。

表 23-5　Oracle 的数据字典视图

视　　图	描　　述
ALL_TABLES	用户具有访问权限的对象和关系表的信息
TAB_HISTOGRAMS	柱状图使用的统计数据
TAB_COLUMNS	表／视图中列的信息

（续）

视 图	描 述
TAB_COL_STATISTICS	基于代价的优化器使用的统计数据
TAB_PARTITIONS	被划分表中各划分的信息
INDEXES	索引的信息
IND_COLUMNS	每一个索引中的列信息
CONS_COLUMNS	每一个约束中的列信息
CONSTRAINTS	表的约束信息
LOBS	数据类型为大对象（LOB）的列的信息
SEQUENCES	顺序对象的信息
SYNONYMS	同义词的信息
TRIGGERS	表触发器的信息
VIEWS	视图的信息

提示

如前所述，基于代价的优化器也考虑了用户给出的提示信息。提示是由 SQL 语句中特殊格式的注解定义的。不同的提示信息能够强制优化器做出各种不同的决策，例如强制使用：

- 特定的访问路径。
- 特定的连接次序。
- 特定的连接算子，例如分类归并连接。
- 并行执行。

例如，可以利用下列提示强制优化器使用特定的索引：

SELECT /*+ **INDEX**(sexIndex) */fName, lName, position
FROM Staff
WHERE sex = 'M';

如果男、女员工的人数差不多，则查询将返回 Staff 表中几乎一半的行，这时全表扫描要比索引扫描的效率更高。但是，如果我们知道女员工比男员工的人数多得多，则查询将返回 Staff 表中很少的行，这时索引扫描的效率更高。如果基于代价的优化器假定 sex 列上的值分布均匀，则它很有可能选择全表扫描。在这种情况下，该提示会告诉优化器使用 sex 列上的索引。

存储执行计划

有时候，一旦找到一个最优计划，当该 SQL 语句被再次提交的时候，优化器就没有必要再次生成一个新的执行计划。因此优化器可以利用 CREATE OUTLINE 语句创建一个存储纲要（stored outline），存储纲要中存放着优化器创建执行计划时要用到的属性。此后，优化器就可以利用这些存储属性创建执行计划，而不必产生一个新的计划。

23.7.2 柱状图

在前面的小节中，我们一直假设表中各列的数据值是均匀分布的。当数据值分布不均匀时，给出描述数据值及其相对频度的柱状图，有助于提高优化器的选择性估算的准确度。例如，图 23-16a 为估计的表 PropertyForRent 的 rooms 列的均匀分布情况，图 23-16b 则刻画的是实际的非均匀分布情况。第一种分布可以压缩存储，即只需存储一个最小值（1）和一个最大值（10），以及所有数据值出现次数的总和（本例为 100）。

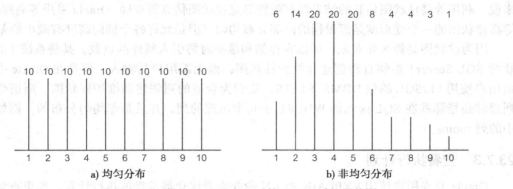

a) 均匀分布   b) 非均匀分布

图 23-16　表 PropertyForRent 的 rooms 列的柱状图

对于像 rooms>9 这样的简单谓词而言，若均匀分布，则很容易就可以估算出结果关系的元组个数为（1/10）×100＝10。但是，这样的估算并不十分准确（从图 23-16b 可以看到，实际上只有一个元组）。

柱状图就是一种可以用来提高估算准确度的数据结构。图 23-17 显示了两种柱状图：

- **等宽柱状图**：将数据划分成固定个数的等宽范围（称为桶），每个范围都包含了落入该桶的一定数量的值。
- **等高柱状图**：每一个桶中放入大致相同个数的值，每一个桶的终点是由桶中值的数量决定的。

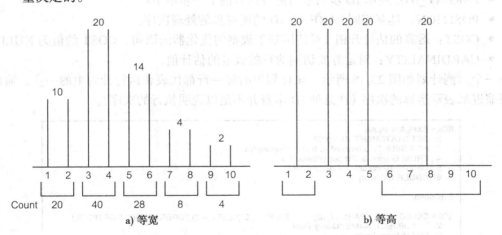

a) 等宽   b) 等高

图 23-17　表 PropertyForRent 的 rooms 列的柱状图

例如，假设有 5 个桶。列 rooms 的等宽柱状图如图 23-17a 所示。每一个桶都是等宽的——两个值之间的宽度相等（1—2，3—4 等），并且假设每一个桶的内部都是均匀分布的。可以压缩存储等宽柱状图信息，只需记录每一个桶的最大值和最小值，以及落入该桶的值的数量。同样，我们仍以谓词 rooms>9 为例，根据该等宽柱状图，我们就可以估算出满足此谓词的元组个数：将范围的容量乘以范围的个数，即 2×1＝2 个，这个结果比基于均匀分布的估计值要准确得多。

等高柱状图如图 23-17b 所示。此时每一栏的高度为 20（100/5）。等高柱状图也可以压缩存储，即只需记录每个桶的最大值和最小值，以及所有桶的高度。以谓词 rooms＞9 为例，利用等高柱状图我们可以估算出满足该谓词的元组个数为：（1/5）×20＝4 个。对于该谓词来说，利用等高柱状图估算的结果没有根据等宽柱状图估算得准确。Oracle 采用等高柱状图。等高柱状图的一个变形就是假设桶的内部分布均匀，但是允许各个桶的高度有微小的差别。

因为柱状图是持久化对象，所以在存储和维护时将引入额外的负载。某些系统（例如微软的 SQL Server）能够自动创建和维护柱状图，而无需用户的输入。但是在 Oracle 中，则由用户使用 PL/SQL 的包 DBMS_STATS，负责为合适的列创建和维护柱状图。所谓合适的列通常是指那些在 SQL 语句的 WHERE 子句中出现的列，并且是非均匀分布的，例如上例中的列 rooms。

23.7.3　查看执行计划

Oracle 允许用户使用 EXPLAIN PLAN 命令查看优化器选择的执行计划。如果查询效率不尽如人意，这个方法将会非常有用。EXPLAIN PLAN 的输出被写入数据库中的一个表中（默认表为 PLAN_TABLE）。该表主要的列有：

- STATEMENT_ID：EXPLAIN PLAN 语句中定义的可选参数 STATEMENT_ID 的值。
- OPERATION：被执行的内部运算的名字。第一行为实际的 SQL 语句：SELECT、INSERT、UPDATE 或者 DELETE。
- OPTIONS：被执行的另一个内部运算的名字。
- OBJECT_NAME：表或者索引的名字。
- ID：在执行计划中为每一步指派的一个数字。
- PARENT_ID：对第 ID 步的输出进行运算的下一步的 ID。
- POSITION：具有相同 PARENT_ID 的所有步的处理次序。
- COST：运算的估计开销（对使用基于规则的优化器的语句，COST 的值为 NULL）。
- CARDINALITY：对运算要访问的行的数量的估计值。

一个示例计划如图 23-18 所示。该计划中的每一行都代表着执行计划中的一步。输出中使用缩进来表示运算的次序（注意列 ID 本身并不足以说明执行的次序）。

```
SQL> EXPLAIN PLAN
  2    SET STATEMENT_ID = 'PB'
  3    FOR SELECT b.branchNo, b.city, propertyNo
  4    FROM Branch b, PropertyForRent p
  5    WHERE b.branchNo = p.branchNo
  6    ORDER BY b.city;

Explained.

SQL> SELECT ID||' '||PARENT_ID||'   '||LPAD('   ', 2*(LEVEL – 1))||OPERATION||' '||OPTIONS||
  2    '   '||OBJECT_NAME "Query Plan"
  3    FROM Plan_Table
  4    START WITH ID = 0 AND STATEMENT_ID = 'PB'
  5    CONNECT BY PRIOR ID = PARENT_ID AND STATEMENT_ID = 'PB';

Query Plan
_____

0      SELECT STATEMENT
1  0       SORT ORDER BY
2  1          NESTED LOOPS
3  2             TABLE ACCESS FULL PROPERTYFORRENT
4  2             TABLE ACCESS BY INDEX ROWID BRANCH
5  4                INDEX UNIQUE SCAN SYS_C007455

6  rows selected.
```

图 23-18　Explain Plan 实用程序的输出

本章小结

- **查询处理**的目标是将用高级语言（通常为 SQL）表示的查询转换为正确有效的、用低级语言（例如关系代数）表示的执行策略，并且执行该策略以获取所需检索的数据。

- 由于对于同一个高级查询会存在许多等价变换，因此 DBMS 必须选择资源占用最小的一种。这就是**查询优化**的目的。但当查询涉及很多关系时，该问题计算起来非常困难，所以对策略的选取通常弱化为找到一个近似最优方案。

- 主要有两种查询优化方法，但是在实际应用当中，通常将这两种方法结合起来使用。第一种技术采用**启发式规则**对查询中的运算进行排序。另外一种技术则基于它们相对的开销对不同策略进行比较，然后选择其中资源占用最小的策略。

- 查询处理被分为四个主要阶段：解析（包括语法分析和正确性验证）、优化、代码生成和执行。前三个阶段要么在编译时完成，要么在运行时完成。

- **查询解析**将高级查询转换为关系代数查询，并检验该查询的语法、语义是否正确。查询解析的典型阶段包括分析、规范化、语义分析、化简和查询重构。**关系代数树**可用作被转换的查询的内部表示。

- **查询优化**运用转换规则将一个关系代数表达式转换为另一个等价的更高效表达式。转换规则包括级联选择、一元运算的交换律、θ 连接（笛卡儿乘积）的交换律、一元运算和 θ 连接（笛卡儿乘积）的交换律、θ 连接（笛卡儿乘积）的结合律等。

- **启发式规则**包括尽早执行选择和投影运算；将笛卡儿乘积及其后的选择运算（其谓词表示连接条件）合并为一个连接运算；利用二元运算的结合律对叶节点重新排序，使得带有最严格选择条件的叶节点最先得到执行。

- **代价估算**依赖于系统目录中存储的统计信息。典型的统计数据包括每一个基础关系的基数、存储关系所需的块数、每个属性取不同值的个数、每个属性的选择基数以及每个多级索引的级数。

- 实现选择运算的主要策略包括：线性搜索（无序文件、无索引）、二分法搜索（有序文件、无索引）、散列关键字上的等值比较、主关键字上的等值比较、主关键字上的不等值比较、聚集（辅）索引上的等值比较、非聚集（辅）索引上的等值比较、B$^+$ 树辅索引上的不等值比较。

- 实现连接运算的主要策略包括：块嵌套循环连接、索引嵌套循环连接、分类归并连接和散列连接。

- 运算的**物化**输出是指将输出结果存储在临时关系中供后面的运算处理。与此相对的方法是将一个运算的结果**流水**到下一个运算，无需创建临时关系存储中间结果，从而节省了创建临时关系和将临时关系中的结果再次读回内存的开销。

- 总是以基础关系作为右关系的关系代数树称为**左深树**。左深树的优点在于能够缩小寻找最优策略的搜索空间，并使查询优化器能够利用动态处理技术。其主要缺点是在缩小搜索空间的同时，会忽略一些执行策略，其中可能有比线性树代价更低的策略。

- 决定查询优化效率的主要因素之一是所有可能的执行策略构成的**搜索空间**的大小，另一个是选择哪一种**枚举算法**来搜索该空间以寻找最优策略。对于某一给定查询来说，该空间可能非常巨大。因此，查询优化器采取了多种办法以缩小这个空间。例如，一元运算可以被即时处理；除非查询本身指定，否则绝不生成迪卡儿乘积；每一个连接的内操作数都是基础关系，等等。

- **动态规划算法**是基于这样一个假设：代价模型满足优化原则。因此，为了得到包含 n 个连接的查询的最优策略，我们只需要考虑包含了（$n-1$）个连接的子表达式的最优策略，然后再对这些策略进行扩展，添加一个连接。基于感兴趣序创建等价类，将每一个等价类中具有最低代价的策略保留下来，供下一步使用，如此往复，直到构筑好整个查询，据此即选取了具有全局最低代价的策略。

- 查询优化是 RDBMS 性能的关键，必须扩展它以使其知道如何高效执行用户自定义函数，如何获得新索引结构的便利性，如何以新的方式转换查询以及如何利用引用在数据之间导航。要将 DBMS 中这样一个关键、可调的部件成功地开源化，并使第三方理解优化技术，这对 DBMS 开发商是个不小的挑战。
- 传统的 RDBMS 利用 B 树索引加快对标量数据的访问。而 ORDBMS 具备定义复杂数据类型的能力，因此需要专门的索引结构以实现对这类数据的高效访问。一些 ORDBMS 已经开始支持其他的索引类型，例如：通用 B 树、能快速访问二维或三维数据的 R 树（区域树）和为函数的输出构造索引。最灵活的方式是允许植入用户自定义的任意索引结构。

思考题

23.1   查询处理的目的是什么？

23.2   关系系统的查询处理与网状及层次系统中的低级查询语言的处理有何不同？

23.3   查询处理通常有哪些阶段？

23.4   查询解析通常有哪些步骤？

23.5   析取范式与合取范式的区别是什么？

23.6   如何检验查询的语义正确性？

23.7   描述下列运算的转换规则：
    （a）选择运算
    （b）投影运算
    （c）θ 连接运算

23.8   描述提高查询处理性能的启发式规则。

23.9   DBMS 应该存储哪些类型的统计数据才能估算出关系代数运算的开销？

23.10   在什么情况下执行选择运算，系统才会采取线性搜索策略？

23.11   实现连接运算的主要策略有哪些？

23.12   物化和流水线技术的区别是什么？

23.13   讨论线性和非线性关系代数树之间的区别，并举例说明。

23.14   左深树的优点和缺点是什么？

23.15   讨论为全面支持 ORDBMA，查询处理和查询优化需作哪些扩展？

习题

23.16   估算例 23.1 所述的三种策略的开销。假设关系 Staff 有 10000 个元组，Branch 有 500 个元组，共有 500 位经理（Manager）（每个分公司一位），在伦敦（London）共有 10 个分公司。

23.17   用第 4 章习题中给出的 Hotel 模式判断下列哪些查询的语义是否正确：

    (a) **SELECT** r.type, r.price
        FROM Room r, Hotel h
        WHERE r.hotel_number = h.hotel_number **AND** h.hotel_name = 'Grosvenor Hotel' **AND** r.type > 100;
    (b) **SELECT** g.guestNo, g.name
        FROM Hotel h, Booking b, Guest g
        WHERE h.hotelNo = b.hotelNo **AND** h.hotelName = 'Grosvenor Hotel';
    (c) **SELECT** r.roomNo, h.hotelNo

FROM Hotel h, Booking b, Room r
WHERE h.hotelNo = b.hotelNo **AND** h.hotelNo = 'H21' **AND** b.roomNo = r.roomNo **AND** type = 'S'
    AND b.hotelNo = 'H22';

23.18 根据 Hotel 模式，画出下列查询的关系代数树，然后利用 23.3.2 节给出的启发式规则将这些查询转换为更高效的形式。给出每一步的详细描述，并给出所用的转换规则。

  (a) **SELECT** r.roomNo, r.type, r.price
    FROM Room r, Booking b, Hotel h
    WHERE r.roomNo = b.roomNo **AND** b.hotelNo = h.hotelNo **AND**
      h.hotelName = 'Grosvenor Hotel' **AND** r.price > 100;
  (b) **SELECT** g.guestNo, g.guestName
    FROM Room r, Hotel h, Booking b, Guest g
    WHERE h.hotelNo = b.hotelNo **AND** g.guestNo = b.guestNo **AND** h.hotelNo = r.hotelNo **AND**
      h.hotelName = 'Grosvenor Hotel' **AND** dateFrom >= '1-Jan-08' **AND** dateTo <= '31-Dec-08';

23.19 根据 Hotel 模式，假定存在以下索引：

- 关系 Room 的主关键字属性 roomNo/hotelNo 上存在无溢出的散列索引。
- 关系 Room 的外部关键字属性 hotelNo 存在聚集索引。
- 关系 Room 的属性 price 上存在 B^+ 树索引。
- 关系 Room 的属性 type 上存在辅索引。

nTuples(Room)	= 10,000	bFactor(Room)	= 200
nTuples(Hotel)	= 50	bFactor(Hotel)	= 40
nTuples(Booking)	= 100,000	bFactor(Booking)	= 60
$nDistinct_{hotelNo}$(Room)	= 50		
$nDistinct_{type}$(Room)	= 10		
$nDistinct_{price}$(Room)	= 500		
min_{price}(Room)	= 200	max_{price}(Room)	= 50
$nLevels_{hotelNo}$(I)	= 2		
$nLevels_{price}$(I)	= 2	$nLfBlocks_{price}$(I)	= 50

（a）计算下列选择运算的基数和最小代价：

    S1: $\sigma_{roomNo=1 \wedge hotelNo='H001'}$(Room)
    S2: $\sigma_{type='D'}$(Room)
    S3: $\sigma_{hotelNo='H02'}$(Room)
    S4: $\sigma_{price>100}$(Room)
    S5: $\sigma_{type='S' \wedge hotelNo='H03'}$(Room)
    S6: $\sigma_{type='S' \vee price<100}$(Room)

（b）计算下列连接运算的基数和最小代价：

    J1: Hotel $\bowtie_{hotelNo}$ Room
    J2: Hotel $\bowtie_{hotelNo}$ Booking
    J3: Room $\bowtie_{roomNo}$ Booking
    J4: Room $\bowtie_{hotelNo}$ Hotel
    J5: Booking $\bowtie_{hotelNo}$ Hotel
    J6: Booking $\bowtie_{roomNo}$ Room

（c）计算下列投影运算的基数和最小开销：

    P1: $\Pi_{hotelNo}$(Hotel)
    P2: $\Pi_{hotelNo}$(Room)
    P3: Π_{price}(Room)
    P4: Π_{type}(Room)
    P5: $\Pi_{hotelNo, price}$(Room)

23.20 修改 23.4.3 节介绍的块嵌套循环连接算法和索引嵌套循环连接算法，使算法从原来的每次从外关系 R 中读取 1 块变为每次读取（nBuffer–2）块。

扩展阅读

Freytag J.C., Maier D., and Vossen G. (1994). *Query Processing for Advanced Database Systems.* San Mateo, CA: Morgan Kaufmann

Jarke M. and Koch J. (1984). Query optimization in database systems. *ACM Computing Surv.,* **16**(2), 111–152

Kim W., Reiner D.S., and Batory D.S. (1985). *Query Processing in Database Systems.* New York, NY: Springer-Verlag

Korth H., Silberschatz A., and Sudarshan S. (1996). *Database System Concepts* 3rd edn. McGraw-Hill

Ono K. and Lohman G.M. (1990). Measuring the complexity of join enumeration in query optimization. In *Proc. 16th Int. Conf. on Very Large Data Bases,* Brisbane, Australia

Ramakrishnan R. and Gehrke J. (2000). *Database Management Systems* 2nd edn. McGraw-Hill

Swami A. and Gupta A. (1988). Optimization of large join queries. *Proc. ACM SIGMOD Int. Conf. on Management of Data,* Chicago, Illinois

Vance B. and Maier D. (1996). Rapid bushy join-order optimization with cartesian products. *Proc. ACM SIGMOD Int. Conf. on Management of Data,* Montreal, Canada

Yu C. (1997). *Principles of Database Query Processing for Advanced Applications.* San Francisco, CA: Morgan Kaufmann

附　录

DreamHome 案例研究的用户需求说明

本附录目标

本附录我们主要学习：

- 给出 11.4 节所讨论的 DreamHome 案例研究的两个用户视图 Branch 和 Staff 的数据需求和事务需求

本附录描述了 DreamHome 数据库系统中 Branch 和 Staff 两个用户视图的用户需求说明。每个视图的需求都包括两部分，"数据需求"部分描述了用到的数据，"数据事务"部分给出了使用数据的例子。

A.1 DreamHome 的 Branch 用户视图

A.1.1 数据需求

分公司

DreamHome 的分公司遍布英国的所有城市。每个分公司分得的员工中都包括一名经理，他管理该分公司的运转。描述一个分公司的数据包括唯一的分公司编号、地址（街道、城市和邮编）、电话号码（最多可有 3 个电话号码）和当前管理该分公司的员工的名字。特别附加在每名经理上的数据包括：经理在当前分公司任职的日期，以及根据他每月在房产租赁市场的业绩获得的奖金。

员工

担任主管工作的员工负责管理本组内其他助理员工的日常活动（每组最多 10 人）。并不是所有员工都有一名主管。为每个员工存储的数据包括员工编号、地址、职务、工资和主管名字（若存在的话）和该员工当前工作的分公司的情况。员工编号在 DreamHome 所有分公司内都是唯一的。

出租的房产

每个分公司提供一批用于出租的房产。为每处房产存储的数据包括房产编号、地址（街道、城市和邮编）、类型、房间数目、每月租金和业主情况。房产编号在所有分公司内都是唯一的。每处房产分派给一位员工管理，他负责处理房产出租的有关事宜。任何时候一位员工管理的房产数目最多不超过 100 处。

业主

业主的情况同样也被存储起来。业主有两种主要类型：私人业主和企业业主。为私人业主存储的数据包括业主编号、名字、地址和电话号码。为企业业主存储的数据包括企业的名称、企业的类型、地址、电话号码和联系人。

客户

DreamHome 把对租房感兴趣的人称为客户。客户必须首先在 DreamHome 的分公司注册。为客户存储的数据包括客户编号、名字、电话号码、喜欢的住所类型和客户最多准备支付的租金。同时还存储了负责的员工的名字、客户加入的日期和客户注册所在分公司的某些情况。客户编号在 DreamHome 所有分公司内都是唯一的。

租约

当房产出租时,客户和业主之间就会草拟一份租约。租约上的具体数据包括租约编号、客户编号、名字和地址、房产编号和地址、每月租金、付款方法、定金是否支付(定金是月租的两倍)、租约的持续时间,以及租约开始和结束的日期。

报纸

需要时,在当地报纸上刊登广告介绍出租房产的情况。存储的数据包括房产编号、地址、类型、房间数量、租金、广告日期、报纸名字和费用。为每一份报纸存储的数据包括报纸名字、地址、电话号码和联系人。

A.1.2 事务需求(示例)

数据录入

录入一个新分公司的情况(比如格拉斯哥市的分公司 B003)。

录入某个分公司中一名新员工的情况(比如分公司 B003 的 Ann Beech)。

录入客户和房产之间租约的情况(比如客户 Mike Ritchie 租下编号为 PG4 的房产,时间从 2012 年 5 月 10 日到 2013 年 5 月 9 日)。

录入在报纸上刊登房产广告的情况(比如编号为 PG4 的房产的广告刊登在 2012 年 5 月 6 日格拉斯哥市的日报上)。

数据更新 / 删除

更新 / 删除某分公司的情况。

更新 / 删除工作在某分公司的一名员工的情况。

更新 / 删除给定分公司的给定租约的情况。

更新 / 删除给定分公司的报纸广告的情况。

数据查询

用于 Branch 视图查询的例子如下所示:

(a)列出给定城市所有分公司的情况。

(b)确定每个城市分公司的总数。

(c)按员工的名字顺序,列出给定分公司员工的名字、职务和工资。

(d)确定员工的总数和他们工资的总和。

(e)确定格拉斯哥市的分公司中每一职务的员工人数。

(f)按分公司的地址顺序,列出每个分公司中每名经理的名字。

(g)列出被命名为主管的员工的名字。

(h)按租金的多少,列出格拉斯哥市所有房产的编号、地址、类型和租金。

(i)列出某具名员工管理的待出租房产的情况。

(j)确定某分公司分派给每位员工的房产总数。

（k）列出某分公司中由企业业主提供的房产的情况。

（l）确定所有分公司中每一类房产的总数。

（m）确定提供多处房产出租的私人业主的情况。

（n）确定阿伯丁市中至少带有 3 个房间且月租不高于 350 英镑的公寓数目。

（o）列出给定分公司中客户的编号、名字、电话号码和他们喜欢的房产类型。

（p）列出刊登广告次数多于平均次数的房产。

（q）列出某分公司到下个月期满的租约情况。

（r）列出伦敦市分公司中租期少于一年的房产的总数。

（s）按分公司编号排列，列出每个分公司每天出租房产的全部租金收入。

A.2　DreamHome 的 Staff 用户视图

A.2.1　数据需求

员工

关于员工，需要存储的数据包括员工编号、名字（名和姓）、职务、性别、出生日期（DOB）和主管名字（若存在的话）。担任主管工作的员工负责管理本组其他助理员工的日常活动（每组最多 10 人）。

出租的房产

为出租的房产存储的数据包括房产编号、地址（街道、城市和邮编）、类型、房间数量、月租金和业主情况。房产的月租金每年进行一次复审。DreamHome 中用于出租的房产大多数是公寓。每处房产分配给一位员工管理，它负责处理房产出租的有关事宜。任何时候，一位员工管理的房产数最多不超过 100 处。

业主

业主有两种主要类型：私人业主和企业业主。为私人业主存储的数据包括业主编号、名字（名和姓）、地址和电话号码。为企业业主存储的数据包括业主编号、企业的名字、企业的类型、地址、电话号码和联系人。

客户

当潜在客户注册时，DreamHome 中存储的数据包括客户编号、名字（姓和名）、电话号码及所需房产的一些数据，包括喜欢的住所类型和客户最多准备支付的租金。同样也存储负责注册新客户的员工的名字。

看房

客户可能要求看房。此时，存储的数据包括客户编号、名字和电话号码、房产编号和地址、客户看房的日期和客户对房产合适与否所做的任何评论。客户在一个日期只能查看相同的房产一次。

租约

只要客户发现合适的房产，就草拟租约。租约信息包括租约编号、客户编号和名字、房产编号、地址、类型和房间数量、月租、付款方法、定金（为月租的两倍）、定金是否支付、出租开始和结束的日期和租约持续时间。租约编号在所有的 DreamHome 分公司内都是唯一的。一个客户可能拥有给定房产租约的期限最少为 3 个月，最多为 1 年。

A.2.2 事务需求（示例）

数据录入

录入待租新房产及其业主的情况（例如 Tina Murphy 所有的在格拉斯哥市，编号为 PG4 的房产情况）。

录入一名新客户的情况（比如 Mike Ritchie 的情况）。

录入一名客户查看房产的情况（比如客户 Mike Ritchie 在 2012 年 5 月 6 日查看格拉斯哥市编号为 PG4 的房产）。

录入客户对房产签租约的情况（比如客户 Mike Ritchie 租借了编号为 PG4 的房产，时间从 2012 年 5 月 10 日到 2013 年 5 月 9 日）。

数据更新 / 删除

更新 / 删除一处房产的情况。

更新 / 删除一名业主的情况。

更新 / 删除一名客户的情况。

更新 / 删除一名客户查看过的一处房产的情况。

更新 / 删除一份租约的情况。

数据查询

用于 Staff 视图查询的例子如下所示：

（a）列出分公司被任命为主管的员工的情况。

（b）按名字在字母表中的顺序列出所有助理的情况。

（c）列出分公司可供出租的房产的情况（包括出租定金），包括业主的情况。

（d）列出分公司中由某名员工管理的房产的情况。

（e）列出在分公司注册客户的情况和负责注册客户的员工的名字。

（f）确定位于格拉斯哥市且租金不高于 450 英镑的房产的数量。

（g）确定给定房产的业主的名字和电话号码。

（h）列出客户查看过给定房产后所做的评论情况。

（i）列出查看过给定房产但没有做出评论的客户的名字和电话号码。

（j）列出某客户与给定房产之间租约的情况。

（k）确定分公司到下个月期满的租约的数量。

（l）列出出租不超过三个月的房产的情况。

（m）生成喜欢特定房产类型的客户的列表。

Database Systems: A Practical Approach to Design, Implementation, and Management, 6E

其他案例研究

本附录目标

本附录我们主要学习：

- 大学住宿管理处（University Accommodation Office）案例研究，它描述了大学住宿管理处的数据需求和事务需求
- 易驾驾校（EasyDrive School of Motoring）案例研究，它描述了驾驶学校的数据需求和事务需求
- Wellmeadows 医院案例研究，它描述了医院的数据需求和事务需求

附录 B.1 节描述大学住宿管理处案例研究，B.2 节描述易驾驾校案例研究，B.3 节描述 Wellmeadows 医院案例研究。

B.1 大学住宿管理处案例研究

大学住宿管理处主任希望设计一个数据库来帮助进行管理工作。通过数据库设计过程中需求收集和分析阶段的工作，提出如下关于大学住宿管理处数据库系统的数据需求说明，以及该数据库能支持的查询事务的示例。

B.1.1 数据需求

学生

为每位全日制学生存储的数据包括：学号、名字（名和姓）、家庭地址（街道、城市、邮编）、手机号、电子邮箱号、出生日期、性别、学生类别（例如，大学一年级学生或研究生）、国籍、特殊需求、任何附加备注、当前状况（已安排或处于等待中）、专业和辅修科目。

存储的学生信息与该学生是已租房还是正在等待队列等待有关。学生可能租住集体宿舍或学生公寓。

当学生进入大学时，就会指派一名教员工充当他的指导教师。指导教师的作用就是保证学生在校期间的福利，并监督他们的学业。为指导教师存储的数据包括全名、职位、部门名称、内部电话、电子邮箱号和房间号。

集体宿舍

每座集体宿舍有名字、地址、电话号码和管理宿舍业务的管理员。宿舍只提供单间，具有房间号、床位号和月租金。

床位号唯一标识由住宿管理处管理着的每个房间，并且仅当房间租给一个学生时才启用。

学生公寓

住宿管理处也可以提供学生公寓。这些公寓装修良好，可以提供一套房间给三名、四名

或五名学生合住。学生公寓存储的信息包括公寓号、地址和每套公寓可用的卧室数目。公寓号唯一地标识每座公寓。

公寓中的每个卧室有月租金、房间号和床位号。床位号唯一标识整个学生公寓中每个可用的房间，并且仅当房间租给一个学生时才启用。

租约

学生可以在不同的时间段租用集体宿舍或学生公寓的房间。新租约协定从每一学年开始，最短租期为一学期；最长租期为一年，包括两个长学期和夏季学期。学生和住宿管理处之间的个人租约协议可由租约号唯一标识。

每个租约存储的数据包括租约号、租约持续时间（以学期为单位）、学生名字和入学号、床位号、房间号、集体宿舍或学生公寓地址情况、学生打算入住房间的日期和学生打算退房的日期（如果能确定）。

账单

每学期开始，每个学生收到一张关于下一租用期的账单。每张账单有唯一的账单号。

每张账单存储的数据包括账单号、租约号、学期、支付期限、学生全名和入学号、床位号、房间号和集体宿舍或学生公寓的地址。账单上还有一些关于付款的数据，包括账单支付的日期、支付方法（支票、现金、信用卡等），以及催询单第一次和第二次送到的日期（如果必要的话）。

学生公寓检查

学生公寓由员工定期检查以确保住宿条件良好。每次检查记录的信息包括执行检查的员工编号、检查的日期、房间是否处于满意状况的标识（是或不是）和附加的评论。

住宿管理处员工

关于工作在住宿管理处的员工，存储的信息包括员工编号、名字（姓和名）、电子邮箱号、家庭地址（街道、城市、邮编）、出生日期、性别、职务（公寓经理、行政助理、清洁工）和办公地点（例如，住宿管理处或宿舍）。

课程

住宿管理处也存储大学所开课程的有限信息，包括课程编号、课程名称（包括学年）、授课人、授课人的校内电话、电子邮箱号、房间号和系名。每名学生与一个教程关联。

家属

可能的情况下，也要存储学生家属的一些信息，包括名字、与学生的关系、地址（街道、城市、邮编）和联系电话。

B.1.2 查询事务（示例）

下面给出大学住宿管理处数据库系统应支持的查询事务的一些示例：

（a）列出每一个集体宿舍的经理的姓名和电话号码。

（b）给出所有租约一览表，包括学生的名字和学号以及租约细节。

（c）显示夏季学期的租约情况。

（d）显示指定学生支付租金的全部情况。

（e）给出某日期前未支付租金的学生的一览表。

（f）显示公寓检查处于不满意状况的公寓的情况。

（g）提交住在某一集体宿舍中学生的名字、学号、房间号和床位号的一览表。

（h）给出当前所有等待住宿的学生，即尚未安置住宿的学生的列表。

（i）显示每类学生的总人数。

（j）给出所有未提供家属情况的学生的名字和学号的列表。

（k）显示指定学生的顾问的名字和校内电话。

（l）显示集体宿舍房租的最小值、最大值和平均值。

（m）显示每处学生公寓中床位的总数。

（n）显示所有年龄超过 60 周岁的住宿管理处员工的员工编号、名字、年龄和当前办公地点。

B.2　易驾驾校案例研究

易驾驾校 1992 年始建于格拉斯哥市。从那时起，学校规模稳定增长，现已有若干分校遍布于苏格兰的各主要城市。可是，驾校规模增长如此之快，以至于需要越来越多的行政人员来处理日益增长的文书工作。而且，各分校之间，甚至处在同一个城市的分校之间信息的交流和共享都非常匮乏。驾校的校长 Dave MacLeod 认为，如果不改善这种状况就会有越来越多的错误发生，而且驾校的生命力也不强。他知道数据库能帮助解决部分问题，所以希望创建数据库系统以支持易驾驾校的运行。关于易驾驾校系统应如何操作，校长提供了下面的简单描述。

B.2.1　数据需求

每个分校配有一名校长（他一般也是高级教练）、几位高级教练、教练和若干行政人员。分校校长负责该分校每天的运营情况。驾校学员必须首先在学校登记，登记时要求填好申请表，记录个人情况。第一次上课前，学员必须参加由教练组织的面试，以获取该学员的特殊需求，并了解其是否已持有有效的临时驾驶执照。驾校学员在学习驾驶的过程中，可以自由指定教练或请求更换教练。面试以后，预约第一节课，学员可以要求上单人班或费用较少的多人班。单人班每次一小时，以到学校的时间开始计时，离开学校时结束计时。一节课在定长的时间内，有指定的教练和专车。所有课最早上午 8 点开始，最晚下午 8 点结束。一节课后，教练记录学员的学习情况和课堂上行驶的英里数。学校有很多车，主要用来教学，每个教练被分配到指定的车上。除用于教学外，教练个人可以免费使用这些车辆。驾校学员完成了全部课程后，就可以申请驾驶测试的日期。为了取得驾驶执照，驾校学员必须通过实践和理论两部分测试。教练的责任是确保驾校学员对测试进行充分的准备，但不负责测试学员，而且测试时不能待在车上，但是教练应该在测试中心接送驾校学员。如果驾校学员未能通过考试，教练必须记录未通过考试的原因。

B.2.2　查询事务（示例）

校长提供了易驾驾校数据库系统中必须支持的一些典型查询的例子：

（a）所有分校校长的名字和电话号码。

（b）位于格拉斯哥市的所有分校的地址。

（c）在格拉斯哥市的贝尔斯登分校工作的所有女教练的名字。

（d）每个分校的员工总数。

（e）每个城市中驾校学员（过去和现在）的总数。

（f）下周某个教练预约的时间表。

（g）某教练进行面试的情况。

（h）格拉斯哥市贝尔斯登分校男女学员的总人数。

（i）年龄超过 55 周岁且担任教练的员工的人数和名字。

（j）没有发生故障的汽车的牌照号。

（k）由格拉斯哥市贝尔斯登分校的教练所使用汽车的牌照号。

（l）2013 年 1 月通过汽车驾驶测试的驾校学员名单。

（m）参加三次以上驾驶测试仍没有通过的驾校学员的名单。

（n）一小时课程驾驶的平均英里数。

（o）每个分校的行政人员的数目。

B.3 Wellmeadows 医院案例研究

本案例研究描述了一个位于爱丁堡的名为 Wellmeadows 的小型医院。Wellmeadows 医院擅长于老年人的健康护理。下面是医院员工记录、维护和访问的数据的描述，用于支持 Wellmeadows 医院的日常管理和操作。

B.3.1 数据需求

病房

Wellmeadows 医院有 17 间病房，共有 240 个病床用于短期和长期住院的病人，还有一个门诊部。每个病房可以用病房号（例如，病房 11）唯一标识，此外还有病房名字（例如，牙科）、位置（例如，E 区）、病床总数和电话分机号（例如，分机 7711）。

员工

Wellmeadows 医院有一名医务主任，负责医院的全面管理。他完全控制医院资源的使用（包括医护人员、病床、供给药品）以对所在病人进行经济的治疗。

Wellmeadows 医院有一名人事部主任，负责把合适数量和类型的员工分配到每个病房和门诊部。为每个员工存储的信息包括员工编号、名字（姓和名）、详细地址、电话号码、出生日期、性别、国家保险号、职务、当前工资和工资级别。同时，还包括每位员工的资格证（包括发证日期、类型和发证机构）和工作经历（包括组织名字、职务、开始和结束日期）。

每个员工雇用合同类型也需要记录，包括每周工作的小时数、员工是专职还是兼职、支付工资的类型（按周 / 按月）。例如，Wellmeadows 医院在 11 号病房工作的员工 Moira Samuel 的登记表如图 B-1 所示。

每个病房和门诊部都有一位担任护士长的员工。护士长负责查看病房和门诊部每天的运行情况。护士长对病房进行预算，必须确保所有资源（员工、病床和供给药品）在病人护理时得到高效使用。医务主任的工作和护士长紧密相连以确保整个医院的高效运作。

护士长负责安排周值班表，必须确保病房和门诊部无论在任何时间都有合适数量和类型的员工在值班。一周内，每位员工轮流值早、中或晚班。

和护士长一样，每个病房分配中级和初级护士、医生和辅助人员。专业员工（例如，咨询人员和理疗人员）也被分配给一些病房或门诊部。例如，Wellmeadows 医院分配给 11 号病房的员工的详细情况一览表如图 B-2 所示。

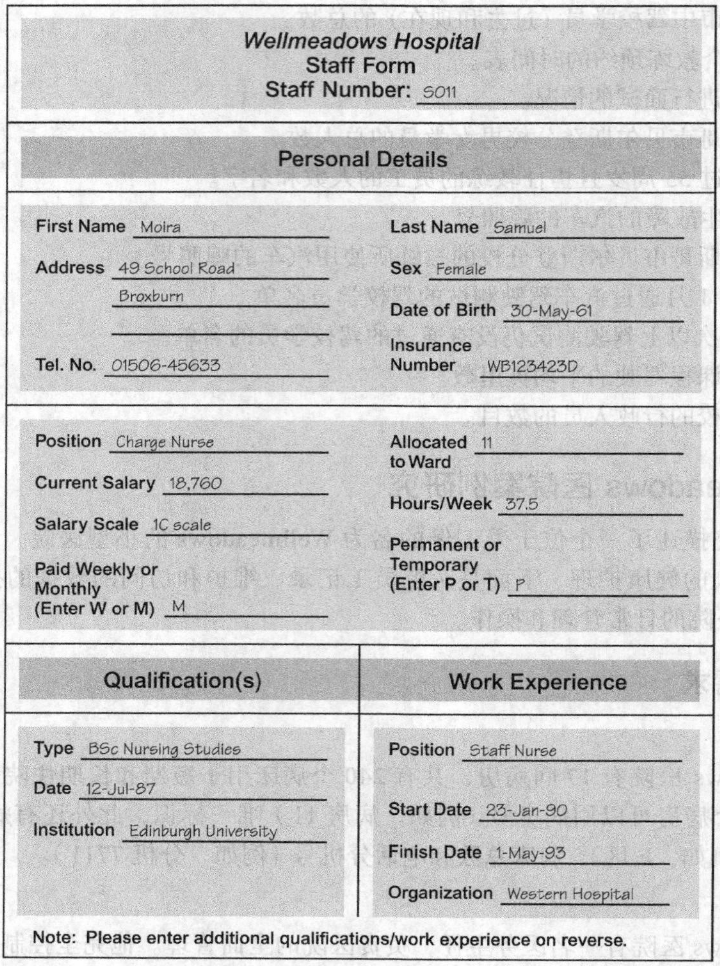

Wellmeadows Hospital
Staff Form
Staff Number: _S011_

Personal Details

First Name _Moira_

Address _49 School Road_

Broxburn

Tel. No. _01506-45633_

Last Name _Samuel_

Sex _Female_

Date of Birth _30-May-61_

Insurance Number _WB123423D_

Position _Charge Nurse_

Current Salary _18,760_

Salary Scale _1C scale_

Paid Weekly or Monthly (Enter W or M) _M_

Allocated to Ward _11_

Hours/Week _37.5_

Permanent or Temporary (Enter P or T) _P_

Qualification(s)

Type _BSc Nursing Studies_

Date _12-Jul-87_

Institution _Edinburgh University_

Work Experience

Position _Staff Nurse_

Start Date _23-Jan-90_

Finish Date _1-May-93_

Organization _Western Hospital_

Note: Please enter additional qualifications/work experience on reverse.

图 B-1　Wellmeadows 医院员工登记表

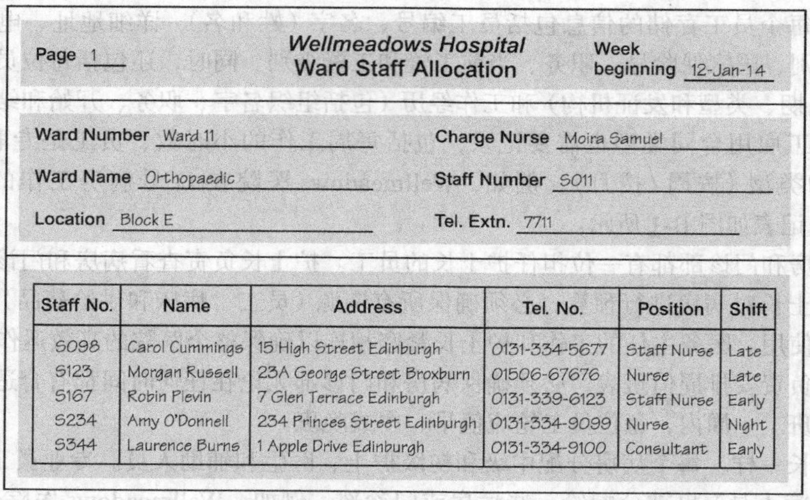

Page _1_

Wellmeadows Hospital
Ward Staff Allocation

Week beginning _12-Jan-14_

Ward Number _Ward 11_

Ward Name _Orthopaedic_

Location _Block E_

Charge Nurse _Moira Samuel_

Staff Number _S011_

Tel. Extn. _7711_

Staff No.	Name	Address	Tel. No.	Position	Shift
S098	Carol Cummings	15 High Street Edinburgh	0131-334-5677	Staff Nurse	Late
S123	Morgan Russell	23A George Street Broxburn	01506-67676	Nurse	Late
S167	Robin Plevin	7 Glen Terrace Edinburgh	0131-339-6123	Staff Nurse	Early
S234	Amy O'Donnell	234 Princes Street Edinburgh	0131-334-9099	Nurse	Night
S344	Laurence Burns	1 Apple Drive Edinburgh	0131-334-9100	Consultant	Early

图 B-2　Wellmeadows 医院病房员工一览表的第一页

病人

病人一旦进入医院，就会分配到唯一的病人号。同时，病人的其他信息也要记录，包括名字（姓和名）、地址、电话号码、出生日期、性别、婚姻状况、住院日期和病人家属的情况。

病人家属

病人家属的情况需要记录，包括家属的全名、和病人的关系、地址、电话号码。

社区医生

病人通常由社区医生送到医院。社区医生的情况需要记录，包括他们的全名、诊所号、地址和电话号码。诊所号在全英国是唯一的。Wellmeadows 医院用于记录病人 Anne Phelps 详细情况的登记表如图 B-3 所示。

Wellmeadows Hospital
Patient Registration Form
Patient Number: P10234

Personal Details

First Name _Anne_   Last Name _Phelps_

Address _44 North Bridges_   Gender _Female_

Cannonmills   Tel. No. _0131-332-4111_

Edinburgh, EH1 5GH

DOB _12-Dec-33_   Marital Status _Single_

Date Registered _21-Feb-09_

Next-of-Kin Details

Full Name _James Phelps_   Relationship _Son_

Address _145 Rowlands Street_

Paisley, PA2 5FE

Tel. No. _0141-848-2211_

Local Doctor Details

Full Name _Dr Helen Pearson_   Clinic No. _E102_

Address _22 Cannongate Way,_

Edinburgh, EH1 6TY

Tel. No. _0131-332-0012_

图 B-3 Wellmeadows 医院病人登记表

病人约查

病人被他的社区医生送到 Wellmeadows 医院后，就会预约一次由医院咨询专家进行的检查。每次约查都有唯一的约查号。记录每名病人约查的情况，包括进行此次检查的专家的名字和员工编号、约查日期和时间及约查房间（例如，房间 E252）。

检查结果将确定病人是送到门诊就诊还是住院就诊。

门诊病人

门诊病人的情况需要存储，包括病人号、名字（姓和名）、地址、电话号码、出生日期、性别、在门诊部约诊的日期和时间。

住院病人

护士长和其他高级医护人员负责为病人分配病床。当前已安置在病房和在等待安置的病人情况需要记录，包括病人号、名字（姓和名）、地址、电话号码、出生日期、性别、婚姻状况、病人家属的情况、放置在等待队列中的日期、所需的病房、希望住院的时间（按天计）、住院日期、出院日期和实际出院日期（若能确定的话）。

病人住进病房时，被分配一个病床且具有唯一的病床号。被分配到 11 号病房的病人的详细情况一览表如图 B-4 所示。

Page 1		**Wellmeadows Hospital** **Patient Allocation**				Week beginning 12-Jan-14	
Ward Number _Ward 11_				Charge Nurse _Moira Samuel_			
Ward Name _Orthopaedic_				Staff Number _S011_			
Location _Block E_				Tel. Extn. _7711_			

Patient Number	Name	On Waiting List	Expected Stay (Days)	Date Placed	Date Leave	Actual Leave	Bed Number
P10451	Robert Drumtree	12-Jan-14	5	12-Jan-14	17-Jan-14	16-Jan-14	84
P10480	Steven Parks	12-Jan-14	4	14-Jan-14	18-Jan-14	18-Jan-14	79
P10563	David Black	13-Jan-14	14	13-Jan-14	27-Jan-14		80
P10604	Ian Thomson	14-Jan-14	10	15-Jan-14	25-Jan-14		87
P10787	Peter Smith	17-Jan-14	5	17-Jan-14	22-Jan-14		84

图 B-4　Wellmeadows 医院某病房病人一览表的第一页

病人的药方

给病人开药时，有关情况需要记录，包括病人名字和病人号、药品数量和名称、每天服用的次数、服用方法（例如，口服、静脉注射）、开始和结束的日期。给每位病人的药品应得到控制。Wellmeadows 医院用于记录病人 Robert MacDonald 的用药情况表如图 B-5 所示。

治疗品和非治疗品供应

Wellmeadows 医院有一个治疗（例如，注射器、消毒剂）和非治疗（例如，塑料袋、围裙）医疗用品的中心库。医疗用品的信息包括物品号和名字、物品说明书、库存数量、再订购级别和单价。用品号可以唯一标识每类治疗用和非治疗用医疗物品。每个病房所用医疗用品都会得到监控。

Wellmeadows Hospital
Patient Medication Form

Patient Number: _P10034_

Full Name _Robert MacDonald_   Ward Number _Ward 11_

Bed Number _84_   Ward Name _Orthopaedic_

Drug Number	Name	Description	Dosage	Method of Admin	Units per Day	Start Date	Finish Date
10223	Morphine	Pain killer	10mg/ml	Oral	50	24-Mar-14	24-Apr-14
10334	Tetracycline	Antibiotic	0.5mg/ml	IV	10	24-Mar-14	17-Apr-14
10223	Morphine	Pain killer	10mg/ml	Oral	10	25-Apr-14	2-May-14

图 B-5 Wellmeadows 医院病人用药情况表

药物供应

医院也有一个药品供应库（例如，抗生素、止痛药）。药品供应的情况包括药品号和名字、说明书、用量、服用方法、库存数量、再订购级别和单价。药品号可以唯一标识每类药品。每个病房所用的药品都会得到控制。

病房申请表

需要时，护士长可以从医院的中心库房取到治疗、非治疗用品。这些用品是用申请表按订货的顺序供应给病房的。申请表的信息包括唯一的申请表号、提交申请的员工名字、病房号和病房名字。它也包括物品或药品号、名字、说明书、用量、服用方法（只对药品）、单价、所需数量和订单日期。申请的供应品被送到病房时，申请表由护士长签名并标明日期。Wellmeadows 医院 11 号病房用于订购药品的申请表如图 B-6 所示。

Wellmeadows Hospital
Central Store
Requisition Form

Requisition Number: _034567712_

Ward Number _Ward 11_   Requisitioned By _Moira Samuel_

Ward Name _Orthopaedic_   Requisition Date _15-Feb-14_

Item/Drug Number	Name	Description	Dosage (Drugs Only)	Method of Admin	Cost per Unit	Quantity
10223	Morphine	Pain killer	10mg/ml	Oral	27.75	50

Received By: _____   Date Received: _____

图 B-6 Wellmeadows 医院病房申请表

供应商

　　治疗、非治疗用品供应商的信息也需要存储，包括供应商的名字和编号、地址、电话号码和传真号码。供应商编号能唯一标识每个供应商。

B.3.2　事务需求（示例）

　　运行下列事务可以获得适当的信息，用于员工管理和查看 Wellmeadows 医院每天的运营情况。每项事务都和医院特定的工作联系在一起。这些工作由一定级别（位置）的员工负责。每项事务的主要用户或用户组写在每项事务描述最后的括号里。

　　（a）创建和维护所有员工情况的记录（人事部主任）。

　　（b）查找具有特殊资格证或有一定工作经验的员工（人事部主任）。

　　（c）产生一个报表，列出分配到每个病房的员工的情况（人事部主任和护士长）。

　　（d）创建和维护送到住院部的病人情况的记录（所有员工）。

　　（e）创建和维护送到门诊部的病人情况的记录（护士长）。

　　（f）产生一个报表，列出送到门诊部的病人的情况（护士长和医务主任）。

　　（g）创建和维护送到特定病房的病人情况的记录（护士长）。

　　（h）产生一个报表，列出当前在特定病房的病人的情况（护士长和医务主任）。

　　（i）产生一个报表，列出当前在等待入住特定病房的病人的情况（护士长和医务主任）。

　　（j）创建和维护给特定病人所开药方情况的记录（护士长）。

　　（k）产生一个报表，列出特定病人的药方的情况（护士长）。

　　（l）创建和维护医院供应者情况的记录（医务主任）。

　　（m）创建和维护特定病房申请供应品的申请表细节的记录（护士长）。

　　（n）产生一个报表，列出对具体某个病房提供的供应品的情况（护士长和医务主任）。

可选的 ER 建模表示法

本附录我们主要学习：

- 如何使用另一些可选的表示法来创建 ER 模型

在第 12 章和第 13 章中学习了如何使用越来越流行的表示法——UML（统一建模语言）来创建（增强的）实体联系（ER）模型。在本附录中，将展示另外两套常用的 ER 表示法。第一套称为 Chen（陈氏）表示法，第二套称为 Crow Feet（鸦爪）表示法。为了给读者提供示范，下面列出两个表格，展示 ER 模型中每个基本概念所对应的表示法，然后再通过图 12-1 中的一部分 ER 模型范例进一步说明它们的使用。

C.1 使用 Chen 表示法的 ER 建模

表 C-1 列出了与 ER 模型中主要概念所对应的 Chen 表示法，图 C-1 显示了将图 12-1 中的部分 ER 模型用 Chen 表示法重新表现出来的结果。

表 C-1　用于 ER 建模的 Chen 表示法

表　示　法	含　　义
实体名	强实体
实体名	弱实体
联系名	联系
联系名	与弱实体关联的联系
联系名　角色名　角色名　实体名	带角色名的递归联系，角色名用以标识实体在联系中所扮演的角色
属性名	属性
属性名	主关键字属性
属性名	多值属性

（续）

表 示 法	含 义
（属性名）	派生属性
1 ◇ 1	一对一（1:1）联系
1 ◇ M	一对多（1:M）联系
M ◇ N	多对多（M:N）联系
A 1 ◇ M B	一对多联系，并且 A 和 B 实体都强制参与此联系
A 1 ◇ M B	一对多联系，B 实体强制参与此联系，A 实体可选参与此联系
A 1 ◇ M B	一对多联系，并且 A 和 B 实体都可选参与此联系
超类 d 子类 子类	概化 / 特殊化。如果圆圈中含字符 d（如图所示），则联系为不相交；如果圆圈中含字符 o，则联系不是不相交的。从超类到圆圈的双线代表强制参与（如图所示）；单线则代表可选参与

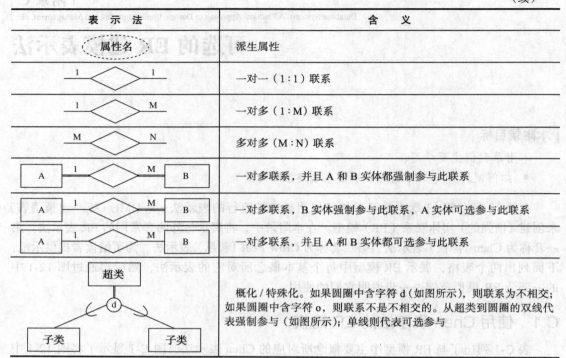

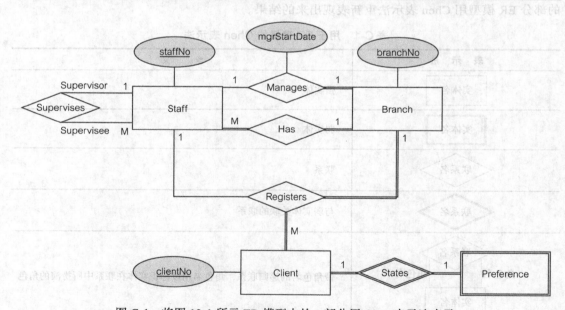

图 C-1　将图 12-1 所示 ER 模型中的一部分用 Chen 表示法表示

C.2　使用 Crow Feet 表示法的 ER 建模

表 C-2 列出了与 ER 模型中主要概念所对应的 Crow Feet 表示法，图 C-2 显示了将图 12-1 中的部分 ER 模型用 Crow Feet 表示法重新表现出来的结果。

表 C-2 用于 ER 建模的 Crow Feet 表示法

表 示 法	含 义
实体名	强实体
联系名	联系
联系名 角色名 角色名 实体名	带角色名的递归联系，角色名用以标识实体在联系中所扮演的角色
实体名 属性名 属性1 属性2 ⋮	属性在实体表示的下半部分 主关键字属性用下划线标出，多值属性放在花括号（{}）中
联系名	一对一联系
联系名	一对多联系
联系名	多对多联系
A 联系名 B	一对多联系，并且 A 和 B 实体都强制参与此联系
A 联系名 B	一对多联系，B 实体强制参与此联系，A 实体可选参与此联系
A 联系名 B	一对多联系，并且 A 和 B 实体都可选参与此联系
超类 子类 子类	用"矩形"套"矩形"的形式表示泛化 / 特殊化

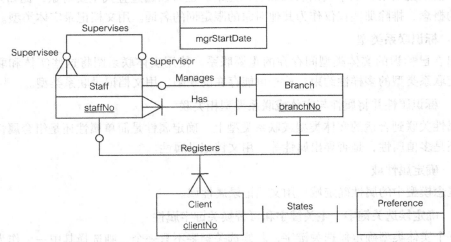

图 C-2 将图 12-1 所示 ER 模型中的一部分用 Crow Feet 表示法表示

Database Systems: A Practical Approach to Design, Implementation, and Management, 6E

关系数据库设计方法学总结

本附录目标

本附录我们主要学习：

- 数据库设计由三个主要的阶段组成：概念、逻辑和物理数据库设计
- 数据库设计方法学各主要阶段中的具体步骤

本书介绍了一种关系数据库的设计方法学。这个方法由三个主要的阶段组成：概念、逻辑和物理数据库设计，这些都已经在第 16 ～ 19 章详细讨论过。本附录将为那些对数据库设计已经非常熟悉的读者简要总结一下这些阶段中的各个步骤。

步骤 1　建立概念数据模型

概念数据库设计的第一步就是针对企业的数据需求设计概念数据模型。概念数据模型包括：

- 实体类型
- 联系类型
- 属性和属性的域
- 主关键字和候选关键字
- 完整约束条件

概念数据模型有支撑文档，包括数据字典，它是在模型开发的整个过程中逐步产生的。我们将随着本步骤各项任务的展开逐步细化支撑文档的类型。

步骤 1.1　标识实体类型

建立局部概念数据模型的第一步是确定用户感兴趣的主要对象。标识实体的一种方法是检查用户需求说明书，从中找出名词和名词短语。也可以通过查找主要对象，比如人、地点和关注的概念，排除那些仅仅作为其他对象的限定词的名词。用文档记录实体类型。

步骤 1.2　标识联系类型

找出在已标识的实体类型间存在的重要联系。使用实体联系图将这些实体和联系可视化。确定联系类型的多样性约束。检查可能存在的缺陷。用文档记录联系类型。

步骤 1.3　标识属性并将属性与实体或联系类型相关联

将属性关联到合适的实体类型或联系类型上。确定属性是简单属性还是组合属性，是单值属性还是多值属性，是否导出属性等。用文档记录属性。

步骤 1.4　确定属性域

为概念模型中的属性确定域。用文档记录属性域。

步骤 1.5　确定候选关键字、主关键字和可替换关键字属性

为每个实体类型确定候选关键字，若候选关键字不只一个，则选择其中一个作为主关键

字。用文档记录每一个强实体的主关键字和候选关键字。

步骤 1.6 考虑使用增强的建模概念（可选步骤）

考虑使用增强的建模概念，比如特殊化 / 泛化、聚合和组合。

步骤 1.7 检查模型的冗余

检查模型中可能出现的任何冗余。尤其是重新检查一对一联系，去除冗余联系并考虑时间维度。

步骤 1.8 针对用户事务验证概念数据模型

确保概念数据模型支持所要求的事务。有两种可选的方法：叙述事务或使用事务路径走查。

步骤 1.9 与用户一起复查概念数据模型

与用户一起复查概念数据模型以确保模型真实反映了企业的需求。

步骤 2 建立逻辑数据模型

根据概念数据模型构建逻辑数据模型，然后验证该模型以确保其结构正确（使用规范化技术），并能支持所要求的事务。

步骤 2.1 从逻辑数据模型中导出关系

根据表示已标识实体、联系和属性的概念数据模型创建关系。表 D-1 总结了如何将实体、联系和属性映射到关系中。用文档记录关系和外部关键字属性，同时记录那些从逻辑数据模型导出关系的过程中新形成的主关键字或可替换关键字。

表 D-1 如何将实体和联系映射为关系

实体 / 联系 / 属性	映射为关系
强实体	生成包含所有属性的关系
弱实体	生成包含所有简单属性的关系（当与每个属主实体的联系被映射之后，再标识出主关键字）
一对多二元联系	一方实体的主关键字作为表示多方实体的关系的外部关键字，该联系若有任何属性也安排在多方
一对一二元联系 （a）两方都强制参与 （b）一方强制参与 （c）两方都可选参与	两个实体组合为一个关系 可选方实体的主关键字安排为表示强制方实体的关系的外部关键字 若没有进一步的信息则可随意
超类 / 子类联系	参见表 D-2
多对多二元联系，复杂联系	生成一个表示该联系的关系，该关系包含该联系的所有属性作，为该关系外部关键字出现的所有属主实体的主关键字
多值属性	生成一个表示该属性的关系，并把该属性的属主实体的主关键字作为该关系的外部关键子

表 D-2 基于参与和不相交约束的超类 / 子类联系的表示

参 与 约 束	不相交约束	映射为关系
强制	非不相交 {And}	单个关系（用一个或多个判别式区分每个元组的类型）

（续）

参 与 约 束	不相交约束	映射为关系
可选	非不相交 {And}	两个关系：一个表示超类，另一个表示所有子类（用一个或多个判别式区分每个元组的类型）
强制	不相交 {Or}	多个关系：每一对超类 / 子类转化为一个关系
可选	不相交 {Or}	多个关系：一个关系表示超类，其他每个子类对应一个关系

步骤 2.2 使用规范化方法验证关系

使用规范化方法验证逻辑数据模型中的关系。这个步骤的目标是确保从逻辑数据模型中导出的每个关系至少是第三范式（3NF）。

步骤 2.3 针对用户事务验证关系

保证逻辑数据模型中的关系支持所要求的事务。

步骤 2.4 检查完整约束条件

确定完整性约束条件，包括指定有效数据约束、属性域约束、多样性、实体完整性、引用完整性、一般性约束。用文档记录所有的完整性约束。

步骤 2.5 与用户一起复查逻辑数据模型

保证用户肯定该逻辑数据模型真实反映了企业的数据需求。

步骤 2.6 将逻辑数据模型合并为全局模型

方法学中步骤 2 的指南适用于从简单到复杂数据库的设计。例如，无论设计单用户或多用户视图的数据库，若采用集中法（参见 10.5 节），则步骤 2.6 可省去。然而，当数据库有多个视图，系统选择采用视图集成法（参见 10.5 节）设计时，那么对代表数据库不同视图的每个模型都要重复步骤 2.1 至步骤 2.5，在步骤 2.6 合并这些数据模型。合并过程中通常的任务包括：

（1）检查实体 / 关系的名字与内容以及它们的候选关键字。

（2）检查联系 / 外部关键字的名字与内容。

（3）合并来自局部数据模型中的实体 / 关系。

（4）纳入（不是合并）那些仅出现在某个局部数据模型的实体 / 关系。

（5）合并来自局部数据模型中的联系 / 外部关键字。

（6）纳入（不是合并）那些仅出现在某个局部数据模型的联系 / 外部关键字。

（7）检查是否有遗漏的实体 / 关系和联系 / 外部关键字。

（8）检查外部关键字。

（9）检查完整性约束。

（10）绘制全局 ER/ 关系图。

（11）更新文档。如果必要的话，使用规范化技术来验证由全局逻辑数据模型创建的关系，保证它们支持所需的事务。

步骤 2.7 检查模型对未来可扩展性的支持

判断在可预见的将来是否会出现一些重大变化，并评估全局逻辑数据模型是否能适应这些变化。

步骤 3　转换逻辑数据模型以适应目标 DBMS

由逻辑数据模型产生一个可在目标 DBMS 中实现的关系数据库模式。

步骤 3.1　设计基础关系

确定在目标 DBMS 中如何表示全局逻辑数据模型中的各个基本关系。用文档记录这些基本关系的设计。

步骤 3.2　设计导出数据的表示方法

确定在目标 DBMS 中如何表示全局逻辑数据模型中存在的导出数据。用文档记录这些导出数据的设计。

步骤 3.3　设计一般性约束

针对目标 DBMS 设计一般性约束。用文档记录一般性约束的设计。

步骤 4　设计文件组织方法和索引

选择可选的文件组织方法，用以存储基本关系和索引以使其达到可接受的性能，也就是确定关系和元组在辅存储器上存储的方式。

步骤 4.1　分析事务

理解那些将要在数据库上运行的事务并分析重要的事务。

步骤 4.2　选择文件组织方法

为每个基本关系确定有效的文件组织方法。

步骤 4.3　选择索引

确定增加的索引是否改善了系统的性能。

步骤 4.4　估计所需的磁盘空间

估计数据库所需要的磁盘空间量。

步骤 5　设计用户视图

设计那些早在关系数据库系统开发生命周期的需求收集和分析阶段就已经确定的用户视图。用文档记录这些用户视图的设计。

步骤 6　设计安全机制

根据用户要求设计数据库的安全措施。用文档记录这些安全措施的设计。

步骤 7　考虑引入可控冗余

确定是否需要以可控的方式引入冗余，缓解规范化限制以提高系统的性能。例如，考虑复制属性或将关系连接起来，等等。用文档记录引入的冗余。

步骤 8　监控系统和系统调优

监控实际运行系统，为了纠正不合理的设计决策或适应变更的需求，调优系统性能。

附录 E

Database Systems: A Practical Approach to Design, Implementation, and Management, 6E

轻量级 RDBMS：Pyrrho 简介

由 Malcolm Crowe 撰稿，www.pyrrhodb.com

本附录目标

本附录我们主要学习：

- Pyrrho DBMS 的主要概念和体系结构
- Pyrrho 与 SQL:2011 标准的兼容性
- 用户和开发人员如何使用 Pyrrho DBMS

Pyrrho 是一个小规模的开源关系数据库（小于 1MB），特别适合移动和嵌入式应用。它在所提供的特性上与 SQL:2011 标准严格兼容。Pyrrho 能运行在 Windows 的 .NET 平台和 Linux 上，除了通常的 .NET 类（IDbCommand、DataReader 和 DataAdapter 等）外，它还能与 PHP 和 SWIProlog 接口。开源 Pyrrho 也实现了 Java 持久 API。对于这些特性，Pyrrho 做了两点扩充：一是增加了遵循 OWL2 的语义数据和行类型；二是支持基于角色的安全和数据建模，即数据库对象的命名和操作许可均依赖于用户当前的角色。

Pyrrho 采用严格的 ACID 事务模型：Pyrrho 事务完全隔离（无污读）且强势持久，即数据库历史完全保留且不能更改，除非破坏数据库本身。原子性和一致性如此来强制：用单一操作将事务的所有数据写到非易失存储器，这意味着 Pyrrho 写入非易失存储器的次数约为其他 DBMS 的 1/70。因此，若服务器有足够的内存，Pyrrho 将更快，更适合远程存储（例如移动装置）。

关于用户身份标识和操作许可，Pyrrho 也采取严格的观点，Pyrrho 应该用于那些数据稳定聚集并要永久保持的应用场景。例如，客户数据、订单记录和付款记录等。而一些过程性数据，如分析、预测等数据也能用 Pyrrho 处理，但应放在另外的数据库，与永久数据分离开来。这样一来，这些过程性数据产生的结果一旦用完，过程性数据就可以整体删掉。Pyrrho 对多数据库连接的支持也使得这样做成为可能。

本附录总结了 Pyrrho 的基本特性。Pyrrho 的各个版本（1–6MB）都可从 Pyrrho Web 网站 www.pyrrhodb.com 上免费下载，网站上还有访问 Pyrrho SQL 语法和其他特性的细节信息的链接。

E.1　Pyrrho 特性

Pyrrho 包括下列主要的 SQL:2011 特性：SQL 例程语言；间隔（intervals）和日期时间（datetime）型数据计算；含子查询的域和约束；计算完备性；导出表；行和表构造器；结构类型；数组；多重集；角色；高级 OLAP 功能；时序版本化表和 XML。完整特性列表见 Web 网站。

Pyrrho 在以下方面与 SQL:2011 标准不同：认为小整型（smallint）和双精度是多余的，因而不予支持（应分别用整型 int 和实型 real 代替）；无限制变长串（unbounded varying strings）被视为默认类型；在 SQL 中可用 HTTP 操作；REVOKE 比在 SQL:2011 中更直观（无条件收回权限）；ISOLATED（隔离）是唯一能进行的事务设置；支持时序表；ALTER SCHEMA 基于角色并包括某些元数据和级联的重命名；不支持 CREATE SCHEMA 和老式的嵌入式 SQL 结构。此外：

- Pyrrho 支持完整 Unicode 字符集，并且数据库是场地独立的。
- 开源版本支持 Java 永久库。
- 所有版本都支持 PHP、SWI-Prolog 和 LINQ。

E.2　下载并安装 Pyrrho

在 Windows 下首先要安装 .NET 平台，从 Microsoft Update 可获得。在 Linux 下，Mono project（www.monoproject.com）提供所要求的下载。

从 www.pyrrhodb.com 下载 Pyrrho 专业版并在合适的目录位置抽取出文件。一种好的习惯是把服务器 PyrrhoSvr.exe 移动到另一目录位置，包含 PyrrhoSvr.exe 的文件夹也将包含数据库文件，因此，该文件夹的所有者应从命令行启动 PyrrhoSvr.exe。在 Linux 下，该命令为 mono PyrrhoSvr.exe。

为预防起见，Windows 可能会提示中止了该程序，如果你想继续在网络上用该服务器，则按一下该安全对话框中的"不中止"按钮。关于防火墙配置细节，见 Web 网站 www.pyrrhodb.com。

默认情况下，PyrrhoSvr 在端口 5433 提供数据库服务，在端口 8080 提供 Web 服务。可用你的 Web 浏览器 http://localhost:8080/ 检查一下该服务器是否正在运行。

导出的 Web 页可用于试用简单的 SQL 语句。

下载中有两个标准实用程序，一个是 PyrrhoCmd，它是带控制台界面的命令行处理器；另一个是 PyrrhoSQL，它用的是 Windows 用户界面。客户端若要连接一个 Pyrrho 或开源 Pyrrho 数据库，必须要有客户端库 PyrrhoLink.dll（或 OSPLink.dll）。最简单的做法就是将一个 PyrrhoLink.dll/OPSLink.dll 的副本放在与可执行工具相同的位置上（像 Visual Studio 这类工具会自动完成）。

对于嵌入式应用，这个动态链接库（.dll）常与 EmbeddedPyrrho.dll、OSP.dll、Android-OSP.dll、PhoneOSP.dll 或 SilverlightOSP.dll 中的某个连用。

E.3　开始使用

为了从命令行开始使用数据库，键入：

PyrrhoCmd

默认的数据库名为 Temp，若要用一个别的数据库，则可在该命令行后面指出来。上面的命令行第一次运行时，PyrrhoSvr 会创建一个称为 Temp 的数据库，新数据库的所有者就是发出这条 PyrrhoCmd 命令的用户。计算机显示光标 SQL> 作为回应。系统表 Sys$Database 和 Sys$Table 可用于检查哪些表可访问：

SQL> **TABLE** "Sys$Database"

注意，SQL:2003 要求用双引号，把那些匹配保留字、大小写敏感或包含 $ 这样的特殊字符的标识符括起来。

用这样的语句创建表:

CREATE TABLE Members (id int primary key, surname char)

这将创建一个名为 MEMBERS 的表。注意 Pyrrho 默认域的大小,因此这里的 SURNAME 实际是个串。为了在 MEMBERS 中加入行,可用语句:

INSERT INTO Members (surname) values ('Bloggs'), ('Smith')

默认时,Pyrrho 会为整形 int 的主关键字提供合适的值,比如这里的 ID,当然你也可以自己提供值。

用这样的命令行界面输入 SQL 语句时,要避免在语句结束前使用回车键。一种可选的办法是,语句前缀上 [并以] 结束,此时在语句中间即可用回车键了。

E.4　连接串

应用开发人员可用 .NET API 进行数据库系统开发。为了用 PyrrhoLink.dll 连接数据库,要先定义 PyrrhoConnect 的一个实例。用 C# 写的代码为:

```
var conn = new PyrrhoConnect(connectionString);
conn.Open();
```

为连接名为 Temp.pfl 的单个数据库,连接串可简单为 "Files＝Temp"。

连接一旦打开,标准的 .NET 机制便开始作用。首先,使用 CreateCommand 方法创建一个 IDbCommand,利用 CommandText 属性即可将一个 SQL 语句赋给它。然后,该命令调用 ExecuteNonQuery,将 SQL 语句送到服务器执行,接着调用 ExecuteReader 给出一个 DataReader,用于读取和访问所选数据。

使用 Visual Studio 的开发者还能增加来自 PyrrhoLink.dll 的一些工具箱条目,包括内含连接串设计器的数据适配器等。

E.5　Pyrrho 的安全模型

最早使用客户端实用程序的某个人应该创建数据库的基本表,并把对这些表的操作许可授予其他用户。对于每个事务,Pyrrho 都记录下用户和他在此事务中的角色。每个数据库都有一个与数据库同名的缺省角色,数据库最初的创建者可以使用该角色名。一个用户可能被授予几种角色权限,但一次只能用一种,或在连接串中选定,或用 SET ROLE 命令交互式设置,例如,

set role "Sales"

其他用户必须在授予某种具体权限(使其在数据库中具有合法身份)后才能对数据库进行任何修改。

共享数据库最简单(也是最坏)的方式就是允许所有具有这样的角色名的用户做任何事,而匿名用户只允许读操作。因此,在 Windows 下,如果数据库 MyDb 上没有其他安全设置,那么该数据库的创建者就能利用下面的授权语句与计算机(或域)JOE 上的用户 "mary" 共享该数据库:

GRANT ROLE "MyDb" to "JOE\mary"

这将允许"mary"以任何方式访问或修改该数据库，除了不能改安全设置。双引号是必需的，因为数据库名和用户名都是大小写敏感的。而语句

GRANT ROLE "MyDb" **to public**

则使得任何用户都能访问和修改数据库 MyDb，但不能改安全设置。其他形式的授权语句可用于说明对特定的数据库对象可使用哪些特殊权利。授权可用 REVOKE 语句撤销。当用户被授予操作许可后，他们当然就能访问由这些许可确定的当前可访问的数据。也有一些特例：比如数据库的所有者能访问所有日志，系统表是对所有用户公开但是只读的。

注意，Pyrrho 的用户 ID 就是用户名（在 Windows 下形式为"DOMAIN\user"），而不是操作系统使用的 UID 或 SID。

E.6 Pyrrho SQL 语法

Pyrrho 中的串用单引号括起来。串中连续的两个单引号则表示一个单引号。Hexits 是十六进制数字 0-9，A-F 和 a-f，它们用于表示二进制对象。日期、时间和间隔都用（引起来）串值，并且不是场地依赖的。更多细节见 SQL:2003。例如，

- 日期数据形式如 DATE 'yyyy-mm-dd'。
- 时间数据形式如 TIME 'hh:mm:ss' 或 TIME 'hh:mm:ss.sss'。
- 时间戳形式如 TIMESTAMP 'yyyy-mm-dd hh:mm:ss.ss'。
- 间隔的形式包括：
  - INTERVAL 'yyy' YEAR
  - INTERVAL 'yy-mm' YEAR TO MONTH
  - INTERVAL 'm' MONTH
  - INTERVAL 'd hh:mm:ss' DAY(1) TO SECOND
  - INTERVAL 'sss.ss' SECOND(3, 2) 等

下面列出 Pyrrho 支持的 SQL 文法大纲，更多细节可下载文档 Pyrrho.doc，或在 Web 网站上查看。

```
Sql = SqlStatement [';'] .

SqlStatement =   Alter
           |     BEGIN TRANSACTION [WITH PROVENANCE string ]
           |     Call
           |     COMMIT
           |     CreateClause
           |     CursorSpecification
           |     DeleteSearched
           |     DropClause
           |     Grant
           |     Insert
           |     Rename
           |     Revoke
           |     ROLLBACK
           |     SET AUTHORIZATION '=' CURATED
           |     SET PROFILING '=' (ON|OFF)
           |     SET ROLE id
           |     SET TIMEOUT '=' int
```

	|	UpdateSearched
	|	HTTP HttpRest .
Statement =		Assignment
	|	Call
	|	CaseStatement
	|	Close
	|	CompoundStatement
	|	BREAK
	|	Declaration
	|	DeletePositioned
	|	DeleteSearched
	|	Fetch
	|	ForStatement
	|	IfStatement
	|	Insert
	|	ITERATE label
	|	LEAVE label
	|	LoopStatement
	|	Open
	|	Repeat
	|	RETURN Value
	|	SelectSingle
	|	SIGNAL *Condition*_id
	|	UpdatePositioned
	|	UpdateSearched
	|	While
	|	HTTP HttpRest.
HttpRest =		(ADD | UPDATE) *url*_Value *data*_Value [AS *mime*_string]
	|	DELETE *url*_Value.
Alter =		ALTER DOMAIN id AlterDomain { ',' AlterDomain }
	|	ALTER FUNCTION id '(' Parameters ')' RETURNS Type
		AlterBody
	|	ALTER PROCEDURE id '(' Parameters ')' AlterBody
	|	ALTER Method AlterBody
	|	ALTER TABLE id AlterTable { ',' AlterTable }
	|	ALTER TYPE id AlterType { ',' AlterType }
	|	ALTER VIEW id AlterView { ',' AlterView }.
Method =		MethodType METHOD id '(' Parameters ')' [RETURNS Type]
		[FOR id].
Parameters =		Parameter { ',' Parameter } .
Parameter =		id Type .
MethodType =		[OVERRIDING | INSTANCE | STATIC | CONSTRUCTOR].
AlterDomain =		SET DEFAULT Default
	|	DROP DEFAULT
	|	TYPE Type
	|	AlterCheck .
AlterBody =		AlterOp { ',' AlterOp } .
AlterOp =		TO id
	|	Statement

	[ADD|DROP] Metadata .
Default =	Literal | DateTimeFunction | CURRENT_USER | CURRENT_ROLE | NULL | ARRAY'(' ')' | MULTISET'(' ')' .
AlterCheck =	ADD CheckConstraint
	[ADD|DROP] Metadata
	DROP CONSTRAINT id .

CheckConstraint = [CONSTRAINT id] CHECK '(' [XMLOption]
　　　　　　　　　　SearchCondition ')'.

XMLOption = WITH XMLNAMESPACES '(' XMLNDec {',' XMLNDec } ')' .

XMLNDec = (string AS id) \| (DEFAULT string) \| (NO DEFAULT) .

下列标准名空间和前缀为预定义的：

　　　　'http://www.w3.org/1999/02/22-rdf-syntax-ns#' AS rdf
　　　　'http://www.w3.org/2000/01/rdf-schema#' AS rdfs
　　　　'http://www.w3.org/2001/XMLSchema#' AS xsd
　　　　'http://www.w3.org/2002/07/owl#' AS owl

AlterTable =	TO id
	ADD ColumnDefinition
	ALTER [COLUMN] id AlterColumn { ',' AlterColumn }
	DROP [COLUMN] id DropAction
	(ADD|DROP) (TableConstraintDef | VersioningClause)
	ADD TablePeriodDefinition [AddPeriodColumnList]
	AlterCheck
	[ADD|DROP] Metadata .
AlterColumn =	TO id
	POSITION int
	(SET|DROP) ColumnConstraint
	AlterDomain
	GenerationRule
	Metadata.
AlterType =	TO id
	ADD (Member | Method)
	DROP (Member_id | Routine)
	Representation
	Metadata
	ALTER Member_id AlterMember { ',' AlterMember } .

Member = id Type [DEFAULT Value] Collate .

AlterMember =	TO id
	Metadata
	TYPE Type
	SET DEFAULT Value
	DROP DEFAULT .
AlterView =	SET (INSERT|UPDATE|DELETE|) TO SqlStatement
	SET SOURCE TO QueryExpression
	TO id
	Metadata .
Metadata =	ATTRIBUTE | CAPTION | ENTITY | HISTOGRAM | LINE | POINTS | PIE | SERIES | X | Y | string | iri.

标志和"约束"串都是 Pyrrho 的表达式。实体和属性影响 XML 的输出，而其他标志影响 HTML 的输出。串是在角色中的对象文档。

```
AddPeriodColumnList = ADD [COLUMN] Start_ColumnDefinition ADD
              [COLUMN] End_ColumnDefinition .

CreateClause =    CREATE ROLE id [Description_string]
        |         CREATE DOMAIN id [AS] DomainDefinition
        |         CREATE FUNCTION id '(' Parameters ')' RETURNS Type
                  Statement
        |         CREATE ORDERING FOR UDType_id (EQUALS ONLY|
                  ORDER FULL) BY Ordering
        |         CREATE PROCEDURE id '(' Parameters ')' Statement
        |         CREATE Method Body
        |         CREATE TABLE id TableContents [UriType] {Metadata}
        |         CREATE TEMPORAL VIEW id AS [TABLE] id WITH
                  KEY Cols
        |         CREATE TRIGGER id (BEFORE|AFTER) Event ON id
                  [ RefObj ] Trigger
        |         CREATE TYPE id [UNDER id] [Representation] [ Method
                  {',' Method} ]
        |         CREATE ViewDefinition
        |         CREATE XMLNAMESPACES XMLNDec { ',' XMLNDec }.

Representation = (StandardType|Table_id|'(' Member {',' Member }')')
                  [UriType] {CheckConstraint} .

UriType = [Abbrev_id]'^^'( [Namespace_id] ':' id | uri ) .
```

UriType 的语法属 Pyrrho 的扩展。Abbrev_id 仅能通过一个 CREATE DOMAIN 语句提供，参见 7.2.2 节。

```
DomainDefinition = StandardType [UriType] [DEFAULT Default]
                  { CheckConstraint } Collate .
Ordering = (RELATIVE|MAP) WITH Routine
        |         STATE .
TableContents = '(' TableClause {',' TableClause } ')' { VersioningClause }
        |         OF Type_id ['(' TypedTableElement {',' TypedTableElement ')']
        |         AS Subquery .
VersioningClause = WITH (SYSTEM|APPLICATION) VERSIONING .
```

WITH APPLICATION VERSIONING 是 Pyrrho 专有的。

```
TableClause =     ColumnDefinition {Metadata} | TableConstraint |
                  TablePeriodDefinition .
ColumnDefinition = id Type [DEFAULT Default] {ColumnConstraint|Check
                  Constraint} Collate
        |         id GenerationRule
        |         id Table_id '.' Column_id.
```

最后一种形式是查看表的简化版，例如 a.b 的域为 int，那么 a.b 就是 int check (value in (select b from a)) 的缩写。

GenerationRule = GENERATED ALWAYS AS '('Value')' [UPDATE '('
          Assignments ')']
    | GENERATED ALWAYS AS ROW (START|NEXT|END).

此句中第一行可选的更新子句是 Pyrrho 的创新。第二行是 SQL:2011 新引入的，表示一个新行的开始时间起初是当前时间，交付时改为系统（事务）时间。NEXT 是 Pyrrho 为时序表新增加的，它为动态的，受其他行变动的影响。

ColumnConstraint = [CONSTRAINT id] ColumnConstraintDef .

ColumnConstraintDef = NOT NULL
    | PRIMARY KEY
    | REFERENCES id [Cols] [USING Values] { ReferentialAction }
    | UNIQUE .

TableConstraint = [CONSTRAINT id] TableConstraintDef .

TableConstraintDef= UNIQUE Cols
    | PRIMARY KEY Cols
    | FOREIGN KEY Cols REFERENCES *Table*_id [Cols]
          { ReferentialAction }.

TablePeriodDefinition= PERIOD FOR PeriodName '(' *Column*_id ',' *Column*_id ')'.

PeriodName = SYSTEM_TIME | id.

TypedTableElement = ColumnOptionsPart | TableCnstraint .

ColumnOptionsPart = id WITH OPTIONS '(' ColumnOption {','
          ColumnOption } ')'.

ColumnOption = (SCOPE *Table*_id) | (DEFAULT Value) | ColumnConstraint.

Values =   '(' Value {',' Value } ')'.

Cols =   '('id { ',' id } ')' | '(' POSITION ')'.

ReferentialAction = ON (DELETE|UPDATE) (CASCADE| SET
          DEFAULT|RESTRICT).

ViewDefinition = VIEW id AS QueryExpression [UPDATE SqlStatement]
          [INSERT SqlStatement] [DELETE SqlStatement] {Metadata}.

这是对 SQL:2011 语法的扩充，目的是提供访问间接表更简单的机制。所有这些都能用 Web 服务访问远程数据。

Event = INSERT | DELETE | (UPDATE [OF id { ',' id }]) .

RefObj = REFERENCING { (OLD|NEW)[ROW|TABLE][AS] id } .

Trigger = FOR EACH ROW [TriggerCond] (Call | (BEGIN ATOMIC
      Statements END)) .

TriggerCond = WHEN '(' SearchCondition ')' .

DropClause =   DROP DropObject DropAction .

DropObject =   ROLE id
    | TRIGGER id
    | ORDERING FOR id
    | ObjectName
    | XMLNAMESPACES (id|DEFAULT) {',' (id|DEFAULT) } .

DropAction = | RESTRICT | CASCADE .

Rename =   SET ObjectName TO id .

Grant =   GRANT Privileges TO GranteeList [WITH GRANT OPTION]
      | GRANT *Role*_id { ',' *Role*_id } TO GranteeList [WITH
         ADMIN OPTION] .

Revoke =   REVOKE [GRANT OPTION FOR] Privileges FROM
         GranteeList
      | REVOKE [ADMIN OPTION FOR] *Role*_id { ',' *Role*_id }
         FROM GranteeList .

Privileges = ObjectPrivileges ON ObjectName.

ObjectPrivileges = ALL PRIVILEGES | Action { ',' Action } .

Action =   SELECT ['(' id { ',' id } ')']
      | DELETE
      | INSERT ['(' id { ',' id } ')']
      | UPDATE ['(' id { ',' id } ')']
      | REFERENCES ['(' id { ',' id } ')']
      | USAGE
      | TRIGGER
      | EXECUTE
      | OWNER .

ObjectName =   TABLE id
      | DOMAIN id
      | TYPE id
      | Routine
      | VIEW id
      | DATABASE.

GranteeList = PUBLIC | Grantee { ',' Grantee } .

Grantee =   [USER] id
      | ROLE id .

关于在 Pyrrho 中角色的使用参见 7.6 节。

Routine =   PROCEDURE id ['(' Type, {',' Type }')']
      | FUNCTION id ['(' Type, {',' Type }')']
      | [MethodType] METHOD id ['(' Type, {',' Type }')'] [FOR id]
      | TRIGGER id .

Type =   (StandardType | DefinedType | *Domain*_id | *Type*_id)[UriType].

StandardType = BooleanType | CharacterType | FloatType | IntegerType |
          LobType | NumericType | DateTimeType | IntervalType |
          XMLType .

BooleanType =   BOOLEAN.

CharacterType = (([NATIONAL]CHARACTER) | CHAR | NCHAR | VARCHAR)
          [VARYING] ['('int ')'] [CHARACTER SET id] Collate .

Collate =   [COLLATE id].

LobType =   BLOB | CLOB | NCLOB .

NCHAR 默默地改为 CHAR，NCLOB 改为 CLOB。COLLATE UNICODE 是默认的。

FloatType =　　　(FLOAT | REAL) ['('int','int')'] .

IntegerType =　　INT | INTEGER .

NumericType =　　(NUMERIC | DECIMAL | DEC) ['('int','int')'] .

DateTimeType = (DATE | TIME | TIMESTAMP) ([IntervalField [TO
　　　　　　　　IntervalField]] | ['(' int ')']).

使用 IntervalField 定义 DateTimeType 是对 SQL 标准的扩充。

IntervalType =　　INTERVAL IntervalField [TO IntervalField] .

IntervalField =　　YEAR | MONTH | DAY | HOUR | MINUTE | SECOND
　　　　　　　　['(' int ')'] .

XMLType =　　　XML .

DefinedType =　　(ROW | TABLE) Representation
　　　|　　　　Type ARRAY
　　　|　　　　Type MULTISET .

Insert =　　　　INSERT [WITH PROVENANCE string] [XMLOption]
　　　　　　　　INTO Table_id [Cols] Value .

UpdatePositioned = UPDATE [XMLOption] Table_id Assignment WHERE
　　　　　　　　CURRENT OF Cursor_id .

UpdateSearched = UPDATE [XMLOption] Table_id Assignment [WhereClause] .

DeletePositioned = DELETE [XMLOption] FROM Table_id WHERE
　　　　　　　　CURRENT OF Cursor_id.

DeleteSearched = DELETE [XMLOption] FROM Table_id [WhereClause] .

CursorSpecification = [XMLOption] QueryExpression .

QueryExpression = QueryExpressionBody [OrderByClause]
　　　　　　　　[FetchFirstClause] .

QueryExpressionBody = QueryTerm
　　　|　　　　QueryExpression (UNION | EXCEPT) [ALL | DISTINCT]
　　　　　　　　QueryTerm .

QueryTerm = QueryPrimary | QueryTerm INTERSECT [ALL | DISTINCT]
　　　　　　　　QueryPrimary .

QueryPrimary = QuerySpecification | Value | TABLE id .

QuerySpecification = SELECT [ALL | DISTINCT] SelectList TableExpression.

SelectList = '*' | SelectItem { ',' SelectItem } .

SelectItem = Value [AS id] .

TableExpression = FromClause [WhereClause] [GroupByClause]
　　　　　　　　[HavingClause] [WindowClause] .

FromClause = FROM TableReference { ',' TableReference } .

WhereClause = WHERE BooleanExpr .

GroupByClause = GROUP BY [DISTINCT | ALL] GroupingSet {',' GroupingSet}.

GroupingSet = OrdinaryGroup | RollCube | GroupingSpec | '('')'.

OrdinaryGroup = ColumnRef [Collate] | '(' ColumnRef [Collate] { ','
　　　　　　　　ColumnRef [Collate] } ')' .

RollCube = (ROLLUP|CUBE) '(' OrdinaryGroup { ',' OrdinaryGroup } ')' .

GroupingSpec = GROUPING SETS '(' GroupingSet { ',' GroupingSet } ')' .

HavingClause = HAVING BooleanExpr .

WindowClause = WINDOW WindowDef { ',' WindowDef } .

WindowDef = id AS '(' WindowDetails ')' .

WindowDetails = [*Window*_id] [PartitionClause] [OrderByClause]
        [WindowFrame].

PartitionClause = PARTITION BY OrdinaryGroup .

WindowFrame = (ROWS|RANGE) (WindowStart|WindowBetween) [Exclusion].

WindowStart = ((Value | UNBOUNDED) PRECEDING) | (CURRENT ROW).

WindowBetween = BETWEEN WindowBound AND WindowBound.

WindowBound = WindowStart | ((Value | UNBOUNDED) FOLLOWING).

Exclusion = EXCLUDE ((CURRENT ROW)|GROUP|TIES|(NO OTHERS)).

TableReference = TableFactor Alias | JoinedTable
        | TableReference FOLD | TableReference INTERLEAVE
        WITH QueryPrimary.

TableFactor =   *Table*_id [FOR SYSTEM_TIME [TimePeriodSpecification]]
        | *View*_id
        | ROWS '(' int [',' int] ')'
        | *Table*_FunctionCall
        | Subquery
        | '(' TableReference ')'
        | TABLE '(' Value ')'
        | UNNEST '(' Value ')'
        | XMLTABLE '(' [XMLOption] xml [PASSING NamedValue
        {',' NamedValue}] XmlColumns ')'.

ROWS(..) 是 Pyrrho（对表和 cell 日志）的扩展。

Alias =   [[AS] id [Cols]] .

Subquery =   '('QueryExpression')'.

TimePeriodSpecification = AS OF Value
        | BETWEEN [ASYMMETRIC|SYMMETRIC] Value AND Value
        | FROM Value TO Value.

JoinedTable =   TableReference CROSS JOIN TableFactor
        | TableReference NATURAL [JoinType] JOIN TableFactor
        | TableReference [JoinType] JOIN TableFactor USING
        '('Cols')' [TO '('Cols')']
        | TableReference TEMPORAL [[AS] id] JOIN TableFactor
        | TableReference [JoinType] JOIN TableReference ON
        SearchCondition .

JoinType =   INNER | (LEFT | RIGHT | FULL) [OUTER] .

SearchCondition = BooleanExpr .

OrderByClause = ORDER BY OrderSpec { ',' OrderSpec } .

OrderSpec = Value [ASC | DESC] [NULLS (FIRST | LAST)] .

FetchFirstClause = FETCH FIRST [int] (ROW|ROWS) ONLY .

XmlColumns = COLUMNS XmlColumn { ',' XmlColumn }.

XmlColumn = id Type [DEFAULT Value] [PATH str] .

Value =	Literal
|	Value BinaryOp Value
|	'-' Value
|	'(' Value ')'
|	Value Collate
|	Value '[' Value ']'
|	ColumnRef
|	VariableRef
|	(SYSTEM_TIME|*Period*_id|(PERIOD'('Value,Value')'))
|	VALUE
|	ROW
|	Value '.' Member_id
|	MethodCall
|	NEW MethodCall
|	FunctionCall
|	VALUES '('Value { ',' Value }')' {',' '('Value {',' Value }')'}
|	Subquery
|	(MULTISET | ARRAY | ROW) '('Value {',' Value }')'
|	TABLE '(' Value')'
|	TREAT '('Value AS Sub_Type')'
|	CURRENT_USER
|	CURRENT_ROLE
|	HTTP GET *url*_Value [AS *mime*_string].

BinaryOp =   '+' | '-' | '*' | '/' | '||' | MultisetOp .

VariableRef =   {*Scope*_id '.' } *Variable*_id.

ColumnRef =	[*TableOrAlias*_id '.'] Column_id
|	*TableOrAlias*_id '.' (POSITION| NEXT | LAST) .

MultisetOp =   MULTISET (UNION | INTERSECT | EXCEPT(ALL | DISTINCT).

Literal =	int
|	float
|	string
|	TRUE | FALSE
|	'X' '''' {hexit} ''''
|	id '^ ^' (*Domain*_id|*Type*_id|[*Namepsace*_id]':'id|uri)
|	DATE *date*_string
|	TIME *time*_string
|	TIMESTAMP *timestamp*_string
|	INTERVAL ['-'] *interval*_string IntervalQualifier.

IntervalQualifier =	StartField TO EndField
|	DateTimeField.

StartField = IntervalField ['(' int')'].

EndField = IntervalField | SECOND ['('int')'].

DateTimeField = StartField | SECOND ['('int [',' int]')'].

这里的整数表示整秒数或秒的小数部分的精度。

IntervalField = YEAR | MONTH | DAY | HOUR | MINUTE .

BooleanExpr = BooleanTerm | BooleanExpr OR BooleanTerm .

BooleanTerm = BooleanFactor | BooleanTerm AND BooleanFactor .

BooleanFactor = [NOT] BooleanTest .

BooleanTest = Predicate | '(' BooleanExpr ')' | *Boolean*_Value .

Predicate = Any | At | Between | Comparison | Contains | Current | Every | Exists |
　　　　In | Like | Member | Null | Of | PeriodBinary | Similar | Some | Unique.

Any = ANY '(' [DISTINCT|ALL] Value) ')' FuncOpt .

At = ColumnRef AT Value .

Between = Value [NOT] BETWEEN [SYMMETRIC|ASYMMETRIC] Value
　　　　AND Value .

Comparison = Value CompOp Value .

CompOp = '=' | '<>' | '<' | '>' | '<=' | '>=' .

Contains = PeriodPredicand CONTAINS (PeriodPredicand | *DateTime*_Value) .

Current = CURRENT '(' ColumnRef ')'.

Current 和 **At** 两类谓词可用作时序表的时间列的默认值。

Every = EVERY '(' [DISTINCT|ALL] Value) ')' FuncOpt .

Exists = EXISTS QueryExpression .

FuncOpt = [FILTER '(' WHERE SearchCondition ')'] [OVER WindowSpec] .

In = Value [NOT] IN '(' QueryExpression | (Value { ',' Value }) ')' .

Like = Value [NOT] LIKE string .

Member = Value [NOT] MEMBER OF Value .

Null = Value IS [NOT] NULL .

Of = Value IS [NOT] OF '(' [ONLY] Type {',['ONLY] Type } ')' .

Similar = Value [NOT] SIMILAR TO *Regex*_Value [ESCAPE char].

Some = SOME '(' [DISTINCT|ALL] Value) ')' FuncOpt .

Unique = UNIQUE QueryExpression .

PeriodBinary = PeriodPredicand (OVERLAPS|EQUALS|[IMMEDIATELY]
　　　　(PRECEDES|SUCCEEDS) PeriodPredicand .

FunctionCall = NumericValueFunction | StringValueFunction |
　　　　DateTimeFunction | SetFunctions | XMLFunction |
　　　　UserFunctionCall | MethodCall .

NumericValueFunction = AbsoluteValue | Avg | Cast | Ceiling | Coalesce |
　　　　Correlation | Count | Covariance | Exponential |
　　　　Extract | Floor | Grouping | Last |
　　　　LengthExpression | Maximum | Minimum |
　　　　Modulus | NaturalLogarithm | Next | Nullif |
　　　　Percentile | Position | PowerFunction | Rank |

Regression | RowNumber | SquareRoot |
StandardDeviation | Sum | Variance .

AbsoluteValue = ABS '(' Value ')' .

Avg = AVG '(' [DISTINCT|ALL] Value) ')' FuncOpt .

Cast = CAST '(' Value AS Type ')' .

Ceiling = (CEIL|CEILING) '(' Value ')' .

Coalesce = COALESCE '(' Value {',' Value } ')'

Corelation = CORR '(' Value ',' Value ')' FuncOpt .

Count = COUNT '(' '*' ')'
      | COUNT '(' [DISTINCT|ALL] Value) ')' FuncOpt .

Covariance = (COVAR_POP|COVAR_SAMP) '(' Value ',' Value ')' FuncOpt .

WindowSpec = Window_id | '(' WindowDetails ')' .

Exponential = EXP '(' Value ')' .

Extract = EXTRACT '(' ExtractField FROM Value ')' .

ExtractField = YEAR | MONTH | DAY | HOUR | MINUTE | SECOND.

Floor = FLOOR '(' Value ')' .

Grouping = GROUPING '(' ColumnRef { ',' ColumnRef } ')' .

Last = LAST ['(' ColumnRef ')' OVER WindowSpec] .

LengthExpression = (CHAR_LENGTH|CHARACTER_LENGTH|OCTET_
      LENGTH) '(' Value ')' .

Maximum = MAX '(' [DISTINCT|ALL] Value) ')' FuncOpt .

Minimum = MIN '(' [DISTINCT|ALL] Value) ')' FuncOpt .

Modulus = MOD '(' Value ',' Value ')' .

NaturalLogarithm = LN '(' Value ')' .

Next = NEXT ['(' ColumnRef ')' OVER WindowSpec] .

Nullif = NULLIF '(' Value ',' Value ')' .

Percentile = (PERCENTILE_CONT|PERCENTILE_DISC) '(' Value ')'
      WithinGroup .

WithinGroup = WITHIN GROUP '(' OrderByClause ')' .

Position = POSITION ['('Value IN Value ')'] .

PowerFunction = POWER '(' Value ',' Value ')' .

Rank = (CUME_DIST|DENSE_RANK|PERCENT_RANK|RANK) '('')' OVER
      WindowSpec| (DENSE_RANK|PERCENT_RANK|RANK|CUME_
      DIST) '(' Value {',' Value } ')' WithinGroup .

Regression = (REGR_SLOPE|REGR_INTERCEPT|REGR_COUNT|REGR_R2|
      REGR_AVVGX| REGR_AVGY|REGR_SXX|REGR_SXY|
      REGR_SYY) '(' Value ',' Value ')' FuncOpt .

RowNumber = ROW_NUMBER '('')' OVER WindowSpec .

SquareRoot = SQRT '(' Value ')' .

StandardDeviation = (STDDEV_POP|STDDEV_SAMP) '(' [DISTINCT|ALL] Value) ')' FuncOpt .

Sum = SUM '(' [DISTINCT|ALL] Value) ')' FuncOpt .

Variance = (VAR_POP|VAR_SAMP) '(' [DISTINCT|ALL] Value) ')' FuncOpt .

DateTimeFunction = CURRENT_DATE | CURRENT_TIME | LOCALTIME | CURRENT_TIMESTAMP | LOCALTIMESTAMP .

StringValueFunction = Normalize | Substring | RegularSubstring | Fold | Trim | XmlAgg .

Normalize = NORMALIZE '(' Value ')' .

Substring = SUBSTRING '(' Value FROM Value [FOR Value] ')' .

Fold = (UPPER|LOWER) '(' Value ')' .

Trim = TRIM '('[[LEADING|TRAILING|BOTH] [character] FROM] Value ')'.

XmlAgg = XMLAGG '(' Value ')' .

SetFunction = Cardinality | Collect | Element | Fusion | Intersect | Set .

Collect = COLLECT '(' [DISTINCT|ALL] Value) ')' FuncOpt .

Fusion = FUSION '(' [DISTINCT|ALL] Value) ')' FuncOpt .

Intersect = INTERSECT '(' [DISTINCT|ALL] Value) ')' FuncOpt .

Cardinality = CARDINALITY '(' Value ')' .

Element = ELEMENT '(' Value ')' .

Set = SET '(' Value ')' .

Assignment =   SET Target '=' Value { ',' Target '=' Value }
         | SET '(' Target { ',' Target } ')' '=' Value .

Target =   id { '.' id } .

SQL:2003 标准不支持直接包含参数表的目标。

Call =   CALL *Procedure*_id '(' [Value { ',' Value }] ')'
         | MethodCall .

CaseStatement = CASE Value { WHEN Value THEN Statements }
                [ELSE Statements] END CASE

         | CASE { WHEN SearchCondition THEN Statements }
                  [ELSE Statements] END CASE .

上面的语句中至少要有一个 WHEN 子句。

Close = CLOSE id .

CompoundStatement = Label BEGIN [XMLDec] Statements END .

XMLDec = DECLARE Namespace ';' .

Declaration =   DECLARE id { ',' id } Type
         | DECLARE id CURSOR FOR QueryExpression
                  [FOR UPDATE [OF Cols]]
         | DECLARE HandlerType HANDLER FOR ConditionList
                  Statement .

HandlerType =   CONTINUE | EXIT | UNDO .

ConditionList = Condition { ',' Condition } .

Condition = Condition_id | SQLSTATE string | SQLEXCEPTION | SQLWARNING | (NOT FOUND) .

Fetch = FETCH *Cursor*_id INTO VariableRef { ',' VariableRef } .

ForStatement = Label FOR [*For*_id AS][id CURSOR FOR] QueryExpression DO Statements END FOR [*Label*_id] .

IfStatement = IF BooleanExpr THEN Statements { ELSEIF BooleanExpr THEN Statements } [ELSE Statements] END IF .

Label = [label ':'] .

LoopStatement = Label LOOP Statements END LOOP .

Open = OPEN id .

Repeat = Label REPEAT Statements UNTIL BooleanExpr END REPEAT .

SelectSingle = QueryExpresion INTO VariableRef { ',' VariableRef } .

Statements = Statement { ';' Statement } .

While = Label WHILE SearchCondition DO Statements END WHILE .

UserFunctionCall = Id '(' [Value {',' Value}] ')' .

MethodCall = Value '.' *Method*_id ['(' [Value { ',' Value }] ')']
| '(' Value AS Type ')' '.' *Method*_id ['(' [Value { ',' Value }] ')']
| Type':'':' *Method*_id ['(' [Value { ',' Value }] ')'] .

XMLFunction = XMLComment | XMLConcat | XMLElement | XMLForest | XMLParse | XMLProc | XMLRoot | XMLAgg | XPath .

XPath 不在 SQL:2003 标准中，但已非常流行，参见 30.3.4 节。

XMLComment = XMLCOMMENT '(' Value ')' .

XMLConcat = XMLCONCAT '(' Value {',' Value } ')' .

XMLElement = XMLELEMENT '(' NAME id [',' Namespace] [',' AttributeSpec]{ ',' Value } ')' .

Namespace = XMLNAMESPACES '(' NamespaceDefault |(string AS id {',' string AS id }) ')'.

NamespaceDefault = (DEFAULT string) | (NO DEFAULT).

AttributeSpec = XMLATTRIBUTES '(' NamedValue {',' NamedValue }')'.

NamedValue = Value [AS id].

XMLForest = XMLFOREST '(' [Namespace ','] NamedValue {',' NamedValue }')'.

XMLParse = XMLPARSE '(' CONTENT Value ')'.

XMLProc = XMLPI '(' NAME id [',' Value] ')'.

XMLForest = XMLFOREST '([Namespace ','] NamedValue {',' NamedValue }')'.

XMLParse = XMLPARSE '(' CONTENT Value ')'.

XMLProc = XMLPI '(' NAME id [',' Value] ')'.

XMLQuery = XMLQUERY '(' Value, *xpath*_xml ')'.

XMLText = XMLTEXT'(' xml ')' .

XMLValidate = XMLVALIDATE'(' (DOCUMENT|CONTENT|SEQUENCE) Value ')'.

推荐阅读

深入理解计算机系统（原书第3版）

作者：[美] 兰德尔 E. 布莱恩特 等　译者：龚奕利 等　书号：978-7-111-54493-7　定价：139.00元

理解计算机系统首选书目，10余万程序员的共同选择

卡内基-梅隆大学、北京大学、清华大学、上海交通大学等国内外众多知名高校选用指定教材

从程序员视角全面剖析的实现细节，使读者深刻理解程序的行为，将所有计算机系统的相关知识融会贯通

新版本全面基于X86-64位处理器

　　基于该教材的北大"计算机系统导论"课程实施已有五年，得到了学生的广泛赞誉，学生们通过这门课程的学习建立了完整的计算机系统的知识体系和整体知识框架，养成了良好的编程习惯并获得了编写高性能、可移植和健壮的程序的能力，奠定了后续学习操作系统、编译、计算机体系结构等专业课程的基础。北大的教学实践表明，这是一本值得推荐采用的好教材。本书第3版采用最新x86-64架构来贯穿各部分知识。我相信，该书的出版将有助于国内计算机系统教学的进一步改进，为培养从事系统级创新的计算机人才奠定很好的基础。

—— 梅宏　中国科学院院士/发展中国家科学院院士

　　以低年级开设"深入理解计算机系统"课程为基础，我先后在复旦大学和上海交通大学软件学院主导了激进的教学改革……现在我课题组的青年教师全部是首批经历此教学改革的学生。本科的扎实基础为他们从事系统软件的研究打下了良好的基础……师资力量的补充又为推进更加激进的教学改革创造了条件。

—— 臧斌宇　上海交通大学软件学院院长

推荐阅读

2020年图灵奖揭晓!
经典著作"龙书"两位作者Aho和Ullman共获大奖

编译原理（第2版）

作者：Alfred V. Aho Monica S.Lam Ravi Sethi Jeffrey D. Ullman 译者：赵建华 郑滔 戴新宇
ISBN：7-111-25121-7 定价：89.00元

编译原理（第2版 本科教学版）

作者：Alfred V. Aho Monica S. Lam Ravi Sethi Jeffrey D. Ullman 译者：赵建华 郑滔 戴新宇
ISBN：7-111-26929-8 定价：55.00元

  编译领域无可替代的经典著作，被广大计算机专业人士誉为"龙书"。本书已被世界各地的著名高等院校和研究机构（包括美国哥伦比亚大学、斯坦福大学、哈佛大学、普林斯顿大学、贝尔实验室）作为本科生和研究生的编译原理课程的教材。该书对我国高等计算机教育领域也产生了重大影响。

  本书全面介绍了编译器的设计，并强调编译技术在软件设计和开发中的广泛应用。每章中都包含大量的习题和丰富的参考文献。

推荐阅读

软件工程（原书第10版）

作者：[英] 伊恩·萨默维尔（Ian Sommerville）译者：彭鑫 赵文耘 等
ISBN: 978-7-111-58910-5 定价：89.00元

本书是系统介绍软件工程理论的经典教材，自1982年初版以来，随着软件工程学科的发展不断更新，影响了一代又一代软件工程人才，对学科本身也产生了积极影响。全书共四个部分，完整讨论了软件工程各个阶段的内容，是软件工程和系统工程专业本科和研究生的优秀教材，也是软件工程师必备的参考书籍。

现代软件工程：面向软件产品

作者：[英] 伊恩·萨默维尔（Ian Sommerville）译者：李必信 廖力 等
ISBN: 978-7-111-67464-1 定价：99.00元

经典软件工程教材作者、国际知名的软件工程专家伊恩·萨默维尔新作；系统介绍软件产品工程化的思想，重点关注与软件产品相关的工程化过程和技术。

核心内容包括软件产品、软件架构、敏捷软件工程、人物角色、场景、用户故事、基于云的软件、微服务架构、安全和隐私以及DevOps等。建议读者具有一定的Java或Python等面向对象语言的编程经验，在学习过程中注重从产品工程化的视角来理解软件工程技术，从而为开发高质量、高安全性、高可靠性的软件产品打好基础。